哈尔滨齐鲁大厦纠倾加固工程

哈尔滨齐鲁大厦，地上26层，地下2层，高96.6m，框架-剪力墙结构，箱形基础。由于地基浸水、荷载偏心、以及基础施工中偷工减料等原因，造成建筑物倾斜525mm。采用辐射井射水法纠倾，成功扶正。南侧采用35根ϕ100小型钢管压浆桩，北侧采用16根小型钢管压浆桩及10根双灰井桩加固。该项目由北京交通大学、哈尔滨建筑大学、黑龙江省寒地建筑研究院、黑龙江省城市规划勘测设计院等单位完成。

石油管理局办公大楼纠倾加固工程

大庆石油管理局办公大楼，地上20层，地下1层，高75.62m，框架-剪力墙结构，箱形基础。由于地基持力层选择不当、地基承载力取值偏高、基础选型不当、以及上部结构墙体布置欠妥等原因，造成建筑物倾斜266mm。该办公大楼通过辐射井射水法纠倾，成功扶正，并采用锚杆静压桩进行地基加固。纠倾加固工程结束后，该建筑物在既有结构上增加1层并设置楼顶水箱间。该项目由北京交通大学、黑龙江省四维岩土工程有限公司、北京中建建筑设计院等单位完成。

山西化肥厂100m高烟囱，钢筋混凝土结构，钢筋混凝土独立基础，埋深4m。由于强夯地基未能完全消除湿陷性，投入使用后，地面长期大量积水，引起黄土地基浸水湿陷，倾斜量达1530mm。采用辐射井射水法成功纠倾，采用120根双灰桩（桩长10m）在原基础周边形成保护幕墙进行防复倾加固。该项目由北京交通大学等单位完成。

化肥厂百米高烟囱纠倾加固工程

某热电厂烟囱高120m，钢筋混凝土结构，圆形筏形基础，埋深4m，粉喷桩复合地基，桩长9m。该烟囱竣工后，由于紧接的后续工程施工降水，造成烟囱倾斜，倾斜量达538.5mm，倾斜率4.5‰。采用大口井降水法成功纠倾，采用压力灌浆法防复倾加固。该项目由山东建筑大学完成。

热电厂高烟囱纠倾加固工程

兰州白塔纠倾加固工程

兰州白塔，实心砖砌体结构，建于元代，塔高16.4m，条石基础，天然马兰黄土地基。由于滑坡蠕动、差异增湿、边坡松弛以及地震作用频繁影响，白塔倾斜量达555mm，倾斜率33.84‰；通过采用抗滑桩、锚索框架等措施加固边坡，采用钢带围箍、钢筋连接进行塔体加固，采用钢筏托换加固基础，采用基底成孔掏土法和加压法进行综合纠倾，白塔成功扶正。该项目由中铁西北科学研究院有限公司完成。

青海师范大学3号住宅楼纠倾加固工程

青海师范大学3号住宅楼，地上30层，地下1层，建筑高度97m，梁板式筏形基础，埋深8.3m，基础坐落在强风化泥岩上。由于地基处理不当，加之相邻建筑基坑降水、基坑边坡垮塌等影响，住宅楼最大倾斜率达2.66‰；通过采用辐射井射水法、锚索加压法等综合纠倾，该住宅楼成功扶正。防复倾加固措施采用斜孔钢管桩和基底定位墩支撑。该项目由中铁西北科学研究院有限公司完成。

内蒙古宝龙山矿井的主井塔为框架-剪力墙结构,长13m,宽13m,塔顶结构标高59.24m,底层标高−3.3m。为缩短建造工期,井塔与其基础异地同时施工；然后,将井塔平移到基础位置连接,采用液压悬浮千斤顶,平移与纠倾连续进行。该项目由上海天演建筑物移位工程有限公司完成。

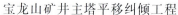

宝龙山矿井主塔平移纠倾工程

徐州华厦小康人家A9号楼,地上11层,地下1层,建筑高度36.65m,框架-剪力墙结构,筏形基础,深层搅拌桩复合地基。由于地基处理不当,A9楼向北倾斜率达6‰。通过采用基础下碎石垫层振撼扰动法和锚杆静压桩法进行综合纠倾,加密注浆加固地基获得成功。该工程由江苏东南特种技术工程有限公司完成。

徐州华厦小康人家A9号楼纠倾加固工程

厂房纠倾加固工程

浙江某电厂海水淡化车间，桩基，30m厚软黏土地基，较大的沉降和不均匀沉降严重威胁生产车间的安全使用。经采用锚杆静压钢管桩纠倾加固，穿透2.5m厚塘渣，桩端达36~38m深层，压桩力1200kN，取得立竿见影的效果。该项目由上海华铸地基技术有限公司完成。

乐清某住宅楼纠倾工程

乐清市某7层住宅楼，砖混结构，建筑高度19.4m，采用沉管灌注桩和钻孔灌注桩两种形式基础，桩长28.5m。由于桩基设计失误、施工时桩未达到持力层、上部结构不均匀加载等原因，导致桩基发生不均匀沉降，建筑物单向水平偏移量达476mm。经采用承台卸载法、桩顶卸载法、桩身卸载法以及堆载加压法进行综合纠倾，将住宅楼扶正。采用抬墙梁法进行防复倾加固，处理效果良好。该项目由北京交通大学完成。

宁波市江北区新联安置小区某住宅楼,砖混结构,5层加1层阁楼,φ600钻孔灌注桩基础,原设计取中等风化泥质砂岩作为桩基持力层,桩长20~32m。该建筑物整体向南倾斜,其中伸缩缝以东房屋倾斜值达93mm,倾斜率6.8‰;通过对住宅楼东侧顶升纠倾(最大顶升量110mm),并采用锚杆静压桩加固地基,建筑物恢复使用功能。该项目由浙江省岩土基础公司、宁波市建中建筑设计有限公司等单位完成。

宁波江北某安置小区住宅楼纠倾工程

奎光塔位于都江堰市,为17层6面体密檐式砖塔,建于1831年,塔高52.67m,条石基础。由于多次地震作用,奎光塔最大倾斜量1369mm,平均倾斜率为26‰;通过钢带围箍、纵向钢筋连接、塔体裂隙灌注环氧树脂补强等措施进行塔体加固;采用扩大、填充、围箍原基础进行基础加固;采用基础抽砖石迫降法、钢筏托换顶升法进行综合纠倾,奎光塔成功扶正。该项目由中铁西北科学研究院有限公司完成。

奎光塔纠倾加固工程

东莞正腾工业园厂区某宿舍楼纠倾工程

东莞正腾工业园厂区某宿舍楼为一超长建筑物（60m×12m），6层框架结构，复合地基，独立基础。由于地基不均匀沉降，建筑物Ⓐ轴与①轴相交处倾斜480mm，与⑱轴相交处倾斜180mm，最大倾斜率11.5‰，导致该宿舍楼左右呈扭曲状倾斜。通过采用调控桩头荷载纠倾法与先进的施工监测技术，使该建筑物纠倾扶正。该项目由广州市胜特建筑科技开发有限公司完成。

海口某住宅楼纠倾工程

海口市拦海村某7层住宅楼，框架结构，建筑高度23m，钢筋混凝土灌注桩基础，桩径600mm，桩长4m。因单桩承载力不足，上部荷载严重偏心，桩基平面布置失误等原因，导致建筑物倾斜549mm。采用桩身卸载纠倾法将该住宅楼扶正，并采用静压桩进行防复倾加固。该项目由北京交通大学完成。

云南大理富海小区住宅楼纠倾加固工程

大理富海小区22栋住宅楼,砖混结构,条形基础,淤泥质土地基,粉喷桩地基处理,分别有不同程度的倾斜和下沉。纠倾工程综合采用辐射井射水法、应力解除法、桩顶卸载法、浸水法、掏土法等将建筑物扶正,地基加固采用双灰桩及地基基础托换(由条形基础托换为筏形基础)等方法。通过纠倾加固及基础托换改造,提高了原建筑物的抗震强度等级,达到了最初的设计要求。该工程由大连九鼎特种建筑工程有限公司完成。

海口某综合楼纠倾工程

海口市某7层综合楼,框架结构,建筑高度23.6m,桩台基础,沉管灌注桩桩径480mm,桩长19m,共布桩116根。相邻深基坑的开挖与降水,导致该综合楼倾斜283mm。该综合楼通过采用负摩擦力纠倾法扶正成功。该项目由北京交通大学完成。

建筑特种工程新技术系列丛书 3

建筑物纠倾工程设计与施工

李启民 何新东 王 桢 王存贵 等编著

中国建筑工业出版社

图书在版编目（CIP）数据

建筑物纠倾工程设计与施工/李启民等编著. —北京：中国建筑工业出版社，2011.9
（建筑特种工程新技术系列丛书 3）
ISBN 978-7-112-13583-7

Ⅰ. ①建… Ⅱ. ①李… Ⅲ. ①建筑物-加固-工程施工 Ⅳ. ①TU746.3

中国版本图书馆 CIP 数据核字（2011）第 192099 号

本书为"建筑特种工程新技术系列丛书"之一。主要内容包括：综述；建筑物倾斜原因调查分析；建筑物纠倾工程检测与鉴定；建筑物地基变形分析与计算；建筑物纠倾工程设计；建筑物纠倾工程施工；古建筑物加固纠倾工程设计与施工；建筑物纠倾工程监测与质量控制；纠倾工程技术机理探索；建筑物纠倾工程实例分析。

本书供建筑结构设计和施工人员使用，并可供大中专院校师生参考。

* * *

责任编辑：王　跃　郭　栋
责任设计：张　虹
责任校对：陈晶晶　刘　钰

建筑特种工程新技术系列丛书 3
建筑物纠倾工程设计与施工
李启民　何新东　王　桢　王存贵　等编著
*
中国建筑工业出版社出版、发行（北京西郊百万庄）
各地新华书店、建筑书店经销
霸州市顺浩图文科技发展有限公司制版
世界知识印刷厂印刷
*
开本：787×1092 毫米　1/16　印张：28½　插页：4　字数：720 千字
2012 年 2 月第一版　2012 年 2 月第一次印刷
定价：**66.00** 元
ISBN 978-7-112-13583-7
（21385）

版权所有　翻印必究
如有印装质量问题，可寄本社退换
（邮政编码　100037）

《建筑物纠倾工程设计与施工》
编写委员会

主　　编：李启民
副 主 编：何新东　王　桢　王存贵
编 写 组：唐业清　李启民　何新东　王　桢　王存贵
　　　　　崔江余　吴如军　李今保　江　伟　张循当
　　　　　余　流

建筑特种工程新技术系列丛书
出版说明

改革开放的伟大进程带来了我国社会和经济建设的大发展,而大规模建筑工程对建筑工作者的科学研究、勘察设计水平、施工技术进步等提出了更高、更多的要求。在此情况下,建筑特种工程的新技术得到了发展和提高。建筑特种工程技术一般包括建筑物(含构筑物)的移位技术、纠倾技术、增层技术、改造加固技术、灾损处理技术、托换技术等。

本《建筑特种工程新技术系列丛书》的出版,是我国改革开放 30 余年来,建筑行业特种工程技术进步的重要标志;是众多工程成功经验和失败教训的深刻总结;是几十年我国在本学科领域科技成果的结晶、技术实力的集中体现;是年轻一代更好地掌握特种工程新技术,学习前人先进技术和经验的一部宝贵、丰富、实用的教科书;是我国建筑行业特种工程技术进步发展的里程碑。丛书的出版将有力地推动我国在建筑特种工程技术领域方面更大的技术进步和发展。

一、建筑特种工程新技术的应用

建筑物包括构筑物,在建造过程或建成后的使用过程,由于遭受自然灾害(如地震、洪水、海啸、滑坡及泥石流、风灾及地塌陷等)而受损,可采用本技术处理。

建筑工程在勘察、设计、施工中有失误(如勘察中漏查或误查的地下人防工程、岩洞土洞、墓穴、树根和孤石、液化层、软弱夹层等。设计中结构形式选择不合理、断面和配筋量不足、设计参数选用不当、选错基础形式和地基持力层、建筑材料不合格和施工质量低劣等),给建筑物造成严重安全隐患的,可采用本技术处理。

为适应经济发展、生产和生活的需要,对既有建筑物可采用特种工程新技术进行改造、扩建、加固等。

上述建筑物经过检测、鉴定、论证,采用建筑特种工程技术处理后,都能具有继续使用价值,有肯定的经济效益和社会效益。

二、建筑特种工程新技术的内容

建筑物的移位技术包括旋转、抬升、迫降、平行移动,可单项移位或组合多项移位。

建筑物的纠倾技术包括对倾斜的混凝土结构、砌体结构、钢结构、混合结构的多层和高层建筑纠倾等处理,这些建筑可以是框架(筒)结构、框支结构、剪力墙结构等。

建筑物的增层技术包括多层或高层建筑物的局部增层、整体增层、外套增层、地下增层、室内增层、顶部增层等。

建筑物的改造加固技术包括工业建筑物为适应生产发展的改扩建,民用建筑物为扩大使用面积、改善使用功能的改扩建,公共建筑物为适应城市规划和发展等的改扩建工程。

建筑物的灾损处理技术包括对灾害后建筑物或桥梁等构筑物结构发生错位、移动、倾斜、扭曲变位、结构裂损、过量沉陷、地基土被掏空或破坏、桩基弯曲或折断等处理技术。

建（构）筑物的托换技术包括：对城市、公路、江河湖海上的各类桥梁结构，为增大桥下通航空间的抬升改造托换；对修建城市地铁或矿区采矿，对相邻建筑物的托换加固处理；因环境污染、侵蚀至建筑结构破损的局部或整体托换加固的处理技术。

特种工程新技术还包含各类特殊工程，如水上、海上或岸边建筑，军事工程、地下建筑、沙漠建筑、人防工程、航天工程等环境特殊的各类建筑特种工程的改造、加固和病害处理的技术等。

三、《建筑特种工程新技术系列丛书》编写的基础与背景

1. 本丛书反映各历史时期关于本学科的技术及其进步。

在"文革"十年，全国的基本建设全面停顿，各类房屋严重不足，而且资金又十分短缺。从20世纪80年代初到90年代初的10年，全国从南到北兴起了"向空中要住房，向旧房要面积"的既有房屋增层改造工程的热潮，许多有条件的旧房都进行了增层改造，扩大了使用面积，改善了使用功能，部分地缓解了当时"房荒"的燃眉之急。许多专业工程公司也应需成立，成为建筑特种工程的生力军。

例1. 哈尔滨秋林公司增层工程：1984年施工。原地上2层，增加2层至4层。是我国较早的有代表性增层工程。

例2. 北京日报社增层工程：原地上4层，增加4层至8层，采用外套框架结构，框架柱采用大孔径桩基础。

例3. 绥芬河青云市场增层工程：原地上5层，采用外套结构增加4层至9层，同时一侧扩建9层。面积由原11000m² 增至31000m²。

例4. 山西矿业集团办公大楼增层工程：原地上3层，采用外套结构增加6层至9层。

与此同时全国开始了大规模的基本建设。但由于当时资金少、技术水平低、经验不足、规章制度不健全、工期要求急，出现了一些劣质工程，使刚刚竣工或尚未竣工的建筑物发生倾斜、开裂、过量下沉等一系列病害。需拆除的严重者几乎占新建工程1%~2%。为适应当时形势的需要，既有建筑物的纠倾加固病害处理技术迅速发展，工程数量较多。

例1. 哈尔滨齐鲁大厦纠倾工程：地上26层，总高99.6m，倾斜524.7mm。2000年纠倾复位成功。是目前国内纠倾成功最高的大厦。

例2. 大庆油田管理局办公大楼纠倾工程：地上12层，增加1层，总高99.6m，倾斜270mm。2007年增层、纠倾、加固复位成功。

例3. 都江堰奎光塔纠倾加固工程：建于1831年。塔高52.67m，为17层6面砖塔，倾斜1369mm，塔体有45°斜裂缝。首先进行1~11层塔身加固，后纠倾。这是我国古塔倾斜加固成功的范例。汶川地震后，已加固部分塔身完好无损，其上未加固部分出现裂损。

从2000年初，全国的城市和道路交通规划和建设、古建筑及文物保护等工作日益受到重视，因此既有建筑物的移位工程技术又迅速兴起与发展，不仅工程数量多，而且工程难度大、风险大、技术要求高，全国许多高校和科研单位也投入人力、物力，参与和支持这一工程热潮。

例1. 上海音乐厅移位工程：地上水平移位66.46m，抬升3.38m。是我国有代表性的移位工程。

例2. 山东莱芜开发新区办公大楼工程：该建筑15层，高度72m，水平移位78m。是

目前国内移位最高的建筑物。

例3. 山东东营市永安商场营业楼工程：原地旋转45°，移位成功。

例4. 上海市西环线岭西路立交桥抬升工程：全桥成功抬升2.7m，扩大了桥下通航高度。

例5. 天津北安大桥工程：抬升2.7m，加大了桥下通航高度。

例6. 广西贺州文物"真武庙"顶升工程：原文物为砖砌结构，毛石基础，处于低洼地。采用先加固、后顶升方案，将文物抬高1.3m。

2. 本丛书适应当前国家发展的需要，为特种工程研究、检测、监测、设计、施工服务而编写的。

进入21世纪，由于经济建设规模庞大，房地产业迅速发展，地价猛涨，房价飙升，土地十分宝贵，因此许多房地产商们又开始了新一轮更高一级的"向空中要住房，向旧房要面积"的增层改造工程，以节省高昂的土地投资。

最近几年的自然灾害频频发生，2008年的汶川大地震及此后的冰冻与洪水灾害，都给我国造成严重人员伤亡和经济损失，救灾、减灾和灾区重建都迫切需要特种工程新技术，对有继续使用价值的灾损建筑物进行处理。

3. 本丛书是在吸取了20多年来，有关本学科多次全国性学术研讨会的技术交流成果的基础上而编写的。

以中国老教授协会土木建筑专业委员会为例，从1991起，每隔2年定期召开全国性的《建筑物改造与病害处理学术研讨会》，已召开过八次会议，每次会议都收到百余篇学术论文，反映了各个时期在全国各地有关建筑物改造与病害处理的技术成果，交流了许多典型工程实施的成功经验与失败教训。数百篇学术论文和技术成果，为本书的编写奠定了极其宝贵的基础。

4. 本丛书是以我国多年来相继颁布有关建筑物改造与病害处理学科多项技术标准为依据而编写的。

多年来国家有关部门，为加强建筑特种工程的设计、施工技术立法与指导，相继多次组织有经验的专家编制了相关技术标准。这些技术标准的颁布与实施，为特种工程设计与施工提供了技术依据，对推动本学科的技术发展和保证工程质量起到重大作用。编写本丛书所依据的重要技术标准，除国家现行的相关技术标准外，还有以下技术标准：

a. 《铁路房屋增层纠倾技术规范》（TB 10114—97）

b. 《既有建筑地基基础加固技术规范》（JGJ 123—2000）

c. 《建筑物移位纠倾增层改造技术规范》（CECS 225：2007）

d. 《灾损建筑物处理技术规范》（CECS 269：2010）

e. 《建筑物托换技术规程》（CECS 295：2011）

四、《建筑特种工程新技术系列丛书》的编著特点

特点1. 本丛书涵盖的建筑特种工程技术全面，具有明显的广泛性、代表性。本书包括了目前我国在本学科的全部主要技术内容，如建筑物移位、纠倾、增层、改造加固、灾损处理和托换技术等。是我国在这门学科领域当前的技术成果和水平最全面的代表。

特点2. 本丛书所列的技术先进，有许多方法是新专利技术的成果，因此本书具有新颖性、创新性。编著本丛书所选用的素材基本体现了我国当前建筑特种工程技术的最高水

平和科研的最新成果，体现了我国特种工程先进的技术实力。

特点 3. 本丛书具有明显的实用性和可操作性。本丛书各分册都选用了大量的工程实例，它们都是成功的处理各类"疑难杂症"复杂工程的经验研讨、失败工程的教训剖析、高难度特殊工程的全面总结、典型工程的设计施工方法报导。

特点 4. 本丛书内容充实，是广大青年学子和技术人员学习、探讨本学科技术的最好入门工具和手段。本丛书不仅有丰硕的工程案例，还有较深入的机理探讨，较详细的相关工程技术标准的具体应用，有较广泛的特种工程技术的发展展望的研讨。

特点 5. 本丛书的技术内容具有明显的可信性和可靠性，因为参加丛书编著的几十位专家，都是多年来站在特种工程第一线，专门从事本学科的教学、科研、工程实施、技术标准编制等实力雄厚高水平的技术专家。

五、本学科技术的发展与展望

建筑特种工程新技术在建筑领域的重要性会越来越被人们所认识。它是国家抵御自然灾害、抗灾减灾的重要技术支撑；是治理各种建筑物病害、保护国家财富、延长建筑物使用寿命的重要技术手段；随着生产不断发展、人民生活不断提高，它要不断满足人们对各类房屋提出较高使用愿望的要求；随着既有建筑物建成量越来越大，自然灾害越频繁，本门学科的重要性就会越显著。建筑特种工程新技术将随着人类生存的历史长河永存下去，技术将不断创新，应用会更为广泛，本学科的发展前景广阔无限。

前　言

目前，我国建筑物总面积近 500 亿 m^2，每年新建面积 20 亿 m^2，是世界上每年新建建筑量最大的国家，相当于消耗了全世界 40%的水泥和钢材。但是，我国建筑物持续使用年限较短，平均为 25～30 年。我国建筑垃圾的数量已占城市垃圾总量的 30%～40%，每年产生的数以亿吨计的建筑垃圾，给中国乃至世界带来巨大的环境威胁。

拆迁部门的盲目拆迁和建筑质量问题是我国建筑业面临的一个难题。其中，建筑质量问题涉及规划、勘察、设计、施工、监理、管理、使用等方方面面。尽管我国政府对建筑质量管理常抓不懈，但是，我国建筑质量问题在不同阶段、不同地域不断翻新。最近的几年里，我国不断出现的"楼歪歪"、"楼贴贴"、"楼抱抱"、"楼顶顶"、"楼倒倒"等建筑质量问题又一次给大家敲响警钟。另外，地球上的自然灾害明显呈上升趋势，表现出频率高、地域广、强度大、并发性显著等特点，给地球上的生命财产带来了极大的损失，建筑物的破损更是首当其冲。

既有建筑物是社会的财富，精心建设和精心保护既有建筑物是每一位建设者的天职。纠倾技术是建筑物改造与病害处理中的一项重要技术，在建筑物的保护与治理中一直发挥着重要作用，曾拯救了大量的倾斜建筑物。

本书是编者在多年的科学研究、工程实践和教学积累的基础上进行编著的，同时借鉴、吸收了国内外同行的科研成果。本书介绍了建筑物倾斜原因调查分析、建筑物纠倾工程检测与鉴定、地基变形分析与计算、纠倾工程设计、纠倾工程施工、古建筑物加固纠倾设计与施工、纠倾工程监测、纠倾技术新探讨以及 200 多个纠倾工程实例分析等。本书具有鲜明的针对性和丰富的实用性，希望本书的出版，能为该领域的广大工程技术人员、科研工作者以及高校师生提供本学科发展的主要成果，为建筑物纠倾工程设计与施工提供参考。

参加本书编著的专家有：北京交通大学唐业清教授、中国地质大学（北京）李启民优高、黑龙江省四维岩土工程有限责任公司何新东教授级高工、中铁西北科学研究院有限公司王桢教授级高工、中国建筑第六工程局有限公司王存贵教授级高工、北京交通大学崔江余教授、广州市胜特建筑科技开发有限公司吴如军高工、江苏东南特种技术工程有限公司李今保教授级高工、浙江省岩土基础公司江伟高工、山西建筑工程（集团）总公司张循当优高、中国建筑第六工程局有限公司余流高工等。

由于编者水平所限，本书中难免存在欠妥之处，欢迎读者批评指正。

目 录

第1章　综述 ·· 1
  1.1　建筑物纠倾工程现状与进展 ··· 1
    1.1.1　国外纠倾工程技术现状 ··· 1
    1.1.2　国内纠倾工程技术现状与发展 ··· 2
  1.2　建筑物纠倾工程特点 ·· 3
  1.3　建筑物纠倾方法分类 ·· 4
  1.4　建筑物纠倾量的相关规定 ··· 5
    1.4.1　《建筑地基基础设计规范》关于倾斜的规定 ·· 5
    1.4.2　《建筑桩基技术规范》关于倾斜的规定 ·· 6
    1.4.3　《危险房屋鉴定标准》关于倾斜的规定 ·· 7
    1.4.4　《铁路房屋增层和纠倾技术规范》关于纠倾标准的规定 ··························· 7
    1.4.5　《建筑物移位纠倾增层改造技术规范》关于纠倾标准的规定 ···················· 7
    1.4.6　《建（构）筑物纠倾技术规程》关于纠倾标准的规定 ······························ 9

第2章　建筑物倾斜原因调查分析 ·· 11
  2.1　建设规划中的问题 ··· 12
  2.2　场地勘察中的问题 ··· 12
  2.3　建筑设计中的问题 ··· 14
  2.4　建筑施工中的问题 ··· 19
  2.5　建设管理中的问题 ··· 21
  2.6　建筑物使用过程中的问题 ··· 23
  2.7　人为干扰和自然灾害的影响 ·· 23
  2.8　其他原因 ·· 27

第3章　建筑物纠倾工程检测与鉴定 ·· 29
  3.1　建筑物纠倾工程检测 ·· 29
    3.1.1　建筑物纠倾工程检测标准 ·· 29
    3.1.2　建筑物纠倾工程检测项目 ·· 29
    3.1.3　建筑物纠倾工程地基检测 ·· 30
    3.1.4　建筑物纠倾工程基础检测 ·· 30
    3.1.5　建筑物纠倾工程上部结构检测 ··· 30
  3.2　建筑物纠倾工程鉴定 ·· 31
    3.2.1　倾斜建筑物可靠度鉴定特点 ··· 31
    3.2.2　建筑物纠倾工程鉴定标准 ·· 32
    3.2.3　结构承载力验算 ··· 32
    3.2.4　地基承载力与变形验算 ··· 32
    3.2.5　鉴定报告 ··· 32

第4章 建筑物地基变形分析与计算 ······ 33
4.1 地基自重应力 ······ 33
4.1.1 竖向自重应力 ······ 33
4.1.2 水平向自重应力 ······ 34
4.2 基础底面压力 ······ 34
4.2.1 中心荷载作用下的基底压力 ······ 34
4.2.2 偏心荷载作用下的基底压力 ······ 34
4.2.3 基底附加压力 ······ 35
4.3 地基沉降计算的分层总和法 ······ 35
4.3.1 基本假设 ······ 36
4.3.2 单一压缩土层的沉降计算 ······ 36
4.3.3 单向压缩分层总和法 ······ 36
4.4 地基沉降计算的规范法 ······ 38
4.4.1 规范法计算原则 ······ 38
4.4.2 规范法计算步骤 ······ 39
4.5 桩基础沉降计算 ······ 40
4.5.1 桩中心距不大于6倍桩径的桩基沉降计算（一） ······ 40
4.5.2 桩中心距不大于6倍桩径的桩基沉降计算（二） ······ 41
4.5.3 桩中心距大于6倍桩径的桩基沉降计算 ······ 43
4.5.4 单桩、单排桩、疏桩基础的沉降计算 ······ 43
4.6 软土地基减沉复合疏桩基础沉降计算 ······ 45
4.7 箱形基础和筏形基础沉降计算 ······ 46
4.8 复合地基沉降计算 ······ 48
4.8.1 水泥土搅拌桩复合地基沉降计算 ······ 48
4.8.2 水泥粉煤灰碎石桩复合地基沉降计算 ······ 48
4.9 桩筏基础和桩箱基础的沉降计算 ······ 49

第5章 建筑物纠倾工程设计 ······ 50
5.1 纠倾工程设计原则与步骤 ······ 50
5.1.1 准备工作 ······ 50
5.1.2 纠倾工程设计原则 ······ 50
5.1.3 纠倾工程设计步骤 ······ 52
5.2 纠倾工程设计与计算 ······ 53
5.2.1 纠倾工程设计文件 ······ 53
5.2.2 纠倾工程设计计算内容 ······ 53
5.2.3 纠倾迫降量或抬升量计算 ······ 53
5.2.4 纠倾工程地基承载力验算 ······ 54
5.2.5 迫降纠倾法设计要点 ······ 56
5.2.6 抬升纠倾法设计要点 ······ 56
5.3 浅层掏土纠倾法设计 ······ 57
5.3.1 设计沉降量与掏土孔数的关系 ······ 58
5.3.2 地基变形控制与掏土孔数的关系 ······ 60
5.3.3 附加应力控制法与附加沉降变形控制法设计 ······ 60
5.3.4 塑性变形控制法设计 ······ 60

  5.3.5 经验法设计 ··· 61
5.4 地基应力解除纠倾法设计 ··· 61
  5.4.1 应力解除法工作原理 ··· 61
  5.4.2 应力解除法纠倾特点 ··· 62
  5.4.3 应力解除法纠倾设计 ··· 63
5.5 辐射井射水纠倾法设计 ·· 63
  5.5.1 辐射井纠倾设计的一般规定 ··· 64
  5.5.2 辐射井纠倾法取土量计算 ··· 65
5.6 浸水纠倾法设计 ·· 66
  5.6.1 浸水纠倾法设计的一般规定 ··· 66
  5.6.2 注水量设计 ··· 67
  5.6.3 湿陷量估算 ··· 67
  5.6.4 注水时间估算 ·· 67
5.7 降水纠倾法设计 ·· 68
  5.7.1 降水纠倾法机理分析 ··· 68
  5.7.2 浅基础降水纠倾法设计 ·· 68
5.8 桩顶卸载纠倾法设计 ·· 70
  5.8.1 直接截桩法设计 ··· 70
  5.8.2 调整桩头荷载法设计 ··· 71
5.9 负摩擦力纠倾法设计 ·· 73
  5.9.1 负摩擦力纠倾计算 ·· 73
  5.9.2 大口井降水设计 ··· 74
5.10 锚杆静压桩纠倾法设计 ·· 75
  5.10.1 锚杆静压桩纠倾加固技术特点 ·· 76
  5.10.2 锚杆静压桩纠倾设计 ··· 76
5.11 顶升纠倾法设计 ·· 78
  5.11.1 顶升纠倾法设计的一般规定 ··· 79
  5.11.2 顶升纠倾法设计计算 ··· 79
  5.11.3 上部结构托梁顶升法设计 ··· 80
  5.11.4 静压桩顶升纠倾法设计 ·· 81
5.12 辅助纠倾方法 ··· 82
  5.12.1 加压纠倾法 ·· 82
  5.12.2 振捣纠倾法 ·· 84
5.13 综合纠倾法设计 ·· 85
  5.13.1 综合纠倾法设计的一般规定 ··· 85
  5.13.2 常用的综合纠倾法 ·· 85
5.14 防复倾加固设计 ·· 86
  5.14.1 防复倾加固设计的一般规定 ··· 86
  5.14.2 基础加固法设计 ··· 86
  5.14.3 抗拔锚桩设计 ··· 87

第6章 建筑物纠倾工程施工 ·· 88
6.1 纠倾工程施工组织与程序 ·· 88
  6.1.1 纠倾工程施工特殊性 ··· 88

6.1.2 纠倾工程施工组织设计编制 ·· 89
6.1.3 纠倾工程施工工序 ··· 90
6.1.4 纠倾工程现场监测系统 ·· 90
6.2 浅层掏土纠倾法施工 ··· 91
6.2.1 开槽掏土法施工 ··· 92
6.2.2 穿孔掏土法施工 ··· 92
6.2.3 分层掏土法施工 ··· 93
6.2.4 截角掏土法施工 ··· 93
6.2.5 基底冲水掏土法施工 ·· 93
6.2.6 掏土纠倾施工中可能出现的情况 ·· 94
6.2.7 掏土纠倾施工中应注意的问题 ·· 94
6.3 地基应力解除纠倾法施工 ·· 94
6.3.1 应力解除孔施工 ··· 94
6.3.2 应力解除法掏土 ··· 95
6.3.3 应力解除法纠倾施工注意事项 ·· 95
6.4 辐射井射水纠倾法施工 ··· 95
6.4.1 纠倾施工准备工作 ··· 96
6.4.2 辐射井施工 ··· 96
6.4.3 操作练兵 ··· 98
6.4.4 射水取土纠倾 ·· 98
6.4.5 沉降速率控制 ·· 99
6.4.6 信息化施工 ··· 99
6.4.7 应急措施 ··· 99
6.4.8 恢复 ·· 99
6.5 浸水纠倾法施工 ·· 99
6.5.1 浸水纠倾法施工步骤 ··· 99
6.5.2 注水的四个阶段 ··· 100
6.5.3 施工注意事项 ·· 100
6.6 降水纠倾法施工 ·· 101
6.6.1 浅基础降水纠倾法施工的一般规定 ···································· 101
6.6.2 降水纠倾法施工注意事项 ·· 101
6.7 桩顶卸载纠倾法施工 ··· 101
6.7.1 桩顶卸载法施工的一般要求 ··· 101
6.7.2 直接截桩法施工 ··· 102
6.7.3 调整桩头荷载法施工 ··· 103
6.8 负摩擦力纠倾法施工 ··· 107
6.8.1 负摩擦力纠倾法施工的一般规定 ·· 107
6.8.2 大口井降水施工 ··· 107
6.8.3 负摩擦力纠倾法施工注意事项 ·· 108
6.9 锚杆静压桩纠倾法施工 ·· 108
6.9.1 锚杆静压桩施工前的准备工作 ·· 108
6.9.2 压桩施工流程 ·· 108
6.9.3 压桩纠倾 ·· 108

  6.9.4 锚杆静压桩纠倾施工注意事项 ··· 109
 6.10 顶升纠倾法施工 ··· 110
  6.10.1 顶升纠倾法施工准备工作 ··· 110
  6.10.2 顶升纠倾法施工要求 ··· 110
  6.10.3 上部结构托梁顶升法施工要求 ··· 110
  6.10.4 坑式静压桩顶升法施工要求 ··· 111
 6.11 综合纠倾法施工 ··· 112
  6.11.1 迫降法组合纠倾施工 ··· 112
  6.11.2 迫降法与抬升法组合纠倾施工 ··· 112
  6.11.3 迫降法与锚杆静压桩法组合纠倾施工 ··· 112
  6.11.4 上部结构抬升法和锚杆静压桩法组合纠倾施工 ··· 112
 6.12 防复倾加固施工 ··· 113
  6.12.1 增大基础底面积法施工 ··· 113
  6.12.2 基础托换法施工 ··· 113
  6.12.3 地基加固法施工 ··· 113

第7章 古建筑物加固纠倾工程设计与施工 ··· 115

 7.1 古建筑物加固纠倾工程勘察工作要点 ··· 115
  7.1.1 地基基础调查 ··· 116
  7.1.2 上部结构调查测绘 ··· 116
  7.1.3 场地环境条件调查 ··· 117
  7.1.4 古建筑物倾斜原因分析判断 ··· 117
  7.1.5 古建筑物常见破坏因素 ··· 117
  7.1.6 古建筑物常见破坏类型 ··· 118
  7.1.7 古建筑物稳定性评价 ··· 120
  7.1.8 纠倾加固方案可行性论证 ··· 120
 7.2 古建筑物加固纠倾设计 ··· 121
  7.2.1 设计原则 ··· 121
  7.2.2 加固工程设计 ··· 121
  7.2.3 纠倾工程设计 ··· 121
  7.2.4 监测系统设计 ··· 122
  7.2.5 安全防护系统设计 ··· 122
 7.3 古建筑物加固纠倾施工 ··· 122
  7.3.1 古建筑物纠倾施工 ··· 123
  7.3.2 纠倾前的技术准备工作 ··· 123
  7.3.3 掏土 ··· 123
  7.3.4 纠倾 ··· 124
  7.3.5 古建筑物纠倾量与纠倾合格标准 ··· 125
  7.3.6 复旧处理 ··· 126

第8章 建筑物纠倾工程监测与质量控制 ··· 127

 8.1 建筑物纠倾工程监测系统 ··· 127
  8.1.1 纠倾工程监测的必要性和意义 ··· 127
  8.1.2 纠倾工程监测系统概况 ··· 128
  8.1.3 监测新技术及发展趋势 ··· 129

8.2 纠倾工程监测方案设计 ·· 133
8.2.1 监测方案的设计依据和设计原则 ·· 134
8.2.2 监测方案的设计步骤 ·· 134
8.2.3 监测内容 ··· 135
8.3 沉降监测与质量控制 ·· 137
8.3.1 沉降监测方法 ··· 137
8.3.2 沉降监测布置 ··· 137
8.3.3 沉降监测频率 ··· 139
8.3.4 沉降监测精度 ··· 139
8.3.5 沉降监测数据采集 ··· 140
8.3.6 沉降监测成果整理 ··· 140
8.4 倾斜监测与质量控制 ·· 142
8.4.1 倾斜监测方法 ··· 142
8.4.2 倾斜监测布置 ··· 144
8.4.3 倾斜监测频率 ··· 144
8.4.4 倾斜监测精度 ··· 146
8.4.5 倾斜监测成果整理 ··· 146
8.5 裂缝监测与质量控制 ·· 146
8.5.1 裂缝监测方法 ··· 147
8.5.2 裂缝监测布置 ··· 147
8.5.3 裂缝监测频率 ··· 147
8.5.4 裂缝监测数据采集 ··· 147
8.5.5 裂缝监测成果整理 ··· 147
8.6 水平位移监测与质量控制 ·· 148
8.6.1 水平位移监测方法 ··· 148
8.6.2 水平位移监测布置 ··· 148
8.6.3 水平位移监测频率 ··· 148
8.6.4 水平位移监测精度 ··· 148
8.6.5 水平位移监测成果整理 ·· 148
8.7 应力-应变监测与质量控制 ·· 148
8.7.1 应力-应变监测内容 ··· 148
8.7.2 应力-应变监测布置 ··· 148
8.7.3 应力-应变监测设备 ··· 149
8.8 地下水位监测与质量控制 ·· 149
8.8.1 测点布置 ··· 149
8.8.2 测试方法和数据整理 ·· 149
8.9 自动实时监测 ·· 150
8.9.1 监测方案设计原则 ··· 150
8.9.2 监测方案设计 ··· 150
8.10 监测资料与监测报告 ·· 152
8.10.1 监测资料整理 ··· 152
8.10.2 监测资料分析与处理 ·· 152
8.10.3 监测资料提交 ··· 152

8.10.4 监测报告 ········ 153

第9章 纠倾工程技术机理探索 ········ 154
9.1 纠倾技术要素探讨 ········ 154
9.1.1 水平掏土纠倾 ········ 154
9.1.2 竖直掏土纠倾 ········ 155
9.1.3 纠倾过程中基底应力分析 ········ 156
9.1.4 回倾条件和纠倾条件分析 ········ 156
9.1.5 掏土量计算 ········ 159
9.2 纠倾过程中受力机理分析 ········ 161
9.2.1 掏土孔弹塑性理论分析 ········ 161
9.2.2 水平成孔理论分析 ········ 166
9.2.3 竖向成孔理论分析 ········ 168
9.3 纠倾数值模拟分析 ········ 170
9.3.1 数值分析的基本理论 ········ 170
9.3.2 地基中水平成孔后的附加应力 ········ 174
9.3.3 地基中水平成孔后的附加沉降 ········ 183
9.4 纠倾数值模拟工程实例 ········ 194
9.4.1 影响地基附加沉降因素的数值计算 ········ 194
9.4.2 数值计算分析工程实例 ········ 203

第10章 建筑物纠倾工程实例分析 ········ 222
10.1 建筑物纠倾工程典型实例 ········ 222
10.1.1 基底成孔掏土法纠倾工程实例 ········ 222
10.1.2 基底掏垫层法纠倾工程实例 ········ 224
10.1.3 基础抽砖石法纠倾工程实例 ········ 226
10.1.4 地基应力解除法纠倾工程实例 ········ 240
10.1.5 斜孔掏土法纠倾工程实例 ········ 244
10.1.6 辐射井射水法纠倾工程实例（一） ········ 248
10.1.7 辐射井射水法纠倾工程实例（二） ········ 252
10.1.8 辐射井射水法纠倾工程实例（三） ········ 259
10.1.9 辐射井射水法纠倾工程实例（四） ········ 260
10.1.10 辐射井射水法纠倾工程实例（五） ········ 263
10.1.11 辐射井射水法纠倾工程实例（六） ········ 267
10.1.12 注水法纠倾工程实例 ········ 272
10.1.13 降水法纠倾工程实例（一） ········ 276
10.1.14 降水法纠倾工程实例（二） ········ 282
10.1.15 降水法纠倾工程实例（三） ········ 286
10.1.16 桩顶卸载法纠倾工程实例（一） ········ 289
10.1.17 桩顶卸载法纠倾工程实例（二） ········ 294
10.1.18 桩身卸载法纠倾工程实例 ········ 297
10.1.19 负摩擦力法纠倾工程实例 ········ 302
10.1.20 锚杆静压桩法纠倾工程实例（一） ········ 307
10.1.21 锚杆静压桩法纠倾工程实例（二） ········ 310
10.1.22 顶升法纠倾工程实例（一） ········ 313

10.1.23	顶升法纠倾工程实例（二）	322
10.1.24	顶升法纠倾工程实例（三）	326
10.1.25	顶升法纠倾工程实例（四）	331
10.1.26	顶升法纠倾工程实例（五）	334
10.1.27	预留压桩孔法纠倾工程实例	340
10.1.28	顶推法纠倾工程实例	343
10.1.29	综合法纠倾工程实例（一）	347
10.1.30	综合法纠倾工程实例（二）	351
10.1.31	综合法纠倾工程实例（三）	356
10.1.32	综合法纠倾工程实例（四）	367
10.1.33	综合法纠倾工程实例（五）	373
10.1.34	综合法纠倾工程实例（六）	383
10.1.35	综合法纠倾工程实例（七）	385
10.1.36	某中学大门纠倾与加固工程实例	391
10.1.37	危岩体加固工程实例	396
10.2	纠倾加固工程实例分析简表（180例）	402

参考文献 ··· 436

第1章 综　　述

人类在生产和生活中，建设了大量的建筑物和构筑物。一些建（构）筑物在建设或使用过程中发生了不均匀沉降，导致倾斜病害。建（构）筑物倾斜后，轻者影响正常使用，严重时会丧失使用功能，甚至破坏。建（构）筑物纠倾加固技术是伴随着建（构）筑物倾斜病害的出现而逐渐发展的一门专业技术，具有重要的工程意义。

随着人类生活观念的进步和建筑技术的发展，建筑物与构筑物之间的界限逐渐变得模糊，在许多场合没有必要加以区分。所以，本书一般将建筑物与构筑物统称为建筑物，只有在特别情况下才明确区别。

1.1 建筑物纠倾工程现状与进展

1.1.1 国外纠倾工程技术现状

建筑物纠倾加固专业技术最早出现在国外，较早的典型实例要算加拿大的特朗斯康谷仓（Transcona Grain Elevator）纠倾工程。该构筑物建于1913年，长59m，宽23m，高31m，由65个圆柱形筒仓组成，采用筏形基础，地基为16m厚的软黏土。谷仓在装谷物的过程中，发生整体滑移失稳，西侧陷入地基土层深达8.8m，东侧抬高了1.5m，仓身倾斜约27°，详见图1-1。事故发生后，通过采用388个50t的千斤顶进行顶升，成功纠倾，但整体标高降低了4m。

意大利的比萨斜塔（The Leaning Tower of Pisa）也是建筑物纠倾加固历史上一个引人注目的实例。比萨斜塔的建设前后经历了近200年，塔高54m，于1370年竣工。在漫长的建设阶段里，比萨斜塔发生了不均匀沉降，塔顶最大水平偏移量曾达到5.27m，详见图1-2。

图1-1　特朗斯康谷仓倾斜照　　　　　　　　图1-2　比萨斜塔倾斜照

经过长时间的论证，意大利专家采用斜孔掏土法，于 2001 年成功地使比萨斜塔回倾了 442mm。

1.1.2 国内纠倾工程技术现状与发展

古代，我国民间有"白胡仙"拯救斜塔的神话传说，有百姓向地基中灌水矫正斜房的偶然成功，也有工匠利用生石灰抬平单层房屋的工程实践。但是，建筑物纠倾扶正作为一门专业技术，是在国家改革开放、大规模经济建设中逐渐发展的。

20 世纪 90 年代前，我国的建筑物纠倾扶正技术处于探索阶段，一些建筑施工公司进行了小规模的建筑物纠倾加固工程实践，一些学者和工程技术人员也进行了一些理论研究与探讨。这个时期的建筑物纠倾加固工程中，成功者有之，失败者也为数不少。

20 世纪 90 年代，我国各地相继成立了一些建筑物改造与病害整治机构和专业性学术团体。中国老教授协会房屋增层改造技术研究委员会于 1991 年成立，积极开展学术研究和工程实践，推动了我国建筑物纠倾与加固技术的发展。武汉水利电力学院、浙江省建筑工程局、北京铁路局勘测设计院等一批高等院校和工程公司也广泛地进行研究与实践。在此期间，建筑物纠倾与加固的工程实践集中于多层建筑物与一般构筑物上，其基础形式多为浅基础，信息化施工也仅限于一般的监测技术（如水准仪、经纬仪、吊线观测等）。在总结工程经验和科研成果的基础上，唐业清教授率先主持编写了我国第一部建筑物纠倾技术行业规范，即 1997 年颁布的《铁路房屋增层和纠倾技术规范》（TB 10114—97）。2000 年我国又颁布了行业标准《既有建筑地基基础加固技术规范》（JGJ 123—2000）。

在相关规范的指导下，我国的建筑物纠倾与加固工作进入了一个新的阶段，涌现出一批专业的特种公司（如：黑龙江省四维岩土工程有限责任公司、大连久鼎特种建筑工程有限公司、中铁西北科学研究院有限公司、广州市胜特建筑科技开发有限公司、上海天演建筑物移位工程有限公司、山东建筑大学工程鉴定加固研究所、江苏东南特种技术工程有限公司、浙江省岩土基础公司、上海华铸地基技术有限公司、广州市鲁班建筑防水补强有限公司等），技术水平与施工组织也都上了一个新台阶。建筑物纠倾与加固的工程实践向高层建筑物和高耸构筑物进军，除浅基础外，桩基础和其他深基础倾斜建（构）筑物也得到了成功的纠倾扶正，并将计算机技术引入信息化施工之中。例如，1993 年成功纠倾加固山西化肥厂烟囱（高 100m，独立基础，强夯地基，向北倾斜量达 1530mm）；1995 年成功纠倾海口某综合大楼（框架结构，钢筋混凝土群桩基础，布桩 116 根，建筑高度 23.6m，倾斜量 283mm）；1997 年成功纠倾加固哈尔滨齐鲁大厦（框架-剪力墙结构，钢筋混凝土箱形基础，建筑高度 96.6m，倾斜量 525mm，图 1-3）；2004 年成功纠倾加固某热电厂烟囱（高 120m，筏形基础，粉喷桩复合地基，倾斜量 538.5mm）；2009 年成功纠倾加固青海师范大学 3 号住宅楼（框架-剪力墙结构，建筑高度 97m，朝北倾斜率达 2.66‰）等。在此期间，一些专家学者对建筑物纠倾与加固理论也进行了总结与探讨，使建筑物纠倾与加固工程这门学科逐步由实践上升到理论，再由理论指导实践。例如：采用数值分析方法模拟了多排水平孔洞条

图 1-3 齐鲁大厦纠倾扶正后照片

件下地基土附加应力场规律，探讨基底水平成孔迫降纠倾条件下的地基土附加沉降变形规律；总结顶升法纠倾规律，探讨顶升点数量计算与顶升梁设计；将地基土塑性变形理论（Tresca 准则或 Mohr-Coulomb 准则）应用到建筑物掏土法纠倾中，设计计算掏土孔间距；对生石灰桩抬升纠倾法进行试验研究与理论探讨，计算膨胀材料用量等。

进一步总结经验，我国又于 2008 年颁布了中国工程建设标准化协会标准《建筑物移位纠倾增层改造技术规范》(CECS 225：2007)。另外，国家住房和城乡建设部组织编写的《建（构）筑物纠倾技术规程》(JGJ) 也正在报批之中。

我国建筑物纠倾扶正技术经过 20 多年的实践与发展，具有一定特色和创新，涌现出许多新工艺、新方法和新技术，在全国各地进行了大量的建筑物纠倾加固工程实践，挽救了大批危险建筑物，避免了严重的经济损失。

但是，由于专业特点、经济问题以及一些其他方面的原因，建筑物纠倾与加固工程这门学科的理论研究一直落后于工程实践。所以，加强理论研究、科学试验以及计算机数值分析等方面的工作，完善建筑物纠倾与加固的设计理论和计算方法，是十分必要和现实的。

1.2 建筑物纠倾工程特点

建筑物纠倾工程是一项系统工程，为纠倾与加固的统一工程，其特点可概括为以下几个方面：

(1) 事故原因复杂

引起建筑物倾斜的原因通常是多方面的，有主导原因，也有诱导原因，其中有的原因还可能是十分隐蔽的。但是，如果找不到建筑物倾斜的真正原因或原因分析得不够全面，都会导致建筑物纠倾工程失败，甚至弄巧成拙。

(2) 地域性和个性较强

工程地质条件和水文地质条件决定了建筑物纠倾工程具有较强的地域性。倾斜建筑物的周围环境条件，决定了建筑物纠倾工程的强烈个性。

(3) 时空效应显著

查明建筑物的倾斜原因后，必须因地制宜地对其采用有效的纠倾加固措施，对症下药。如果措施不力，将导致倾斜建筑物纠而不动、或越纠越偏、或矫枉过正。相反，如果因地制宜地进行纠倾与加固，则会收到事半功倍的效果。

(4) 技术难度高

建筑物纠倾加固工程，不仅要求相关的工程技术人员对各种纠倾与加固方法了如指掌，还必须善于灵活运用。最为重要的是：善于对各种监测数据进行综合分析，准确判断倾斜建筑物的受力情况、回倾状态，并正确地决策下一步的纠倾加固措施。所以，对建筑物进行纠倾加固，应具备比较深厚的力学知识、较强的综合能力。同时，还要有丰富的纠倾与加固经验，能独当千变万化的局面。建筑物纠倾加固工程，难就难在如何使其按照设计者的意愿，缓慢地起步，有规律地回倾，平稳地停留在竖直的位置上，从此不再变化，真正做到人为可控。

(5) 安全储备低，风险大

建筑物的纠倾加固是一项风险较大的工作，一旦纠倾的措施失控或加固措施不当，很难阻止其继续倾斜，并且倾斜是加速度进行的，后果不堪设想。如果纠倾的措施控制不当，建筑物受力不均，上部结构开裂，甚至破坏，使纠倾工作失去意义。建筑物纠倾工程风险之大的另一方面是：原建筑物在建设过程中隐藏的质量问题，大部分会在纠倾过程中显现出来，成为纠倾工程的绊脚石。

(6) 综合性强

建筑物纠倾与加固工程涉及强度、变形、稳定、渗流多方面问题，需要岩土工程、结构工程以及建筑工程等多个领域的知识，是一项综合性工程。

所以，建筑物纠倾设计与施工应考虑工程地质与水文地质条件、基础和上部结构类型、使用状态、环境条件、气象条件等综合因素，做到因地制宜，精心设计、精心施工、精心监控。

1.3 建筑物纠倾方法分类

目前，建筑物纠倾方法共有 40 种左右，根据其处理方式可归纳为迫降法、抬升法、预留法、横向加载法和综合法五大类，详细分类如图 1-4 所示。

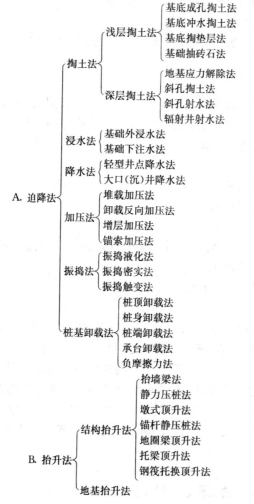

图 1-4 建筑物纠倾方法分类（一）

```
                    ┌ 预倾法
                    │ 预垫砂层抽砂法
    C. 预留法 ┤ 预留顶升孔法
                    └ 预留压桩孔法

    D. 横向加载法 ┤ 牵引法
                         └ 顶推法

    E. 综合法:以上方法中的两种或多种方法相结合。
```

图 1-4　建筑物纠倾方法分类(二)

1.4　建筑物纠倾量的相关规定

目前,我国常用规范中涉及建筑物倾斜标准的有《建筑地基基础设计规范》(GB 50007—2002)、《建筑桩基技术规范》(JGJ 94—2008)、《危险房屋鉴定标准》(JGJ 125—99) 以及各种结构(如木结构、砌体、钢结构、混凝土结构)工程施工质量验收规范等,涉及纠倾合格标准的有《铁路房屋增层和纠倾技术规范》(TB 10114—97)、《建筑物移位纠倾增层改造技术规范》(CECS 225:2007),以及正在报批的《建(构)筑物纠倾技术规程》(JGJ)。这些规范与标准通过不同层面,对限制建筑物倾斜提出了相关要求,有助于对建筑物纠倾进行全面把握。

1.4.1　《建筑地基基础设计规范》关于倾斜的规定

中华人民共和国国家标准《建筑地基基础设计规范》(GB 50007—2002)规定,建筑物的地基变形允许值,按表 1-1 规定采用。对表中未包括的建筑物,其地基变形允许值应根据上部结构对地基变形的适应能力和使用上的要求确定。

建筑物地基变形允许值　　　　　　　　　　　表 1-1

变形特征	地基土类别	
	中、低压缩性土	高压缩性土
砌体承重结构基础的局部倾斜	0.002	0.003
工业与民用建筑相邻柱基的沉降差 (1)框架结构 (2)砌体墙填充的边排柱 (3)当基础不均匀沉降时不产生附加应力的结构	0.002L 0.0007L 0.005L	0.003L 0.001L 0.005L
单层排架结构(柱距为 6m)柱基的沉降量(mm)	(120)	200
桥式吊车轨面的倾斜(按不调整轨道考虑) 纵向 横向	0.004 0.003	
多层和高层建筑的整体倾斜 　　$H_g \leq 24$ 　　$24 < H_g \leq 60$ 　　$60 < H_g \leq 100$ 　　$H_g > 100$	0.004 0.003 0.0025 0.002	
体形简单的高层建筑基础的平均沉降量(mm)	200	

续表

变形特征	地基土类别	
	中、低压缩性土	高压缩性土
高耸结构基础的倾斜		
$H_g \leq 20$	0.008	
$20 < H_g \leq 50$	0.006	
$50 < H_g \leq 100$	0.005	
$100 < H_g \leq 150$	0.004	
$150 < H_g \leq 200$	0.003	
$200 < H_g \leq 250$	0.002	
高耸结构基础的沉降量(mm)		
$H_g \leq 100$	400	
$100 < H_g \leq 200$	300	
$200 < H_g \leq 250$	200	

注：1 本表数值为建筑物地基实际最终变形允许值；
2 有括号者仅适用于中压缩性土；
3 L 为相邻柱基的中心距离（mm）；H_g 为自室外地面起算的建筑物高度（m）；
4 倾斜指基础倾斜方向两端点的沉降差与其距离的比值；
5 局部倾斜指砌体承重结构沿纵向 6～10m 内基础两点的沉降差与其距离的比值。

1.4.2 《建筑桩基技术规范》关于倾斜的规定

中华人民共和国行业标准《建筑桩基技术规范》（JGJ 94—2008）给出了建筑桩基沉降变形的允许值，详见表1-2。

建筑桩基沉降变形允许值　　　　　　　　　　　　　　　表1-2

变形特征		允许值
砌体承重结构基础的局部倾斜		0.002
各类建筑相邻柱(墙)基的沉降差		
(1)框架、框架-剪力墙、框架-核心筒结构		$0.002L_0$
(2)砌体墙填充的边排柱		$0.007L_0$
(3)当基础不均匀沉降时不产生附加应力的结构		$0.005L_0$
单层排架结构(柱距为6m)桩基的沉降量(mm)		120
桥式吊车轨面的倾斜(按不调整轨道考虑)		
纵向		0.004
横向		0.003
多层和高层建筑的整体倾斜	$H_g \leq 24$	0.004
	$24 < H_g \leq 60$	0.003
	$60 < H_g \leq 100$	0.0025
	$H_g > 100$	0.002
高耸结构桩基的整体倾斜	$H_g \leq 20$	0.008
	$20 < H_g \leq 50$	0.006
	$50 < H_g \leq 100$	0.005
	$100 < H_g \leq 150$	0.004
	$150 < H_g \leq 200$	0.003
	$200 < H_g \leq 250$	0.002
高耸结构基础的沉降量(mm)	$H_g \leq 100$	350
	$100 < H_g \leq 200$	250
	$200 < H_g \leq 250$	150
体形简单的剪力墙结构高层建筑桩基最大沉降量(mm)		200

注：L_0 为相邻柱（墙）两测点间距离，H_g 为自室外地面算起的建筑物高度（m）。

1.4.3 《危险房屋鉴定标准》关于倾斜的规定

中华人民共和国行业标准《危险房屋鉴定标准》(JGJ 125—99)对构件倾斜的危险性作出如下鉴定：

(1) 地基产生不均匀沉降，其沉降量大于现行国家标准《建筑地基基础设计规范》(GB 50007—2002)规定的允许值，上部墙体产生沉降裂缝宽度大于10mm，且房屋局部倾斜率大于1%，该现象应评为危险状态；

(2) 砌体结构的墙、柱产生倾斜，其倾斜率大于0.7%，或相邻墙体连接处断裂成通缝，该现象应评为危险点；

(3) 混凝土结构的柱、墙产生倾斜、位移，其倾斜率超过高度的1%，其侧向位移量大于$h/500$，该现象应评为危险点；

混凝土结构的屋架支撑系统失效导致倾斜，其倾斜率大于屋架高度的2%，该现象应评为危险点；

(4) 钢结构的钢柱顶位移，平面内大于$h/150$，平面外大于$h/500$，或大于40mm，该现象应评为危险点；

钢结构的屋架支撑系统松动失稳，导致屋架倾斜，倾斜率超过$h/150$，该现象应评为危险点；

(5) 木结构的屋架产生大于$L_0/120$的挠度，且顶部或端部节点产生腐朽或劈裂，或出平面倾斜量超过屋架高度的$h/120$，该现象应评为危险点。

1.4.4 《铁路房屋增层和纠倾技术规范》关于纠倾标准的规定

中华人民共和国行业标准《铁路房屋增层和纠倾技术规范》(TB 10114—97)给出了建筑物倾斜量的允许值(见表1-3)。当建筑物产生的倾斜超过了该表的规定，影响正常使用及特殊要求时，则需要进行纠倾与加固。同时，该房屋允许倾斜值也可作为倾斜建筑物纠倾加固时的回倾标准。

房屋的允许倾斜值 表1-3

结 构 类 型	建筑高度(m)	允许倾斜值
钢筋混凝土承重结构	$H_g \leq 18$ $18 < H_g \leq 24$	$S_H \leq 0.005 H_g$ $S_H \leq 0.004 H_g$
砌体承重结构	$H_g \leq 21$	$S_H \leq 0.004 H_g$
高层建筑	$24 < H_g \leq 60$ $60 < H_g \leq 100$ $H_g > 100$	$S_H \leq 0.003 H_g$ $S_H \leq 0.002 H_g$ $S_H \leq 0.0015 H_g$
高耸构筑物	$H_g \leq 20$ $20 < H_g \leq 50$ $50 < H_g \leq 100$ $100 < H_g \leq 150$ $150 < H_g \leq 200$ $200 < H_g \leq 250$	$S_H \leq 0.008 H_g$ $S_H \leq 0.006 H_g$ $S_H \leq 0.005 H_g$ $S_H \leq 0.004 H_g$ $S_H \leq 0.003 H_g$ $S_H \leq 0.002 H_g$

注：H_g 为自室外地面起算的建筑物高度(m)。

1.4.5 《建筑物移位纠倾增层改造技术规范》关于纠倾标准的规定

中国工程建设标准化协会标准《建筑物移位纠倾增层改造技术规范》(CECS 225：

2007）于 2008 年颁布与实施，使得建筑物纠倾工程的设计和施工进一步走向规范化。

（1）《建筑物移位纠倾增层改造技术规范》的特点

《建筑物移位纠倾增层改造技术规范》中的纠倾工程适用于倾斜值超过相关标准、影响使用功能的建筑物（包括古建筑物），其主要特点为以下几个方面：

1）对相关的名词术语进行界定

目前，我国新旧建筑物的界定尚未有统一的规定，存在地域差别和专业差别。《建筑物移位纠倾增层改造技术规范》（CECS 225：2007）规定，竣工、验收后 2 年及 2 年以内的建筑物为新建建筑物，其纠倾合格标准应满足有关新建工程标准要求；竣工、验收后超过 2 年的建筑物为旧建筑物，其纠倾合格标准见表 1-5。

《建筑物移位纠倾增层改造技术规范》（CECS 225：2007）综合考虑了各种建筑物的建筑质量验收标准、实际工程的各方面因素，如建筑物立面的砌筑质量、建筑物各方向的刚度等，认为：确定建筑物倾斜值的标准不宜按两个方向倾斜值进行矢量合成，规定建筑物的倾斜值主要按其结构角点棱线单向最大水平偏移值确定。对于锥形、圆台形、曲线形等奇特造型的建筑物，以及由于各层平面相异造成立面不垂直的建筑物，其倾斜值宜按中轴线顶点水平偏移值确定。

2）根据纠倾工程实践对纠倾合格标准进行修正

《建筑物移位纠倾增层改造技术规范》（CECS 225：2007）规定的倾斜建筑物纠倾合格标准（表 1-4）较《铁路房屋增层和纠倾技术规范》（TB 10114—97）中的"房屋的允许倾斜值 S_H"略有放宽，主要考虑了以下各种因素：一些体形复杂、立面砌筑质量较差，以及复杂地基上的建筑物纠倾达标存在一定的困难；建成时间较长、上部结构已出现破损和弯曲等病害的建筑物，过大的回倾量会对建筑物结构、基础产生不利影响。通过大量的纠倾实践进行验证，本纠倾合格标准满足建筑物的正常使用要求。

《建筑物移位纠倾增层改造技术规范》（CECS 225：2007）规定的倾斜构筑物纠倾合格标准（表 1-4）较《铁路房屋增层和纠倾技术规范》（TB 10114—97）中的高耸构筑物允许倾斜值 S_H 略加严格，主要原因是考虑了构筑物在正常使用状态下的观感效果，以及一些特殊构筑物的使用要求。

3）对纠倾工程设计进行详细规范

《建筑物移位纠倾增层改造技术规范》（CECS 225：2007）从纠倾工程设计原则、纠倾工程设计总规定、纠倾工程设计计算、迫降法纠倾设计、抬升法纠倾设计、纠倾工程监测系统设计等方面进行了比较详细的规范，特别是对纠倾需要调整的沉降量（或抬升量）给出了严格的理论计算公式。另外，该规范对纠倾设计的步骤与方法也作了详细介绍。

4）增加古建筑物纠倾工程

古建筑是人类文明的财富，是历史的见证和劳动人民的智慧性创造。古建筑物保护是整个社会的责任，更是每个建筑技术工作者义不容辞的义务。该规范增设古建筑物纠倾加固工程，意在将古建筑物保护提高到一个新层次和新水平。

《建筑物移位纠倾增层改造技术规范》（CECS 225：2007）对古建筑物纠倾加固工程的准备工作、设计原则和施工要点进行规范，并对古塔迫降顶升组合协调纠倾法进行了详细的介绍。

5）对纠倾施工方法进行补充

《建筑物移位纠倾增层改造技术规范》（CECS 225：2007）对纠倾施工进行了总体规范，对施工方法进行了一定取舍与补充，特别是对一些常用的纠倾方法进行了完善，使其更富有可操作性。

6）整体要求

《建筑物移位纠倾增层改造技术规范》（CECS 225：2007）确定了纠倾工程设计和施工原则为协调、平稳、缓慢、安全；明确了纠倾工程必须进行信息化施工，应根据现场监测资料及时修改纠倾设计方案，调整施工程序；强调纠倾工程竣工后，应继续进行倾斜观测，一般建筑物的观测时间不宜少于3个月，重要建筑物的观测时间不宜少于半年，并符合相关规定。

（2）《建筑物移位纠倾增层改造技术规范》关于纠倾标准的规定

中国工程建设标准化协会标准《建筑物移位纠倾增层改造技术规范》（CECS 225：2007）给出了建筑物纠倾工程的合格标准（见表1-4），为倾斜建筑物的纠倾扶正提供了依据。

纠倾合格标准　　　　　　　　　　　　　　　表1-4

建筑类型	建筑高度(m)	纠倾合格标准	建筑类型	建筑高度(m)	纠倾合格标准
建筑物	$H_g \leqslant 24$	$S_H \leqslant 0.0045 H_g$	构筑物	$H_g \leqslant 20$	$S_H \leqslant 0.0055 H_g$
	$24 < H_g \leqslant 60$	$S_H \leqslant 0.0035 H_g$		$20 < H_g \leqslant 50$	$S_H \leqslant 0.004 H_g$
	$60 < H_g \leqslant 100$	$S_H \leqslant 0.0025 H_g$		$50 < H_g \leqslant 100$	$S_H \leqslant 0.003 H_g$
	$100 < H_g \leqslant 150$	$S_H \leqslant 0.002 H_g$		$100 < H_g \leqslant 150$	$S_H \leqslant 0.0025 H_g$

注：1 H_g 为自室外地面起算的建筑物高度，S_H 为建筑物纠倾水平变位设计控制值；
　　2 对建成时间较长、上部结构已出现破损（或弯曲）等病害或较大回倾量对上部结构产生不利影响时，纠倾合格标准可在表1-4的基础上增加 $0.001 H_g$。
　　3 对纠倾合格标准有专门要求的工程，尚应满足相关规定。

倾斜建筑物（构筑物）的类型很多，规范中的纠倾合格标准难以包罗万象，所以，《建筑物移位纠倾增层改造技术规范》（CECS 225：2007）的条文说明中对于一些特殊情况还作了灵活处理的规定，如：

1）对于严重弯曲的高耸构筑物（或建筑物），其中轴线顶点回倾量过大时，重心偏离基础形心，此类情况宜采用构筑物（建筑物）重心与基础形心逼近作为纠倾合格标准；

2）对于厂房、简易建筑物等，严重倾斜可能造成局部破坏或整体分离，此类情况宜将建筑物纠倾与局部改造结合进行；

3）对于结构施工中发生倾斜的建筑物，过大的回倾量会造成室内装修物（如地板、吊顶等）反向倾斜；还有一些业主，基于其他方面的考虑，要求对自己倾斜建筑物（构筑物）的纠倾适当放宽标准；这些特殊情况宜参考"纠倾合格标准（表1-4）"，进行灵活处理。

1.4.6　《建（构）筑物纠倾技术规程》关于纠倾标准的规定

中华人民共和国行业标准《建（构）筑物纠倾技术规程》（JGJ，报批稿）规定，竣工验收2年以上产生倾斜的建（构）筑物的纠倾设计和施工验收必须满足表1-5（即纠倾合格标准）的要求；竣工验收2年以内（含2年）产生倾斜的建（构）筑物，纠倾合格标准应符合有关新建工程标准的要求；对纠倾合格标准有特殊要求的工程，尚应符合特殊要求。

纠倾合格标准　　　　　　表 1-5

建筑类型	建筑高度(m)	纠倾合格标准	建筑类型	建筑高度(m)	纠倾合格标准
建筑物	$H_g \leqslant 24$ $24 < H_g \leqslant 60$ $60 < H_g \leqslant 100$ $100 < H_g \leqslant 150$	$S_H \leqslant 0.0045 H_g$ $S_H \leqslant 0.0035 H_g$ $S_H \leqslant 0.0025 H_g$ $S_H \leqslant 0.002 H_g$	构筑物	$H_g \leqslant 20$ $20 < H_g \leqslant 50$ $50 < H_g \leqslant 100$ $100 < H_g \leqslant 150$	$S_H \leqslant 0.0055 H_g$ $S_H \leqslant 0.004 H_g$ $S_H \leqslant 0.003 H_g$ $S_H \leqslant 0.0025 H_g$

注：1 S_H 为建（构）筑物顶部水平变位设计控制值（即建（构）筑物残留倾斜控制值）。
　　2 H_g 为自室外地面起算的建（构）筑物高度。
　　3 对建成时间较长、上部结构已出现破损（或弯曲）等病害，或较大回倾量对上部结构产生不利影响时，在不影响使用功能的前提下，纠倾合格标准可在表 1-5 的基础上增加 $0.001 H_g$。

一般来说，旧的建（构）筑物发生倾斜后，其结构刚度和构件强度都会有所降低或削弱，纠倾难度相对较大。对于一些体形复杂、立面砌筑质量较差和复杂地基上的建筑物，纠倾达标难度大。对于建成时间较长、上部结构已出现破损和弯曲等病害的建筑物，过大的回倾量对建筑物结构、基础会产生不利影响。所以，综合考虑技术和经济性，建成后使用时间较长的既有建（构）物的纠倾工程合格标准，应比新建建（构）筑物相对地放宽一些。

第 2 章　建筑物倾斜原因调查分析

在我国的建筑史上，建筑工程事故时有发生，其中由地基基础病害引发的工程事故始终占有较大的比例。特别是改革开放后，我国经济建设逐渐步入高潮，城市化进程进一步加快，建设项目急剧增加，工程难度日益加大。与其他分部工程相比，地基基础工程事故带来的损失较以往要大得多。这是因为除主观因素以外，当代建筑物越来越高，体量越来越大，基础越来越深，而场地条件却越来越差，真可谓"见缝插针"、"寸土必争"，在客观上也给地基基础工程事故，特别是引起建筑物倾斜的地基基础事故创造了一定的条件。

建筑物发生倾斜的原因可分为人为因素和自然因素两大类。其中，人为因素包括建设规划问题、场地勘察问题、建筑设计问题、建筑施工问题、业主（或建设单位）管理问题、用户使用问题、人为干扰以及一些其他问题等；自然因素主要是自然灾害问题。

进入 21 世纪后，地球上的自然灾害明显呈上升趋势，表现出频率高、地域广、强度大、并发性显著等特点，给地球上的生命财产带来了极大的损失。

首先，特大地震灾害造成大量建筑物破坏。2011 年 3 月 11 日，日本本州岛附近海域发生的 9 级地震，并引发海啸，滔天巨浪高达 37.9m。强烈地震和海啸将沿海的建筑物吞噬。强震导致福岛第一核电站发生爆炸，引发世界核危机。2010 年 4 月 14 日，中国玉树地区发生 7.1 级强烈地震，当地大部分都是砖石结构和土木结构建筑物，地震导致灭顶之灾。在极重灾区结古镇，土木、砖木结构房屋几乎全部倒塌或严重破坏。2010 年 1 月 12 日，海地首都太子港发生 7.3 级地震，大量建筑物遭到破坏，太子港变成了一片废墟。2008 年 5 月 12 日，中国汶川发生 8 级地震，并引发大面积滑坡、泥石流等，倒塌房屋 778.91 万间，损坏房屋 2459 万间。2004 年 12 月 26 日，印度洋海域发生 8.9 级地震，地震引发海啸，巨浪高过 10m，摧毁了沿海的绝大多数建筑物。2003 年 12 月 26 日，伊朗克尔曼省巴姆古城发生的 6.6 级地震，几乎完全摧毁了这座古城。

另外，洪水灾害、风沙灾害、滑坡和泥石流灾害、沉陷灾害等自然灾害也对建筑物造成不同程度的破坏。2010 年 8 月 7 日，中国甘南藏族自治州舟曲县东北部突降特大暴雨，持续 40 多分钟，降雨量 97mm，引发白龙江左岸的三眼峪、罗家峪发生特大泥石流。泥石流涌入舟曲县城，冲毁大量民房，舟曲县城一半被淹，一个村庄整体被淹没，损失惨重。

近年来，自然灾害造成建筑物开裂、倾斜、甚至破坏的数量远远超过了人为因素造成病害的建筑物数量，这与以往的结论不尽一致。但是多数情况下，自然灾害造成建筑物倾斜的同时，也严重破坏了上部结构，处理的方法多数为彻底拆除。因此，本章对建筑物倾斜原因进行统计时，范围仅限于本书的 200 多个建筑物纠倾工程实例。通过调查统计，由于建设规划问题造成建筑物倾斜事故的约占被调查事故总数的 4%，勘察工作失误造成建筑物倾斜事故的约占总数 2%，建筑设计问题造成建筑物倾斜事故的约占总数 45%，建筑施工问题造成建筑物倾斜事故的约占 20%，业主（或建设单位）管理问题造成建筑物倾斜事故的约占 6%，建筑物使用过程中的问题造成建筑物倾斜事故的约占总数 10%，人为干扰和自然灾害影响造成建筑物倾斜事故的约占 10%，其他原因造成建筑物倾斜事故的占总数的 3%左右。

2.1 建设规划中的问题

在软弱土地区，规划部门在批准建筑用地时，建筑物相距过近，两栋建筑物的外墙净距规定为 800mm，造成相邻建筑地基应力叠加。特别是软土地基上相邻建筑物的相互影响，引起建筑物相向倾斜，严重者可使建筑物丧失使用功能，如图 2-1 所示。更有甚者，海口市龙华区高坡村两栋住宿楼几乎贴面而生，两栋楼之间的目测间距不足 100mm（见图 2-2）。

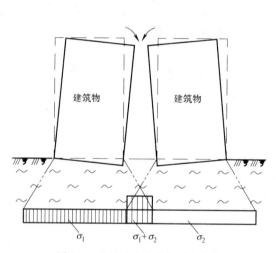

图 2-1 两基础应力叠加引起倾斜

图 2-2 海口两住宅楼相距 100mm

2.2 场地勘察中的问题

建筑场地的岩土工程勘察是建设工程中重要的一环，也是地基基础设计工作和施工工作的关键依据。但是，一段时间以来，勘察市场供大于求，各勘察单位竞相压价，勘察费用偏低，造成了一些混乱局面，给工程建设质量造成隐患，具体表现在以下几个方面。

（1）工程勘察深度不足

根据《岩土工程勘察规范》（GB 50021—2001），详细勘察应查明建筑物范围内或对建筑物有影响地段内的各种洞室的形态、位置、规模、围岩和岩溶堆物性状，地下埋藏特征，评价地基的稳定性。但是，一些勘察单位对岩溶地区的勘察深度不足，未查明溶洞准确边界线。有的岩土工程勘察甚至连岩溶土洞、墓穴、废弃的人防地道和废弃的毛石基础等也被忽视，使新建的建筑物发生严重开裂、下陷、倾斜或不均匀沉降等。

（2）勘察工作不细致

工程勘察等级应根据工程安全等级、场地等级和地基等级，综合分析确定。详细勘察的勘探点布置、勘探点数量，应满足《岩土工程勘察规范》(GB 50021—2001) 要求，尤其是在复杂地质条件下或特殊岩土地区应适当增加勘探点；否则，工程勘察报告不能全面、客观地反映地基土情况。调查中发现存在如下的问题：

1) 勘探点的布置远离建筑物，使得勘察结果误差较大。

2) 勘探点间距过大，复杂条件下的地基土层连不成剖面图，责任心不强的工程师便随意勾画地层分界线，造成建筑物不均匀沉降。

3) 勘探点数量不足，间距过大，或只借鉴相邻建筑物的地质资料，对建筑场地没有进行认真勘察评价，因而没有掌握局部存在的暗浜、古河道、古墓、古井、局部软弱夹层或厚薄不均的填土层，使设计对局部软弱地基土不加处理。上部结构建成后，地基产生不均匀沉降，引起建筑物倾斜，如图 2-3 所示。

4) 勘探点间距过大，对频繁起伏的基岩顶面标高描述失真，造成基础桩承载力相差悬殊，桩基产生不均匀沉降，建筑物发生倾斜，如图 2-4 所示。

5) 土工试验所取的原状土样过少，缺乏代表性，勘察报告不能真实反映地基土力学性能。或未布置原状取土孔，未进行取样试验，给工程设计埋下了潜在的危险。

6) 地基土分层失误，勘察报告将淤泥土夹层与相邻的粉细砂层混为一层进行编制，导致基础设计与施工都没有重视软弱下卧层的存在。基础开挖过程中，大型施工机械反复扰动软弱下卧层，导致淤泥土强度降低，建筑物产生倾斜。

7) 勘察数据处理失误，提出的地质勘察报告不能真实反映场地条件。

图 2-3 厚薄不均的淤泥夹层引起倾斜

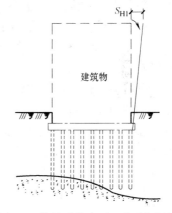

图 2-4 桩基承载力不一致引起倾斜

(3) 主观臆断

由于工程地质的复杂性，岩土工程勘察中存在一些主观臆断的现象。另外，对于一些较为熟悉的场地，勘察工程师也容易产生麻痹思想，不按科学程序进行勘察，凭经验办事，靠主观判断，使勘察结果严重失真。

1) 勘察工程师自以为对场地熟悉，主观判断其为简单场地，绝大部分钻孔深度过浅，只进入黏土层便终止，殊不知有机土与泥炭就在其下。勘察报告误导设计人员既未对软弱土地基进行处理，也未对建筑物结构采取加强措施，导致建筑物产生不均匀沉降、墙体开裂等。

2) 对场地地下水位的变化没有进行长期细致的观察,所估计的变化范围与实际情况严重不符,造成建筑物基础（尤其是箱形基础）在施工阶段产生上浮、倾斜等严重事故。

3) 建筑物增层的补充勘察中,提出的原地基土承载力增长计算,以及增层后地基沉降计算缺乏科学依据,导致建筑物增层后产生倾斜。

2.3 建筑设计中的问题

设计工作失误是建筑物发生倾斜的一个主要原因,特别是一些设计人员对地基基础问题的重要性认识不足,常把复杂的地基基础问题简单化处理,导致建筑物基础产生不均匀沉降,上部结构发生倾斜。建筑设计中存在的问题包括设计依据不足、基础方案失误、地基处理方案不当、设计承载力不足、地基变形过大、建筑物上部结构严重偏心、持力层选择不当、基础埋深不当、设计概念模糊和设计工作过粗等多方面原因。

(1) 设计依据不足

1) 没有进行建筑场地的岩土工程勘察（有的是勘察报告不详尽,也有的是施工图设计采用可行性研究阶段的勘察报告）,设计人员靠经验盲目设计,或参考附近场地的工程地质资料和水文地质资料进行地基基础设计。但是所参考的建筑物距离较远,其工程地质与水文地质情况不能完全代表设计场地,设计人员也没有进行详细的现场调查访问,导致建筑物持力层选择失误,如恰好遇到多年前草率回填了的泥塘、泥沟等,造成浅基础建筑物的局部地基承载力不足,局部地基土压缩模量突然降低,在施工过程中便产生不均匀沉降,并且随着上部结构逐步增高,建筑物倾斜量逐渐加大。也有的是局部的泥塘、泥沟等,使其中的单桩承载力严重不足,桩基建筑物产生倾斜。调查中还发现,同一场地中构筑物参考了相距50m远的建筑物地质资料,结果由于地基承载力相差悬殊,导致该构筑物发生倾斜。

2) 不进行建筑场地的岩土工程勘察,设计人员按经验对地基承载力进行估算,估算的地基土承载力往往偏差较大,多数情况下估算值偏于保守,造成隐形浪费；也有的犯冒进错误（如某工程对填土地基承载力取200kPa等）,导致事故发生。总之,估算地基承载力很难准确把握,原本是为了节省工程投资,其结果适得其反。

3) 设计人员对岩土工程勘察报告中存在的明显问题（例如地质剖面图与当地的地质结构、地貌严重不符；钻孔深度严重不足；钻孔平面布置极不合理等）视而不见,没有及时提出补充勘察的要求,从而使得设计依据（地质勘探报告）不符合实际情况,造成建筑物倾斜事故。

(2) 基础方案失误

基础方案的选择在设计中起着重要的作用,它不仅严重影响着工程造价和工程进度,甚至影响工程的安全性。实际工程中的一些建筑物基础设计时,由于没有把握好地基土特性,缺乏认真的基础方案比选,采用的基础形式不当造成建筑物倾斜事故。

1) 在深厚淤泥软土、饱和粉细砂地基上,错误选用沉管灌注桩、沉管夯扩桩等基础形式,施工过程中产生较大的超静孔隙水压力,桩管打不到设计位置,拔管过程中淤泥挤孔造成混凝土桩缩颈、甚至断桩等桩体缺陷,使桩基施工质量难以保证,承载力达不到设计要求,建筑物产生倾斜,如图2-5所示。

2) 在深厚淤泥地基中，预制桩布置过密，桩打不下去，大量截桩，部分桩尖未达到设计持力层，使桩基发生不均匀沉降，建筑物倾斜或开裂。

3) 承受强大动力作用的钢塔架，荷载偏心，而采用分离式柱下基础（4根钢柱下采用相同的分离式浅基础），强大的动力作用导致黄土地基发生不均匀沉降，塔架发生倾斜，如图2-6所示。

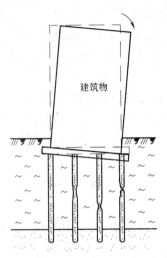 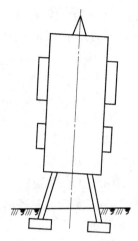

图2-5　桩基缩颈、折断引起的倾斜　　　　　图2-6　基础不当引起的倾斜

4) 同一栋建筑物下选用两种或两种以上形式的基础（例如：1/3的混凝土独立基础与2/3的毛石混凝土条形基础混合使用；1/3的沉管灌注桩基础与2/3的钻孔灌注桩基础混合使用；1/3的钢筋混凝土条形基础与2/3的钢筋混凝土筏形基础混合使用等），或将基础置于刚度不同的地基土层上，在建造或使用过程中，建筑物产生不均匀沉降，发生倾斜事故，如图2-7所示。

5) 考虑桩土共同工作时，桩间土分担的荷载比例过大，布桩数量较少，使房屋发生过量沉降或倾斜。

6) 在填土、软土或湿陷性黄土等厚薄不匀地基上，采用条形或筏板等基础形式，由于地基土的工程性质较差，受力后附加沉降大，加之厚薄不匀，导致建筑物不均匀沉降，发生倾斜，如图2-8所示。

7) 基础埋深过浅，导致建筑物稳定性不足，产生倾斜、破坏等。

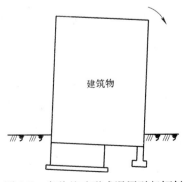 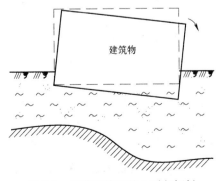

图2-7　多种基础形式混用引起倾斜　　　　　图2-8　厚薄不均地基土引起倾斜

(3) 持力层选择不当

1) 为节省投资，地基持力层选择在浅层的淤泥、杂填土、腐殖质、湿陷性黄土等不稳定的软弱土层上，建筑物产生不均匀沉降。

2) 埋置在弱冻胀、冻胀或强冻胀土中的建筑物基础，基底下允许残留冻土层厚度较大，严寒季节里，地基土中的水冻结成冰，体积增大，产生冻胀，向上挤压，形成冻胀力。由于冻胀的不均匀性，以及建筑物各部位的自重和刚度不均匀等原因，使建筑物产生不均匀变形。气温变暖后，地基土中的冰融化，土体强度减弱，造成建筑物下沉。由于地基土分布和其含水量的不均匀性，融化速度不同，使地基产生不均匀沉降，建筑物倾斜、破坏。

3) 基桩的桩尖没有进入合适的持力层，基础产生较大的沉降和不均匀沉降。

4) 在基岩起伏较大的场地，建筑物的基桩长度相等，导致各桩承载力的差异较大，建筑物产生不均匀沉降。

(4) 地基变形过大

1) 仅按地基承载力进行设计计算，忽略了地基变形验算（尤其在软土地基），使建筑物发生不均匀或过量的沉降。

2) 形体复杂的建筑物各部分之间没有设置沉降缝，局部的不均匀沉降造成建筑物整体倾斜，各部分连接产生破坏。

3) 多层建筑持力层中存在软弱下卧层，承载力较大的上层地基土厚度较薄，软弱下卧层厚度变化较大，压缩模量小，成为地基的主要压缩层。软弱下卧层的差异沉降，导致建筑物倾斜。

4) 忽略软弱下卧层厚度变化，导致地基土变形过大；或没有揭示出正确的基岩面起伏变化，更多的情况是地基土软弱不均的复杂分布没有被查明，不能进行有效的处理，造成严重的不均匀沉降。

(5) 上部结构重心严重偏离其基础形心

1) 建筑物基础设计时，基础形心严重偏离结构重心投影，荷载偏心矩过大，基底附加压力分布不均，使建筑物发生严重倾斜或损坏。调查中发现，尤其在软弱场地中，荷载偏心更容易造成建筑物倾斜（如图2-9所示）。

2) 建筑物楼层平面设计时，不均匀布置，如大量地单面悬挑、局部加层、局部设置大型构造物等，使得建筑物上部结构重心严重偏向一侧，而基础未做相应处理，产生较大的偏心矩，建筑物倾斜。

3) 由于场地的限制，基础平面布置时未将上部荷载较大一侧的基础外伸，造成基础平面形心偏离，建筑物倾斜。

(6) 设计承载力不足

1) 对形体复杂、高度变化较大的建筑物，没有按照上部结构的传力详细计算每一个基础面积，建筑物基础总面积满足要求，但基底压力较大的基础（高层部分）底面积不足；而基底压力较小的基础（低层部分），其基础底面积过大。造成同一栋建筑物中，有的地基承载力满足要求，有的严重不足，导致建筑物倾斜。

2) 软土地基上的相邻建筑物间距过小，地基与基础设计时，忽视了相邻建筑物地基应力叠加影响，没有采取必要的措施，造成建筑物相向倾斜。

3) 对于欠固结的填土、淤泥等地基，采用桩基方案时，设计计算忽视了欠固结土的负摩擦力作用，造成桩的数量不足，桩基产生过量沉降、断桩等严重事故，建筑物倾斜。还有的是：成层地基土场地设计计算时忽略了上层欠固结填土对桩基的负摩擦力影响，造成桩基承载力不足，建筑物倾斜。再有一种情况是，城市化进程中，建筑场地多选择在城郊的农田、池塘、小溪等处，由于回填土（如塘渣等）厚度较大，原已固结了的淤泥质地基土重新产生固结沉降。因不同厚度回填土的影响，各个基桩所受的负摩擦力不同，造成部分桩基承载力不足，建筑物倾斜，如图 2-10 所示。

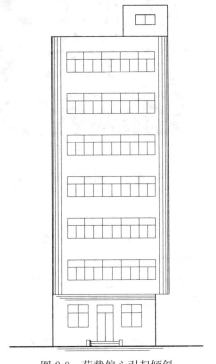

图 2-9　荷载偏心引起倾斜

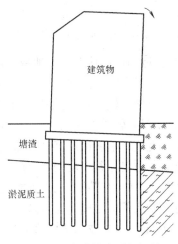

图 2-10　负摩擦力引起倾斜

4) 在同一标高处大量接桩，在同一平面上形成薄弱层，桩体很难保持原来的方向，不仅会产生附加应力，严重降低单桩承载力，而且在水平推力作用下，往往使接桩的部位首先发生破坏，造成严重事故。

（7）地基处理不当

1) 对于承载力较低的地基土，采用换填垫层法处理地基。但由于垫层的厚度比较小，起不到扩散附加应力的作用，导致地基承载力不足，建筑物产生倾斜。

2) 湿陷性黄土地区的条形基础建筑物，利用灰土挤密桩处理地基。但是，灰土挤密桩处理的深度和范围严重不足，附近地下管道破裂造成地基土湿陷，建筑物很快便发生倾斜。

3) 建筑物设计时，没有对场地中的残留物（如废弃防空洞、残留管道等）进行有效的处理。防空洞在建筑物的附加压力作用下顶部塌落，其上的地基土随之产生沉陷，造成建筑物倾斜，如图 2-11 所示。

4) 软土场地地基处理不当，甚至不进行地基处理，采用天然地基匆忙进行基础施工，建筑物在建设过程中便发生倾斜,并日渐严重。海口19层的"富景苑"便是一个是实例,见图2-12。

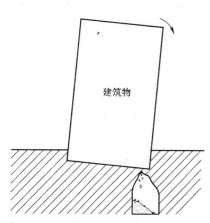

图2-11 地基中的防空洞引起建筑物倾斜

图2-12 软弱地基不处理引起倾斜

5) 在持力层起伏较大的地带,建筑物基础的一部分放置于天然原状土之上,而另一部分放置于经夯实后的回填土上,回填土厚度较大,而夯实的效果达不到设计要求(承载力不足,压缩量较大),建筑物产生不均匀沉降。

6) 在深厚软弱黏性土中采用碎石桩法处理地基,置换率较低,并且桩尖不穿透软弱层,形成复合地基后也没有进行加载预压,在建筑物荷载作用下,产生大的沉降变形,上部荷载偏心时伴随着不均匀沉降产生。这是因为软弱黏性土的渗透性较小,灵敏度高,成桩过程中产生的超孔隙水压力不能及时消散,挤密效果较差,而且扰动破坏了地基土的天然结构,降低了土的抗剪强度。

7) 在采用强夯技术处理地基时,由于夯击能量不足,影响深度不够,没有有效地消除填土或黄土的湿陷性,造成很大隐患。

(8) 既有建筑物改造方案失误

既有建筑增层改造时,只对墙柱承载力进行了验算,却忽略了增层荷载对原地基与基础的不利影响,没有进行相应的地基处理,使得增层后的地基承载力不能满足要求,地基土发生不均匀压缩变形,建筑物倾斜。更有不利的情况是:增层建筑物在新的沉降过程中,破坏了原有的上下水管道,造成水浸地基土,增层建筑物发生更大的倾斜。

(9) 设计工作粗枝大叶

1) 对于有地下室的箱形基础,浮力计算中采用的地下水位不正确,也没有考虑遭遇洪水时基础抗浮的应急措施。当地下水位大幅度上升时箱形基础上浮,导致施工中的建筑物产生倾斜。

2) 距离大型建筑物很近的附属用房(小型建筑物且距离小于勘探点间距)设计时,不进行专门的地质勘探,而是参考相邻大型建筑物的勘察报告。但基槽开挖后又忽视了钎探工作,或者是钎探工作不认真,场地中的局部填坑、洞穴等不良地基造成建筑物局部沉降。

3) 在烟囱的设计中,埋在地下的烟道没有保温措施或保温隔热措施不力,使通向烟囱的烟道底部地基土长期受高温烘烤，使土体含水量减少至塑限以下，土体体积缩小，地基土产生沉降，造成烟囱倾斜。

（10）设计概念不清楚

概念设计是指在设计中，要求工程师运用"概念"，而不仅仅是依赖于计算对整个结构工程进行分析，作出判断，采取相应措施。概念设计在结构工程设计中起着把握全局的作用，概念设计的失误，会导致建筑物产生严重问题。

1）软弱地基土场地设计概念模糊。在局部软弱地基土场地的设计中，混淆了强度和变形的概念，不进行地基处理，认为只要加大基础面积，将基底压力降低到设计承载力之下就解决问题了（即同时满足强度和变形的要求），造成同一栋建筑物的基础宽度大小不一、多不相同，但同时由于地基土的变形过于悬殊，造成建筑物不均匀沉降。

2）在复合地基设计时，认为整个桩的数量计算无误就万事大吉了，在桩的平面布置时忽略了上部荷载的分布情况，导致复合地基局部承载力不足或局部沉降量过大，基础产生不均匀沉降，这种事故曾多次出现过。

2.4 建筑施工中的问题

建筑施工中存在的问题包括施工方案违反相关规程、施工质量低劣、施工记录造假、配套设施影响、相邻工地施工影响、对地基土保护不力、未及时采取补救措施等。其中，施工质量低劣、偷工减料、弄虚作假以及施工方法不当等是造成建筑物发生倾斜的又一个重要原因。

（1）施工方案违反相关规程

1）钻孔桩、挖孔桩的孔底虚土、残渣没有清理干净，使得桩端承载力严重不足，建筑物产生不均匀沉降。

2）预制桩施工时，打桩速度过快，在地基土中产生较大的超静孔隙水压力，致使已打进的桩产生倾斜，甚至断桩，大大降低了单桩承载力。同时，后面的桩打不到位，造成大量截桩，地基土大量隆起。但是经过一段时间后，超静孔隙水压力慢慢消散，未到位的桩承载力严重不足。总之，前后打入的许多预制桩的承载力达不到设计要求，在建造或使用阶段建筑物产生不均匀沉降。

3）沉管灌注桩施工不到位，吊脚现象严重，导致桩基承载力不足，建筑物发生倾斜。

4）桩头处理不当，常见的是截桩时敲击过猛，使桩身产生损伤；或桩头截去过长，在软土地区补桩头时，将桩周围的泥土也掺进桩头内，较小的上部荷载就将桩头压裂，甚至压碎；或接桩较长，但草率从事，桩的接长段与原桩体不在一条垂线上，形成折线形，严重降低单桩承载力，建筑物产生不均匀沉降。

（2）施工质量低劣、弄虚作假，造成隐患

1）基础施工时，施工单位随意减少了基础板的挑出长度，造成基础板形心移动，上部结构荷载相对偏心，产生倾斜。

2）为了减少工作量，施工单位在基础施工时随意减少基槽开挖深度，降低基底埋深，使得修正后的地基承载力特征值减小、地基承载力不足，建筑物发生倾斜。

3）采用强夯处理地基时，由于夯击能量不足，影响深度达不到加固深度的要求，没有彻底消除填土或黄土的湿陷性，建筑物在使用过程中地基进水，造成建筑物严重下沉、倾斜或裂损。

4）施工单位交工时没有将污水管道接通，使得室内污水灌入建筑物地基中，造成地基土浸水软化，基础下沉。

5）隐蔽工程质量低劣，不经验收便回填使用。例如：化粪池一经使用便大量渗漏，造成湿陷性黄土地基浸泡，建筑物倾斜。

6）建筑物消防水池的防水质量差，消防水泄漏后浸泡地基，导致建筑物倾斜。

7）桩基施工中，桩长随着监理（或业主）是否在场而变化，甚至一些桩的实际长度仅为设计桩长的一半；或在基岩起伏的场地中，桩长一致，使得有些桩尖落在岩石表面，另一些桩尖下还保留着一定厚度的泥土。有的施工单位将木桩的大头截去做门窗，留下小头做桩。这些情况均可造成各基桩的承载力相差悬殊，基础产生不均匀沉降，如图2-13所示。

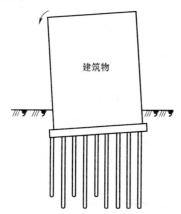

图2-13 基桩承载力悬殊引起倾斜

8）桩体质量不合格，水泥掺合量严重不足。

9）采用劣质材料，减少钢筋，降低砖石、砂浆、混凝土强度等级，甚至缩小基础尺寸，还有的施工单位擅自将桩头的形式改变等，在上部荷载作用下，基础（桩）出现破损、酥碎、断裂等质量事故。

10）沉管灌注桩的施工记录，应包括每米的锤击数和最后1m的锤击数，必须准确测量最后三阵，每阵10锤的贯入度和落锤高度。但是，一些施工队弄虚作假，施工记录隐瞒真相，不能停锤时便终止打入，造成沉管灌注桩承载力不足，建筑物倾斜。

(3) 施工中未能保护好地基土

1）施工单位在基础施工过程中，没有做好防雨排水工作，没有及时回填基础，使暴雨浸泡基槽，地基土承载力降低，压缩模量降低，尚未完工的建筑物便产生不均匀沉降。

2）基础开挖施工时，没有保护措施，造成地基土严重扰动，建筑物产生不均匀沉降。

3）建筑物增层改造工程设置新基础或加固原有基础时，开挖施工、基槽降水等造成原地基土应力状态的改变，附加应力增加，建筑物产生不均匀沉降。

(4) 地基处理措施不当

1）施工单位对建筑地基中的防空洞、土石坑，以及降水坑等用混凝土进行换填，相当于人为设置"混凝土支承墩"，导致地基沉降量差异较大，建筑物产生倾斜。

2）半挖半填的山区建筑场地中，由于处理措施不当、施工质量差、填土地基压实度不足或压实度不均匀等，造成一栋建筑物下存在欠固结和超固结两种地基土，产生不均匀沉降，建筑物倾斜，如图2-14所示。

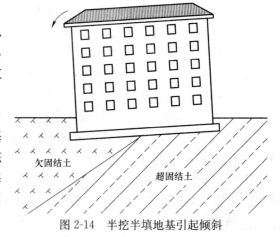

图2-14 半挖半填地基引起倾斜

(5) 相邻工地施工影响

1) 在高层建筑基础工程施工中,由于深基坑的开挖、支护、止水等技术措施不当,造成支护结构倒塌或过大变形;基坑施工大量降水、漏水、涌土、失稳等,引起基坑周边地面开裂、塌陷,地基土向基坑方向位移,使已建成或正在建造的相邻建筑物向基坑方向倾斜,如图 2-15 所示。

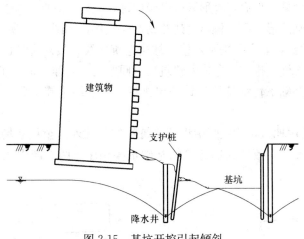

图 2-15　基坑开挖引起倾斜

2) 相邻工地进行打桩施工,由于打桩振动引起粉细砂层的振动液化和超孔隙水压力的侧向挤压,引起既有建筑物下地基土的再次固结,对相邻基础会产生不利的影响,产生事故。

3) 配套工程施工时,忽略了对主体工程的保护,例如:化粪池、车库等开挖距离建筑物过近,使主体结构基础外侧产生较大的临空面,基础下的淤泥土侧向挤出,引起主体结构倾斜、甚至倒塌;又如,室外配套管网开挖后,未及时回填,或回填后未夯实,雨水灌入后,使黄土地基湿陷,造成建筑物不均匀沉降。

4) 在软土地区,相邻场地进行人工挖孔桩施工时,首先降低场地地下水,然后进行人工挖孔作业。降低地下水位会引起地基土不均匀沉降,而人工挖孔桩则相当于地基土的应力解除孔,桩孔周围地基土的强度和变形模量均呈下降趋势,软土向桩孔运移,带动相邻建筑物向桩孔方向倾斜。

2.5　建设管理中的问题

业主或建设单位在管理中存在的问题,也是造成建筑物倾斜的一个方面。而且,随着市场经济的发展,业主或建设单位在建设工程中的主导作用得到强化,容易造成瞎指挥、强人所难等问题。

(1) 建筑场地选址不当

建筑场地应处于安全环境之中,应避开断裂带、土坡边缘、故河道和可能塌方、滑坡等地质上的危险地段。业主基于一些其他方面的考虑(如投资、运营、政绩、关系等),错误选择建筑场地,带来了潜在的危险。例如:建筑场地距离露天矿较近,矿物开采导致地层长期整体蠕动变形，使地表建筑物产生不均匀沉降、倾斜等病害。

(2) 业主操作失误

1) 业主不按建设程序进行工程建设，任意发包建设工程，造成一些不够资质的设计单位，甚至是施工单位进行工程设计，造成工程质量低劣，建筑物产生倾斜。

2) 为了多占地盘，业主暗中地将建筑物的基础外移，越过建筑红线。事情败露后，无奈将建筑物退回原处。然而，筏形基础已经做好，只好反方向再加长筏板，导致上部结构的重心与筏形基础的形心严重偏离，建筑物产生倾斜，如图 2-16 所示。

3) 为了多占地盘，业主将桩基外移，越过建筑红线，最外排桩已做好时被发现，只有在最外排桩内侧再做一排桩，才能使建筑物退回原处。这样一来，建筑物最外侧基础下为双排桩，而其余基础下仍维持原设计的单排桩，上部结构施工后，桩基产生不均匀沉降，建筑物倾斜。

4) 为了充分利用地盘，业主暗中将其建筑物的基础外伸至相邻场地，同时没有处理好与旧基础之间的关系，致使新旧建筑物基础重叠相压，两者产生相向倾斜，如图 2-17 所示。

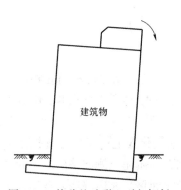

图 2-16　偏移基础形心引起倾斜

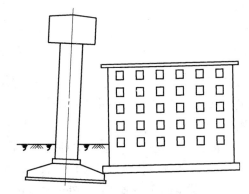

图 2-17　两基础相压引起倾斜

5) 为了增加建筑面积，业主背着设计单位擅自大量增加阳台（甚至有的业主将阳台盖在相邻建筑的屋面上），造成上部结构偏心过大，建筑物发生倾斜。

6) 为了减少投资，业主强迫施工单位减少基桩数量，造成建筑物不均匀沉降。

7) 为了节省投资，在不进行地质勘探的情况下，业主委托设计院进行设计。由于对地质情况缺乏了解，地基处理不当，使建筑物发生倾斜。

8) 为了节省投资，业主按一幢住宅楼进行场地勘察，按一幢住宅楼进行设计，但是在施工阶段，套用该勘察资料和设计图纸进行多次重复建设。由于场地变化，造成勘察资料和设计图纸不配套，建筑物不均匀沉降。

(3) 业主管理不善

1) 商品住宅楼以毛坯房形式竣工后，为了管理和销售方便，开发商首先集中售出了一侧住房，其余的暂未出售。先买房的户主便开始集中装修，装修荷载和使用荷载在短时间内集中加到了住宅楼的一侧，造成上部荷载偏移，建筑物的重心偏离基础形心，住宅楼发生倾斜。

2) 户主装修时随便拆除承重墙，致使承载结构裂损，各种病害发生后没有及时维修，造成建筑物开裂或倾斜破坏。

2.6 建筑物使用过程中的问题

我国建筑物结构可靠度采用的设计基准期一般取 50 年。在 50 年甚至超过 50 年的使用期中，各种不正确的使用会对建筑物造成损坏、倾斜等。

(1) 已建成的建筑物上下水管道破裂，自来水为长流水，或化粪池渗漏，长期得不到维修，地基周围长期积水；或污水井堵塞，污水流入地基等，使地基土浸水湿陷，如图 2-18 所示。场地排水不畅，雨后建筑物周围（或其一侧）长期积水，造成地基土强度降低，压缩性增大，建筑物产生不均匀沉降。

(2) 建筑物年久失修，其散水、排水沟破损，墙根常年积水，造成地基土湿陷，建筑物倾斜。经常可看到的另一种现象是：建筑物外墙上的雨落管下半部脱落，屋面雨水从某层开始便沿外墙倾泻，破坏散水，浸泡地基，造成建筑物不均匀沉降。

(3) 安全生产意识淡漠，管理不善，生产废水、废液无组织排放，不断渗入地下，邻近的建筑物地基遭到浸泡，基础产生不均匀沉降。

(4) 建筑物使用时间较长，甚至超过结构可靠度的设计基准期后，还未得到有效的维修保护，基础老化、受腐蚀，其抗剪强度下降，局部破坏。

(5) 在既有建筑物的附近大量堆载（如建筑材料、弃土或产品等），使其一侧的地基承受较大的附加压力，引起地基的不均匀沉降。此种病害多次发生在软弱土场地，如图 2-19 所示。

图 2-18 地基浸水引起倾斜

图 2-19 地面堆载引起倾斜

2.7 人为干扰和自然灾害的影响

近年来，人为干扰和自然灾害对既有建筑物的影响呈上升趋势，特别是各种矿物开采和破坏性较大的自然灾害，更是造成建筑物倾斜、破损的重要原因。

(1) 采空区沉陷。地下矿层大面积采空后，上部岩层失去支撑，产生移动变形，原有平衡条件被破坏，随之产生弯曲，塌落，以致发展到使地表下沉变形形成移动盆地。移动盆地的面积一般比采空区面积大，其位置和外形与岩层的倾角大小有关。采空区上方岩层变形的不断扩大并向上发展，往往波及地表，使地表产生移动变形，包括连续的地表变形、不连续的地表变形和不明显的地表变形等。位于盆地上的建筑物随着移动盆地的形成，发生变形、开裂、倾斜、破损等病害，甚至连开采井架和一些其他开采构筑物也发生倾斜等事故。图 2-20 为某采空区的倾斜建筑物。

图 2-20 采空区的倾斜建筑物

（2）城市地下工程施工影响。城市修建地铁、地下街道、地下建筑物、大型地下管道（包括大型地下顶管施工）等，没有采取有效的支护措施，导致附近地面下沉，地表建筑物产生不均匀沉降、开裂、倾斜等病害。

（3）长期的振动引起建筑物倾斜，如火车线路的附近建筑物发生倾斜。

（4）山体滑坡，导致附近建筑物突然倾斜，甚至破坏。

（5）海啸、水灾、泥石流等造成地基土被淘空，基础滑移，引起建筑物倾斜。图 2-21 和图 2-22 为 2011 年 3 月 11 日日本本州岛附近海域地震引发海啸导致建筑物倾斜、破坏照片。图 2-23 和图 2-24 为 2004 年 12 月 26 日印度洋海域地震引发海啸，摧毁了沿海建筑物的照片。图 2-25 为 2010 年 8 月 7 日舟曲特大泥石流冲毁建筑物的现场照片。

图 2-21 本州岛海啸摧毁建筑物（一）

图 2-22 本州岛海啸摧毁建筑物（二）　　　图 2-23 印度洋海啸摧毁建筑物（一）

2.7 人为干扰和自然灾害的影响

图 2-24 印度洋海啸摧毁建筑物（二）

图 2-25 舟曲泥石流摧毁建筑物

（6）强烈的地震使地基土液化、喷砂，产生不均匀沉陷，引起建筑物倾斜，甚至倒塌。强大的地震作用还可以使建筑物的上部结构产生较大的变形，同样引起建筑物倾斜或破坏。图 2-26、图 2-27、图 2-28 为 2011 年 3 月 11 日本州岛地震导致建筑物倾斜的照片。图 2-29 为 2010 年 4 月 14 日玉树地震中建筑物倾斜照片。图 2-30 和图 2-31 为 2010 年 1 月 12 日海地太子港地震中建筑物倾斜和破坏照片。图 2-32 和图 2-33 为 2008 年 5 月 12 日汶

图 2-26 本州岛地震中倾斜的建筑物（一）　　图 2-27 本州岛地震中东京塔倾斜

25

川地震中建筑物倾斜照片。图 2-34 为 1964 年日本新潟地震引起大面积地基土液化，导致建筑物倾斜的照片。

图 2-28　本州岛地震中倾斜的建筑物（二）

图 2-29　玉树地震中倾斜的建筑物

图 2-30　海地地震中破坏的建筑物（一）

图 2-31　海地地震中破坏的建筑物（二）

图 2-32　汶川地震中建筑物倾斜（一）

图 2-33　汶川地震中建筑物倾斜（二）

图 2-34　日本新潟地震引起大面积地基土液化

2.8　其他原因

除了上述因素引起建筑物发生倾斜外，还存在着一些其他直接或间接的方面的原因。

（1）建筑行业的不正之风。例如：无照设计、无照施工，所提供的地基处理手段或基础施工方法均不符合现行规范，甚至是十分错误的，从而导致建筑物发生倾斜。

（2）地下水位的升降引起地基土特性改变。由于大量超限开采、抽汲地下水，地下水位下降，引起地基下沉；由于修建水库或其他原因，有些地区地下水位上升，也会降低地基承载力，引起地基下沉和建筑物病害。

以上我们就规划、勘察、设计、施工、管理、使用、自然灾害等方面的原因对建筑物倾斜事故进行了分析。但是一般来说，多种不利因素更容易共同引发建筑物的倾斜，所以，我们在具体分析一起建筑物倾斜事故时，不能顾此失彼，只有全面分析研究，才能弄清问题的真相，也才能分清主次矛盾，为倾斜建筑物的纠倾扶正工作奠定必要的基础。

第3章 建筑物纠倾工程检测与鉴定

我国建筑物的设计基准期一般为 50 年。由于各种原因（详见第 2 章），建筑物在 50 年（有的甚至超过 50 年）的服役过程中产生了倾斜病害，甚至有的在建设过程中便发生了倾斜，导致其安全性、适用性和耐久性等预定功能不能满足设计要求，因此应根据具体情况对倾斜建筑物进行纠倾扶正处理。

建筑物纠倾工程的检测鉴定是实施纠倾工程的依据。经过检测与鉴定，确认有继续使用或保护价值的倾斜建筑物，方可进行纠倾处理。

建筑物纠倾工程检测与鉴定应包括：收集相关资料、现场调查、制定检测鉴定方案、检测鉴定和提供检测鉴定报告。其中，收集倾斜建筑物的相关资料包括：岩土工程勘察报告，施工图设计文件，竣工报告（包括隐蔽工程的施工记录）、场地中地下设施布置图，以及使用过程中的改造情况等，有条件时尚应包括结构计算书。根据对收集的资料进行分析，制定检测鉴定方案，明确检测鉴定工作的范围、内容和方法。检测鉴定的成果应满足纠倾设计、纠倾施工和防复倾加固等相关工作要求。

3.1 建筑物纠倾工程检测

3.1.1 建筑物纠倾工程检测标准

目前，我国颁布的检测标准或规程有《建筑结构检测技术标准》(GB/T 50344)、《砌体工程现场检测技术规程》(GB/T 50315)、《钻芯法检测混凝土强度技术规程》(CECS 03)、《超声回弹综合法检测混凝土强度技术规程》(CECS 02)、《回弹法检测混凝土抗压强度技术规程》(JGJ/T 23)、《超声法检测混凝土缺陷技术规程》(CECS 21)、《后装拔出法检测混凝土技术规程》(CECS 69)等。建筑物纠倾工程应根据国家现行检测标准与规程，按照不同类型的倾斜建筑物进行检测。

3.1.2 建筑物纠倾工程检测项目

建筑物纠倾工程检测的主要项目包括：沉降检测、倾斜检测、地基检测和结构检测等，检测项目根据需要按表 3-1 进行选择。

建筑物纠倾工程检测项目表 表 3-1

项目名称		检测内容
沉降和倾斜检测		各点沉降量、最大沉降量、沉降速率、倾斜值和倾斜速率
地基和结构检测	地基	地基土的分类、含水量、孔隙比、压缩性、可塑性、湿陷性、膨胀性、灵敏度、触变性、承载力标准值、地下水位等
	基础	基础的类型、尺寸、材料强度、配筋情况及裂损情况等
	上部承重结构	结构类型、布置、传力方式、构件尺寸、材料强度、变形与位移、裂缝、配筋情况、钢材锈蚀、构造及连接等
	围护结构	裂缝、变形和位移、构造及连接等

现场调查是检测鉴定工作的第一步。大量检测鉴定工程实践表明，程序化地进行现场调查和收集相关资料工作，综合分析并统筹确定检测鉴定工作的目的、范围、内容、方法和深度，可以最大限度地避免出现以下情况：需检测的重要指标遗漏、对某种指标的检测方法不当造成检测结果不可信、鉴定时未进行必要的结构分析或结构分析深度不够、检测鉴定工作的方向和结论出现严重偏差等情况。

3.1.3 建筑物纠倾工程地基检测

建筑物纠倾工程地基检测前，应先根据收集的资料，查明地基土分布和地基土的物理力学性质，并根据实际情况，适当进行补充勘察和原位测试。地基检测方法包括以下几个方面：

(1) 采用钻探、井探、槽探或物探等方法进行勘探。

钻探是利用钻机在土层中钻孔，鉴别和划分地层，并可沿孔深取样，测定岩土的物理力学性质。按照不同的工程地质条件，钻探常采用击入法或压入法两种方式获取原状土样。击入法一般以重锤少击效果较好，压入法则以快速压入为宜，以便减少取样过程中对土样的扰动。

当场地的工程地质条件比较复杂时，利用井探可以直接观察地层的结构和变化情况。但是，井探可达到的深度比较浅，常用来了解地基主要受力层中的地基土性质。

(2) 进行原状土的物理力学性能室内试验。

原状土室内试验的物理力学性能指标主要包括：土粒相对密度、土的密度、含水率、孔隙比、饱和度、塑性指数、液性指数、压缩系数、湿陷系数、灵敏度等。

(3) 进行载荷试验、静力触探、标准贯入以及其他原位测试等。

载荷试验是在设计的基础埋置深度处，在一定规格的承压板上逐级加载，观测每级荷载下地基土的变形特征，评价地基土的承载力、变形模量等。

静力触探是借助静压力将探头压入土层，通过测量贯入阻力判断地基土的力学性质。

标准贯入试验是在土层钻孔中，利用重 63.5kg 的锤击贯入器，根据每贯入 30cm 所需锤击数来判断土的性质，估算土层强度。

3.1.4 建筑物纠倾工程基础检测

建筑物纠倾工程基础检测前，首先应根据收集的资料，了解建筑物各部位基础的实际荷载情况，还可以向原设计、施工、检测、监理人员进行核实。基础检测可采取下列方法：

(1) 局部开挖，检查复核基础的类型、尺寸及埋置深度，检查基础开裂、腐蚀或损坏程度。有条件时，尚应查明基础的倾斜、弯曲等情况。

(2) 采用钢筋探测仪或剔凿保护层检测钢筋直径、数量、位置和锈蚀情况。

(3) 采用非破损法或钻孔取芯法测定基础材料的强度。

(4) 采用局部开挖检查复核桩型和桩径；采用可行方法确定桩身完整性和桩的承载力。

3.1.5 建筑物纠倾工程上部结构检测

建筑物纠倾工程的上部结构检测项目中，应首先调查掌握建筑物结构类型、结构布置、传力方式、构件尺寸、材料强度、变形与位移、裂缝、配筋情况、钢材锈蚀、构造及连接等；根据实际情况，有选择地进行混凝土强度检测、钢筋位置与钢筋锈蚀程度检测、砌体（或砖）抗压强度检测、砌体抗剪强度检测、砌体砂浆强度检测等。

上部结构检测可采取下列方法：

（1）采用量测法复核结构布置和构件截面尺寸或绘制结构现状图；

（2）采用观察和测量仪器，检查原主要结构构件的变形、腐蚀、施工缺陷等；采用裂缝观测仪和声波透射法，检测裂缝宽度和深度；

（3）采用钢筋探测仪或剔凿保护层，检测钢筋直径、数量、位置、保护层厚度等；采用取样法、腐蚀测量仪法，检测钢筋材质和钢材锈蚀；采用酚酞溶液法测定混凝土的碳化深度；

（4）采用钻芯法、回弹法、超声回弹综合法等测定混凝土的强度；采用贯入法、回弹法、实物取样法或其他方法检测砖、砂浆的强度；

（5）采用现场取样法、超声波探伤法、超声波厚度检测仪法、X光探测仪及其他可行方法检测钢结构的材质和焊缝。

3.2 建筑物纠倾工程鉴定

建筑物纠倾工程鉴定是根据纠倾工程现状检测结果，综合考虑结构体系、构造措施及建筑现存缺陷等，通过验算、分析，找出薄弱环节，对结构的安全性、适用性和耐久性等做出评价，为建筑物纠倾提供依据。

建筑物的鉴定方法经历了从传统经验法和实用鉴定法向概率法的过渡过程。建筑物纠倾工程的鉴定，更多采用了传统经验法和实用鉴定法。

3.2.1 倾斜建筑物可靠度鉴定特点

建筑物结构的可靠度是指结构在规定的时间内和规定的条件下，完成预定功能的概率。也就是说：可靠度是指结构在设计基准期内，在正常设计、正常施工和正常使用的条件下，具有安全性、适用性和耐久性的能力。一般来说，倾斜建筑物服役多年，并且产生了倾斜病害，所以，其结构可靠度的鉴定与结构设计有所不同，具有以下特点：

（1）荷载

建筑物纠倾工程鉴定中，结构承载力验算时采用验算荷载。验算荷载的取值是根据建筑物在使用期间的实际荷载、并考虑荷载规范规定的基本原则，经过分析研究后核准确定的。对于一些特殊荷载，可根据《建筑结构可靠度设计统一标准》（GB 50068）的基本原则和现场测试数据的分析结果综合确定。

（2）抗力

建筑物纠倾工程鉴定中，结构抗力验算要客观地反映结构的真实性。结构的材料性能和几何尺寸是根据设计图纸、施工文件和现场检测结果综合确定的。结构抗力的验算模式，可根据实际情况，对规范提供的计算模式进行修正。必要时，还可采用结构试验的结果。

（3）可靠性

建筑物纠倾工程鉴定中，应综合考虑设计规范的变迁、结构服役时间、使用状况以及目标使用年限的要求等，按某个等级指标给出结构的可靠度。

3.2.2 建筑物纠倾工程鉴定标准

建筑物纠倾工程鉴定应根据建筑物倾斜值及沉降情况、地基与基础状况、结构整体性、构件承载力、构造措施和结构缺陷等现状检测结果，按纠倾规程和国家有关标准进行鉴定。

目前，我国颁布的鉴定标准或规程有《工业厂房可靠性鉴定标准》（GB 50144—2008）、《工业构筑物抗震鉴定标准》（GBJ 117）、《民用建筑可靠性鉴定标准》（GB 50292）、《危险房屋鉴定标准》（JGJ 125）、《建筑抗震鉴定标准》（GB 50023）等。

3.2.3 结构承载力验算

建筑物纠倾工程鉴定，可根据各构件的安全性等级、结构整体性等级以及结构侧向位移等级鉴定上部承重结构的安全性。结构承载力验算应符合下列规定：

（1）计算模型应符合既有结构受力和构造的实际情况。其中，结构和构件自重的标准值应根据构件和连接的实际尺寸，按材料或构件单位自重的标准值计算确定。

（2）对正常设计与施工且结构性能完好的建筑物，结构或构件的材料强度可取原设计值，其他情况应按实际检测结果取值。

（3）结构或构件的几何参数应采用实测值，并应计入锈蚀、腐蚀、碳化、局部缺陷以及施工偏差等的影响。

3.2.4 地基承载力与变形验算

建筑物纠倾工程鉴定，应根据地基检测结果和有关规范验算地基承载力和变形性状，并结合当地经验对承载力和变形性能给出安全性等级。对于倾斜场地，尚应进行地基稳定性安全等级。地基基础的正常使用性，应根据其上部承重结构、围护系统的工作状态以及检测结果进行评估。

倾斜建筑经过多年使用后，其地基承载力会有所变化，一般情况可根据建筑物使用年限、岩土类别、基础底面实际压应力等，考虑地基承载力长期压密提高系数，验算地基承载力和变形特性。如进行地基现状勘察，应按现状勘察资料给出的参数，验算地基承载力和变形特性。

3.2.5 鉴定报告

纠倾工程可靠性鉴定报告应包括下列内容：

（1）工程名称；

（2）委托人：委托单位名称、地址、联系方式等；

（3）鉴定单位：鉴定单位名称、地址、法定代表人、资质等级、联系方式等；

（4）建筑物概况；

（5）检测鉴定依据；

（6）检测鉴定的目的、范围、内容和方法；

（7）检测、鉴定的结果与分析；

（8）结论与建议；

（9）附件。

纠倾工程鉴定报告应给出建筑物现状的鉴定结论，分析倾斜原因，为建筑物纠倾、地基基础和上部结构加固提供可靠的处理依据。

当所鉴定的建筑物可靠性等级为Ⅰ、Ⅱ级时，可对建筑物进行纠倾处理；当建筑物可靠性等级为Ⅲ、Ⅳ级时，应先进行加固处理。在达到相关标准规定后，方可实施纠倾。

第4章 建筑物地基变形分析与计算

荷载作用前，地基土体中存在有初始应力。荷载作用下，地基中应力发生改变。地基中的应力一般包括由土体自重引起的自重应力和新增外荷载引起的附加应力。建筑物的建造，使地基中原有的应力状态发生变化，从而引起地基变形。

4.1 地基自重应力

地基中的自重应力，是指由土体本身的有效重力产生的应力。研究地基自重应力的目的，是为了确定土体的初始应力状态。

4.1.1 竖向自重应力

假定地基为半无限弹性体，土体中所有竖直面和水平面上均无剪应力存在，故地基中任意深度 z 处的竖向自重应力就是单位面积上的土柱重力。若 z 深度内的土层为均质土，天然重度为 γ，则自重应力为：

$$\sigma_{cz} = \gamma z \tag{4-1}$$

如果地基土是由不同性质的成层土组成，则在地面以下任一层面处的自重应力为：

$$\sigma_{cz} = \gamma_1 h_1 + \gamma_2 h_2 + \cdots + \gamma_n h_n = \sum_{i=1}^{n} \gamma_i h_i \tag{4-2}$$

式中　n——至计算层面以上的土层总数；

　　　h_i——第 i 层土的厚度，m；

　　　γ_i——第 i 层土的重度，kN/m³，地下水位以上的土层一般取天然重度，地下水位以下的土层取有效重度，对毛细饱和带的土层取饱和重度。

如图 4-1 所示，1 层底面处的竖向自重应力为：$\sigma_{cz1} = \gamma_1 h_1$；

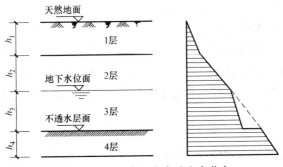

图 4-1　成层土中竖向自重应力分布

2 层底面处的竖向自重应力为：$\sigma_{cz2} = \gamma_1 h_1 + \gamma_2 h_2$；

3 层底面处的竖向自重应力为：$\sigma_{cz3} = \gamma_1 h_1 + \gamma_2 h_2 + \gamma_3' h_3$；

不透水层顶面处的竖向自重应力为：

$\sigma_{czA-1} = \gamma_1 h_1 + \gamma_2 h_2 + \gamma_3' h_3 + \gamma_w h_3 = \gamma_1 h_1 + \gamma_2 h_2 + \gamma_{3sat} h_3$；

不透水层底面处的竖向自重应力为：$\sigma_{czA-2} = \gamma_1 h_1 + \gamma_2 h_2 + \gamma_3' h_3 + \gamma_w h_3 + \gamma_4 h_4$。

其中，γ_w 为水的重度，γ_3' 为第 3 层土的有效重度，γ_{3sat} 为第 3 层土的饱和重度。

4.1.2 水平向自重应力

地基中除了存在作用于水平面上的竖向自重应力外，还存在着作用于竖直面上的水平向自重应力 σ_{cx} 和 σ_{cy}，根据弹性力学和土体的侧限条件，有：

$$\sigma_{cx} = \sigma_{cy} = K_0 \sigma_{cz} \tag{4-3}$$

式中 K_0——土的侧压力系数，其数值可通过试验求得，也可按经验公式推算。

4.2 基础底面压力

外加荷载与上部结构以及基础所承受的全部重力都是通过基础传递给地基，作用于基础底面传至地基的单位面积压力称为基底压力。其反作用力即地基对基础的作用力，称为地基反力。理论和试验均证明：基底压力的分布与多种因素有关，如基础形状、平面尺寸、刚度、埋深、基础上荷载的大小及性质，以及地基土性质等。在工程实践中，一般将基底压力分布近似按直线变化考虑，并根据材料力学公式进行简化计算。

4.2.1 中心荷载作用下的基底压力

当基础受竖向中心荷载作用时，假定基底压力呈均匀分布，按材料力学公式，有：

$$p_k = \frac{F_k + G_k}{A} \tag{4-4}$$

式中 p_k——相应于荷载效应标准组合时，基础底面处的平均压力值，kPa；

F_k——相应于荷载效应标准组合时，上部结构传至基础顶面的竖向力值，kN；

G_k——基础自重和基础上的土重标准值，kN；

$$G_k = \gamma_G A d$$

γ_G——基础及回填土的平均重度，一般取 20kN/m³，在地下水位以下部分取有效重度；

d——基础埋深，一般自室外地面标高算起，m；

A——基础底面面积，m²。

4.2.2 偏心荷载作用下的基底压力

基础受单向偏心荷载作用时，为了抵抗荷载的偏心作用，设计时通常把基础底面的长边 b 放在偏心方向。此时，基底压力按材料力学短柱的偏心受压公式计算，即：

$$\left. \begin{array}{c} p_{kmax} \\ p_{kmin} \end{array} \right\} = \frac{F_k + G_k}{A} \pm \frac{M_k}{W} \tag{4-5}$$

式中 M_k——相应于荷载效应标准组合时，作用于基础底面的力矩值，kN·m；

W——基础底面的抵抗矩，m³；

p_{kmax}、p_{kmin}——相应于荷载效应标准组合时，基础底面边缘的最大、最小压力值，kPa。

设基础底面为矩形，其面积为 $A = bl$，则 $W = \dfrac{b^2 l}{6}$

当偏心距 $e \leqslant b/6$ 时（图 4-2a），则有：

$$\begin{matrix} p_{\text{kmax}} \\ p_{\text{kmin}} \end{matrix} = \frac{F_k + G_k}{bl}\left(1 \pm \frac{6e}{b}\right) \quad (4\text{-}6)$$

当偏心距 $e > b/6$ 时（图 4-2b），$p_{\max}$ 应按下式计算：

$$p_{\text{kmax}} = \frac{2(F_k + G_k)}{3la} \quad (4\text{-}7)$$

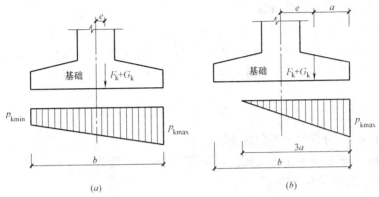

图 4-2 偏心荷载下矩形基础基底压力分布

4.2.3 基底附加压力

基底附加压力是指导致地基中产生附加应力的那部分基底压力，在数值上等于基底压力减去基底标高处原有的土中竖向自重应力。当基底压力均匀分布时，有：

$$p_{0k} = p_k - \gamma_0 d \quad (4\text{-}8)$$

当基底压力位梯形分布时，有：

$$\begin{matrix} p_{0k\max} \\ p_{0k\min} \end{matrix} = \begin{matrix} p_{k\max} \\ p_{k\min} \end{matrix} - \gamma_0 d \quad (4\text{-}9)$$

式中 p_{0k}——相应于荷载效应标准组合时，基底附加压力，kPa；

γ_0——基础地面以上地基土的加权平均重度，地下水位以下取有效重度，kN/m³；

d——从天然地面算起的基础埋深，m。

4.3 地基沉降计算的分层总和法

地基的最终沉降量是指地基土在附加压力作用下，达到变形稳定后基础底面的沉降量。

地基沉降的原因分为两个方面，其中外因：通常认为地基土层在自重作用下压缩已稳定，主要原因是建筑物荷载在地基中产生的附加压力。地基沉降的外因，也可作为地基沉降的宏观分析。内因：土由三相体系组成，具有碎散性，在附加压力作用下土层的孔隙发生压缩变形，引起地基沉降。地基沉降的内因，也可作为地基沉降的微观分析。

地基最终沉降量的计算目的，主要是预知该工程建成后将产生的最终沉降量、沉降差、倾斜和局部倾斜，判断地基变形是否超出允许的范围。以便在建筑物设计时，为采取相应的工程措施提供科学依据，保证建筑物的安全。

4.3.1 基本假设

利用分层总和法计算地基最终沉降量时，一般假定：

（1）地基为均质、各向同性的半无限线性变形体，可按弹性理论计算土中应力。

（2）在压力作用下，地基土不产生侧向变形，可采用侧限条件下的压缩性指标。为了弥补假定所引起误差，取基底中心点下的附加应力进行计算，以基底中点的沉降代表基础的平均沉降。

4.3.2 单一压缩土层的沉降计算

如图 4-3 所示，在厚度为 H_1 的土层上面施加连续均匀荷载 $\triangle p$，土层中竖向应力增加，孔隙比相应减小，土层产生压缩变形，但没有侧向变形。竖向应力从 p_1 增加到 p_2，孔隙比从 e_1 减小到 e_2，土层压缩后的厚度 H_2 为：

$$H_2 = \frac{1+e_2}{1+e_1} H_1 \tag{4-10}$$

式中　H_1、H_2——分别为压缩前后土层厚度，m；

　　　e_1、e_2——分别为土体受压前、受压后的稳定孔隙比。

土层压缩后的沉降量 S 为：

$$S = H_1 - H_2 = \frac{e_1 - e_2}{1+e_1} H_1 \tag{4-11}$$

也可写成：

$$S = \frac{a}{1+e_1}(p_2 - p_1)H_1 = \frac{\Delta p}{E_s} H_1 \tag{4-12}$$

式中　a——压缩系数；

　　　E_s——压缩模量；

　　　Δp——土层厚度内的平均附加应力（$\Delta p = p_2 - p_1$）。

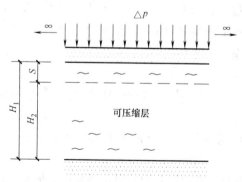

图 4-3　单一土层的一维压缩

4.3.3 单向压缩分层总和法

（1）单向压缩分层总和法计算原则

单向压缩分层总和法认为，基础的平均沉降量 S 为基础中心点下地基中各个分层土的压缩变形量 $\triangle S_i$ 之和，即：

4.3 地基沉降计算的分层总和法

$$S = \sum_{i=1}^{n} \Delta S_i = \sum_{i=1}^{n} \varepsilon_i H_i \tag{4-13}$$

$$\varepsilon_i = \frac{e_{1i} - e_{2i}}{1 + e_{1i}} = \frac{a_i(p_{2i} - p_{1i})}{1 + e_{1i}} = \frac{\Delta p_i}{E_{si}} \tag{4-14}$$

式中　　n——计算深度范围内的土层数；

　　　　ε_i——第 i 层土的压缩应变；

　　　　H_i——第 i 分层厚度，mm；

　　　　e_{1i}——由第 i 层土的自重应力均值 $\frac{\sigma_{c(i-1)} + \sigma_{ci}}{2}$ 从土的压缩曲线上得到的相应孔隙比；

　　　　e_{2i}——由第 i 层土的自重应力均值 $\frac{\sigma_{c(i-1)} + \sigma_{ci}}{2}$ 与附加应力均值 $\frac{\sigma_{z(i-1)} + \sigma_{zi}}{2}$ 之和从土的压缩曲线上得到的相应孔隙比。

(2) 单向压缩分层总和法计算步骤

1) 绘制土层、基础剖面图、基础中心点下地基中自重应力和附加应力分布曲线（详见图 4-4）。计算自重应力是为了确定地基土的初始孔隙比，附加应力指可使地基土产生新的压缩变形的应力。所以，自重应力从天然地面算起，附加应力从基础底面算起。

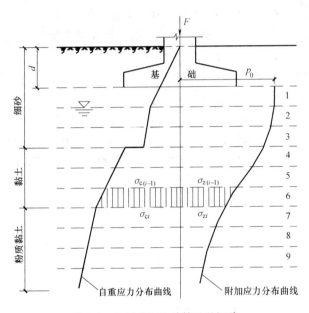

图 4-4　分层总和法计算地基沉降

2) 确定分层界面。沉降计算分层界面的确定原则为：不同土质界面、地下水位面是自然分层面；每一分层厚度不大于基础宽度的 0.4 倍，即 $h_i \leqslant 0.4b$；附加应力 σ_z 变化较大处，分层厚度 h_i 应小一点，附加应力 σ_z 变化较小处，分层厚度 h_i 应大一点。

3) 计算土层的竖向自重应力，画在基础中线左侧（自地面算起）。

4) 计算基底压力 p 和计算基底附加压力 p_0（自基础底面算起）。

5) 计算基础中点下地基中附加应力，σ_z 曲线画在基础中线右侧。

6) 确定地基沉降计算深度。地基沉降计算深度 z_n 是指由基础底面向下计算压缩变形所要求的深度。计算原则为：取附加应力与自重应力的比值为20%处，即：$\sigma_z = 0.2\sigma_c$处的深度作为沉降计算深度的下限。对于软土，应加深至$\sigma_z = 0.1\sigma_c$处。在沉降计算深度范围内存在基岩时，z_n可取至基岩表面。

7）计算第i层土的压缩量S_i：根据自重应力曲线和附加应力曲线确定各层土的自重应力平均值$\frac{\sigma_{c(i-1)} + \sigma_{ci}}{2}$和附加应力平均值$\frac{\sigma_{z(i-1)} + \sigma_{zi}}{2}$，再由$p_{1i} = \frac{\sigma_{c(i-1)} + \sigma_{ci}}{2}$和$p_{2i} = \frac{\sigma_{c(i-1)} + \sigma_{ci}}{2} + \frac{\sigma_{z(i-1)} + \sigma_{zi}}{2}$分别在压缩曲线上确定相应的初始孔隙比$e_{1i}$和压缩稳定后的孔隙比$e_{2i}$，则该$i$层土的沉降量则为：

$$\Delta S_i = \frac{e_{1i} - e_{2i}}{1 + e_{1i}} H_i$$

8）计算地基最终沉降量S：叠加各层土的沉降量，即$S = \sum_{i=1}^{n} \Delta S_i$。

4.4 地基沉降计算的规范法

地基最终沉降计算的分层总和法原理直观、概念明确、易于接受。但是，由于其计算理论的几点假设与实际不符、土样的代表性差、又未考虑地基与基础的共同工作等原因，故分层总和法计算繁琐（人为分层）、精度粗、误差大。

《建筑地基基础设计规范》（GB 50007—2002）推荐了地基最终沉降的计算方法，是另一种形式的分层总和法。规范法沿用分层总和法的假设（即：地基为均质、各向同性的半无限线性变形体，可按弹性理论计算土中应力；在压力作用下，地基土不产生侧向变形，可采用侧限条件下的压缩性指标），并引入平均附加应力系数和地基沉降计算经验系数，为的是简化分层法的工作量，并对理论结果进行修正，使计算值与实际值更接近。

4.4.1 规范法计算原则

计算地基变形时，地基内的应力分布，可采用各向同性均质线性变形体理论。其最终沉降量可按下式计算：

$$s = \psi_s s' = \psi_s \sum_{i=1}^{n} \frac{p_0 (z_i \bar{\alpha}_i - z_{i-1} \bar{\alpha}_{i-1})}{E_{si}} \tag{4-15}$$

式中　s——地基最终沉降量（mm）；

　　　s'——按分层总和法计算的地基沉降量（mm）；

　　　ψ_s——沉降计算经验系数，根据地区沉降观测资料及经验确定，缺少沉降观测资料及经验数据时，可按表4-1确定；

　　　n——地基沉降计算深度范围内所划分的土层数（图4-5）；

　　　p_0——对应于荷载效应准永久组合时的基础底面处的附加压力（kPa）；

　　　E_{si}——基础底面下第i层土的压缩模量，应取土的自重应力至土的自重应力与附加应力之和的压力段计算（MPa）；

　　　z_i、z_{i-1}——基础底面至第i层土、第$i-1$层土底面的距离（m）；

　　　$\bar{\alpha}_i$、$\bar{\alpha}_{i-1}$——基础底面计算点至第i层土、第$i-1$层土底面范围内平均附加应力系数。

4.4 地基沉降计算的规范法

沉降计算经验系数 表 4-1

基底附加压力	$\overline{E}_s$(MPa)	2.5	4.0	7.0	15.0	20.0
	$p_0 \geq f_{ak}$	1.4	1.3	1.0	0.4	0.2
	$p_0 \leq 0.75 f_{ak}$	1.1	1.0	0.7	0.4	0.2

注：$\overline{E}_s$ 为变形计算深度范围内压缩模量的当量值，按下式计算：

$$\overline{E}_s = \frac{\sum A_i}{\sum \dfrac{A_i}{E_{si}}} \tag{4-16}$$

式中 A_i——第 i 层土附加应力系数沿土层厚度的积分值。

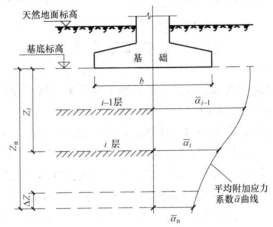

图 4-5 基础沉降计算的分层示意

4.4.2 规范法计算步骤

(1) 计算基底压力 P 和计算基底附加压力 P_0（自基础底面算起）。

(2) 确定分层界面。沉降计算分层界面的确定原则为：不同土质界面是当然的分层面，地下水位面是当然的分层面。

(3) 确定地基沉降计算深度。地基沉降计算深度 Z_n，应符合下式：

$$\Delta s'_n \leq 0.025 \sum_{i=1}^{n} \Delta s'_i \tag{4-17}$$

式中 $\Delta s'_n$——在由计算深度向上取厚度为 ΔZ 的土层计算变形值，ΔZ 按表 4-2 确定；

$\Delta s'_i$——在计算深度范围内，第 i 层土的计算变形值。

如果确定的计算深度下面仍有较软土层时，应继续计算。

ΔZ 值 表 4-2

基底宽度 b(m)	$b \leq 2$	$2 < b \leq 4$	$4 < b \leq 8$	$b > 8$
ΔZ(m)	0.3	0.6	0.8	1.0

当无相邻荷载影响，基础宽度在 1~30m 范围内时，基础中点的地基变形计算深度也可按下列简化公式计算：

$$Z_n = b(2.5 - 0.4 \ln b) \tag{4-18}$$

式中 b——基础宽度 (m)。

在计算深度范围内存在基岩时，Z_n 可取至基岩表面；当存在较厚的坚硬黏土层时，其空隙比小于 0.5、压缩模量大于 50MPa，或存在较厚的密实砂卵石层，其压缩模量大于 80MPa 时，Z_n 可取至该土层表面。

（4）计算各层土的压缩量 S_i'；

（5）计算经验系数 ψ_s。依据压缩模量的当量值计算：

$$\overline{E_s} = \frac{\sum A_i}{\sum \dfrac{A_i}{E_{si}}} = \frac{\sum_{i=1}^{n}(z_i \bar{\alpha}_i - z_{i-1} \bar{\alpha}_{i-1})}{\sum_{i=1}^{n}\dfrac{z_i \bar{\alpha}_i - z_{i-1} \bar{\alpha}_{i-1}}{E_{si}}}$$

（6）计算地基的最终沉降量：$S = \psi_s \sum_{i=1}^{n} S_i'$

4.5 桩基础沉降计算

桩基础沉降计算分为群桩基础（桩中心距小于或等于6倍桩径）沉降计算和疏桩基础（桩中心距大于6倍桩径）沉降计算。

桩中心距小于或等于6倍桩径的群桩基础，在工作荷载作用下的沉降计算方法有两大类。一类是按实体深基础计算模型，采用弹性半空间表面荷载下 Boussinesq 应力解计算附加应力，用分层总和法计算沉降；另一类是以半无限弹性体内部集中力作用下的 Mindlin 解为基础计算沉降（此方法主要分为两种，一种是 Poulos 提出的相互作用因子法；第二种是 Geddes 对 Mindlin 公式积分后导出的集中力作用下弹性半空间内部的应力解，按叠加原理求得群桩桩端平面下各单桩附加应力和，按分层总和法计算群桩沉降）。

以下就现行规范推荐的桩基础沉降计算理论分别介绍。

4.5.1 桩中心距不大于6倍桩径的桩基沉降计算（一）

对于桩距不大于 $6d$ 的桩基础，《建筑地基基础设计规范》（GB 50007—2002）推荐的桩基沉降计算方法为"实体深基础法"。

采用实体深基础法计算桩基础最终沉降量时，采用单向压缩分层总和法。其中，附加应力计算应为桩底平面处的附加应力。实体基础的支承面积可按图4-6采用。实体深基础桩基沉降计算的经验系数 ψ_p 应根据地区桩基础沉降观测资料及经验统计确定，也可按表4-3选用。

$$s = \psi_p \sum_{j=1}^{m} \sum_{i=1}^{n_j} \frac{\sigma_{j,i} \cdot \Delta h_{j,i}}{E_{sj,i}} \quad (4-19)$$

式中 s——地基最终沉降量（mm）；

m——桩端平面以下压缩层范围内土层总数；

$E_{sj,i}$——桩端平面下第 j 层土第 i 个分层在自重应力至自重应力加附加应力作用段的压缩模量（MPa）；

n_j——桩端平面下第 j 层土的计算分层数；

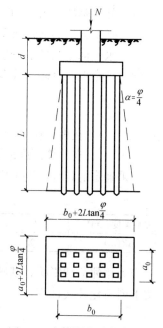

图 4-6 实体深基础的底面积

$\Delta h_{j,i}$——桩端平面下第 j 层土的第 i 个分层厚度（m）；

$\sigma_{j,i}$——桩端平面下第 j 层土第 i 个分层的竖向附加压力（kPa）；

ψ_p——桩基沉降计算经验系数，各地区应根据当地的工程实测资料统计对比确定。

实体深基础计算桩基沉降经验系数 ψ_p 表 4-3

$\overline{E_s}$ (MPa)	$\overline{E_s}<15$	$15 \leqslant \overline{E_s}<30$	$30 \leqslant \overline{E_s}<40$
ψ_p	0.5	0.4	0.3

4.5.2 桩中心距不大于 6 倍桩径的桩基沉降计算（二）

《建筑桩基技术规范》（JGJ 94—2008）认为，上述方法（实体深基础法、Geddes 法等）存在着一些缺陷：实体深基础法，其附加应力解计算偏大，与实际不符。并且实体深基础模型不能反映桩的长径比、距径比等的影响；相互作用因子法不能反映压缩层范围内土的成层性；Geddes 应力叠加——分层总和法对于大桩群不能手算，且要求假定侧阻力分布，并给出桩端荷载分担比。

《建筑桩基技术规范》（JGJ 94—2008）给出了另一种桩基沉降的计算方法——等效作用分层总和法。等效作用分层总和法认为：对于桩中心距小于或等于 6 倍桩径的桩基，等效作用面位于桩端平面，等效作用面积为桩承台投影面积，等效作用附加压力近似取承台底平均附加压力。等效作用面以下的应力分布采用各向同性均质直线变形体理论。计算模式如图 4-7 所示，桩基内任意点的最终沉降量可用角点法按下式计算：

$$s = \psi \cdot \psi_e \cdot s' = \psi \cdot \psi_e \cdot \sum_{j=1}^{m} p_{0j} \sum_{i=1}^{n} \frac{z_{ij} \overline{\alpha}_{ij} - z_{(i-1)j} \overline{\alpha}_{(i-1)j}}{E_{si}} \quad (4-20)$$

式中 s——桩基最终沉降量（mm）；

s'——采用 Boussinesq 解，按实体深基础分层总和法计算出的桩基沉降量（mm）；

ψ——桩基沉降计算经验系数，当无当地可靠经验时，可按表 4-4 确定；

ψ_e——桩基等效沉降系数；

m——角点法计算点对应的矩形荷载分块数；

p_{0j}——第 j 块矩形底面在荷载效应准永久组合下的附加压力（kPa）；

n——桩基沉降计算深度范围内所划分的土层数；

E_{si}——等效作用面以下第 i 层土的压缩模量（MPa），采用地基土在自重压力至自重压力加附加压力作用时的压缩模量；

z_{ij}、$z_{(i-1)j}$——桩端平面第 j 块荷载作用面至第 i 层土、第 $i-1$ 层土底面的距离（m）；

$\overline{\alpha}_{ij}$、$\overline{\alpha}_{(i-1)j}$——桩端平面第 j 块荷载计算点至第 i 层土、第 $i-1$ 层土底面深度范围内平均附加应力系数，可按《建筑桩基技术规范》附录 D 选用。

计算矩形桩基中点沉降时，桩基沉降量可按下式简化计算：

$$s = \psi \cdot \psi_e \cdot s' = 4 \cdot \psi \cdot \psi_e \cdot p_0 \sum_{i=1}^{n} \frac{z_i \overline{\alpha}_i - z_{i-1} \overline{\alpha}_{i-1}}{E_{si}} \quad (4-21)$$

式中 p_0——在荷载效应准永久组合下承台底的平均附加压力；

$\overline{\alpha}_i$、$\overline{\alpha}_{i-1}$——平均附加应力系数，根据矩形长宽比 a/b 及深宽比 $\frac{z_i}{b} = \frac{2z_i}{B_c}$，$\frac{z_{i-1}}{b} = \frac{2z_{i-1}}{B_c}$，可按《建筑桩基技术规范》附录 D 选用。

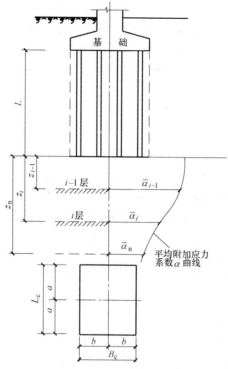

图 4-7 桩基沉降计算示意

桩基沉降计算深度 z_n 按应力比法确定，即计算深度处的附加应力 σ_z 与土的自重应力 σ_c 应符合下列公式要求：

$$\sigma_z \leqslant 0.2\sigma_c \tag{4-22}$$

$$\sigma_z = \sum_{j=1}^{m} a_j p_{0j} \tag{4-23}$$

式中 a_j——附加应力系数，可根据角点法划分的矩形长宽比及深度比按《建筑桩基技术规范》附录 D 采用。

桩基等效沉降系数 ψ_e 按下式简化计算：

$$\psi_e = C_0 + \frac{n_b - 1}{C_1(n_b - 1) + C_2} \tag{4-24}$$

$$n_b = \sqrt{n \cdot B_c / L_c} \tag{4-25}$$

式中 n_b——矩形布桩时的短边布桩数，当布桩不规则时可按式（4-25）近似计算，$n_b > 1$；$n_b = 1$ 时，可按"单桩、单排桩、疏桩基础"公式计算；

C_0、C_1、C_2——根据群桩不同距径比（桩中心距与桩径之比）s_a/d、长径比 l/d 及基础长宽比 L_c/B_c，由《建筑桩基技术规范》附录 E 查出。

L_c、B_c、n——分别为矩形承台的长度、宽度及总桩数。

当布桩不规则时，等效径距比可按下式近似计算：

圆形桩 $\quad s_a/d = \sqrt{A}/(\sqrt{n} \cdot d) \tag{4-26}$

方形桩 $\quad s_a/d = 0.886\sqrt{A}/(\sqrt{n} \cdot b) \tag{4-27}$

式中 A——桩基承台总面积；

b——方形桩截面边长。

当无当地可靠经验时,桩基沉降计算经验系数 ψ 可按表 4-4 选用。对于采用后注浆施工工艺的灌注桩,桩基沉降经验系数应根据桩端持力土层类别,乘以 0.7(砂、砾、卵石)~0.8(黏性土、粉土)折减系数;饱和土中采用预制桩(不含复打、复压、引孔沉桩)时,应根据桩距、土质、沉桩速率和顺序等因素,乘以 1.3~1.8 挤土效应系数,土的渗透性低、桩距小、桩数多、沉桩速率快时,取大值。

桩基沉降计算经验系数 ψ 表 4-4

$\overline{E}_s$(MPa)	≤10	15	20	35	≥50
ψ	1.2	0.9	0.65	0.50	0.40

注:1. $\overline{E}_s$ 为沉降计算深度范围内压缩模量的当量值,可按下式计算:

$\sum A_i / \sum \dfrac{A_i}{E_{si}}$,式中 A_i 为第 i 层土附加压力系数沿土层厚度的积分值,可近似按分块面积计算;

2. ψ 可根据 $\overline{E}_s$ 内插取值。

计算桩基沉降时,应考虑相邻基础的影响,采用叠加原理计算;桩基等效沉降系数可按独立基础计算。

当桩基形状不规则时,可采用等效矩形面积计算桩基等效沉降系数,等效矩形的长宽比可根据承台实际尺寸和形状确定。

4.5.3 桩中心距大于 6 倍桩径的桩基沉降计算

对于桩距大于 $6d$ 的桩基础,《建筑地基基础设计规范》(GB 50007—2002)推荐的桩基最终沉降量计算方法为"明德林应力公式法"。其中,竖向荷载准永久组合作用下附加荷载的桩端阻力比 α 和桩基沉降计算经验系数 ψ_p,应根据当地工程的实测资料统计确定。

$$s = \psi_p \frac{Q}{l^2} \sum_{j=1}^{m} \sum_{i=1}^{n_j} \frac{\Delta h_{j,i}}{E_{sj,i}} \sum_{k=1}^{n} [\alpha I_{p,k} + (1-\alpha) I_{sz,k}] \tag{4-28}$$

式中 s——地基最终沉降量(mm);

Q——单桩在竖向荷载的准永久组合作用下的附加荷载,由桩端阻力和桩侧阻力共同承担;

l——桩长(m);

$I_{p,k}$、$I_{sz,k}$——应力影响系数,可用对明德林应力公式进行积分的方式推出,详见《建筑地基基础设计规范》(GB 50007—2002)附录 R;

m——桩端平面以下压缩层范围内土层总数;

$E_{sj,i}$——桩端平面下第 j 层土第 i 个分层在自重应力至自重应力加附加应力作用段的压缩模量(MPa);

n_j——桩端平面下第 j 层土的计算分层数;

$\Delta h_{j,i}$——桩端平面下第 j 层土的第 i 个分层厚度(m)。

4.5.4 单桩、单排桩、疏桩基础的沉降计算

对于单桩、单排桩、桩中心距大于 6 倍桩径的疏桩基础的沉降计算,应符合下列规定:

(1)承台底地基土不分担荷载的桩基。桩端平面以下地基中由基桩引起的附加应力,按考虑桩径影响的明德林(Mindlin)解《建筑桩基技术规范》(JGJ 94—2008)附录 F 计

算确定。将沉降计算点水平面影响范围内各基桩对应力计算点产生的附加应力叠加，采用单向压缩分层总和法计算土层的沉降，并计入桩身压缩 s_e。桩基的最终沉降量可按下列公式计算：

$$s = \psi \sum_{i=1}^{n} \frac{\sigma_{zi}}{E_{si}} \Delta z_i + s_e \tag{4-29}$$

$$\sigma_{zi} = \sum_{j=1}^{m} \frac{Q_j}{l_j^2} [\alpha_j I_{p,ij} + (1-\alpha_j) I_{s,ij}] \tag{4-30}$$

$$s_e = \xi_e \frac{Q_j l_j}{E_c A_{ps}} \tag{4-31}$$

（2）承台底地基土分担荷载的复合桩基。将承台底土压力对地基中某点产生的附加应力按 Boussinesq 解《建筑桩基技术规范》（JGJ 94—2008）附录 D 计算，与桩基产生的附加应力叠加，采用与（1）相同方法计算沉降。其最终沉降量可按下式计算：

$$s = \psi \sum_{i=1}^{n} \frac{\sigma_{zi} + \sigma_{zci}}{E_{si}} \Delta z_i + s_e \tag{4-32}$$

$$\sigma_{zci} = \sum_{k=1}^{u} \alpha_{ki} \cdot p_{c,k} \tag{4-33}$$

式中　　m——以沉降计算点为圆心，0.6 倍桩长为半径的水平面影响范围内的基桩数；

　　　　n——沉降计算深度范围内土层的计算分层数；分层数应结合土层性质，分层厚度不应超过计算深度的 0.3 倍；

　　　　σ_{zi}——水平面影响范围内的基桩对应力计算点桩端平面以下第 i 层土 1/2 厚度处产生的附加竖向应力之和；应力计算点应取与沉降计算点最近的桩中心点；

　　　　σ_{zci}——承台压力对应力计算点桩端平面以下第 i 计算土层 1/2 厚度处产生的应力；可将承台板划分为 u 个矩形块，可按《建筑桩基技术规范》（JGJ 94—2008）附录 D 采用角点法计算；

　　　　Δz_i——第 i 计算土层厚度（m）；

　　　　E_{si}——第 i 计算土层的压缩模量（MPa），采用土的自重压力至土的自重压力加附加压力作用时的压缩模量；

　　　　Q_j——第 j 桩在荷载效应准永久组合作用下（对于复合桩基应扣除承台底土分担荷载），桩顶的附加荷载（kN）；当地下室埋深超过 5m 时，取荷载效应准永久组合作用下的总荷载为考虑回弹再压缩的等代附加荷载；

　　　　l_j——第 j 桩桩长（m）；

　　　　A_{ps}——桩身截面面积；

　　　　α_j——第 j 桩总桩端阻力与桩顶荷载之比，近似取极限总端阻力与单桩极限承载力之比；

$I_{p,ij}$、$I_{s,ij}$——分别为第 j 桩的桩端阻力和桩侧阻力对计算轴线第 i 计算土层 1/2 厚度处的应力影响系数，可按《建筑桩基技术规范》（JGJ 94—2008）附录 F 确定；

　　　　E_c——桩身混凝土的弹性模量；

　　　　$p_{c,k}$——第 k 块承台底均布压力，可按 $p_{c,k} = \eta_{c,k} \cdot f_{ak}$ 取值，其中 $\eta_{c,k}$ 为第 k 块承台底板的承台效应系数，按表 4-5 确定；f_{ak} 为承台底地基承载力特征值；

　　　　α_{ki}——第 k 块承台底角点处，桩端平面以下第 i 计算土层 1/2 厚度处的附加应力系

数,可按《建筑桩基技术规范》(JGJ 94—2008)附录 D 确定;

s_e——计算桩身压缩;

ξ_e——桩身压缩系数。端承型桩,取 $\xi_e=1.0$;摩擦型桩,当 $l/d \leqslant 30$ 时,取 $\xi_e=2/3$;$l/d \geqslant 50$ 时,取 $\xi_e=1/2$;介于两者之间,可线性插值;

ψ——沉降计算经验系数;无当地经验时,可取 1.0。

承台效应系数 η_c 表 4-5

B_c/l \ s_a/d	3	4	5	6	>6
≤0.4	0.06~0.08	0.14~0.17	0.22~0.26	0.32~0.38	0.50~0.80
0.4~0.8	0.08~0.10	0.17~0.20	0.26~0.30	0.38~0.44	
>0.8	0.10~0.12	0.20~0.22	0.30~0.34	0.44~0.50	
单排桩条形承台	0.15~0.18	0.25~0.30	0.38~0.45	0.50~0.60	

注:1 表中 s_a/d 为桩中心距与桩径之比;B_c/l 为承台宽度与桩长之比。当计算基桩为非正方形排列时,$s_a=\sqrt{A/n}$,A 为承台计算域面积,n 为总桩数。
2 对于桩布置于墙下的箱形、筏形承台,η_c 可以按单排桩条形承台取值。
3 对于单排桩条形承台,当承台宽度小于 $1.5d$ 时,η_c 按非条形承台取值。
4 对于采用后注浆灌注桩的承台,η_c 宜取低值。
5 对于饱和黏性土中的挤土桩基、软土地基上的桩基承台,η_c 宜取低值的 0.8 倍。

对于单桩、单排桩、疏桩复合桩基础的最终沉降计算深度 Z_n,可按应力比法确定,即 Z_n 处由桩引起的附加应力 σ_z、由承台土压力引起的附加应力 σ_{zc} 与土的自重 σ_c 应符合下式要求:

$$\sigma_z + \sigma_{zc} = 0.2\sigma_c \tag{4-34}$$

4.6 软土地基减沉复合疏桩基础沉降计算

与常规桩基相比较,复合疏桩基础的沉降性状有两个特点:一是桩的沉降发生塑性刺入的可能性较大,在受荷变形过程中,桩、土分担荷载比随着土体固结在一定范围内变动,随固结变形逐渐完成而趋于稳定;二是桩间土体的压缩固结受承台压力作用为主,受桩、土相互作用影响次之。由于承台底面桩、土的沉降是相等的,桩基的沉降即可通过计算桩的沉降,也可通过计算桩间土的沉降实现。桩的沉降包含桩端平面以下土的压缩和塑性刺入(忽略桩的弹性压缩);同时,应考虑承台土反力对桩沉降的影响。桩间土的沉降包含承台底土的压缩和桩对土的影响。为了回避桩端塑性刺入的计算问题,《建筑桩基技术规范》(JGJ 94—2008)给出了计算桩间土沉降的方法。

当软土地基上多层建筑,地基承载力基本满足要求(以底层平面面积计算)时,可设置穿过软土层进入相对较好土层的疏布摩擦型桩,由桩和桩间土共同分担荷载。这种减沉复合疏桩基础中点沉降,可按下列公式计算:

$$s = \psi(s_s + s_{sp}) \tag{4-35}$$

$$s_s = 4p_0 \sum_{i=1}^{m} \frac{z_i \bar{\alpha}_i - z_{(i-1)} \bar{\alpha}_{(i-1)}}{E_{si}} \tag{4-36}$$

$$s_{sp} = 280 \frac{\bar{q}_{su}}{E_s} \cdot \frac{d}{(s_a/d)^2} \tag{4-37}$$

$$p_0 = \eta_p \frac{F - nR_a}{A_c} \tag{4-38}$$

式中 s——桩基中心点沉降量；

s_s——由承台底地基土附加压力作用下产生的中点沉降（见图4-8）；

s_{sp}——由桩土相互作用产生的沉降；

p_0——按荷载效应准永久值组合计算的假想天然地基平均附加压力（kPa）；

E_{si}——承台底以下第i层土的压缩模量，应取自重压力至自重压力与附加压力段的模量值；

m——地基沉降计算深度范围内的土层数；沉降计算深度按$\sigma_z = 0.1\sigma_c$确定；

$\bar{q}_{su}$、$\bar{E}_s$——桩身范围内按厚度加权的平均桩侧极限摩阻力、平均压缩模量；

d——桩身直径；当为方形桩时，$d = 1.27b$（b为方形桩截面边长）；

s_a/d——等效距径比；

z_i、z_{i-1}——承台底至第i层、第$i-1$层土底面的距离；

$\bar{\alpha}_i$、$\bar{\alpha}_{i-1}$——承台底至第i层、第$i-1$层土底范围内的角点平均附加应力系数；根据承台等效面积的计算分块矩形长宽比a/b及深度比$z_i/b = 2z_i/B_c$，由《建筑桩基技术规范》（JGJ 94—2008）附录D确定；其中，承台等效宽度$B_c = B\sqrt{A_c}/L$，B、L为建筑物基础外缘平面的宽度和长度；

F——荷载效应准永久值组合下，作用于承台底的总附加荷载（kN）；

η_p——基桩刺入变形影响系数；按桩端持力层土质确定，砂土为1.0，粉土为1.15，黏性土为1.30；

ψ——沉降计算经验系数；无当地经验时，可取1.0。

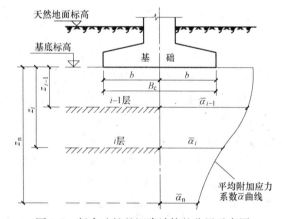

图4-8 复合疏桩基沉降计算的分层示意图

4.7 箱形基础和筏形基础沉降计算

箱形基础是由底板、顶板、侧墙及一定数量的内隔墙构成的整体刚度较好的单层或多层钢筋混凝土基础。筏形基础为柱下或墙下连续的平板式或梁板式钢筋混凝土基础。箱形基础和筏形基础是高层建筑两种常见的基础形式。《高层建筑箱形与筏形基础技术规范》

4.7 箱形基础和筏形基础沉降计算

(JGJ 6—99) 给出了计算箱形与筏形基础沉降的方法。

(1) 采用土的压缩模量计算箱形与筏形基础的最终沉降量：

$$s = \sum_{i=1}^{n} \left(\psi' \frac{p_c}{E'_{si}} + \psi_s \frac{p_0}{E_{si}} \right) (z_i \bar{\alpha}_i - z_{i-1} \bar{\alpha}_{i-1}) \tag{4-39}$$

式中 s——最终沉降量；

ψ'——考虑回弹影响的沉降计算经验系数；无经验时，取 $\psi'=1$；

ψ_s——沉降计算经验系数，按地区经验采用；当缺乏经验时，按《建筑地基基础设计规范》(GB 50007—2002)中的有关规定采用；

p_c——基础底面处地基土的自重压力标准值；

p_0——长期效应组合下，基础地面处的附加压力标准值；

E'_{si}、E_{si}——基础底面下第 i 层土的回弹再压缩模量和压缩模量；

z_i、z_{i-1}——基础底面至第 i 层土、第 $i-1$ 层土底面的距离（m）；

$\bar{\alpha}_i$、$\bar{\alpha}_{i-1}$——基础底面计算点至第 i 层土、第 $i-1$ 层土底面范围内平均附加应力系数，按《高层建筑箱形与筏形基础技术规范》(JGJ 6—99) 附录 A 采用。

沉降计算深度按《建筑地基基础设计规范》(GB 50007—2002) 确定。

(2) 采用土的变形模量计算箱形与筏形基础的最终沉降量：

$$s = p_k b \eta \sum_{i=1}^{n} \frac{\delta_i - \delta_{i-1}}{E_{ci}} \tag{4-40}$$

式中 s——最终沉降量；

p_k——长期效应组合下，基础地面处的平均压力标准值；

b——基础底面宽度；

δ_i、δ_{i-1}——与基础长宽比 L/b 及基础底面至第 i 层土和第 $i-1$ 层土底面距离深度 z 有关的无因次系数，按《高层建筑箱形与筏形基础技术规范》(JGJ 6—99) 附录 B 采用。

E_{ci}——基础底面下第 i 层土的变形模量，通过试验或按地区经验确定；

η——修正系数，按表 4-6 确定。

修正系数 η 表 4-6

$m=2z_n/b$	$0<m\leqslant 0.5$	$0.5<m\leqslant 1$	$1<m\leqslant 2$	$2<m\leqslant 3$	$3<m\leqslant 5$	$5<m\leqslant \infty$
η	1.00	0.95	0.90	0.80	0.75	0.70

采用土的变形模量计算箱形与筏形基础的最终沉降量时，沉降计算深度 z_n 按下式计算：

$$z_n = (z_m + \xi b)\beta \tag{4-41}$$

式中 z_m——与基础长宽比相关的经验值，按表 4-7 确定；

ξ——折减系数，按表 4-7 确定；

β——调整系数，按表 4-8 确定。

z_m 值和系数 ξ 表 4-7

L/b	$\leqslant 1$	2	3	4	$\geqslant 5$
z_m	11.6	12.4	12.5	12.7	14.2
ξ	0.42	0.49	0.53	0.60	1.00

调整系数 β					表 4-8
土类	碎石	砂土	粉土	黏性土	软土
β	0.30	0.50	0.60	0.75	1.00

4.8 复合地基沉降计算

复合地基沉降计算包括水泥土搅拌桩、水泥粉煤灰碎石桩（CFG 桩）等复合地基的沉降计算。

4.8.1 水泥土搅拌桩复合地基沉降计算

竖向承载搅拌桩复合地基的变形包括搅拌桩复合土层的平均压缩变形 s_1 与桩端下未加固土层的压缩变形 s_2：

搅拌桩复合土层的平均压缩变形 s_1 可按下式计算：

$$s_1 = \frac{(p_z + p_{zl})l}{2E_{sp}} \tag{4-42}$$

$$E_{sp} = mE_p + (1-m)E_s \tag{4-43}$$

式中 p_z——搅拌桩复合土层顶面的附加压力值（kPa）；

p_{zl}——搅拌桩复合土层底面的附加压力值（kPa）；

E_{sp}——搅拌桩复合地基的压缩模量（kPa）；

E_p——搅拌桩的压缩模量（kPa），可取 $(100 \sim 120)f_{cu}$（kPa）。对于桩较短或桩身强度较低者可取低值，反之可取高值；

E_s——桩间土的压缩模量（kPa）。

桩端以下未加固土层的压缩变形 s_2，可按《建筑地基基础设计规范》（GB 50007—2002）的有关规定进行计算。

4.8.2 水泥粉煤灰碎石桩复合地基沉降计算

水泥粉煤灰碎石桩（CFG 桩）复合地基的变形可采用《建筑地基基础设计规范》（GB 50007—2002）中的规范法进行计算。复合土层的分层与天然地基相同，各个复合土层的压缩模量等于该天然地基压缩模量的 ζ 倍，ζ 值可按下式确定：

$$\zeta = \frac{f_{spk}}{f_{ak}} \tag{4-44}$$

式中 f_{spk}——复合地基承载力特征值（kPa）；

f_{ak}——基础底面下天然地基承载力特征值（kPa）。

变形计算经验系数 ψ_s 可根据当地沉降观测资料及经验确定，也可采用表 4-9 的数值。

变形计算经验系数 ψ_s					表 4-9
$\overline{E}_s$（MPa）	2.5	4.0	7.0	15.0	20.0
ψ_s	1.1	1.0	0.7	0.4	0.2

注：$\overline{E}_s$ 为变形计算深度范围内压缩模量的当量值，按下式计算：

$$\overline{E}_s = \frac{\sum A_i}{\sum \dfrac{A_i}{E_{si}}} \tag{4-45}$$

式中 A_i——第 i 层土附加应力系数沿土层厚度的积分值；

E_{si}——基础底面下第 i 层土的压缩模量值（MPa），桩长范围内的复合土层按复合土层的压缩模量取值。

地基变形计算深度应大于复合土层的厚度，并符合《建筑地基基础设计规范》（GB 50007—2002）中地基变形计算深度的有关规定。

4.9 桩筏基础和桩箱基础的沉降计算

根据上海桩基的试验研究和工程实践经验，以及 poulos 的群桩沉降公式，可推导出一个既可计算桩筏或桩箱基础的沉降，又可计算桩与筏或桩与箱的分担建筑物荷载比例的实用方法：

$$s=\frac{PB_e(1-\gamma_s^2)}{E_0} \cdot \frac{C}{A_eC+ndB_e(1-\gamma_s^2)}m_p \tag{4-46}$$

$$P_g=\frac{SdE_0 \cdot n}{Cm_p} \tag{4-47}$$

式中 s——桩基的沉降，系指建筑物竣工时的固结沉降；

P——建筑物的荷载；

B_e——基础的等效宽度，等于基础面积 A 的开方；

E_0——桩土共同作用的弹性模量，暂取桩长范围内平均土的压缩模量 E_{1-2} 的 3 倍；

γ_s——桩土共同作用的泊松比，取 0.35～0.40；

n、d——分别为桩数和直径（或等效直径）；

C——桩基的沉降系数，$C=R_sI$

$$R_s=(R_{25}-R_{16})(\sqrt{n}-5)+R_{25}$$

R_{16}、R_{25} 和 I 分别从表 4-10 中查得，可用内插法求 R_{16} 和 R_{25} 值；

A_e——基础面积 A 减去群桩的有效受荷面积，即：

$$A_e=A-n\frac{\pi(K_pd)^2}{4}, K_p=1.5$$

m_p——桩基沉降的经验修正系数；

P_g——桩基分担的建筑物荷载。

16 根桩和 25 根桩时沉降影响系数 表 4-10

l/d	s_p/d	R_{16}	R_{25}
25	3	7.18	9.84
	4	6.26	8.44
	5	5.34	7.03
50	3	8.08	11.33
	4	7.23	10.00
	5	6.37	8.67
100	3	9.13	14.08
	4	8.33	11.82
	5	7.54	10.55

第 5 章 建筑物纠倾工程设计

建筑物纠倾工程的设计是一项复杂的工作，必须在全面考虑各种因素的基础上进行分析，找到病害原因，做到"对症下药"；同时，重视纠倾方法的灵活运用和纠倾方案的优化，有效地进行防复倾加固。对特殊性岩土地区、地震区的建筑物以及复杂建筑物，尚应针对其复杂性采取有效措施。

5.1 纠倾工程设计原则与步骤

建筑物纠倾工程设计是纠倾工程的核心内容，是建筑物纠倾施工的指导性文件。因此，纠倾工程设计前，应充分掌握相关资料和信息；同时，应根据施工中反馈的信息及时修改设计，做到信息化设计、信息化施工。

5.1.1 准备工作

建筑物纠倾工程设计前，应认真搜集相关资料和信息，当原始设计文件、施工文件缺失时，应在检测与鉴定时补充有关内容。对于没有进行岩土工程勘察或岩土工程勘察资料不能满足纠倾工程设计要求的建筑物，应进行补充勘察，补充勘察应符合相关规范的要求。需要指出的是，掌握翔实的岩土工程勘察资料，就掌握了建筑物纠倾工程的主动权。经常会有一些业主为节省时间与费用，希望不要进行补充勘察。这是一个非常危险建议，设计人员应慎重考虑，坚持原则，不可轻易接受；否则，可能会在接下来的纠倾施工过程中造成更多的时间浪费与经济损失。建筑物纠倾工程实践证明：程序化地进行现场调查和收集相关资料与信息，结合建筑物的现状实况，综合分析并统筹确定纠倾设计方案至关重要。

建筑物纠倾工程准备工作中应掌握的资料和信息包括：
(1) 原设计、施工文件，岩土工程勘察资料，气象资料；
(2) 检测与鉴定报告；
(3) 使用现状及改扩建情况；
(4) 相邻建筑物的基础类型、结构形式、质量状况和周边地下设施的分布状况；
(5) 补充勘察报告及相关资料；
(6) 相关的技术标准。

5.1.2 纠倾工程设计原则

纠倾工程设计与施工时，应把握全局，按照协调、平稳、安全、可控、环保的原则进行。

建筑物纠倾工程设计应符合以下要求：
(1) 全面分析建筑物倾斜原因。
(2) 纠倾方法的选择应根据建筑物的倾斜原因、倾斜量、裂损状况、结构及基础形式、整体刚度、工程地质、环境条件和施工技术条件等，结合各种纠倾方法的适用范围、工作原理、施工程序等因素综合确定。

（3）建筑物常用纠倾方法可分为迫降法、抬升法、预留法、横向加载法、综合法等。

建筑物纠倾方法的选择应该根据建筑物基础情况、地基土性质以及建筑物结构类型等进行确定，做到对症下药。纠倾工程常用方法的选择参见表5-1和表5-2。高层建筑、沉降量较大的建筑物以及复杂建筑物的纠倾，宜采用综合法。综合法设计时，宜将纠倾与防复倾加固结合进行，取得一举两得的效果。

建筑物纠倾常用方法选择（一）　　　　　　　　　　　　　　　　　表 5-1

纠倾方法	无筋扩展基础				扩展基础、柱下条形基础			
	黏性土粉土	砂土	淤泥	湿陷性土	黏性土粉土	砂土	淤泥	湿陷性土
浅层掏土法	√	√	√	√	√	√	√	√
辐射井射水法	√	√	√	√	√	√	√	√
地基应力解除法	×	×	×	×	×	×	√	×
浸水法	×	×	×	√	×	×	×	×
轻型井点降水法	△	√	△	×	△	√	△	×
沉（深）井降水法	△	√	△	×	△	√	△	×
堆载加压法	√	√	√	√	√	√	√	√
卸载反向加压法	√	√	√	√	√	√	√	√
增层加压法	√	√	√	√	√	√	√	√
振捣液化法	△	√	√	△	△	√	√	△
振捣密实法	×	√	×	×	×	√	×	×
振捣触变法	×	×	√	√	×	×	√	√
抬墙梁法	√	√	√	√	√	√	√	√
静力压桩法	√	√	√	√	√	√	√	√
锚杆静压桩法	√	√	√	√	√	√	√	√
地圈梁顶升法	√	√	√	√	√	√	√	√
托梁顶升法	√	√	√	√	√	√	√	√
地基抬升法	√	√	△	√	√	√	△	√
预留法	√	√	√	√	√	√	√	√
横向加载法	√	√	√	√	√	√	√	√

注：表中符号√表示比较适合；△表示有可能采用；×表示不宜采用。

（4）纠倾方案的比选应本着安全可靠、技术先进、经济合理、保护环境等原则，对纠倾程序、参数（如沉降速度、回倾量、回倾速度等）以及安全防护措施进行优化，确定最佳方案。

（5）纠倾工程设计时，应对受影响或已破损的结构构件和关键部位进行强度、稳定和变形验算，并结合防复倾加固措施在纠倾前（后）进行相应的结构改造与加固补强。

建筑物纠倾常用方法选择（二）　　　　表 5-2

纠倾方法	桩 基 础				纠倾方法	桩 基 础			
	黏性土粉土	砂土	淤泥	湿陷性土		黏性土粉土	砂土	淤泥	湿陷性土
辐射井射水法	√	√	√	√	振捣法	×	√	√	×
浸水法	×	×	×	√	桩顶卸载法	√	√	√	√
轻型井点降水法	△	√	△	×	桩身卸载法	√	√	√	√
沉（深）井降水法	△	√	△	×	桩端卸载法	√	√	√	√
堆载加压法	△	△	△	△	承台卸载法	△	△	△	△
卸载反向加压法	△	△	△	△	负摩擦力法	√	√	√	√
增层加压法	√	√	√	√	托梁顶升法	√	√	√	√

注：表中符号√表示比较适合；△表示有可能采用；×表示不宜采用。

（6）纠倾设计时，应提出有效措施，确保纠倾施工过程结构安全，避免建筑物产生失稳、结构破坏和过量的附加沉降。

（7）纠倾设计应根据纠倾工程的具体情况规定沉降量（抬升量）和回倾速率的预警值。

（8）纠倾前，对于沉降未稳定的建筑物，在沉降较大一侧宜进行限沉；纠倾过程中，为防止建筑物沉降发生突变，必要时应进行防复倾加固；纠倾后，为防止建筑物可能再次发生倾斜，保证纠倾成果和建筑物长期稳定，必要时进行防复倾加固。

（9）纠倾设计应考虑纠倾施工对相邻建筑物、地下设施的影响，并提出相应的保护、防范措施。

（10）纠倾工程设计应根据信息化施工的监测数据，及时调整相关的设计参数。

5.1.3 纠倾工程设计步骤

（1）倾斜原因分析：根据建筑物的检测与鉴定报告和相关资料，对倾斜原因进行分析确认，提出处理方案。

（2）纠倾方法选择：应根据建筑物的检测与鉴定报告、倾斜原因、倾斜值、整体刚度、裂损状态、工程地质和环境条件以及各种纠倾方法的工作原理、适用范围、施工程序等因素综合确定。

（3）纠倾方案比选：从安全可靠、经济合理、施工方便等方面进行比选，确定最佳纠倾方案。

（4）纠倾设计动态优化：纠倾设计应对所选用的纠倾方案进行纠倾程序优化和纠倾参数优化，其主要参数为沉降速率、回倾速率、回倾时间等。

（5）防复倾加固：根据场地工程地质情况、建筑物的回倾情况等，进行必要的防复倾加固设计。

5.2 纠倾工程设计与计算

5.2.1 纠倾工程设计文件

纠倾工程设计文件包括：倾斜建筑物现状、工程地质条件、倾斜原因分析、纠倾方案比选、纠倾设计、施工方法、观测点的布置及监测要求、结构改造及加固设计、防复倾加固设计、施工安全及防护技术措施、环境及相邻建筑物的保护措施等。

（1）倾斜建筑物概况。
（2）倾斜建筑物检验与鉴定结论。
（3）工程地质条件和水文地质条件。
（4）建筑物倾斜原因分析。
（5）纠倾方案比选。
（6）纠倾设计与施工方法。
（7）观测点的布置及监测要求。
（8）结构改造及加固设计。
（9）防复倾加固设计。
（10）安全及防护技术措施、应急处理方法。
（11）环境保护措施等。

5.2.2 纠倾工程设计计算内容

纠倾工程设计计算内容包括以下几个方面：

（1）根据倾斜建筑物的倾斜值、倾斜率和倾斜方向，确定纠倾设计迫降量或抬升量、回倾方向等。
（2）计算倾斜建筑物的基础形心位置和偏心距。
（3）计算基础底面压应力。
（4）根据基础底面压应力图验算地基承载力及软弱下卧层承载力，并进行地基变形估算。
（5）确定纠倾转动轴位置。
（6）设计迫降孔的位置和数量，或者确定顶升位置和机具数量及相关参数。
（7）进行防倾覆加固设计。

5.2.3 纠倾迫降量或抬升量计算

如图 5-1 和图 5-2 所示，建筑物的设计迫降量（或抬升量）及纠倾过程中需要调整的迫降量（或抬升量），按下式计算。

$$S_v = \frac{(S_{H1} - S_H)b}{H_g} \tag{5-1}$$

$$S'_v = S_v \pm a \tag{5-2}$$

式中　S_v——建筑物设计沉降量、抬升量（mm）；
　　　S'_v——建筑物纠倾需要调整的沉降量、抬升量（mm）；
　　　S_{H1}——建筑物水平偏移值（mm）；
　　　S_H——建筑物纠倾水平变位设计控制值（mm）；

第 5 章 建筑物纠倾工程设计

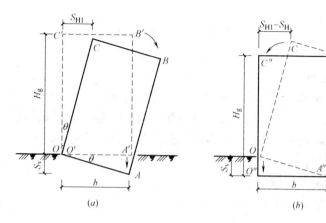

图 5-1 迫降法纠倾计算示意图
（a）纠倾前；（b）纠倾后

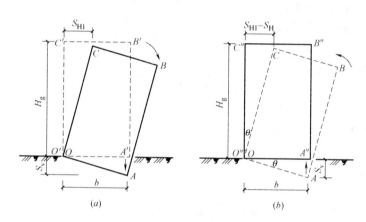

图 5-2 顶升法纠倾计算示意图
（a）纠倾前；（b）纠倾后

　　b——纠倾方向建筑物宽度（mm）；

　　a——预留沉降值（mm）。

　　建筑物回倾方向应取倾斜建筑物水平变位合成矢量的反方向。建筑物设计迫降量（或抬升量）计算公式为理论计算公式，其中 H_g 为自室外地面起算的建筑物高度（即建筑物纠倾前自室外地面起算的高度），b 为建筑物的原始宽度。因为纠倾过程中自室外地面起算的建筑物高度为一变量，建筑物宽度的水平投影也随着不均匀沉降的发展而变化，均不宜作为公式中的常量参与计算。另外，考虑到纠倾结束后建筑物尚有一定量的不均匀沉降，所以需要进行微量调整。抬升法纠倾时，需要调整的抬升量为：$S'_v = S_v + a$；迫降法纠倾时，需要调整的沉降量为：$S'_v = S_v - a$。

5.2.4 纠倾工程地基承载力验算

　　（1）倾斜建筑物基础底面的偏心矩按下式计算：

$$M_p = (F_k + G_k + F_T) \times e' + M_h \tag{5-3}$$

式中　M_p——建筑物基础底面的偏心力矩，kN·m；

　　　F_k——相应于荷载效应标准组合时，建筑物上部结构传至基础顶面的竖向力，kN；

G_k——基础自重和基础上的土重，kN；

e'——建筑物偏心距（即原设计存在的偏心距与倾斜产生的附加偏心距之和），m；

F_T——纠倾施加的竖向附加荷载，kN；

M_h——相应于荷载效应标准组合时，水平荷载作用于基础底面的力矩值，kN·m。

(2) 计算基础底面压应力，然后根据基底压应力图（见图 5-3），验算地基承载力：

$$p_k = \frac{F_k + G_k + F_T}{A} \quad (5-4)$$

$$p_{kmax} = \frac{F_k + G_k + F_T}{A} + \frac{M_p}{W} \quad (5-5)$$

$$p_{kmin} = \frac{F_k + G_k + F_T}{A} - \frac{M_p}{W} \quad (5-6)$$

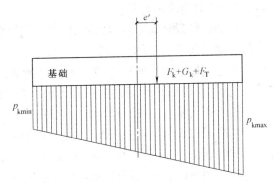

图 5-3 地基压应力图

式中 p_k——相应于荷载效应标准组合时，基础底面平均压应力，kPa；

p_{kmax}——相应于荷载效应标准组合时，基础底面边缘最大压应力，kPa；

p_{kmin}——相应于荷载效应标准组合时，基础底面边缘最小压应力，kPa；

A——基础底面面积，m²；

W——基础底面抵抗矩，m³。

基础在双向偏心荷载作用下，如基底最小压力 $p_{min} > 0$，则基底边缘四个角点处的压力可按下列公式计算：

$$p_{k\min}^{\max} = \frac{F_k + G_k + F_T}{A} \pm \frac{M_{xP}}{W_x} \pm \frac{M_{yP}}{W_y} \quad (5-7)$$

式中 M_{xP}、M_{yP}——分别为作用于基础底面 x 向和 y 向的偏心力矩，kN·m；

W_x——x 向的基础底面抵抗矩，m³；

W_y——y 向的基础底面抵抗矩，m³。

在纠倾过程中，建筑物基础底面边缘最大压应力（p_{kmax}）和基础底面边缘最小压应力（p_{kmin}）发生变化。建筑物纠倾扶正后，基础底面边缘最小压应力（p_{kmin}）较纠倾前增大，基底应力分布趋于均匀。

(3) 地基承载力计算：

① 当基础宽度大于 3m 或埋置深度大于 0.5m 时，按照载荷试验、其他原位测试和工程经验等确定地基承载力，可按下式计算：

$$f_a = f_{ak} + \eta_b \gamma (b-3) + \eta_d \gamma_m (d-0.5) \quad (5-8)$$

式中 f_a——修正后的地基承载力特征值，kPa；

f_{ak}——补充勘察的地基承载力特征值，kPa；

η_b、η_d——基础宽度和埋深的地基承载力修正系数，按现行规范执行；

γ——基础底面以下土的重度，kN/m³；地下水位以下取浮重度；

γ_m——基础底面以上土的加权平均重度，kN/m^3，地下水位以下取浮重度；

b——基础底面宽度，m；当基宽小于3m按3m取值；大于6m按6m取值；

d——基础埋置深度，m。

② 基底压力应满足下式要求：

轴心受压情况： $\qquad p_k \leqslant f_a$ (5-9)

偏心受压情况： $\qquad p_{kmax} \leqslant 1.2 f_a$ (5-10)

5.2.5 迫降纠倾法设计要点

迫降法纠倾设计首先应设计迫降顺序、位置和范围，计算迫降基础沉降量，确定预留沉降值，确保建筑物整体回倾变位协调。

迫降法纠倾时，回倾速度应根据建筑物的结构类型、整体刚度以及工程地质条件确定。《建筑物移位纠倾增层改造技术规范》（CECS 225：2007）规定，回倾速度宜控制在10～50mm/d范围内；条件较好时，尚可适当加大。回倾速度在纠倾开始与结束阶段取小值，中间阶段取大值。《建（构）筑物纠倾技术规范》（JGJ，报审稿）规定，迫降法纠倾时最大控制顶部回倾速率宜在5～20mm/d范围内。

迫降法纠倾时，建筑物的回倾速度大小是一个比较敏感的问题，也是一个关键问题。长期以来，对建筑物回倾速度的控制有着不同的意见。在早期，人们普遍认为回倾速度不宜过大，避免建筑物在快速回倾过程中结构产生应力集中而开裂，或者由于惯性作用影响其稳定。《铁路房屋增层和纠倾技术规范》（TB 10115—97）规定，建筑物回倾速度宜控制在3～15mm/d范围内。《既有建筑地基基础加固技术规范》（JGJ 123—2000）规定，一般情况下沉降速率宜控制在5～10mm/d范围内。《湿陷性黄土地区建筑规范》（GB 50025—2004）条文说明中规定，在湿陷性黄土地区采用浸水法纠倾时，地基下沉的速率以5～10mm/d为宜。

近年来，在更多的建筑物纠倾实践中人们发现，较小的回倾速度严重影响着工程进度，甚至带来一些不必要的麻烦。随着纠倾技术的发展，大回倾速度在不同的项目中进行了有效的尝试，并取得了一些经验。回倾速度应根据建筑物的结构类型、整体刚度、工程地质条件以及纠倾方法进行确定，及时终止高速迫降所产生的惯性是稳定回倾建筑物的关键。相关资料显示，国内某建筑物利用掏土法进行建筑物纠倾时，在严格控制排土量、加固回倾侧基础、及时密封排土井孔等措施下，该建筑物回倾速度曾达到360mm/d。但是，提高建筑物回倾速度是一个非常严肃的问题，应经过多方论证，确认可行时方可实施。切不可为了追赶施工进度，盲目加大建筑物回倾速度，避免造成一些不利影响。

5.2.6 抬升纠倾法设计要点

抬升法适用于重量相对较轻的建筑物纠倾工程。抬升纠倾法包括结构抬升法和地基抬升法。

（1）建筑物抬升法纠倾设计应符合下列规定：

1）原基础及上部结构不满足抬升要求时，必须先进行加固设计；

2）抗震设防烈度为7、8、9度的地区，砖混结构建筑物抬升不宜超过7、6、4层，框架结构建筑物抬升不宜超过8、6、4层；

3）抬升托换结构体系的强度、刚度应满足相关规范要求，并在平面内连续闭合；

4）应确定千斤顶的数量、位置、布置范围和顶升荷载等参数；

5）应在满足建（构）筑物的结构安全和使用功能的条件下，进行防复倾设计。

（2）砖混结构建筑物顶升法纠倾设计要点

砌体结构建筑的荷载是通过砌体传递的，根据顶升技术原理，顶升时砌体结构的受力特点相当于墙梁作用体系，由墙体和托换梁组成墙梁，其上部荷载主要通过墙梁下的支座传递。也可将托换梁上的墙体作为无限弹性地基，托换梁作为在支座反力作用下弹性地基梁。因为托换梁是为顶升专门设置的，所以在施工阶段对托换梁按钢筋混凝土受弯构件进行正截面受弯承载力和斜截面受剪承载力及托换梁支座上原砌体的局部承压的验算。一般根据墙体的总延长米及千斤顶工作荷载进行分配计算出平均支承点设计跨度，计算是按相邻三个支承点的距离之和作为计算跨度，进行托换梁设计。当原墙体强度验算不能满足要求时，应进行调整，必要时对原砌体进行加固补强。《建筑物移位纠倾增层改造技术规范》(CECS 225：2007) 规定，砌体结构建筑物的顶升梁可按倒置弹性地基墙梁设计，其计算跨度为相临三个支承点的两边缘支点距离。

（3）框架结构建筑物顶升法纠倾设计要点

框架结构荷载是通过框架柱传递的，顶升时上升力应作用于框架柱下，但是要使框架柱能够得到托换，必须增设一个能支承框架柱的结构体系。因此，托换梁柱体系宜按后增牛腿来设计，利用增设的牛腿作为托换过程、顶升过程及顶升后柱连接的承托支座。框架结构建筑顶升纠倾设计，首先应对原结构进行内力计算，包括剪力、轴力和弯矩。因为原框架结构本身为整体超静定结构，柱脚为固定端，而托换后顶升时，柱脚成为自由端，原框架结构内力有所改变。为了解除内力改变对结构变形的影响，托换前应增设连系梁相互拉结，解除柱脚的变位问题。另外，设计时应考虑正截面受弯承载力、局部抗压强度、柱周边的抗剪强度以及后浇牛腿的处理问题。《建筑物移位纠倾增层改造技术规范》(CECS 225：2007) 规定：框架结构建筑物的顶升梁（柱）体系可按后设置牛腿设计，验算断柱前、后相邻框架结构柱端内力，并对牛腿受弯、受剪和局部承压进行验算。

（4）地基抬升法纠倾设计要点

地基抬升纠倾法是在建筑物原沉降较大一侧地基土层中根据设计布置若干注浆管，有计划地注入规定的化学浆液，使其在地基土中迅速地发生膨胀反应，起抬升作用，从而达到建筑物纠倾扶正的目的；或者高压注入水泥浆（也可与化学浆同时使用），对土体进行挤压，同时起到纠倾与加固的作用；更常见的是利用生石灰桩、双灰桩（生石灰＋粉煤灰）等加固沉降量较大的一侧地基，利用生石灰作为主膨胀材料进行抬升纠倾。在地基中利用注浆法加固地基是一种传统的地基处理方法，而用注入膨胀剂抬升法进行建筑物纠倾则是注浆加固地基方法的深化。但是，纵观注浆法纠倾建筑物的历史，注浆材料一直是困扰人们的难题，它需要自身具有较大的膨胀性能，一旦注入地基，即能释放较多的膨胀能。另外，对地基膨胀的控制技术也不成熟。所以，建筑物地基抬升纠倾法还需要进行系统的研究与更多的实践。目前，注入膨胀剂抬升纠倾法一般应用在一些小型建筑物纠倾工程实践中。

5.3 浅层掏土纠倾法设计

建筑物浅层掏土纠倾法是指从建筑物沉降较小一侧的基底下掏挖出适量的地基土、垫层,或抽取一定的基础砖石,引起建筑物新的沉降,有效调整基础的沉降差,以达到纠倾的目的。浅层掏土纠倾法包括基底成孔掏土法、基底水平冲水掏土法、基底掏垫层法和基础抽砖石法。其中,基底成孔掏土法、基底冲水掏土法和基底掏垫层法都是在基础底面以下掏挖土体,削弱基础下土体的承载面积,在上部结构的重力作用下,使附加应力产生集中效应,掏土孔产生压扁变形,孔壁土体局部破坏,地基土产生新的附加沉降变形。

浅层掏土纠倾法一般适用于处理碎石土、砂土、黏性土、粉土、淤泥和淤泥质土、填土等天然地基上(或经浅层处理后)的浅基础建筑物,并且要求其结构的刚度和整体性较好,处于安全的正常使用状态。对于基础埋深较大、荷载较大的工程,应慎重选择。

浅层掏土纠倾法具有操作简单、安全可靠、适用性强、工期短、造价低、无振动、无污染等优点得到广泛应用,是纠倾工程中最早应用和最常应用的纠倾方法之一。但是,该方法也存在着变形易于集中、基底受力不均匀、土方开挖量大、劳动条件差等缺点。

建筑物浅层掏土纠倾法设计内容包括以下几个方面:

(1) 根据建筑物迫降量、地基土性质、基础类型、基础埋深及附加应力分布范围等因素,确定掏土范围、沟槽位置、沟槽宽度与深度、掏土量、掏土顺序、掏土级次等设计参数。必要时,可通过现场试验具体确定浅层掏土纠倾法的各个参数。

(2) 根据掏土顺序、掏土量设计必要的安全措施,防止沉降突变。

(3) 确定取土孔(槽)的回填材料及回填要求。

目前的纠倾工程实践主要依据经验法、附加应力控制法、附加沉降变形控制法和地基土塑性变形控制法等进行设计。

5.3.1 设计沉降量与掏土孔数的关系

(1) 窄基础沉降量与掏土孔数的关系

对于条形基础、独立基础、十字交叉基础及其他窄基础,其每个基础的宽度与建筑物在纠倾方向上的总宽度(或总长度)相比较窄(即尺寸较小),掏土孔的进深一般为每个基础宽度,可忽略每个基础下任一掏土孔的截面变形差异。所以,假设每个基础下的掏土孔的截面变形基本相同,假设地基土在掏土前后的压缩模量不变,根据基底掏土体积和基础沉降量与基础宽度的乘积相等的关系,可建立建筑物设计沉降量与掏土孔数的关系。如图5-4所示,假定基础总长度为L,设计调整的沉降量为Δs,设计掏土孔数为N,则有:

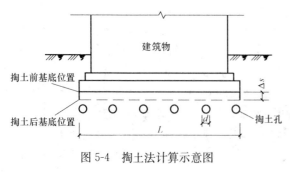

图 5-4 掏土法计算示意图

$$\Delta s L = \frac{\pi}{4} d^2 N \qquad (5-11)$$

由于钻孔施工不能保证每一个钻孔都完全出土,即不能保证每一孔的掏土效果,特引进钻孔出土率 η,则上式变为:

$$\Delta s = \frac{\pi \eta d^2 N}{4L} \qquad (5-12)$$

式中 d——掏土孔直径(m);

5.3 浅层掏土纠倾法设计

Δs——设计沉降量（m）；

L——垂直于纠倾方向的基础长度（m）；

N——掏土孔数量（个）。

对于给定的建筑物尺寸，要求建筑物产生的沉降量 Δs，如果保证每一个孔都出土，则可以按照式（5-12）计算所需的钻孔数量，这种近似的定量关系已经得到实践的证实。

实际钻孔的出土率不可能达到100%。实践表明，湿法钻孔出土率的变化可分为以下三种类型：

1) 初期孔。在纠倾开始阶段施工时，孔距一般为0.8～1.0m，沿钻孔的方向土都被水冲出，即钻孔的出土率为100%，即 $\eta = 1.0$。

2) 中期孔。在初期孔施工结束后，如果建筑物纠倾还没有达到要求，则需要进行中期孔施工。中期孔的间距一般为0.4～0.5m，在正常情况下钻孔开始时的钻孔深度在1.0～1.5m范围内，$\eta = 1.0$；深度大于10m后，出土率 η 为1.0～0.5。当然，L 可根据具体情况调整。

3) 后期孔。后期孔的间距一般为0.2～0.3m，钻孔基本不出土或者出土很少，出土率沿孔深方向基本不变，η 一般为0.3～0.6。

(2) 整体基础沉降量与掏土孔数的关系

对于箱形基础、筏形基础等平面尺寸较大的基础，基础下任一掏土孔的长度较大（一般取沿纠倾方向整个基础宽度的2/3左右），其截面变形差异则不能忽略。同时，基础沉降时整个掏土孔一般不会完全闭合。假设地基土在掏土前后的压缩模量不变，可建立建筑物设计沉降量与掏土孔数的关系，则有：

$$\frac{1}{2}\Delta s_{\max} BL = N(V_0 - V_1) \tag{5-13}$$

式中 $\Delta s_{\max}$——基础边缘最大沉降量（m）；

V_0——掏土孔体积（m³）；

V_1——变形后掏土孔的残余体积（m³）；

B——平行于纠倾方向的基础宽度（m）。

每一批掏土孔施工后，整体基础同建筑物上部结构一同回倾，掏土孔的变形外部大、内部小。如图5-5所示，设掏土孔在水平方向上的变形量为零，变形后的掏土孔为椭圆形截面的台形体，则变形前、后掏土孔的体积分别为：

$$V_0 = \frac{\pi}{4}d^2 a \tag{5-14}$$

$$V_1 = \frac{\pi}{8}(h_1 + h_2)da \tag{5-15}$$

式中 a——掏土孔长度（进深，m）；

h_1——掏土孔内端椭圆截面的短径，$h_1 = \beta d$（m）；

h_2——掏土孔外端椭圆截面的短径，$h_2 = \lambda d$（m）；

β、λ——经验系数，实测确定。

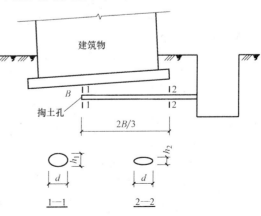

图 5-5 掏土法变形示意图

综合上述各个公式，可得到基础边缘最大沉降量与掏土孔数的关系式：

$$\Delta s_{\max} = \frac{\pi a d^2 N}{16BL}(3-4\beta-4\lambda) \tag{5-16}$$

5.3.2 地基变形控制与掏土孔数的关系

浅层掏土法纠倾时，为了使地基增加变形，同时使地基下沉不致过大过快，还必须符合相关规范的要求，则需要对基础底面压力进行控制。

对于条形基础、独立基础、十字交叉基础等，由于每个基础的宽度相对较小，掏土孔的进深一般为每个基础宽度（b），所以，掏土孔的数量可按以下方法进行控制：

$$f_a < \frac{F+G}{Lb-\frac{\pi}{4}d^2 bN} \leqslant 1.2 f_a \tag{5-17}$$

对于箱形基础、筏形基础等平面尺寸较大的基础，基础下任一掏土孔的长度一般取沿纠倾方向整个基础宽度的 2/3，其掏土孔的数量可按以下方法进行控制：

$$f_a < \frac{F+G}{LB-\frac{\pi}{6}d^2 BN} \leqslant 1.2 f_a \tag{5-18}$$

5.3.3 附加应力控制法与附加沉降变形控制法设计

附加应力控制法是对人工掏土后地基土附加应力（或基础底面处的平均压力值）进行控制，使地基土与建筑物基础逐渐下沉，但同时不使地基失稳。根据不同的掏土方式，附加应力控制有着不同的形式。

本书第 8 章对基底多排水平孔掏土条件下的土体附加应力场计算、地基附加沉降计算以及各种因素的影响作了比较详细的介绍，该研究成果可供相关建筑物纠倾工程进行参考。

5.3.4 塑性变形控制法设计

在一些建筑物纠倾工程中，利用地基土塑性变形理论进行建筑物纠倾设计计算也取得了一些经验。利用 Tresca 准则或 Mohr-Coulomb 准则进行掏土孔间距设计和沉降变形分析，具有相当的理论指导意义和工程价值。

（1）对于 Tresca 材料，根据其屈服时的塑性体积应变为零（即认为塑性区总体积不变），孔的体积变化等于弹性区的体积变化。如果已知成孔半径 R_i 和成孔处地基压力 p（包括自重应力和建筑物引起的附加应力），便可计算出成孔周围的最大塑性区半径 R_p，从而确定掏土孔间距 D。

$$R_p = \sqrt{\frac{E}{2(1+\nu)k}} R_i \tag{5-19}$$

$$D \geqslant 2R_p \tag{5-20}$$

式中　E——地基土压缩模量；
　　　ν——消耗泊松比；
　　　k——地基土抗剪强度；
　　　R_i——成孔半径；
　　　R_p——最大塑性区半径。

一般地，对于饱和黏性土和粉土，$R_p=(2\sim4)R_i$；对于湿陷性黄土，$R_p=(5\sim7)R_i$。

(2) 对于 Mohr-Coulomb 材料，根据其塑性流动时，孔的体积变化等于弹性区的体积变化与塑性区的体积变化之和，孔周围的最大塑性区半径 R_p 可简化为：

$$R_p = \sqrt{\frac{I_r \sec\varphi}{1+I_r \Delta \sec\phi}} R_i \quad (5-21)$$

$$I_r = \frac{E}{2(1+\nu)k} = \frac{G}{k} \quad (5-22)$$

$$D \geqslant 2R_p \quad (5-23)$$

式中 Δ——塑性区平均体积应变，为塑性区应力状态的函数。

一般地，对于湿陷性黄土，$R_p=(7\sim9)R_i$。

5.3.5 经验法设计

(1) 基底成孔掏土法

1) 掏土孔的间距应根据建筑物的基础形式、倾斜状况、整体刚度、基础类型、工程地质和水文地质等选择，一般可取 0.5～1.0m；分层钻孔掏土时，相邻孔口应成梅花状布置，相互错开，孔距不应小于 0.5m；

2) 掏土孔直径应根据回倾速率和地基土软硬情况等确定，一般可取 0.1～0.2m；

3) 掏土孔深度不宜超过转动轴线位置；

4) 同一孔口进行分层成孔时，两孔之间夹角不应小于 15°；

5) 应根据建筑物场地的工程地质条件、掏土的范围、回倾速率的要求以及施工机具等，确定掏土的顺序、批次、级次。

(2) 基底冲水掏土法

在基底冲水掏土纠倾法中，冲水工作槽（孔）的间距一般取 2.0～2.5m，槽宽（孔直径）一般取 0.2～0.4m，槽深可取 0.15～0.3m，槽底应形成坡度。水冲压力宜控制在 1～2MPa，流量宜控制在 40L/min 左右。

掏土时，应先从沉降量较小的一侧开始。逐渐过渡，依序进行，同时做好检测和防护措施。

5.4 地基应力解除纠倾法设计

地基应力解除法，亦称钻孔排泥纠倾法，是在倾斜建筑物沉降较小的一侧垂直钻孔，按计划有次序地清理孔内淤泥，造成地基土侧向应力解除，使基底淤泥向外挤出，从而引起该侧地基下沉，最终达到纠倾的目的。地基应力解除法适用于建造在厚度较大的软土（如淤泥、淤泥质土、泥炭、泥炭质土、冲填土等）地基上的建筑物的纠倾。

5.4.1 应力解除法工作原理

地基应力解除法的工作原理简单总结为"解除"和"均化"，具体如下：

(1) 解除建筑物原沉降较小一侧沿应力解除孔孔周的径向应力。扰动后的区域地基土的强度降低，其变形模量也随之降低，地基应力随之调整，应力解除孔附近的地基土向孔方向连续运移，将应力解除孔由圆形挤压成不规则的椭圆形。在应力解除孔中深掏土，依靠吸拔软土所产生的真空吸力，引导软土进一步向应力孔流动，形成土质流场，带动建筑物回倾。

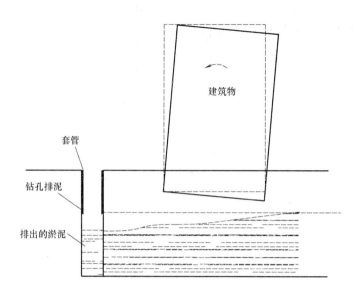

图 5-6 地基应力解除法纠倾示意图

(2) 解除建筑物沉降较小的一侧沿应力解除孔孔身的竖向抗力,有利于沿应力解除孔一侧土体竖向错移。

(3) 利用软土触变性强的特点,钻孔的扰动可以大大降低应力解除孔周围土体的抗剪强度。

(4) 通过一定规律的清孔(辅之以孔内降水,临时降低孔壁水压力)有利于软土向其中移动、填充。

(5) 基本不动原沉降量大的一侧的地基土。

(6) 地基土变形模量与基底压力均匀化。应力解除法纠倾过程,使原沉降小一侧的硬土产生一定的剪切变形,使其变形模量均匀化。另外,基底压力不断进行调整趋于均匀,促使纠倾呈良性循环。

5.4.2 应力解除法纠倾特点

(1) 应力解除法有良好可控性。工程实践表明:用应力解除法进行建筑物纠倾,一旦封孔,建筑物沉降速率衰减比纠倾前快得多,达到稳定沉降的时间将大大缩短。应力解除法的最大优点是完全可控,不怕矫枉过正,只怕纠而不动。纠倾到位封孔后,纠倾建筑物的回倾率和沉降速度都会迅速趋于停止。

(2) 应力解除纠倾法有别于一般掏土法。地基应力解除法表面看来似乎属于一种软纠倾掏土法,但在本质上有重大的区别。应力解除纠倾法原则是:掏下不掏上、掏软不掏硬、掏(基底)外不掏(基底)里等。一般来说,能产生有效应力解除时,清孔才单一使用;否则,必须辅以多种辅助应力解除措施。同时,将清孔任务分散到尽可能大的工作面上完成,而不应过分集中。这样就能严格保护基底下的土体不受扰动,并且保护基底面下一定厚度的垫层,使它们构成调整底面压力的保护层。

(3) 应力解除法纠倾能有效地减小对邻近建筑物影响。应力解除法有效地隔离硬侧在纠倾沉降过程中对孔外基土的牵带作用,使纠倾沉降不会太多地带动孔外地基土一起向下移动，从而有效地保护邻近建筑物。

（4）应力解除法纠倾对环境影响小，无振动、无噪声、无污染。另外，应力解除法纠倾对施工场地要求较宽松（如用人工方法可在宽3m的狭窄空间内施工等），工期短、效率高、费用低，节省财力和人力，劳动强度也比较低。

（5）应力解除纠倾法灵活性好。应力解除纠倾法可配合使用多种辅助措施促进地基应力解除，如：孔内降水（减小孔壁水压力，促使孔周地下水向孔内渗流，形成动水压力，使地基土更容易向孔内流动）、真空吸土（堵塞孔口抽气、抽水等）、振动掏土（使软土触变流动）、孔间插入刀片（切开孔排内外土体）、孔间插入注水管（土体致裂）等。

（6）采用地基应力解除法纠倾后的建筑物是否进行加固要持谨慎态度。实践证明：不适当的加固方法会导致软侧的地基土产生附加沉降，并且沉降速率衰减得很慢；同时，加固施工过程也会引起较大的不均匀沉降，这两个附加沉降往往超出加固方法本身在日后所能起到的限沉作用。所以，对用应力解除法纠倾后的建筑物是否要进行加固要持谨慎态度，一定要最大限度地防止软侧产生过量的附加沉降。只有经过论证，认为非加固不可的情况下才增加加固工序。

5.4.3 应力解除法纠倾设计

（1）地基应力解除孔平面布置

地基应力解除孔布置应根据工程地质条件、基础的形式和构造、纠倾量的要求以及施工设备条件确定，布置在建筑物原沉降较少的一侧，并尽量靠近基础底板边缘，有效激活、扰动基础下的软土，从而被吸出。地基应力解除孔的间距不小于1.0m，一般为2~3m。钻孔距基础边缘不宜小于0.4m，也不宜大于2.0m。

对于平面布置为长方形的建筑物，纵墙承重时，应力解除较容易，孔距可稍大些；横墙承重时，宜设置较多应力解除孔，以影响中心部位的地基土。

（2）地基应力解除孔构造

地基应力解除孔直径一般可取300mm、325mm、400mm等，成孔深度不宜小于基底以下3.0m，孔上部设套管（多用钢套管）保护，套管长度4~6m，其埋置深度应超过基底平面以下2.0m。

对于桩基建筑物，应力解除孔的深度设计应综合考虑解除桩侧摩阻力和部分桩端阻力的要求。但是，对于复合地基，尚应考虑柔性桩的桩身质量问题。过多解除桩侧摩阻力时，必须验算桩身结构承载力是否满足要求。

（3）掏土机械

掏土机械选用上拔力不小于3t的钻机或卷扬机。

（4）封孔

封孔材料可采用黏土或级配良好的砂石，并注浆形成素混凝土桩体。

5.5 辐射井射水纠倾法设计

辐射井射水纠倾法是在建筑物沉降较少的一侧设置辐射井，在面向建筑物一侧的辐射井井壁上留有射水孔，由孔内向地基土中压力射水并把部分地基土带出孔外，加大持力层局部土体应力集中，促使基底土压缩变形，达到纠倾的目的（见图 5-7）。

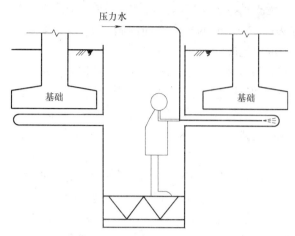

图 5-7 辐射井射水纠倾示意图

辐射井射水纠倾法适用范围广，对于砂土、黏性土、粉土、淤泥和淤泥质土、填土等天然地基上（或经浅层处理后）的浅基础建筑物，以及箱形基础和墩台基础等深基础建筑物，都具有很好的纠倾作用。对于碎石土地基上的建筑物，可根据碎石含量和粒径大小等具体情况，采用以辐射井射水纠倾法为主、其他纠倾方法（如掏土、振捣等）相配合进行建筑物纠倾。

5.5.1 辐射井纠倾设计的一般规定

（1）根据建筑物的整体刚度、基础类型、工程地质和水文地质、场地条件、回倾量的要求等因素确定射水井的位置、尺寸、间距、深度以及射水孔的位置、数量和射水方向等参数，并确定射水的顺序、批次、级次。

（2）辐射井应设置在建筑物沉降较小的一侧，井外壁距基础边缘宜为 0.5～1.0m。一般地，辐射井间距一般可取 6～15m。辐射井间距较小时，则迫降施工较为容易，但增加了挖井成本；反之，挖井成本较低但迫降速度较慢，工人施工劳动强度较大。一般迫降量较大、要求工期短时，宜取小值；反之，取大值。

（3）辐射井可采用圆形混凝土沉井、砖砌沉井或钢板井，并应通过结构验算。井的内径一般为 1.0～1.2m，井身的混凝土强度等级不应低于 C20，砖强度等级不应低于 MU10，水泥砂浆强度等级不应低于 M5。井壁采用预制钢筋混凝土井圈时，每节长 1～1.5m，内径 1～1.2m，壁厚 200～240mm。辐射井的井口应设置防护设施。

（4）辐射井应在井壁上设置射水孔。射水孔尺寸宜为 150mm×150mm、200mm×200mm 或 φ63～110mm。射水孔位置应根据基础回倾下沉量，设置在基底下适当深度。但一般情况下需保留原基础下的地基硬层（包括素混凝土垫层、密实硬土层等），使其在建筑物回倾过程中起变形的调节作用。所以，射水孔一般距基底不宜小于 0.5m，地基中有换填层时，射水孔距换填层不宜小于 0.5m。辐射井宜封底，井底至射水孔的距离

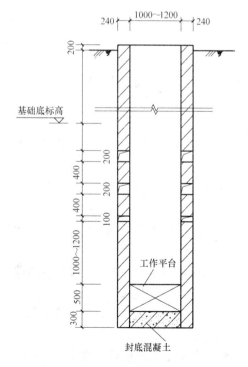

图 5-8 砖辐射井构造图

不宜小于1.8m。

但是,对于比较复杂的成层地基土,射水孔位置尽可能选择在力学性质最差的土层上,通常距上一好土层界面1m左右。这样不仅纠倾速度快,而且对原地基土承载力影响较小,纠倾后容易很快稳定。当纠倾房屋处于大面积回填塘碴上且塘碴层充满地下水时,沉井深度必须进入塘碴层下土层6m以上,并在射水孔位置设置500mm长、管径大于射水管直径30mm的钢套管,以防止射水时井筒外壁水土先行进入辐射井,造成井周土体坍塌。

(5)高压射水孔长度及方向的确定:高压射水孔长度原则上以不超过纠倾转动轴为宜,最长不宜超过20m。射水孔方向宜平行及垂直于主倾方向,在平面上呈网格状交叉分布时,最大网格面积不宜少于2m²。

(6)辐射井射水取土通过多级泵提供高压水源,高压水通过高压胶管送入射水枪。射水管直径宜为ϕ32～50mm,射水枪喷嘴直径为4～6mm。射水压力宜为0.5～2MPa,流量宜为30～50L/min,并根据现场试验性施工调整射水压力及流量。

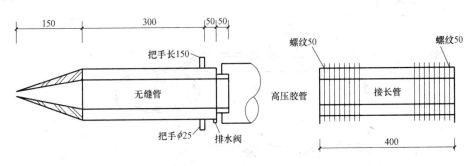

图5-9 射水枪构造图

对于水资源比较紧张的地区,应改变用水路径,采用循环用水的办法,即将辐射井中的回水提升到沉淀池进行泥浆沉淀处理,再将其中的清水抽送到供水池,以供水池作为辐射井射水取土的水源,见示意图5-10。

5.5.2 辐射井纠倾法取土量计算

辐射井射水取土纠倾设计中的取土量、射水孔间距等应根据现场试验确定,也可参考下述计算公式。

(1)基础倾角

$$\theta = \arctan \frac{S_{H1}}{H_g} \tag{5-24}$$

式中 θ——基础倾角(°);
S_{H1}——建筑物顶部水平倾斜量(m);
H_g——建筑物垂直高度(m)。

(2)取土量

$$V = \frac{1}{2} A S_v \cos\theta \tag{5-25}$$

式中 V——总取土量(m³);
A——建筑物基础底面积(m²);
S_v——建筑物纠倾设计沉降量(m)。

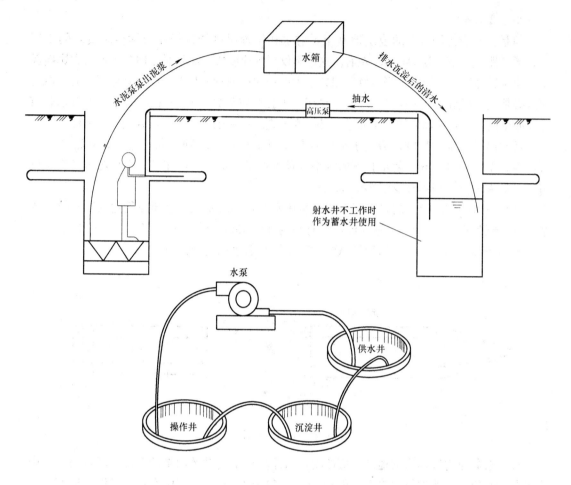

图 5-10 循环用水示意图

5.6 浸水纠倾法设计

浸水纠倾法是在建筑物沉降小的一侧基础边缘开槽、挖坑或钻孔，有控制地将水注入地基内，使地基土产生湿陷变形，从而达到纠倾的目的。浸水纠倾法包括基础外浸水法和基础下注水法。

浸水纠倾法适用于地基土含水率小于塑限、湿陷系数 $\delta_s>0.05$ 的湿陷性土或填土地基上基础整体性较好的建筑物纠倾工程。对可能引起相邻建筑物或地下设施沉降以及靠近边坡地段或滑坡地段的纠倾工程，不得采用浸水法。

5.6.1 浸水纠倾法设计的一般规定

（1）根据建筑物的结构与基础情况以及场地条件，可选用注水坑、孔或槽等不同方式注水。

（2）浸水法应先进行现场注水试验，通过试验确定注水流量、流速、压力和湿陷性土层的渗透半径、渗水量等有关设计参数。注水试验孔（坑、槽）距倾斜建（构）筑物不宜小于 5m，试验孔（坑、槽）底部应低于基础底面以下 0.5m。一栋建（构）筑物的试验注水孔（坑、槽），不宜少于 3 处。

（3）根据试验确定的设计参数，计算沉降量与回倾速率，明确注水量、流速、压力和浸水深度，确定注水孔（坑、槽）的位置、尺寸、间距、深度和注水量。

（4）注水孔（坑、槽）深度应达到湿陷性土层，并应低于基础底面以下 0.5m。各注水孔（坑、槽）底部既可设在同一标高，也可设在不同标高。在注水坑（孔、槽）开挖过程中，发现土层中有渗水砂层时，注水坑（孔、槽）的水位应低于渗水砂层底面高程。

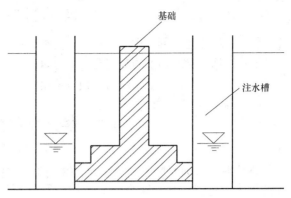

图 5-11 基础外浸水纠倾示意图

（5）注水时应采取措施保持正常的渗水速度，并防止雨水流入注水坑（孔、槽）内。

（6）根据基础类型、地基土湿陷性等因素，预留停止注水后的滞后沉降量。对于中等湿陷性地基上的条形基础、筏形基础，滞后沉降量宜为纠倾沉降量的 1/10～1/12。

（7）纠倾结束后，应及时用不渗水材料夯填注水坑（孔、槽），恢复原地面和室外散水等设施。

5.6.2 注水量设计

总注水量可按下式进行初步估算：

$$W_w = \lambda \sum_{i=1}^{n} \gamma_i V_i (w_{ai} - w_i) \tag{5-26}$$

式中 W_w——总注水量（kN）；

γ_i——第 i 层地基土的天然重度（kN/m³）；

V_i——第 i 层地基土的注水湿陷土体积（m³）；

λ——经验修正系数，一般可取 0.8～0.9；

w_i——第 i 层地基土的天然含水率；

w_{ai}——第 i 层地基土注水后的含水率。

5.6.3 湿陷量估算

建筑物基础各个部位应按比例协调回倾，浸水沉降量可根据土层厚度及土的湿陷性按下式计算：

$$s = \sum_{i=1}^{n} \beta \delta_{si} h_i \tag{5-27}$$

式中 s——浸水湿陷量（mm）；

δ_{si}——第 i 层地基土的湿陷系数；

h_i——第 i 层地基土的厚度（mm）；

β——基底地基土侧向挤出修正系数，对基底下 0～5m 深度内，取 1.0～1.5；对基底下 5～10m 深度内，取 1.0。

5.6.4 注水时间估算

浸水纠倾的注水时间取决于湿陷土层的渗透系数和厚度，可参照下列经验公式估算：

$$T = \sum_{i=1}^{n} \frac{h_i}{k_i} \qquad (5-28)$$

式中　T——注水总时间（d）；

　　　h_i——第 i 层地基土的湿陷渗透厚度（m）；

　　　k_i——第 i 层地基土的渗透系数（m/d）。

5.7　降水纠倾法设计

降水纠倾法是通过降低建筑物原沉降较小一侧的地下水位，使其地基土失水固结，产生新的沉降，达到纠倾的目的。降水法主要包括轻型井点降水法、大口井降水法、沉井降水法等。

降水纠倾法适用于地下水位较高、可失水固结沉降的砂性土、粉土以及渗透性较好的黏性土地基上的建筑物纠倾工程。降水井深度范围内有承压水、或可能引起相邻建筑物或地下设施沉降时，不得采用降水法。

5.7.1　降水纠倾法机理分析

饱和地基土是由固体土颗粒、水和极少量的气体所组成。当孔隙中的一些自由水被排除后，在上部压力的作用下孔隙体积将随之缩小，孔隙水压力逐渐转变为土颗粒骨架承受的有效应力，这便是饱和地基土的失水固结过程。

降水纠倾法就是应用这一原理，在建筑物原倾斜较小一侧打井抽水，降水后的地下水位是以降水井为中心的一个漏斗形曲面，随着降水的持续，曲面半径向外延伸，直至原有地下水位面，降水影响半径也在增加。在上海地区，长期降水（持续一个月以上）的最大影响半径可达 $10H$（H 为水位下降深度）。

对于浅基础建筑物，降水后漏斗形曲面以上的土体失水固结，地基土在上部结构荷载作用下沉降，降水井一侧的建筑物基础（非桩基础）随之产生较大的沉降，建筑物回倾，见原理图 5-12。

5.7.2　浅基础降水纠倾法设计

（1）降水井选择与布置

降水井可根据工程地质和水文地质条件采用大口井（大口径深井）、沉井或轻型井点等。一般地，对于碎石土、粉土场地的浅基础倾斜建筑物，可采用轻型井点降水方式，增加地基土的附加应力，使地基土产生附加沉降，引起基础下沉，达到纠倾目的。对于碎石土、砂土、或砂土互层场地上基础埋深较大的倾斜建筑物，可采用大口径深井或沉井降水方式进行纠倾。

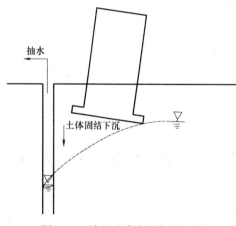

图 5-12　浅基础降水纠倾原理图

（2）应进行现场抽水试验，确定水力坡度线、水头降低值、抽水量和影响半径等。

（3）根据试验明确抽水量、抽水深度、抽水顺序，布置抽水井和观察井的位置、数量和深度。降水后，水力坡度线不宜超过转动轴线位置。

(4) 也可以按照以下方法确定合适的降水井数量和降水深度，并进行降水井的布置。一般来说，应考虑将地下水位下降到主要压缩层以下一定深度。

1) 水位降深也可按下式进行计算

当多井同时抽水时，抽水时间持续较长可以形成一个相对稳定的降水漏斗，按照水动力学的有关原理，对 n 个任意排列的降水井同时工作时，在任意点 A 所产生的总降水深度为（潜水含水层）：

$$S_A^2 = H_0^2 - h_A^2 = \sum \frac{Q_i}{\pi K} \ln \frac{R_i}{r_{i-A}} \tag{5-29}$$

式中 S_A——A 点所产生的降水深度；

Q_i——第 i 个降水井的抽水量；

R_i——第 i 个降水井的影响半径；

r_{i-A}——第 i 个降水井到 A 点的平面距离；

h_A——A 点的潜水含水层的厚度；

H_0——抽水前含水层的初始厚度；

K——潜水含水层的渗透系数。

2) 有效应力增量计算

由降水增加的土中有效应力增量 Δp 可以按以下方法估算如下：

$$\Delta p_A = \Delta \gamma \cdot S_A \tag{5-30}$$

式中 Δp_A——降水引起地基土中 A 点的竖向有效应力增量（kPa）；

$\Delta \gamma$——降水后地基土增量的重度，也可以近似取 $\Delta \gamma = (0.9 \sim 1.0)\gamma_w$（kN/m³）；

S_A——A 点降水深度（m）。

如图 5-13 所示，当基础下土层内的水位从 a 点降到 b 点时，土中的自重应力发生变化。

3) 降水引起的纠倾量计算

通过计算建筑物倾斜最大方向上对应轴线两端点由于降水引起的水位降深 S_A 和 S_B，再计算出对应的有效压力增量 Δp_A 和 Δp_B。根据场地地质条件和建筑物情况，按照下式分别计算出两点由于降水引起的沉降量 ΔS_A 和 ΔS_B，以及降水引起的建筑物倾斜量 δ：

$$\Delta S_A = \sum_{i=1}^{n} \frac{\Delta p_{Ai}}{E_{sAi}} S_{Ai} = \sum_{i=1}^{n} \frac{\Delta \gamma_{Ai} \cdot S_{Ai}^2}{E_{sAi}} \tag{5-31}$$

$$\Delta S_B = \sum_{i=1}^{n} \frac{\Delta p_{Bi}}{E_{sBi}} S_{Ai} = \sum_{i=1}^{n} \frac{\Delta \gamma_{Bi} \cdot S_{Bi}^2}{E_{sBi}} \tag{5-32}$$

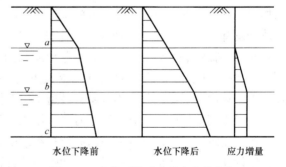

图 5-13 水位下降后自重应力的变化

$$\delta = \frac{\Delta S_A - \Delta S_B}{b} \tag{5-33}$$

式中 E_{si}——降水第 i 地基土层所对应的压缩模量（MPa）；

b——回倾方向上两点之间的计算距离（m）。

（5）应预留停止抽水后发生的滞后沉降量。

（6）应采取有效措施，防止对相邻建筑物产生不利影响。采用地下止水墙进行隔水时，止水帷幕的深度应达到降水漏斗曲线以下，不宜过浅；否则，深层降水时止水失效。止水帷幕在平面上应封闭被保护的建筑物，平面长度不宜过短。回灌井的补水作用不可低估，降水纠倾过程中要坚持全天候回灌。当降水深度较浅时，可在降水的保护侧开挖一条沟槽，进行连续回灌，也可收到良好的效果。

（7）确定抽水井和观察井的回填材料及回填要求。

5.8 桩顶卸载纠倾法设计

对于支承在岩层或砂卵石层上的端承桩、桩长很大的摩擦桩或端承摩擦桩可将承台下的基桩桩顶切断，使承台下沉，直到所需的沉降量，达到建筑物纠倾的目的，此方法叫桩顶卸载法，也就是常说的截桩法。对于原设计承载力不足的桩基，桩顶卸载法还可以在纠倾的同时进行补桩，使其沉降很快收敛。对于原桩基施工时桩顶质量有严重缺陷（尤其是在地下水位较浅的软土地区，桩顶质量往往难以保证）的桩基础，桩顶卸载法在纠倾的同时对原桩顶部分进行有效的修复，达到纠倾与加固的双重目的。桩顶卸载法具有适用性广、费用低、分级下沉量容易控制等优点。在我国的建筑物纠倾工程中，桩顶卸载法有过许多成功的实例。

桩顶卸载法应用于单桩基础和群桩基础的作用原理不同。对于单桩基础，应首先设置托换体系，截断桩头后，通过降低千斤顶来使承台下沉。对于群桩基础，通过截断某些桩头，使柱顶荷载重新分配到另一些桩身上，迫使桩产生沉降。

对单桩基础，先设置托换体系，再通过特殊设计的扁平铲在底板下将所需砍去的桩头与底板的联结处砍断，或者将桩周底板四周凿穿约20cm宽的缝，锯断缝中钢筋，使桩与承台完全脱离，待纠倾完成后再重新做桩头与底板的连接。

对群桩基础，可采用桩顶荷载调控纠倾法对灌注桩基础倾斜建筑物进行纠倾。倾斜建筑物灌注桩基础桩顶荷载调控纠倾施工法是由广东金辉华集团有限公司、广州市胜特建筑科技开发有限公司和北京交通大学土木建筑工程学院联合研究开发出的，该技术是依据"调控桩头荷载纠倾装置"实用新型专利编制的。该法适用于具有灌注桩基础的倾斜建（构）筑物，其承台梁（或筏板、地下室底板）下的地基土为深厚淤泥、饱和软土层或一般粉土、黏性土层，地基中不具备夹砂透水层，桩基持力层为密实土层、砂层、卵石层或岩层。采用其他纠倾方法难于奏效时，采用该法可以很好地达到纠倾的目的。

倾斜建筑物灌注桩基础桩顶荷载调控纠倾施工法通过在建筑物倾斜相反的一侧增补桩后，按设计要求切断桩头或桩身，在切断部位设置断桩荷载调控装置，通过抽出钢垫片和调整升降千斤顶，造成未断桩或相邻断桩桩轴荷载的改变，迫使桩基础下沉或调控承台梁下沉变位，使倾斜建筑物缓慢回倾，达到规范要求。

5.8.1 直接截桩法设计

（1）直接截桩法纠倾设计计算主要包括以下内容：

1）根据建筑物的倾斜值、倾斜率和倾斜方向，确定纠倾设计迫降量或顶升量。其中，

5.8 桩顶卸载纠倾法设计

基桩顶部截断长度不宜小于纠倾设计迫降量。

2）计算倾斜建筑物重心高度、基础底面形心位置和作用于基础底面的荷载值。

3）验算地基承载力及软弱下卧层承载力。

4）地基变形估算。

5）确定纠倾转动轴位置、纠倾实施部位及相关参数。

6）防复倾加固设计计算。

（2）桩顶卸载法设计应符合下列规定：

1）应根据补充勘察资料，验算原桩基的竖向力标准值和单桩竖向承载力特征值。

2）如果承载力或沉降不能满足《建筑桩基技术规范》（JGJ 94—2008）要求，则应进行补桩设计计算。通常采用树根桩、小型钻孔桩、静压预制桩等。

3）必要时应对基础沉降较大一侧进行防复倾加固设计，可选用锚杆静压桩、钢筋混凝土桩、钢管桩等刚性桩加固方法。

4）应根据桩的类型、桩身质量、工程地质条件、倾斜状况和上部结构形式等确定卸载部位、卸载方法和卸载桩数，并确定桩顶卸载顺序、批次。

5）根据建筑物倾斜程度和平面尺寸，计算各承台、桩的设计沉降量，并确定沉降级数及各级沉降量，并确定预留沉降值。

6）根据建（构）筑物的结构类型、建筑高度、整体刚度以及工程地质条件等确定控制回倾速率。

7）应明确采取的安全措施，防止桩顶卸载过程中桩基失稳和突降。

8）可通过现场试验性施工调整有关设计参数。

9）应明确恢复桩基承载力的措施。

10）应计算需要截断的承台下基桩数量和桩基顶部截断的长度，基桩顶部截断长度不宜小于纠倾设计迫降量。根据断桩顺序、批次验算截断桩后的承台承载力。当不满足要求时，应进行加固。

11）应进行截断桩与原基础连接节点的设计。

（3）安全保证措施设计

1）采用由牛腿、千斤顶和拟截断部位以下的桩等形成的托换体系（见图 5-14）截断承台下的桩基时，应验算托换结构体系的正截面受弯承载力、局部受压承载力和斜截面受剪承载力；千斤顶的选型应根据需支承点的竖向荷载值确定，千斤顶工作荷载取其额定工作荷载的 80%，再取安全系数 2.0。

2）如采用直接截桩法，在桩颈下部加约束钢箍，以防桩体破坏过量造成难以控制的局面，并在各桩边准备好足够的钢垫板，再依照设计沉降量顺次凿去桩颈周边混凝土，减少桩截面积，并随凿随垫钢板。

3）如桩承载力不能满足设计要求，或者采用上述两种措施均不够理想时，可通过补桩加固来保证断桩过程的安全。

5.8.2 调整桩头荷载法设计

根据地基土质的不同，有如图 5-16 和图 5-17 所示的调控桩头荷载的两种不同专用装置机理图。对于箱形基础或筏形基础等基础，根据断桩位置，可选择从基础外侧开挖或在底板上凿若干个洞开挖两种方式。开挖完成后，实施断桩及设置纠倾专用装置进行纠倾。

第 5 章 建筑物纠倾工程设计

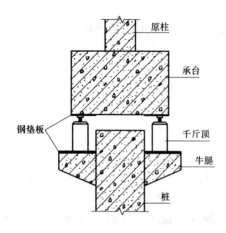

图 5-14 断桩托换安全保证措施示意图

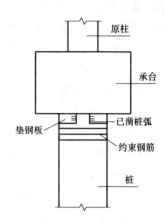

图 5-15 断桩垫钢板

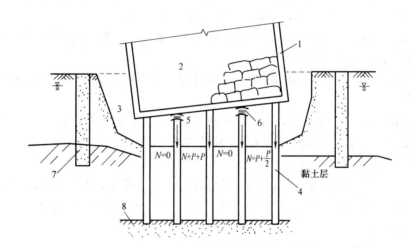

图 5-16 桩尖持力层为土质地基时调控桩头荷载装置机理图
1—建筑物；2—地下室压重；3—施工基坑；4—桩基；
5、6—可抽钢垫片；7—地下隔水墙；8—土质持力层

图 5-16 是桩尖持力层为土质地基时调控桩头荷载装置机理图，通过拔出垫片（垫片顶部与承台梁底层有 5～10mm 空间），使该桩承载力 $P=0$，而相邻桩基承载力由原来的 P 增至 $P+P/2$ 或 $P+P$（$=2P$），迫使该桩受压下沉，下沉达到承台梁接近钢垫片（或已压到钢垫片时），通过观察各桩无异常突变后，再拔出一片钢垫片（垫片间已涂抹黄油），又造成相邻桩荷载加大的局面，以此类推，直至达到设计要求为止。

图 5-17 是桩尖持力层为岩石地基时调控桩头荷载装置机理图，施工时由于桩底残渣较厚，没有认真清除和嵌岩浇灌桩基混凝土，导致建筑物发生倾斜。此时，由于桩尖地基持力层为岩石，难以调整桩的沉降。只有通过装置，将千斤顶与钢垫片组装置交替布置，通过拔出一片钢垫片，千斤顶再缓慢回油，促使承台梁下沉的办法进行纠倾复位。这样既安全、可控，又有使承台梁（或基础）有不断下沉的空间。因此，采用钢垫片组装置与千斤顶交错布置，可确保建（构）筑物的施工安全。

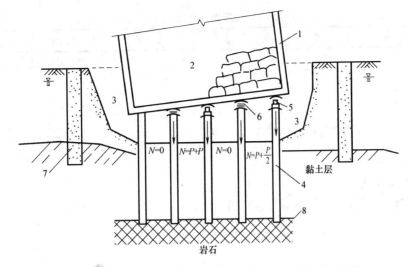

图 5-17 桩尖持力层为岩石地基时调控桩头荷载装置机理图
1—建筑物；2—地下室压重；3—施工基坑；4—桩基；
5—千斤顶；6—可抽钢垫片；7—地下隔水墙；8—岩石持力层

5.9 负摩擦力纠倾法设计

负摩擦力纠倾法是通过降低桩基建筑物原沉降较小一侧的地下水位，降水漏斗形曲面以上的土体失水固结，有效应力增加，并产生显著压缩沉降，对桩侧产生负摩阻力，形成下拉荷载，使桩基下沉，建筑物回倾，见原理图 5-18。

5.9.1 负摩擦力纠倾计算

（1）负摩阻力

桩侧负摩阻力及其引起的下拉荷载，当无实测资料时，可按下列规定计算。

单桩负摩阻力标准值为：

$$q_{si}^n = \xi_{ni}\sigma'_{\gamma i} \quad (5-34)$$

$$\sigma'_{\gamma i} = \sum_{e=1}^{i-1} \gamma_e \Delta z_e + \frac{1}{2}\gamma_i \Delta z_i \quad (5-35)$$

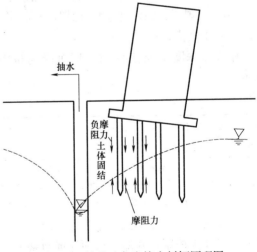

图 5-18 桩基础负摩擦力纠倾原理图

式中 q_{si}^n——第 i 层土桩侧负摩阻力标准值，计算值大于正摩阻力标准值时，取正摩阻力标准值进行计算；

ξ_{ni}——桩周第 i 层土负摩阻力系数，可按表 5-3 取值；

$\sigma'_{\gamma i}$——由土自重引起的桩周第 i 层土平均竖向有效应力，桩群外围桩自地面算起，桩群内部桩自承台底算起；

γ_i、γ_e——分别为第 i 计算土层和其上第 e 土层的重度，地下水位以下取浮重度；

Δz_i、Δz_e——分别为第 i 层土、第 e 层土的厚度。

负摩阻力系数 ζ_{ni}　　　　表 5-3

土　类	ζ_{ni}
饱和黏土	0.15～0.25
黏性土、粉土	0.25～0.40
砂土	0.35～0.50
自重湿陷性黄土	0.20～0.35

注：1. 在同一类土中，对于挤土桩，取表中较大值；对于非挤土桩，取表中较小值；
　　2. 填土按其组成取表中同类土较大值。

（2）下拉荷载

群桩中任一基桩的下拉荷载标准值可按下式计算：

$$Q_g^n = \eta_n \cdot u \sum_{i=1}^{n} q_{si}^n l_i \tag{5-36}$$

$$\eta_n = \frac{s_{ax} \cdot s_{ay}}{\pi d \left(\dfrac{q_s^n}{\gamma_m} + \dfrac{d}{4} \right)} \tag{5-37}$$

式中　n——中性点以上土层数；

　　　u——桩身周长；

　　　l_i——中性点以上第 i 土层的厚度；

　　　η_n——负摩阻力桩群效应系数（当 $\eta_n > 1$ 时，取 $\eta_n = 1$；单桩，$\eta_n = 1$）；

s_{ax}、s_{ay}——分别为纵向、横向桩的中心距；

　　　q_s^n——中性点以上桩周土层厚度加权平均负摩阻力标准值；

　　　γ_m——中性点以上桩周土层厚度加权平均有效重度（地下水位以下取浮重度）。

（3）中性点深度

中性点深度 l_n 应按桩周土层沉降与桩沉降相等的条件计算确定，也可参照表 5-4 确定。

中性点深度 l_n　　　　表 5-4

持力层性质	黏性土、粉土	中密以上砂	砾石、卵石	基岩
中性点深度比 l_n/l_0	0.5～0.6	0.7～0.8	0.9	1.0

注：1. l_n、l_0——分别为自桩顶算起的中性点深度和桩周沉降变形土层下限深度；
　　2. 当桩穿越自重湿陷性黄土层时，l_n 按表列值增大 10%（持力层为基岩除外）。
　　3. 当桩周土层计算沉降量小于 20mm 时，l_n 按表列值乘以 0.4～0.8 折减。

一般来说，土体侧流的路线比较曲折，这样就使迫降过程中地基土的变形只能缓慢地发展，以利于控制，并能严格地保证地基不会进入破坏阶段。降水过程中，地基土在附加应力作用下必然产生两个作用：

1）侧向变形：土体沿抽水方向向降水井侧向流动。

2）竖向变形：孔隙水被抽掉后，土体颗粒的浮力减小，土体被压缩。

地基土的竖向变形使建筑物基础产生沉降，而地基土的侧向变形能使建筑物基础产生更大的沉降，这一点在砂性土地基中表现得更为明显。

5.9.2 大口井降水设计

大口径深井（大口井）降水纠倾过程中，井体周围地基土也会发生不同程度的流失，流失量的大小与地基土的性质密切相关，如粉细砂流失严重。所以，钢筋笼井管在降水过程中产生变形，井孔直径大小应考虑潜水泵的工作与维修情况。一般地，深井井孔取650~800mm，井深较小时取小值，井深较大时取大值。井管钢筋笼的直径一般为400~600mm，钢筋笼的主筋可取$\phi14\sim18$，根据土压力和水压力沿深度的变化，内箍筋直径可分段取值，一般为$\phi14\sim18$，浅部内箍筋直径取小值，深部内箍筋直径取大值。钢筋笼外侧包裹两层100目的纱网及保护层（如竹笆等）。钢筋笼外围以碎石料紧密充填，作为滤水隔砂之用。

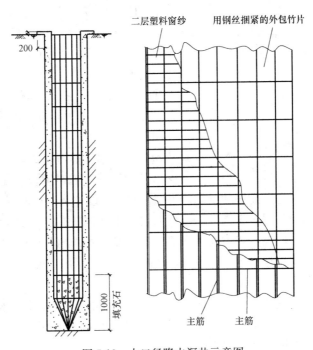

图 5-19 大口径降水深井示意图

深井内也可以设置单螺旋专业降水井管，代替钢筋笼井管。降水井管外包裹两层100目的纱网，用钢丝捆紧。井底预留降水井沉砂段。

对于半边降水深井，井管（或钢筋笼井管）外侧包裹两层100目的纱网，再外侧半边包裹防水布两层，其余做法不变。

5.10 锚杆静压桩纠倾法设计

锚杆静压桩纠倾法是利用建筑物自重，在原建筑物沉降较大一侧基础上埋设锚杆，借助锚杆反力，通过反力架用千斤顶将预制桩逐节压入基础中开凿好的桩孔内。当压桩力达到1.5倍桩的设计荷载时，将桩与基础用膨胀混凝土填封，达到设计强度后，压入桩便能立刻承受上部荷载，并能及时阻止建筑物的不均匀沉降，迅速起到纠倾加固作用。一般情况下，封桩是在不卸载的条件下进行的。这样可对桩头和基础下一定范围内的土体施加一定的预应力。施加预应力后，基础不会产生沉降，甚至有一定量的回弹。这样可减少上部土层的压力，有利于将上部荷载通过桩传到下部较好的持力土层，有利于调整差异沉降。

对于荷载较小的建筑物，锚杆静压桩纠倾效果更显著。

锚杆静压桩也可用于建筑物的抬升纠倾。按照设计方案先逐个将所有的锚杆静压桩压入各自预定的深度后，不封桩头，而是采用三角铁将各桩临时锁定，然后用若干台千斤顶分组对称地进行二次再压桩，用以调整各桩的均匀受力，并进行抬升纠倾。每次抬升量要小，反复多次进行。千斤顶的数量、吨位、各自位置，均由设计计算确定，力求用少量的千斤顶进行整体抬升，但要避免发生明显的应力差，避免基础破损。纠倾扶正后，再封好桩头，即完成了建筑物的纠倾扶正与加固工作。

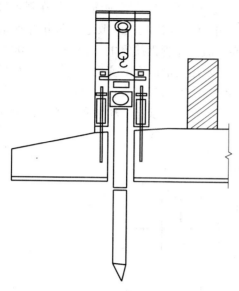

图 5-20 锚杆静压桩纠倾示意图

5.10.1 锚杆静压桩纠倾加固技术特点

（1）静压桩纠倾技术是预先对所采用的各类桩施加一个预加压力，能够使基础产生微量回弹，以便减少基地应力或原有基桩的荷载，为上部继续增加荷载提供了条件，并且消除了托换桩卸载后出现的回弹现象。

（2）静压桩法受力明确、传力途径简单。静压桩穿过薄弱的土层，使上部荷载由基础传递给静压桩，通过桩传递给地基承载力较高的持力层。所用各种施工机械制作简单、轻便、强度可靠、便于安装。

（3）锚杆静压桩纠倾法施工时无振动、无噪声、设备简单、操作方便、移动灵活，可在场地和空间狭窄条件下施工（如室内施工），可在不停产和不搬迁情况下施工。该方法工期短，费用不高，加固和纠倾效果较好。

5.10.2 锚杆静压桩纠倾设计

（1）锚杆静压桩抬升法适用于淤泥质土、粉土、粉砂、细砂、黏性土、填土等无块石、树根等障碍物地基，采用钢筋混凝土基础且上部结构自重较轻的建（构）筑物纠倾工程。

（2）设计锚杆静压桩之前，应查明纠倾建筑物地层分布情况，确定桩端持力层的位置。

（3）锚杆静压桩的设计应包括锚杆直径、锚固长度、静压桩尺寸、压桩孔尺寸与位置、桩数及其排列、压桩力、桩持力层位置及反力架、千斤顶等的确定。

锚杆静压桩的数量应根据单桩容许承载力、结合上部结构荷载情况通过计算确定。设计最终压桩力按下式计算：

$$P_p(L) = K_p P_a \tag{5-38}$$

式中　$P_p(L)$——设计最终压桩力，kN；

　　　K_p——压桩系数，它与土质情况、桩材、桩截面形状、压桩速度等因素有关，可根据试验确定。在触变性黏土中，当桩长小于 20m 时，K_p 可取 1.5；非触变性土（黄土或填土）中，K_p 可取 2.0；

P_a——设计单桩垂直容许承载力，kN。

压桩孔一般布置在墙体的内外两侧或柱子四周，并尽量靠近墙体或柱子。压桩孔的形状可做成上小下大的截头锥形，详见图5-21、图5-22，其中b为桩的边长。锚杆静压桩应对称均匀布置在基础两侧，对于框架结构，每柱不应少于2根；对于砌体结构，墙下两侧锚杆静压桩间距不宜大于2m。

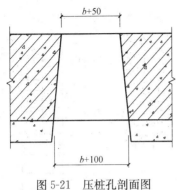 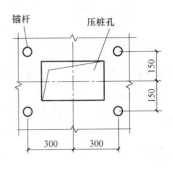

图5-21　压桩孔剖面图　　　　图5-22　螺栓孔平面图

锚杆静压桩材料可采用钢筋混凝土、预应力混凝土和钢材等。桩的截面形状可采用圆形、矩形等。钢筋混凝土桩一般采用方形，其边长可为180mm、200mm、220mm、250mm、280mm、300mm等。桩段长度可根据施工净空高度和施工机具情况而定，一般长度为1m、1.5m、2m、2.2m、2.5m、3.0m等，条件许可时，宜采用较长的桩段。

钢筋混凝土桩的受力钢筋由计算确定。对于边长不小于200mm的方桩，宜采用不小于4ϕ10的主筋；边长为250mm的方桩，宜采用不小于4ϕ12的主筋。一般地，桩的配筋率不宜小于0.4%。图5-23为某加固纠倾工程中锚杆静压桩的设计图。

桩的混凝土强度等级不宜小于C30。桩段制作除满足钢筋混凝土施工验收规范外，尚应做到断面形状规整、端面平整、插筋和插进孔位置正确，桩段不得挠曲。

锚杆分预先埋设和后成孔埋设。锚杆静压桩纠倾工程中的锚杆多采用光面直杆镦粗螺栓或焊箍螺栓。当压桩力小于400kN时，可采用M24锚杆；当压桩力为400～500kN时，可采用M27锚杆。螺栓的锚固深度，一般可采用10～12倍的螺栓直径。

（4）采用锚杆静压桩纠倾时，应对原基础进行抗冲切、抗剪切和抗弯能力的验算。如不满足要求，应采取必要的加固措施。

（5）接桩时应保证上、下节桩的轴线对准，保证接头接触面受力均匀；接桩方法可采用焊接法或硫磺胶泥法。

（6）封桩：压桩施工的标准以设计最终压桩力为主，若出现异常情况应会同有关方分清原因妥善处理。当桩压达到设计的最终压桩力后，桩入土深度为辅加以控制，浇灌微膨胀早强混凝土，待封桩混凝土满足强度要求后卸除荷载。

应采取有效措施，保证抬升纠倾结束后锚杆桩与基础可靠连接。基础修补或加固、封桩的混凝土强度应比原混凝土提高一个等级，并且不应低于C30。

锚杆静压桩与基础的连接应满足以下要求：桩头应伸入基础50～100mm；如桩承受拉力或有特殊要求时，可在桩顶上四角增加锚固钢筋，通过压桩孔伸入基础内，其长度应满足钢筋锚固长度要求；压桩孔内一般应采用C30微膨胀早强混凝土浇捣密实，使桩与

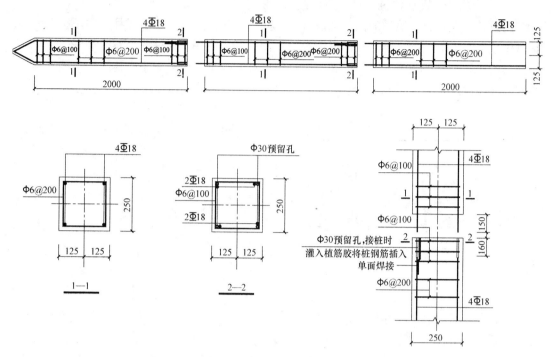

图 5-23 某锚杆静压桩设计图

基础形成一个整体。当基础底板厚度小于 350mm 时，应在压桩孔上设置桩帽梁，见构造图 5-24。

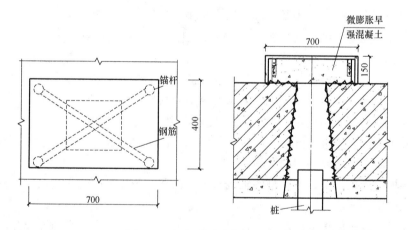

图 5-24 桩与基础连接构造图

5.11 顶升纠倾法设计

所谓顶升技术，就是采用顶升机具或液压原理使物体上移的技术。顶升在建筑工程中的应用最早是构件顶升，如顶升屋盖以加大空间或加层。后来，在工业高炉维修改造中也采用了顶升技术。但是这个阶段所顶升物体的重量较小，顶升工艺也比较简单。随着顶升

5.11 顶升纠倾法设计

技术的发展,人民便开始尝试将整栋建筑物顶起。

顶升纠倾法是根据顶升原理,对倾斜建筑物沉降较大处进行顶升,而沉降较小处仅作分离及同步转动,达到建筑物纠倾扶正的目的。常见的顶升法有上部结构托梁顶升法、静压桩顶升纠倾法等。顶升纠倾设计的关键在于托换体系的设计、顶升荷载和顶升点的确定,保证在顶升过程中整体结构的安全。

顶升纠倾法的适用性较广,尤其对于标高不宜再降低的建筑物,该纠倾法显示出较大的优势。但由于顶升纠倾法需要克服上部荷载作用,实施时往往困难比较大。所以,顶升纠倾法适用于上部结构荷载较小、不均匀沉降较大以及特殊工程地质条件的建筑物纠倾,砖混结构建筑物顶升不宜超过7层,框架结构建筑物顶升不宜超过8层。

5.11.1 顶升纠倾法设计的一般规定

(1) 原基础及上部结构不满足顶升要求时,必须先进行加固设计。

(2) 抗震设防烈度为7、8、9度的地区,砖混结构建筑物顶升不宜超过7、6、4层,框架结构建筑物顶升不宜超过8、6、4层。

(3) 顶升托换结构体系的强度、刚度应满足相关规范要求,并在平面内连续闭合。

(4) 应确定千斤顶的数量、位置、布置范围和顶升荷载等参数。

(5) 应在满足建筑物的结构安全和使用功能的条件下,进行防复倾设计。

5.11.2 顶升纠倾法设计计算

(1) 顶升纠倾设计计算主要包括以下内容:

1) 根据纠倾施工前的倾斜值、倾斜率和倾斜方向,确定纠倾设计迫降量或顶升量;
2) 计算倾斜建筑物重心高度、基础底面形心位置和作用于基础底面的荷载值;
3) 验算地基承载力及软弱下卧层承载力;
4) 地基变形估算;
5) 确定纠倾转动轴位置、纠倾实施部位及相关参数;
6) 防复倾加固设计计算。

(2) 顶升纠倾参数设计

1) 计算建筑物纠倾需要调整的顶升量。
2) 作用于基础底面的力矩值计算。
3) 纠倾工程地基承载力验算。
4) 纠倾工程桩基承载力验算。
5) 顶升力应根据纠倾建筑物上部荷载值确定。
6) 顶升点应根据建筑物的结构形式、荷载分布以及千斤顶额定工作荷载确定。顶升点数量可按下式估算:

$$n \geqslant k \frac{Q_k}{N_a} \tag{5-39}$$

式中　n——顶升点数量(个);

　　　Q_k——建筑物需顶升的竖向荷载标准值(kN);

　　　N_a——顶升点的顶升荷载值(kN),可取千斤顶额定工作荷载的80%;

　　　k——安全系数,一般可取2.0。

门窗洞口等受力薄弱部位应采取加固措施。对于砌体结构顶升点间距一般不宜大于 2.0m。

7) 顶升量计算：

根据最大倾斜值计算各点顶升量，按下式计算：

$$\Delta h_i = \frac{l_i}{L} S_v \tag{5-40}$$

式中 Δh_i——计算点顶升量（mm）；

l_i——转动点（轴）至计算顶升点的水平距离（m）；

L——转动点（轴）至沉降最大点的水平距离（m）；

S_v——建筑物纠倾设计顶升量（沉降最大点的顶升量）（mm）。

8) 托换结构体系设计计算执行相关规范。

5.11.3 上部结构托梁顶升法设计

上部结构托梁顶升法包括砌体结构托梁顶升法和框架结构托梁顶升法。

(1) 砌体结构托梁顶升法

砌体结构托梁顶升法是在砌体墙下设置托梁形成墙梁体系，由墙梁体系和千斤顶形成新的传力体系，通过千斤顶顶升达到纠倾目的，如图 5-25 所示。

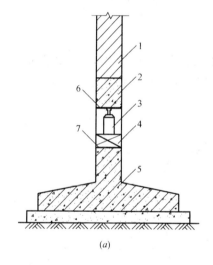
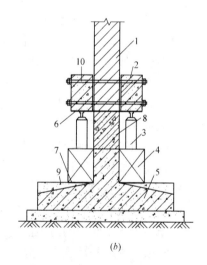

(a)　　　　　　　　　　　　　　(b)

图 5-25　砌体结构顶升法

(a) 千斤顶内置式；(b) 千斤顶外置式

1—墙体；2—钢筋混凝土顶升梁；3—千斤顶；4—垫块；5—基础；6—钢垫板；
7—预埋铁件；8—支墩；9—基础处理；10—对拉螺栓

砌体结构建筑物的顶升梁可参照倒置弹性地基墙梁设计，其计算跨度为相邻三个支承点的两边缘支点的距离。砌体结构顶升梁的设计必须使上部的顶升托梁与下部基础梁组成一对上下受力梁体系，并在平面内连续闭合。顶升梁、千斤顶以及底座应组成稳定的整体。此外，还应确定顶升间隙和千斤顶位置的砌体开洞填充材料和要求。

(2) 框架结构托梁顶升法

框架结构托梁顶升法是在框架结构首层柱适当位置设置托换梁体系，由托换梁体系、千斤顶、框架柱和基础形成新的传力体系后,截断原框架柱,通过千斤顶顶升达到纠倾目的,如图 5-26 所示。

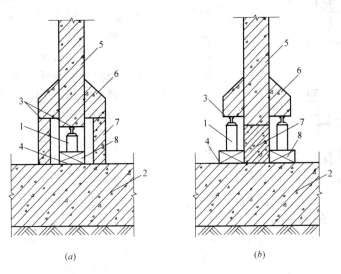

图 5-26 框架结构顶升法
(a) 千斤顶内置式;(b) 千斤顶外置式
1—千斤顶;2—基础;3—钢垫板;4—预埋铁件;5—框架柱;
6—牛腿;7—支墩;8—垫块

框架结构的托换结构体系应验算正截面受弯承载力、局部受压承载力和斜截面受剪承载力,以及断柱前、后框架结构柱端的承载力。

托换梁体系包括托换节点和连系梁。连系梁应有足够的刚度,并在平面内连续闭合,保证顶升纠倾过程中结构的整体性。

应采取有效措施,保证托换结构新旧混凝土结合面协同工作,以及顶升纠倾结束后截断处结构连接的可靠性。

5.11.4 静压桩顶升纠倾法设计

(1) 锚杆静压桩顶升法

锚杆静压桩顶升法是在建筑物沉降较大一侧,布置一定数量的锚杆静压桩,通过千斤顶和反力装置顶升建筑物,达到纠倾目的。

锚杆静压桩顶升法详见本章"锚杆静压桩纠倾法设计"。

(2) 坑式静压桩顶升法

坑式静压桩顶升法是在已开挖的基础下托换坑内,用千斤顶将预制好的钢管桩段或混凝土桩段接长后逐段压入土中,利用设置在桩顶上的千斤顶顶升建筑物,达到纠倾目的,见图 5-27。

坑式静压桩顶升法适用于黏性土、粉土、湿陷性黄土和人工填土地基,并且持力层埋深较浅、地下水位较低、采用钢筋混凝土基础、上部结构自重较轻的建筑物纠倾工程。

坑式静压桩顶升法设计应符合下列规定:

(1) 应进行单桩承载力特征值试验,试验可采用现场单桩竖向静载荷试验及其他原位测试方法。

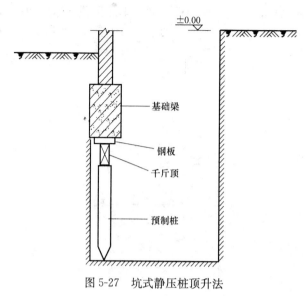

图 5-27 坑式静压桩顶升法

(2) 压入桩设计应进行桩径、桩长、桩尖持力层选择，桩数、桩位、单桩承载力确定，压桩力大小确定等。

(3) 桩位宜布置在纵横墙基础交接处、承重墙基础的中间、独立基础的中心或四角等部位，不宜布置在门窗洞口等薄弱部位。

(4) 应明确各千斤顶的顶升量。

(5) 预制方桩边长不宜小于200mm，混凝土强度等级不宜低于C30；钢管桩直径不宜小于159mm，壁厚不得小于6mm。

(6) 应根据桩的位置确定工作坑的平面尺寸、深度和坡度，明确开挖顺序并应计算开挖后对建筑沉降的影响。

(7) 桩的压入深度宜采用压桩力和桩长双控，最终压桩力取单桩竖向承载力特征值的1.5倍。

(8) 明确回填材料。

5.12 辅助纠倾方法

在建筑物纠倾工程中，一些纠倾方法可独当一面，经常独立完成一项纠倾工程。另有一些纠倾方法，常与其他纠倾方法配合使用，起着辅助纠倾作用，如堆载加压法、振捣法等。

5.12.1 加压纠倾法

加压法是通过在倾斜建筑物沉降较小的一侧增加荷载对地基加压，形成一个与建筑物倾斜相反的力矩，加快该侧的沉降速率，或（也可同时）在沉降较大的一侧减小荷载，减缓该侧的沉降速率，从而达到纠倾的目的。加压法包括堆载加压法、卸载反向加压法、增层加压法以及锚索加压法等。

从应用的情况来看，堆载加压法和卸载反向加压法简单、直观，便于操作，使用的频率较高，经常配合其他方法纠倾。特别是对于倾斜量较大而且还在发展的倾斜建筑物，首先应考虑用堆载加压法和卸载反向加压法来阻止（或减缓）建筑物的继续倾斜，同时因地制宜地采用主要手段进行纠倾。

(1) 堆载加压法

1) 堆载加压纠倾法机理分析

堆载加压法是在建筑物沉降量较小一侧的地面、楼面或基础周围堆砂（或其他材料），甚至在建筑物沉降量较小一侧的基础顶面、承台顶面压钢锭。卸载反向加压法是将建筑物沉降量较大一侧楼层上的活荷载，甚至于不必要的墙体、水箱等统统取消。总之，堆载加压法和卸载反向加压法,从指导思想来讲,要增大建筑物原沉降较小一侧的重量,减轻建筑物原沉降较大一侧的重量,使建筑物的重心暂时偏向原沉降较小一侧,形成一个与建筑物倾斜相反的力矩,阻止(或减缓)建筑物的继续倾斜。

堆载加压法可用于黏性土、粉土、砂土、淤泥、湿陷性土等地基上的建筑(构)筑物纠倾工程。其工程设计应符合下列规定:

① 根据建筑物的形状、结构形式、沉降速率、倾斜情况、基础类型、地基土特性、堆载加压材料等因素确定堆载加压的形状、重量、级次及每级堆载的重量,确定卸载的时间、重量、级次等。

② 堆载加压宜采用外高内低梯形状分布堆载。

③ 堆载加压范围应从基础外边线起,不宜超过基础转动轴线,并根据堆载加压设计和堆载加压材料进行测量定位。

④ 堆载加压材料选择应遵循就地取材的原则,可选择表观密度较大、易于搬运码放的袋装砂、石、机制砖、实心混凝土砌块等。

⑤ 堆载加压宜分级进行,每级堆载加压应从建筑物沉降量最小的区域开始,连续进行。每级堆载加压应有一定时间间隔,待回倾速率满足设计规定或本规程相关规定后方可进行下一级堆载加压。

⑥ 卸载的时间应根据建筑物的倾斜情况、沉降速率、设计沉降量和地基土回弹量等因素确定。

⑦ 应复核验算堆载相关结构构件的承载力,当强度和变形不能满足要求时,设计应考虑保证堆载过程中结构安全的措施。

2)堆载加压法的设计步骤

① 根据建筑物倾斜情况确定纠倾沉降量,并按照建筑物倾斜力矩值和土层压缩性质估计所需要的地基附加应力增量,从而确定堆载量或加压荷载值。

② 将预计的堆载量分配在基础合适的部位,使其合力对基础形成的力矩等于纠倾力矩,布置堆载时还应该考虑有关结构或基础底板的刚度和承载能力,必要时做适当补强。使用堆载法时,应设置可靠的锚固系统和传力构件。

③ 根据地基土的强度指标确定分级堆载加压数量和时间,在堆载加压过程中应及时绘制荷载-沉降-时间曲线,并根据监测结果调整堆载或加压过程。地基土强度指标可以考虑建筑物预压产生的增量。

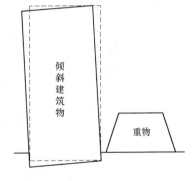

图 5-28 堆载纠偏法示意图

④ 根据预估的卸载时间和监测结果分析卸除堆载或压力,应充分估计卸载后建筑物回倾的可能性,必要时辅以地基加固措施。

3)堆载加压法设计注意事项

① 采用加压法时,应根据地基土的性质和上部荷载重量,合理考虑卸载后地基反弹的影响。

② 堆载对结构安全影响较大,堆载前应完成结构安全保护措施,保证其正常使用;

堆载过程中，必须严格控制每级的堆载重量和形状，防止因堆载过大建（构）筑物产生沉降突变。

（2）增层加压纠倾法

增层反压纠倾法是建筑物增层技术和纠倾技术的结合，即在沉降较小一侧的建筑物顶部进行局部增层改造，借助于增层部分新施加的压力，迫使建筑物在原沉降较小一侧发生新的沉降，从而将建筑物纠倾扶正，获到一举两得的功效。

使用增层反压法对建筑物进行纠倾扶正时，必须对该建筑物的地基、基础以及上部结构进行认真的检查、鉴定，验算加层后墙体的承载能力、高厚比（稳定性）是否满足要求；同时，应计算加层后建筑物各点的沉降量，使各点前后总沉降量相当。验（计）算无误后，还必须对裂缝部位进行加固处理，使原建筑物保持较大的整体刚度。增层施工过程中，应加强检查与监测。

5.12.2 振捣纠倾法

针对不同的地基土，采用相应的振动工具和手段可获得不同的振动密实效果，将其用于建筑物纠倾扶正工程中，配合其他纠倾方法进行建筑物纠倾。

（1）振捣液化纠倾法

根据土力学原理，含水量较高的土体在受到振动的情况下，会发生触变现象，土粒重新排列，土体孔隙水压力升高，有效应力和内摩擦角大大降低，抗剪强度降低，变形增大，呈流塑状态。此时，土体趋于密实，承载力显著减小，沉降明显加大。正是运用这个原理，对于一般黏性土和粉土地基，在倾斜相反的一侧地基土中注水，并将振捣棒插入进行反复振动，使土体液化呈流塑状态，从而加速沉降，以达到矫正倾斜的效果。

对于饱和粉土和饱和粉细砂，可直接在建筑物沉降较小一侧的地基土中插入振捣棒或振冲器进行振动，使地基土呈现局部液化状态而进行纠倾。

（2）振捣密实纠倾法

对于松散的干砂土地基，采用振冲密实器进行振动，使地基土原来的平衡状态遭到破坏，细颗粒砂填充到粗颗粒砂形成的孔隙中，地基土的孔隙率减小，密实度增加，呈现新的沉降，从而达到建筑物纠倾的目的。

（3）淤泥触变纠倾法

淤泥触变纠倾法适用于淤泥或淤泥质土地基上钢筋混凝土基础的建筑物的纠倾。它是在倾斜相反的一侧地基土，采用旋喷、定喷或摆喷等高压射水方法或者采用振冲器进行振动引起淤泥触变，使其瞬间丧失强度。在上部荷载的作用下，地基土产生沉降，造成建筑物回倾。

触变喷射孔位，应选择在建筑物沉降小的一侧，或者直接设置在基底下。触变喷射孔位的数量和距离的选择，应视建筑物纠倾量和地质情况而定。纠倾量小时，可采用封闭式喷射孔；纠倾量大时，选择连通式喷射孔。纠倾量可通过调整喷射孔距、触变深度、控制喷射压力和调整喷射时间等参数确定。

采用淤泥触变法进行建筑物纠倾时，应加强观测，控制回倾量，并严格保证相邻建筑物的安全。

5.13 综合纠倾法设计

综合纠倾法是将两种或两种以上独立纠倾方法相组合,对同一栋倾斜建筑物进行纠倾扶正的方法。综合法纠倾过程中,多种独立纠倾方法之间相互取长补短,可取得事半功倍的效果。综合纠倾法适用于以下几种情况:

(1) 倾斜建筑物基础、地基土层情况复杂,纠倾施工难度大;
(2) 倾斜建筑物沉降未稳定,并且沉降量大、沉降速率较大;
(3) 倾斜建筑物体形较大或体形复杂,发生多向倾斜;
(4) 地基承载能力不足,造成建筑物发生倾斜;
(5) 纠倾过程中对建筑物地基承载能力造成影响,纠倾同时考虑对地基承载能力进行加强。

5.13.1 综合纠倾法设计的一般规定

(1) 综合纠倾法应根据建筑物倾斜状况、倾斜原因、结构类型、基础形式、工程地质条件、各个独立纠倾方法特点及适用性等进行多种纠倾方法比选,同时应考虑所采用的各独立纠倾方法在实施过程中相互之间的不利影响,进行一种最佳组合,并确定施工顺序。另外,综合纠倾法设计宜将建筑物纠倾与防复倾加固结合进行,获取一举两得、事半功倍的效果。

(2) 在采用迫降法对沉降未稳定且沉降量、沉降速率较大的倾斜建筑物进行纠倾时,应先对建筑物沉降较大的一侧进行限沉,待建筑物沉降稳定后进行纠倾。

(3) 对于地基承载能力不足造成建筑物发生倾斜的情况,应在纠倾前(或纠倾后)对建筑物地基进行加固,并且宜选用能同时提高地基承载能力的纠倾方法。

5.13.2 常用的综合纠倾法

通常采用的综合法见表 5-5。

建筑物纠倾常用综合法一览表　　　　表 5-5

序号	纠倾方法组合顺序			备注
	第一方法	第二方法	第三方法	
1	浅层掏土法	堆载加压法		
		锚索加压法	钢筏托换顶升法	
		振捣法	锚杆静压桩法	
		锚杆静压桩法		
		托梁顶升法		
		钢筏托换顶升法		
2	地基应力解除法	浅层掏土法	锚杆静压桩法	
		堆载加压法	锚杆静压桩法	
3	辐射井射水法	锚杆静压桩法	掏土法	
		堆载加压法	振捣密实法	
4	浸水法	掏土法		
		堆载加压法		

续表

序号	纠倾方法组合顺序			备注
	第一方法	第二方法	第三方法	
5	降水法	掏土法		
		堆载加压法		
6	桩身卸载法	堆载加压法		
		桩顶卸载法	堆载加压法	
		桩端卸载法	堆载加压法	
		承台卸载法	堆载加压法	
7	负摩擦力法	堆载加压法		
8	锚杆静压桩法	锚索加压法	堆载加压法	

5.14 防复倾加固设计

一些纠倾方法，可以使倾斜建筑物在回倾过程中逐渐消除致倾因素。但是，大部分的纠倾方法不能兼顾此重任。所以，一个完整的建筑物纠倾工程，不仅要使建筑物回倾到设计位置，而且还必须通过必要的防复倾加固措施，确保纠倾后的建筑物长期稳定。

建筑物纠倾工程防复倾加固的方法较多，常用的方法包括以下几个方面：

(1) 基础加固法：增大基础底面积法，加深基础法，基础补强法等；
(2) 基础托换法：锚杆静压桩法，树根桩法，坑式静压桩法，灌注桩法，抬墙梁法等；
(3) 结构调整法；
(4) 地基加固法：注浆加固法，水泥土搅拌桩法，双灰桩法，灰土挤密桩等；
(5) 组合加固法等。

5.14.1 防复倾加固设计的一般规定

(1) 建筑物防复倾加固设计应在分析倾斜原因的基础上，按建筑物地基基础设计等级和场地复杂程度、上部结构现状、纠倾目标值、施工难易程度、技术经济分析等，确定最佳的设计方案。

(2) 建筑物防复倾加固设计，应根据工程地质条件、上部结构刚度和基础形式，选择合理的形成抗复倾力矩的结构体系，该抗复倾力矩数值与倾覆力矩数值的比值宜为 1.1～1.3，计算方法执行国家现行相关规范；

(3) 基底合力的作用点宜与基础底面形心重合，或者满足相关规范规定；

(4) 应验算地基承载力与沉降变形，当不满足要求时，应对地基基础进行加固。

5.14.2 基础加固法设计

采用基础加固法进行建筑物纠倾工程的防复倾加固时，应用最广泛的是增大基础底面积法。增大基础底面积法应根据地基承载力与需要减小的基底压力数值计算基础底面积扩大值，并应进行基础强度、变形验算。需要减小的基底压应力数值应根据补充勘察资料，结合当地实际经验确定。

增大条形基础时，可设置一侧或双侧踏台，新旧混凝土结合面应可靠连接。为使新加基础部分与原有基础能牢固地连接在一起，可每隔1.5~2.0m间距设置型钢梁或钢筋混凝土梁，将两者连接在一起。其中，采用素混凝土包套时，基础每边加宽不宜大于300mm；采用钢筋混凝土外包套时，可加宽300mm以上。

对于独立基础，沿基础四边加固。

增大基础底面积法尚可根据实际情况，采用改变基础形式的方法来实施：如将原独立基础改为条形基础，将原条形基础改为十字交叉基础或筏形基础等。

5.14.3 抗拔锚桩设计

由于高层建筑与高耸构筑物重心较高、水平荷载大、偏心距较大，所以，高层建筑与高耸构筑物在防复倾设计时可设置锚桩体系防止倾斜的再次发生。

（1）单根抗拔桩所承受的拔力应按下列公式验算：

$$N_i = \frac{F_k + G_k}{n} - \frac{M_{xk} \cdot y_i}{\sum y_i^2} - \frac{M_{yk} \cdot x_i}{\sum x_i^2} \tag{5-41}$$

式中　F_k——相应于荷载效应标准组合时，上部结构传至基础顶面的竖向力值（kN）；

　　　G_k——基础自重和基础上的土重标准值（kN）；

M_{xk}、M_{yk}——相应于荷载效应标准组合时，作用于倾斜建（构）筑物基础底面，绕通过形心的x、y轴的力矩值；

　　x_i、y_i——第i根桩至基础底面形心的y、x轴线的距离；

　　　N_i——第i根桩所承受的拔力。

（2）抗拔锚桩的布置和桩基抗拔承载力特征值应按《建筑桩基技术规范》（JGJ 94—2008）的相关规定确定，并按下列公式验算：

$$N_{max} \leqslant kR_t \tag{5-42}$$

式中　N_{max}——单根桩承受的最大拔力；

　　　R_t——单根桩抗拔承载力特征值；

　　　k——系数，取值为1.1~1.3。

（3）抗拔锚桩与原基础必须采取可靠连接，并满足相关规范要求。当验算基础不满足要求时，应对基础采取加固措施，计算方法执行国家相关规范规定。

纠倾过程中，抗复倾结构体系中各构件间的可靠连接是保证建筑物结构刚度与整体性的重要环节。新设抗拔锚桩在基础中的锚固应满足相关标准要求，封桩混凝土强度等级应比原基础混凝土提高一个等级。

建筑物防复倾加固方法是将建筑物地基基础加固处理方法、建筑物托换方法、建筑物改造加固方法等应用到纠倾工程中，在方法的原理、设计参数、适用范围等方面，并没有本质上的区别。这些方法在本书或本套丛书中的相关章节里，曾进行过详细的介绍，在此不再赘述。

第6章 建筑物纠倾工程施工

建筑物纠倾工程施工是纠倾工程的实质性操作阶段。纠倾施工人员应深入理解纠倾设计思想，正确领会工艺要求，进行信息化施工。同时，施工人员应根据现场监测资料及时反馈信息，通过设计单位修改纠倾设计，调整施工程序，保证建筑物协调、平稳、安全、可控地回倾。

6.1 纠倾工程施工组织与程序

6.1.1 纠倾工程施工特殊性

纠倾工程是一项高难度、高风险、高技术含量的特种工程，国家对特种工程有专门的资质要求。在以往的工程中也发生过一些纠倾工程事故，造成了较大的损失。纠倾工程的特殊性概括如下：

（1）建筑物倾斜原因复杂多样性

建筑物倾斜原因是多方面的，大多数倾斜建筑物是多个因素所导致的。正确分析建筑物倾斜的主要原因，是成功纠倾的关键。但其中有些原因是十分隐蔽、复杂的，需在纠倾施工过程中来确定。

（2）纠倾设计施工方案的多选性

根据建筑物倾斜原因的复杂性，必然会有纠倾设计施工方案的多选性。针对倾斜的主要原因，结合建筑物性质、地质条件及环境因素，可选择几种纠倾方案对比，优化出一种安全、可靠的方案，并且要考虑预备方案。

（3）纠倾工程施工针对性

纠倾工程的施工是对纠倾方案具体实施，根据纠倾设计方案的技术要求在施工方面从施工先后顺序、步骤及安全措施等方面都要有针对性，也要有意外事情发生的安全保护措施方案，这有利于验证设计方案的可行性。同时，对设计方案进行必要补充和完善，确保纠倾平稳。

（4）纠倾施工现场监测分析可控性

纠倾施工不同于其他工程施工，信息化施工监测是纠倾工程的可靠保障。因为倾斜原因的复杂性和隐蔽性，在设计方案和施工过程，建筑物倾斜原因分析是否准确、施工方法是否合理，都需要信息化监测的数据来验证。通过监测数据结果分析论证，确定设计方案调整补充和施工方法步骤调整，使建筑物在安全可控状态下回倾。

（5）防复倾加固的可靠性

倾斜建筑物的防复倾加固，是纠倾工程的重要步骤。它包括上部结构加固和地基加固。建筑物在纠倾前或纠倾后也可能产生结构裂缝，需进行补强加固。地基在纠倾后会产生扰动，建筑物回倾后的防复倾加固是保证建筑能否在后来安全使用过程中的关键，它的安全性和可靠性直接影响建筑物的正常使用。

6.1.2 纠倾工程施工组织设计编制

纠倾工程施工组织设计编制和审批应符合《建筑施工组织设计规范》GB/T 50502—2009 的有关规定。纠倾工程施工组织设计应根据纠倾设计文件结合本工程倾斜情况、地质条件等对纠倾施工的特点、难点进行分析，特别是针对倾斜原因进行分析，并制定相应的对策，尤其是应对纠倾风险进行分析，制定控制要点和预防措施。

（1）施工组织设计编制内容

纠倾工程施工组织设计编制包括以下内容：

1）纠倾方法、原理、纠倾方案、技术要求及所执行的相应规程、规范；
2）倾斜建筑物自身及相邻建筑物情况；
3）倾斜建筑物及相邻建筑地下隐蔽物及各种管线情况；
4）试验性施工位置，机械人员组织及参数的确定；
5）监测点的布置及监测方式的确定；
6）纠倾施工工序；
7）纠倾施工各工序施工要求、作业指导书；
8）制定安全保护措施，确定预备施工方案；
9）制定质量安全检查程序及检查要点；
10）确定人员组织管理机构；
11）确定机械、材料和施工工期；
12）制定现场施工人员教育培训计划。

（2）编制纠倾施工组织设计注意的问题

1）纠倾施工前，应对倾斜建筑物上部结构、地基基础的裂缝进行综合评估，对整体结构刚度较差的建筑物必须进行局部或整体补强加固，防止建筑物裂缝扩展或倒塌；

2）要充分考虑建筑物地基在纠倾过程中可能产生的附加沉降，估计纠倾后建筑物地基可能产生的变形（即滞后回倾），要采取有效的处理措施；加强施工期间和施工后期监测；

3）对倾斜建筑物有相邻建筑物及地下设施的检查或测量，要与对方协商，采取必要的保护措施；

4）对于可能产生复倾的建筑物，应根据复倾加固方案，确定在纠倾施工前或纠倾施工后进行加固；

5）纠倾前的试验性施工要反映现场实际情况，选定施工参数，验证纠倾设计方案的可行性，进行必要的方案调整和补充；

6）在制定纠倾监测方案时，应包括监测方式、监测总布置、监测内容和监测手段。要采用测量仪器和简单直接人工测量相结合的方式，以便相互验证。设置回倾率的控制装置，通过监测控制回倾率，调整施工进度与施工方法，掌握纠倾复位的结束时机，预留好滞后回倾量。同时，要密切观测建筑物的裂缝变化情况，根据裂缝变化规律，调整纠倾速率或采取相应的辅助措施；

7) 纠倾施工组织计划中应有安全防护设施和报警装置，特别是有人居住的建筑物，必须确保纠倾施工中人员和居民的安全。纠倾施工过程中的回倾速率预警值，一般取设计控制值的80%；当达到预警值时，应分析监测数据、施工情况和回倾速率的发展趋势，确定是否采取控制措施，以防回倾速率过大，对结构产生损伤；

8) 在施工组织计划中和施工过程中，要考虑可能出现的隐蔽的原方案没有预想到的新问题，要准备其他纠倾预备方案，根据现场实际情况调整原纠倾方案中的施工方法、施工参数或施工工序等，以确保纠倾工程成功；

9) 纠倾施工期间严密监视相邻建筑设施的变化情况，检查安全保护措施的状况；

10) 纠倾施工过程中应按顺序及时恢复纠倾时产生的孔、沟槽、结构裂缝等，并做好回填夯实加固措施，保证建筑物整体刚度，增强抗倾覆、抗裂损的能力；

11) 做好纠倾施工竣工文件，包括纠倾设计方案，变更设计文件，试验方法，监测记录，相邻设施监测记录，防复倾加固措施等验收记录。

6.1.3 纠倾工程施工工序

纠倾工程施工程序见图6-1。

6.1.4 纠倾工程现场监测系统

建筑物纠倾是一项技术难度大、影响因素多的复杂性工作，而且在目前技术水平下进行精确的力学计算存在一定的困难。建筑物纠倾过程是建筑物位移不断调整的过程，施工计划也需要随之调整。现场监测成果不仅可以对上一阶段纠倾成果进行对比分析与验证，同时可为下一阶段纠倾工作提供依据，所以，纠倾工程的现场监测具有非常重要的意义。

(1) 监测系统设计的相关要求

纠倾工程监测内容包括：纠倾建筑物及相邻建筑物的倾斜、沉降、裂缝、地面沉降与隆起、地下水位、地下管线等。

为保证现场监测系统的可靠性，监测点应设计在建筑物主要受力部位，使监测数据能真实、客观地反映建筑物的受力状态和回倾变形情况，同时应强调监测点的隐蔽性，以利于有效保护。

纠倾过程中宜每天监测一次，或每次实施纠倾措施后监测一次。对于重要工程或危险性较大的纠倾工程，宜采用计算机自动采集数据与可视化跟踪监控于一体的计算机智能控制系统，使建筑物纠倾过程处于可控状态之下。

现场监测系统应采用多种方法，宜设置预警装置，监测数据应及时绘制成曲线图，几种数据应能相互对照检查。现场监测系统的各种数据应彼此联系，避免个别数据失效造成全部监测数据退出工作，需要重新建立一套新的监测体系。

(2) 监测成果分析

建筑物纠倾工程监测成果应给予及时的分析与评价，准确判断建筑物的位移情况和受力状态，指导下一阶段的纠倾工作。

纠倾沉降量（抬升量）与回倾量的协调性对于纠倾工程非常重要，应根据现场实测数据及时验算。如果变形不协调，可能对结构产生损伤和破坏，应立即停止纠倾，查明原因，修改纠倾设计和施工方案后再施工。

6.2 浅层掏土纠倾法施工

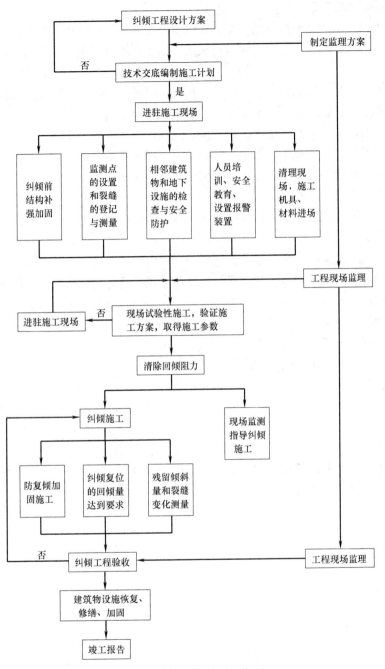

图 6-1 纠倾工程施工程序图

6.2 浅层掏土纠倾法施工

浅层掏土纠倾法按取土部位可分为基底成孔掏土法、基底掏垫层法和基础抽砖石法，按取土方式可分为人工直接掏土法和冲水掏土法。其中，基底成孔掏土法按照施工特点又可分为开槽掏土法、穿孔掏土法、钻孔掏土法、分层掏土法和截角掏土法等。

6.2.1 开槽掏土法施工

开槽掏土法是选择沉降较小的一侧,在地基土上从室外向室内开挖垂直沟槽,使该侧地基支承基础的面积减少,在上部结构荷载的作用下,地基的附加应力增大,地基沉降增加,从而逐渐调整地基两端的沉降差。

室外开槽掏挖法,在福州比较流行。一般把沟槽挖成圆锥体形,即开口大、尾部小。一是挖沟时容易开挖;二是适应地基变形的要求,有利于房屋的平稳下沉。

开槽掏挖纠倾,主要是以变形控制操作,故需强化变形观测手段。该方法由于不需破坏室内地坪及设备,节省费用,施工方便,不但可用于筏形基础,条形基础也可有选择地选用。但对于双向倾斜房屋的纠倾,则不如分层掏挖法易于控制。

开槽掏土法施工时应符合下列规定:

(1) 开槽的坡度应根据地质情况及沟槽的深度确定,必要时进行坡度计算,并对边坡采取防护措施;

(2) 沟槽开挖过程中,槽边堆土的位置和高度应经计算确定;

(3) 施工过程中宜在槽边适当位置设截水沟,在沟底适当位置设排水沟及集水井,必须防止水浸泡地基土;

(4) 开槽的深度应为基础底板下不大于 800mm;

(5) 基础下水平掏土的高度不应大于 450mm;

(6) 基础下水平掏土每次掘进深度不宜大于 350mm。

6.2.2 穿孔掏土法施工

穿孔掏挖法是在沉降较小的一侧条形基础底,用有倒钩的小钢管从基底的两边水平打入地基土内(图 6-2),然后将钢管拔出,带走管内的基土。如此反复掏挖,使该处地基支承基础面积减少,导致地基土的附加压力增大,地基沉降增加,从而达到纠倾的目的。穿孔掏挖法的机理与室外开沟掏挖法大同小异,由于可以通过打入管的疏密去计算挖土量,使它又与分层掏挖法相似,具有以排土量和变形控制操作的优点。此法适宜在开挖地下水位较高,用分层掏挖、截角掏挖不方便的场合中使用。

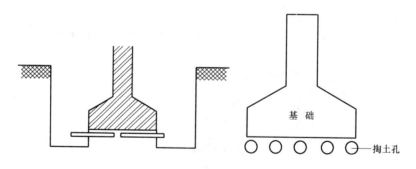

图 6-2 穿孔掏土法示意图

穿孔掏土法施工应符合下列规定:

(1) 穿孔掏土法应在基底成孔遇条形基础或独立基础时采用,成孔应在建筑物沉降较小的一侧;

(2) 穿孔掏土法的孔距不宜小于 250mm,孔径宜为 40~100mm。

6.2 浅层掏土纠倾法施工

6.2.3 分层掏土法施工

按照《建筑地基基础设计规范》（GB 50007—2002）中规定的地基变形允许值，将倾斜建筑物基础下地基沉降差分为若干层（如图 6-3 所示）。施工时，以 B 为基点，先掏挖其中的上层（图 6-3 中斜线部分），使地基在上部结构自重作用下，基础的端点 A 逐渐下沉到 D 的位置。此时，地基的上层差异沉降 S_3 已消失。暂停掏挖 1~2d 以后，又继续掏挖 S_4 及其相应部分，使基础的端点下沉到 C。此时，差异沉降 S_3、S_4 都相继消失，基础两端（BC 段）的沉降差为 0，从而使该段基础及其上部结构得以复位。

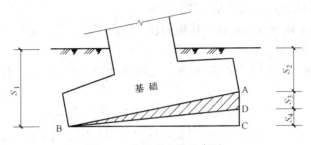

图 6-3 分层掏土法示意图

分层掏挖法是用掏土量和变形控制进行操作，它只使用铁钩、铁铲等简单工具，操作方便，无论单向倾斜或双向倾斜的建筑物，都可用它进行纠偏。

分层成孔掏土法施工应符合下列规定：

（1）分层成孔掏土层数宜为 2~3 层，每层孔分 2~3 批隔孔掏土，每孔每次掏土深度宜为 500~1500mm；

（2）分层成孔掏土的孔径宜为 80~200mm，孔深应由建筑物倾斜情况、基础形式、地质条件及周围环境条件等因素确定，孔距不应小于 500mm；

（3）相邻掏土层的孔口位置应成梅花状布置，相互错开；

（4）采取同一孔口位置成孔，两孔之间夹角不应小于 15°；

（5）每批孔每次掏土完成后，至少应观测 1d，待纠倾沉降速率低于设计的最大纠倾速率后，再进行掏土施工。

6.2.4 截角掏土法施工

对于采用独立基础或柱下条形基础的倾斜建筑物，可采用对地基进行截角掏挖或对角线对称截三角块掏挖的办法进行纠倾。具体办法是在下沉较小的基础一侧逐渐挖去角部的地基土，使地基的承载面积减少，从而使地基的附加压力增加、地基下沉。

6.2.5 基底冲水掏土法施工

基底冲水掏土法是采用水力掏土纠倾，其纠倾施工应符合下列规定：

（1）应在建筑物沉降较小一侧的基础下成孔冲水掏土，根据建筑物倾斜情况、基础形式、地质条件及周围环境条件等因素确定冲水孔的位置、数量和冲水深度等参数，根据现场试验调整冲水压力及流量。

（2）冲水孔顶部应设置护壁套管，护壁套管下端宜深入基础下不小于 2m。

（3）冲水孔成孔应间隔跳孔施工，孔径宜取 50~200mm，孔距不宜小于 1m，宜为 30°~60°角，伸入基础底板下。

（4）冲水取土时冲水管管嘴应伸入孔底，冲水压力宜为 0.5~2MPa，流量宜为 30~

50L/min。

(5) 冲水时可抽动冲水管，使土体形成泥浆。

(6) 根据观测数据确定当天的冲孔数量和冲水时间，可适当加深冲水深度。

(7) 纠倾施工后期应减慢纠倾速率，逐步减少冲孔数量和深度。

(8) 纠倾施工结束后，应及时封孔。

6.2.6 掏土纠倾施工中可能出现的情况

(1) 突沉现象：房屋整体沉降加速，地基失效，房屋报废。其原因是掏土时地基应力超过地基土的承受能力，导致地基整体破坏。

(2) 突倾现象：回倾速度过快，房屋向相反方向倾斜，危及房屋安全。这是掏土侧地基应力增加过多、过快所致。

(3) 只掏不倾：基底应力控制不当，地基尚处稳定状态，短期内无法回倾至预期目标。

(4) 正常回倾：基底应力控制得当，能按预期情况缓慢回倾。

显然，纠偏时前三种情况应设法避免。应合理控制房屋两侧的基底应力及回倾速率，使之按第四种情况发展。

6.2.7 掏土纠倾施工中应注意的问题

(1) 在需要掏土的基础两边或一边开挖工作坑，坑宽应满足施工操作要求，坑底至少比基础底面积低 10~15cm，以方便基底掏土。如果地下水位较高，则应采取措施保证坑内干燥。

(2) 按设计要求分区（分层）分批进行掏土，掏土一般用小铲、铁钩、通条、钢管等手工进行，也有用平孔钻机的，有时还辅以水冲方法。根据监测资料，调整掏土的数量和次序。当掏出块石、混凝土等较大物体时，应及时向孔中回填粗砂或碎石，避免沉降不均。

(3) 施工过程中要注意本法直接从基础下掏土，纠倾较为激烈，特别需要加强监测工作。对于较硬的地基土，建筑物的回倾可能不均匀，具有突变性，应充分注意。

6.3 地基应力解除纠倾法施工

6.3.1 应力解除孔施工

地基应力解除法纠倾施工时，首先在建筑物沉降较小一侧基础边缘或基础下成孔，并根据建筑物回倾量、基础形式、附加应力分布范围和土层性质等，有次序地解除地基部分应力进行纠倾。布孔应最大限度地达到径向应力解除的效果，既要纠倾均匀，又要便于纠倾过程中的局部调整，而且尽量不扰动地基持力层。

钻孔顶部应设置套管或护筒，其长度一般为 4~6m，保护基底土体不受扰动。基底有砂层时，应用套管全部隔离。

应力解除法的技术要领，在于提土钻与套筒之间的密合性。一般情况下，套筒直径 400mm，提土钻外径 380mm，螺距 180mm。钻杆上的水孔与杆端的活塞全部封闭，使提土钻上拔时在孔底产生一定的负压，对孔周土体产生吸力，有效促使孔周软土向孔内流动。

由于提土钻的外径比一般螺旋钻大，同时需要在孔底产生负压，所以，对掏土机械的要求较高，一般掏土机具的上拔力不宜小于 30kN。如果设备上拔力不足、机械翘尾，不能产生有效的真空吸力。在施工中，也常采取将吊车液压腿伸展开的措施，增加稳定面积。

6.3.2 应力解除法掏土

应力解除孔掏土的速度，应根据地基土的性质、建筑物回倾的速度等综合确定。钻孔掏土应采用跳位法分批分期掏土，每次掏土量不宜过大，以免引起过大沉降，造成结构损伤。

应力解除法纠倾过程中，应根据监测结果，对掏土部位、顺序随时作适当调整，如在必要的位置采取加孔、复掏土或停掏土等措施，协调建筑物均匀沉降。

钻孔取土过程中，应尽量避免对地基土过多的扰动。提土钻接触到原状地基土后，应依靠其自重和螺旋叶片自行钻进，对较硬黏土可适当加压钻进，不可以在原位置上反复转动，过量地扰动土体；否则，软弱地基土产生触变，抗剪强度急剧下降，出现塌孔现象（套管周围的土体呈漏斗状下沉，套管也随之下沉），地表局部下陷。塌孔后，从套管中提出的土体并非基底下的软土，而是从上部塌落下去的上层土，导致建筑物纠而不动。

应力解除法纠倾的整个施工过程，必须在严密的监控下进行。监测内容包括沉降监测、倾斜监测、裂缝及敏感部位监测等。对孔内回淤情况、地面变形、建筑物形状以及对相邻建筑物的影响等，也要加强观察。

6.3.3 应力解除法纠倾施工注意事项

（1）应力解除法纠倾是一项细致的工作，不能操之过急，施工中要随时观测。

（2）对纠倾达到要求的部位，要及时拔管封孔。

（3）地基应力解除法纠倾施工的主要方法和辅助措施，应根据纠倾建（构）筑物平面形状、结构类型、地质条件等因素优化选择和组合。但是，必须首先弄清地基应力解除法的核心工作机理，它不同于其他的掏土迫降法。地基应力降解法必须遵循三条基本原则：第一，掏软土，不掏硬土。对"硬壳层"土反而要用套管保护；第二，掏深的土，不掏浅的土。使建（构）筑物纠倾过程不产生浅层滑动或水平位移；第三，掏基础外侧的土，不掏基础下方的土。主要依靠建（构）筑物自重作用，通过基础外侧掏土，使地基应力向有利于纠倾方向不断地调整。这样的目的是使纠倾过程最大程度上做到平稳、可控且预见性强。伸入基础底部下方，水平掏土迫降法和斜向小孔掏深部软土迫降法等，虽然也有地基应力解除或调整的因素和作用，但它们的工作机理与狭义的地基应力解除法迫降仍然有本质的不同，其效果也有差异。

6.4 辐射井射水纠倾法施工

辐射井射水纠倾方法施工可按施工准备、辐射井施工、操作练兵、射水取土纠倾、信息化施工、应急处理和纠倾后恢复等步骤进行。

辐射井射水纠倾正式施工前，应对操作工人、班组长进行认真的技术交底，作业培训，包括地上、地下的协作。工作人员进行培训，使其完全了解辐射井的工作细则，保证地上、地下联络畅通，每个井位设一名专职记录员，保证工作协调、有序。

射水施工必须与地面监测密切配合，根据建筑回倾速率和总回倾量，决定射水纠倾作业时间与间隔。

辐射井纠倾施工不可突击或连续射水，应分阶段地射水且遵循缓慢回倾原则进行，各井依序作业，完成上一轮的射水；沉降稳定后，再进行下一轮的射水作业。

6.4.1 纠倾施工准备工作

（1）倾斜测量、裂缝调查

会同甲方、监理重新实测拟纠倾房屋各角点倾斜量（倾斜率）；调查房屋墙体及混凝土构件原有裂缝情况，对发现的裂缝进行测量记录，并粘贴石膏饼，以检查纠倾时裂缝是否有扩张现象。

（2）建立沉降监测系统

在房屋外墙轴线相交部位和每个楼梯间轴线相交部位设置沉降监测点，只有足够多的沉降监测点对房屋各部位沉降进行监控，才能确保安全、万无一失。

（3）绘图

按照设计，将各监测点理论迫降量按轴线剖面绘制成图。

（4）制定射水计划

根据倾斜测量结果、建筑物地基基础状况分析，根据各纵轴迫降量与排土量的等比关系，制定详细、周密的射水排土计划。

（5）购置材料、设备

购置建筑材料（包括钢筋、水泥、砂、石子等）、射水设备（包括高压泵、高压胶管、泥浆泵、排水管等）、照明设备等，加工射水枪，预制钢筋混凝土井圈（亦可采用井内现浇方式）。

6.4.2 辐射井施工

辐射井有砖砌辐射井、预制钢筋混凝土井壁辐射井和现浇钢筋混凝土井壁辐射井之分，以下分别介绍砖砌辐射井和现浇钢筋混凝土井壁辐射井施工。

（1）砖砌辐射井施工

1) 按照设计的位置，将沉井开挖至0.8～1.0m深后，铺设预制钢筋混凝土井圈（亦可采用井内现浇井圈），各段预制钢筋混凝土井圈现场焊接拼装，接缝满灌水泥砂浆。井位偏差不大于200mm，射水孔孔位偏差不大于30mm。

2) 进行井筒砌砖（现浇钢筋混凝土井圈需要养护），砖砌体比井圈内收20mm，井筒厚240mm，高出地面1.0m，砂浆饱满。

3) 边挖井边接长井筒，井筒内壁抹防水砂浆。

4) 沉井达到设计标高后，浇筑250mm厚封底混凝土。

5) 射水孔位置、角度应满足设计要求，射水孔应设置保护套管，保护套管在基础下的长度不宜小于200mm。

（2）现浇钢筋混凝土井壁辐射井施工

1) 辐射井施工流程：放线定井位→开挖第一节井孔土方→支护壁模板放附加钢筋→浇筑第一节护壁混凝土→检查井位（中心）轴线→架设垂直运输架→安装木辘轳→安装吊桶、照明、活动盖板、水泵、通风机等→开挖吊运第二节井孔土方（修边）→先拆第一节，支第二节护壁模板（放附加钢筋）→浇第二节护壁混凝土→检查井位（中心）轴线→逐层往下循环作业→开挖至设计深度→浇井底混凝土。

2) 放线定井位：在场地三通一平的基础上，依据施工图纸，确定好井位中心，以中点为圆心，以井身半径加护壁厚度为半径画出上部（即第一步）的圆周。撒石灰线作为井孔开挖尺寸线。孔位线定好后，必须经有关部门进行复查后进行开挖。

3) 开挖第一节井孔土方：开挖井孔应从上到下逐层进行，先挖中间部分的土方，然后扩及周边，有效地控制开挖孔的截面尺寸。每节的高度应根据土质好坏、操作条件而定，一般以 0.9~1.2m 为宜。

4) 支护壁模板附加钢筋：为防止井孔壁坍方，确保安全施工，成孔应设置井圈，其种类有素混凝土和钢筋混凝土两种。以现浇钢筋混凝土井圈为好，与土壁能紧密结合，稳定性和整体性能均佳，并且受力均匀。

护壁模板采用拆上节、支下节，重复周转使用。模板之间用卡具、扣件连接固定，也可以在每节模板的上下端各设一道圆弧形、用槽钢或角钢做成的内钢圈作为内侧支撑，防止内模因受张力而变形。不设水平支撑，以方便操作。

第一节护壁高出自然地面 200mm，便于挡土、挡水。井位轴线标定在第一节护壁上口，护壁厚度为 200mm。

5) 浇筑第一节护壁混凝土：井孔护壁混凝土每挖完一节以后，应立即浇筑混凝土。人工浇筑，人工捣实，混凝土强度为 C30，坍落度控制在 100mm，确保孔壁的稳定性。

6) 检查井位（中心）轴线：每节井孔护壁做好以后，必须将井位十字轴线和标高测设在护壁的上口；然后，用十字线对中，吊线坠向井底投设。对不平整部位随之进行修整，井深必须以基准点为依据，逐根进行引测。保证井孔轴线位置、标高、截面尺寸满足设计要求。

7) 架设垂直运输架：第一节井孔成孔以后，即着手在井孔上口架设垂直运输支架。搭设必须稳定、牢固。

8) 安装木辘轳作提升工具，地面运土用手推车。

9) 安装吊桶、照明、活动盖板、水泵和通风机。

① 在安装吊桶时，应使吊桶与井孔中心位置重合，作为挖土时直观上控制井位中心和护壁支模的中心线。

② 井底照明必须用低压电源（36V、100W）、防水带罩的安全灯具。井口上设围护栏。

③ 操作时上下人员轮换作业，井孔上人员密切注视观察井孔下人员的情况，互相响应，切实预防安全事故的发生。

④ 当遇到局部或厚度不大于 1.5m 的流动性淤泥和可能出现涌砂时，每节护壁的高度可减小到 300~500mm，并随挖、随验、随浇筑混凝土。辐射井施工中，涌砂现象比较严重，将导致成井速度缓慢。在施工中根据具体情况，还可以采用预制井圈、钢板护筒、钢筋软支护、钢板软支护、水泥土止水墙帷幕、辐射井中增设降水井等措施。

⑤ 井孔口安装水平推移的活动安全盖板。当井孔内有人挖土时，应掩好安全盖板，防止杂物掉下砸人。无关人员不得靠近桩孔口边。吊运土时，再打开安全盖板。

10) 开挖吊运第二节井孔土方（修边）。从第二节开始，利用提升设备运土，井孔内人员应戴好安全帽，地面人员应拴好安全带。吊桶离开孔口上方 1.5m 时，推动活动安全盖板，掩蔽孔口，防止卸土的土块、石块等杂物坠落孔内伤人。吊桶在小推车内卸土后，再打开活动盖板，下放吊桶装土。

井孔挖至规定的深度后，用支杆检查井孔的直径及井壁圆弧度，上下应垂直、平顺，修整孔壁。

11）先拆除第一节，支第二节护壁模板，放附加钢筋，护壁模板采用拆上节、支下节依次周转使用。模板上口留出高度为100mm的混凝土浇筑口，接口处应捣固密实。拆模后用细石混凝土堵严，水泥砂浆抹平，护壁模板应在混凝土浇筑24h后拆除。

12）浇筑第二节护壁混凝土：混凝土用吊桶运送，人工浇筑，人工插捣密实。

13）检查井位中心轴线及标高：以井孔口的定位线为依据，逐节校测。

14）逐层往下循环作业，将井孔挖至设计深度，清除虚土，检查土质情况，在井底浇筑300mm混凝土垫层，混凝土强度等级为C30。

6.4.3 操作练兵

在室外试验辐射井进行射水试验，操作练兵。

由于地质条件变化和不确定性，所以，在正式射水施工前进行试验射水是必要的。要根据射水孔长度、射水时间、压力、出土量等，来验证设计参数。方案调整好后，再进行射水作业。

6.4.4 射水取土纠倾

射水取土应由专门的熟练工人来操作，对射水时间和排土距离要严格控制，明确要求。

（1）严格按每轮射水技术要求进行操作（射水长度、射水次数）。

（2）射水枪的操作：进入时先打开回水管阀门，并且关上射水管阀门；水压降下来后，卸下射水枪头，接上射水管；确保连接牢固后，打开射水管阀门，关上回水管阀门。射水枪头、射水管之间要保证连接牢固，密封性要好。接管时两人同时操作，接头处缠上防水带。其他接管以此类推。退出卸管时，操作与之相反。

（3）射水顺序：根据楼体回倾情况，射水部位随时进行调整。每口辐射井内射水孔，要间隔射水，见图6-4。射水的顺序应隔井、隔孔进行，目的是控制建筑物协调沉降，控制回倾速率，并结合监测进行调整。当沉降和回倾速率过快时，应停止射水，进行观测，达到相对稳定时再进行新一轮射水。射水过程中射水管管嘴应伸到孔底，射水深度应满足设计要求，每级射水深度宜为0.5～1.0m。在软土地区，每级射水深度宜取小值。应及时量测射水孔深度；每级射水完成后，应有一定间隔时间。

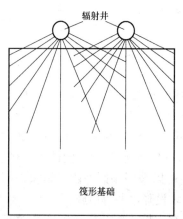

图6-4 辐射井射水纠倾法示意图

（4）射水方向要保证与护管方向平行，射水枪头必须保持处于前后活动状态，以免塌孔，将射水枪埋住。射水工要随时向井上记录员汇报井下射水进程及所遇情况。技术员通过射水图及井下所反映的情况，控制射水长度及射水时间。应计量排出的泥浆量，估算排土量；根据排土量和纠倾监测数据，确定当天的射水孔位置和数量、射水深度和时间；回倾速率接近设计的控制回倾速率时，应停止射水。

(5) 射水完成后,要将辐射井内的泥浆及时抽到沉淀池,以方便取土量的统计;射水完成后,还要采取措施,将射水孔封堵,以免地下水回灌。

(6) 射水安全注意事项:

1) 井壁爬梯上、下端部要稳定、结实,保证其牢固、耐用。

2) 井下作业时要保证通风良好,照明采用36V安全电。工人要做好劳动保护。

3) 射水时井上要有专人巡视,以免往井内坠物,井上、井下保持通话畅通。

6.4.5 沉降速率控制

在纠倾施工过程中,应严格控制纠倾沉降速率。严格来说,一条轴线上的所有点沉降值都应该在一条线上。当沉降速率过快时,某个沉降异常点沉降值偏离沉降线会偏大,由此会产生新的结构裂缝。沉降速率快时,工期短、成本低,但风险大;沉降速率慢时,安全性好,但工期长、成本高。合理的沉降速率,一是取决于施工单位的经验和操作工人的技术熟练程度;二是取决于建筑物的整体质量和刚度。一般来说,宜将建筑物沉降最大点的沉降速率控制在3~5mm/d。

6.4.6 信息化施工

监测工作对整个纠倾工作起到指导施工的作用,必须贯彻整个工作的始终。

(1) 制定可行、可靠的监测方案,包括监测点的位置、数量、监测方法及监测频率、次数,以便及时了解建筑物回倾状况和准确的回倾量。

(2) 保证每射水一个回合,做一次回倾测量并提出报告。

(3) 每天固定时间对所有沉降监测点至少进行一次沉降观测,将监测值按轴线剖面绘制成沉降曲线,理论上沉降曲线为直线,并且同一轴线上各点沉降值必须在同一条直线上。当发现某点沉降值偏离这条直线时,立即调整射水管长度、根数、方位和射水时间,使该点沉降值回归到沉降线上。按照这一方法掌控,将十分安全。

(4) 监测人员还应对结构构件、墙体、梁、柱等进行观测。如有裂缝发生,应及时报告,以便及时调整纠倾作业方法。

6.4.7 应急措施

(1) 射水前保证清缝彻底。在射水过程中,安排专人专组检查、清除阻力。

(2) 当纠倾房屋处于大面积回填塘碴上且塘碴层充满地下水时,一旦塘碴层地下水与沉井射水孔贯穿,很快就在沉井外侧形成塌陷漏斗,影响房屋结构安全,这时必须立即停止施工,通过填土和注水泥浆恢复土体原状,并加深沉井后才能施工。

(3) 在射水过程中,可能出现射水孔塌孔、局部返砂量较大等不确定因素,应采用射水孔内设置护管、射水枪外加套管等措施预防。

6.4.8 恢复

纠倾达标后,用双灰料将辐射井填实。用双灰料回填后的辐射井,可以用作防复倾加固。

6.5 浸水纠倾法施工

6.5.1 浸水纠倾法施工步骤

(1) 根据主要受力层范围内土的含水量及饱和度,预估所需浸水量。一般应先进行浸水试验段施工，验证渗透半径、渗水量、渗透系数等设计参数。

（2）现场确定注水孔的位置及数量。

（3）分阶段通过注水孔、注水槽将水注入地基，注水孔一般可用洛阳铲成孔，孔径100～200mm，深度达基底以下0.5～1.0m，注水孔间距可取0.5～1.0m，一般沿基础周围布置一排，有时可达2～3排。注水槽用于刚度较大的建筑物整体倾斜矫正，可沿基础两侧对称布置。注水孔（坑、槽）基底以下部分可用碎石或粗砂填充并埋入注水管，管周可用黏土填实。当注水管较长或较深时，管周应按渗水井孔的方法在管周用砂石充填。注水时，应采取措施保持正常的渗水速率，控制注水量，根据建筑物的沉降、倾斜监测结果，及时调整注水参数。

（4）施工中应采取安全措施，以防矫枉过正。对于高耸构筑物，可在构筑物顶部2/3高度处设置3～6根缆绳，与地面成25°～30°角，根据矫正速率，逐渐将倾斜一侧缆绳放松，另一侧收紧。

（5）纠倾过程中加强监测，以控制纠倾速率。

（6）逐日测定注水量，配合纠倾结果随时调整各孔注水量，以求得基底均衡地恢复水平位置。

（7）纠倾结束后，宜对建筑物注水施工范围内的地基进行加固处理。

6.5.2 注水的四个阶段

第一阶段用小水量注水，每个孔的注水量相同，沉降很小。

第二阶段用大水量注水，待水位升到室内地坪下0.5m时，开始记录注水量，延续2～4h，以便了解各孔的渗透性能的大小，决定以后各孔的注水量及延续时间。

第三阶段注水为纠倾模拟试验，连续注水4～6d，各孔的水量、延续时间也不一样，为的是得到不同的沉降量，使基础沉降协调进行，并在停止注水后观测沉降滞后量，初步掌握沉降量与注水量的关系、沉降滞后量及稳定时间。

第四阶段，再次连续注水8～10d（具体以实际观测为准），待沉降量接近基础预计下沉量时停止注水，继续观测沉降，直到稳定为止。

6.5.3 施工注意事项

（1）注水开始前应做好各项准备工作，如选择接水点、准备注水工具、建立各观测点的原始记录等。

（2）对纠倾施工可能产生影响的相邻建筑、设施、地下管线等，应采取必要的保护措施并设置监测系统。

（3）对有透水的碎石类土或砂层的地基，注水坑（孔、槽）的水位应低于渗水砂层底面标高，并应采取防止注水流入沉降较大一侧地基中的措施。

（4）必须严格按指挥人员的要求进行注水。注水开始后，要求每天定人、定时观测一次沉降量（或纠偏量）。尤其是开始纠倾后的头几天，应注意沉降的变化，并根据沉降量或纠倾量的大小和变化情况，及时调整注水量及采取其他措施等。防止雨水流入注水孔（坑、槽）内。

（5）注水过程中应经常检查各种管道的完好情况，特别是穿墙管道，还应做好应急加固的准备工作。

（6）为确保建筑物的安全，使建筑物在回倾中各部分应力得到适当的调整，注水过程应间断进行。

6.6 降水纠倾法施工

浅基础建筑物常用的降水方法有：井点降水法、滤水管降水法、沉井降水法和大口径井降水法等。

由于一般井点只能打在建筑物外侧，当地基土渗透性差时，其纠倾效果将受到限制，所以，只有当建筑物在纠倾方向上的长度较小且地基土渗透性较好时，才使用井点降水法进行纠倾。而滤水管降水法、沉井降水法和大口径井降水法纠倾，则可将降水井设置在迫降基础的附近。这样一来，不仅迫降基础下排水固结地基土的有效厚度加大，而且可充分利用基础下部分饱和软黏土或砂土的塑性流动，进一步加大建筑物基础的沉降。

6.6.1 浅基础降水纠倾法施工的一般规定

（1）根据纠倾设计，降水井井位、深度应准确，井位偏差不大于200mm，并对井进行编号。

（2）降水井成井施工应采取措施，确保井壁稳定；泥浆应集中收集，环保排放；井口应高出地面0.1~0.2m，并应设置防护设施。

（3）抽水顺序宜采用隔井抽水，每次抽水完成后应有一定间隔时间；抽水量应满足设计要求，可根据现场观测资料适时调整。

（4）回倾速率接近设计的控制回倾速率时，应停止抽水。

6.6.2 降水纠倾法施工注意事项

（1）及时做好沉降记录和分析工作，用正确的方法来指导纠倾，并须观察周围地坪及建筑的开裂情况，以防意外事件发生。特别在软土地基纠倾，要高度重视沉降问题，每天的沉降量不应过大。

（2）降水纠倾施工时应采取相应措施，防止对相邻建筑物产生不良影响。

6.7 桩顶卸载纠倾法施工

6.7.1 桩顶卸载法施工的一般要求

（1）截桩不宜采用振动过大的设备。

（2）根据设计的卸载部位和操作要求，确定工作坑的位置、尺寸和坡度，应采取可靠措施，保证工作坑安全。

（3）采取托换体系的截桩纠倾，截桩前应按设计要求完成托换体系的施工，经检查确认托换体系稳定、可靠后，方可进行截桩。

（4）截桩应分批进行，每批截桩应从建筑物沉降量最小的区域开始，按设计要求进行，每批截桩数严禁超过设计规定。每批截桩后应有一定间隔时间，待回倾速率满足设计要求后，方可进行下一批截桩。

（5）在纠倾过程中，应采取措施保证同一承台内各桩顶的变形和柱与柱之间的变形协调。

（6）截桩后应采取可靠措施，防止建筑物产生突然沉降，可采用在截断的桩头上加垫钢板等措施。

（7）纠倾工程的回倾速率接近设计的控制回倾速率时，应立即停止截桩，查明原因并采取有效控制措施。

（8）应保证纠倾后截断的桩，与原基础连接节点施工质量可靠。

6.7.2 直接截桩法施工

（1）建筑物纠倾前，应选择设置沉降观测和倾斜观测点，对纠倾建筑物及四邻建筑物的倾斜及沉降量作一原始记录。

（2）按照设计完成补桩施工（桩的布置一般要靠近原基础承台，便于连接。新旧基础的连接，采用锚筋式连接承台或包柱式连接方法，做好新旧基础的截面处理，使新旧基础能共同工作）。

（3）在承台周边开挖工作坑，露出需断的桩颈，在桩颈下部加约束钢箍，以防桩体破坏过量，造成难以控制的局面。

（4）在各桩边准备好足够的钢垫板。

（5）依照设计沉降量顺次凿去桩颈周边混凝土，减少桩截面积，并随凿随垫钢板。如此不断重复，直至达到所需沉降量（图6-5）。

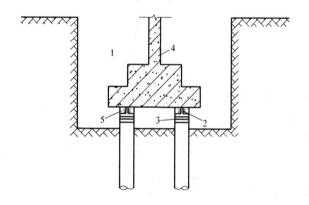

图 6-5　断桩垫钢板
1—工作坑；2—已凿桩弧；3—约束钢筋；4—基础；5—垫钢板

（6）纠偏完毕后，在桩顶破坏处设加强钢箍与承台一起浇捣混凝土，形成扩大桩头（图6-6）。

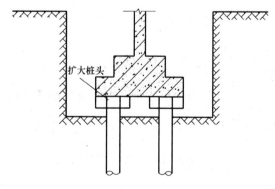

图 6-6　纠偏后浇筑扩大桩头

(7) 将新补桩用承台或承台梁的形式，与原基础连接起来，使其能共同工作。如此对基础进行加固后，建筑物将不会再发生沉降变形（图6-7）。

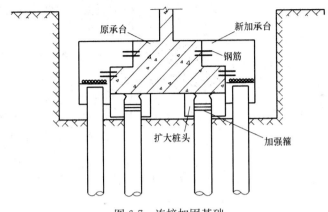

图6-7 连接加固基础

直接截桩法施工应注意事项：

(1) 垫钢板是为了防止凿桩颈过量，引起桩截面压应力太大造成难以控制的下沉或同一承台桩压应力差异太大而造成承台下沉不均匀，使承台受过大的附加应力而破坏，故垫钢板要及时、紧凑，但也要留有余地；否则，达不到纠倾的目的。

(2) 要密切注意变形的协调，包括同一承台内各桩顶的变形，以及柱与柱之间的变形协调，同一承台内各桩顶变形要求基本一致，柱与柱之间相对变形不大于0.1%。

(3) 开挖工作坑前，必须做好严密的计算分析工作，预计各种可能出现的不利因素及由此而可能出现的各种受力的变化，包括：工作坑开挖后，原桩及承台摩擦力的损失，承台下地基承载力的损失，地下水位改变对建筑物的影响，土侧压力对建筑物和桩的影响，桩颈变形不均匀时对承台及桩的受力改变和相应结构的重新验算，桩与桩之间可能出现的不均匀变形所引起结构的受力改变及其结构分析等。

(4) 当对上部结构荷载分析时，考虑到施工期间的临时性，地震荷载和分项系数可根据实际情况适当折减，这样实际的计算荷载一般不超过原设计荷载的80%。

(5) 考虑桩承载力时，由于施工的临时性及考虑开挖时基坑回弹因素，可以不考虑桩的负摩擦力。

(6) 考虑承台下地基承载力的损失时，由于纠偏建筑物往往已有一定沉降量，偏安全计，可按地基土持力层极限承载力计算考虑。

(7) 需纠倾的建筑物，地基基础变形可能不满足沉降变形的要求。但从地基承载力强度的角度分析，可能会满足要求，应注意变形和强度条件的不同。

(8) 对承载力的分析和对变形趋势的估计时，不应仅靠理论分析，更重要的是分析沉降观测结果。

(9) 统一指挥，密切观察，严密测量，认真分析，确保建筑物安全。

(10) 注意由于沉降原因，地梁和墙体可能会出现反力较大而产生裂损，以及各种管线是否容许这类变形。

6.7.3 调整桩头荷载法施工

(1) 施工工艺流程

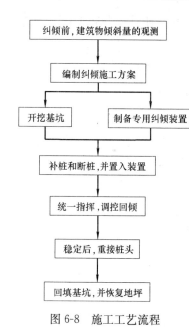

图 6-8 施工工艺流程

(2) 操作要点

1) 首先,要精确测量建(构)筑物的整体倾斜量,对其倾斜状态、结构裂损程度做详细描述,为采用本项工法进行纠倾提供可靠依据。

2) 针对具体工程的实际情况,编制一份详细的纠倾施工方案。

3) 在具有灌注桩基础的倾斜建(构)筑物倾斜相反方向一侧的室内外,在需要进行纠倾处理的桩基附近,开挖基坑,露出桩基承台梁(或基础底板)及部分桩身(1m左右)。一般应少挖土,减少工程量。基坑不宜过深,过深也会扰动和降低桩基承载力。当基础为箱形、筏形时,则应在其外侧和板下开挖基坑施工,创造便于工作的施工环境。没有外部开挖条件时,可在筏板或箱形基础底板上打洞,下到地基里开挖,创造施工空间。

4) 当地下水位较高时,应先在纠倾建(构)筑物周围构筑止水水泥桩墙,采用旋喷桩或搅拌桩,深入至不透水层 1m;然后,方可开挖。

5) 根据设计要求正确选择断桩位置,一般应由承台梁下开始切断,施工不便时也可下延 30~50cm 左右截桩,各桩的截断位置是不尽相同的,应严格按设计要求执行。

6) 根据设计回倾量的大小、考虑地基土质和桩基承载性状等条件,确定各桩沉落量和截桩量。考虑因截桩可能造成建筑物的柱与桩产生新的荷载偏心,根据倾斜建筑物的布桩情况,需视情况进行补桩设计;然后,截桩分批荷载转移,确保柱与桩不产生荷载偏心。

7) 当桩尖作用于土质地基上,地基无排水砂层。采用其他方法无效时,采用专用装置模式,不需切断回倾区的全部桩头。只需按设计要求切断部分桩头,然后弯曲钢筋,用高强度等级水泥浆整平桩头,焊接上下钢垫板,置入具有可抽式涂油钢垫板($\delta=5\sim10mm$)的纠倾专用装置。通过改变桩头受力状态,迫使未断桩产生附加力作用下沉,从而达到纠倾扶正的目的。

8) 当桩尖地基为岩石或紧密卵石层时,应按设计要求切断回倾区全部桩头。

9) 桩头处理后,根据设计要求,对不同桩头分别置入特制纠倾专用扁千斤顶和本项实用装置,使承台梁或箱筏基础下保留 5~10mm 缝隙空间。通过交替调控千斤顶回油和抽出薄钢片的不同方式,为其均匀下沉创造条件,从而使建(构)筑物平稳、安全地回倾。

10) 对于重要建(构)筑物,为确保纠倾可控、安全,除在断桩桩头处设置该点的沉落量标尺外,还要在每个断桩桩头处上下卧入的钢垫板上,预先分别焊接一根 $\phi 20\sim 25$ 的竖向短钢筋,其长度等于该点的桩头沉落量。

11) 每切断一根桩后,应迅速用掺有早强剂的高强度等级水泥砂浆整平桩头,弯曲切断的桩身钢筋。砂浆硬结后,在断桩部位上下各焊接一块厚 10~15mm 的方形或圆形钢垫板,在上下钢垫板之间置入涂油交错排列可抽式专门预制的调控沉降的薄钢板组装置。通过

6.7 桩顶卸载纠倾法施工

调整，使每个装置处于最佳工作状态。而需要设置专用千斤顶时，上、下垫板应严格整平，千斤顶中心与桩的中心在同一轴线上，加压时上、下顶严。施工时每个专用装置均应有专人负责。图6-9（a）、（b）为调控桩头专用装置；图6-10为带有预定沉落量专用装置结构。

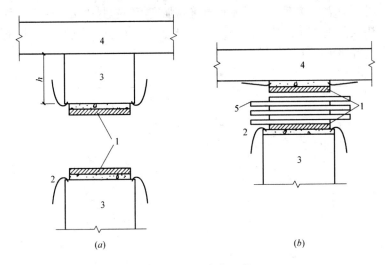

图6-9 调控桩头专用装置

（a）切断整平桩头；
1—桩头固定钢垫板（厚10～15mm）；
2—弯曲钢筋；3—桩；4—承台

（b）断桩及钢垫板
1—固定钢垫板；2—弯曲钢筋；3—桩；
4—承台；5—涂油钢垫板厚（5～10mm）

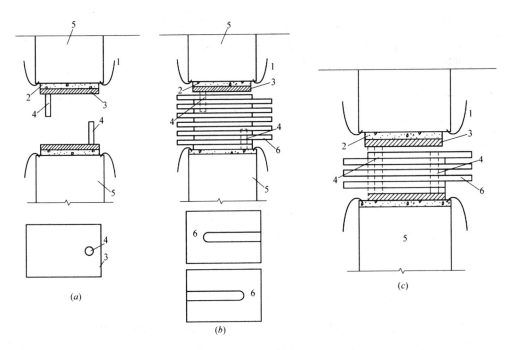

图6-10 带沉落标志钢筋的抽板式调控桩头纠倾装置

（a）在切断桩头部位桩头的处理；（b）纠倾过程抽板或调控荷载专用装置；
（c）桩头沉落到设计回倾值时抽板或调控荷载装置构造图

1—弯曲钢筋；2—高强度等级砂浆垫层；3—焊接钢垫板；4—桩头沉落标志钢筋；5—断桩；6—可抽钢板

12) 对于荷载偏心矩较大的倾斜建（构）筑物，为防止建（构）筑物的倾倒，应在其倾斜相反一侧适当部位堆放压重，确保建（构）筑物纠倾施工过程中的安全。

13) 当纠倾达到沉降稳定后，按设计要求重新连接桩头，可见图 6-11 所示两种形式，预留空间合适时，只需焊接钢筋、钢板和浇筑高强度等级包封桩头混凝土；预留空间不合适时，还应多垫入薄钢片并将其焊接；最后，焊接钢筋（必要时另加外帮钢筋）和浇筑桩头的外包高强度等级混凝土。

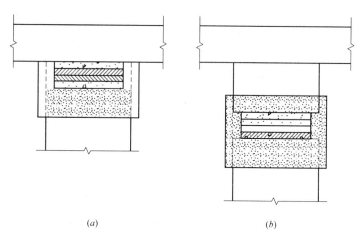

图 6-11　持力层为砂或土层时切断后桩头的处理
(a) 桩头连接包封混凝土；(b) 断桩连接包封混凝土

14) 采用千斤顶支顶时，纠倾结束后、拆除千斤顶前，应先垫入支顶角钢 4 根，外包焊接钢筋箍；然后，再撤出千斤顶。钢筋经清洗后，浇筑外包桩头的高强度等级混凝土，如图 6-12 所示。

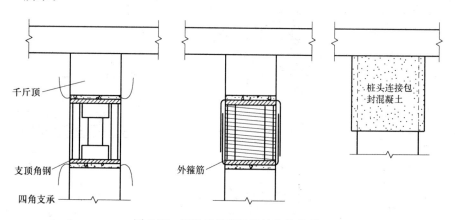

图 6-12　拆除千斤顶前后桩头的处理

15) 为了密切配合纠倾，对单向偏心的建（构）筑物应设置不少于 6 个监测点，双向偏心时应设置不少于 10 个监测点，以便在调控桩头荷载时和调控建（构）筑物的回倾量紧密配合进行。

16) 桩头复原后，应根据原桩间土的状态和建（构）筑物倾斜原因，做好防复倾加固处理，并要密实回填桩间土。对于考虑桩间土分担承载的桩基础，还须在地下室箱、筏底板上成孔，向底板下地基缝隙处压浆，填充地基土空洞，使其密贴接触。

6.8 负摩擦力纠倾法施工

负摩擦力纠倾法常用的降水方法有：井点管降水法，滤水管降水法，沉井降水法和大口径井降水法等。

6.8.1 负摩擦力纠倾法施工的一般规定

降水井降水时，其周围的地下水位是以降水井为中心的一个漏斗形曲面，而且影响半径比较大。这样一来，被纠倾建筑物的周围环境同样受到影响，导致影响半径范围内的建筑物倾斜、路面开裂、管道断裂等。因此，在周围环境不开阔的场地采用降水法纠倾时，不仅要考虑倾斜建筑物的回倾，更要防止和减少对周围环境产生负面影响，一般可采取以下几种措施。

（1）设置止水墙（一般为深层水泥搅拌桩墙、高压悬喷水泥桩墙或经密封处理的锁口钢板桩墙等），将降水井连同被纠倾的建筑物的纠倾侧围封起来，并使降水的漏斗形曲面在止水墙处浅于止水墙，这样止水墙外的地下水位则不会降低或降低很少，止水墙外的建筑物、道路等得以有效的保护。如果场地中需要保护的对象很少，则应用止水墙将该保护对象围封起来进行保护。这种情况下，止水墙的深度一般比较浅，费用较省。

（2）在降水井与保护对象之间设置回灌井点、回灌井、回灌沟等（有止水墙存在的情况下，则设置在止水墙的外侧），持续高水位回灌，在地下形成一道水幕，以减少降水漏斗形曲面向外扩张，保护相邻设施。

（3）为了减小降水影响的范围，可将降水井做成半面降水井（即半封闭井），将降水范围缩小到被纠倾建筑物的一侧。当然半面降水井的保护措施是有限的，但是它可以减小止水墙、回灌井的压力，使止水墙和回灌井的工作更有效。

6.8.2 大口井降水施工

（1）大口井（大口径深井）施工

1）严格按有关规范及设计图进行施工。钻孔安装要调正，应随钻孔延伸逐步加长粗径钻具，以保持钻孔垂直，使井管顺利下到预定深度。

2）针对地层情况将井管准确下在富水井段，下管时不得左右旋转、上下窜动。

3）井管外围填入石料和粗砂级配的滤料，应均匀下入，避免"架桥现象"。

4）降水井洗井利用钻机起落，采用活塞洗井器以清水反复冲洗花管部位，将孔内泥浆及井壁泥皮洗净排出，并达到水清砂净为止，最后下钻具，捞净孔内沉砂。洗井要充分、及时，一般为每口井2～3个台班。

（2）降水井抽水

下潜水泵时，所有泵管连接应拧紧，下置井深应预留井底泥沙段。水泵下好后，应包扎好井口，以防异物掉进孔内，保证每口井正常抽水。

每口井放置深井潜水泵一台，地面设置人工控制箱进行抽水，使水位降深达到要求。水量大的井可不停地抽，其他可采用有水即抽无水即停，使降水井能满足要求，并做好抽水记录。

根据降水纠倾经验，对于一般场地土，开始纠倾时，地下水位约降至桩长的1/2处、时间约持续10h时，建筑物才开始回倾。间断性降水纠倾时，一般场地土每次降水持续时间宜控制在24h以内，一般多为12h左右。随着降水次数的增加，可能出现每次降水过程中回倾量减少的问题，宜采用增加降水深度或降水时间的方法解决问题。桩端持力层为中粗砂时，随着建筑物的回倾，桩端砂层趋于密实，回倾速度趋缓，更需要加大降水深度。

对于粉细砂场地，降水过程中桩周细砂颗粒会随着地下水一起流失，对基桩形成较大的负摩擦力。因此，粉细砂场地降水纠倾时，必须严格控制降水时间，并对建筑物进行连续观测，根据观测结果决定降水持续时间。

6.8.3 负摩擦力纠倾法施工注意事项

（1）及时做好沉降记录和分析工作，注意观察周围地坪及建筑的开裂情况，以防意外事件发生。特别在粉细砂地基纠倾，要高度重视沉降问题。

（2）降水纠倾施工时应采取相应措施，防止对相邻建筑物产生不良影响。

（3）重视回灌井的作用。

6.9 锚杆静压桩纠倾法施工

6.9.1 锚杆静压桩施工前的准备工作

（1）按照设计进行锚杆螺栓的加工制作，桩段的预制和建筑结构胶的购置。

（2）平整场地，做好防雨准备和施工区的隔离工作。开挖基坑，露出基础顶面，在基础顶面的设计静压桩部位垂直钻桩孔，钻至基础底面。

（3）按着设计凿锚杆孔，将孔内清理干净，用配制好的树脂砂浆或硫磺胶泥，将锚杆牢固地嵌入锚杆孔。

（4）对已有沉裂建筑物的沉降、倾斜、裂缝，作全面检查和观测，并作出标记，埋设观测点，以方便施工期间的观测。

（5）查清已有建筑物的地下管网，尤其注意通信电缆和煤气管道。

6.9.2 压桩施工流程

确定桩位、放样、编号→开凿室内混凝土地坪、挖除基础覆土→开凿压桩孔→钻锚杆孔→埋设锚杆→安装压桩架→起吊桩段、就位桩孔→校正桩身→压桩→记录桩入土深度压力表读数→起吊下节桩段→校正桩身垂直→接桩→压桩→记录桩入土深度压力表读数→临时锁桩→多台千斤顶分组对称二次压桩→整体抬升纠倾。

6.9.3 压桩纠倾

（1）待锚杆养护好，预制桩强度达到设计要求，一切准备工作就绪后，安装压桩架进行压桩。压桩架要保持竖直，应均衡拧紧锚固螺栓的螺母；在压桩施工过程中，应随时拧紧松动的螺母。

（2）桩段就位必须保持垂直，使千斤顶、桩节及压桩孔轴线尽可能一致，不得偏压。压桩时，桩顶应垫3~4cm的木板或多层麻袋，套上钢帽再进行压桩。

（3）压桩施工时，不宜数台压桩机同时在一个独立柱基上施工。施工期间，压桩力总和不得超过该基础及上部结构所能发挥的自重，以防止基础上抬，造成结构破坏。

（4）压桩施工应沿基础两侧对称进行，防止基础不平衡受力。

(5) 压桩施工中不得中途停顿,应一次到位;如必须中途停顿时,桩尖应停留在软土层中,且停歇时间不宜超过 24h。

(6) 预制桩的连接方法有焊接(钢板宜用低碳钢,焊条宜用 E43)、法兰连接(钢板和螺栓宜用低碳钢)、硫磺胶泥锚接(硫磺胶泥配合比应通过试验确定)、树脂砂浆锚接、建筑结构胶锚接等。其中,前两种可用于各类土层,硫磺胶泥锚接适用于软土层。

采用焊接接桩时,应清除表面铁锈。首先,将四角点焊固定,然后对称满焊,并确保焊接质量和设计尺寸。为确保硫磺胶泥锚接桩质量,应该将锚筋刷清并调直,锚孔内无积水、杂物和油污。接桩时,接点的平面和锚筋孔内应灌满胶泥,灌注时间不得超过 2min,胶泥试块每班不得少于一组。采用建筑结构胶或现场配制树脂砂浆时,也应确保质量。

采用建筑结构胶或现场配制树脂砂浆接桩时,上节桩就位后应将插筋插入插筋孔。检查重合无误、间隙均匀后,将上节桩吊起 10cm,装上建筑结构胶夹箍,浇筑建筑结构胶,并立即将上节桩保持垂直放下。接头侧面应平整、光滑,上、下桩面应充分粘结。待接桩中的建筑结构胶固化后,才能开始压桩施工。当环境温度低于 5℃时,应对插筋和插筋孔作表面加温处理。

(7) 锚杆静压桩的控制标准应以设计最终压桩力为主,压入深度为辅。对于无法压入至设计深度的桩,经设计人员同意后,可以截除多余外露桩头。

(8) 桩顶未压到设计标高,但已达到设计的双控要求时,必须将外露的桩头进行切除。切割桩头前,应先用楔块把桩固定住;然后,用凿子开出 30~50mm 深的沟槽,露出的钢筋加以切割,以便摘除桩头。严禁在悬臂情况下,乱砍桩头。

(9) 利用锚杆静压桩进行建筑物纠倾时,先逐个将所有的锚杆静压桩压入各自预定的深度后,不封桩头,而是采用三角铁将各桩临时锁定;然后,用若干台千斤顶分组对称地进行二次再压桩,用以调整各桩的均匀受力,并进行抬升纠倾。每次抬升量要小,反复多次进行。千斤顶的数量、吨位、各自位置,均由设计计算确定,力求用少量的千斤顶进行整体抬升。纠倾扶正后,再封好桩头。

(10) 封桩可分为施加预应力与非预应力两种。前者应在千斤顶不卸载条件下,清理干净压桩孔并立即将桩与压桩孔锚固;当封桩混凝土达到设计强度后,千斤顶才可卸载,封好桩顶;后者是在达到设计压桩力和设计压桩深度后,即可使千斤顶卸载,拆除压桩架,焊接锚杆交叉钢筋。

桩与基础的连接(封桩),是整个压桩施工中的关键工序之一,必须认真进行。在封桩前,必须把压桩孔内的杂物清理干净,排除积水,清除孔壁和桩面的浮浆,以增加粘结力;然后,和桩帽梁一起浇灌掺有微膨胀早强外掺剂的 C35 级混凝土,并予以捣实。

(11) 在压桩施工过程中,必须认真做好压桩施工各阶段记录。

6.9.4 锚杆静压桩纠倾施工注意事项

(1) 锚杆静压桩具有对土的挤密效应,一般情况下对地基是有利的。但对处于边坡上的建筑物,其挤土效应往往会造成建筑物的水平位移,应引起高度重视。在施工顺序上,应首先施工建筑物沉降大一侧的桩,以便在极端情况下可提前封桩。

(2) 在抬升过程中,千斤顶的同步协调是很重要的。要防止个别抬升点受力过大,造成千斤顶损坏或锚杆静压桩破坏。

(3) 抬升到预定位置后,锁紧全部千斤顶,立即填实基础抬升间隙。待填充材料强度达到设计要求后,分批间隔撤走千斤顶,并将空隙处填实。

6.10 顶升纠倾法施工

6.10.1 顶升纠倾法施工准备工作

(1) 收集和掌握原设计图纸及工程竣工验收文件、岩土工程勘察报告、气象资料、改扩建情况、建筑物检测与鉴定报告、纠倾设计文件及相关标准等。

(2) 进行现场踏勘,查明相邻建筑物的基础类型、结构形式、质量状况和周边地下设施的分布状况等。

(3) 编制纠倾施工组织设计或施工方案和应急预案,编制和审批应符合国家有关标准的规定。

(4) 对原建筑物裂损情况进行标识确认,并在纠倾施工过程中进行裂缝变化监测。

(5) 对可能产生影响的相邻建筑物、地下设施等采取必要的保护措施。

(6) 纠倾工程涉及结构安全的试块、试件以及有关材料,应按相关规定进行取样检测。

(7) 顶升纠倾前,应进行沉降观测。在保证地基沉降基本稳定的情况下,方可实施纠倾;应复核计算每个顶升点的总顶升量和各级顶升量,并做出标记。

(8) 对每个抬升点的总抬升量和各级抬升量进行复核计算,是抬升纠倾施工前应做的一项重要工作。既可对设计进行验证,又可避免因设计不慎导致的错误。复核后,各抬升点的总抬升量和各级抬升量,是控制抬升纠倾施工的基础。

6.10.2 顶升纠倾法施工要求

(1) 及时分析、比较建筑物的纠倾顶升量与回倾量的协调性。

(2) 根据监测数据、修改后的相关设计参数及要求,及时调整施工顺序和施工方法。

(3) 建筑物的回倾速率应根据设计控制值设置预警值;达到预警值时,应停止纠倾施工,采取控制措施。

(4) 千斤顶额定工作荷载应根据设计确定,使用前应进行标定。

(5) 托换结构施工质量应符合设计要求。

(6) 应严格控制各千斤顶的顶升速率和顶升量,目的是使结构内力有相对充分时间重新分布调整,避免因应力突变导致结构构件损伤。

(7) 顶升纠倾施工期间,应避开恶劣天气和周围环境振动的影响。

(8) 为了避免局部拆除或切断时对保留结构产生较大的扰动和损伤,应采取静力拆除或切断方法。顶紧千斤顶的原因,是防止结构切断后产生较大的冲击荷载,引起结构构件破坏和损伤。

6.10.3 上部结构托梁顶升法施工要求

(1) 应避免结构局部拆除或切断时,对保留结构产生较大的扰动和损伤。

(2) 竖向荷载转换到千斤顶后,方可进行竖向承重结构的切断施工。

(3) 砌体结构托换梁施工时,墙体开洞长度应由计算确定;托换梁施工应分段进行,每托换段间隔时间应在临近段托换梁混凝土强度达到75%以上进行，施工缝的处理应满足相应规范规定。夹墙梁施工应整体连续，以保证砌体结构整体安全和稳定。

（4）框架结构断柱时，相邻柱不应同时断开，必要时应采取临时加固措施。如果相邻柱同时断开，结构内力重新分布，易导致周边构件应力集中，引起结构构件破坏和损伤。采取临时加固措施，是为了保证切断后结构的刚度和整体稳定性，避免结构失稳。

（5）正式顶升前必须进行一次试顶升，全面检验各项准备工作是否完备，设备、托换体系、结构本身等是否安全、可靠。

（6）顶升过程中应随抬随垫，垫块的材料、位置和尺寸应满足设计要求。各层垫块位置应准确，保证垫块结构整体稳定。

（7）顶升应分级同步协调进行，单级最大顶升量不应大于10mm。每级顶升后应预留顶升间隔时间，以调节因顶升产生的附加应力。

（8）顶升量的监测，应每柱或每顶升处不少于一点。

（9）达到设计顶升量后，砌体结构应采用混凝土或灌浆料将空隙填实，连成整体，强度达到100%，方可拆除千斤顶。对框架结构，当采用千斤顶内置式顶升时，应采取措施，使托换体系可靠连接后，方可拆除千斤顶，再进行结构连接施工；当采用千斤顶外置式顶升时，恢复结构连接施工并且强度达到100%后，方可拆除千斤顶。

6.10.4 坑式静压桩顶升法施工要求

（1）工作坑坑底距基底不宜小于2.0m。

（2）千斤顶和短桩位置应准确，各桩段间应焊接连接，焊接质量符合要求。

（3）压桩施工应保证桩的垂直度，记录压桩力和桩的相应压入深度。

（4）正式顶升前必须进行一次试顶升。

（5）顶升应控制速度，分级同步协调进行。

（6）坑式静压桩法顶升纠倾完毕后，应将顶升主千斤顶两侧的托换千斤顶同步加压，使主千斤顶压力表回零时撤出，用直径159mm钢管嵌入预制桩顶和基础底面之间，钢管两端应有钢板，将钢楔打紧。观测桩顶回弹稳定后，卸去托换支座，将桩顶钢管上下两端焊接牢固。撤除顶升千斤顶应控制基础下沉量和桩顶回弹，控制建筑物回倾量。

（7）建筑物纠倾达到设计要求后，应适时对工作槽、孔和施工破损面进行回填、封堵和修复。

总之，严密的施工组织是顶升纠倾成功的关键，要求施工人员要胆大、心细。对于砌体结构建筑，分段施工应保证每墙段至少分三次，每次间隔时间要等托换梁混凝土强度达到50%后，方可进行邻近段的施工。邻近段的施工，应满足新旧混凝土的连接及钢筋的搭焊要求。顶升框梁托换过程中要注意承重墙的安全，掏墙时要轻锤快打，及时支垫并尽快浇筑混凝土，以防间隔时间长，墙体变形开裂。梁段之间的连接要牢靠，保证框梁的整体性。设置好各顶升点的分次顶升高度标尺，以严格控制各点顶升量。正式顶升前要进行一次试顶，全面检验各项工作是否完备、水电管线及附属体与顶升体分离妥当与否、框梁强度及整体性是否达到要求。顶升时要统一指挥，按标尺写明的次序一次次进行，各点次序同步，均匀协调。当千斤顶行程不够时，要有安排地一台台倒程，防止同时倒程，使框梁受力过于集中而发生危险。顶升到预定位置后，立即将墙体主要受力部位垫牢并进行墙体连接，待连接体能传力以后卸去千斤顶，经装修恢复后投入使用。

6.11 综合纠倾法施工

综合纠倾法施工应根据建筑类型、倾斜情况、工程地质条件、纠倾方法特点及适用性等，选择一种（或两种）为主导方法，其余为辅助方法进行组合纠倾。

6.11.1 迫降法组合纠倾施工

（1）明确各种方法的施工顺序和实施时间。

（2）根据选用迫降法的特点，采取可靠措施，减轻或避免各种方法实施中相互作用的不利影响。

加压纠倾法常与其他迫降法组合使用，在原沉降量小的建筑物一侧进行堆载加压，在原沉降较大的建筑物一侧进行卸载来阻止或减缓建筑物的继续倾斜；同时，采用其他有效手段进行迫降纠倾。

（3）根据监测结果适时对地基基础进行防复倾加固。

6.11.2 迫降法与抬升法组合纠倾施工

（1）应明确迫降法与抬升法的施工顺序和实施时间，迫降与抬升不宜同时施工，抬升法实施宜在基础沉降基本稳定后进行。

（2）应根据选用迫降法和抬升法的特点，采取可靠措施，减轻或避免两种方法实施中相互作用的不利影响。

对于建筑平面较小的建筑物，常在建筑物原沉降较大的一侧布置双灰桩。双灰桩吸水、膨胀、固结、挤密地基土，给建筑物基础一个向上的作用力，使其回倾。同时，在建筑物沉降较小的一侧布置辐射井，通过辐射井取土，使基础产生新的沉降，达到纠倾的目的。

6.11.3 迫降法与锚杆静压桩法组合纠倾施工

锚杆静压桩法是建筑物限制沉降常用的较好方法，迫降法与锚杆静压桩法组合纠倾是一种常见的组合。

（1）施工宜遵循下列顺序：①在建（构）筑物沉降大的一侧压入锚杆桩，根据沉降速率将适量锚杆桩采用预应力法与基础进行临时锚固；②在沉降小的一侧实施迫降纠倾；③当建筑物的回倾值接近设计值时，根据回倾情况和地质情况等，按设计要求在沉降小的一侧压入锚杆桩。

施工过程中应充分考虑锚杆桩的设置位置和数量，对于沉降大并且沉降未稳定的建筑物，防止因锚杆桩的压入，导致建筑物地基产生新的反力不均，造成建筑物产生新的不均匀沉降。

（2）压入锚杆桩宜隔桩施工，由疏到密进行。锚杆桩的压桩顺序宜采用由建筑物基础外侧到内侧、由疏到密、隔桩施工的原则进行；同时，采取必要的监测和防护措施，防止建筑物产生新的不均匀沉降。

（3）在建筑物回倾值达到设计要求后，对建筑物沉降大的一侧采用预应力法进行封桩。通过桩作用在基础底部的顶升力，使建筑物快速回倾。对沉降小的一侧，可采用直接封桩。

6.11.4 上部结构抬升法和锚杆静压桩法组合纠倾施工

抬升法纠倾是在建筑物沉降基本稳定的前提下实施，因此，对沉降速率较大的建筑物应首先进行限沉，不仅在沉降较大侧限沉，而且必要时沉降较小侧也要限沉。锚杆静压桩法是建筑物限沉常用的较好方法。采用预应力法封桩的目的是，通过施加预应力，减少建筑物的沉降量，达到较好的限沉效果。

(1) 施工宜遵循下列顺序：①在建筑物基础上开凿压桩孔，从建（构）筑物沉降较大侧到较小侧顺序进行压桩，将桩与基础进行临时锚固；②基础沉降基本稳定后统一封桩；③实施抬升纠倾，恢复基础与上部结构的连接。

(2) 压入锚杆桩宜隔桩施工，由疏到密进行，防止产生过大的附加沉降。

(3) 封桩采用预应力法，施加的预应力值应满足设计要求。

6.12 防复倾加固施工

建筑物纠倾工程的防复倾加固施工，应按照设计要求，在纠倾施工前、纠倾施工过程中或纠倾施工完成后适时进行。纠倾工程应根据监测数据，采取有效措施，减小防复倾加固施工对建筑物不均匀沉降的不利影响。

6.12.1 增大基础底面积法施工

增大基础底面积法施工时，首先将原基础凿毛并刷洗干净，涂刷一层高强度等级的水泥浆或混凝土界面剂，以增强新旧材料的粘结力。对于加宽部分，地基上应铺设厚度和材料与原基础垫层相同的夯实材料。沿基础高度每隔一定距离设置锚固钢筋，也可以钻孔穿钢筋，再用环氧树脂填封穿孔。穿孔钢筋与加固钢筋焊接，使新旧基础可靠连接。

对条形基础进行加宽施工时，应按 1.5~2.0m 的间距划分成若干区段；然后，分批、分段、间隔施工。不应在基础的全长范围内开挖连续的坑槽，使全部基础持续暴露，以免地基土受自然力影响产生较大变形，造成不利影响。

基础加宽后，当混凝土强度达到设计强度后回填坑槽，夯实填土。

6.12.2 基础托换法施工

在饱和粉砂、粉土、淤泥土或地下水位较浅的地层中，防复倾加固成孔时不应采用振动机械；否则，机械设备的振动可能导致地基饱和砂性土液化或淤泥层的承载力降低，造成基础下沉，使建筑物的倾斜率进一步加大。

对于基础托换法的防复倾加固，应采取间隔施工和由疏到密施工的措施，尽可能避免防复倾加固施工对建筑物产生新的不均匀沉降。

采用锚杆静压桩加固时，宜根据纠倾沉降速率的变化情况采用预应力封桩。如果不采用预应力封桩，锚杆静压桩不承受荷载，基础直接作用在地基土体上，土体压力增大，一方面不能起到快速限沉的作用；另一方面，可能会产生附加沉降。采用预应力封桩，对沉降敏感的建筑物或要求加固后快速限沉的建筑物，会起到减少沉降的作用。

在地下水位较浅的地层中采用坑式静压桩法施工时，应做好工作坑的支护处理工作，避免工作坑坍塌，造成建筑物产生新的沉降。

6.12.3 地基加固法施工

对于地基加固法的防复倾加固，也应采取间隔施工和由疏到密施工的措施，尽可能避免防复倾加固施工对建筑物产生新的不均匀沉降。

采用注浆法时，应控制纠倾建筑物地基附加沉降。对施工期间不均匀变形控制要求高的建筑物，不宜采用高压喷射注浆法防复倾加固。因为在沉降大的一侧采用高压喷射注浆法防复倾加固时，在注浆固结前会削弱土体承载力，加大沉降，影响结构安全。

建筑物防复倾加固每个方法的施工细节，在本书或本套丛书中的相关章节里曾进行过详细的介绍，在此不再赘述。

第7章　古建筑物加固纠倾工程设计与施工

古建筑物是指具有一定历史年代和保护价值，作为市级以上文物保护单位予以保护的各类建筑物，如宫殿、古塔、庙宇、楼阁、民居、园林、古堡、碉楼、城墙等。

古建筑是一定历史时期人类文明发展的产物，表现出丰富多彩的物质文化遗存。这些实物性文化遗存是人类文明信息的一种储存形式，包含着特定历史时期的政治、军事、科技、工艺、美术等各种信息，对于人类今天所进行的生产活动和科学研究来说，它们都是极有价值的资料。要使这些文化遗存能长久地为人类文明的发展服务，首先必须保护好其物质形态载体。

中国是世界文明古国之一，悠久的历史文化像醇酒一般滋味绵长。多姿多彩的中国建筑艺术，以其辉煌灿烂的成就成为中国古文明的组成标志之一。

中国建筑结构的发展源远流长，从原始的巢居、穴居开始，到木构架结构成熟，建筑的种类繁多、功能齐全，并且历久而弥新。若从浙江余姚河姆渡遗址算起，迄今至少已有7000年的历史。中国古代建筑建筑艺术的发展过程无一不在建筑形式绚丽多姿的文采菁华中体现。在发展过程中，中国建筑艺术形成了多样化、多层次的模式，具象地记录了我们祖先在创造力上的高超智慧与才能。

中国的古代建筑遗存是几千年中国古老文明的宝贵遗产，也为世界文明做出了重要贡献。通过认识与了解中国建筑艺术独具特色的规律和特点，对于增强民族自信心和民族自豪感都会有所推动。然而，由于自然灾害、战乱和人为破坏，仅存的文物古迹弥足珍贵。因此，保护古代建筑遗存的重要性就显得尤为突出。

古建筑物纠倾加固，系指古建筑物由于地基、基础或建筑物本身因某种原因如地震、水害、加载、卸载、侧向应力松弛或建筑物自身的差异风化、人为破坏等造成建筑物倾斜超过规定限度，严重影响其正常使用功能时所采取的纠倾扶正措施。随着国民经济的发展和科技进步，建筑物加固纠倾扶正技术，已逐渐成为一门专业性很强的综合实用技术，对恢复缺陷建筑物的使用功能，拯救危险建筑物，特别是保护那些具有历史意义的特殊建筑物和文物古迹起着极为重要的作用。

7.1　古建筑物加固纠倾工程勘察工作要点

中国的古建筑物以其庞大的数量、各具特色的结构、无法估量的历史价值而在中华民族悠久的发展史上占有特殊的地位。其承载的建筑思想、建筑美学和营造法式贯穿于秦汉以至明清两千余年，值得我们继承和精心保护。

古建筑物纠倾加固是一项细微而繁琐的工作，一定要按程序进行，一步一个脚印，一环紧扣一环，只有把每一步的工作扎扎实实地做好了，纠倾加固工作才能顺利进行，最终达到理想的结果。

与现代钢筋混凝土建筑物不同,古建筑物作为珍贵文物,除具有建筑物属性外,还具有文物属性,不能有丝毫的损坏。古建筑物结构大都为砖、木、石、土等材料组成,砌体间胶结强度差,风化破碎严重,所以加固纠倾前要特别详细做好现场调查测绘工作。

通过现场调查测绘,查明古建筑物变形现状,为分析造成倾斜原因,进行稳定性评判,收集第一手资料。

由于古建筑物建成年代久远,地基基础状况均无现存的资料可参考,建筑物结构形式、变形迹象、倾斜方向、倾斜度均需通过科学的测绘予以确定。环境条件、变形历史、自然和人为因素的影响等,均需通过详细的调查、访问予以弄清。只有充分掌握了这些第一手资料,才有条件分析造成建筑物倾斜的主要原因,并根据其严重程度对古建筑物的稳定性进行科学的评判,为古建筑物纠倾加固方案制定提出科学依据。这一项工作是古建筑物纠倾加固工作的基础,一定要予以充分的重视。

7.1.1 地基基础调查

古建筑物,一般建于天然地基之上,对地基基本不做处理,部分基础工程也极为简单,有的甚至没有基础。对周围的地质环境、地基土的地层岩性、水文地质条件均不甚了解。再加上年代久远,多属砖、砖石、砖木、木结构,风化破坏严重,整体性及刚度均较差,在长期的气候环境和人为因素的影响下,均不同程度地产生了变形。据不完全统计,我国现存各类古塔一万余座,多数存在着倾斜失稳现象,部分还因抢修不及时而倒塌,如法门寺塔、雷峰塔等。

通过勘探查清地基土的地层岩性、含水情况、地下水位。特别要注意是否存在软弱地层、洞穴,地层的密实情况,是否存在差异沉降的条件等,必要时需进行现场原位试验,以确定地基承载力。

通过挖探了解基础情况,包括基础类型、几何尺寸、材质、埋深(不同部位的标高)、变形迹象等。

勘探孔的布置,一般沿倾斜方向布置勘探断面,设钻探孔和挖探坑各两个,钻孔深度为基础宽度的 2 倍,挖探坑的大小为 0.8m×1.0m,深度以探清基础埋深即可。图 7-1 为古塔基础勘察勘探孔布置图。

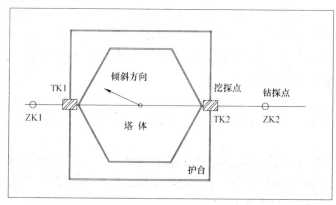

图 7-1 勘探孔的布置图

7.1.2 上部结构调查测绘

建筑物上部结构调查包括:建筑物结构形式、几何尺寸、结构倾斜方向、倾斜度、变形迹象（包括裂缝、风化剥蚀情况、破损程度等）。对于木结构的古建筑物，要特别注意柱、梁各个节点的变形测绘。建筑物的倾斜，必然会造成结构本身的变形，变形迹象就是造成倾斜的历史遗存，是倾斜原因分析的有力证据，必须详细、认真地进行描述。

7.1.3 场地环境条件调查

包括场地的地形地貌，临近建筑的分布情况，当地的气候条件、降雨量、风速、地震、洪水、人为因素对建筑物造成破坏和影响建筑物变形的历史等，进行详细的调查和访问。如果古建筑物处于山上陡坡地带，则必须调查斜坡场地本身的稳定性，是否有滑坡、边坡坍塌的问题存在；如果在江边是否有河岸冲刷的影响；如果在采矿区，是否有采空区的地基塌陷问题；如果在市区居民区，是否存在地下管线的渗水问题，周围是否有高层建筑存在深基坑开挖，是否有地下防空洞，以及抽取地下水的情况；古建筑物周边是否存在水池、水井等情况，都需进行详细的调查。总之，只要可能对古建筑物倾斜造成影响的一切情况，都应该进行详细的调查。

7.1.4 古建筑物倾斜原因分析判断

古建筑物倾斜原因的分析判断，是选择古建筑物纠倾加固方案的最重要依据，只有找准了造成倾斜的真正原因，才能使纠倾加固方案具有针对性。只有消除了倾斜原因，才能保证纠倾后古建筑物的长期稳定。所以说，古建筑物倾斜原因的分析判断，是古建筑物纠倾加固极其重要的一个组成部分，必须引起高度的重视。

古建筑物倾斜原因的分析判断，其实质是古建筑物倾斜变形过程的分析。由于这个过程是在一定历史时期发生的，现代的人们无法亲身体验，只能根据遗留下来的变形迹象、现存的地基基础状况和有记载的历史事件、地质灾害等因素加以综合分析推断，所以它是一个极其复杂的分析判断过程。

古建筑物倾斜的原因应该说是多种多样的，地基不均匀沉降可使古建筑物倾斜，古建筑物所处场地斜坡不稳定、偏心荷载、自然营力作用、人为破坏等都可以使古建筑物倾斜。对一个具体对象而言，就需要对具体的情况进行具体分析。一般情况下，首先要看造成这种倾斜的条件是否存在，如古建筑物处在平坦场地上，场地周围一定范围之内没有挖方产生的临空面，就不存在场地斜坡不稳定的问题。如果地基土层均一、基础完整无损、标高一致，则不存在不均匀沉降的问题等等，逐一排查，从整体到局部，从地基到塔体，从内因到外因，逐一进行分析比对，并进行必要的检算和反演计算，找出"病根"的确切证据。对于指导纠倾加固而言，找到了"病根"，也就是找到造成古建筑物倾斜最直接原因或主要原因。在进行倾斜原因分析判断时，一定要主次分明。造成古塔初始倾斜的原因，往往是单一的，这就是所谓的"病根"，促使倾斜逐渐加剧则多数是多因素影响的结果。倾斜以后偏心荷载的存在，就会使倾斜率不断增大，而且不会自行消失。像这种原因，就不是造成倾斜的真正原因，除非该塔在修建时就已经倾斜。所以纠倾完成以后，仍不能保证塔体长期稳定的外在因素，就是造成塔体倾斜的"病根"。

7.1.5 古建筑物常见破坏因素

造成古建筑物破坏的因素很多、很复杂，总的来说可以分成两大类，见图7-2所示。一是在自然营力作用下使古建筑物破坏，其中地震、雷击、洪水、大火、台风是突然和快速的，人力无法抗拒的。古塔是高耸建筑物，打雷时容易产生高压放电，而过去的塔刹并没有金属接地装置，木塔遭受雷击时可能起火，砖塔数遇雷击也会使塔身遭受损害甚至劈

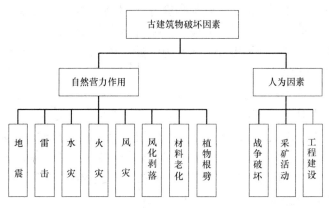

图 7-2 古建筑常见的破坏因素

裂。风化剥蚀及材料年久逐渐老化是缓慢的；其二是在人为因素作用下古建筑物遭受破坏，这种破坏是迅速的，甚至是致命性的。

自然风化作用对古建筑物的损坏主要是风吹、日晒、雨淋等，造成建筑物材料强度的衰减。由于古建筑物的北面和南面日照有别，含水程度有差异；另外，大风侵袭也有一定的方向性，这样日积月累、经年不断，造成古建筑物四周材料风化不均，即：建筑物一侧强度高，另一侧强度低。当强度衰减低于材料的允许强度后，风化严重的一面产生屈服破坏，造成古建筑物局部破坏或倾斜。风化破坏作用往往在建筑物的下部较为严重。一旦古建筑物倾斜以后，重心偏移产生偏心弯矩。在偏心弯矩的作用下，古建筑物的倾斜程度会越来越大。如果不采取加固或纠倾措施，难逃倒塌之厄运。

7.1.6 古建筑物常见破坏类型

古建筑物的破坏类型，一般可归纳为以下几种类型：斜坡不稳定型、地基不均匀沉降型、基础不均匀压缩型、建筑物自身不均匀破坏型、综合型。在这些直接原因中，还应该找出其中的间接原因，如斜坡不稳定，是因为滑坡还是侧向侵蚀造成应力松弛；地基不均匀沉降是两侧的岩性不同，还是由于含水情况不同（特别是湿陷性黄土地区），还是其他什么原因；建筑物自身不均匀破坏，是差异风化造成的，还是其他外力作用造成的，如地震、水害、风力、战争破坏等。

（1）坡体不稳定型

当古建筑物处于坡体之上，由于坡体本身不稳定使古建筑物倾斜，就属于此种类型，见图 7-3。坡体不稳定的原因很多，如滑坡、边坡坍塌、切坡使应力松弛（包括河岸冲刷）等，都可以使斜坡失稳。古建筑物随着斜坡的变形而变形，其倾斜方向一般与坡体变形方向相同，而且古塔倾斜变形动态与坡体变形动态相一致。兰州白塔倾斜的主要原因就是因为白塔处在斜坡上，塔院存在两个滑坡，以后殿南侧东西一线为界，以北为北滑坡，以南为南滑坡，白塔就坐落在南滑坡的斜坡上。随着南滑坡的向南、向下蠕动而倾斜，倾斜方向为 SW7.7°，斜坡松弛，差异增湿及地震影响加剧了白塔的倾斜。南京方山定林寺塔，由于山北修筑公路切坡产生新的临空面，影响了坡体的稳定性，使堆积层向北缘慢慢滑行，造成塔身倾斜，速度加快。延安宝塔、九江锁江楼塔，均属于此种类型。这种类型的倾斜，问题出在坡体。所以，纠倾前一定要查清坡体失稳的性质和病害类型，加固坡体，使坡体处于稳定状态，古塔纠倾以后才能保持稳定。

(2) 地基不均匀沉降型

这种倾斜原因是由于地基土的不均匀性造成的。如地基土薄厚分布不均，一侧薄，一侧厚；地基土的岩性不一样，一侧硬，一侧软；或是一侧含水量大，一侧含水量小；局部有洞穴或采空；侧向抽降水等等。特别是软土、湿陷性黄土地区含水量的影响特别敏感。多数古建筑物包括古塔的倾斜就属于此类，见图7-4。

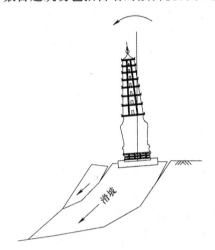

图 7-3 坡体不稳定型示意图

图 7-4 地基不均匀沉降型示意图

(3) 基础不均匀压缩型

建筑物的重量先是传至基础上，再由基础传至地基上。基础也是受力体，有的古建筑物基础在地面以上、有的埋入地面以下，有的一半在地上、一半在地下，受周边环境的影响、砌体材料风化程度的差异或地震作用，古建筑物基础也会产生不均匀压缩变形，从而使古建筑物产生倾斜。特别一提的是：一旦建筑物产生倾斜，基础受力失去均衡，必然一侧受力小、一侧受力大，更加剧了不均匀压缩变形，形成恶性循环。

(4) 塔身不均匀破坏型

古建筑物在外力（如地震、洪水、雷击、炮击等）作用下，或在差异风化条件下使古建筑物本体产生不均匀破坏而倾斜。此类倾斜一般发生在年代久远、风化破坏严重的古建筑物中，见图7-5。四川省都江堰奎光塔就是一个典型的实例，通过调查分析奎光塔有较完整的条石基础，条石基础之下为卵石土垫层（一层卵石，一层土交替分层填筑），密实，垫层以下为天然砂卵石层。奎光塔地基承载力是足够的，地基未发现不均匀沉降的迹象，基础虽有不均匀压缩，但数值很小。经过详细的勘察分析，认为造成奎光塔倾斜的主要原因是地震作用下，塔体东侧被压裂（酥），西侧塔体拉裂造成不均匀破坏而向东倾斜。以后的继续发展，除地震作用的影响以外，还与风荷载产生的附加力、砖体本身的强度衰减、偏心荷载的逐渐加剧有关。此种类型的倾斜还有应县木塔等。

属于此种倾斜原因的古建筑物纠倾，首先必须对古建筑物本体进行有针对性的加固，增强古建筑物本身的强度和整体刚度，提高抗震能力等。

(5) 组合型

此种类型不是单因素原因，而是两种或两种以上的因素共同作用的结果。这种类型的破坏原因在实际中普遍存在，似乎单一因素很难促使古建筑物倾斜。在这种情况下，也应该在众多原因中尽可能根据其影响程度，分清主次，逐一对症施治。见图7-6。

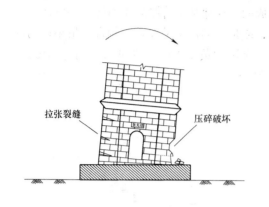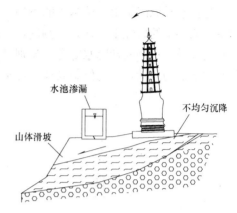

图7-5　塔本体不均匀破坏型示意图　　　　图7-6　组合型示意图

以上只是大的分类，对于古建筑物纠倾加固工程而言这还不够，还需要进一步查明直接原因，如斜坡不稳定型。造成斜坡不稳定的原因很多，如滑坡、坍塌、切坡造成应力松弛等，各种不同的原因其加固措施不同，只有找准直接原因才有可能对症施治。同样，古建筑物本体不均匀破坏型，是外力的作用还是差异风化，其加固措施也大不相同，设计依据也不一样，故倾斜原因分析必须深入透彻，工作做深、做细。

7.1.7　古建筑物稳定性评价

古建筑物稳定性评价，是在现场调查的基础上，对古建筑物现存强度、刚度、稳定性进行评估。

（1）对地基承载力进行评估，通过调查、试验，评价地基承载力能否满足要求，特别是古建筑物倾斜后在偏心荷载作用下，提出是否需要进行地基基础加固的建议等。

（2）古建筑物材料的抗压强度评估，特别是砖砌体，经过长期的风化剥蚀，破坏严重，裂缝满布，在偏心荷载作用下，甚至在外力的作用下（如地震、飓风等）是否能满足强度要求，提出是否需要进行建筑物局部加固建议等。

（3）古建筑物结构刚度和整体稳定性进行评估，根据结构的完整性、破坏程度、倾斜度等，对整体刚度及整体稳定性进行评估。对于整体稳定性而言，倾斜度是一个很重要的指标。如果倾斜度已超过规范规定值时，则可判断为处于不稳定状态。虽然暂时还未达到规范规定值，还应该看它的发展趋势，提出是否要进行纠倾加固的建议等。

进行稳定性评估除综合分析以外，还应该辅以数值计算、力学验算（如地震验算）等。整体稳定性评价，是指导工程设计的重要依据，也是管理部门决策的依据，一定要做到有理有据，最终提交工程勘察报告。

7.1.8　纠倾加固方案可行性论证

根据工程勘察报告提出的有关结论，特别是倾斜原因，有针对性地提出纠倾加固设想。有针对性就是需根据古建筑物的实际、特别是地基基础情况选择纠倾方法，如是迫降，还是顶升，或是迫降顶升组合，纠倾选择在什么部位进行，这要根据实际的地基土的情况而定。加固方法（包括上部结构加固、地基基础加固、消除倾斜原因的加固，以及根据纠倾方法所需的临时加固等）均需根据必要性和可行性予以确认。

纠倾加固方案的提出，必须经过科学的论证和比选，找出安全、可靠、可行，经济合理，具有科学性和创造性的方案，提供主管部门组织专家论证。

对于方案所涉及的关键技术应有解决办法和措施，对于可能存在的问题应有预案，最终形成方案的可行性论证报告，经审查通过以后作为施工图设计的依据。

7.2 古建筑物加固纠倾设计

7.2.1 设计原则

《威尼斯宪章》明确了古建筑物保护维修的原则：古建筑的保护和维修，其原则是从风貌、结构、材质方面都要保留历史的"可读性"，要修旧如旧，而不能修旧如新；另外，维修应有"可逆性"，万一维修效果不理想，要易于恢复到维修前的残损状态；另外，还要有一定的"持久性"，比如满足古建筑维修周期100年或更长的时间。古建筑物的纠倾加固设计原则如下：

（1）古建筑物作为文物进行加固纠倾，应该遵循修旧如旧的原则。无论是抗震加固还是结构补强加固，均不能改变古建筑物的原始风貌。纠倾加固完成后，复旧处理工作必不可少。

（2）所有纠倾加固工程必须隐蔽，尽量不留痕迹或少留痕迹，应符合文物修缮相关规范要求。

（3）文物不能再生，纠倾加固方案不仅要保证施工和技术人员的安全，更重要的是必须确保文物的绝对安全。

7.2.2 加固工程设计

加固工程与古建筑物倾斜原因有很大的关系。不同的倾斜原因，有不同的加固重点。

（1）上部结构加固设计，如果是上部结构不均匀破坏型，则加固设计的重点为上部结构加固、地震加固、局部修缮等。

（2）地基基础加固设计，如果是地基基础不均匀压缩、沉降型，则加固设计的主要内容为地基补强加固、基础加固或托换。

（3）场地加固设计，如果是斜坡不稳定型，则主要内容为斜坡加固，如滑坡治理、边坡支挡工程、河岸防护工程、洞穴填埋等。

（4）纠倾工程所需的临时加固工程设计，如围箍、支撑、托换等。临时加固工程，尽可能与永久工程兼顾起来，减少投资。

凡方案所涉及的加固工程，均需进行详细的施工图设计，并且应符合有关规范要求。

7.2.3 纠倾工程设计

纠倾工程设计，根据审查通过的纠倾方案进行。不同的纠倾方案，有不同的设计内容，现就普遍使用的水平掏土迫降纠倾法为主，来说明其设计要点。

（1）水平掏土迫降法设计要点

1）纠倾部位的确定：采用水平掏土纠倾，首先要确定掏土的部位，一般而言选择在基础以下的地基土中，深度不宜过大。当地基土为非均质土，如卵石层，则可考虑特殊钻具和工艺；如根管钻进，要考虑施工方便易行。

2）掏土孔的布置：掏土孔的布置方向可以有两种选择，一是平行于倾斜方向布置，一是垂直倾斜方向布置，可根据施工条件选择。掏土孔的孔位与孔径设计，需根据地基土的承载能力与荷重情况所需造就的应力图形而定，即造就的应力图形应成线性，使迫降过程平稳，使建筑物不产生附加应力。

3）迫降法施工人为控制措施设计：如定位桩、定位墩、锚杆静压桩、千斤顶控制等设计，确保施工的安全。

（2）顶升法纠倾设计要点

1）顶升梁、钢筏等托换工程的设计，一定要满足在顶升力作用下的刚度要求，变形不能过大；否则，会造成建筑结构的第二次破坏。千斤顶反力支座的设计，可结合地基基础加固进行。

2）顶升千斤顶的设计配置，需根据建筑物自重选择千斤顶的数量、额定顶升力、平面布置等。千斤顶使用安全系数可取 1.5～2.0。

3）迫降顶升组合协调纠倾法设计要点

迫降顶升组合协调纠倾，关键在变位协调。首先，必须确定是迫降为主还是顶升为主，一般来说，在无特殊要求的情况下以迫降为主是合适的。确定好迫降与顶升的比例关系以后，就可根据这一比例关系来设计掏土孔，计算出所造就的应力图形。然后，根据变位协调原理设计顶升力的大小。实践经验证明，迫降顶升组合协调纠倾法，对于古塔纠倾而言，由于跨度小，是一种科学的组合，优点很多，在条件允许时尽可能采用此法。

7.2.4 监测系统设计

严密、可靠、快速的监测系统和信息反馈系统，是古建筑物加固纠倾的重要保证，也是贯彻信息化施工的重要组成部分。

观测的内容主要包括沉降观测、倾斜观测、建筑物同步变位观测、应力监测等方面。主要的作用是了解在纠倾过程中沉降是否成线性、回倾与沉降是否同步、塔身有无附加应力出现、沉降速度是否合适、是否存在方向偏差等，根据这些反馈信息，随时调整纠倾参数。

监测系统和信息反馈系统的设计，主要是测试仪器的配置，设置位置和数量的选择，监测时间的安排，信息反馈系统的形成等。应做到多种监测手段并用，定时监测，相互校核，其精度应能满足变形观测的需要。及时绘制应力变化—时间曲线、变位—时间曲线及沉降—时间曲线。

7.2.5 安全防护系统设计

安全防护系统的设计是施工图设计的一个重要的组成部分，纠倾工程的安全特别是古建筑物纠倾工程，安全是放在第一位的。尽管在纠倾方案的选择时，就充分考虑了安全问题。但在实施过程中，还应考虑安全防患硬件设计，如缆拉防护、定位墩防护、千斤顶防护等技术措施和特殊情况下的应急预案，确保工程的绝对安全。安全防护措施不能单独一种，要做到多种防护措施同时并用，甚至要有应急预案，确保万无一失。

7.3 古建筑物加固纠倾施工

古建筑物的维修、加固和纠倾施工必须由相应资质的施工队伍承担。最好由具有文物保护加固及环境保护丰富经验的技术人员负责施工。

7.3 古建筑物加固纠倾施工

7.3.1 古建筑物纠倾施工

纠倾加固工程施工与其他工程施工一样，首先应根据设计图纸的要求，进行施工组织设计，将机具、材料、人员准备好。针对古建筑物纠倾加固工程施工而言，应特别做好以下几点工作：

（1）科学安排好施工顺序

根据古建筑物纠倾加固工程的特殊性，其施工顺序一般遵循先加固，后纠倾；先上部结构后地基基础，先场地后主体，最后进行复旧处理。但对于那些倾斜严重且在急剧发展的古建筑物而言，先抢救是必要的，如先止倾，或纠倾一部分再进行加固。对于那些不会造成倾斜恶化的工作，可以同时进行，以节省时间。用掏土迫降纠倾的工程，地基加固（注浆加固）应放在纠倾完成以后进行。凡在古建筑物周围进行基坑开挖、基础托换、掏土纠倾孔施工，在沉降多的一侧施工需加快速度。

（2）施工方法和施工工艺的选择，应符合古建筑物修缮的特殊要求。

古建筑物属于不可移动文物，对它进行修缮、保养，必须遵守不改变文物原状的原则，因此在选择施工方法和施工工艺时，应尽量避免对文物原貌的破坏。加固工艺要做到隐蔽，与周边场地环境和谐。对纠倾临时拆下的构件，要按顺序编号、拍照甚至录像妥善保存，等纠倾完成以后进行复原。

（3）施工过程中如发现古建筑内藏有文物遗存，需立即上报文物主管部门，进行清理，听候安排处理。

（4）施工进度安排，要根据实际情况循序渐进，不能单纯追求进度。

（5）一定要确保工程施工安全，加强施工过程中的监测，随时反馈各种变形信息，进行信息化施工。

一切准备工作就绪以后，就要进行纠倾施工。纠倾施工，随纠倾方法的不同，施工方法也有一定的差异。为方便叙述，以迫降、顶升组合协调纠倾法为例，说明其施工要点和纠倾程序。

7.3.2 纠倾前的技术准备工作

在古建筑物纠倾前，为避免直接对建筑物本体施力，造成古建筑物的破坏，一般要对基础进行托换处理，将基础托换成整体性好的筏形基础，使建筑物坐在其上，所以纠倾前要对筏板的刚度进行测试。

（1）所有量测设备的安装、调试、标定。量测设备包括千斤顶压力传感器、位移计、手动位移计、倾斜盘、钢筋计、控制变形测量仪等；

（2）设计各种测试数据的采集（包括集中采集、人工采集）、汇总、整理、分析方法、程序和图表；

（3）制定安全控制系统的设计及操作程序；

（4）掏土程序设计，并制定稳定标准；

（5）进行筏形基础刚度试验，并确定有关参数；

（6）建立数据采集分析中心；

（7）成立纠倾指挥部。

7.3.3 掏土

根据掏土设计布置的孔位、孔径、孔向及孔深循序渐进掏土，尽量使迫降区掏土均匀，避免局部梗阻，产生应力集中现象。若采用机械钻孔掏土时，尽量采用振动小的钻机、不加水干钻，以免循环水渗入地基。由于土体的强度与试验值有一定的差异，故掏土钻孔采用分期分批逐渐加密的方法进行。在掏土过程中要严格监测建筑物的变形，当千斤顶的受力状态开始有规律的增加时（千斤顶初始不受力），则证明掏土使迫降区边缘部位的应力已超过土体的抗压强度，此时仍可继续掏土；当千斤顶储力达到设计值时，停止掏土，开始纠倾。

当采用掏土及外力加荷纠倾时，掏土可至临界破坏状态，即基础有少量的沉降变形可停止掏土，通过人为方便可控的加力系统促使古建筑物迫降，简而言之：“掏土至临界，加压到破坏”。

7.3.4 纠倾

纠倾方法多种多样，约有几十种，最好是根据建筑物的特点及地基基础情况，因地制宜地选用。当建筑物形体简单，重量轻时，可先用顶升法纠倾，或采用掏土迫降法及外力加荷方法纠倾；当建筑物重量大、形体复杂时，可选用掏土迫降法及无外荷加载方法纠倾。所谓无外荷加载是指不必借用其他外力，充分利用建筑物自身的重量压坏迫降区地基土，使其沉降。其原理是：掏土时，给千斤顶加少许力顶住筏形基础，先不让建筑物产生沉降变形，随着掏土量的增加，地基受力面积逐渐减少，一部分地基土产生屈服破坏，千斤顶必然受力。利用千斤顶将一部分重力暂时分担（储存）起来，待千斤顶储力达到一定程度，再对千斤顶逐渐卸载将力缓慢释放转移至地基上，这样利用建筑物自身重力达到外荷载加力的效果。由于千斤顶卸荷过程可以通过电脑精确可控，这样大大提高了纠倾中的人为可控性。

传统的纠倾方法及操作程序在相关文献里耳熟能详，本章介绍一种新的可控精确组合纠倾方法，该方法首次将预应力锚索技术引入到建筑物纠倾控制领域中，并与基底水平钻孔掏土纠倾法有机结合，通过掏土减少地基承载面积，锚索加压增大基底附加应力的双重效应，促使地基局部沉降，达到纠倾的目的。如图 7-7 所示，加力系统由液压千斤顶、电

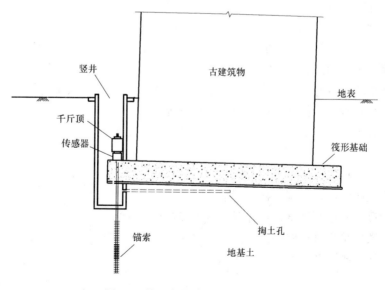

图 7-7 掏土与锚索加压纠倾示意图

动油泵及锚索共同组成,测力系统由传感器及油压表组成并相互校验,加力时锚索受拉,基础受压,地基应力增大,进而加速少沉侧地基沉降变形,消除基础差异沉降。锚索加力越大,基础下沉越大,故通过控制加力的大小,可控制建筑物回倾的速率;通过调整建筑物周边不同竖井内锚索的受力,便能控制建筑物的回倾方向。该方法最大的优点是:可控性好、精确度高、安全稳妥,因为施力大小通过油压表、压力传感器精确显示;加载与卸荷通过电动油泵旋钮精准控制。若与电脑联机则可控性更高,倘若千斤顶加力过大,基础下沉幅度亦大,则锚索张力随之自动减小,进而降低了基础受力,减缓了基础的沉降速率。这种"自动刹车"功能以及油压表和传感器的双重校核机制,极大地提高了纠倾过程中的安全可靠性、降低了风险。此外,锚索加压纠倾装置占用空间小、加载吨位大、操作简单易行,与单纯掏土迫降纠倾法相比,可减少掏土工作量,节省纠倾时间,提高纠倾效率。特别是纠倾完成后,给锚索施加适当预应力并锁定在基础上,可提高建筑物的稳定性并具有防止复倾等诸多优点。

总而言之,纠倾施工是一项极为细致的工作,不要急于求成。

纠倾达到预定目标以后,应在定位墩上打入钢楔进行锁定,并向掏孔区四周填塞干硬性混凝土,塔底进行压力灌浆,抽掉千斤顶,浇筑混凝土。

对于一般掏土迫降纠倾而言,须根据地基土的具体情况预留一定的沉降量,避免纠倾过度。

7.3.5 古建筑物纠倾量与纠倾合格标准

(1) 古建筑物纠倾量的确定

古建筑物纠倾量是指将倾斜塔体扶正至建筑物重心与底面形心重合所需的抬升量或迫降量,它的大小与建筑物的倾斜率有关。

$$倾斜率 = \frac{S_H}{H_g} \times 1000‰ \quad (用千分率表示)$$

式中 S_H——古建筑物中心轴与 H_g 相应高度处的水平偏移值;

H_g——古建筑物自地面算起的高度。当古建筑物为古塔时,中心轴基本成直线时可取塔尖;当古建筑物中心轴不成直线时,可取重心高度,见图7-8。

倾斜方向为最大水平偏移值所指的方向。S_H、H_g 均可通过测量求得。

古建筑物纠倾量可根据倾斜率按比例关系求得,即:

$$\Delta S = \frac{S_H}{H_g} \times b'$$

式中 ΔS——古建筑物理想纠倾量(沉降量、抬升量,mm);

b'——古建筑物倾斜方向上的基础宽度在水平方向的投影(mm)。

由于采用的纠倾方法各不相同,有的方法如无控制措施的迫降纠倾需预留一部分沉降量 a,故真正实施的纠倾量比 ΔS 小 a;同理,采用抬升法纠倾时,实际纠倾量

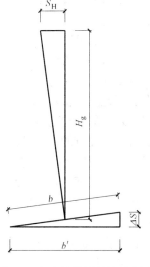

图7-8 古建筑物纠倾量示意图

比 ΔS 大 a。

(2) 纠倾合格标准

我国建筑物纠倾始于 20 世纪 80 年代后期，纠倾合格与否，常以合同形式与业主商议确定，并无统一的标准。1991 年中国老教授协会房屋增层改造技术研究委员会成立，推动了我国房屋增层、纠倾、加固、改造工程技术的发展。1997 年我国颁布《铁路房屋增层纠倾技术规范》(TB 10114—97)，在该规范中规定了房屋的允许倾斜值。国家行业标准《既有建筑物地基基础加固技术规范》(JGJ 123—2000)，也于 2000 年 6 月 1 日起施行。国家标准化协会主持编制的《建筑物移位纠倾增层改造技术规范》（标准号 CECS 225：2007）已于 2008 年 5 月 1 日颁布实行，纠倾合格标准已有章可循。

《建筑物移位纠倾增层改造技术规范》规定为表 7-1：

建筑物纠倾合格标准　　　　　　　　　表 7-1

建筑类型	建筑高度 H_g(m)	纠倾合格标准 S_H
建筑物	$H_g \leqslant 24$	$S_H \leqslant 0.0045 H_g$
	$24 < H_g \leqslant 60$	$S_H \leqslant 0.0035 H_g$
	$60 < H_g \leqslant 100$	$S_H \leqslant 0.0025 H_g$
	$100 < H_g \leqslant 150$	$S_H \leqslant 0.002 H_g$
构筑物	$H_g \leqslant 20$	$S_H \leqslant 0.0055 H_g$
	$20 < H_g \leqslant 50$	$S_H \leqslant 0.004 H_g$
	$50 < H_g \leqslant 100$	$S_H \leqslant 0.003 H_g$
	$100 < H_g \leqslant 150$	$S_H \leqslant 0.0025 H_g$

注：1. H_g 为自室外地面算起的建筑物高，S_H 为建筑物纠倾后水平偏移控制值；
　　2. 对建成时间较长，上部结构出现破损（或弯曲）等病害，或较大回倾量将对上部结构产生不利影响时，纠倾合格标准可在表列的基础上增加 $0.001 H_g$；
　　3. 对纠倾合格标准有专门要求的工程，尚应满足相关规定。

由于古建筑物的特殊性，为了尽可能保留原有历史遗存和风格，如意大利比萨斜塔、苏州虎丘塔等，就不能按合格标准来要求。只要保证安全，不再继续发展，"斜而不倒"也是可以的。所以，一般说来，要达到什么纠倾程度还需事先与有关文物主管部门协商确定。单纯从力学角度及古建筑物自身的长期稳定而言，当然纠得越正越好，偏心矩的存在，始终有继续倾斜的隐患。古建筑物是永久保存的文物，不像一般建筑物有一定的使用年限，因此，如无特殊原因，至少应满足规范要求。

7.3.6　复旧处理

复旧处理是古建筑物纠倾的特殊要求，以达到修旧如旧的目的，如用原有材料恢复护台、结构加固部位仿古砖块贴面或作旧处理、恢复原有周边环境等。如中铁西北科学研究院在加固北京延庆古崖居及甘肃炳灵寺石窟时，为了对崖壁上的锚索孔、锚杆孔进行复旧处理，采用原岩粉与水泥浆拌合，为了取得与崖壁更接近的颜色，还在文物保护区外面做了数组不同配方的对比试验。但是，近年来，国内文物界对复旧处理也有不同的声音。一种观点认为应留下加固的痕迹，保留真实历史，这个观点也不是没有道理。既然是文物，要达到长期保存的目的不能不进行修复。在无法采用原材料的情况下，肯定要采用某些现代科技和先进材料，这也是以后的历史遗存，应该显现于世人面前，无需进行复旧处理，只要保持原貌就行了。

以上古建筑物纠倾加固的工作程序和要点，是针对比较复杂的工程而言的。在实际工作中，可根据不同的情况予以简化，以缩短工期。

第8章 建筑物纠倾工程监测与质量控制

8.1 建筑物纠倾工程监测系统

8.1.1 纠倾工程监测的必要性和意义

大量已有建（构）筑物由于受工程地质条件、地基处理方法、上部结构荷载等多种因素的影响，将导致基础及其周围地层产生一定程度上的变形，这种变形在一定的允许限值内，认为是正常现象；但如果超过了规定的允许限度，就会影响建（构）筑物的正常使用，使建（构）筑物发生不均匀沉降而导致倾斜，或造成建（构）筑物开裂，严重时会危及建（构）筑物的安全，甚至造成建（构）筑物的垮塌等严重安全事故，给人民生命和国家财产造成不可挽回的损失。

在对倾斜建（构）筑物实施监测工作时，为了能有针对性地进行内力和位形监测，除了要了解监测对象的具体工程特点及相关的场地地质构造等方面之外，还必须分析、了解特定工程产生倾斜的原因及潜在的变形内容，以便能针对不同的工程，在监测前制定出合理、有效的监测方案。分析、了解产生倾斜的各种原因，对建（构）筑物纠倾工程监测工作是非常重要的。一般来说，建（构）筑物倾斜主要是由两方面的原因引起的。一方面是自然条件及其变化，即建（构）筑物地基的工程地质、水文地质、土层的物理性质、大气温度等，这一切均会随着建（构）筑物的施工和运营时间的推移而变化。如：基础的地质条件不同，有的稳定，有的不稳定，就会引起建（构）筑物的沉降，甚至非均匀沉陷，使建（构）筑物发生倾斜；建在天然地基上的建筑物，由于地基土的塑性变形而引起沉陷；由于温度与地下水的季节性和周期性变化，而引起建（构）筑物的规律性变形等；另一方面是建（构）筑物自身的原因，即建（构）筑物本身的荷载，建（构）筑物的结构、形式及外加的动荷载的作用。此外，由于勘察、设计、施工以及运营管理工作做得不合理，也会使建（构）筑物产生倾斜。

事实上，上述倾斜原因是相互关联的。随着建（构）筑物的建造，改变了施工场区及周边土层原有的状态，并对建（构）筑物的地基施加了一定的外力，这样必然会引起地基及周边地层产生变形。反过来对于建（构）筑物本身及其基础，由于地基的变形及其外加荷载对建筑结构内部应力的作用而产生变形。

对建（构）筑物进行内力和变形监测，不仅可以对建（构）筑物的安全运营起到良好的诊断作用，而且还能在宏观上不时地向项目管理决策者提供准确的信息。通过对倾斜建（构）筑物及周边环境实施监测，可得到各监测项目相对应的内力和变形监测数据，因而可分析和监视建（构）筑物及周边环境的变形情况，能对建（构）筑物的安全性及其对周围环境的影响程度有全面的了解，以确保纠倾工程的顺利实施；当发现有异常变形时，立即停止纠倾施工，及时分析原因，采取有效措施，以保证工程质量和纠倾施工的安全。

建（构）筑物纠倾工程监测的意义就在于，通过监测和分析，了解建（构）筑物的倾斜情况和工作状态，掌握倾斜变形的一般规律，对制定下一步纠倾处理方案（纠倾施工方法、施工顺序和施工参数）提供重要的参考数据；同时，能及时发现存在的安全隐患：当发现不正常现象（变位不正常和结构开裂）时，适时增加监测频率，及时分析原因和采取措施，防止纠倾事故发生。

8.1.2 纠倾工程监测系统概况

一个监测系统可由一个或若干个功能单元组成，一般包括进行监测工作的荷载系统、测量系统、信号处理系统、显示和记录系统以及分析系统等几个功能单元。目前，国内的建（构）筑物纠倾工程监测系统一般有人工监测系统和自动化监测系统两类。

（1）人工监测系统

由人工进行变换时间和地点的监测操作、各监测数据的读取与记录及向计算机进行输入，并进行内力和变形等结构性能分析所组成的系统，成为人工监测系统。它一般由监测设备和传感器、采集箱、测读仪器和计算机等组成。

1）监测设备和传感器

监测设备通常为传统的测量仪器和针对具体工程所设计的专用仪器。而传感器是指埋设在墙体、基础或结构构件中的测量元件，传感器通过感知（即测量）被测物理量，并把被测物理量转化为电量参数（电压、电流或频率等），形成便于仪器接受和传输的电信号。监测设备和传感器是进行建（构）筑物纠倾工程监测不可或缺的监测工具。

2）采集箱

采集箱是传感器与测读仪器的连接装置。利用切换开关，可实现多个传感器对应一个测读仪器的连接。

3）测读仪器

把传感器传输的电信号转变为可测读的数字信号，便于记录和后期处理成所需的物理量值。接收的数字量值成为监测值，运用相应的计算公式，由监测值计算得出物理量，最终形成监测成果。

4）计算机

在人工监测系统中，计算机主要用于数据汇总、计算分析、制表绘图、打印监测报告等。

（2）自动监测系统

利用特定的测量技术和监测设备（如测量机器人等）来进行建（构）筑物纠倾工程施工过程监测，以实现全天候、实时、自动监测。这种高效、全自动、实时地进行数据采集、分析与处理，并进行评估与预报（预警）的监测系统，即为自动监测系统。它一般由传感器、测量设备、数据采集仪、通信设备和计算机系统等构成。

1）传感器和测量设备

自动监测系统中的传感器与人工监测系统中所采用的传感器基本相同，一般根据具体的监测项目选用。而测量设备一般是指一些高精度的自动电子测量仪，如全站仪（测量机器人，见图 8-1）、GPS 接收机等。

2）数据采集仪

数据采集仪（见图 8-2）通过计算机或自身进行自动切换，实现一台数据采集仪能快

8.1 建筑物纠倾工程监测系统

图 8-1 测量机器人

图 8-2 数据采集仪

速读取数十个，甚至上百个测点的传感器，定时、定点地测读数据，具有数据采集、存储和显示功能，并可连接多种外围设备（如打印机、绘图仪等）。

3）通信设备

目前，工程自动监测系统采用的通信设备的通信方式有两种：有线通信（如图8-3）、无线通信（如图8-4）。

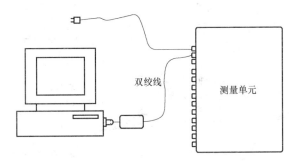

图 8-3 有线通信监测系统示意图

4）计算机

计算机系统包括主机系统、外围设备和功能强大的软件系统，其在自动监测系统中不仅可实现对整个监测系统的控制，而且能对监测数据进行实时处理、分析和评价，从而使许多先进的技术和手段能在监测系统中应用。

8.1.3 监测新技术及发展趋势

监测技术是一门集多学科为一体的综合技术。随着电子技术、计算机技术、信息技术和空间技术的发展，国内外监测方法和相关理论得到了长足的发展。常规监测方法趋于成熟，设备精度、性能都具有很高的水平。监测方法多样化、三维立体化；其他领域的先进技术逐渐向监测领域进行渗透。

(1) 监测技术发展趋势

1）高精度、自动化、实时化

光学、电子学、信息学及计算机技术的发展，给监测仪器的研究开发带来勃勃生机，监测的信息种类和监测手段也越来越丰富；同时，某些监测方法的监测精度、采集信息的

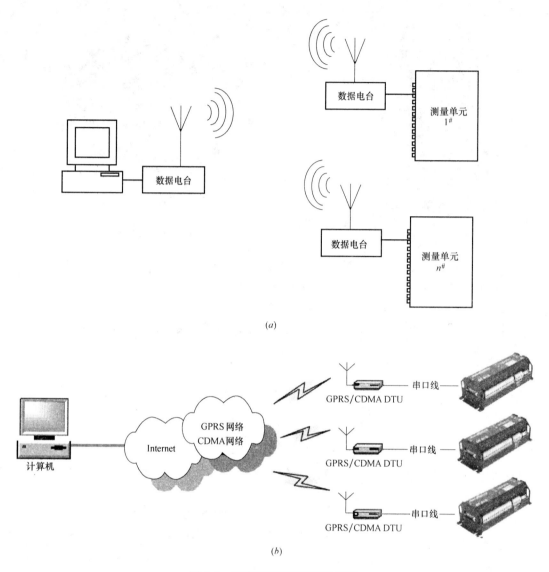

图 8-4 无线通信监测系统示意图
(a) 电台式；(b) 手机网络式

直观性和操作简便性亦有所提高；充分利用现代通信技术，提高远距离监测数据传输的速度、准确性、安全性和自动化程度；并且提高科技含量，降低成本，为经济型监测打下基础。

2) 智能传感器的开发与应用

集多种功能于一体、低成本的智能监测传感技术的研究与开发，将逐渐转变传统的点线式空间布设模式，且每个单元均可以采集多种信息，最终可以实现近似连续的三维变形监测信息采集。

监测技术发展趋势，是一体化、自动化、数字化、智能化，将多媒体系统和仿真模拟技术应用于监测系统，在被监测目标破损刚开始或将要开始时实现安全预警功能。也就是说，在收集了前期的监测数据后，从物理力学角度运用多学科相关知识分析，输入仿真模拟系统进行下一时期的内力和变形预测；再不断地用后期收集的实测数据进行回代、校核，对比其可靠性，并加以修正。这样，仿真模拟技术成果趋于实际，并先于实际得出安全评估，以确保被监测目标安全，若发生故障则可及早补救。

3）监测预报信息的共享

随着互联网技术的开发普及，监测信息可通过互联网在各相关职能部门间进行实时发布，如图 8-5 所示。各部门可以通过互联网及时了解相关信息，及时做出决策。

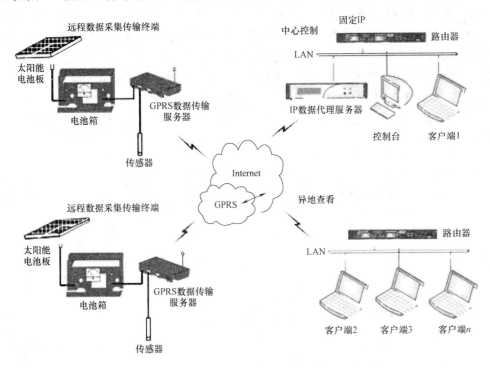

图 8-5 监测预报信息共享示意

(2) 监测技术

随着科学技术的发展及对变形机理的深入研究，目前国内外变形监测技术方法已逐渐向系统化、智能化方向发展。监测内容、方法、设备日趋多样化，监测精度越来越高。近年来出现了一些有别于传统监测方法的新技术。

1）传感器和光纤传感技术

测量自动化的初级实现是近十几年发展起来的传感器，推动了连续观测方法的兴起。它根据自动控制原理，把被观测的几何量（长度、角度）转换成电量，再与一些必要的测量电路、附件装置相配合，即组成自动测量装置。所以传感器是自动化监测必不可缺的重要部件。从外部观测的静力水准、正倒锤、激光准直到内部观测的渗压计、沉降计、测斜仪、土体应变计、土压计，其自动化遥测都建立在传感器的基础上。由于用途不同，传感器的形式和精度也不相同，可分为机械式、光敏式、磁式、电式（又分为电压式、电容式、电感式）传感器。目前，运用最多的是电式和磁式传感器。

光纤传感技术，光导纤维是以不同折射率的石英玻璃包层及石英玻璃细芯组合而成的一种新型纤维。它使光线的传播以全反射的形式进行，能将光和图像曲折传递到所需要的任意空间。它是近20年才发展起来的一种光传输材料,主要用于邮电通信、医疗卫生、国防建设等方面,在各领域的应用才刚刚开始,并受到各国研究机构的普遍重视,发展前景十分广阔。

光纤传感技术是以激光作载波,光纤作传输路径来感应、传输各种信息,是利用光纤对某些特定物理量的敏感性,将外界物理量转换成可直接测量的信号的技术。由于光纤不仅可以作为光波的传播媒质,而且光波在光纤中传播时表征光波的特征参量(振幅、相位、偏振态、波长等)因外界因素(如温度、压力、应变、磁场、电场、位移、转动等)的作用而间接或直接的发生变化,从而可将光纤用作传感元件来探测各种物理量。光纤传感器的基本原理,如图8-6所示。20世纪80年代中后期开始,国外开展应用于测量领域的理论研究,在美国、德国、加拿大、奥地利、日本等国已应用于裂缝、应力、应变、振动等监测上。凡是电子仪器能测量的物理量,它几乎都能测量,如位移、压力、流量、液面、温度等。从1990年开始,国内在应用理论研究上有了较快发展,并获得多项相关专利。

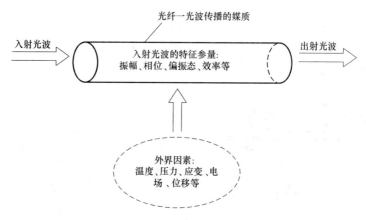

图8-6 光纤传感器原理示意图

光纤传感技术具有如下几个优点:
① 传感和数据通道集为一体,便于组成远程监测系统,实现在线分布式监测;
② 测量对象广泛,适用于各种物理量的监测;
③ 体积小、质量轻、非电连接;
④ 灵敏度高;
⑤ 通信容量大,速度快,可远程测量;
⑥ 耐水性、电绝缘好,耐腐蚀,抗电磁干扰;
⑦ 频带宽,有利于超高速测量;
⑧ 自动化程度高,仪器利用率高,性能价格比优。

所以,光纤传感技术适用于建(构)筑物的温度、应力应变、水平位移、垂直位移等的测量,用以监测建(构)筑物关键部位的形变状况。尤其可以替代高雷区、强磁场区或潮湿地带等环境条件下的建(构)筑物监测工作。随着工程应用和不断改进,光纤传感技术在建(构)筑物及其他土木工程监测中应用将日益广泛。

2)激光扫描技术

该技术在欧美等国家应用较早，我国已引进该技术。主要用于建（构）筑物变形监测以及实景再现，随着扫描距离的加大，逐渐向地质灾害调查方向发展。

该技术通过激光束扫描目标体表面，获得含有三维空间坐标信息的点云数据，精度较高。应用于变形监测，可以进行变形体测图工作，其点云数据可以作为变形体建模、监测的基础数据。

激光扫描技术提高了探测的灵敏度范围，减少了作业条件限制，克服了一定的外界干扰。它满足了变形监测的及时、迅速、准确的要求，同时也有自身的局限性，即激光设备要求用于直线型、可通视环境。

3) GPS 定位监测技术

GPS 卫星定位技术已经渗透到科学技术的许多领域，尤其对测量界产生了深刻影响。GPS 监测系统安全可靠，抗干扰能力强，具有"全天候、实时、全自动化监测"等优点，但由于 SA 政策和 AS 措施，目前民用 GPS 精度不高，难以满足建（构）筑物纠倾工程监测的要求。改善 GPS 定位的工作模式和数据处理方法，开发相应的软件以提高 GPS 精度，是建（构）筑物纠倾工程监测亟待解决的问题。

8.2 纠倾工程监测方案设计

纠倾工程监测方案是监测工作的实施性指导文件，监测方案的好坏在一定程度上可以决定纠倾工程的成败。因此，对建（构）筑物纠倾工程来说，为了有针对性地进行监测，以便为纠倾工程的设计、施工提供第一手的基础数据资料，务必制定出合理、有效的纠倾工程监测方案。

监测方案设计是纠倾工程监测工作中非常重要的一项内容，方案设计的好坏将影响到纠倾工程监测实施的成本和效果，影响到各项监测成果数据的精度和可靠性。所以，应当在充分掌握纠倾工程的各项基础资料和工程特点、设计方及业主方的具体监测要求的基础上，认真、仔细地进行监测方案设计。监测方案设计包括：相关工程资料的收集，监测系统、监测项目、测量方法的选择和确定，监测网布设，应达到的监测精度，监测周期的确定，监测结果处理要求和反馈制度等。

确定监测模型是纠倾工程监测方案设计的基础工作，通过对建（构）筑物的诸多倾斜影响因子的推断分析，可得到一个概略模型，由该模型计算出变形的预计值及其时间特性。然后，以此为基础，可确定出监测精度、监测周期数、一周期允许的时间长短以及各监测周期间的时间间隔。但应注意，纠倾监测方案因建（构）筑物自身的具体特点而异，没有统一的模式。

建（构）筑物可由离散化的多个监测目标点来代表，监测目标点与监测参考点（即基准点）组合起来，便构成建（构）筑物纠倾监测的几何模型。参考点和目标点一般应定义在一个统一的坐标系中，根据目标点坐标随时间的变化可导出建（构）筑物的倾斜变形规律。

采用监测技术获取建（构）筑物的变形量等性能及其随时间变化的特征，应确定以下几项内容：

（1）描述或确定建（构）筑物状态所需要的监测精度。对于监测网而言，则为确定出监测目标点坐标或坐标差所应达到的允许精度。

（2）所要施测的次数（监测频率）和各次监测之间的时间间隔。

（3）进行一次监测所允许的监测时间。

以上三点在建（构）筑物纠倾监测方案设计中都应考虑。

8.2.1 监测方案的设计依据和设计原则

纠倾工程监测方案的设计应在充分收集倾斜建（构）筑物相关资料的基础上进行，一般来说，在进行监测方案设计前，应收集的资料有：倾斜建（构）筑物原设计和施工文件，岩土工程勘察报告，检测与鉴定报告，使用及改扩建情况，纠倾设计和施工文件，工程场区地形图和气象资料，周边地下设施分布状况，周边受影响区内的建（构）筑物的基础类型、结构形式、质量状况，最新监测元件和设备样本，国家现行的有关规定、规范、合同协议等；结构类型相似或相近工程的经验资料等。然后，在详细分析这些资料的基础上，按照以下原则进行监测方案设计：

（1）监测方案应以安全监测为目的，结合不同建（构）筑物的结构特点，针对监测对象安全稳定的主要指标进行方案设计。

（2）根据建（构）筑物的重要性和纠倾工程的复杂程度确定监测工作的规模和内容，各监测项目和测点的布置应能比较全面地反映出建（构）筑物的性能和状态。

（3）设计科学、合理、实用的监测系统。采用切实可行的实用测试技术，选用效率高、可靠性强、有针对性的仪器和设备。纠倾工程监测系统通常采用两种以上方法，不同监测方法能相互佐证，以保证监测数据准确、有效。现场监测的几种数据应能相互对照检查，不会因个别数据失效造成全部监测数据失效，而需要重新建立一套新的监测体系。

纠倾工程现场监测一般由一种以专门仪器测量或专用测试元件监测为主的监测方法，以取得定量数据；同时，应用一种简单直观的监测方法对照检查，以起到定性、补充的作用，保证现场监测结果能及时、真实、准确地反映纠倾工程的性状。

（4）为确保能提供可靠、连续的监测资料，各监测项目应能相互校验，以利于进行监测数据的处理计算、变形分析和变形状态及规律的研究。

（5）监测方案应在满足监测性能和精度要求的前提下，力求减少监测元件的数量和各测试用的电缆长度，减小监测频率，以降低监测成本。

（6）方案中临时监测项目（测点）和永久监测项目（测点）应相互衔接，一段时间后取消的临时项目，应不影响长期监测和资料分析。

（7）在确保纠倾工程安全的前提下，确定各元件的布设位置和监测的测量时间，应尽量减少与纠倾工程施工的交叉影响。

（8）按照国家现行的有关规定、标准编制监测方案，不得与国家规定、标准相抵触。

8.2.2 监测方案的设计步骤

监测方案的设计与编制，通常按如下步骤进行：

（1）明确监测对象和监测目的；

（2）收集编制监测方案所需的基础资料；

（3）现场踏勘，了解周围环境；

（4）编制监测方案初稿；

（5）确定各类监测项目警戒值，并对监测方案初稿进行完善；

(6) 形成正式的监测方案。

正式的监测方案应送达纠倾工程建设有关的各方认定,认定后方可按监测方案实施,并将监测方案留存备档。

8.2.3 监测内容

纠倾工程的监测内容应视监测系统的类型、性质及监测目的的不同而异。要有明确的针对性,应全面考虑,以便方案的监测项目能正确地反映建(构)筑物状态信息的变化状况,达到安全监测和指导纠倾施工的目的。

对建(构)筑物纠倾工程,监测方案应包含以下主要内容:

1) 监测目的;
2) 工程概况;
3) 监测内容和测点数据;
4) 各类测点布置平面图;
5) 各类测点布置剖面图;
6) 各项目监测周期和频率的确定;
7) 监测仪器、设备的选用和监测方法;
8) 监测人员的配备;
9) 各类警戒值的确定;
10) 监测结果处理要求和反馈制度;
11) 监测注意事项。

(1) 监测精度的确定

监测工作中各项监测项目监测精度的确定,取决于倾斜建(构)筑物的倾斜值、结构重要性、变形允许值的大小和进行变形监测的目的。一般来说,如果监测是为了确保纠倾工程中建(构)筑物的安全,则测量精度应达到允许变形值的 $1/10 \sim 1/20$ 的精度水平;如果是为了研究纠倾工程中建(构)筑物变形的过程以指导后续施工,则测量精度还应更高。普遍的观点是:应采用所能获取的最好的测量仪器和技术,达到其最高的精度,变形测量的精度愈高愈好。但是,由于监测精度直接影响到监测成果的可靠性,同时也涉及监测方法和仪器设备,因而过高的监测精度标准也将会引起监测总费用的大幅度提高。为此,在确定监测精度时,需根据纠倾建(构)筑物的具体特点及设计人员和业主的监测要求,依据国家现行的工程监测标准合理确定。表 8-1 给出了建(构)筑物进行变形测量的等级及相应的监测精度要求。

对建(构)筑物纠倾工程进行监测时,由于其主要监测内容是基础沉降和建(构)筑物本身的倾斜,所以其监测精度应该根据建(构)筑物基础的沉降值、建筑自身的倾斜率等来确定,同时还应考虑其沉降速率。

(2) 监测部位和监测点的布置

根据变形监测工作精度要求相对较高的特点,以及各监测点的作用和要求的不同,可将监测点分为基准点、工作基点和监测点。对于基准点,要求建立在影响范围以外的稳定区,要具有较高的稳定性,其平面控制点一般应埋设带有强制定位装置的监测墩;对于工作基点,要求这些点在监测期间稳定不变,用以测定各变形点的高程和平面坐标,同基准点一样,其平面控制点一般应用强制定位装置来设置标志;对于监测点,是直接埋设在被

建筑变形测量级别及精度要求　　　　　　　　　　　　　　　表 8-1

变形监测级别	沉降监测 监测点测站高差中误差（mm）	位移监测 监测点坐标中误差（mm）	主要适用范围
特级	±0.05	±0.3	特高精度要求的特种精密工程的变形测量
一级	±0.15	±1.0	地基基础设计为甲级的建筑的变形测量；重要的古建筑和特大型市政桥梁等变形测量等
二级	±0.5	±3.0	地基基础设计为甲、乙级的建筑的变形测量；场地滑坡测量；重要管线的变形测量；地下工程施工及运营中变形测量；大型市政桥梁变形测量等
三级	±1.5	±10.0	地基基础设计为乙、丙级的建筑的变形测量；地表、道路及一般管线的变形测量；中小型市政桥梁变形测量等

注：1. 监测点测站高差中误差，系指水准测量的测站高差中误差或静力水准测量、电磁波测距三角高程测量中相邻监测点相应测段间等价的相对高差中误差；
　　2. 监测点坐标中误差，系指监测点相对测站点（如工作基点）的坐标中误差、坐标差中误差以及等价的监测点相对基准线的偏差值中误差、建筑或构件相对底部固定点的水平位移分量中误差；
　　3. 监测点点位中误差为监测点坐标中误差的$\sqrt{2}$倍。
　　4. 以中误差作为衡量精度的标准，并以两倍中误差作为极限误差。

监测建筑物上的监测点，其各点位应设置在能反映建（构）物状态（几何和物理性能）的特征部位，不但要求设置牢固、便于监测，还要形式美观、结构合理，不破坏建（构）筑物的外观，不影响建（构）筑物的纠倾施工和正常使用，通常用一些特制的埋设元件来表征。

变形监测点的布设应符合下列要求：

1) 每个监测工程至少应有 3 个及以上的稳固、可靠点作为基准点；
2) 工作基点应选在比较稳定的位置。对通视条件较好或监测项目较少的工程，可不设工作基点，而直接利用基准点测定变形监测点的坐标和变形量；
3) 变形监测点应布设在建（构）筑物上能反映其变形特性的位置。

根据测点的布设要求，由监测单位提出布置方案，在施工前或施工期间进行埋设。变形监测点应有足够的数量，以便测出整个建（构）筑物的倾斜情况、基础沉降，并且能够绘出沉降曲线。具体布设时，还应考虑建（构）筑物的规模、形式和结构特征，并结合施工场地的工程地质、水文地质等条件进行。同时，监测点应牢固地与待监测的建（构）筑物结合在一起，以便于监测，并尽量保证整个监测期间不遭受损坏。

对于民用建筑物，通常在它的四角点、中点、转角点布置沉降监测点，沿建筑物的周边每隔 3~5m 布置一个沉降监测点；设置有沉降缝的建筑物，在各沉降缝的两侧均布置沉降监测点；对有伸缩缝的建筑物，可在伸缩缝的任一侧布置沉降监测点；对于宽度大于 15m 的建筑物，在其内部的承重墙或立柱上布置沉降监测点。为了查明基础纵向、横向的弯曲和挠折，在其纵横轴线上也应埋设沉降监测点。

对于一般的工业建筑物来说，除了在柱子基础上布设沉降监测点外，在主要设备基础的四周，以及动荷载四周和地质条件不良之处也要布置沉降监测点。

对于高层建筑物而言，由于层数多、荷载大、重心高、基础深，因此对其纠倾工程进行变形监测的作用也就显得更为重要。在监测过程中，除了基础沉降监测之外，建筑物主体的倾斜监测也至关重要。

为了研究不同埋深土层的变形情况,应布置分层沉降监测点和土体水平位移监测点,监测点埋设的最大深度应达到理论计算的受压层的底部,其余各层监测点的深度和数量应根据土层和应力大小而定。

(3) 监测频率的确定

监测频率的确定取决于建(构)筑物倾斜值的大小和纠倾施工时的变形(沉降和倾斜)速率,以及监测的目的。通常要求变形监测的次数既能反映出变化的过程,又不遗漏变化的时刻。应合理确定监测频率,以确保建(构)筑物的回倾在控制范围内,避免安全事故的发生。

纠倾施工过程中的监测应根据施工进度及时进行,每天监测不应少于两次,每级次施工至少应监测一次。对特别重要的建(构)筑物,施工作业时应加大监测频率或采用计算机智能系统进行实时监测控制。纠倾结束后,对于短期内沉降稳定的,沉降稳定后再观测1个月,每半月测一次;对于沉降未稳定的建(构)筑物,沉降监测时间不少于6个月;重要建筑、软弱地基上的建(构)筑物监测时间,不少于1年;纠倾竣工后的第一个月,每10d不少于一次;第二、三个月,每15d不少于一次;以后根据情况,监测次数可减少,但每月不少于一次。

(4) 监测周期的确定

纠倾监测的监测周期,应根据倾斜建(构)筑的特性、变形速度和变形监测的精度要求确定。某些受外界影响较大的监测项目,还必须结合外界条件的变化,如工程地质条件等因素综合考虑。当因多种原因使建(构)筑物产生倾斜时,在分别根据各种因素考虑监测周期后,从中选取最短的周期作为该监测项的最终监测周期。

根据建(构)筑物变形(沉降或倾斜)量的变化情况,应适当调整监测周期。当三个监测周期的变形量小于监测精度所确定的允许值时,可作为无变形的稳定限值。

合理确定监测周期,确保建(构)筑物的回倾在控制范围内,避免安全事故的发生。纠倾结束后,对于短期内沉降稳定的,沉降稳定后宜再监测1个月。对于沉降未稳定的,由于地下水位随季节性变化和地基变形等因素,对地基稳定的影响在短时间内难以消除,因此纠倾结束后,建(构)筑物稳定监测时间不少于6个月;重要建(构)筑物、软弱地基建(构)筑物的监测时间不宜少于1年。

8.3 沉降监测与质量控制

8.3.1 沉降监测方法

目前,沉降监测最常用的方法有几何水准测量法和液体静力水准测量法。建(构)筑物沉降监测是用水准测量的方法,周期性地监测建(构)筑物上的沉降监测点和水准基点之间的高差变化值。对于中小型厂房、土工建筑物沉降监测,可采用普通水准测量;对于高大重要的混凝土建筑物,例如:大型工业厂房、高层建筑物等,要用精密水准测量的方法。

8.3.2 沉降监测布置

建(构)筑物沉降监测布设,主要包括水准基点的布设、沉降监测点的布设。

(1) 水准基点的布设

水准基点是固定不动且作为沉降监测高程基准点的水准点。它是监测建（构）筑物地基及主体变形的基准，一般设置三个（或三个以上）水准点构成一组；同时，在每组水准点的中心位置设置固定测站，经常测定各水准点间的高差，用以判断水准基点的高程有无变动。通常，水准基点应设置在建筑物变形影响范围外的地方。水准基点在布设时必须考虑下列因素：

1）根据监测精度的要求，应布置成网形最合理、测站数最少的监测环路。

2）在整个水准网里，应有四个埋设深度足够的水准基点作为高程起算点，其余的可埋设一般地下水准点或墙上水准点。施测时可选择一些稳定性较好的沉降点，作为水准线路基点与水准网统一监测和平差。因为施测时不可能将所有的沉降点均纳入水准线路内，大部分沉降点只能采用安置一次仪器直接测定，因为转站会影响成果精度，所以，选择一些沉降点作为水准点极为重要。

3）水准基点应根据建筑场区的现场情况，设置在较明显且通视良好、保证安全的地方，并且要求相互间便于进行联测。

4）水准基点应布设在拟监测的建筑物之间，距离一般为 20～40m，一般工业与民用建筑物应不小于 15m，较大型并略有振动的工业建筑物应不小于 25m，高层建筑物应不小于 30m。总之，应埋设在建筑物变形影响范围外、不受施工影响的地方。

5）监测单独建筑物时，至少布设三个水准基点。对建筑面积大于 $500m^2$ 或高层建筑，则应适当增加水准基点的个数。

6）一般水准点应埋设在冻土线以下 0.5m 处，设在墙上的水准点应埋在永久性建筑物上，并且离地面高度约为 0.5m。

7）水准基点的标志构造，必须根据埋设地区的地质条件、气候情况及建（构）筑物的重要程度进行设计。对于一般建（构）筑物沉降监测，可参照测量规范中二、三等水准的规定进行标志设计与埋设；对于高精度的变形监测，需设计和选择专门的水准基点标志。

（2）沉降监测点的布设

沉降监测点的布设位置和数量的多少，应以能准确反映建（构）筑物沉降情况，并结合建（构）筑物场地地质情况、周边环境及建（构）筑物倾斜情况、结构特点和纠倾要求等情况而定，可较新建建（构）筑物适当增加观测点。如图 8-7 所示，为某办公楼纠倾工程沉降监测点布置示意图。

沉降监测点点位宜选设在如下部位：

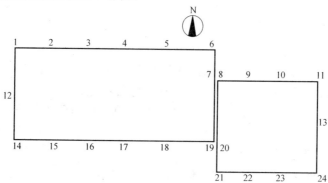

图 8-7　某楼沉降监测点布置示意图

1）沉降监测点应布置在建（构）筑物基础和本身沉降变化较显著的地方，并考虑到在纠倾施工期间和竣工后，能顺利进行监测的地方。

2）在建（构）筑物四周角点、中点及内部承重墙（柱）上均需埋设监测点，并应沿房屋周长每间隔3～5m设置一个监测点，工业厂房的每根柱均应埋设监测点。

3）由于相邻建筑与周边环境之间相互影响的关系，在高层和低层建筑物、新老建筑物连接处，以及在相接处的两边都应布设监测点。

4）在人工加固地基与天然地基交接和基础砌筑深度相差悬殊处，以及在相接处的两边都应布设监测点。

5）当基础形式不同时，需在结构变化位置埋设监测点。当地基不均匀、可压缩性土层的厚度变化不一时，需适当埋设监测点。

6）在振动中心基础上也要布设监测点，在烟囱、水塔等刚性整体基础上，应不少于三个监测点。

7）当宽度大于15m的建筑物在设置内墙体的监测标志时，应设在承重墙上，并且要尽可能布置在建筑物的纵、横轴线上，监测标志上方应有一定的空间，以保证测尺直立。

8）重型设备基础四周及邻近堆置重物之处，即在大面积堆荷的地方，也应布设监测点。

采用增大基础底面积法进行防复倾加固时，浇筑基础应根据沉降监测点的相应位置，埋设临时的基础监测点。在监测期间如发现监测点被损毁，应立即补埋。

8.3.3 沉降监测频率

沉降监测频率应根据建（构）筑物的特征、变形速率、监测精度和工程地质条件等因素综合考虑，并根据沉降量的变化情况适当调整。高层建筑在突然发生较大裂缝或大量沉降等特殊情况下，应增加监测次数。当建筑物沉降速度达到0.01～0.04mm/d，即视为稳定。要根据纠倾工程具体情况调节监测频率，如地面荷重突然增加、长时间连续降雨等一些对高层建筑有重大影响的情况；也可以根据监测时得出的变形速率，确定下一步的监测频率。

8.3.4 沉降监测精度

沉降监测精度的确定，取决于建（构）筑物沉降速率和回倾速率的大小及监测的目的。由于建（构）筑物的种类较多，纠倾工程复杂程度不同，监测周期各异，所以对沉降监测精度制定出统一的规定是十分困难的。根据国内外资料分析和实践经验，按照国家标准《建筑变形测量规范》（JGJ 8）的要求，对建（构）筑物纠倾工程沉降监测的精度要求，应控制在建筑允许变形值的1/10～1/20之间。

一般来说，应根据建（构）筑物的特性和业主单位的要求等选择沉降监测精度的等级。在无特殊要求的情况下，一般建（构）筑物纠倾施工，应采用二等以上水准测量的监测方法进行监测，以满足沉降监测工作的精度要求。其相应的各项监测指标要求如下：

(1) 往返较差、附合或闭合线路的闭合差：$f_h \leqslant 0.30\sqrt{n}$mm（其中$n$表示测站数）；

(2) 前、后视距：每站的后视距离、前视距离均小于等于30m；

(3) 前、后视距差：每站的后视距离与前视距离之差小于等于1.0m；

(4) 前、后视距累积差：各站后视距离与前视距离之差的累计值小于等于3.0m；

(5) 沉降监测点相对于后视点的高差容许差小于等于0.5mm；

(6) 水准仪的精度不低于 N_2 级别。

各种具体建筑物的沉降监测精度要求,参见表8-1。

8.3.5 沉降监测数据采集

高层建筑的沉降监测,通常使用精密水准仪配合铟瓦钢尺来施测,在监测之前应当对使用的水准仪和水准尺进行检校。在水准仪的检校中,应当对影响精度最大的 i 角误差进行重点检查。在施测过程中,应当严格遵循国家二等水准测量的各项技术要求,将各监测点布设成闭合环或附合水准路线,并需联测到水准基点上。沉降监测是一项较长期的系统监测工作,为了提高监测的精度,保证监测成果的正确性。同时,为了正确地分析变形的原因,监测时还应当记录荷载重量变化和气象情况。这样可以尽量减少监测误差的不定性,使所测的结果具有统一的趋向性,保证各次监测结果与首次监测的结果具有可比性,使所监测的沉降量更真实。

对高层建筑沉降数据的采集,应根据编制的沉降监测方案及确定好的监测周期进行施测;然后,采集各期完整的沉降监测数据。

8.3.6 沉降监测成果整理

(1) 整理原始监测记录

每次监测结束后,应检查记录表中的数据和计算是否正确、精度是否合格;如果误差超限,则需重新监测;然后,调整闭合差,推算各监测点的高程,列入成果表中。

(2) 计算沉降量

根据各监测点本次所测高程与上次所测高程,来计算两次高程之差;同时,计算各监测点本次沉降量、累计沉降量和沉降速率,并将监测日期和荷载情况等记入监测成果表(见表8-2)。

(3) 绘制沉降曲线

为了更清楚地表示沉降量与时间之间的关系,应绘制各监测点的时间与沉降量的关系曲线,作为评定各点沉降变形的依据,并根据各点沉降变形的结果综合评定整个建筑物的下沉情况。

时间与沉降量的关系曲线以沉降量为纵轴,时间为横轴。根据每次监测日期和相应的沉降量按比例绘出各点的位置,然后将各点依次连接起来,并在曲线上注明监测点号码。如图8-8所示,为某纠倾工程的沉降量—时间关系曲线。

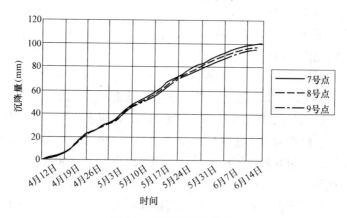

图8-8 某楼沉降曲线图

8.3 沉降监测与质量控制

表 8-2

建（构）筑物沉降监测记录

工程名称：_____ 建设单位：_____ 施工单位：_____ 测量单位：_____

结构形式：_____ 建筑层数：_____ 仪器型号：_____ 起算点号：_____ 起算高程：_____

监测日期	初次		第 次				第 次				第 次				第 次			
	年月日	高程(m)	年月日时	本次高程(m)	本次下沉量(mm)	下沉速度(mm/d)	年月日时	本次高程(m)	累计下沉量(mm)	下沉速度(mm/d)	年月日时	本次高程(m)	累计下沉量(mm)	下沉速度(mm/d)	年月日时	本次高程(m)	累计下沉量(mm)	下沉速度(mm/d)
测点编号																		
平均值																		
监测间隔时间																		
监测人																		
记录人																		
备注	测点平面示意图																	

第 页 共 页

(4) 沉降监测资料

1) 基准点布置图；
2) 沉降监测点布置图；
3) 沉降监测记录表；
4) 沉降量—时间关系曲线；
5) 沉降监测分析与评价报告。

8.4 倾斜监测与质量控制

8.4.1 倾斜监测方法

测定建（构）筑物倾斜的方法有两类：一类是直接测定建（构）筑物的倾斜，另一类是通过测量建（构）筑物基础的相对沉降来确定建（构）筑物的倾斜。

(1) 直接测定建（构）筑物的倾斜

直接测定建（构）筑物倾斜的方法中，最简单的是悬吊垂球的方法，根据其偏差值可直接确定建（构）筑物的倾斜，但由于有时无法在建（构）筑物上面固定悬挂垂球的钢丝，因此对于高层建筑、水塔、烟囱等建（构）筑物，通常采用经纬仪投影或测量水平角的方法来测定倾斜。

1) 一般建（构）筑物的倾斜监测

进行倾斜监测前，首先应在待测建（构）筑物的两个相互垂直的墙面上各设置上、下两个监测点，两点应在同一竖直面内，如图 8-9 所示。在距离建筑物高度 1.5 倍之外的地点（以减少测量仪器竖轴不垂直所造成的误差影响）确定一固定测站，在建筑物顶部确定一点 M，即上监测点，在测站上对中、整平安置经纬仪，通过盘左、盘右分中投点法定出 M 点在建（构）筑物室内地坪高度处（±0.00）的投测点 N，即下监测点。

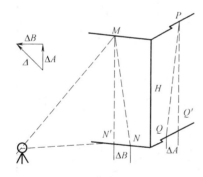

图 8-9 建（构）筑物倾斜监测

用同样的方法在同一监测时间段内，在与原监测方向垂直的另一方向是上，定出另一固定测站，同法确定该墙面的上监测点 P 和下监测点 Q。间隔一段时间后（即一个监测周期），分别在两固定测站上，安置经纬仪，照准各面的上部监测点，投测出 M、P 点的下测点 N' 和 Q'。若点 N' 与 N、点 Q' 与 Q 不重合，则说明该建筑物已经发生了倾斜。N' 与 N、Q' 与 Q 之间的水平距离即为该建筑物两面的倾斜值。用钢尺量出 $N'N$ 和 $Q'Q$ 的水平距离分别为 $b=\Delta B$，$a=\Delta A$。根据图 8-9 中矢量图，计算出建筑物的总倾斜量 Δ 为：

$$\Delta = \sqrt{a^2+b^2} \tag{8-1}$$

若建筑物的高度为 H，则建筑物的总倾斜度为 α：

$$\tan\alpha = \frac{\Delta}{H} \tag{8-2}$$

2) 塔式构筑物的倾斜监测

8.4 倾斜监测与质量控制

对水塔、古塔等塔式高耸构筑物的倾斜监测，是在相互垂直的两个方向上测定其顶部中心对底部中心的偏心距，该偏心距即为构筑物的倾斜值。图 8-10 为一烟囱倾斜监测的示意图。

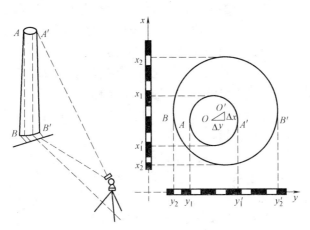

图 8-10　塔式构筑物的倾斜监测

在靠近烟囱底部所选定的方向横放一段标尺，并在标尺的中垂线方向上，距离烟囱的距离大于烟囱高度的地点，安置经纬仪并对中、整平，用望远镜分别照准烟囱顶部边缘两点 A、A'，锁住水平制动，松开竖直制动，将它们分别投测到标尺上，得到读数分别为 y_1 和 y_1'；用相同方法，照准其底部边缘两点 B、B'，并投测到标尺上，得读数分别为 y_2 和 y_2'，则烟囱顶部中心 O 对底部中心 O' 在 y 方向上的偏心距 δ_y 为 $\delta_y=(y_1+y_1')/2-(y_2+y_2')/2$；同法，再将经纬仪与标尺安置于烟囱的另一垂直方向上，测得烟囱顶部和底部边缘在标尺上投测点的读数分别为 x_1 和 x_1' 及 x_2 和 x_2'。则在 x 方向上的偏心距 $\delta_x=(x_1+x_1')/2-(x_2+x_2')/2$。烟囱顶部中心 O 对底部中心 O' 的总偏心距 $\delta=\sqrt{\delta_x^2+\delta_y^2}$；烟囱的倾斜角为 α，$\tan\alpha=\dfrac{\delta}{H}$（$H$ 为烟囱的高度）。

也可用激光铅直仪来测定高大建筑物顶部相对底部的偏移值，除以建筑物的高度得到建筑物的倾斜率。

（2）测量基础的相对沉降来确定建（构）筑物倾斜的方法

当利用基础相对沉降量来确定建（构）筑物倾斜时，倾斜监测点与沉降监测点的位置，一般要配合起来进行布置。目前，国内测定基础倾斜常用水准测量、液体静力水准测量及使用气泡式倾斜仪。

1）水准仪倾斜监测

水准测量方法的原理是用水准仪测出两个监测点之间的相对沉降，由相对沉降与两点间距离之比，可换算成倾斜角。

建（构）筑物的倾斜监测可采用精密水准仪进行监测，其原理是通过测量建（构）筑物基础的沉降量来确定建（构）筑物的倾斜角，是一种间接测量建（构）筑物倾斜的方法。

如图 8-11 所示，定期测出基础两端点的沉降量，并计算出沉降量的差 Δh，再根据两点间的距离 L，即可计算出建筑物基础的倾斜角 α，$\tan\alpha=\Delta h/L$。若已知建筑物的高度

第8章 建筑物纠倾工程监测与质量控制

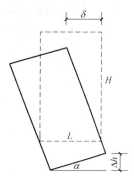

图 8-11 水准仪倾斜监测

H，同时可计算出建筑物顶部的倾斜位移值 Δ，$\Delta = \tan\alpha H = \dfrac{\Delta h}{L} \cdot H$。

2) 液体静力水准仪倾斜监测

用液体静力水准测量方法测定建（构）筑物倾斜的实质，是利用液体静力水准仪测定出两点的高差；然后，计算高差与两点间距离之比，即为待测建（构）筑物的倾斜角。

要测定建（构）筑物倾斜角的变化，可进行周期性的监测。这种仪器不受距离限制。并且距离越长，测定倾斜角的精度越高。

3) 倾斜仪监测

常用倾斜仪有水准管式倾斜仪、气泡式倾斜仪和电子倾斜仪等。一般具有连续读数、自动记录和数字传输等特点，并且监测精度较高，因而广泛应用在倾斜监测中。将倾斜仪安置在需要监测的位置上以后，转动读数盘，使测微杆向上（或向下）移动，直至水准气泡居中为止，此时在读数盘上读数，即可得出该处的倾斜角。

8.4.2 倾斜监测布置

建（构）筑物倾斜监测布设主要包括测站点的布设、倾斜监测点的布设。

(1) 测站点的布设

当从建（构）筑物外部监测时，测站点的点位应选在与倾斜方向成正交的方向线上距照准目标 1.5～2.0 倍目标高度的固定位置。当利用建筑内部竖向通道监测时，可将通道底部中心点作为测站点。

(2) 倾斜监测点的布设

倾斜监测点宜布置在建（构）筑物的角点和倾斜量较大的部位。当建（构）筑物整体倾斜时，倾斜监测点及底部固定点应沿着对应测站点的建筑主体竖直线，在建筑顶部和底部上下对应布设；当建（构）筑物局部（分层）倾斜时，监测点及底部固定点应按分层部位上下对应布设。如图 8-12，为某办公楼倾斜监测点点位布置图。

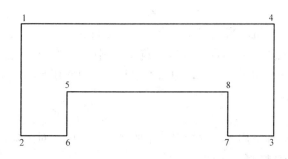

图 8-12 某办公楼倾斜监测点布置图

8.4.3 倾斜监测频率

倾斜监测频率应根据建（构）筑物的特征、变形（倾斜或回倾）速率、监测精度和工程地质条件等因素综合考虑，并根据沉降量的变化情况适当调整。应根据纠倾工程具体情况调节监测频率，也可根据监测时得出的变形速率，确定下一步的监测频率。

8.4 倾斜监测与质量控制

表8-3

建(构)筑物倾斜监测记录

工程名称：_____ 建设单位：_____ 施工单位：_____ 测量单位：_____

结构形式：_____ 建筑层数：_____ 建筑高度：_____ 起算点号：_____ 仪器型号：_____

观测日期	初次 年 月 日		第 次 年 月 日			第 次 年 月 日				第 次 年 月 日				第 次 年 月 日		
测点编号	顶点倾斜值 (mm)	倾斜率 d/H	顶点倾斜值 (mm)	顶点回倾量 (mm)	回倾速率 (mm/d)	倾斜率 d/H	顶点倾斜值 (mm)	顶点回倾量 (mm)	倾斜速率 (mm/d)	倾斜率 d/H	顶点倾斜值 (mm)	顶点回倾量 (mm)	倾斜速率 (mm/d)	倾斜率 d/H	顶点倾斜值 (mm)	顶点回倾量 (mm)	倾斜速率 (mm/d)	倾斜率 d/H
平均值																

观测间隔时间：_____

监测人：_____

记录人：_____

备注 测点平面示意图

第 页 共 页

8.4.4 倾斜监测精度

倾斜监测精度的确定，取决于建（构）筑物倾斜速率和回倾速率的大小及监测的目的。由于建（构）筑物的种类较多，纠倾工程复杂程度不同，监测周期各异，所以倾斜监测精度也有所不同。各种建（构）筑物的倾斜监测精度，应满足《建筑变形测量规范》（JGJ 8）的要求。

8.4.5 倾斜监测成果整理

（1）整理原始监测记录

每次监测结束后，应检查记录表中的数据和计算是否正确，精度是否合格；如果误差超限，则需重新监测。

（2）计算顶点倾斜值

根据各监测点本次所测顶点倾斜值与上次所测顶点倾斜值，来计算各监测点本次顶点回倾量、累计回倾量、回倾速率和倾斜率，并将监测日期等记入监测成果表（见表8-3）。

（3）绘制倾斜曲线

绘制各监测点的时间与倾斜值的关系曲线，作为评定各点倾斜变形的依据，并根据各点倾斜变形的结果综合评定整个建筑物的回倾情况。

倾斜曲线以倾斜值为纵轴，时间为横轴。根据每次监测日期和相应的倾斜值按比例绘出各点的位置，然后将各点依次连接起来，并在曲线上注明监测点号码。如图8-13所示，为某办公楼的倾斜值—时间关系曲线。

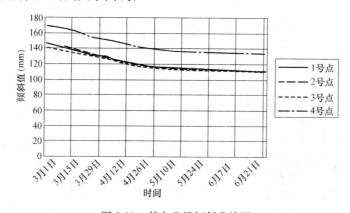

图8-13 某办公楼倾斜曲线图

（4）倾斜监测资料

1）倾斜监测记录表（成果表）；

2）倾斜监测点布置图；

3）倾斜值—时间关系曲线；

4）倾斜监测分析与评价报告。

8.5 裂缝监测与质量控制

在迫降法纠倾过程中，当建（构）筑物的基础沉降与上部主体结构回倾不协调，或者抬升法抬升速率过快时，将导致结构构件因应力过大而产生裂缝。建（构）筑物出现裂缝

8.5 裂缝监测与质量控制

时，除了要增加沉降监测次数外，还应立即进行裂缝监测，以掌握裂缝发展趋势。同时，要根据沉降监测、倾斜监测和裂缝监测的数据资料，研究和查明变形的特性及原因，用以判定建（构）筑物是否安全。

8.5.1 裂缝监测方法

裂缝监测可采用裂缝宽度对比卡、塞尺和裂纹观测仪等监测裂缝宽度，用钢尺度等量裂缝长度，用贴石膏片的方法监测裂缝的发展变化。

8.5.2 裂缝监测布置

裂缝监测点，应根据裂缝的走向和长度分别布设，并统一进行编号。每条裂缝应至少布设两组监测点，其中一组应在裂缝的最宽处，另一组在裂缝的末端。并且，每组应使用两个对应的标志，分别设在裂缝的两侧。

建（构）筑物裂缝监测，需测定各裂缝的位置、走向、长度、宽度及变化情况。

8.5.3 裂缝监测频率

裂缝监测频率应根据裂缝位置、裂缝变化速度而定。裂缝发生和发展期，应增加监测次数；当发展缓慢后，可适当减少监测。

8.5.4 裂缝监测数据采集

裂缝处应用油漆画出标志，或者在混凝土表面绘制方格坐标网，进行测量。对重要的裂缝，应在适当的距离和高度处设立固定监测站，进行地面摄影测量。

根据裂缝分布情况，在裂缝监测时，应在有代表性的裂缝两侧各设置一个固定的监测标志（见图8-14）；然后，定期量取两标志的间距，即可得出裂缝变化的尺寸（长度、宽度和深度）。

墙面上的裂缝，可采取在裂缝两端设置石膏薄片，使其与裂缝两侧固连牢靠。当裂缝裂开或加大时，石膏片亦裂开，监测时可测定其裂口的大小和变化。还可以采用两铁片，平等固定在裂缝两侧，使一片搭在另一片上，保持密贴。其密贴部分涂红色油漆，露出部分涂白色油漆，如图8-15所示。这样即可定期测定两铁片错开的距离，以监视裂缝的变化。

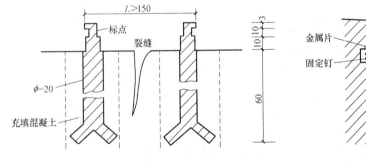

图8-14 埋设标志测裂缝

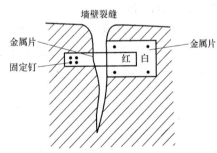

图8-15 设置金属片测裂缝

8.5.5 裂缝监测成果整理

建（构）筑物的裂缝监测成果一般包括下列资料：

（1）裂缝分布图。将裂缝画在混凝土建筑物的结构图上，并注明编号。

（2）裂缝观测成果表。对于重要和典型的裂缝，可绘制出大比例尺平面或剖面图，在图上注明监测成果，并将有代表性的几次监测成果绘制在一张图上，以便于分析、比较。

（3）裂缝变化曲线图。包括裂缝长度、宽度等变化情况。

8.6 水平位移监测与质量控制

8.6.1 水平位移监测方法

水平位移监测是测定建（构）筑物在平面位置上随时间变化的移动量和移动方向。通常，建（构）筑物的水平位移监测，只需测定其在某一特定方向上的位移量，可采用视准线法、激光准直法和测边角法等方法。

8.6.2 水平位移监测布置

水平位移监测点应结合建（构）筑物的结构形式、平面形状、地基和倾斜情况确定，通常布置在以下部位：

（1）建筑物的主要墙角和柱基上以及建筑沉降缝的顶部和底部；
（2）当建筑物开裂时，主要裂缝两边；
（3）大型构筑物的顶部、中部和底部。

8.6.3 水平位移监测频率

水平位移监测频率（周期），应根据纠倾工程需要、场地的工程地质条件综合确定。对于不良地基土地区的监测，可与沉降监测协调考虑。

8.6.4 水平位移监测精度

水平位移监测精度的确定，取决于建（构）筑物水平变形允许值的大小及监测的目的，其精度应满足《建筑变形测量规范》（JGJ 8）的有关要求。

8.6.5 水平位移监测成果整理

（1）整理原始监测记录

每次监测结束后，应检查记录表中的数据和计算是否正确，精度是否合格；如果误差超限，则需重新监测，并记列入成果表中。纠倾工程施工过程中，当监测发现有水平位移产生时，应停止纠倾施工，立即采取措施限制水平位移的发展，进一步分析原因及对结构安全性的影响程度。

（2）水平位移监测资料

1）水平位移监测记录表（成果表）；
2）水平位移监测点布置图；
3）水平位移曲线；
4）水平位移监测分析报告。

8.7 应力-应变监测与质量控制

8.7.1 应力-应变监测内容

对于钢筋混凝土结构，应力-应变监测内容主要包括关键结构构件关键部位的混凝土应力和钢筋应力监测。

8.7.2 应力-应变监测布置

根据建（构）筑物的结构形式、结构特点、应力分布状况及纠倾施工状况，合理布置应力-应变监测点，并与沉降监测、倾斜监测等结合布置，使监测成果能反映关键部位关键结构构件的应力分布、大小和方向，并与模型计算结果或试验成果进行对比，以确保纠倾过程建（构）筑物安全、可靠。

8.7.3 应力-应变监测设备

目前，钢筋或混凝土应力监测通常采用电阻应变片、振弦式应变计、压电元件、光纤光栅传感器等，其性能比较见表 8-4。

常用监测智能材料和传感器性能比较　　　　表 8-4

指标	智能材料及传感元件						
	光导纤维	形状记忆合金	压电元件	电阻应变丝(箔)	疲劳寿命丝(箔)	碳纤维	半导体元件
加工工艺与成本	中等	中等	中等	低	中等	较低	中等
技术成熟性	良好	良好	良好	好	良好	良好	良好
分布测量(成网)	是	是	是	是	是	是	是
嵌入性(兼容性)	优	优	优	良	良	良	优
线性度	优	良	优	优	良	良	优
灵敏度	优	优	优	良	良	良	优
变形能力	优	优	优	优	优	良	良
性能稳定性	优	良	优	良	良	优	优
耐久性	优	中	良	中	中	优	良
监测参数	多	少	少	少	少	多	多
响应频率带宽	宽	窄	宽	窄	窄	宽	宽
需外部设备量	多	少	少	少	少	多	多

8.8　地下水位监测与质量控制

进行地下水位监测是为了预报地下水位的变化量及变化速率，防止由于地下水位不正常下降而引起纠倾建（构）筑物发生较大的沉降。

8.8.1 测点布置

根据建（构）筑物平面和周围环境情况，把测点布置在需进行监测的建筑物和地下管线附近，水位管埋设深度和透水头部位依据地质资料和工程需要确定。水位管可采用PVC管，在水位管透水头部位用手枪钻钻眼，外绑铝网或棉滤网。埋设时，用钻机钻孔，钻到设计埋深，逐节放入 PVC 水位管，放完后回填黄砂至透水头以上 1m，再用膨润土泥丸封至孔口。水位管成孔垂直度要求小于 5/1000。埋设完成后，应进行 24h 降水试验，检验成孔的质量。

8.8.2 测试方法和数据整理

（1）测试仪器采用电测水位仪，仪器由探头、电缆盘和接收仪组成，见图 8-16。仪器的探头沿水位管下放。当碰到水时，上部的接收仪会发出蜂鸣声，通过信号线的尺寸刻度，可直接测得地下水位距管口的距离。

图 8-16　电测水位仪

(2) 水位仪读数精度为±1mm，管口高程用精密水准仪定期与基准水准点联测。

(3) 提供每次测试的地下水位高程本次和累计变化量成果表，绘制地下水位变化量曲线图。

8.9　自动实时监测

8.9.1　监测方案设计原则

(1) 实用性

自动监测系统应能满足建（构）筑物纠倾工程施工监测的需要，便于维护和扩充，每次扩充时不影响已建系统的正常运行，并能针对纠倾工程的实际情况兼容各类传感器和常用测量设备。

能在工程现场气候和环境条件下正常工作，能防雷和抗电磁干扰，系统中各量测值宜变换为标准数字量输出。

系统操作简单，安装、埋设方便，易于维护。

(2) 可靠性

保证系统稳定、耐用，监测数据具有可靠的精度和准确度，能自检自校及显示故障诊断结果并具有断电保护功能；同时具有独立于自动测量仪器的人工监测接口。

(3) 先进性

自动监测系统的原理和性能应具备先进性。根据需要，采用先进技术手段和元器件，使系统的性能指标达到先进水平。

(4) 经济性

系统应价格低廉，经济合理，在同样监测功能下，性能价格比最优。除能在线及时测量和处理数据外，还应具有离线输入接口。

8.9.2　监测方案设计

(1) 监测布置

自动监测布置应根据纠倾工程的监测内容和监测目的确定。要有针对性，能正确反映建（构）筑物状态信息的变化状况，以保证纠倾工程安全施工。监测系统布置主要包括以下两种结构形式。

1）集中式

集中式系统是将传感器通过集线箱或直接连接到采集器的一端进行集中监测。在这种系统中，不同类型的传感器要用不同的采集器控制测量，由一条总线连接，形成一个独立的子系统。系统中有几种传感器，就有几个子系统和几条总线。

所有采集器都集中在主机附近，由主机存储和管理各个采集器数据。采集器通过集线箱实现选点，如直接选点则可靠性较差。

2）分布式

分布式系统是把数据采集工作分散到靠近较多传感器的采集站（测控单元）来完成，然后将所测数据传送到主机。这种系统要求每个监测现场的测控单元应是多功能智能型仪器，能对各种类型的传感器进行控制测量。

在这种系统中，采集站（测控单元）一般布置在较集中的测点附近，不仅起开关切换作用，而且将传感器输出的模拟信号转换成抗干扰性能好、便于传送的数字信号。

（2）监测系统构成

1）电缆

监测系统的不同部位和不同仪器需要连接不同规格的电缆。

2）传感器

常用传感器包括垂线仪、倾斜仪、测缝计、多点位移计、钢筋计、应变计、温度计等各种仪器，可感应建（构）筑物的变形、应力、温度等各种物理量，将模拟量、数字量、脉冲量、状态量等信号输送到采集站。通常选择对建（构）筑物纠倾安全起重要作用且人工监测又不能满足要求的关键测点，纳入自动化监测系统；同时，纳入自动监测系统的仪器应预先经过现场可靠性鉴定，证明其工作性态正常。

3）采集站（采集箱）

采集站由测控单元组成，通过选配不同的测量模块，实现对各种类型传感器的信号采集，并将所有监测结果保存在缓冲区中。

在断电、过电流引起重启动或正常关机时保留所有配置设定的信息，并具有防雷、抗干扰、防尘、防腐功能，能适用于恶劣温、湿度环境。

可根据确定的监测参数进行测量、计算和存储，并有自检、自动诊断功能和人工监测接口。除与主机通信外，还可定期用便携式计算机读取数据。根据确定的记录条件，将监测结果及出错信息与监控中心进行通信。

4）监控中心

一个工程项目设一个监控中心。监控中心能实现以下功能：

① 数据自动采集、分析、处理与管理；

② 数据检查校核，包括软硬件系统自身检查、数据可靠性和准确度检查等；

③ 数据存储、记录、显示、打印、查询等；

④ 数据传输与通信；

⑤ 安全评价、预报及报警等。

（3）数据通信

自动监测数据通信有以下几种方式：

1) 有线通信

在传感器与采集站之间通常采用有线通信,根据传感器种类不同可采用不同的电缆。在短距离情况下,这种方式设置简便、抗干扰能力强、工作可靠性高。一般适用于有效通信距离约 3km。

2) 光纤通信

光纤通讯也属于有线通讯的范畴,但通信介质不是金属,而是光缆,传送信息的媒体是激光。光纤通信具有较强的抗电磁干扰和防雷电能力,一般适用于有效通信距离约 15km 的情况。

3) 无线通信

无线通信传送高频电磁波,不受电力系统干扰,也不受雷电对线路的袭击。无线通信具有很好的跨越能力,一般适用于有效通信距离约 30km。

(4) 报警准则

1) 进行实时监控和报警;

2) 报警系统应可靠、有效;

3) 分级报警,即建立高、低两次报警制度;

4) 将错误报警减至最少,保证真实报警能全部发送。

8.10 监测资料与监测报告

8.10.1 监测资料整理

(1) 检查野外监测记录;

(2) 计算有关的监测结果;

(3) 绘制各种变形曲线。

资料检核是比较重要的工作。监测完成后应检查各项原始记录,检查各项监测值的计算是否错误。

8.10.2 监测资料分析与处理

(1) 定性及成因分析。即对倾斜建(构)筑物加以分析,找出建(构)筑物变形产生的原因和规律。

(2) 统计分析及定量分析。根据定性分析结果,对所测数据进行统计分析,从中找出变形规律,必要时推导出变形值与有关影响因素的函数关系。

(3) 预报和安全判断。在定性定量分析的基础上,根据所确定的变形值与有关影响因素之间的函数关系,预测建(构)筑物未来的变形范围,并判断建筑物的安全性等。

8.10.3 监测资料提交

监测结束后,应根据工程需要提交下列有关资料:

(1) 监测点布置图;

(2) 监测成果表;

(3) 变形曲线图、应力曲线图等;

(4) 监测成果分析报告等。

8.10.4 监测报告

建（构）筑物的纠倾工程监测报告一般在纠倾工程完成后提交，但每次监测数据成果需进行分析，并递交建设方、设计方、监理方等相关单位。建（构）筑物的沉降量、沉降差、倾斜值应在规范容许范围内；如有数据异常，应及时报告有关部门，及时采取措施处理安全和质量隐患。若数据正常，应在竣工后将监测资料及数据分析判定得出的结论，提交给建设方作为质量验收的依据之一。

监测报告应包括以下内容：
（1）工程项目名称；
（2）委托人：委托单位名称（姓名）、地址、联系方式等；
（3）监测单位：监测单位名称、地址、法定代表人、资质等级、联系方式等；
（4）监测目的；
（5）监测起始日期及监测周期；
（6）项目概况：建筑物工程地质结构等情况、建筑物现状描述等；
（7）监测依据：执行的技术标准、有关本地区建（构）筑物变形监测实施细则等法规依据、其他依据等；
（8）监测方法及相关监测数据、图表说明，主要有以下几个方面：
1）监测点等监测要素说明；
2）监测方法及测量仪器的说明；
3）监测精度确定及依据；
4）监测周期和频率的确定；
5）监测数据处理原理与方法；
6）警戒值的确定及依据；
7）具体监测过程说明。
（9）监测成果：
1）监测成果表及其说明；
2）监测点布置图；
3）变形关系曲线图、内力关系曲线图等。
（10）监测注意事项；
（11）其他需要说明的事项。

第 9 章 纠倾工程技术机理探索

引起建筑物倾斜的主要原因是地基土的差异沉降，而纠倾就是利用建筑物产生新的差异沉降来调整建筑物倾斜，用以达到新的平衡而矫正建筑物原来存在的倾斜，达到纠倾目的。

通常的纠倾方法有很多种，但从结构和基础的受力机理来说，可分为两大类：即顶升纠倾和迫降纠倾，两大类可派生出多种方法。顶升纠倾是在倾斜建筑物基础沉降量大的部位（基础或墙、柱体上）采取某种措施，将倾斜一侧整体顶升，例如设置若干千斤顶，通过调整建筑物各部分的顶升量，使建筑物沿某一点或某一直线作整体平面转动，恢复其原位，这种方法的关键在于各顶升支点顶托变位的同步和协调性。而迫降就是在建筑物沉降较小一侧，通过某种措施使建筑物下沉，达到纠倾目的。

无论何种纠倾方法均会使地基中应力应变发生变化，建筑物纠倾施工过程会使地基土中应力重新分配，最终达到纠倾需要的应力状态，实现沉降协调一致。深入研究纠倾技术的作用机理意义在于：

（1）更为精确地进行定量分析提供指导；
（2）在实际工程中可帮助人们更加有效地进行纠倾；
（3）进一步研究完善各种纠倾方法的适应性；
（4）有助于从理论上研究和总结各种纠倾方法的作用机理；
（5）能指导人们在纠倾时估出预留纠倾量，做到理论指导实践。

我国建筑物纠倾扶正与加固技术起步较晚，但在近些年发展较快，涌现出许多纠倾加固的新工艺、新技术和新方法。同时，在全国各地进行了大量的建筑物纠倾加固工程实践，挽救了一大批危险建筑物，以较小的工程费用挽救了倾斜建筑物，为国家避免了一定的经济损失，也为解决住房紧张问题助一臂之力，是利国利民的好事。建筑物纠倾加固技术已成为当前颇受欢迎与重视的新颖技术领域。建筑物纠倾技术是在实践中产生，在实践中不断发展、完善，其理论研究也在不断地深入；同时，科学技术的发展也为建筑物的纠倾扶正提供了一些新的技术手段。

9.1 纠倾技术要素探讨

9.1.1 水平掏土纠倾

水平掏土纠倾时首先在基底下一定深度利用人工或者机械掏土，在上部荷载作用下掏土孔发生变形（见图 9-1），掏土孔由圆形变为椭圆形，引起建筑物基础下沉达到纠倾目的。

掏土成孔后，孔上下土体中的附加应力没有增加，因此掏土孔周围的土体在掏土后并不能发生压缩变形（即土体中的孔隙并不发生变化），只是由于掏土孔部位的土体取出后在孔周围发生应力集中，造成掏土孔附加应力发生重新调整导致土体变形，因此掏土孔变形的大小决定基础下沉量，从而决定纠倾效果。

基底下浅层掏土可以有抽砂、水平钻孔射水掏土、水平向掏土（根据不同情况可以采用分层开挖、穿孔等陶土方式）等不同方法，适用于均质黏性土和砂土上浅埋的体形较简单、结构完好、具有较大的整体刚度的建筑物，一般适用于钢筋混凝土条形基础、筏形基础和箱形基础。抽砂法适用于有砂层的情况。钻孔射水是一项技术难度较大的工作，一方面是由于地基土的复杂性；另一方面建筑物纠倾过程中影响因素较多，进行精确力学分析十分困难，所以应根据现场监测数据不断进行调整，实行动态施工。

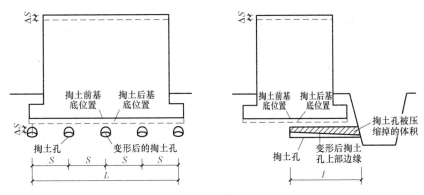

图 9-1 水平掏土纠倾机理示意图

9.1.2 竖直掏土纠倾

地基应力解除法（又称竖直掏土法），适用于软土地基、筏形基础上的倾斜建筑物。该法针对国内许多在软土地基上兴建的民用住宅楼倾斜的案例，提出的一种垂直向深部掏土进行纠倾处理的方法。该法在倾斜建筑物沉降少的一侧布设密集的垂直钻孔排，有计划、按次序、分期分批地在钻孔适当深度处掏出适量的软弱地基土，使地基应力在局部范围内得到解除，促使软土向该侧移动，增大该侧的沉降量。与此同时，对另一侧的地基土则严加保护、不予扰动，达到纠倾目的，如图9-2所示。

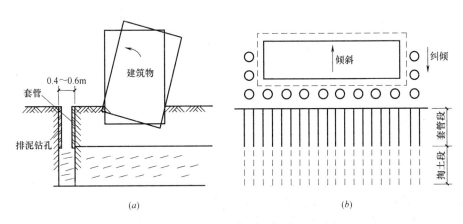

图 9-2 竖向掏土纠倾示意
(a) 掏土孔剖面；(b) 掏土孔平面布置

9.1.3 纠倾过程中基底应力分析

图 9-3（a）为原建筑物基底应力情况，Ⅰ侧边缘应力为 σ_1，Ⅱ侧边缘应力为 σ_2，在Ⅰ侧以水平向挖孔的方式掏土，沿建筑物纵向长度取开间 S 范围内挖宽为 a，横向挖进深度为 d，则基底接触面如图 9-3（b）中阴影所示，图 9-3（c）为掏土时基底应力状况，Ⅰ侧边缘应力为 p_1，掏土内端侧边缘应力为 p_2，全线掏土时的Ⅱ侧边缘应力为 p_3，S 范围内上部结构荷载为 G。

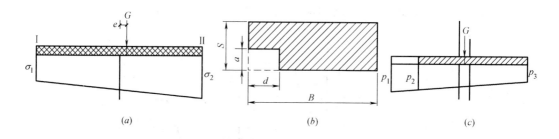

图 9-3 基底应力分布

由材料力学原理可求得Ⅰ、Ⅱ侧应力为：

$$\genfrac{}{}{0pt}{}{\sigma_2}{\sigma_1}=\bar{\sigma}\left(1\pm\frac{M}{W}\right)=\bar{\sigma}(1\pm 6\omega_2) \tag{9-1}$$

式中平均应力 $\bar{\sigma}=\dfrac{G}{BS}$，掏土时 M、W 随挖宽比 δ、挖深比 α 变化，这时，Ⅰ、Ⅱ侧应力：

$$p_i=\bar{\lambda}_i\bar{\sigma}\,(i=1,2,3) \tag{9-2a}$$

平均应力
$$\bar{p}=\bar{\lambda}\,\bar{\sigma} \tag{9-2b}$$

式中 $\bar{\lambda}_i$——应力因数，是掏土时基底某点应力与掏土前平均应力的比例系数。

$$\lambda_1=\frac{1+4\alpha^3\delta+3\alpha^2\delta-6\omega_1(1-\alpha^2\delta)}{1+\alpha^4\delta^2+6\alpha^2\delta-4\alpha(\delta+\delta^3)} \tag{9-3}$$

$$\lambda_2=\frac{1-4\alpha^3\delta+9\alpha^2\delta-6\alpha\delta-6\omega_1(1+\alpha^2\delta-2\alpha\delta)}{1-4\alpha^3\delta+\alpha^4\delta^2+6\alpha^2\delta-4\alpha\delta} \tag{9-4}$$

$$\lambda_3=\frac{1-6\omega_1+2\alpha}{(1-\alpha\delta)^2} \tag{9-5}$$

$$\bar{\lambda}=\frac{1}{1-\alpha\delta} \tag{9-6}$$

式中 δ——挖宽比，$\delta=a/s$；

α——挖深比，$\alpha=d/B$；

ω_i——荷载偏心率，$\omega_i=e_i/B$；

ω_0——建筑物刚建时基底荷载偏心率；

ω_2——建筑物倾斜时基底荷载偏心率；

ω_1——纠倾时基底荷载偏心率，掏土前 $\omega_1=\omega_i$，掏土后 $\omega_1\approx\omega_0$。

9.1.4 回倾条件和纠倾条件分析

建筑物倾斜是建筑物建成后，经过一段时间逐渐发展而形成的。这时地基经过持续荷载作用而达到一定的固结度,其压缩模量和承载力均有所提高,所以,纠倾时应当考虑这一有利因素。近年来,人们对这一持续荷载作用下的地基承载力评价问题已有了更进一步的认识。纠倾时地基承载力应与建筑物竣工年限、建筑物刚度、地基土类、孔隙比变化情况,基底应力与原有地基承载力的比值等因素有关。如地基承载力的提高系数用 K 表示,而原地基承载力用 R_0 表示,则纠倾时地基承载力即为:$R=KR_0$。

(1) 正常回倾的条件

按照 p 与 R 的大小关系,土体对荷载的反应,当 $p<R$ 时,基本呈线性关系;当 $p>R$ 时,呈非线性关系。一般地,地基设计承载力 R 都取其极限承载力的 $1/2\sim1/3$。按规范规定,基底应力 $\bar{p}\leqslant R$,$p_{max}\leqslant 1.2R$ 时地基变形小且稳定,这时地基土有小部分塑性区存在。当 $p>1.2R$ 时,土体塑性区增加,变形加大,这时可作为回倾的起始点(即回倾条件)。

根据地基土的 $p-s$ 曲线,地基变形可分为三个阶段。如果将第Ⅰ阶段末的基底荷载 p_0 视为设计承载力 R,而第Ⅱ阶段是土体屈服阶段,这时曲线弯曲,土体变形增大,但尚未破坏,当应力进入第Ⅲ阶段时土体变形急剧增加并发生整体破坏。可见,如 p 落在第Ⅱ阶段则地基变形大,又不致导致地基破坏,这正是回倾所必需的有利条件。但如何合理确定第Ⅰ阶段中的某两点作为纠倾时平均应力 $\bar{p}$ 与Ⅰ侧 p_1 的限值至关重要。这两点与土体的压缩性、建筑物沉降的现状以及上部结构等因素有关。

设 $\bar{p}\leqslant \bar{\eta}R$,$p_1\leqslant \eta_1 R$(或 $p_3\leqslant \eta_3 R$)

这样建筑物能正常回倾的条件即表述为:

条件1,Ⅰ侧边缘应力应满足:$1.2R\leqslant p_1\leqslant \eta_1 R$(或 $1.2R\leqslant p_3\leqslant \eta_3 R$)

条件2,Ⅱ侧边缘应力应满足:$0<p_2<\sigma_2$

条件3,掏土施工中平均应力应满足:$\bar{p}\leqslant \bar{\eta}R$

对于高压缩土,建议取 $\bar{\eta}=1.1\sim 1.2$;η_1、η_2、$\eta_3=1.2\sim 1.5$

(2) 纠倾条件分析

1)应力因数 λ_i 的变化规律

对挖宽比 δ、挖深比 α 取特定值,绘制图9-4分析 α、δ 对 λ_i 的影响。

当 α 一定时,随 δ 的增加,λ_1、$\bar{\lambda}$ 也增加,λ_2 则在 α 较小时减小,α 较大时也增大。

当 δ 一定时,随 α 的增加,λ_3、$\bar{\lambda}$ 也增加,λ_1 先增而后减小,λ_2 则先减小而后回升。即:λ_1 对 α 有极大值,λ_2 对 α 有极小值。这一点可作如下解释。

在掏土过程中,基底形心的位置是在不断变化的,起初形心在荷载的Ⅰ侧方向;随掏土深度的增加,形心位置向Ⅱ侧移动;当掏土深度超过形心位置时,位于形心Ⅰ侧方向的面积逐渐减小,形心位置又逐渐向Ⅰ侧移动,这时Ⅱ侧应力便由逐渐减小转而逐渐增加,即出现极小值;当掏土深度继续增加,使因偏心产生的应力减小速度超过因面积减小产生的应力增加速度时,Ⅰ侧应力即开始由增加转而减小,即出现极大值。

如 α、δ 同时增加,则 λ_1、λ_2、$\bar{\lambda}$ 变化的速度就会加大。回倾后荷载偏心率减小,这时,λ_1、λ_3 增加,λ_2 减小。此时,防止突倾是不利的。

2)条件1分析

设原基底应力 $\bar{\sigma}$ 与原地基承载力 R_0 之比为 ρ,则 $\rho=\bar{\sigma}/R_0$,则由 $R=KR_0$,可得 $R=K\bar{\sigma}/\rho$。这样,条件1可写为:

$$1.2K/\rho\leqslant \lambda_i\leqslant \eta_i K/\rho (i=1,3) \tag{9-7}$$

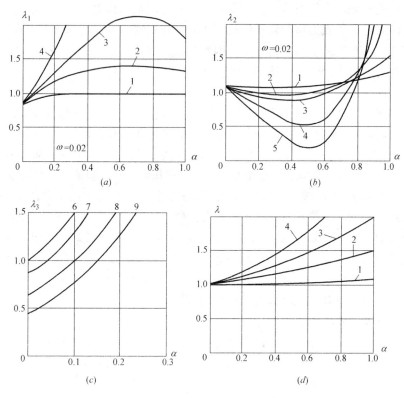

图 9-4 挖深比 α 与应力系数关系

1——$\delta=0.1$；2——$\delta=0.3$；3——$\delta=0.5$；4——$\delta=0.7$；5——$\delta=0.8$；
6——$\omega=0.00$；7——$\omega=0.03$；8——$\omega=0.07$；9——$\omega=0.10$

建筑物回倾前、后，偏心率发生变化，迫使 λ_1、λ_3 在不等式左、右边条件下数值不同。对不等式左边的条件是回倾的起始点，它们应以回倾前的偏心率 ω_2 求得，而另一边则是避免 p_1 过大，导致突倾现象的发生，而回倾后 λ_1 是增加的，故它们应以回倾后的偏心率（约为 ω_0）求得。

3）条件2分析

为避免突沉现象，纠倾时必须满足条件2中的 $p_2<\sigma_2$，即回倾前的 $\lambda_2<1+6\omega_2$。由式 (9-4) 可作 $\lambda_2=1+6\omega_2$ 时的 α-δ 曲线，如图9-5曲线，偏心率对该曲线影响不大，可忽略。纠倾时的 α、δ 必须位于该曲线下方，才能有效防止突沉现象。

从 λ_2 变化规律可知，λ_2 对 α 有极小值。令 $\dfrac{\partial \lambda_2}{\partial \alpha}=0$ 可作出图9-5曲线①，偏心率 ω_1 的影响很小，可忽略。图中可见，随挖深的增加，挖宽比 δ 越大，λ_2 极值点出现得越迟。当 α 越过曲线①，即 λ_2 极值点已过，则 δ 的增加将使 λ_1、λ_2 同时增加（参见图9-4中 λ_1-α、λ_2-α 曲线），如使 α、δ 不超过曲线①，则不致影响回倾，且更为安全，总沉降量也较小。

为防止突倾现象发生，还必须使 I 侧不致出现拉应力而使基底脱离土体，满足条件2中 $p_2>0$，即：$\lambda_2>0$。

由式 (9-4) 令 $\lambda_2=0$，即式中分子应为零。

图 9-5 （b）示出对不同偏心率，当Ⅰ侧即将产生拉应力瞬间的关系曲线。

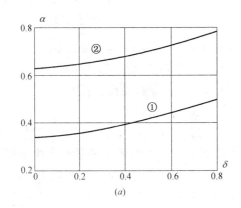
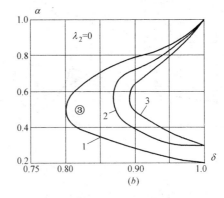

图 9-5 挖宽比 δ 与挖深比 α 的关系
1——$\omega=0.00$；2——$\omega=0.04$；3——$\omega=0.00$

图中可见，当 $\delta>0.8$ 时，Ⅱ侧可能产生拉应力而使Ⅱ侧基底与土体脱离，且在 α、δ 一定时，ω_1 越小，这种基于土体脱离的现象越严重。实际上，这时Ⅰ侧的土体也很难保持稳定，因而发生突倾。而当 $\delta \leqslant 0.8$ 时，无论偏心率 ω_1 为何值，Ⅱ侧均不可能产生拉应力，Ⅱ侧土体基底不会脱离，因此，宜使 $\delta \leqslant 0.8$，有利于防止发生突倾现象。

由图 9-5 还可以看见，当全线掏土（$\delta=1$）时，应限制 $\alpha \leqslant 0.25$，以有效地防止突倾现象。

4）条件 3 分析

为防突沉现象发生，还应满足条件 3

$$\overline{p} \leqslant \overline{\eta} R = \overline{\eta} K \overline{\sigma}/\rho$$

式（9-2b）代入，得：

$$\overline{\lambda} \leqslant \frac{\overline{\eta} K}{\rho} \tag{9-8}$$

式（9-6）代入并整理得：

$$\omega \delta \leqslant 1 - \frac{\rho}{\eta K} \tag{9-9}$$

用此式可绘出图 9-6 中的曲线④。

综上所述，可作 α-δ 限值图，如图 9-6 所示。图中，曲线①满足 $\frac{\partial \lambda_2}{\partial w}<0$，即 p_2 为极小值时的 α-δ 曲线；曲线②满足 $p_2=\sigma_2$；曲线③满足 $p_2=0$；曲线④满足 $\overline{p}<\overline{\eta} R$，可由式（9-9）求得。

图 9-6 包括了条件 2、3，只要同时满足条件 1 和图 9-6，即可保证建筑物正常回倾。由此定出的是 α、δ 的范围。施工时，可根据上部结构状况及土体压缩性，由现场观测回倾速率，以控制实际的挖宽和挖深。纠倾时，α、δ 最好落在 A 区。对于地基较稳定、承载力增长幅度大、倾斜较小的，也可落在 B 区，但应谨慎从事。如果 α、δ 落在 A、B 区之外，则条件 2、3 均不能满足，这时应重新调整 α、δ。

9.1.5 掏土量计算

在现有的纠倾工程中，纠倾所需要的掏土量并没有一个具体的数值。在设计时，掏土量一般根据经验公式估算：

$$V = \frac{1}{2} \eta \times b \times \Delta s \times L \quad (9\text{-}10)$$

式中　V——需掏土的土体体积；
　　　η——扰动修正系数；
　　　b, L——基础宽度、长度；
　　　Δs——沉降差。

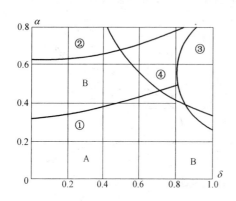

图 9-6　挖宽比 δ 与挖深比 α 的关系

在施工中，掏土量的确定一般是根据现场监测，由每天监测沉降量的多少来控制掏土量。如果沉降过快，则减少掏土量；反之，如果沉降过慢，则增加掏土量。当沉降差达到设计要求时，即停止掏土，具有明显的不确定性。如何能够在纠倾前即可准确预测掏土量的多少，来有效地控制纠倾速度，最终达到纠倾目的，是目前急需解决的一个问题。下面将运用土力学基本知识，对沉降差与掏土量之间的关系进行定量的分析。

假设软土地基上的建筑物基础为矩形筏形基础，上部荷载均匀分布，土质均匀，倾斜后产生差异沉降 Δs，基底下沉降计算深度内的土体无侧向变形。

假定在未建建筑物之前场地土的初始孔隙比为 e_0，建筑物倾斜后的孔隙比为 e_1。通常从未建建筑物到倾斜这个过程，是地基土中应力的二次重分布过程。若已知 e_0，则可根据下式求得建筑物施工完后的孔隙比 e_1：

$$e_1 = e_0 - \frac{s}{H_0}(1 + e_0) \quad (9\text{-}11)$$

式中　s——建筑物两侧沉降的平均值；
　　　H_0——地基沉降计算深度。

$$\Delta e = \frac{\Delta s}{2h_1}(1 + e_1) \quad (9\text{-}12)$$

式中　h_1——掏土层的厚度；
　　　Δs——差异沉降。

假设掏土前的土体孔隙体积和固体颗粒体积分别由 V_v 和 V_s 组成，孔隙率为 n_1。掏土后，地基中的孔隙全部有气体填充，掏土的体积为 Q，则掏土后孔隙的体积是 $V_v + Q(1-n_1)$，固相体积是 $V_s - Q(1-n_1)$，则根据孔隙比的定义可得：

$$\Delta e = e_2 - e_1 = \frac{V_v + Q(1-n_1)}{V_s - Q(1-n_1)} - \frac{V_v}{V_s} \quad (9\text{-}13)$$

式中　e_2——掏土后的孔隙比。

$$V_v = V \times n_1 \quad V_s = V \times (1-n_1) \quad n_1 = \frac{e_1}{1+e_1} \quad (9\text{-}14)$$

$$\Delta e = e_2 - e_1 = \frac{V_v + Q(1-n_1)}{V_s - Q(1-n_1)} - \frac{V_v}{V_s} = \frac{V \times n_1 + Q(1-n_1)}{V \times (1-n_1) - Q(1-n_1)} - \frac{V \times n_1}{V \times (1-n_1)}$$

$$= \frac{Q}{(V-Q)(1-n_1)} = \frac{Q(1+e_1)}{V-Q} \quad (9\text{-}15)$$

于是：
$$Q = \frac{\Delta e V}{1 + e_1 + \Delta e}$$

$$Q = \frac{V \frac{\Delta s(1+e_1)}{2h_1}}{1 + e_1 + \frac{\Delta s(1+e_1)}{2h_1}} = \frac{V \Delta s}{2h_1 + \Delta s} \tag{9-16}$$

根据式（9-16）可以看出，在给定的场地土孔隙比 e_0 或 e_1 的情况下，只要已知纠倾量 Δs，就可以提前预测出所需的掏土量。

掏土量已知，又已知钻杆的直径、长度，就可以得出具体需要布置多少个掏土孔 $n = \frac{4Q}{\pi D^2 L}$，由于在钻孔取土的过程中，不是一次就能将孔中的土全部掏出，中间存在一个经验系数 λ；若给定经验系数 λ，就可以计算出具体一个孔需要掏几次，从而可以合理地安排工期，具有明显的实际工程意义。

9.2 纠倾过程中受力机理分析

9.2.1 掏土孔弹塑性理论分析

纠倾技术受力机理研究的还较少，目前主要根据工程经验进行施工，但随着工程经验的积累和科学技术的发展，有必要对纠倾过程中受力机理深入研究，以指导工程实际。本节主要借助于弹塑性力学理论对掏土纠倾机理作一分析探讨。

（1）圆筒形孔扩张理论

首先要研究在深层掏土法纠倾中的单体孔的形成过程。为避免应用非线性弹性模型时无屈服产生的缺陷，对土体成孔单体的形成过程进行弹塑性分析。假定土体是理想弹塑性体，服从 Tresca 屈服准则或 Mohr-Coulomb 屈服准则。可以引用塑性力学中圆筒形孔的扩张问题，由此近似地分析深层掏土法纠倾中单体孔所引起的地基变形。主要包括：陶土孔弹塑性理论分析，水平掏孔弹性理论分析，竖直掏孔理论分析，最终得到深层掏土纠倾方法中孔的半径和成孔周围的最大塑性区半径。

地基中成孔后，孔的变化情况可近似简化成与圆筒形扩张理论相反的问题，圆筒形扩张就是在外压下（相对于孔周而言，是拉力作用下）孔的收缩。所以，不妨按圆筒形孔的扩张问题来分析，将结果外力反向即可，即改变一下式中力的正负号。

圆筒形孔在均匀分布的内压力 p 作用下扩张，如图 9-7 所示。当 p 值增加时，围绕圆筒形孔一定范围的圆筒形区域，将由弹性状态进入塑性状态。塑性区随 p 值的增加而不断扩大。设圆筒形孔的初始半径为 R_1，扩张后半径为 R_u，塑性区最大半径为 R_p，相应的孔内压力最终值为 P_u，在半径 R_p 以外的土体仍然保持弹性状态，如图 9-7（a）所示。

圆筒形孔扩张问题是平面应变轴对称问题。采用极坐标比较方便（图9-7b），考虑单元力系的平衡，可以得到平面应变轴对称问题的平衡微分方程为：

平衡方程：
$$\frac{d\sigma_r}{dr} + \frac{\sigma_r - \sigma_\theta}{r} = 0 \tag{9-17}$$

几何方程：
$$\varepsilon_r = \frac{du}{dr} \quad \varepsilon_\theta = \frac{u_r}{r} \tag{9-18}$$

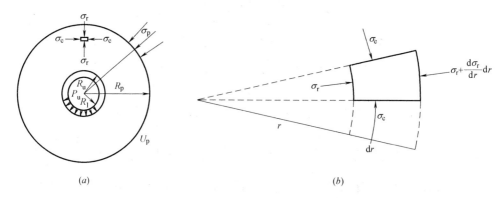

图 9-7 圆孔扩张问题示意

(a) 圆孔形成的力场表示；(b) 极坐标下圆孔的微元平衡

式中 u_r——径向位移。

弹性阶段物理方程（广义虎克定律）：

$$\varepsilon_r = \frac{1-\nu^2}{E}\left(\sigma_r - \frac{\nu}{1-\nu}\sigma_e\right) \qquad \varepsilon_\theta = \frac{1-\nu^2}{E}\left(\sigma_\theta - \frac{\nu}{1-\nu}\sigma_r\right) \tag{9-19}$$

屈服条件，对 Tresca 材料：

$$\sigma_r - \sigma_\theta = 2K \tag{9-20}$$

对 Coulomb 材料：

$$\sigma_r - \sigma_\theta = (\sigma_r + \sigma_\theta)\sin\varphi + 2C\cos\varphi \tag{9-21}$$

(2) 掏土问题的弹塑性解

根据弹性理论，选取应力函数：

$$\psi = C\ln r \tag{9-22}$$

得径向应力和环向应力可表示为：

$$\sigma_r = \frac{1}{r}\frac{d\psi}{dr} = \frac{c}{r^2} \tag{9-23}$$

$$\sigma_\theta = \frac{d^2\psi}{dr^2} = -\frac{c}{r^2} \tag{9-24}$$

根据边界条件，可确定常数 C。当 $r = R_i$ 时，$\sigma_r = p$，代入式（9-24），得：

$$C = R_r^2 p \tag{9-25}$$

因此，得：

$$\psi = R_r^2 p \ln r \tag{9-26}$$

$$\sigma_r = \frac{R_r^2 p}{r^2} \tag{9-27}$$

$$\sigma_\theta = -\frac{R_r^2 p}{r^2} = -\sigma_r \tag{9-28}$$

由此可以得到圆筒形孔扩张问题中土体处于弹性变形阶段时土体中应力分布情况，轴对称条件下径向位移为：

$$u = \frac{1+\nu^2}{E}\frac{d\psi}{dr} = \frac{(1+\nu)R_r^2 p}{Er} \tag{9-29}$$

9.2 纠倾过程中受力机理分析

式（9-29）就是圆筒形孔扩张问题弹性阶段径向位移的解。

显然，孔的弹性变形随着初始半径平方和初始压力乘积的增大而增大，成正比关系。所以，对掏土纠倾中的成孔、收缩问题，在有相同沉降量要求的情况下，地基中初始应力小的，掏土成孔的初始孔径可加大；反之，则可减小。

1) Tresca 材料圆筒形孔扩张问题弹塑性解

将式（9-20）代入式（9-17），得：

$$\frac{d\sigma_r}{dr}+\frac{2K}{r}=0 \tag{9-30}$$

积分上式，得：
$$\sigma_r=C-2K\ln r \tag{9-31}$$

式中 C——积分常数，可由边界条件确定。

当 $r=R_1$，内侧压力：$\sigma_r=p$

将这一边界条件代入式（9-31），得：
$$C=p+2K\ln R$$

结合式（9-31），得：

$$\sigma_r=p-2K\ln\frac{r}{R_1} \tag{9-32}$$

将式（9-32）代入式（9-30），可得：

$$\sigma_\theta=p-2K\left(\ln\frac{r}{R_1}+1\right) \tag{9-33}$$

在 $r=R_p$ 处，由塑性区应力表达式（9-32）得到：

$$\sigma_p=p-2K\ln\frac{R_p}{R_1} \tag{9-34}$$

① 利用弹塑性区交界处（$r=R_p$，$\sigma_r=\sigma_p$）应力 σ_r 和 σ_θ，应满足 Tresca 屈服条件，式 $\sigma_r-\sigma_\theta=2K$，又要满足式：$\sigma_\theta=-\sigma_r=-\sigma_p$

结合以上两式，得：$\sigma_p=K$

代入上式并整理得：

$$R_p=R_1 e^{\frac{p-K}{2K}} \tag{9-35}$$

经由以上分析，在已知掏土孔的半径 R_i 及相应的内压力 p（或拉力）的情况下，可计算塑性区最大半径及塑性区内各点应力。

② 利用 Tresca 材料塑性体积应变等于零。认为塑性区总体积不变即忽略塑性区材料弹性阶段的体积变化，则圆筒形孔体积变化等于弹性区体积变化。由此，可推出弹性区最大半径，可得：

$$\pi R_1^2=\pi(R_p+u_p)^2-\pi R_p^2 \tag{9-36}$$

式中 u_p 为塑性区外侧边界的径向位移。展开式（9-36），略去 u_p 的平方项，得：

$$2u_p\frac{R_p}{R_1^2}=1 \tag{9-37}$$

结合式（9-29），得：

$$u_p=\frac{1+\nu}{E}R_p K \tag{9-38}$$

代入式（9-37），得：

$$\frac{2R_p^2}{R_1^2}\frac{(1+\nu)}{E}K=1$$

即：
$$R_P=\sqrt{\frac{E}{2(1+\nu)}}R_1 \qquad (9\text{-}39)$$

从上式可看出，如果假设掏土孔洞最后是闭合的，如土性参数为已知，根据所成孔的初始直径，即可估算最大塑性区半径。

2) Coulomb 材料圆筒形孔扩张问题弹塑性解

结合式（9-17）和式（9-21），得：

$$\frac{d\sigma_r}{dr}+\frac{2\sin\varphi}{1+\sin\varphi}\cdot\frac{\sigma_r}{r}+\frac{2\cos\varphi}{1+\sin\varphi}\cdot\frac{1}{r}=0 \qquad (9\text{-}40)$$

记：

$$\frac{2\sin\varphi}{1+\sin\varphi}=A \qquad \frac{2\cos\varphi}{1+\sin\varphi}=B$$

则式（9-40）可改写为：

$$\frac{d\sigma_r}{dr}+A\frac{\sigma_r}{r}+\frac{B}{r}=0 \qquad (9\text{-}41)$$

上式是一阶线性微分方程，可用分离变量法解齐次方程和常数变易法解非齐次方程，以及利用边界条件 $r=R_1$，$\sigma_r=p$ 可得方程的解为：

$$\sigma_r=(p+C\cdot\text{ctg}\varphi)\left(\frac{R_1}{r}\right)^{\frac{2\sin\varphi}{1+\sin\varphi}}-C\cdot\text{ctg}\varphi \qquad (9\text{-}42)$$

上式表明，已知边界条件，掏土孔内压力 p（内拉力同样）及相应的孔径 R_1，可以得到塑性区径向应力值。代入屈服条件，可以进一步求得塑性区环向应力值。该式还表明塑性区内的应力 σ_r 和 σ_θ 随着半径 r 的增加而减小。

① 利用弹性区和塑性区交界处的应力 σ_r 和 σ_θ 满足 Mohr-Coulomb 屈服条件（9-21）且应满足式（9-28），有：$\sigma_\theta=-\sigma_r=-\sigma_p$

经化简得：$\sigma_p=\sigma_r=C\cos\varphi$

将上式代入（9-42），得：

$$(p+C\text{ctg}\varphi)\left(\frac{R_1}{r}\right)^{\frac{2\sin\varphi}{1+\sin\varphi}}-C\cos\varphi=C\text{ctg}\varphi\,(1+\sin\varphi)$$

由此得：

$$\frac{R_1}{R_P}=\sqrt[\frac{2\sin\varphi}{1+\sin\varphi}]{\frac{C\text{ctg}\varphi(1+2\sin\varphi)}{p+C\text{ctg}\varphi}} \qquad (9\text{-}43)$$

由上式可知，若知道内压力 p（或拉力）和圆筒形孔半径 R_1，则可估算塑性区最大半径 R_p。

② 利用圆筒形孔收缩后体积变化等于弹性区的体积变化与塑性区体积变化之和，即（假设孔最后是闭合的）：

$$\pi R_1^2=\pi(R_P+u_p)^2-\pi R^2+\pi(R_p^2-R_1^2)\Delta \qquad (9\text{-}44a)$$

式中 Δ——塑性区平均体积应变。展开式（9-44a）得到：

$$(1+\Delta)R_1^2=2u_p R_p+R_p^2\Delta \qquad (9\text{-}44b)$$

或可改写成：

9.2 纠倾过程中受力机理分析

$$1+\Delta=\frac{2u_p R_p}{R_1^2}+\frac{R_p^2 \Delta}{R_1^2} \tag{9-45}$$

又利用弹性区和塑性区交界处（$r=R_p$处），应力 σ_r 和 σ_θ 既满足 Mohr-Coulomb 屈服条件，又满足弹性区的应力关系和径向位移关系。

结合式（9-29）、式（9-44a）、式（9-44b）得：

$$\frac{2R_p^2(1+\nu)}{R_1^2 E}C\cos\varphi+\frac{R_p^2}{R_1^2}\Delta=1+\Delta \tag{9-46}$$

经化简，并引进一些参数，最后可得：

$$\frac{R_p}{R_1}=\sqrt{I_{rr}\sec\varphi} \tag{9-47}$$

其中

$$I_{rr}=\frac{I_r(1+\Delta)}{1+I_r\Delta\sec\varphi}\text{为修正刚度指标，且 }I_r=\frac{E}{2(1+\nu)}=\frac{G}{S}$$

式中　G——剪变模量；

　　　S——抗剪强度。

在上面关于塑性区体积影响分析中，平均塑性体积应变 Δ 是作为已知值引进的。实际上，塑性体积应变 Δ 是塑性区内应力状态的函数，只有应力状态为已知值时，才有可能确定平均塑性应变值 Δ，为克服这一困难，可采用下述迭代求解：

a. 先假定一个塑性区体积应变平均值 Δ_1，由上述分析可得到塑性区内的应力状态；

b. 由步骤 1 计算得到的应力状态，根据试验确定的体积应变与应力的关系，确定修正的平均塑性体积应变 Δ_2；

c. 用修正的平均塑性体积应变 Δ_2，重复步骤 1 和 2，直至 Δ_{n-1} 值与 Δ_n 值相差不大。这样，就可得到满足的解答。

3）掏土孔四周土体塑性区的确定

总结以上论述和推导，可归纳为以下两个方面：

① 不出现塑性破坏区的情况

如果按弹性变形，不出现塑性破坏区，则只要知道基础下的竖向位移 u 和掏土孔处的地基中应力 p 以及掏土孔处距基础底面距离 r。由：

$$u=\frac{(1+\nu)R_1^2}{E}\frac{p}{r} \tag{9-48}$$

可得所需成孔半径

$$R_1=\sqrt{\frac{uEr}{p(1+\nu)}} \tag{9-49}$$

② 对 Tresca 材料和 Coulomb 材料出现塑性破坏区的情况

对 Tresca 材料和 Coulomb 材料的地基情况，如果已知成孔初始半径 R_1 和成孔处地基应力 p（包括自重和建筑物引起的附加应力），则可计算出成孔周围的最大塑性区半径（都假设成孔最后收缩闭合）。则：

a. 对 Tresca 材料，可利用圆筒形孔体积变化等于塑性区体积变化推出：

$$\frac{R_p}{R_1}=\sqrt{\frac{E}{2(1+\nu)K}} \tag{9-50}$$

式中 E——地基土的压缩模量；

ν——泊松比；

K——地基抗剪强度（所能承受剪应力）；

R_1——成孔初始半径。

例如：对某饱和黏土

$$E_s = 2.3 \text{MPa}, \nu = 0.42, K = 65 \text{kPa}$$

有：

$$\frac{R_p}{R_1} = \sqrt{\frac{E}{2(1+\nu)K}} = \sqrt{\frac{2300}{2(1+0.42) \times 65}} = 3.5$$

即：孔周塑性区最大半径为孔径的 3.5 倍。

b. 对 Coulomb 材料由于从成孔收缩后的体积变化关系方面推导时要用到塑性体积应变 Δ，不方便，可直接用成孔处地基应力 p 成孔初始半径 R_1 确定。

$$\frac{R_1}{R_p} = \sqrt[\frac{2\sin\varphi}{1+\sin\varphi}]{\frac{c \operatorname{ctg}\varphi(1+2\sin\varphi)}{p + c \operatorname{ctg}\varphi}} \tag{9-51}$$

式中 φ——地基土的内摩擦角；

c——地基土的黏聚力；

p——成孔处地基应力（包括地基土自重和建筑物引起附加应力）。

例如：某饱和黏土

$\varphi = 11°, c = 38 \text{kPa}, P = 60 \text{kPa}$，则有：

$$\frac{R_p}{R_1} = \frac{1}{\sqrt[\frac{2\sin\varphi}{1+\sin\varphi}]{\frac{C \operatorname{ctg}\varphi(1+2\sin\varphi)}{p + C \operatorname{ctg}\varphi}}} = \frac{1}{\sqrt[0.321]{\frac{38 \times 5.145 \times 1.382}{62 + 38 \times 5.145}}} = 0.86$$

则孔周塑性区最大半径为孔径的 0.86 倍。

从以上两种两个例子中，可以看出对饱和黏土，塑性区最大半径大约为成孔初始直径的 0.86～3.5 倍。

为了加快土体变形和应力重分布，让基础边缘内外产生连续塑性区，保证基础边缘应力集中的有限发展，在相同沉降量要求的情况下，地基中初试应力大的初试孔径可减小，孔距和孔深度应以略大于最大塑性半径为宜，应使孔体之间的塑性区接触或部分重叠。

9.2.2 水平成孔理论分析

掏土纠倾工程中，土体中钻孔后附加应力状态重新分布，计算地基附加沉降的关键是要了解孔周附加应力的分布状态以及土中附加应力增量的计算。目前，关于弹性体开洞后的应力计算理论解答主要有平面板开洞理论和厚壁圆筒受压理论，其主要内容如下。

（1）平面板开洞理论

如图 9-8 所示，若假定圆孔在无限远处沿 x 轴方向作用有拉力（或压力）σ_0，则应力分布状态可用以圆孔中心 O 为原点的极坐标 r, θ 表达成下式（ρ 为圆孔半径）

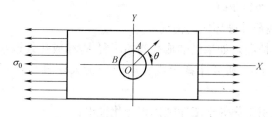

图 9-8 有孔平面板受单向应力作用

$$\sigma_0 = \frac{\sigma_0}{2}\left(1 + \frac{\rho^2}{r^2}\right) - \frac{\sigma_0}{2}\left(1 + \frac{3\rho^4}{r^4}\right)\cos 2\theta$$

9.2 纠倾过程中受力机理分析

$$\sigma_r = \frac{\sigma_0}{2}\left(1-\frac{\rho^2}{r^2}\right)+\frac{\sigma_0}{2}\left(1+\frac{3\rho^4}{r^4}-\frac{4\rho^2}{r^2}\right)\cos2\theta \tag{9-52}$$

$$\tau_{r,\theta}=-\frac{\sigma_0}{2}\left(1-\frac{3\rho^4}{r^4}+\frac{2\rho^2}{r^2}\right)\sin2\theta$$

σ_θ 的最大值在孔洞顶部和底部两点处,其切向应力值为 $\sigma_\theta=3.0\sigma_0$,圆孔左右侧壁两点,其所受切向应力值为 $\sigma_\theta=\sigma_0$,Y 轴上的应力 σ_x(σ_θ) 分布根据下式求出:

$$\sigma_{x,x=0}=\frac{\sigma_0}{2}\left(2+\frac{\rho^2}{r^2}+\frac{3\rho^4}{r^4}\right) \tag{9-53}$$

如圆孔平面板受双向拉应力作用,如图 9-9 所示,假定离圆孔很远处、沿 X 和 Y 轴方向作用有相等的 σ_0,则板内的应力状态仅仅取决于半径 r,而与极角 θ 无关。其应力由下式求出:

$$\sigma_\theta=\sigma_0\left(1+\frac{\rho^2}{r^2}\right)$$

$$\sigma_r=\sigma_0\left(1-\frac{\rho^2}{r^2}\right)$$

$$\tau_{r,\theta}=0$$

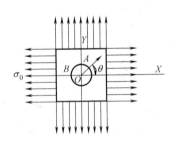

图 9-9 双向拉应力作用

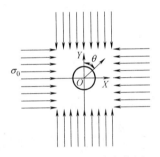

图 9-10 双向压应力作用

平面板受双向作用力时的应力分布可认为是受单向作用力时的应力效应相互叠加,板内产生的最大切向应力在沿圆孔的边缘处,其值 $\sigma_{\theta(r=\rho)}=2.0\sigma_0$。

(2) 厚壁圆筒双向受压弹性理论解

如图 9-10 所示,地层中的初始垂直和水平应力分别为 p_v、p_h,则钻孔后地层中的应力将变为:

$$\sigma_r=\frac{p_h+p_v}{2}\left(1-\frac{r_0^2}{r^2}\right)+\frac{p_h-p_v}{2}\left(1-\frac{4r_0^2}{r^2}+\frac{3r_0^4}{r^4}\right)\cos2\theta$$

$$\sigma_\theta=\frac{p_h+p_v}{2}\left(1+\frac{r_0^2}{r^2}\right)-\frac{p_h-p_v}{2}\left(1+\frac{3r_0^4}{r^4}\right)\cos2\theta \tag{9-54}$$

$$\tau_{r,\theta}=-\frac{p_h-p_v}{2}\left(1+\frac{2r_0^2}{r^2}-\frac{3r_0^4}{r^4}\right)\sin2\theta$$

当 $p_v=p_h=p_0$ 时,上三式可简化为:

$$\sigma_\theta=p_0\left(1+\frac{r_0^2}{r^2}\right)$$

$$\sigma_r=p_0\left(1-\frac{r_0^2}{r^2}\right) \tag{9-55}$$

$$\tau_{r,\theta}=0$$

平面板开洞理论中，薄板为平面应力状态且受二维相等应力作用；厚壁圆筒受压理论中，圆筒为平面应变状态且受三维应力作用，沿圆筒中心轴方向应变为零，两种理论中给出的孔洞周围应力状态分布的解答都是单个孔条件。实际工程中，土体中的水平孔洞为多排多孔且受力情况状态与平面板和厚壁圆筒存在差异：由于多排多孔间孔洞周围应力之间的相互影响，使得多孔情况下土中的附加应力计算异常复杂，不能简单地代用单孔情况下孔周应力的计算公式，现有的弹性理论中还没有提供解析解答。

9.2.3 竖向成孔理论分析

（1）竖向掏土引起的应力变化分析

掏土前建筑物对地基应力分布影响的一般情况：

填土表面的均布荷载在一定宽度范围内分布，离开掏土洞壁的距离为 a，荷载的分布宽度为 b，如图 9-11 所示。从荷载的首尾 o 及 o' 点作两条辅助线 om 及 $o'n$，均与破坏面平行，与水平面的夹角为 θ，θ 的大小为 $45°+\varphi/2$，且交墙背于 m、n 两点。假定 m 点以上及 n 点以下洞壁面的土压力不受荷载影响，m、n 之间按有均布荷载影响计算。

图中凸出的阴影部分面积，便是均布荷载引起的主动土压力 ΔE_a。

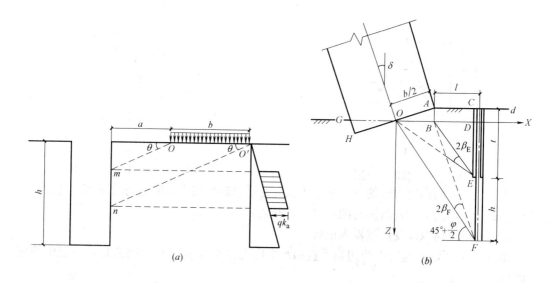

图 9-11 竖向掏孔受力分析
(a) 地面均布荷载；(b) 竖向掏孔

经过数学推导，可得到 ΔE_a

$$\Delta E_a = qbk_a \cdot \sqrt{k_p} \tag{9-56}$$

mn 段的单位计算面积为：

$$\Delta s = b\tan\theta \times 1 = b\tan\theta \tag{9-57}$$

主动土压力强度为：

$$\Delta p_a = \frac{\Delta E_a}{\Delta s} = qk_a \tag{9-58}$$

式中　k_a——朗肯主动土压力系数，$k_a = \text{tg}^2\left(\dfrac{\pi}{4} - \dfrac{\varphi}{2}\right)$；

k_p——朗肯被动土压力系数，$k_p = \text{tg}^2\left(\dfrac{\pi}{4} + \dfrac{\varphi}{2}\right)$；

作用点位置离墙底 $h - (a + b/2)\text{tg}\theta$

因此，解除孔的土压力分布时：

当 $0 \leqslant h \leqslant h_m$ 时

$$p_a = \gamma \cdot h \cdot k_a - 2 \cdot c \cdot \sqrt{k_a} \tag{9-59}$$

当 $h_m \leqslant h \leqslant h_n$ 时

$$p_a = \gamma \cdot h \cdot k_a - 2 \cdot c \cdot \sqrt{k_a} + q k_a \tag{9-60}$$

当 $h_n \leqslant h \leqslant H$ 时

$$p_a = \gamma \cdot h \cdot k_a - 2 \cdot c \cdot \sqrt{k_a} \tag{9-61}$$

显然，掏土前洞壁竖向应力与深度 h 有关，其大小是深度 h 处自重应力 γh。

掏土引起的应力解除：当应力解除孔中的土被取出后，孔壁应力被解除，假定在挖了解除孔后，解除孔释放的水平应力即为掏土前的土压力，竖向应力即为原始的自重应力，沿着解除孔深度 h，被解除的竖向应力是自重应力 γh。

(2) 竖向单孔的弹性理论分析

为更好地理解应力解除法纠倾的机理，进行弹性理论分析。依据弹性理论的 Mindlin 解，通过沿深度积分，可以计算钻孔所释放的正应力和剪应力在建筑物结构两侧（纠倾侧及其对侧）所引起的竖向位移，两者的位移差即为纠倾沉降差。

在半无限体地表面以下任意点 A（深度为 h）处施加水平点荷载 Q 和竖直点荷载 p，分别在地表面某点 $B(x, y)$ 处引起的竖向位移如下：

$$S_{zQ} = \dfrac{Qx}{4\pi G}\left[\dfrac{-h}{R^3} + \dfrac{(1-2\upsilon)}{R(R+h)}\right] \tag{9-62a}$$

$$S_{zP} = \dfrac{P}{4\pi G}\left[\dfrac{(1-2\upsilon)}{R} + \dfrac{h^2}{R^3}\right] \tag{9-62b}$$

式中　G——土的弹性剪变模量，$G = \dfrac{E}{2(1+\upsilon)}$，弹性模量 E 或 G 根据开孔前结构物荷载增加与地基沉降量之间关系推算；

υ——土的泊松比，取 1/3，R 为 A 与 B 之间距离，$R = \sqrt{r^2 + h^2} = \sqrt{(x^2+y^2)+h^2}$；

r——A 与 B 之间的水平距离。

将孔内某一深度 h 处沿该孔壁单元上所释放的水平正应力（$-\sigma_x$），乘以该单元在孔中心面的投影面积 $D \cdot \Delta c$（D 为孔径；Δc 为孔壁单元高度），作为该深度处水平点荷载 $Q (= -\sigma_x D \cdot \Delta h)$，代入式 (9-62a)，得到正应力释放引起的地面点 (x, y) 处的竖向位移 ΔS_{zQ}。同样，将该单元释放的剪应力（$-\tau_{xz}$）乘以投影面积 $D \cdot \Delta c$，作为竖向点荷载 $P (= -\tau_{xz} \cdot D \cdot \Delta h)$ 代入式 (8-62b)，得到剪应力释放引起的地面点 $B(x, y)$ 处的竖向位移 ΔS_{zQ}。将 ΔS_{zP} 和 ΔS_{zP} 之和沿孔深积分，即可得到掏土所引起的地面点 $B(x, y)$ 处的竖向位移（沉降）：

$$S_z = \int_0^H \frac{-x\sigma_x D}{4\pi G}\left[\frac{-h}{R^3} + \frac{(1-2\upsilon)}{R(R+h)}\right]dh + \int_0^H \frac{-\tau_{xz} D}{4\pi G}\left[\frac{2(1-\upsilon)}{R} + \frac{h^2}{R^3}\right]dh \quad (9-63)$$

式中 H——掏土孔深度。

(3) 求解计算

综合以上的分析，取孔壁单元上所释放的水平正应力为 $-\sigma_x = -p_a$，设某一深度 h 处沿该孔壁单元上所释放的剪应力是 $-\tau_{xz} = -\gamma h$，设地面上的一点 $O(x, y)$。

则将土压力分布公式、自重应力表达式代入计算公式得到掏土孔引起的地面上的一点 $O(x, y)$ 沉降：

$$S_z = \int_0^{h_m} \frac{-x(\gamma \cdot hk_a - 2c\sqrt{k_a})}{4\pi G}\left[\frac{-h}{R^3} + \frac{(1-2\upsilon)}{R(R+h)}\right]dh +$$

$$\int_{h_m}^{h_n} \frac{-x(\gamma \cdot hk_a - 2c\sqrt{k_a} + qk_a)}{4\pi G}\left[\frac{-h}{R^3} + \frac{(1-2\upsilon)}{R(R+h)}\right]dh +$$

$$\int_{h_n}^{H} \frac{-x(\gamma \cdot hk_a - 2c\sqrt{k_a})}{4\pi G}\left[\frac{-h}{R^3} + \frac{(1-2\upsilon)}{R(R+h)}\right]dh +$$

$$\int_0^H \frac{-\gamma h D}{4\pi G}\left[\frac{2(1-\upsilon)}{R} + \frac{h^2}{R^3}\right]dh \quad (9-64)$$

分别对结构物纠倾侧及其对侧进行计算，即可求得两侧沉降差 δ，进而计算出建筑物倾斜率的改变量 δ/B (B 为建筑物底板宽度)。

每孔开挖到一定深度后，应力释放引起的建筑物倾斜率的改变比较显著。孔的位置对纠倾作用有相当的影响。孔位置相对建筑物中心最居中，该孔开挖产生的纠倾效果也最显著；两孔相对建筑物中心倾斜面最偏远，这两孔的纠倾效果相对而言最低。

可见，先开挖的孔已经在一定程度上改变了地基的应力状态，因此对后开挖孔的纠倾效果产生影响。多个孔的纠倾效果，不能由如上所述单个孔的计算结果简单线性叠加，而是应该按照开孔顺序逐个计算，即在每一个孔开挖后都计算一次地基应力场的改变，并计算相应建筑物的纠倾量。但是这里没考虑土的屈服和塑性变形，而按照土的塑性理论可知，塑性变形一般比弹性变形大得多。因此，为了较准确地预测纠倾效果，应该考虑开孔顺序和真实土的应力-应变本构关系，按照数值方法计算。因此，对于某个具体纠倾工程的分析，需要考虑预测结果和现场实际真实性状之间存在的差距，根据工程实际情况确定纠倾所需采用的孔径、孔距和孔深等。

9.3 纠倾数值模拟分析

9.3.1 数值分析的基本理论

(1) 弹塑性基本理论

弹塑性力学是人类在长期工程实践和科学试验的基础上发展的一门基础学科。弹性力学和塑性力学是连续介质力学的两个重要分支。弹性力学主要是研究固体材料中的理想弹性体及固体材料弹性变形阶段的应力和变形规律，而塑性力学主要是研究固体材料在塑性工作阶段的应力和变形规律。

固体材料在弹性工作阶段，其应力和应变是线性的，服从虎克定律：当加载时变形随着荷载的增加而线性增长，当荷载卸除后，变形也随之完全消除，恢复到变形前的状态。当材料进入塑性工作阶段后，应力同应变的关系是非线性关系，不服从虎克定律，材料的变形在荷载卸除后不能完全恢复，其不能恢复的变形称之为塑性变形。此外，弹性工作状态和塑性工作状态的差别还体现在加载和卸载条件的不同。处于塑性工作阶段的材料，其应力与应变的关系还取决于应力历史和应力路径。以应力为坐标建立坐标系，那么坐标系内的每点代表一个应力状态，这样形成的一个空间成为应力空间。在弹性工作阶段，应力和应变的关系服从虎克定律，即：

$$\sigma = D\varepsilon \tag{9-65}$$

$\sigma = [\sigma_x, \sigma_y, \sigma_z, \tau_{xy}, \tau_{yz}, \tau_{zx}]^T$； $\varepsilon = [\varepsilon_x, \varepsilon_y, \varepsilon_z, \gamma_{xy}, \gamma_{yz}, \gamma_{zx}]^T$； D 为弹性矩阵。

上式也可以表示为张量形式，即为： $\sigma_{ij} = D_{ijkl}\varepsilon_{ij}$

式中， $D_{ijkl} = \lambda\delta_{ij}\delta_{kl} + \lambda\delta_{ik}\delta_{jl} + \lambda\delta_{il}\delta_{jk}$

其中， δ_{ij}、δ_{ik}、δ_{kl} 等称为 Kroneler-delta。

材料开始屈服后，其性态为部分弹性、部分塑性。对于任何一个应力增量，应变增量假定为弹性与塑性分量之和，即：

$$d\varepsilon_{ij} = d\varepsilon_{ij}^e + d\varepsilon_{ij}^p$$

$$d\varepsilon = D^{-1}d\sigma + d\lambda \frac{\partial F}{\partial \sigma} \tag{9-66}$$

弹塑性矩阵 $D_{ep} = D - D\left\{\frac{\partial F}{\partial \sigma}\right\}\left\{\frac{\partial F}{\partial \sigma}\right\}^T D\left[A + \left\{\frac{\partial F}{\partial \sigma}\right\}^T D\left\{\frac{\partial F}{\partial \sigma}\right\}\right]^{-1}$

式中，参数 A 对于理想弹塑性材料，无应变硬化时，$A=0$；对于任何加工硬化材料，采用塑性加工硬化定律时，可以推导得到：

$$A = -\frac{\partial F}{\partial \sigma}^T \sigma \frac{\partial F}{\partial \sigma} \tag{9-67}$$

(2) 本构模型

修正 Cam Clay 模型，适合于黏土类土壤材料的模拟；Druker-Prager 模型适合于砂土等粒状材料的不相关流动的模拟；Mohr-Coulomb 模型允许材料各向同性硬化或软化及其他扩展模型等。结合工程特点，本文采用二维本构模型 Mohr-Coulomb Model。Mohr-Coulomb Model 塑性模型主要适用于在单调荷载作用下以颗粒结构为特征的力学性质，是基于材料破坏状态时的摩尔圆提出的。

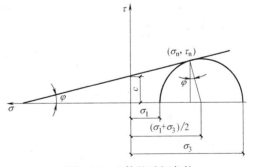

图 9-12　土体的破坏条件

1) Mohr-Coulomb 屈服准则

Mohr-Coulomb 屈服准则将岩土体的破坏条件表示为与最大主应力圆相切的一条直线，用岩土的黏聚力和内摩擦角表示，如图 9-12 所示。

屈服准则表达式为：

$$\tau_n = c + \sigma_n \tan\varphi \tag{9-68}$$

式（9-68）用主应力可表达为：

$$\frac{\sigma_1 - \sigma_3}{2} = c\cos\varphi - \frac{\sigma_1 + \sigma_3}{2}\sin\varphi \tag{9-69}$$

式（9-69）写成屈服函数的形式，为：

$$F = \frac{J_1 \sin\varphi}{3} + \left(\cos\theta - \frac{\sin\theta \sin\varphi}{\sqrt{3}}\right)\sqrt{J_2'} - c\cos\varphi = 0 \tag{9-70}$$

式中 c、φ——分别为岩土黏聚力和内摩擦角；J_1、J_2'分别为应力张量第 1 不变量和应力偏量第 2 不变量；θ 为 Lode 角，且：

$$\theta = \frac{1}{3}\arcsin\left[\frac{-3\sqrt{3}}{2} J_3' (J_2')^{-\frac{3}{2}}\right] \tag{9-71}$$

式中 J_2'、J_3'——分别为应力偏量第 2、3 不变量。

由于 Mohr-Coulomb 屈服准则简单，所需的参数容易获得且符合岩土材料的性质。因此，工程计算中多采用了该准则。

2) 弹塑性本构关系

对于岩土材料，在材料进入塑性屈服前，应力、应变间的关系遵从虎克定律。当材料初始屈服后，其性态为部分弹性、部分塑性。对于任何应力增量 d$\{\sigma\}$、应变增量 d$\{\varepsilon\}$，均为弹性分量与塑性分量两部分之和，即：

$$d\{\varepsilon\} = d\{\varepsilon^e\} + d\{\varepsilon^p\} = [D]^{-1} d\{\sigma\} + \lambda\left\{\frac{\partial G}{\partial \sigma}\right\} \tag{9-72}$$

式中 λ——塑性乘子；

G——塑性势函数，对于服从关联流动法则的材料，塑性势函数 G 通常取该材料的加载函数 F（屈服函数）。令增量弹塑性关系为：

$$d\{\sigma\} = [D]_{ep} d\{\varepsilon\} \tag{9-73}$$

经公式推导，可得：

$$[D]_{ep} = [D] - \frac{[D]\{\alpha\}[\alpha]^T [D]}{A + \{\alpha\}^T [D]\{\alpha\}} \tag{9-74}$$

式中 $[D]_{ep}$——弹塑性矩阵；

$[D]$——弹性矩阵；

A——硬化参数，对于理想弹塑性材料，$A=0$；

$\{\alpha\}$——流动矢量，且：

$$\{\alpha\} = \left\{\frac{\partial G}{\partial \sigma}\right\} = \left\{\frac{\partial F}{\partial \sigma}\right\} = \left\{\frac{\partial F}{\partial J_1}\right\}\left\{\frac{\partial J_1}{\partial \sigma}\right\} + \left\{\frac{\partial F}{\partial \sqrt{J_2'}}\right\}\left\{\frac{\partial \sqrt{J_2'}}{\partial \sigma}\right\} +$$

$$\left\{\frac{\partial F}{\partial \theta}\right\}\left\{\frac{\partial \theta}{\partial \sigma}\right\} = C_1\{\alpha_1\} + C_2\{\alpha_2\} + C_3\{\alpha_3\} \tag{9-75}$$

$$\{\alpha_1\} = [1 \ \ 1 \ \ 1 \ \ 0 \ \ 0 \ \ 0]^T$$

$$\{\alpha_2\}=\frac{1}{2\sqrt{J'_2}}[\sigma'_x \quad \sigma'_y \quad \sigma'_z \quad 2\tau_{yz} \quad 2\tau_{zx} \quad 2\tau_{xy}]^T$$

$$\{\alpha_3\}=\begin{Bmatrix} \sigma'_y\sigma'_z-\tau_{yz}^2 \\ \sigma'_y\sigma'_z-\tau_{zx}^2 \\ \sigma'_x\sigma'_y-\tau_{xy}^2 \\ 2(\tau_{zx}\tau_{xy}-\sigma'_x\tau_{yz}) \\ 2(\tau_{xy}\tau_{yz}-\sigma'_y\tau_{zx}) \\ 2(\tau_{yz}\tau_{zx}-\sigma'_z\tau_{xy}) \end{Bmatrix}+\frac{J'_2}{3}\begin{Bmatrix}1\\1\\1\\0\\0\\0\end{Bmatrix}$$

对于 Mohr-Coulomb 屈服准则，C_1，C_2，C_3 为：

$$C_1=\frac{\sin\varphi}{3}$$

$$C_2=\cos\theta[(1+\tan\theta\tan3\theta)+\sin\varphi(\tan3\theta-\tan\theta)/\sqrt{3}]$$

$$C_3=(\sqrt{3}\sin\theta+\cos\theta\sin\varphi)/(2J'_2\cos3\theta)$$

(3) 数值分析程序

当前，数值分析程序有多种，例如：ANSYS、ADINA、MIDAS、ABAQUS 等等，其中 FLAC-3D（Three Dimensional Fast Lagrangian Analysis of Continua）是美国 Itasca Consulting Goup lnc. 开发的三维快速拉格朗日分析程序。该程序能较好地模拟地质材料在达到强度极限或屈服极限时发生的破坏或塑性流动的力学行为，特别适用于分析渐进破坏和失稳以及模拟大变形。它包含 10 种弹塑性材料本构模型，有静力、动力、蠕变、渗流、温度五种计算模式，各种模式间可以互相耦合，可以模拟多种结构形式，如岩体、土体或其他材料实体，梁、锚杆、桩、壳及人工结构，如支护、衬砌、锚索、岩栓、土工织物、摩擦桩、板桩、界面单元等，可以模拟复杂的岩土工程或力学问题。

该程序应用范围广泛，在 FLAC3D 中为岩土工程问题的求解开发了特有的本构模型，6 个塑性模型（Drucker-Prager 模型、Mohr-Coulomb 模型、应变硬化/软化模型、遍布节理模型、双线性应变硬化/软化遍布节理模型和修正的 cam 黏土模型）。

FLAC3D 网格中的每个区域可以给以不同的材料模型，并且还允许指定材料参数的统计分布和变化梯度。还包含了节理单元，也称为界面单元，能够模拟两种或多种材料界面不同材料性质的间断特性。节理允许发生滑动或分离，因此，可以用来模拟岩体中的断层、节理或摩擦边界。

FLAC3D 中的网格生成器 gen，通过匹配、连接由网格生成器生成局部网格，能够方便地生成所需要的三维结构网格。还可以自动产生交叉结构网格（比如说相交的巷道），三维网格由整体坐标系 x、y、z 系统所确定，这就提供了比较灵活的产生和定义三维空间参数。

Terzaghi 固结理论研究的是土体一维固结，其基本固结方程只有在限定的初始条件和边界条件下才成立。而地基土层的实际固结情形要远较之复杂，其实际的边界条件和初始条件因具体工程条件而异。此种情形下，其固结方程的解析解很难直接获得，采用差分法进行数值求解成为一种可行的选择。差分法解土工问题就是将研究区域用差分网格离散，对每一个节点通过差商代替导数，把问题的微分方程转换为差分方程。然后，结合初始条件和边界条件求解线性方程组得到沉降的数值解。使用此方法要注意固结系数的选取，应用到平面或轴对称问题时需要校正，差分法曾在 20 世纪 40 年代后期成功解决了土工中的一些实际问题，如：土坝渗流、浸润线获取、土坝及地基的固结等。Barden、Berry（1965）采用 $e-\log\sigma'$ 关系以及渗透系数 k_v 与孔压 u 的关系，根据差分法得到了非线性一维固结曲线。Mesri（1974）采用 $e-\log\sigma'$ 和 $e-\log k_v$ 关系，同样用有限差分法得到了固结曲线。国内也有不少这方面的研究，并针对三维地基沉降分析提出了一种差分伽辽金法。

由于有限元法和边界元法的应用，差分法的应用曾趋于停滞。但在近年，任意网格划分的优点使得差分法又有了新的进展。

9.3.2 地基中水平成孔后的附加应力

地基中水平成孔后，原来附加应力中心分布，产生应力集中现象，从而引起地基土新的变形，建筑物产生新的沉降。

（1）土体中水平孔洞的形成

土体中无孔洞存在时，地基中的附加应力计算根据弹性理论求解得到，该理论的假设条件是：土为半无限空间各向同性连续弹性介质。而在水平钻孔迫降纠倾工程中，因水平钻孔使得土体出现孔洞而成为不连续状态；土体中的附加应力因为存在孔洞而发生应力重分布，产生应力集中效应，使得地基土在新增大的附加应力作用下再次发生竖向压缩沉降变形。

工程中采用的水平钻孔方式如图 9-13、图 9-14 所示。其工作原理是在建筑物沉降较小一侧的基础下通过人工或机械方法设置若干排水平孔洞，在上部建筑荷载作用下地基因受荷面积减小而发生附加应力重分布，土中附加应力产生应力集中效应，孔洞与周围土体发生一系列较大的弹塑性变形，使得地基下沉而迫使建筑物达到回倾目的。

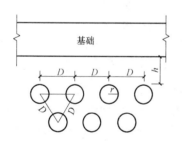

图 9-13　水平钻孔迫降纠倾示意图

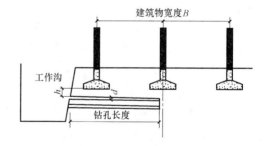

图 9-14　孔洞排列示意图

水平钻孔迫降纠倾技术，在实际工程中可控性较好。施工过程中通过控制孔洞直径、间距、排数和钻孔长度，确定每次纠倾回倾量；当地基迫降量达不到预期的沉降量时，可通过往孔洞内射水，控制灌水次数、顺序，使土体发生软化再次产生沉降来增加回倾速度。施工现场如图 9-15 所示。

该技术还具有施工工艺简单、处理费用较低、对周围环境无污染、受自然气候影响小等技术特点，在工程中应用较广。

（2）存在水平孔洞条件下的土中附加应力

本节通过 ABAQUS 有限元软件模拟分析土体水平钻孔后的附加应力重分布状态，根据附加应力分布特点划分计算区域，借鉴 Bousinessq 表格化方法编制不同排数孔洞情况

图 9-15 钻孔施工现场

下各计算区域中点位置处的附加应力 σ_z 增大系数表，给出土体存在多排水平孔洞条件下的各区域附加应力 σ_z 增量的计算方法。

1) 土体水平钻孔后的附加应力及附加沉降变形分析

① 附加应力分析

钻孔前土体在基底附加压力作用下的附加应力 σ_z 分布状况见图 9-16，附加应力 σ_z 等值线图见图 9-17。

由图 9-16、图 9-17，可得到土体中附加应力 σ_z 的分布规律：

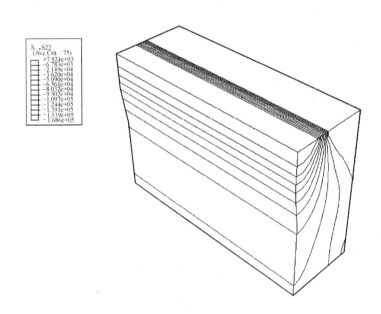

图 9-16 钻孔前土体中附加应力 σ_z 分布

a. σ_z 分布在基础宽度范围外，出现应力扩散；

b. 不同深度 z 处的各个水平面上，基础中心点下轴线处的 σ_z 最大，随着距离中轴线愈远愈小；

c. 荷载分布范围内任意点沿垂线的 σ_z 大小，随深度增加而减小。

土体水平钻孔后，附加应力状态重新分布。为说明多孔情况下孔周的附加应力分布、附加沉降变形特点以及对钻孔后土中附加应力 σ_z 的计算方法，现以一排和二排水平孔洞情

第 9 章 纠倾工程技术机理探索

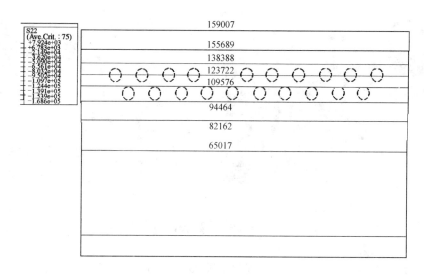

图 9-17 钻孔前土体中附加应力 σ_z 等值线图（虚圆表示钻孔位置）

况下土中的附加应力 σ_z 进行分析。

图 9-18（a）、（b）是水平钻孔后经基础宽度中点沿长度方向作的附加应力 σ_z 分布状态剖面图。从图中可看出附加应力重新分布，并产生应力集中效应。

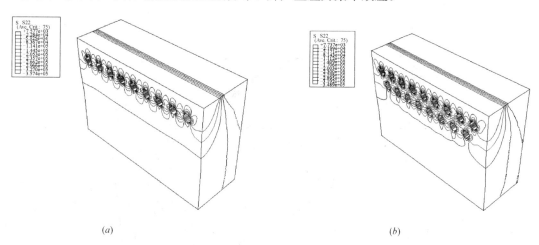

图 9-18 钻水平孔洞后的附加应力 σ_z 分布
（a）钻一排水平孔洞；（b）钻二排水平孔洞

图 9-19（a）为图 9-18（a）左侧三个孔洞的正面图，可看出水平钻一排孔后附加应力 σ_z 发生重分布。由等值线数值可得到 σ_z 的分布规律：

a. 从基底到第一排水平孔洞顶点范围之间的土层，附加应力变化有两个趋势：所钻孔洞直径范围内的土柱，从基底向下到孔洞顶点，附加应力大致呈线性递减趋势；相邻两孔洞范围内的土柱，从基底向下到该土层下界面，附加应力大致呈线性递增趋势；

b. 沿孔洞顶点至水平侧壁点再到孔洞底点，附加应力先增大后减小，相比于钻孔前，孔洞顶点和底点附加应力减小，左右水平侧壁点附加应力明显增大，大小约为钻孔前该点位置处附加应力的 2.24 倍，产生应力集中效应；

176

9.3 纠倾数值模拟分析

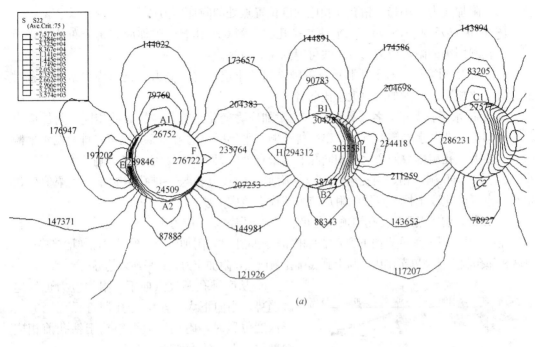

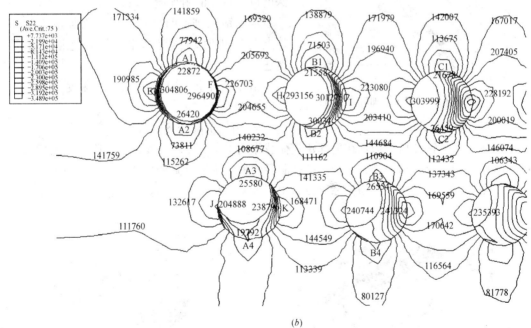

图 9-19 土体中存在水平孔洞时的附加应力等值线图
(a) 一排水平孔洞时 σ_z 等值线图；(b) 二排水平孔洞时 σ_z 等值线图

  c. 相邻两孔洞之间的土柱，在孔洞直径厚度范围土层内，附加应力除在左右水平侧壁点位置处很小范围内变化较大外，在该土层其他区域变化较小，因此，为简化计算，可将该区域附加应力场视为均匀应力场，大小以该土层中点的附加应力为准；

  d. 沿孔洞底点向下，附加应力呈递减趋势，当向下至 3 倍孔洞直径范围的土层深度

第9章 纠倾工程技术机理探索

位置时,附加应力大小趋于钻孔前相应深度位置点处的附加应力值。

图9-19（b）为8-18（b）水平钻二排孔、左侧6个孔洞的附加应力σ_z分布状态正面图。由孔洞周围的附加应力σ_z等值线可得到σ_z分布规律:

a. 从基底到第一排水平孔洞顶点范围之间的土层,附加应力变化趋势与钻一排孔时的趋势变化相同,但附加应力大小比前者要小;

b. 每排水平孔洞中,各个孔洞洞壁处附加应力变化趋势与一排时的相同,附加应力最大值都位于孔洞水平侧壁点处,第一排孔洞水平侧壁点的附加应力比第二排孔洞水平侧壁点的要大,孔洞排数的变化对相同孔洞侧壁点处的附加应力幅值改变影响不大;

c. 同一排孔洞,相邻两孔间的土柱附加应力场分布与一排孔洞时相同,幅值变化很小,也可简化取土柱中点处的附加应力值代表该应力场;

d. 顶排孔洞底点到底排孔洞顶点之间范围的土层,附加应力也有两个变化趋势：顶排孔洞直径范围内,从孔洞底点向下到底排两相邻孔洞间土柱,附加应力大致呈线性递增趋势;顶排两相邻孔洞土柱宽度范围内,从上到底排孔洞顶点,附加应力大致呈递减趋势;

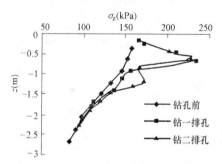

图9-20 钻孔前后土中附加应力σ_z对比

e. 从底排孔洞底点向下,附加应力也呈递减趋势,当向下大致至3倍孔洞直径范围的土层深度位置时,附加应力大小趋于钻孔前相应深度位置点处的附加应力值。

水平钻三排、四排孔洞后的附加应力分布特点与二排时的情况基本相同,这里就不再赘述。

钻孔前后土中附加应力σ_z随深度分布状况见图9-20。

② 附加沉降变形分析

土体中水平钻孔后,地基在上部建筑荷载作用下由于受荷面积减小、附加应力增大而产生附加沉降变形。钻一排、二排水平孔洞后的地基附加沉降变形状态,如图9-21所示。

由图9-21（a）、（b）的横截面可以看出,地基附加沉降变形具有以下特点:

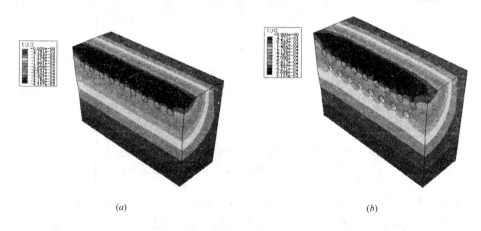

图9-21 土体中存在不同排水平孔洞时的附加沉降变形
(a) 一排水平孔洞;(b) 二排水平孔洞

a. 基础宽度范围内，同一水平层的土附加沉降变形都相同，具有成层性特点；

b. 由于钻孔引起土体附加应力增大而产生附加沉降变形的范围有限，影响深度为底排孔洞向下 3 倍直径深度处；

c. 钻孔后的地基附加沉降变形比钻孔前的要大，孔洞排数愈多，地基附加沉降变形相应就愈大；

d. 沿基础底面向下，地基附加沉降变形逐渐减小，孔洞间土柱的附加沉降变形也具有成层特点。

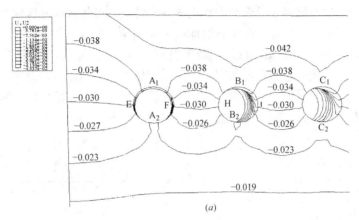

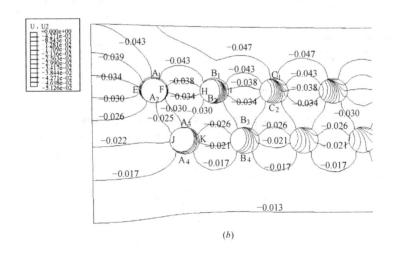

图 9-22 不同水平孔洞时的附加沉降变形等值线图
（a）一排水平孔洞时的附加沉降变形等值线图；（b）二排水平孔洞时的附加沉降变形等值线图

图 9-22（a）钻一排水平孔洞时，A_1、A_2、E、F 点构成的圆孔直径为 0.3m，由于附加应力重分布受压变形为椭圆，短轴 A_1A_2 为 0.28227m，长轴 EF 为 0.29619m。图 9-22（b）钻二排水平孔洞时，相同位置 A_1、A_2、E、F 点构成的直径为 0.3m 的圆孔，也是受压变成椭圆状，短轴 A_1A_2 为 0.28223m，长轴 EF 为 0.29654m。孔洞排数愈多，同一位置处的圆孔受压成椭圆状愈扁，也即受力变形愈大，圆孔洞壁各点都是弹性变形状态。

2）计算区域的划分方法

根据钻孔后土中的附加应力分布特点,可将土层划分为四个区域来计算地基的附加沉降变形:

第一区域:基底与第一排水平孔洞顶点之间范围的土层;

第二区域:同处一排水平孔洞,孔洞直径范围深度,相邻两个孔洞之间范围的土柱;

第三区域:上排孔洞底点与相邻下排孔洞顶点之间范围的土层;

第四区域:底排孔洞底点向下至3倍直径范围深度以内的土层。

3)水平钻孔后土体中各计算域附加应力增大系数

根据土的附加应力增量 σ_z 分布和附加沉降变形特点,可将各划分区域的平均附加应力 σ_z 增量简化为该区域厚度中点位置处的附加应力 σ_z 增量,其位置如图9-23~图9-25所示(其中:A在第一区域,B在第二区域,依次类推,相应各区域的厚度见图中标示)。附加应力 σ_z 增量是钻孔后相对于钻孔前相同位置点的附加应力 σ_z 的差值,借鉴工程中布氏理论表格化的思路,将此增量值与基底附加压力相除就得到水平钻不同排数孔洞情况下的土中附加应力 σ_z 增大系数,并编制相关系数表,求解钻孔后土中的 σ_z 增量。

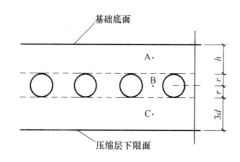

图9-23 一排孔洞情况下各计算点位置

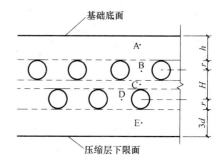

图9-24 二排孔洞情况下各计算点位置

一排孔洞条件下各计算域附加应力 σ_z 增大系数表　　　　表9-1

D/d	d(mm)	150	200	250	300
2	K_A	0.012	0.026	0.043	0.078
	K_B	0.6	0.577	0.573	0.571
	K_C	0.014	0.027	0.038	0.038
2.5	K_A	0.02	0.052	0.059	0.098
	K_B	0.343	0.339	0.332	0.327
	K_C	0.008	0.026	0.058	0.036
3	K_A	0.028	0.058	0.073	0.063
	K_B	0.215	0.214	0.2	0.172
	K_C	0.005	0.016	0.032	0.036
3.5	K_A	0.042	0.06	0.078	0.081
	K_B	0.165	0.152	0.15	0.142
	K_C	0.003	0.04	0.056	0.055

9.3 纠倾数值模拟分析

续表

D/d	d(mm)	150	200	250	300
4	K_A	0.05	0.06	0.068	0.056
	K_B	0.115	0.113	0.111	0.108
	K_C	0.002	0.024	0.054	0.057

二排孔洞条件下各计算域附加应力 σ_z 增大系数表　　表 9-2

D/d	d(mm)	150	200	250	300
2	K_A	0.004	0.019	0.045	0.082
	K_B	0.537	0.529	0.526	0.521
	K_C	0.143	0.128	0.139	0.119
	K_D	0.491	0.473	0.455	0.448
	K_E	0.019	0.07	0.039	0.062
2.5	K_A	0.024	0.051	0.08	0.095
	K_B	0.355	0.278	0.266	0.258
	K_C	0.074	0.084	0.074	0.061
	K_D	0.274	0.259	0.247	0.24
	K_E	0.036	0.046	0.063	0.074
3	K_A	0.031	0.063	0.08	0.087
	K_B	0.217	0.191	0.188	0.179
	K_C	0.068	0.048	0.054	0.025
	K_D	0.178	0.166	0.154	0.151
	K_E	0.054	0.062	0.054	0.087
3.5	K_A	0.041	0.057	0.072	0.075
	K_B	0.142	0.131	0.129	0.127
	K_C	0.043	0.032	0.026	0.014
	K_D	0.127	0.116	0.114	0.128
	K_E	0.05	0.074	0.069	0.123
4	K_A	0.047	0.06	0.059	0.056
	K_B	0.106	0.097	0.094	0.091
	K_C	0.011	0.016	0.024	0.008
	K_D	0.085	0.087	0.095	0.099
	K_E	0.057	0.071	0.088	0.109

根据上面各表可得到不同排数水平孔洞情况下各划分区域中心位置处的附加应力 σ_z 增量计算公式：

$$\Delta \sigma_{zi} = K_i \cdot P_0 \tag{9-76}$$

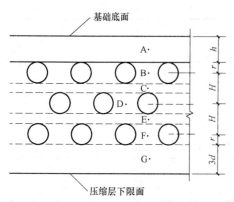

图 9-25 三排孔洞情况下各计算点位置

式中 $\Delta\sigma_{zi}$——第 i 划分区域中点位置处的附加应力增量（kPa）；

K_i——第 i 划分区域中点位置处的附加应力 σ_z 增大系数；

P_0——基底附加压力（kPa）；

i——区域的划分号。第一区域对应 A，第二区域对应 B，依次类推。

（3）基底附加压力对附加应力增大系数的影响

为分析基底附加压力 P_0 不同对附加应力 σ_z 增大系数表的影响，将相同条件（$h=500\mathrm{mm}$、$d=300\mathrm{mm}$、$D=600\mathrm{mm}$），基底附加压力不同（P_0 分别为 100kPa、200kPa）情况下的各划分区域中点位置处的附加应力 σ_z 增大系数进行比较，见表 9-4。

三排孔洞条件下各计算域附加应力 σ_z 增大系数表　　表 9-3

D/d	d(mm)	150	200	250	300
2	K_A	0.003	0.023	0.03	0.09
	K_B	0.7	0.552	0.497	0.486
	K_C	0.066	0.096	0.053	0.049
	K_D	0.462	0.411	0.408	0.398
	K_E	0.147	0.134	0.128	0.077
	K_F	0.456	0.473	0.385	0.378
	K_G	0.036	0.05	0.062	0.09
2.5	K_A	0.017	0.041	0.048	0.097
	K_B	0.291	0.275	0.272	0.269
	K_C	0.073	0.035	0.051	0.038
	K_D	0.28	0.223	0.242	0.203
	K_E	0.049	0.044	0.055	0.056
	K_F	0.258	0.243	0.224	0.212
	K_G	0.048	0.06	0.093	0.114
3	K_A	0.026	0.053	0.079	0.094
	K_B	0.226	0.186	0.182	0.179
	K_C	0.021	0.023	0.036	0.03
	K_D	0.146	0.151	0.135	0.146
	K_E	0.033	0.043	0.036	0.057
	K_F	0.171	0.148	0.171	0.176
	K_G	0.061	0.09	0.108	0.139

续表

D/d	d(mm)	150	200	250	300
3.5	K_A	0.035	0.06	0.064	0.073
	K_B	0.135	0.128	0.13	0.129
	K_C	0.014	0.015	0.018	0.023
	K_D	0.112	0.096	0.11	0.108
	K_E	0.036	0.041	0.068	0.058
	K_F	0.168	0.138	0.126	0.17
	K_G	0.074	0.098	0.136	0.158
4	K_A	0.042	0.055	0.067	0.055
	K_B	0.101	0.093	0.099	0.104
	K_C	0.008	0.015	0.011	0.013
	K_D	0.076	0.08	0.088	0.094
	K_E	0.033	0.038	0.057	0.078
	K_F	0.104	0.132	0.14	0.169
	K_G	0.086	0.071	0.147	0.183

基底附加压力不同情况下的各计算域附加应力 σ_z 增大系数　　表 9-4

	P_0(kPa)	100	200
一排孔洞	K_A	0.074	0.078
	K_B	0.568	0.571
	K_C	0.036	0.038
二排孔洞	K_A	0.078	0.082
	K_B	0.519	0.521
	K_C	0.117	0.119
	K_D	0.445	0.448
	K_E	0.058	0.062

由上表可知，基底附加压力不同时，附加压力 σ_z 增大系数最大相差为 6.9%，影响较小。为简化计算，可忽略不计。因此，可得出基底附加压力不影响附加压力 σ_z 增大系数的结论。

9.3.3　地基中水平成孔后的附加沉降

纠倾工程设计是纠倾工程的关键环节，它不仅需要理论计算，还需要根据实际情况进行调整。从纠倾设计前的准备工作、纠倾设计计算、结构加固设计、防复倾加固设计计算、监测系统设计等，建筑物纠倾工程设计是一个完整的系统设计。

（1）工程中地基沉降计算方法

在实际工程中，计算建筑地基沉降的方法主要是水平成层介质模型下的分层总和法和规范法。现将这两种方法的特点和适用范围简介如下。

1）分层总和法

分层总和法主要应用弹性理论计算荷载作用下各土层中的附加应力，通过室内单向固结压缩试验得到土的压缩性指标，分层计算各土层的压缩量，然后求和得到土的沉降变形。其计算步骤如下：

① 将基础底面以下土层划分为若干水平土层，每层厚度不得超过 $0.4b$；当有不同性质土层的界面和地下水面时，必须作为分界面；

② 计算基础中心轴线处各水平土层界面上的自重应力和附加应力，并按同一比例绘出自重应力和附加应力分布图；

③ 由 $\sigma_z = 0.2\sigma_{cz}$ 确定压缩层厚度；

④ 根据 $\Delta S_i = \left(\dfrac{a}{1+e_1}\right)_i \cdot \sigma_{zi} \cdot h_i = \dfrac{\sigma_{zi} \cdot h_i}{E_{si}}$ 计算压缩层厚度内每一水平土层的沉降变形；

⑤ 由 $S = \sum\limits_{i=1}^{n} \Delta S_i$ 计算地基总沉降变形。

这种计算方法的特点是：土体是侧限条件，压缩指标易通过单向固结压缩试验确定，适用于各种成层土和各种荷载的沉降变形计算。但土层划分层数较多，使得计算工作量大，计算结果对坚硬地基，结果偏大；软弱地基，结果偏小。

2) 规范法

《建筑地基基础设计规范》（GB 50007—2002）计算地基沉降变形时，对于地基内的应力分布采用各向同性均质变形体理论，其最终沉降变形按下式计算：

$$s = \psi_s \cdot s' = \psi_s \sum_{i=1}^{n} \dfrac{p_0}{E_{si}}(z_i \overline{\alpha_i} - z_{i-1} \overline{\alpha_{i-1}}) \tag{9-77}$$

式中 s——地基最终沉降变形（mm）；

s'——按分层总和法计算出的地基沉降变形；

ψ_s——沉降计算经验系数，根据地区沉降观测资料及经验确定；无地区经验时，可由《建筑地基基础设计规范》（GB 50007—2002）中的表 5.3.5 查得；

n——地基变形计算深度范围内所划分的土层数；

p_0——对应于荷载效应准永久组合时的基础底面处的附加压力（kPa）；

E_{si}——基础底面下第 i 层土的压缩模量（MPa），应取土的自重压力至土的自重压力与附加压力之和的压力段计算；

z_i，z_{i-1}——基础底面至第 i 层土、第 $i-1$ 层土底面的距离（m）；

$\overline{\alpha_i}$，$\overline{\alpha_{i-1}}$——基础底面计算点至第 i 层土、第 $i-1$ 层土底面范围内平均附加应力系数，按《建筑地基基础设计规范》（GB 50007—2002）中的附录 K 采用。

规范法在分层总和法的基础上作了一些修正：引入平均附加应力系数 α，减少了土层的划分层数；用相对沉降变形 $\Delta s'_n \leqslant 0.025 \sum\limits_{i=1}^{n} \Delta s'_i$ 来控制土的压缩层深度，这样不仅考虑了附加应力随深度的变化，还考虑了土层的压缩性对压缩层深度的影响，较前种方法更为合理；对同一层土的压缩性指标采用 100~200kPa 的压力范围（低压缩性土为 100~300kPa）求得的加权压缩模量来进行计算，使计算大为简便；引进经验系数 ψ_s，使理论计算结果更符合实际观测结果。

该方法计算得到的沉降变形是土的最终沉降变形，由于其对分层总和法的完善而作为

《建筑地基基础设计规范》中地基沉降计算的推荐方法，在工程中得到广泛的应用。

（2）水平成孔迫降条件下地基附加沉降计算方法

土体中水平钻孔后，地基中附加应力分布和附加沉降变形都发生变化。前面已对钻孔后地基中的附加应力计算方法做了详细的介绍。相对于工程中计算地基沉降变形的实用方法，水平钻孔后的地基附加沉降变形在计算区域划分、土层压缩层深度的确定方面与之存在区别，现介绍如下。

1）计算区域的划分

工程中计算地基沉降变形时，分层总和法根据不同性质土层的界面、地下水位以及 $0.4b$ 基础宽度的限制来确定土层的划分；《建筑地基基础设计规范》（GB 50007—2002）推荐的计算方法则根据不同性质土层的界面和地下水位来确定土层的划分。相比于这两种方法，地基钻孔后的附加沉降变形计算对计算区域的划分则是根据附加应力的分布特点来确定。

由前面对钻孔后的孔周附加应力分析可知：基底与顶排孔洞顶点之间范围的土层，从基底向下到顶排孔洞顶点，附加应力呈线性分布规律；位处同一排孔洞，相邻两个孔洞中间范围的土柱附加应力数值相差不大，可简化为均匀应力场；上排孔洞底点至相邻下排孔洞顶点之间范围的土层，附加应力数值从上向下也基本呈线性分布规律；从底排孔洞底点向下，附加应力逐渐减小，到3倍孔洞直径范围深度位置，附加应力基本趋于钻孔前相同位置点的附加应力值。因此根据该特点可将土层划分为四个计算区域来计算地基的附加沉降变形：

第一区域：基底与第一排水平孔洞顶点之间范围的土层；

第二区域：同处一排水平孔洞，相邻两个孔洞之间范围的土柱；

第三区域：上排孔洞底点与相邻下排孔洞顶点之间范围的土层；

第四区域：底排孔洞底点向下3倍直径位置点范围以内的土层。

2）压缩层的确定

水平钻孔后地基产生附加沉降变形，是由于土中的附加应力发生变化所引起，因此土的压缩层应根据土中附加应力变化的深度范围来确定。由前面钻孔后土中的附加应力分布状态分析已得到：底排孔洞所引起的附加应力变化影响范围，一般在3倍的孔洞直径深度之内。

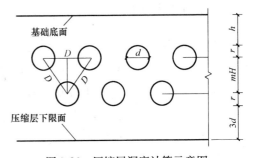

图 9-26　压缩层深度计算示意图

由图 9-26 可确定土的压缩层计算深度：

$$Z=h+2r+mH+3d=h+4d+\frac{\sqrt{3}}{2}mD \tag{9-78}$$

式中　Z——土的压缩层厚度（m）；

　　　h——基底离第一排孔洞顶点的距离（m）；

　　　r——孔洞的半径（m）；

　　　d——孔洞的直径（m）；

　　　D——相邻两孔洞中心的间距（m）；

m——水平孔洞的排数（$m \geqslant 2$）；

H——上下相邻两排孔洞中心点间的垂直距离（m）。

以上公式中，h、d、D、m 均为已知设计参数。

3）地基附加沉降变形的组成

土体中水平钻孔后，地基由于附加应力重新分布出现应力集中效应而产生附加沉降变形。根据产生变形的机理不同，附加沉降变形由两部分组成：因土中压密所产生的附加沉降变形 Δs_1 以及孔洞侧壁各点的土因错动滑移而产生的附加沉降变形 Δs_2。在 Δs_1 沉降变形中，地基由于所受附加应力 σ_z 增大而继续向下压缩不饱和土体，土体因孔隙减小而产生压缩附加沉降变形，这部分附加沉降发生在孔洞间的土柱以及孔洞周围的土体中；Δs_2 是由于土体受切向力作用，土颗粒间因相互错动滑移而产生位移，这部分附加沉降发生在以圆孔的圆心为中心、厚度为 t 的薄壁圆筒区域，如图 9-27 所示。

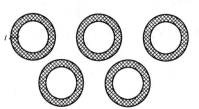

图 9-27 Δs_2 沉降变形影响区域示意图

4）水平钻孔抽土法条件下地基附加沉降变形计算

采用水平成层介质模型和三铰拱模型，计算压缩层厚度范围内土层的总附加沉降变形。由于不同排数水平孔洞情况下所划分的区域并不相同，因此，地基附加沉降计算公式也有区别。

由附加沉降变形组成：

$$\Delta s = \Delta s_1 + \Delta s_2 \tag{9-79}$$

式中 Δs——土层的总附加沉降变形（m）；

Δs_1——由于压缩变形产生的附加沉降变形（m）；

Δs_2——由于错动滑移产生的附加沉降变形（m）。

下面分别给出 Δs_1、Δs_2 的计算方法：

① Δs_1 的计算方法

由分层总和法，得：

$$\Delta s_1 = \sum_{i=1}^{n} \Delta s_i = \sum_{i=1}^{n} \frac{\Delta \sigma_{zi}}{E_{si}} \cdot h_i \tag{9-80}$$

式中 Δs_1——由于压缩变形产生的附加沉降变形（m）；

Δs_i——第 i 区域的附加沉降变形（m）；

$\Delta \sigma_{zi}$——第 i 区域中点位置处的竖向附加应力增量（kPa）；

h_i——第 i 区域的厚度（m）；

E_{si}——第 i 区域中，当附加应力由 p_i 增大至 $p_i + \Delta p_i$ 时，根据室内固结压缩试验 $e-p$ 曲线得到该附加应力改变范围内的土压缩模量（kPa）；

n——区域的划分数。

不同排数孔洞情况下，$\Delta \sigma_{zi} = K_i \cdot p_0$ 和 h_i 都存在区别，因此，各排孔洞情况下的地基附加沉降变形公式分别如下：

a. 一排孔情况

$$\Delta s_1 = \left[\frac{K_A h}{2 E_{s1}} + d \cdot \left(\frac{K_B}{E_{s2}} + \frac{3 K_C}{E_{s3}} \right) \right] \cdot p_0 \tag{9-81a}$$

式中 Δs_1——一排孔情况下地基由于压缩变形而产生的附加沉降变形（m）；

K_A，K_B，K_C——各划分区域中点位置处的竖向附加应力增大系数，由 d 和 D 查表 9-1 求得；

E_{s1}，E_{s2}，E_{s3}——各划分区域的压缩模量（kPa），根据该区域的附加应力变化范围由室内固结压缩试验得到；

d——孔洞的直径（m）；

p_0——基底附加压力（kPa）。

b. 二排孔情况

$$\Delta s_1 = \left[\frac{K_A h}{2E_{s1}} + d \cdot \left(\frac{K_B}{E_{s2}} + \frac{K_D}{E_{s4}} + \frac{3K_E}{E_{s5}} \right) + \left(\frac{\sqrt{3}}{2}D - d \right) \cdot \frac{K_C}{E_{s3}} \right] \cdot p_0 \quad (9\text{-}81b)$$

式中　　Δs_1——二排孔情况下地基由于压缩变形而产生的附加沉降变形（m）；

K_A，K_B，K_C，K_D，K_E——各划分区域中点位置处的竖向附加应力增大系数，由 d 和 D 查表 9-2 求得；

E_{s1}，E_{s2}，E_{s3}，E_{s4}，E_{s5}——各划分区域的压缩模量（kPa），根据该区域的附加应力变化范围由室内固结压缩试验得到；

D——孔洞的间距（m）；

d——孔洞的直径（m）；

p_0——基底附加压力（kPa）。

c. 三排孔情况

$$\Delta s_1 = \left[\frac{K_A}{2E_{s1}} + d \cdot \left(\frac{K_B}{E_{s2}} + \frac{K_D}{E_{s4}} + \frac{K_F}{E_{s6}} + \frac{3K_G}{E_{s7}} \right) + \left(\frac{\sqrt{3}}{2}D - d \right) \left(\frac{K_C}{E_{s3}} + \frac{K_E}{E_{s5}} \right) \right] \cdot p_0 \quad (9\text{-}81c)$$

式中　　Δs_1——三排孔情况下地基由于压缩变形而产生的附加沉降变形（m）；

K_A，K_B，K_C，K_D，K_E，K_F，K_G——各划分区域中点位置处的竖向附加应力增大系数，由 d 和 D 查表 9-3 求得；

E_{s1}，E_{s2}，E_{s3}，E_{s4}，E_{s5}，E_{s6}，E_{s7}——各划分区域的压缩模量（kPa），根据该区域的附加应力变化范围由室内固结压缩试验得到；

D——孔洞的间距（m）；

d——孔洞的直径（m）；

p_0——基底附加压力（kPa）。

②Δs_2的计算方法

Δs_2是由于孔洞周壁的土体受切向力作用产生错动滑移，圆孔左右侧壁处推压孔洞间土柱、水平处直径变为长轴、竖直处直径变为短轴形成椭圆状而发生的附加沉降变形。

Δs_2存在的前提是所钻水平孔洞不发生塌孔。当孔洞周壁土体受力状态达到破坏条件而发生塌孔时，Δs_2就不存在。在纠倾工程中，考虑到要保证上部建筑物内居民生命安全的特殊要求，地基附加沉降变形必须严格控制，土体不能产生塑性变形。因此，计算 Δs_2 的前提条件是孔洞不能因塑性破坏而坍塌。

a. 控制塌孔的条件

图 9-28（a）为圆孔受力简化图，可视为三铰拱。由荷载和几何对称性取其一半进行

分析，见图 9-28 (b)。

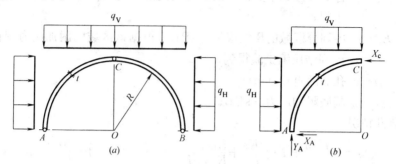

图 9-28 三铰拱受力示意图

体系为静定结构，由力和力矩平衡方程解得：

$$X_A = \frac{(q_H - q_V)R}{2}, Y_A = q_V R \tag{9-82}$$

根据土体的极限平衡条件（Mohr-Coulomb 破坏准则），建立拱厚 t 与其他参数的关系：

$$\sigma_1 = \sigma_3 \tan^2(45° + \frac{\varphi}{2}) + 2c\tan(45° + \frac{\varphi}{2}) \tag{9-83}$$

拱脚 A 处，根据厚壁圆筒双向受压理论解，$\tau_{r,\theta} = 0$，因此，在该点的竖向和侧向应力是主应力。沿钻孔长度方向取单位长土拱，所以，最大主应力、最小主应力 σ_{1f} 和 σ_{3f} 分别为：

$$\sigma_{1f} = \frac{X_A}{A} = \frac{(q_H - q_V)R}{2t \times 1} \tag{9-84a}$$

$$\sigma_{3f} = \frac{Y_A}{A} = \frac{q_V R}{t \times 1} \tag{9-84b}$$

联立式可求出 t：

$$t = \frac{[(q_H - q_V) - 2q_V \tan^2(45° + \frac{\varphi}{2})]R}{4c\tan(45° + \frac{\varphi}{2})} \tag{9-85}$$

将上式进行整理得：

$$t = \frac{[q_H - (1 + 2k_p)q_V] \cdot d}{8c\sqrt{k_p}} \tag{9-86}$$

式中　t——拱厚（m）；

　　　k_p——被动土压力系数，$k_p = \tan^2(45° + \frac{\varphi}{2})$；

　　　d——孔洞直径（m）；

　　　c——土的黏聚力（kPa）；

　　　φ——土的内摩擦角（°）。

当孔洞所处的排数位置不同时，作用于其上的 q_V 和 q_H 也不相同，因此，厚度 t 也存在差异。土拱在各排孔洞下公式中相应的 q_V 和 q_H 分别为：

b. 第一排孔

式中　q_V——竖向应力，$q_V = \gamma h + K_A P_0$；

q_H ——侧向应力，$q_H = k_p \left[\gamma \left(h + \dfrac{d}{4} \right) + K_B P_0 \right] + 2c \sqrt{k_p}$；

K_A，K_B ——系数，由 d 和 D 查表 9-1；

h ——孔洞顶点离基底距离；

D ——孔洞间距。

c. 第二排孔

式中 q_V ——竖向应力，$q_V = \gamma \left(h + \dfrac{\sqrt{3}}{2} D \right) + K_C P_0$；

q_H ——侧向应力，$q_H = k_p \left[\gamma \left(h - \dfrac{3d}{4} + \dfrac{\sqrt{3}}{2} D \right) + K_D P_0 \right] + 2c \sqrt{k_p}$；

K_C，K_D ——系数，由 d 和 D 查表 9-2。

d. 第三排孔

式中 q_V ——竖向应力，$q_V = \gamma (h - d + \sqrt{3} D) + K_E P_0$；

q_H ——侧向应力，$q_H = k_p \left[\gamma \left(h - \dfrac{3d}{4} + \sqrt{3} D \right) + K_F P_0 \right] + 2c \sqrt{k_p}$；

K_E，K_F ——系数，由 d 和 D 查表 9-3。

根据公式求出孔洞位于不同排数情况下相应的拱厚 t，因此可建立孔洞不坍塌的控制条件：

$$D - d \geqslant t \tag{9-87}$$

式中，各符号的意义同前。

e. Δs_2 的计算

取半个圆拱分析，其受力情况见图 9-29。三铰圆拱在 A、B、C 点铰接，沿钻孔长度方向单位长土拱受侧向应力 q_H 和竖向应力力 q_V 作用，顶点 C 的竖向位移就是所要求的 Δs_2。根据结构和荷载的对称性，可对结构进行简化，如图 9-30 所示。

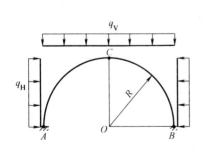

图 9-29 圆拱受力示意图

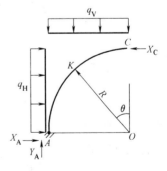

图 9-30 简化结构示意图

结构为静定体系。由于土体不能抗拉，因此土拱中不存在弯矩，只受剪力 Q 和轴力 N 作用。如图 9-31 所示，任意截面 K 处的剪力 Q_K 和轴力 N_K 根据力的平衡方程可求出。

$$\sum X = 0 \quad N_K \cos\theta + q_H R(1 - \cos\theta) - Q_K \sin\theta - \dfrac{(q_V + q_H)}{2} R = 0 \tag{9-88a}$$

$$\sum Y = 0 \quad N_K \sin\theta + Q_K \cos\theta - q_V R \sin\theta = 0 \tag{9-88b}$$

联立两式，得到：

$$Q_K = \frac{(q_H - q_V)R}{2}(\sin\theta - \sin 2\theta) \tag{9-89a}$$

$$N_K = R\left[q_H - \frac{(q_H - q_V)}{2}(2\sin^2\theta + \cos\theta)\right] \tag{9-89b}$$

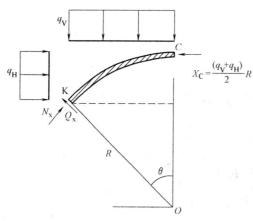

图 9-31 结构受力分析图

同理，当在拱顶 C 处作用单位竖向力 $\overline{P}=1$ 时（分析过程见图 9-32a、b），根据力的平衡方程求出任意截面 K 处的剪力 $\overline{Q_K}$ 和轴力 $\overline{N_K}$。

$$\sum X = 0 \quad \overline{N_K}\cos\theta - \overline{Q_K}\sin\theta - \frac{1}{2} = 0 \tag{9-90a}$$

$$\sum Y = 0 \quad \overline{N_K}\sin\theta + \overline{Q_K}\cos\theta - \frac{1}{2} = 0 \tag{9-90b}$$

联立两式，得到：

$$\overline{N_K} = \frac{\sin\theta + \cos\theta}{2} \tag{9-91a}$$

$$\overline{Q_K} = \frac{\cos\theta - \sin\theta}{2} \tag{9-91b}$$

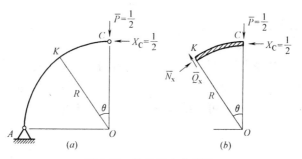

图 9-32 结构受力分析图

最后，得到图 9-29 拱顶 C 处的位移（即 Δs_2）：

$$\Delta s_2 = 2\left[\int \frac{N_K \cdot \overline{N_K}}{EA}ds + \int \frac{kQ_K \cdot \overline{Q_K}}{GA}ds\right] \tag{9-92}$$

其中：$ds = R \cdot d\theta$

将式 (9-89a)～式 (9-91b) 代入上式，整理得：

$$\Delta s_2 = \frac{R^2}{8A}\left\{\left[\frac{6-\pi}{E} - \frac{k}{G}(\pi-2)\right] \cdot q_H + \left[\frac{10+\pi}{E} + \frac{k}{G}(\pi-2)\right] \cdot q_V\right\} \tag{9-93}$$

式中 R——圆拱的半径，$R = \frac{d}{2}$；

A——圆拱的横截面积，$A = t \times 1 = t$；

E——土体的弹性模量，$E = \frac{(1+\mu)(1-2\mu)}{(1-\mu)}E_s$；

G——土体的剪变模量，$G = \frac{E}{2(1+\mu)} = \frac{1-2\mu}{2(1-\mu)}E_s$；

μ——土的泊松比，根据资料取 $0.3 \sim 0.35$；

k——系数，对于矩形截面，$k=1.2$。

确定 q_V、q_H 就可求解得到 Δs_2。

③ 水平钻孔迫降法中，附加沉降变形 Δs_2 可根据式（9-93）求解，各参数确定方法如下：

a. 竖向应力 q_V

孔洞排数不同时，作用在各排孔洞上的竖向附加应力也不相同。为简化计算，本文取每划分区域中点位置处的竖向附加应力增量和拱顶深度处土的自重应力的总和作为作用在相应各排水平孔洞上部的 q_V。其计算方法如下：

（Ⅰ）一排孔
$$q_V = \gamma h + K_A p_0 \tag{9-94}$$

式中 γ——土的重度（kN/m^3）；

h——孔洞离基底的距离，$h=0.5m$，以下都相同；

K_A——系数，由 d 和 D 查表9-1；

p_0——基底附加压力。

（Ⅱ）二排孔
$$q_{V1} = \gamma h + K_A p_0 \tag{9-95a}$$

$$q_{V2} = \gamma \left(h + \frac{\sqrt{3}}{2} D \right) + K_C p_0 \tag{9-95b}$$

式中 K_A、K_C——系数，由 d 和 D 查表9-2；

D——孔洞间距。

（Ⅲ）三排孔
$$q_{V1} = \gamma h + K_A p_0 \tag{9-96a}$$

$$q_{V2} = \gamma \left(h + \frac{\sqrt{3}}{2} D \right) + K_C p_0 \tag{9-96b}$$

$$q_{V3} = \gamma (h - d + \sqrt{3} D) + K_E p_0 \tag{9-96c}$$

式中 K_A、K_C、K_E——系数，由 d 和 D 查表9-3。

b. 侧向应力 q_H

当圆拱受力由圆变成椭圆过程中，拱侧土体处于受压状态，因此土体按被动土压力状态来考虑，q_H 可根据 q'_V 来确定：

$$q_H = k_p \cdot q'_V + 2c \sqrt{k_p} \tag{9-97}$$

式中 k_p——被动土压力系数，$k_p = \tan^2 \left(45° + \frac{\varphi}{2} \right)$；

φ——土的内摩擦角；

c——土的黏聚力。

因此，孔洞排数不同时，各排孔洞所受的 q_H 计算方法如下：

（Ⅰ）一排孔
$$q_H = k_p \left[\gamma \left(h + \frac{d}{4} \right) + K_B p_0 \right] + 2c \sqrt{k_p} \tag{9-98}$$

式中 K_B——系数，由 d 和 D 查表9-1；

d——孔洞直径。

（Ⅱ）二排孔
$$q_{H1} = k_p \left[\gamma \left(h + \frac{d}{4} \right) + K_B p_0 \right] + 2c \sqrt{k_p} \tag{9-99a}$$

第9章 纠倾工程技术机理探索

$$q_{H2} = k_p \left[\gamma \left(h - \frac{3d}{4} + \frac{\sqrt{3}}{2} D \right) + K_D p_0 \right] + 2c \sqrt{k_p} \quad (9\text{-}99\text{b})$$

式中 K_B、K_D——系数，由 d 和 D 查表 9-2；
　　　　D——孔洞间距。

（Ⅲ）三排孔
$$q_{H1} = k_p \left[\gamma \left(h + \frac{d}{4} \right) + K_B p_0 \right] + 2c \sqrt{k_p} \quad (9\text{-}100\text{a})$$

$$q_{H2} = k_p \left[\gamma \left(h - \frac{3d}{4} + \frac{\sqrt{3}}{2} D \right) + K_D p_0 \right] + 2c \sqrt{k_p} \quad (9\text{-}100\text{b})$$

$$q_{H3} = k_p \left[\gamma \left(h - \frac{3d}{4} + \sqrt{3} D \right) + K_F p_0 \right] + 2c \sqrt{k_p} \quad (9\text{-}100\text{c})$$

式中 K_B、K_D、K_F——系数，由 d 和 D 查表 9-3；

c. Δs_2 计算方法

至此各个参数都已求出，代入式（8-93），可得到不同排数孔洞情况下的 Δs_2 计算方法：

（Ⅰ）一排孔情况
$$\Delta s_2 = \frac{\xi d^2}{t E_s} (\psi_1 q_V + \psi_2 q_H) \quad (9\text{-}101\text{a})$$

式中 ξ——系数，$\xi = \dfrac{1-\mu}{16(1-2\mu)}$；

ψ_1——系数，$\psi_1 = \dfrac{6.57}{1+\mu} + 1.368$；

ψ_2——系数，$\psi_2 = \dfrac{1.43}{1+\mu} - 1.368$；

q_V——竖向应力，$q_V = \gamma h + K_A p_0$；

q_H——侧向应力，$q_H = k_p \left[\gamma \left(h + \dfrac{d}{4} \right) + K_B p_0 \right] + 2c \sqrt{k_p}$；

K_A、K_B——系数，由 d 和 D 查表 9-1；
　　t——土拱厚度，由式（9-86）求出。
　　其余符号意义同前。

（Ⅱ）二排孔情况
$$\Delta s_2 = \frac{\xi d^2}{E_s} \left(\frac{\psi_1 q_{V1} + \psi_2 q_{H1}}{t_1} + \frac{\psi_1 q_{V2} + \psi_2 q_{H2}}{t_2} \right) \quad (9\text{-}101\text{b})$$

式中　　q_{V1}——竖向应力，$q_{V1} = \gamma h + K_A p_0$；

q_{V2}——竖向应力，$q_{V2} = \gamma \left(h + \dfrac{\sqrt{3}}{2} D \right) + K_C p_0$；

q_{H1}——侧向应力，$q_{H1} = k_p \left[\gamma \left(h + \dfrac{d}{4} \right) + K_B p_0 \right] + 2c \sqrt{k_p}$；

q_{H2}——侧向应力，$q_{H2} = k_p \left[\gamma \left(h - \dfrac{3d}{4} + \dfrac{\sqrt{3}}{2} D \right) + K_D p_0 \right] + 2c \sqrt{k_p}$；

K_A、K_B、K_C、K_D——系数，由 d 和 D 查表 9-2；
　　t_1、t_2——土拱厚度，由式（9-86）求出。
　　其余符号意义同前。

(Ⅲ) 三排孔情况

$$\Delta s_2 = \frac{\xi d^2}{E_s}\left(\frac{\psi_1 q_{V1}+\psi_2 q_{H1}}{t_1}+\frac{\psi_1 q_{V2}+\psi_2 q_{H2}}{t_2}+\frac{\psi_1 q_{V3}+\psi_2 q_{H3}}{t_3}\right) \tag{9-101c}$$

式中 q_{V1}——竖向应力，$q_{V1}=\gamma h+K_A p_0$；

q_{V2}——竖向应力，$q_{V2}=\gamma\left(h+\frac{\sqrt{3}}{2}D\right)+K_C p_0$；

q_{V3}——竖向应力，$q_{V3}=\gamma(h-d+\sqrt{3}D)+K_E p_0$；

q_{H1}——侧向应力，$q_{H1}=k_p\left[\gamma\left(h+\frac{d}{4}\right)+K_B p_0\right]+2c\sqrt{k_p}$；

q_{H2}——侧向应力，$q_{H2}=k_p\left[\gamma\left(h-\frac{3d}{4}+\frac{\sqrt{3}}{2}D\right)+K_D p_0\right]+2c\sqrt{k_p}$；

q_{H3}——侧向应力，$q_{H3}=k_p\left[\gamma\left(h-\frac{3d}{4}+\sqrt{3}D\right)+K_F p_0\right]+2c\sqrt{k_p}$；

K_A、K_B、K_C、K_D、K_E、K_F——系数，由 d 和 D 查表 9-3；

t_1、t_2、t_3——土拱厚度，由式（8-86）求出。

其余符号意义同前。

根据土体中钻孔后孔洞周围的附加应力 σ_z 等值线分布特点，为计算简化，各划分区域的 E_{si} 可采用同一个 E_s，根据室内固结压缩试验确定。

d. ΔS 计算方法

由此 Δs_1、Δs_2 的计算方法都已求出，可得到在不塌孔条件，各排孔洞情况下地基的总附加沉降变形 ΔS：

（Ⅰ）一排孔情况

$$\Delta S = \frac{1}{E_s}\left\{p_0\left[\frac{K_A}{2}+d(K_B+3K_C)\right]+\frac{\xi d^2}{t}(\psi_1 q_V+\psi_2 q_H)\right\} \tag{9-102a}$$

式中 K_A、K_B、K_C——由 d 和 D 查表 9-1，其他符号意义同前。

（Ⅱ）二排孔情况

$$\Delta S = \frac{1}{E_s}\left\{p_0\left[\frac{K_A}{2}+d(K_B+K_D+3K_E)+\left(\frac{\sqrt{3}}{2}D-d\right)K_C\right]+\right.$$
$$\left.\xi d^2\left(\frac{\psi_1 q_{V1}+\psi_2 q_{H1}}{t_1}+\frac{\psi_1 q_{V2}+\psi_2 q_{H2}}{t_2}\right)\right\} \tag{9-102b}$$

式中 K_A、K_B、K_C、K_D、K_E——由 d 和 D 查表 9.2，其他符号意义同前。

（Ⅲ）三排孔情况

$$\Delta S = \frac{1}{E_s}\left\{p_0\left[\frac{K_A}{2}+d(K_B+K_D+K_F+3K_G)+\left(\frac{\sqrt{3}}{2}D-d\right)(K_C+K_E)\right]+\right.$$
$$\left.\xi d^2\left(\frac{\psi_1 q_{V1}+\psi_2 q_{H1}}{t_1}+\frac{\psi_1 q_{V2}+\psi_2 q_{H2}}{t_2}+\frac{\psi_1 q_{V3}+\psi_2 q_{H3}}{t_3}\right)\right\} \tag{9-102c}$$

式中 K_A、K_B、K_C、K_D、K_E、K_F、K_G——由 d 和 D 查表 9-3，其他符号意义同前。

5）射水取土法条件下地基附加沉降变形计算

当采用水平钻孔抽土方法没有使地基达到预期的附加沉降变形而继续向下开挖多排孔洞明显不经济时，可采用在既有孔洞基础上向孔洞内射水，使孔洞周围土体因含水量发生变化而软化，继续产生附加沉降变形，以达到预期的回倾量。

根据回归方法曲线拟合由实际纠倾工程现场原状土的单向固结压缩试验得到土的含水量与压缩模量的函数关系式为 $E_s = 353763 \cdot w^{-3.438}$，因此，可将该函数关系式代替 E_{si}，从而建立射水取土方法下的地基附加沉降变形计算公式：

① 一排孔情况

$$\Delta S = \frac{1}{3.53763w^{-3.438} \times 10^8} \left\{ p_0 \left[\frac{K_A}{2} + d(K_B + 3K_C) \right] + \frac{\xi d^2}{t}(\psi_1 q_V + \psi_2 q_H) \right\} \quad (9\text{-}103\text{a})$$

② 二排孔情况

$$\Delta S = \frac{1}{3.53763w^{-3.438} \times 10^8} \left\{ p_0 \left[\frac{K_A}{2} + d(K_B + K_D + 3K_E) + \left(\frac{\sqrt{3}}{2}D - d\right)K_C \right] + \right.$$
$$\left. \xi d^2 \left(\frac{\psi_1 q_{V1} + \psi_2 q_{H1}}{t_1} + \frac{\psi_1 q_{V2} + \psi_2 q_{H2}}{t_2} \right) \right\} \quad (9\text{-}103\text{b})$$

③ 三排孔情况

$$\Delta S = \frac{1}{3.53763w^{-3.438} \times 10^8} \left\{ p_0 \left[\frac{K_A}{2} + d(K_B + K_D + K_F + 3K_G) + \left(\frac{\sqrt{3}}{2}D - d\right)(K_C + K_E) \right] + \right.$$
$$\left. \xi d^2 \left(\frac{\psi_1 q_{V1} + \psi_2 q_{H1}}{t_1} + \frac{\psi_1 q_{V2} + \psi_2 q_{H2}}{t_2} + \frac{\psi_1 q_{V3} + \psi_2 q_{H3}}{t_3} \right) \right\} \quad (9\text{-}103\text{c})$$

上面各式中的符合及单位与前面公式中的相同，不再赘述。另外，含水量与压缩模量的函数关系式，应根据具体工程的地质报告，参照本文的方法进行拟合。

9.4 纠倾数值模拟工程实例

9.4.1 影响地基附加沉降因素的数值计算

在地基沉降变形计算中，目前工程上常用的有分层总和法和规范法。这两种方法中，都使用土的压缩模量 E_s 这个压缩性指标。针对钻孔后地基附加沉降变形计算方法中，也采用土的压缩模量 E_s。该值与地基附加沉降变形的数值息息相关，研究对其的影响因素，对纠倾工程的顺利迫降十分必要。

压缩模量 E_s 是指土在侧限条件下，轴向压力增量与轴向应变增量的比值。该值与土的物理性质之间的相互关系通过试验给予研究。

(1) 干密度对地基附加沉降变形的影响

通过单向固结压缩试验来研究干密度对压缩模量的影响。试验在哈尔滨工业大学土木工程学院土工试验室进行。试验所用仪器为 WG-1C 型三联固结仪，试验土样指标见表 9-5，试验操作程序按土工试验规程操作。

液、塑限试验成果表　　　　　　　　　　　　　　表 9-5

试验名称	液　限		塑　限	
试验次数	1	2	1	2
盒　号	D85	H142	H4	H83
盒　重(g)	9.348	9.070	9.151	9.832
盒和湿土总重(g)	11.700	11.085	10.772	10.236

9.4 纠倾数值模拟工程实例

续表

试验名称	液 限		塑 限	
盒和干土总重(g)	11.182	10.642	10.523	10.020
含水量(%)	29.24	29.18	19.15	19.18
平均含水量(%)	29.21		19.17	
塑 性 指 数 $I_P=W_L-W_P=28.21-18.17=10.04$			土名:粉质黏土	
液性指数 $I_L=\dfrac{W-W_P}{I_P}=\dfrac{13.25-18.17}{10.04}<0$　土的状态:坚硬				
备 注	天然含水量 $W=13.25$			

由试验得到不同干密度的土在各级荷载 p_0 作用下的孔隙比 e,见表 9-6。

各级荷载作用下不同干密度对应的孔隙比　　表 9-6

干密度 ρ_d (g/cm³) \ p_0(kPa)	0	50	100	200	300	550
1.474	0.582	0.524	0.500	0.468	0.445	0.403
1.505	0.550	0.481	0.449	0.407	0.384	0.343
1.606	0.453	0.406	0.380	0.343	0.318	0.275

绘制成 e-p 压缩曲线如下:

由图 9-33,在荷载 100~550kPa 作用范围内,不同干密度所对应的压缩曲线斜率近似平行,即压缩系数 $a=\dfrac{e_1-e_2}{p_2-p_1}$ 近似相等。根据压缩模量 $E_s=\dfrac{1+e_0}{a}$,可得到在初始孔隙比 e_0 相同情况下,不同干密度的土的压缩模量基本相同,也即:干密度的变化对土的压缩模量影响甚小,可忽略其影响。

(2) 含水量对地基附加沉降变形的影响

在实际纠倾工程中,常采用湿作业法钻孔取土方式,使地基在钻孔抽土法

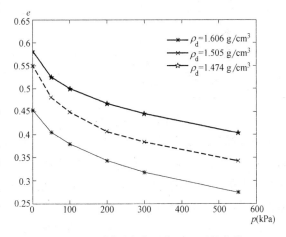

图 9-33　不同干密度下的 e-p 压缩曲线

引起土中附加应力重分布,由于土体软化而再次发生沉降,达到回倾目的。为了解土含水量的变化在纠倾工程中的影响,通过回归方法分析实际纠倾工程场地原状土的室内单向固结压缩试验资料,研究含水量与压缩模量之间的关系。

图 9-34 为实际纠倾工程场地勘查钻孔布置图。在水平钻孔抽土法迫降纠倾工艺中,钻孔位置均处于第三层粉质黏土层中,深度在 3.0~4.5m。根据工程地质报告,得到该土层不同钻孔处原状土的单向固结压缩试验土工试验成果,见表 9-7。

第9章 纠倾工程技术机理探索

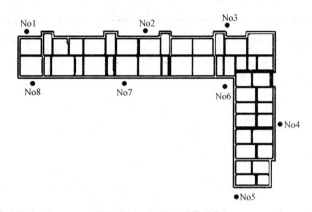

图 9-34 勘查钻孔布置图

实际工程场地的土工试验成果　　　　　　　　　　　　表 9-7

土样编号	取样深度 (m)	干密度 (kN/m³)	含水量 (%)	压缩模量 (MPa)
1-2	2.8~3.1	16.6	20.8	9.84
1-3	4.0~4.5	16.3	22.3	9.58
2-2	4.0~4.2	15.5	23.0	7.09
3-2	3.8~4.0	16.4	22.6	7.90
5-1	3.7~4.0	16.3	21.2	9.80
6-2	3.0~3.3	16.6	20.7	10.93
6-3	4.0~4.3	16.4	22.3	9.16
7-2	3.3~3.5	16.3	20.5	11.9
8-2	3.1~3.4	16.5	21.8	9.72
8-3	4.0~4.3	16.4	22.5	7.94

由表 9-7 可知：同一土层中，土干密度范围在 16.3~16.6kN/m³ 之间，变化较小。土的压缩模量 E_s 根据有效压力 100kPa 增大到 200kPa 时，竖向压力增量与竖向应变增量的比值而得到。实际纠倾工程中，采用湿作业法水平钻孔就是在第三层土中射水取土，使孔洞周围的土含水量发生变化，引起土体软化而再次发生沉降。表 9-8 为同属第三层粉质黏土、干密度近似为 16.5kN/m³ 条件下，土在不同含水量下所对应的压缩模量。

不同含水量下土的压缩模量　　　　　　　　　　　　表 9-8

含水率 w(%)	20.5	20.7	20.8	21.2	21.8	22.3	22.5	22.6
压缩模量 E_s(MPa)	11.9	10.93	9.84	9.80	8.72	9.58	7.94	7.90

图 9-35 中，含水量与压缩模量的函数关系式为：

$$E_s = 353763 \cdot w^{-3.438} \tag{9-104}$$

式中　E_s——土的压缩模量（MPa）；

　　　w——土的含水量（%）。

由公式可知：含水量对土压缩模量的影响较大。随着含水量的提高，土的压缩模量降

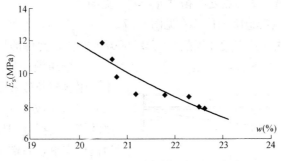

图 9-35 含水量与压缩模量的关系曲线

低，土的压缩性增大，土体愈来愈软，承载能力降低。在上部荷载作用下，土体由于压缩性增大而产生沉降。因此，当采用水平钻孔抽土法迫降纠倾工艺没有达到预期回倾值时，可向孔内射水，使孔洞周围土体因压缩模量降低而再次产生沉降，达到预期回倾值。这种方法效果较为明显，适宜采纳推广。

根据工程地质勘察资料，拟合具体工程地基土的压缩模量 E_s 与含水量 w 的关系曲线，方法简便可行。

（3）上部结构刚度差异对地基附加沉降变形的影响

通常在建筑设计中由于某些功能需要（例如：多功能厅、车库）而要求在主建筑旁再设置附属建筑，两者的墙下条形基础都连通在一起。这时，由于基础上部主体、附属建筑的结构刚度存在差异，对其基础下的地基附加沉降变形也必定产生影响。

图 9-36 为已倾斜的砌体结构建筑示意图，当由于各种原因而使主体、附属建筑的两端 A、B 点产生相对沉降变形差 Δ，超过《建筑地基基础设计规范》（GB 50007—2002）的局部沉降倾斜允许值时，必须进行纠倾。

在纠倾过程中，B' 点进行地基加固基础托换后，沉降变形稳定形成支点，通过在 A' 点端部钻孔取土，使建筑物回倾达到允许的局部倾斜值。由于主体、附属建筑在结构刚度上存在差异，因此，在 A' 处取土迫降的地基沉降量较大时，将在高、低层界面处引起砌体开裂。

图 9-36 中，在沉降较小的 A 端水平钻孔抽土，使建筑物回倾时，有两个控制条件：①主、附属建筑的交接面 EF 处砌体结构不能开裂；②回倾后的 A'、B' 的局部

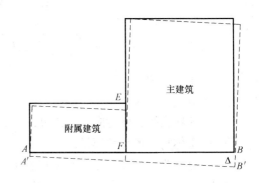

图 9-36 建筑倾斜示意图

倾斜值要在相应规范允许的范围内，在满足两个控制条件时研究上部结构刚度差异对地基附加沉降变形的影响。

1）强度条件：
$$\sigma_c \leqslant [f_c] \tag{9-105}$$

式中 σ_c——变截面 EF 处的最大弯曲应力；

f_c——砌体材料的弯曲抗拉强度。

2）变形条件：
$$\Delta - u \leqslant [\Delta s] \tag{9-106}$$

式中 Δ——建筑物 A、B 端点处的相对沉降差,见图 9-37;

  u——端部 A 点需迫降的位移,见图 9-37;

  Δs——《建筑地基基础设计规范》(GB 50007—2002)允许的局部沉降差。

根据纠倾的特点和控制条件,可将主、附属建筑物视为一阶梯状变截面梁 AB,变截面处为 C 点(不考虑纵墙对横墙的侧向支撑空间作用效应)。设左端 A 为链杆支承,右端 B 为固定端。右端支座转动角度为 θ,左端支座下沉距离为 u(见图 9-38),这样一来,就将纠倾过程的强度控制条件转化为求解因支座移动在梁中产生的内力问题。

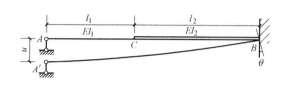

图 9-37 结构示意图

梁为一次超静定,分析求解过程如图 9-38(a)、(b) 所示。

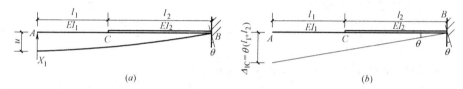

图 9-38 求解分析过程图
(a) A 点产生位移;(b) B 点产生转角

取支座 A 的竖向反力为未知力 X_1,基本体系为悬臂梁(图 9-38a 所示),单位力 $\overline{P}=1$ 作用在 A 端产生的位移为 $\delta_{11}=\dfrac{l_1^3}{3EI_1}+\dfrac{(l_1+l_2)^3-l_1^3}{3EI_2}$。支座 B 转动 θ 角时在 A 端产生的位移为 $\Delta_{1C}=\theta(l_1+l_2)$,则根据位移条件:

$$\Delta_{1C}-\delta_{11}X_1=u \tag{9-107}$$

求得:
$$X_1=\dfrac{3E[\theta(l_1+l_2)-u]}{\dfrac{l_1^3}{I_1}+\dfrac{(l_1+l_2)^3-l_1^3}{I_2}} \tag{9-108}$$

式中 u——A 端需要的迫降量;

  l_1,l_2——分别为附属和主建筑的楼宽;

  θ——B 端回倾量所对应的倾斜角;

  E——砌体材料的弹性模量;

  I_1,I_2——分别为附属和主建筑单元的刚度。

因此在变截面 C 处因 X_1 而产生的弯矩为:

$$M_C=X_1 l_1=\dfrac{3El_1[\theta(l_1+l_2)-u]}{\dfrac{l_1^3}{I_1}+\dfrac{(l_1+l_2)^3-l_1^3}{I_2}} \tag{9-109}$$

变截面 C 处的弯曲拉应力为:

$$\sigma_c=\dfrac{M_C}{W}=\dfrac{M_C h}{2I_1}=\dfrac{3El_1 h[\theta(l_1+l_2)-u]}{l_1^3+\dfrac{I_1}{I_2}[(l_1+l_2)^3-l_1^3]} \tag{9-110}$$

式中 h——附属建筑的楼高。

当回倾值 u 和 θ 固定，主、附属建筑 l_1、l_2 楼宽和砌体材料的弹性模量 E 一定时，上部结构的刚度差异与变截面 C 处的弯曲拉应力具有下列关系：

$$\sigma_C = \frac{\zeta_1 \zeta_2 h}{\zeta_3 + \zeta_4 \dfrac{I_1}{I_2}} \tag{9-111}$$

式中 ζ_1——系数，$\zeta_1 = 1.5El_1$；

ζ_2——系数，$\zeta_2 = \theta(l_1 + l_2) - u$；

ζ_3——系数，$\zeta_3 = l_1^3$；

ζ_4——系数，$\zeta_4 = (l_1 + l_2)^3 - l_1^3$。

由式此可知，系数 ζ_1、ζ_2、ζ_3、ζ_4 为常量，上部结构刚度差异比 I_1/I_2 对变截面 C 处的 σ_C 影响如下：

附属建筑楼高 h 一定时，上部结构刚度 I_1/I_2 相差愈大，引起的 σ_C 也愈大，在满足砌体不开裂条件下的地基迫降量相应要减小；上部结构刚度 I_1/I_2 一定时，h 愈小，引起的 σ_C 也愈小，在满足砌体不开裂条件下的地基迫降量相应可以增大。

(4) 设计参数对地基附加沉降变形的影响

采用水平钻孔迫降技术进行纠倾时，设孔洞直径、间距、个数、排数以及孔洞离基底的距离等参数，影响地基的附加沉降变形。

如图 9-39 所示，为便于对比各设计参数对地基附加沉降变形的影响，在四个孔洞洞壁处选取 A～O 共 15 个点。因为孔洞侧壁 F、H、I、K、L、N 点，侧壁 E 点和 O 点、孔洞上壁 A 点与 D 点、B 点与 C 点、孔洞间的中点 G 点和 M 点处的应力和应变情况相同。根据对称原理，抽取 A、B、E、F、G、J 共 6 个典型的参照点，来反映各参数的影响。

(5) 孔洞离基底距离对地基附加沉降变形的影响

实际工程中，钻孔位置距基底的距离控制在一定范围内。这是因为：距离过远，造成开挖深度增大。另外，基底下土体在上部荷重作用下可能向外坍塌，尤其在遭水浸泡后基底下土体向外坍落，可能引起不可控制的沉降。距离过近，基底下地基土变薄，基底反力变化过大，基础内力不均匀，导致基础对地基土的沉降调整能力下降。

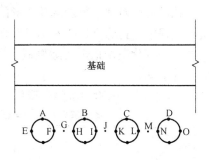

图 9-39 各参照点位置示意图

表 9-9 为一排孔、孔洞直径 $d=200\text{mm}$、孔洞间距 $D=600\text{mm}$、孔洞个数 $n=4$ 条件下，各参照点在孔洞离基底距离 h 分别为 30～80cm 情况下的附加沉降变形值。

各参照点在不同 h 情况下的附加沉降变形值（mm）　　　　表 9-9

h (cm) \ 参照点	A	B	E	F	G	J
30	55.308	56.292	49.745	50.055	50.200	50.103
40	53.981	54.426	49.055	49.112	49.680	49.451

续表

h(cm) 参照点	A	B	E	F	G	J
50	51.673	52.452	45.843	46.017	46.198	46.351
60	50.028	50.570	44.009	44.127	44.294	44.418
70	47.867	49.446	42.212	42.236	42.582	42.934
80	45.811	46.353	40.384	40.472	40.399	40.551

由表 9-9 可看出，随着 h 的增大，各参照点的附加沉降变形值逐渐减小，其影响趋势如图 9-40 所示。

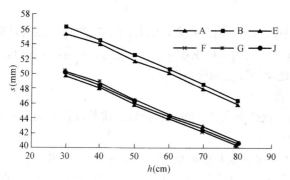

图 9-40 孔洞离基底距离 h 对附加沉降变形影响曲线图

图 9-40 曲线所示，当 h 为 30cm 时，各参照点的附加沉降变形值最大；随着 h 的增大，附加沉降变形值逐渐减小。当 h 从 30cm 变化至 80cm 时，G 点附加沉降变形值从 50.2mm 减小到 40.399mm，变化幅度最大，达到 19.5%；A 点附加沉降变形值从 55.308mm 减小到 45.811mm，变化幅度最小，为 17.2%。h 的改变引起各参照点附加沉降变形值变化的效果比较明显，因此，h 是控制地基附加沉降变形的一个重要参数，取 h=500mm 比较适宜施工机械的操作。

(6) 孔洞直径对地基附加沉降变形的影响

实际工程中，孔洞直径的大小由钻孔机械所决定，其范围为 100～300mm，因此，本文对 d 的大小变化范围依据实际机械情况而定。表 9-10 为一排孔、孔洞离基底距离 h=500mm、孔洞间距 D=600mm、孔洞个数 n=4 条件下，各参照点在孔洞直径 d 分别为 100～300mm 情况下的附加沉降变形值。

各参照点在不同 d 情况下的附加沉降变形值 (mm) 表 9-10

d(mm) 参照点	A	B	E	F	G	J
100	49.182	49.363	45.957	46.081	45.816	45.963
120	49.590	49.817	45.631	45.858	46.105	45.998
150	49.694	49.416	45.638	45.830	45.903	46.262
200	51.673	52.452	45.843	46.017	46.198	46.351
250	53.518	54.626	46.110	46.482	46.935	47.224
300	56.146	57.873	46.015	47.266	47.756	49.323

由图 9-41 曲线可知，d 从 100mm 增至 300mm 时，各参照点的附加沉降变形增大幅度差异较大：A 点为 14.2%、B 点为 16.4%、E 点为 0.13%、F 点为 2.5%、G 点为 4.1%、J 点为 4.9%。造成这种差异的原因是：洞壁顶点 A、B 点处，所受的附加应力 σ_z

改变较大，引起的附加沉降值就相应变大；洞壁侧壁处的 E、F 点，虽然附加应力 σ_z 最大，但它的相对改变量很小，因此，所引起的附加沉降变形变化的幅度就最小；孔洞之间土柱中点处的 G、J 点，附加应力 σ_z 改变幅度在前两者之间，因此，附加沉降变形值的改变幅度也在它们之间。综合分析，孔径 d 的改变所引起参照点的附加沉降变形值增大幅度也较大，因此，可认为它也是一个控制地基附加沉降变形的重要参数。

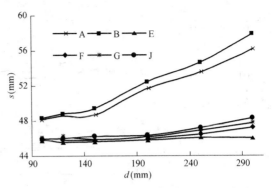

图 9-41　孔洞直径 d 对附加沉降变形影响曲线

（7）孔洞间距对地基附加沉降变形的影响

孔洞间距影响应力集中效应的改变，选用不同的孔洞间距分析对附加沉降变形的影响。表 9-11 为一排孔、孔洞离基底距离 $h=500\mathrm{mm}$、孔洞直径 $d=200\mathrm{mm}$、孔洞个数 $n=4$ 条件下，各参照点在孔洞间距 D 分别为 $400\sim900\mathrm{mm}$ 情况下的附加沉降变形值。

由图 9-42 曲线趋势可看出，在 D 从 $400\mathrm{mm}$ 增大至 $900\mathrm{mm}$ 时，各参照点的地基附加沉降变形减小幅度存在差异：A 点为 2.5%、B 点为 4.1%、E 点为 0.9%、F 点为 2.2%、G 点为 3.4%、J 点为 4.4%。孔洞顶点 A、B 的附加沉降变形值相比其他点的要大，主要是因为附加应力 σ_z 改变较大，相应引起的变形也愈大。从各参照点的附加沉降变形值变化幅度来看，D 对地基附加沉降变形的影响效果没有 h 和 d 两个参数的明显。

各参照点在不同 D 情况下的附加沉降变形值（mm）　　　　　表 9-11

D(mm) 参照点	A	B	E	F	G	J
400	52.377	53.711	46.195	46.749	47.200	47.560
500	51.881	52.861	46.141	46.400	46.697	46.942
600	51.673	52.452	45.843	46.017	46.198	46.351
700	51.658	52.036	45.825	45.885	45.921	46.088
800	51.637	51.916	45.615	45.787	45.457	45.588
900	51.086	51.512	45.770	45.730	45.587	45.429

（8）孔洞个数对地基附加沉降变形的影响

在孔洞排数相同情况下，孔洞个数 n 不同，只是引起地基附加沉降平面范围的大小变化，而不会导致地基附加沉降变形发生较大的变化，这可通过表 9-12 中各参照点的附加沉降变形值随孔洞个数 n 的变化幅度可看出。该表为一排孔、孔洞离基底距离 $h=500\mathrm{mm}$、孔洞直径 $d=200\mathrm{mm}$、孔洞间距 $D=600\mathrm{mm}$、孔洞个数 $n=4$ 条件，孔洞个数为 $4\sim9$ 个变化条件下的地基附加沉降变形值。

由表 9-12 可知，孔洞个数 n 对各参照点的附加沉降变形值影响很小，附加沉降变形改变幅度最大的 F 点才 1.05%，因此可认为，设计参数 n 在改变地基附加沉降大小时影响甚小，工程中可不予考虑。n 的个数取决于建筑物沿基础长度要迫降的范围。迫降范围

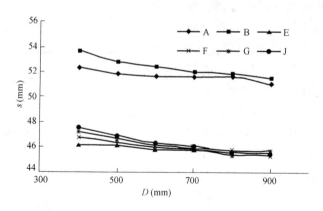

图 9-42 孔洞间距 D 对附加沉降变形影响曲线图

愈大，孔洞个数 n 也相应增多。

各参照点在不同 n 情况下的附加沉降变形值（mm）　　　表 9-12

n(个) \ 参照点	A	B	E	F	G	J
4	51.673	52.452	45.843	46.017	46.198	46.351
5	51.650	52.265	46.123	46.062	46.286	46.436
6	51.975	52.506	46.134	46.310	46.458	46.440
7	51.991	52.510	46.000	46.222	46.526	46.572
8	51.905	52.395	46.302	46.461	46.457	46.454
9	51.678	52.253	45.965	46.504	46.388	46.422

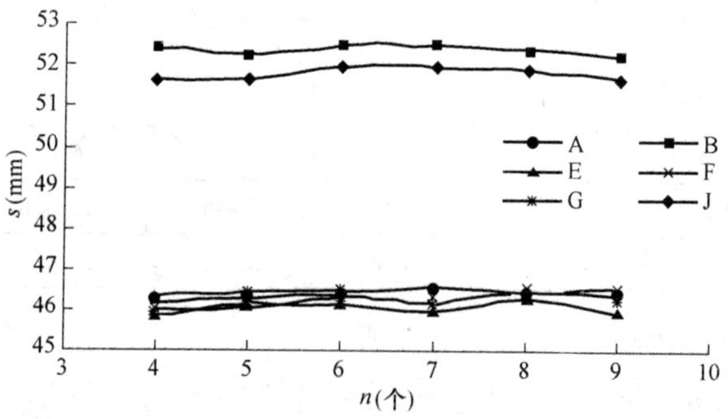

图 9-43 中各参照点的附加沉降变形值曲线变化非常平缓，从中也可反映孔洞个数 n 对地基附加沉降变形的影响甚小。

（9）孔洞排数对地基附加沉降变形的影响

在工程中，采用水平钻孔法挖一排孔洞一般达不到所需的附加沉降变形量，往往都要继续向下挖多排孔，才能达到预期的回倾值。在

图 9-43 孔洞个数 n 对附加沉降变形影响曲线图

本书以下要模拟的实际纠倾工程中，水平钻孔排数为三排，在同一土层。另外，为便于分析和计算，同一排孔洞中，孔洞直径、间距和孔深都相同；每排孔洞相互间成等边三角形。表 9-13 为一排孔、孔洞离基底距离 $h=500$mm、孔洞直径 $d=200$mm、孔洞间距 $D=600$mm、孔洞个数 $n=5$ 条件下，各参照点在孔洞排数 m 为 1～4 排情况下的附加沉降变形值。

9.4 纠倾数值模拟工程实例

各参照点在不同 m 情况下的附加沉降变形值（mm）　　　　表 9-13

m（排） \ 参照点	A	B	E	F	G	J
1	51.650	52.265	46.123	46.062	46.286	46.436
2	52.630	54.161	46.744	47.985	49.344	49.143
3	54.952	56.745	49.359	50.573	50.811	51.981
4	56.447	59.636	50.883	52.238	52.340	53.983

由图 9-44，孔洞排数 m 的改变对各参照点的地基附加沉降变形值的变化影响也较为明显。随着 m 的增加，引起的地基附加沉降变形值也相应增大。当孔洞从一排向下挖到四排时，各参照点的地基附加沉降变形变化幅度：A 点为 9.3%、B 点为 12.2%、E 点为 10.3%、F 点为 13.4%、G 点为 13.1%、J 点为 16.3%，地基附加沉降变形改变效果比较明显。因此，孔洞排数 m 也是控制地基附加沉降变形的一个重要设计参数。

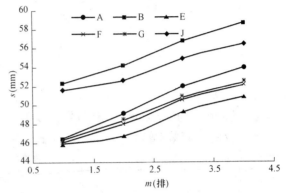

图 9-44　孔洞排数 m 对附加沉降变形影响曲线图

9.4.2　数值计算分析工程实例

（1）工程概况

某 6 层砖混住宅楼，楼房高度为 19.5m，占地面积 419m²，采用 400mm 厚的无梁整板基础。该楼建成后不久，发生较大的不均匀沉降，并且明显向北倾斜，倾斜率平均值已达 9.7‰，超出国家危房标准。

下面以此楼为例，探讨地基应力解除法纠倾中，设孔距离对纠倾效果的影响，并对纠倾过程进行该楼房全过程数值分析计算。

场地的工程地质状况自上而下分为 3 层：

Ⅰ层—杂填土，结构松散，强度不均，厚度约为 2m。

Ⅱ层—淤泥质黏土，厚度不均匀，建筑物南部厚度较小，平均厚度约为 8m，北部厚度较大，平均厚度约为 10m。

Ⅲ层—密实黏土层，未钻穿。

（2）计算初始条件的确定

计算结合上述纠倾工程的地质条件和荷载条件，确定进行非线性有限元分析计算的区域：建筑物地基宽 20.95m，长 65m，计算地基沉降深度为 25m。考虑土中应力的分布规律，有限元分析时只考虑基础周围 15m 范围的土体。对于左、右边界，受水平向简支约束，下边界受竖直向边界约束，上部为自由边界。基础的形式简化为柔性基础，上部建筑物的作用简化为均布荷载，其大小为 100kPa。

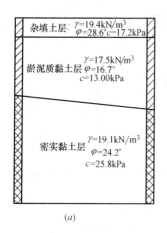 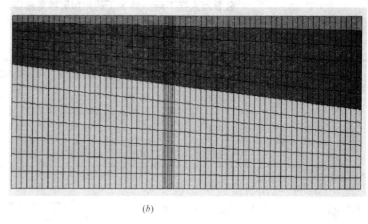

图 9-45 计算分析示意
(a) 地质剖面；(b) 网格划分

（3）计算方案

为对比分析不同钻孔深度对纠倾效果的影响，分析计算中取掏土孔的孔径为 400mm，套管长为 5m，设掏土孔深度分别为 6m、8m、10m、12m、14m 五种不同的方案，如表 9-14 所示。

计算方案　　　　　　　　　　　　　　　　　　　　表 9-14

方案编号	方案一	方案二	方案三	方案四	方案五
掏孔深(m)	6	8	10	12	14

（4）计算网格剖分

首先在 AutoCAD 中绘出地基的平面布置情况图，有限元分析中网格剖分由 ANSYS 完成，并在 ANSYS 中生成计算的地基土体；然后，将土体导入 FLAC3D 中，图 9-45 (b) 为网格划分图。

（5）计算参数：

土层物理力学指标　　　　　　　　　　　　　　　表 9-15

土层	$\gamma(kN/m^3)$	φ	$c(kPa)$	$E(MPa)$	v
杂填土	19.4	29.6	17.2	11	0.3
淤泥质黏土	17.5	16.7	13.0	2.8	0.35
硬黏土	19.1	24.2	25.8	30	0.25

套管段计算参数　　　　　　　　　　　　　　　　表 9-16

材料类型	表观密度 $\gamma(kN/m^3)$	泊松比 v	弹性模量 $E(GPa)$
套管	79	0.2	210

（6）初始地应力场计算

初始地基应力场由自重应力场和建筑物上部荷载在基底产生的附加应力场两部分组成。自重应力场由下述公式计算：

$$\sigma_y = \gamma z$$
$$\sigma_x = K_0 \gamma z$$

$$K_0 = (1-\sin\varphi')$$

式中　γ——土的表观密度；

　　　z——地基深度；

　　　φ'——土的有效内摩擦角；

　　　K_0——土的侧压力系数。

附加应力场由自重应力场作初始应力场，上覆基底压力作外荷载，进行增量非线性有限元分析，得出地基的最终初始应力场如下：

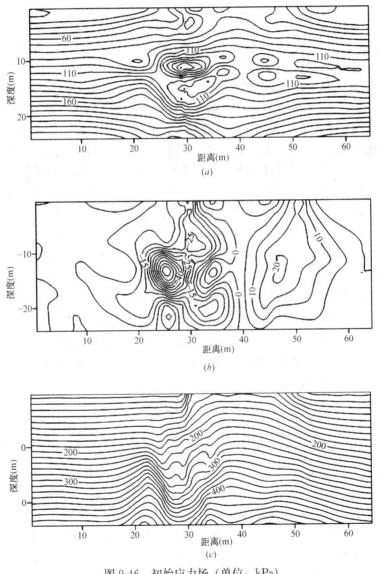

图 9-46　初始应力场（单位：kPa）
(a) 地基水平应力；(b) 地基剪应力；(c) 地基垂直应力

（7）地面沉降对比分析

实际纠倾工程中，地面及基底沉降是岩土工程师最关心的。图 9-47 给出了采用五种不同的纠倾方案进行有限元分析所得出的地面及基底沉降曲线。该对比曲线有如下特征：

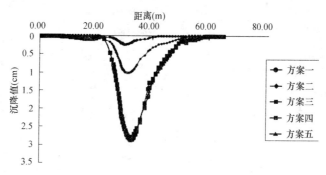

图 9-47　基底沉降曲线

1) 地面沉降对比分析

当应力解除孔的深度不超过淤泥质黏土层时，地面及基底最大位移随着应力解除孔深度的增加而变大；但是当应力解除孔的深度超过淤泥质黏土层并达到密实黏土层时，地面及基底最大位移并没有因为应力解除孔深度的增加而发生比较显著的变化。可见解除孔在淤泥质黏土中能较好地发挥纠倾作用，在密实黏土中几乎不会发生纠倾的作用，这主要是因为在淤泥质黏土中解除孔边缘土中更容易发生应力调整。因为淤泥质黏土具有天然含水量高、孔隙比大，压缩性高的特点，沿孔周土中径向应力非常容易得到解除，切向应力反而容易集中，这样极易引起孔周发生塑性变形，钻孔空间就会挤淤，加之淤泥质黏土抗剪强度低、触变性强、流变性强，受扰动后其强度容易降低，变形模量也随之降低，较大范围内的基土便侧移挤向孔内。但是在密实黏土中却不是这样，这说明该法适用于有软弱土层埋藏的天然地基，如淤泥和淤泥质粉质黏土。因此，在实施纠倾工程前，搞清建筑物发生倾斜的原因是很重要的，同时也要调查清楚地质勘察资料准确性、真实性，以查明地质资料的准确程度和建筑物荷载下土层固结的变化，提高纠倾方案成功率。一般来说，纠倾工程对地质资料的要求，重点对基土分层情况，实际软土厚度变化和层面位置，根据这些资料确定应力解除孔和平面布置和套管的长度，增加掏土的有效性。应力解除法也有其应用局限性，若地基土太硬将难以奏效。

2) 软土掏土的深度确定

掏土深度的确定要考虑到多种因素综合影响，它应与软土层绝对标高及厚度、软土的摩擦系数等有关，同时也应与纠倾建筑物宽度有关，为了确保原沉降小的一侧促沉，并对沉降大的一侧保持原状，防止两边同时沉降，从而抵消纠倾效果。因此，纠倾的取土深度，应有一个限制范围，最大的取土深度应不致影响到沉降较大一侧，也就不使沉降大的一侧土层被扰动，地面及基底的最大位移不是发生在应力解除孔周，而是在基底一定区域内；这说明地基初始应力场的分布对纠倾期地面及基础的最大沉降有明显的影响，对应力解除孔中土体的侧挤趋势有较强的定向作用。钻孔排改变了地基土的连续性及对建筑物下基土的侧限条件，使孔排外侧土应力得到解除，内侧应力则相对集中，沉降小的一侧通过挤淤掏土，土体产生较大剪切变形，随着剪应变增加，切线变形模量相应降低，引起总的应力水平下降，便于挤淤和运土。

由此可知，在纠倾方案制定之初，根据勘察资料及待纠建筑物周围的场地情况或借助于原位测试手段，对地基的初始应力场、土质埋藏条件等有初步的了解。然后，针对何种土体对扰动反应灵敏,掏纠期较易发生较大位移与沉降的特点,以此指导布置应力解除孔的位置和掏土深度,为掏土取得预期目标奠定基础。

3) 基础下的沉降

基础下的沉降并不为一直线,在这次数值分析的计算中,未能考虑上部建筑物整体刚度的作用,计算结果中,使得基础下的沉降并不为一直线,若能考虑上部建筑物与地基的共同作用,则会取得更为理想的计算成果。为获得良好的纠倾效果,应力解除法必须在建筑物的基础整体性良好(如采用筏形基础等)及上部结构整体刚度良好的前提下进行。若倾斜建筑物不能满足此要求,需预先对建筑物采取整体补强措施;然后,再进行纠倾处理。

(8) 地基位移场分布分析,

1) 地基水平位移

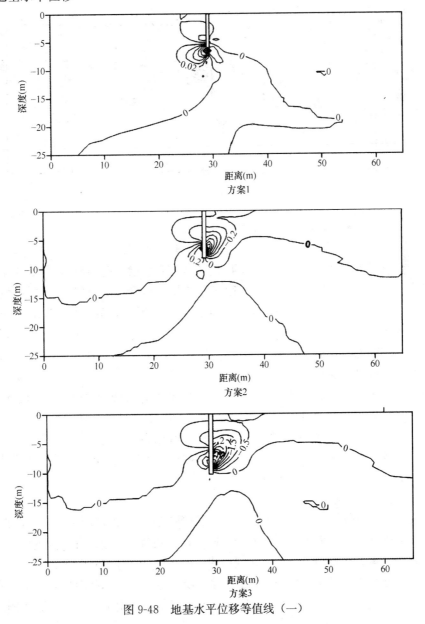

图 9-48 地基水平位移等值线(一)

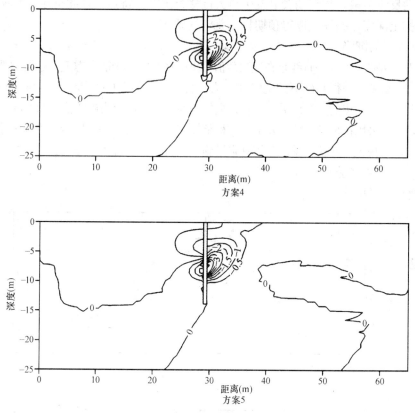

图 9-48　地基水平位移等值线（二）

图 9-48 给出了方案 1、2、3、4、5 的地基水平位移等值图。这些图显示，在纠倾掏土过程中，五种方案在掏土过程中土体的水平位移都呈现相同的规律，但数量上有差异。孔内由基底向下 3~5m 深度范围内设置钻孔的套管，套管长度应根据清孔深度确定，保护基底的直接持力层部位，不致使基底下的土体直接向侧向流动。由于钻孔上部套管的保护作用，确保了挤出的土体来自深部软土，防止上部基土过速变形而危及建筑物基础的整体性和上部结构的安全。套管左侧的土体存在一定的区域没有侧移，而掏土孔左侧的土体在掏土段有一定程度的侧移。在套管右侧，由于右侧的土体处于高应力区，受掏土影响，有轻微的侧移，在掏土段由于解除原沉降量较小一侧沿孔周的径向应力，促使软土向该侧运移；则出现明显的左移，且影响范围较大，深入到基础深部。对比五种方案，方案 3、4、5 掏土方案土体的侧移强于方案 1 土体侧移；对比右下侧的零应力等值线可以看出，方案 5 对该区域的影响要小于方案 1。这显示，在相同置换空间的前提下，地基应力解除法纠倾的影响区域集中在高应力区。

2）地基沉降等值线

图 9-49 给出了方案 1、2、3、4、5 地基沉降等值线图。由该图可以看出，在掏土时，应力解除孔两侧土体都产生了一定程度的竖向位移，随着应力解除孔深度的增加，解除了原沉降量较小一侧沿孔身的竖向抗力，促使建筑物与土体产生竖向位移愈大；由于软土触变性强，钻孔时的扰动，大大降低其抗剪强度；挖孔造成了其承载面积的减小，则其局部应力相对增大，沉降小的一侧应力得到解除，可引起很大的附加沉降，加速南侧的沉降速

度。且因建筑物与基础共同刚度的作用,原沉降大的一侧,可能产生微量上抬或静止不动,基底压力因而重新分布,该侧基底压力可能得到解除或减小,使基土处于卸载或回弹状态,这样基础侧的地基沉降等值线分布约为一线性分布。在该系列图的右下角均存在一无竖向位移的区域,在纠倾过程中,掏土所产生的影响区域主要集中在基础下侧至掏土深度范围内,与基础下近似成一三角形分布,而对应力解除孔排外侧的土侧,其影响区域一般不会超过4~5m。

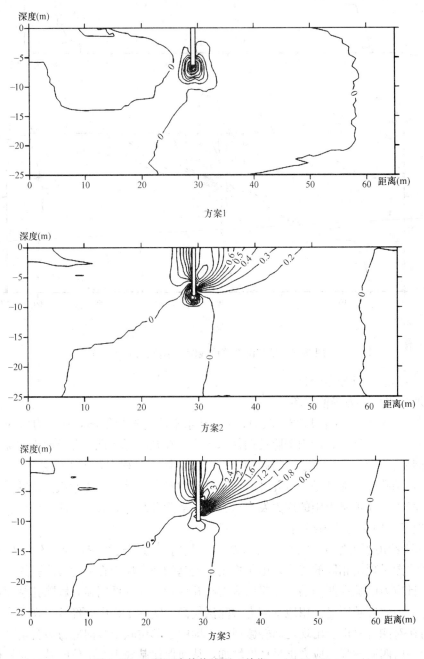

图 9-49 地基沉降等值线图(单位:cm)(一)

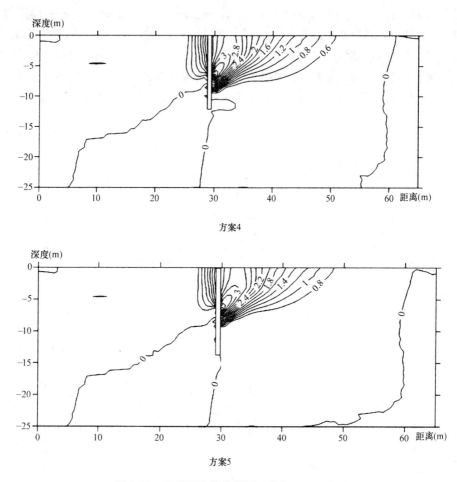

方案4

方案5

图 9-49　地基沉降等值线图（单位：cm）（二）

(9) 地基应力场分布分析

1) 地基水平应力等值线图

如图 9-50 给出了方案 1、2、3、4、5 地基水平应力等值线图，在应力解除孔周出现了明显的应力集中现象，应力解除孔两侧水平应力在孔附近降低。并且应力解除孔深度越大，基础侧高应力向孔附近衰减得越明显；即：在掏土过程中，由于软黏土的灵敏度高，触变性大，钻孔后（尤其是密排孔井）严重扰动软黏土，并且土体承载面积的减小，局部应力相对增大，使地基土中的应力发生重分布，解除孔越深，对水平应力的解除愈明显。

2) 地基竖向应力等值线图

图 9-51 给出了方案 1、2、3、4、5 的地基竖向应力等值线图，该系列图与地基水平应力等值线图呈现出相同的规律，由于掏土，地基的竖向应力在应力解除孔周一定程度上被切断，且应力解除孔两侧的土体竖向应力在孔周均出现降低明显，解除孔越深，这种应力降低与集中效应越明显。用地基应力解除法纠倾的实际工程中，经常出现在掏土侧产生沉降，而在对侧有时也会出现地面轻微回弹，即中心部位软土竖向应力短暂增高，沿水平方向由中心向四周的竖向应力也呈梯度增加，从而促使基底中心部位的基土向外移动，使软土的变形和位移都能较平稳地产生，达到整个建筑物和地基平稳变位，实现纠倾目的。

9.4 纠倾数值模拟工程实例

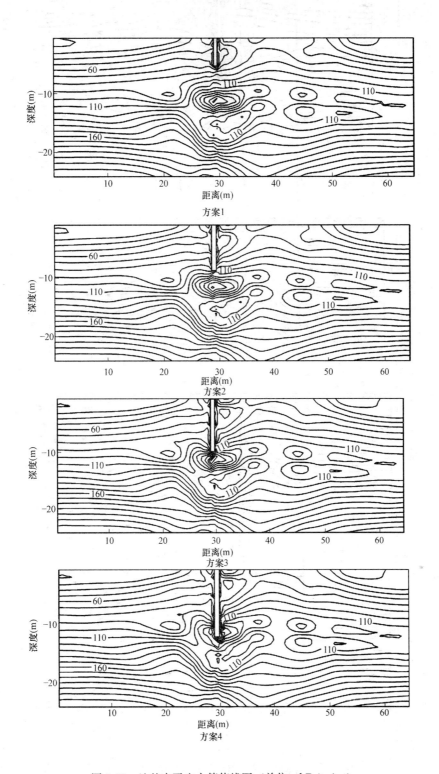

图 9-50 地基水平应力等值线图（单位：kPa）（一）

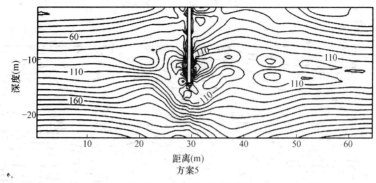

图 9-50 地基水平应力等值线图（单位：kPa）（二）

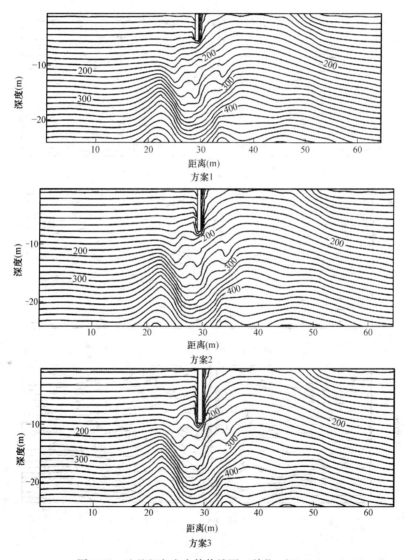

图 9-51 地基竖向应力等值线图（单位：kPa）（一）

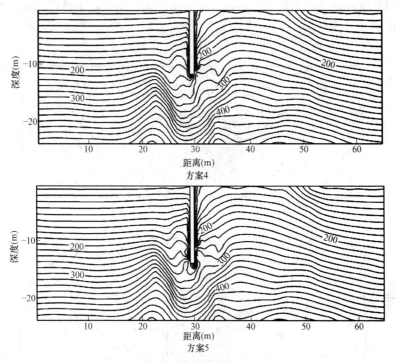

图 9-51 地基竖向应力等值线图（单位：kPa）（二）

这种现象即纠倾工程中的"翘翘板效应"，它是工程中刚性基础活动的标志，产生原因：一方面归因于在掏土侧掏土使地基应力降低，相当于在翘翘板一侧增加了荷载；另一方面，归因于建筑物回倾重心偏移，使未受掏土影响的另一侧卸荷有时会回弹，从而产生"翘翘板效应"，如图 9-52 所示。

纠倾过程中楼房南北两头的基土都有应力解除现象，随之出现"翘翘板效应"，中心部位软土竖向应力短暂增高，沿水平方向由中心向四周的竖向应力也呈梯度增加，从而

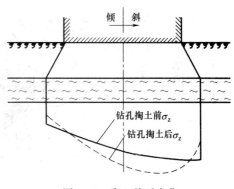

图 9-52 掏土前后变化

促使基底中心部位的基土向外移动，使软土的变形和位移都能较缓慢地产生，达到整个建筑物和地基平稳变位，实现纠倾目的。

3）地基剪应力等值线图

图 9-53 给出了方案 1、2、3、4、5 的地基剪应力等值线图，对照地基初始剪应力等值线图，可以看出，掏土对初始剪应力场产生了强烈的扰动，基础下的应力零值线产生了巨大的偏移，随着应力解除孔深度的增加，该剪应力零等值线偏移愈明显，应力解除孔左侧的土体的剪应力场受到扰动，则随应力解除孔深度的增加，影响愈大。同时，解除孔身竖向抗剪阻力，有利于沿孔轴线两侧产生竖向错移。根据土的变形模量是随着土的剪应变的增加而减小的原理，在纠倾过程中，使原来沉降较大一侧的基土不受扰动变形模量不

213

变;相反,可使沉降较小一侧的基土通过掏土轻微扰动而略有软化趋势,导致整个建筑物下基土变形模量趋于均匀化。

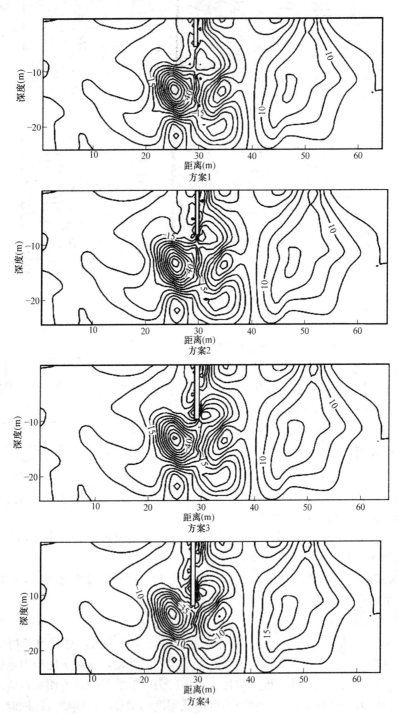

图 9-53 地基剪应力等值线图(单位:kPa)(一)

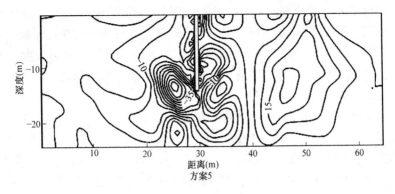

图 9-53 地基剪应力等值线图（单位：kPa）（二）

(10) 纠倾全过程分析

一般施工过程需要 3~5 轮掏土，本例用三轮 6m、6~8m、8~10m 完成 10m 深的掏土，下面对这一施工过程进行分析。

1) 地面及基础沉降增量对比分析

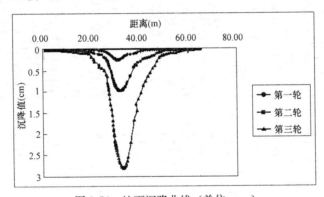

图 9-54 地面沉降曲线（单位：cm）

该曲线显示，在每次均具有相同的掏土量时，地面及基础都有不同程度的沉降量，由分析计算的结果曲线可以看出，后一轮掏土所产生的最大沉降都比前一次要大。在最初成孔时，由于基础整体沉降需克服各种阻力，要重新调整地基的应力分布，所以开始沉降量小，且在地基变形较长时间后才发生。这说明，在纠倾掏土过程中，在第一轮掏土后，由于对土体的扰动，土体更易于变形，这与实际工程相符。实际纠倾中，往往后一轮掏土使建筑物回倾比前一轮更容易，即后一轮掏土进一步减小了土体受荷面积，促使基底附加应力增大，使土体再次发生沉降而引起建筑物下沉。所以在纠倾工程中存在着这样一种现象，纠倾中第一次土体不易产生移动，而一旦启动，则较容易实现纠倾。当掏土孔挖至淤泥质黏土较深的位置时，地基应力在局部范围内得到较大的解除，迫使基底软土向应力解除孔产生流塑，对软土地基易产生侧向挤出，提高了纠倾效率，图中给出了每次掏土后沉降增量的累积值，该图显示，经过每一轮掏土，地基及基础所产生的累积沉降量都比前一次大得多，所产生的纠倾效果明显。

地基的线性沉降分析：该法采用的是深层掏土，上部还安置钢套管，能有效地保护建筑物基底下一定厚度的土层（特别是持力层或上部硬壳层）不受破坏，形成基底下"褥垫"，有利于均化应力、缓冲变形，使变形和位移在基底范围内均匀而平缓地产生，可以有效地保护建筑物下浅层土体不受或少受破坏，使其完整性得到保护，形成一层基底"褥垫"（形同"席梦思"）。可以保持基础底板和上部结构的完整性，并可最大限度地减少基础及上部结构内次应力的产生和累积概率，使建筑物的安全得以保证。

2）第一轮掏土纠倾

通过第一轮掏土，地基中的应力场发生了变化，在应力解除孔周出现应力集中，相应的两个方向以及地基中的应力水平也发生了变化。图9-55表示通过第一轮掏土后两个方向位移以及地基中应力水平等值线图。从图中可以看出，地基应力在较小的局部范围内得到解除并发生转移，在应力解除孔周出现应力集中，在应力解除孔周基础侧出现很小范围的塑性区，掏土在南侧产生了附加沉降，阻止了沉降差进一步加大，应力从北侧向南侧转移，在掏土孔周围出现比较大的应力水平，建筑物的沉降差得到初步的控制。但是，最初成孔时，由于基础整体沉降需克服各种阻力，要重新调整地基的应力分布，所以，开始沉降量小。

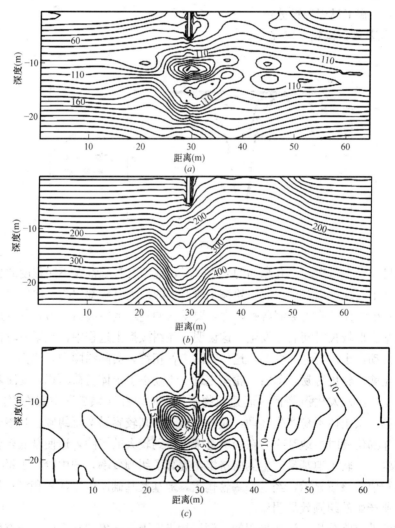

图 9-55 第一轮掏土后应力等值线（单位：kPa）
(a) 水平应力等值线；(b) 竖向应力等值线；(c) 剪应力等值线

3) 第二轮掏土纠倾

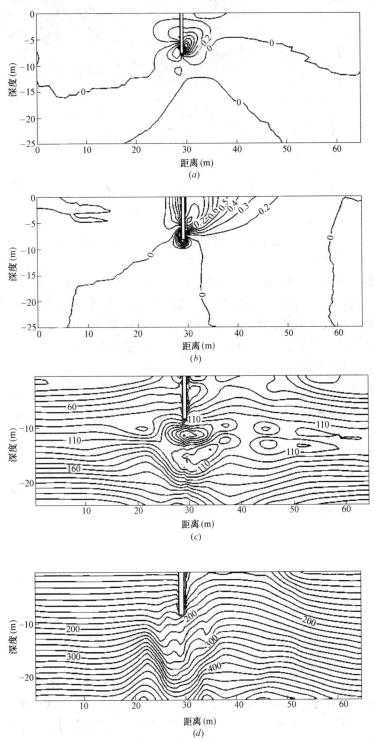

图 9-56 第二轮掏土后等值线（一）
(a) 水平位移（单位：cm）；(b) 竖向位移（单位：cm）；(c) 水平应力（单位：kPa）；
(d) 竖向应力（单位：kPa）

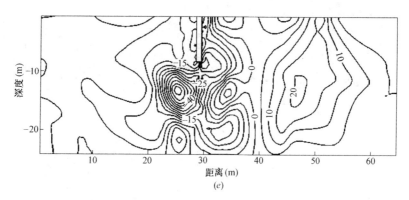

图 9-56 第二轮掏土后等值线（二）
(e) 剪应力（单位：kPa）

通过二轮掏土，建筑物的倾斜率得到进一步的下降，达到较好的纠倾效果。地基中应力场以及应力水平都发生了较大的变化。通过与上面纠倾前及第一轮掏土应力场的比较可以发现，在应力解除孔两侧均出现更为明显的应力集中现象，而且随着掏土的进行，应力集中区有扩散的趋势，高应力区的深度主要集中在掏土深度范围内，塑性区进一步扩大，软土向掏土侧发生较为明显的移动，建筑物的重心往沉降量小的方向回转，基底应力分布往有利的方向调整并趋于均匀化，建筑物沉降差进一步缩小。

4）第三轮掏土纠倾

通过三轮掏土，地基中应力场以及应力水平都发生了较大的变化。使建筑物的倾斜率得到很好的下降，达到较好的纠倾效果。图 9-57 表示最后一轮掏土后地基中的两个方向的位移以及应力水平的等值线。通过上面纠倾前后应力场的比较可以发现，在应力解除孔两侧均出现明显的应力集中现象，而且随着掏土的进行，减小了土体的受荷面积，应力集中区有扩散的趋势，高应力区的深度主要集中在掏土深度范围内，地基土体原来的应力状态得到明显的调整，促使基底附加应力增大，基底土体由压密变形向大的弹塑性变形发展，基底软土向应力解除孔产生流塑，土体再次发生沉降而引起建筑物下沉，建筑物沉降差明显缩小。

(11) 计算理论分析比较

实际纠倾工程中，工程师最关心的是地面沉降问题，为便于分析，选取地面点 $A(x=30,y=0)$、$B(x=34,y=0)$、$C(x=38,y=0)$、$D(x=42,y=0)$、$D(x=46,y=0)$、$E(x=50,y=0)$ 这五点作为比较的参考点，就这些点的地面沉降值做比较。首先用分析出的理论推导式（8-64）来计算这五点的沉降值，再用插值法计算出使用数值计算方法时这些点的沉降，进行地面沉降的计算分析，见表 9-17。

用理论公式计算出的结果要大于数值计算结果，这主要是因为在推导理论公式时没有考虑套管对土体变形的约束作用，在数值计算中结合掏土纠倾工程实际情况，认真考虑了套管对上部土体变形的约束作用，以保证建筑物的掏土侧在沉降时具有平稳性，保证上部结构不受损害；另一方面，理论公式中对复杂地质条件的考虑不够充分，对淤泥质黏土流变性的特点没能做更为合理的考虑，需要结合黏土的流变性进一步分析该问题。

9.4 纠倾数值模拟工程实例

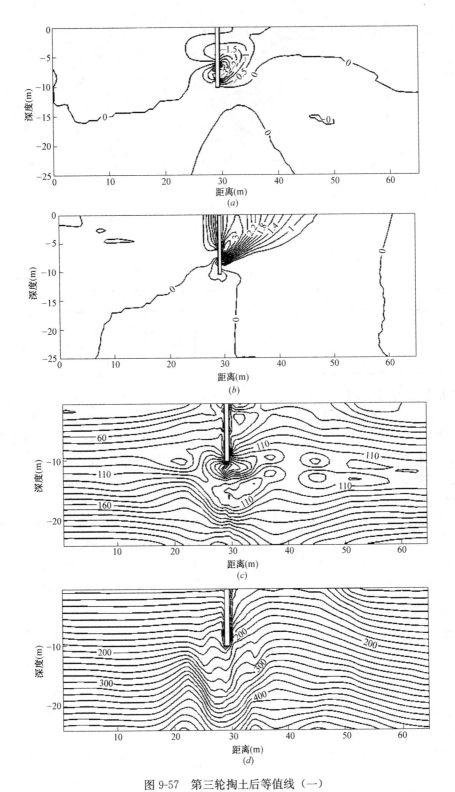

图 9-57 第三轮掏土后等值线（一）

(a) 水平位移（单位：cm）；(b) 竖向位移（单位：cm）；(c) 水平应力（单位：kPa）；
(d) 竖向应力（单位：kPa）

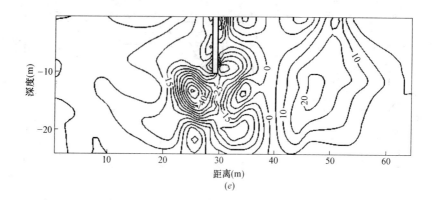

图 9-57 第三轮掏土后等值线（二）
(e) 剪应力（单位：kPa）

沉降计算对比（单位：cm）　　　　　　　表 9-17

点号	A	B	C	D	E
理论公式计算	3.45	3.27	2.29	1.76	0.73
数值计算	2.42	2.66	1.41	0.94	0.25
实测值	2.96	3.09	1.84	1.37	0.42

从沉降变化的趋势来讲，两种计算结果都表明：随着 A、B、C、D、E 距离掏土孔越来越远，它们的沉降值是不断减小的，但是，数值计算表明，从 A 到 B 到 C 的沉降值是一个先增大后减小的过程，这主要是因为建筑物北边淤泥质黏土厚度较大，在掏土孔附近这种地质条件的差异性导致掏土孔附近地面沉降有这种特点。但是在理论公式推导的过程中，没能考虑到这种复杂的地质条件，这暴露出该理论公式在计算上的局限性。

（12）小结

通过计算例子，从数值分析的角度解释了实际纠倾工程中一些现象，提高了对掏土纠倾法机理认识的水平。通过对掏土法中不同深度掏土孔纠倾的数值分析，显示出在纠倾过程中地基位移、应力的变化规律，提高了对掏土纠倾过程中土体运动本质规律的认识。在本工程例子的分析中，掏土孔深度达到 10m 深度最佳，此时正好达到淤泥质黏土和密实黏土层的交界处。掏土法纠倾对密实度一般或松软的地基土作用较为明显；在建筑结构附加应力的主要影响区域，掏土孔的应力释放最为剧烈，十分有利于地基土体力学性质的改变，对保证纠倾工程的成功具有重要的意义。

对纠倾施工过程的数值分析，显示出土体在纠倾过程中力学行为的变化规律。第一轮掏土纠倾不能引起明显的位移和应力变化，但是土体一旦受到第一轮掏土扰动后，第二轮与第三轮的掏土容易引起位移和应力的显著变化。建议在今后新的纠倾工程中用数值分析作为先导，在掏土孔的数量、套管长度、掏土深度以及纠倾施工进度等方面，针对不同方案预先进行几次数值分析，以优化各种纠倾设计参数，并制定更合理的施工方法，为指导纠倾施工服务。

建筑物的纠倾工程比较复杂，纠倾前的分析工作是为了找到建筑物倾斜的原因并预测倾斜发展的趋势，这样可以利用这些信息来指导纠倾方案的制订；而纠倾工程就是根据分析成果采取措施,来扶正已倾斜的建筑物。本章较为全面地分析了掏土纠倾的设计方法、作用机理等,并结合工程实例,模拟分析了深厚软弱地基土上建筑物的掏土纠倾技术,主要有以下几方面内容和结论:

1) 对各类建筑物产生倾斜的原因、机理等进行了分析,把掏土法纠倾技术作为重点,对它的设计方法和设计要点进行了分析,并运用极限平衡理论对竖向掏土孔的布置和设计进行研究,提供了确定成孔半径、成孔深度、成孔间距等的设计方法。

2) 运用土力学、弹塑性力学等力学原理,对掏土孔的塑性区和掏土所引起的土体变形进行了研究,导出了有一定适用条件的计算公式,包括掏土孔周最大塑性区半径以及掏土所引起的沉降计算等。

3) 通过对实际工程的研究,对掏土法纠倾技术的机理进行了探讨,主要用三维数值模拟分析了掏土孔深度对纠倾效果的影响。分析表明:掏土孔的深度必须达到建筑结构附加应力的主要影响深度区域,才能发挥最佳作用,对于松软的地基土,容易取得理想的效果。在本工程实例的分析中,掏土孔深度达到 10m 深度时最佳,此时正好达到淤泥质黏土和密实黏土层的交界处。

4) 用程序软件对纠倾过程作了数值分析,阐述了地基位移、应力在纠倾过程中的变化规律。第一轮掏土纠倾不能引起明显的位移和应力变化,但是土体一旦受到第一轮掏土扰动后,第二轮与第三轮的掏土容易引起位移和应力的显著变化。建议在纠倾工程的设计和施工中,为优化掏土深度、掏土孔的数量、孔径等设计参数,最好先做几次数值分析,用所得出的结论来指导纠倾设计和改善施工方法。

通过本章的研究工作可获得这样的启示,可以通过数值分析方法来模拟纠倾工程的过程,用这种分析方法对纠倾工程中的一些现象可以进行定量的分析,并指导工程制定合理的方案。但需要注意的是:土体并不是一种理想的弹塑性材料,它的变形与时间因素有关,这里分析中使用的是理想弹塑性模型,没有考虑时间因素的影响,要把实际工程中的各种因素都合理地考虑进去,还有不少工作要做,要做进一步的研究。关于掏土纠倾法还有一些问题需要研究,应该做的科研工作主要有以下几方面:

1) 进一步加深研究土的本构关系,对本构关系的深入认识有助于对纠倾过程中土的变形原理的分析;

2) 为更能反映掏土纠倾法的真实情况,应考虑建筑物上部结构、基础与地基的共同作用,寻找更为有效、符合实际工程情况的分析方法;

3) 建立更为切合纠倾工程实际情况的数值分析程序,分析掏土纠倾法的作用机理,引导人们深入认识掏土纠倾法的受力机理,以便更好地指导工程实践。

第 10 章　建筑物纠倾工程实例分析

随着技术的发展和实践的深入，建筑物纠倾工程的成功实例逐渐增多，涉及的建筑物类型和地基土类型也比较广泛。一些特殊地基上的建筑物、异形建筑物、超高层建筑物、高耸构筑物的成功纠倾，更是给纠倾技术的发展做出了贡献。本章摘选了一些典型的建筑物纠倾工程实例，通过分析倾斜原因、探讨纠倾加固方法，一方面可使相关的建设项目吸取教训；另一方面，可为纠倾工程提供经验，起到抛砖引玉的作用。

10.1　建筑物纠倾工程典型实例

本节中的典型实例记载了作者长期的建筑物纠倾工程实践，并进行了实例小结，意在揭示建筑物纠倾工程中一系列复杂矛盾的处理过程。

10.1.1　基底成孔掏土法纠倾工程实例

(1) 工程概况

某 6 层砖混结构住宅楼（见图 10-1），采用筏形基础，于 2007 年 6 月主体结构完成。根据该建筑物的沉降观测资料，截至 2007 年 12 月 1 日建筑物南北观测点的最大沉降差为 74mm，最大倾斜率为 5.87‰，已大于《建筑地基基础设计规范》（GB 50007—2002）中关于多层和高层建筑的整体倾斜（$H_g \leqslant 24m$）允许值 4‰的安全要求。为保证该建筑物的安全正常使用，应对该建筑物进行纠偏处理。

(2) 倾斜原因分析

根据场地的岩土工程勘察报告和该建筑物结构设计图，该建筑物倾斜的原因主要有以下两个方面。

1) 地基土层分布不均匀。

根据该建筑的岩土工程勘察报告，场地基底范围内的土层主要为杂填土、粉质黏土和软黏土（图 10-2），该建筑物采用 1.5m 厚灰土对地基进行处理。

2) 上部结构荷载分布不均匀。

根据上部结构设计施工图，利用软件计算得到该建筑物上部结构荷载偏心较大（图 10-3），最大基底压力和最小基底压力差 40kPa。

(3) 纠倾设计

由于该建筑物南侧沉降较大且不断增加，因此，首先需要采取措施控制建筑物南侧继续下沉，基于安全、经济、合理的原则，采用托换防沉桩进行托换防沉处理。

由于该建筑物北侧基底下地基土为可塑-硬塑的黏性土，基于安全、经济、合理的原理，采用掏土纠偏法对该建筑物进行纠偏。首先，在建筑物北侧沉降较小一侧开挖施工边沟，沟深为建筑物灰土垫层下 1.0m；然后，在距离灰土垫层 0.3m 位置，利用钻机掏水平孔，解除部分灰土垫层以下土层中应力，造成剩余土体上的应力增加，引起土体的沉降；同时，在孔周边形成塑性区，引起土层在钻孔内侧向变形，从而产生向下的沉降，达到纠偏的目的（图10-4）。

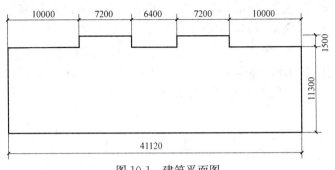

图10-1 建筑平面图

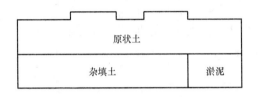

图10-2 地基土分布图

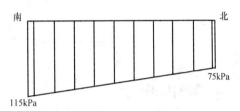

图10-3 偏心荷载作用下的基地压力分布图

沿建筑物纵向在掏土孔位置按照600mm间距设置掏土孔，掏土孔深度为9m和7m两种方式交错布置。

（4）纠倾施工

挖设好施工边沟至设计深度后，掏土纠偏孔首先从倾斜建筑物北侧沉降较小的中间部位开始施工，然后向两侧施工，且根据沉降观测数据，调整掏土孔的施工速度和间距。由于水平直孔施工完毕后，纠倾量没有达到设计2‰的要求，特按照300mm间距增设水平双向斜孔（图10-5），孔长度10.5m。

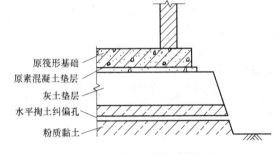

图10-4 陶土纠偏法剖面图

根据沉降观测结果，纠偏至设计要求后，立即采用压力注浆法对掏土孔孔隙进行封填处理。首先，在掏土孔内插入钢管，用水泥砂浆封堵端部1m；然后，压力注纯水泥浆。

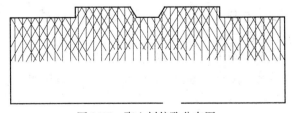

图10-5 陶土纠偏孔分布图

李今保

（江苏东南特种技术工程公司）

10.1.2 基底掏垫层法纠倾工程实例

(1) 工程概况

某 7 层砖混建筑,长 61.5m,宽 10.5m,高 22.0m,建筑面积 4500m^2,⑪轴采用钢筋混凝土独立基础,其余均为毛石混凝土条形基础,基础埋深 1.0m,如图 10-6 所示。该建筑物于 2002 年 3 月动工修建,同年 11 月主体施工完毕进行室外粉刷时,发现建筑物向Ⓐ轴方向整体倾斜 110mm,倾斜率 0.5%,且仍以大于 0.04mm/d 的沉降速率发展,必须进行纠偏加固处理,才能保证建筑物的安全使用。

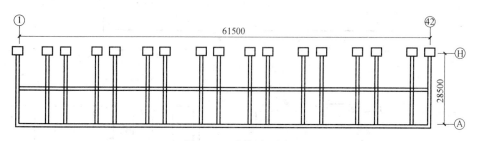

图 10-6 建筑平面图

(2) 倾斜原因分析

该建筑主体结构施工质量较好,构造柱、圈梁按规范设置,建筑整体刚度较好。场地土层分为以下几层:

杂填土:杂色,由砖块、块石等建筑垃圾及黏土组成,结构松散;

粉质黏土:灰~灰黑色,冲洪积成因,含砂砾或砾石,上部呈可塑状态,下部 0.2~0.4m 呈软塑状态;

圆砾土:灰黄色,冲洪积成因,主药由卵石、圆砾、砂、黏土构成,分选性较差,卵石呈棱角状;

黏土:基岩风化残积层,褐黄色夹灰白色泥质条带,灰黑色含基岩风化残余,可塑~软塑状态;

基岩:二叠系吴家坪组深灰色灰岩,褐黄色、黑色硅质岩,页岩。

为避免地下水对施工的不利影响,设计对上覆杂填土采用砂石垫层换填处理,换填厚度 1.25~2.0m。

根据检测结果综合分析,造成该建筑物倾斜的原因有以下几个方面:

1) 经地基承载力计算,靠Ⓐ轴基底附加应力大于⑪轴约 100kPa,原设计未充分考虑基底附加应力的差异对地基不均匀沉降的影响。

2) 地基软弱下卧层中粉质黏土层承载力取值偏高,导致换填的砂石垫层厚度不足,造成下卧层承载力不能满足上部荷载要求。

3) 地基主要受力层范围内土层分布厚度存在差异,Ⓐ轴一侧厚度大,⑪轴厚度小。

4) 砂石垫层厚度、密实度存在差异,Ⓐ轴厚 1.25m,⑪轴厚 2.0m,且⑪轴砂石垫层相对Ⓐ轴要密实。

由此可见,建筑物产生较大倾斜是由多种原因造成的。

(3) 纠倾方案

1) 方案制定

对倾斜建筑物的扶正,从方案上可分为两类:即顶升法和迫降法。顶升法难度高,纠偏费用高,对建筑的影响大,适合倾斜量大的纠偏;迫降法风险小,适合软土地基建筑物的纠偏,针对该工程地基持力层为砂石垫层且倾斜量不大的特点,采用掏土迫降法进行纠偏。其原理为:短时间内大幅度调整建筑物基底压力,利用建筑物自重使其回倾;然后,调整基底压力使其趋于稳定,最终达到纠偏目的。

2) 纠偏设计

根据检测结果及倾斜原因的计算分析,倾斜一侧应进行基础加固处理,初步考虑采用基础加宽或静压桩两种方案,考虑到基础埋置较浅(1.0m),原砂石垫层为满垫,且有素混凝土找平层,适合基础加宽,从经济和节约工期的角度出发,采用对Ⓐ轴一侧2.0m范围进行基础加宽处理,新加宽基础与原基础间采用凿毛及植筋进行连接,如图10-7所示。

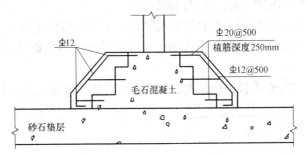

图 10-7 新老基础连接示意图

对建筑物的迫降施工,可选择基底掏土法、井式纠斜法或钻孔取土法等。如采用井式纠斜法,由于迫降部分有2.0m的砂石垫层,很可能费工、费时,效果不明显;对钻孔取土法,由于场地条件限制采用工程钻机钻取砂石垫层难度大、时间长、效率低,因此该方法也不可取。通过比较,拟采用基底掏土法,但直接在砂石垫层作掏土迫降纠偏,目前尚无有关资料和报道。为慎重计,在试验室模拟现场砂石垫层厚度及受力情况,采用逐渐掏取砂石控制沉降量,结果说明该方法是可行的。由于砂石垫层的特点和软土有很大不同,首先,砂石垫层在应力作用下变形很小,少量掏土起不到加速沉降的作用;其次,砂石垫层的破坏可能是在变形很小的情况下突然出现的,过量掏土会使建筑物的沉降难以控制,造成建筑物开裂,甚至引起安全事故。为避免此类问题出现,设计采用在迫降部分基础底面设置千斤顶来调整基底压力,控制沉降量。共设置49个50t螺旋式千斤顶。为安全计,还设置81个垫块,用于预防建筑物过大的回倾。

3) 纠偏施工

纠偏施工共分为四个阶段:

① 基础加宽:挖除该建筑物室内所有填方,室外基础旁土方开挖宽度满足加固施工及纠偏工作面要求,清洗、凿毛原基础表面;按图10-7所示采用锚固剂进行植筋,植入深度不小于250mm,钢筋制作、支设模板并浇筑早强混凝土。

② 千斤顶—垫块安放在横墙下,每隔1.5~2m挖600mm宽、800mm高的基槽,布置一个千斤顶,千斤顶与砂石垫层间浇筑钢筋混凝土垫块,千斤顶顶部垫钢垫板,钢垫板上铺设2~3m厚水泥砂浆,顶升千斤顶使钢板与原基础面紧密接触。

③ 掏土纠倾将室内砂石垫层沿基础外侧整体下挖300m,以便后续工作进行,在千斤

顶与下垫板充分接触受力后，开始在基础两侧进行人工掏砂石垫层，一次性掏空Ⓕ轴纵墙下垫层，所有横墙两侧掏入深度300mm。其后，根据千斤顶的受力程度来调整掏土量，当千斤顶受力较大时停止掏土，对千斤顶进行卸荷，靠建筑自身迫降纠倾，回倾建筑物控制在2.5mm。从早上7时开始掏土，下午7时以前完成一天沉降量，保持时间，建筑物的最大倾斜量从纠倾前的110mm变为纠倾后的11mm。

④ 掏土部分的地基加固纠偏完成建筑物沉降趋于稳定后，在垫块部位浇筑早强混凝土，达到强度后，依次拆除千斤顶，将放置千斤顶所开挖的基槽用混凝土浇筑回填，掏土部分灌水泥浆使砂石垫层与基础紧密接触，使其形成整体，保证基底承载力。

4) 纠偏监控

① 沉降监制。在Ⓗ轴布置15个沉降观测点进行三等水准测量，纠偏过程中每小时观测1次，并绘制观测点沉降与时间关系曲线。

② 倾斜监测。在建筑物四角设置倾斜观测点，采用经纬仪进行监测，每天观测2~3次；在Ⓗ轴布置如图10-8所示的四个线坠，相应位置地面固定钢尺，随时对建筑的回倾情况进行观测。

③ 裂缝监测。安排专人检查建筑物、特别是底层墙体可能出现的裂缝。

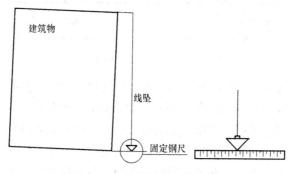

图10-8 建筑物倾斜观测示意图

(4) 纠倾效果

根据纠偏后3个月的观测结果，该楼的最大倾斜值稳定在11mm，小于《砌体结构工程施工质量验收规范》GB 50203—2010中规定的20mm，纠偏完成后建筑物基础和上部结构未出现裂缝，说明纠偏成功。

李今保
（江苏东南特种技术工程公司）

10.1.3 基础抽砖石法纠倾工程实例

(1) 都江堰奎光塔及工程概况

奎光塔位于都江堰市城南，为17层6面体密檐式砖塔，建于清道光十一年（1831年），塔高52.67m，重量约3460t。该塔外形雄伟壮观，内部结构独特，在我国古塔建筑中具有一定的研究价值。1985年被列为成都市重点文物保护单位。

20世纪80年代初，奎光塔出现明显倾斜，塔体下部东侧砖体被压酥，西侧严重拉裂，1986年邀请专家现场考察，对塔体进行稳定性评估。根据专家建议，1986~1994年间，对塔体进行了多次倾斜测量，发现塔体向北东方向倾斜1.211m，倾斜率为25‰，大大超过规范规定的 4‰ 允许倾斜率，表明该塔已处于危险状态。1994 年对塔体第一层进行了应急加固处理，这从一定程度上缓解了变形的发展，但未从根本上解决问题，故塔体倾斜继续发展，安全威胁依然存在。

中铁西北科学研究院应邀于 1999 年 7 月承担了奎光塔前期勘探工作，提出了奎光塔纠偏加固工程可行性研究报告，并以充分证据证明奎光塔的倾斜主要是地震所为，地基和基础基本上完好，但要保证奎光塔的长期稳定，必须进行纠偏加固。可研报告在查明倾斜原因的基础上提出了纠偏加固的主要框架设想，经专家评审组予以肯定，并委托我院进行施工图设计，经都江堰市政府组织的市、省、国家三级专家五次评审通过，该工程于 2001 年 9 月 20 日正式开工。

奎光塔重量大，塔身高，塔体在地震作用下破坏严重，塔体本身还有弯曲，扶正工程难度大，技术标准要求高，塔身掏砖无先例可资借鉴，在纠偏过程中还要保证塔体的绝对安全，故该工程具有高难度、高风险，必须采用高科技手段的特点，为此我院专家组经过多次论证，提出了适合奎光塔纠偏加固实际的总体设计方案，其技术核心是：

1) 钢筏承托，保证钢筏与塔身在纠偏过程中变位协调。

2) 塔身掏砖，千斤顶控制，自重迫降，实现纠偏速度与纠偏方向可人为控制，提高纠偏精度。

3) 定位墩、千斤顶、缆拉三重保护措施，保证在纠偏过程中塔身的绝对安全。

4) 采用多种先进的检测手段（钢筋计、倾斜盘、位移计、传感器、全站仪观测网位移测量、水准测量六种之多）和先进的 UCAM-70 数据采集仪，快速、集中采集数据，随时掌握变形动态，并通过计算机进行分析，及时调整、修正各种纠偏参数，以达到信息化施工的目的。

(2) 场区工程地质概况

1) 奎光塔塔址所处地质环境

都江堰市区位于河流相堆积阶地上，堆积层厚在 100～200m 之间，堆积层下为侏罗纪千佛岩组（Jq）和砂溪庙组（Js）的岩屑石英砂岩和岩屑砂岩与粉砂岩和泥岩不等厚互层组成，基底较稳定。在奎光塔所处岷江左岸 I 级阶地的场地内主要出露第四系上更新统～全新统的资阳组（QZ）地层。钻孔揭露场地内 15m 厚的堆积层系河流相砂卵石地层，透水性极好。自上而下分述如下：

① 回填土层：厚 0.4～1.3m，亚黏土、潮湿、松散，含有卵石，漂石及少量建筑垃圾（砖、混凝土块等）。

② 漂石卵石层：厚 4.9m，中密，卵石粒径一般 3～8cm，含量占 60%，漂石一般粒径 20cm～30cm，含量为 10%～20%。卵石漂石磨圆度较好，呈浑圆状，分选性较差，成分以灰白色花岗石和石英砂岩为主。

③ 砂层：厚 2.1～3.8m，中粗砂为主，含量占 60%～70%，部分地段高达 90%，其余为卵石。

④ 卵石层：厚 5.1～7.7m，中密，卵石粒径 1～10cm 均有分布，含量 50%～70% 不等。卵石、漂石磨圆度较好，呈浑圆状，其成分同上。

本区地下水为潜水，埋深 3.75～4.95m，其补给源有两种：一是岷江水，二是地表水（降雨）。地下水水质较好，对混凝土没有腐蚀性。

2) 奎光塔地基基础形式

奎光塔自下而上由砂卵石层地基、卵石土垫层、条石基础组成。据勘察分析：原建塔时首先在平坦的砂卵石堆积层上开挖了长宽约11.5m，深约3m的大坑，因坑内为天然的砂卵石层，故未做地基处理。在天然的卵石层地基上做了卵石土垫层，垫层以亚黏土与大卵石或小漂石交替分层铺成约11层（其中土6层，卵石5层），卵石被包于土层内。土主要是为了找平和充填卵石间的空隙，一般厚约5~7cm，最大20cm。随着塔的修建土层逐渐被压密，基底应力主要由卵石承担。卵石就地取材，成分以石英砂岩及花岗石为主，一般粒径15~20cm。卵石垫层是以长轴和短轴方向背靠背直立摆放，且上、下两层卵石互相嵌固和咬合，保证了卵石土垫层的稳定。

条石基础由5层条石搭砌而成，下面4层每层厚约33cm，顶层厚16cm，总厚1.48m；基底标高西侧717.84m，东侧717.80m，基顶标高西侧7110.32m，东侧7110.28m，即条石基础顶面标高，西侧比东侧高出0.04m，但东、西两侧条石基础厚度相等（为1.48m）。由探槽资料推测上面两层条石为满铺，下面三层条石为"井"字形骨架，骨架间空隙宽约60~70cm，以卵石土夯填。条石基础形状同塔身外壁一致为六边形，且扩大了25cm左右。探槽资料显示，虽东西侧条石均有压断现象，东侧顶层条石还有压翘现象，但总体上来说基础较完整，卵石土紧密，含水量约20%。

(3) 塔身现状和地震检算情况

1) 塔身倾斜情况

从塔体变形数据可知（见表10-1），奎光塔塔身有轻微弯曲现象，尤其是在第六层顶部，有一明显的弯曲拐点。从塔体倾斜图上可以看出，塔体东侧B角线以近乎垂直，而西侧E角线近于弧线。

塔体变形测量数据 表10-1

	层数	1层	2~6层	7~11层	12~16层	17层~塔尖
标高	东侧	7110.28	726.817	740.635	753.392	764.444
	西侧	7110.32	727.031	740.912	753.598	764.595
标高差Δ(m)		0.04	0.214	0.277	0.206	0.151
分段偏心e(m)		0.031	0.305	0.392	0.279	0.152
累计偏心Σe(m)		0.031	0.336	0.728	1.007	1.159
分段斜率K(°)		0.23	1.26	1.76	1.45	1.15

由测量数据计算出的塔尖对塔底形心倾斜量为1.369m，倾向NE72°15′03″。第一层密檐下口到第十六层密檐下口的倾斜量为0.976m，与实测倾斜量0.978m相符。全塔平均倾角1°29′19″，倾斜率26‰。

2) 塔身变形情况

通过对塔身的裂缝进行调查发现，基本上所有的窗洞顶头砖都已被压裂，外塔塔身内壁多处有压张的纵向裂缝，个别部位还有45°斜裂缝。第四层B角线两侧均有两道贯通的纵向裂缝。

在1994年加固前塔身底层的变形已非常严重，塔北门顶上镶嵌的刻有"奎光塔"三字的石碑与塔体的接缝处已有宽约2~3cm的裂缝，石碑与砖体已基本脱开。碑上有一条长约 2m、缝宽达 5cm 的压张裂缝。东侧外塔砖墙已压坏，西侧出现多条水平拉张裂缝。

外塔外壁的护壁上出现了多条细微裂纹，尤其是西侧的几个面上不但裂纹多而且出现大面积空鼓；第二层西部也有多条水平裂纹。

3) 地震调查及抗震检算

据调查，自塔建成后的 171 年间共发生于本地和附近的有感地震 31 次。其中，6 级以上地震就有 10 次之多（在本地有记载的地震烈度达 6 度以上的有 7 次）。经抗震检算奎光塔在目前倾斜状态下 1～6 层遭遇 7 度烈度地震时，几乎没有安全储备（见表10-2）。

塔身倾斜条件下楼层截面弯曲正应力安全储备　　　表 10-2

层数	1	2	3	4	5	6	7	8	9
安全储备 K	1.02	1.05	1.12	1.11	1.01	1.20	1.36	1.51	1.62
层数	10	11	12	13	14	15	16	17	
安全储备 K	1.79	1.79	1.80	2.26	2.98	4.20	6.70	14.6	

(4) 奎光塔倾斜原因分析

根据奎光塔变形测量确定，目前塔尖（铁杆脚）至塔底形心（塔高 52.67m）倾斜 1.369m，倾向北东 72°15′03″。换算成 B1E1 方向，倾斜量为 1.307m。根据挖探反映，由于基础（包括垫层）B1、E1 两点的不均匀压缩变形仅 0.04m，造成塔体倾斜量为 0.205m，占总倾斜量的 15.71%，而且地基基础未发现其他不均匀沉陷的迹象，承载力也是够的（一般卵石土承载力为 0.6～1.0MPa），说明造成塔体倾斜，塔基不均匀下沉不是主要的原因，而 84.29% 的倾斜量主要来源于塔体本身的变形。根据 1994 年奎光塔加固设计说明，当时之所以加固，主要是塔体下部（尤其是第一层），东侧砖体压酥，西侧拉开，根据变形测量，仅第一层东侧比西侧墙体就短了 0.174m，故完全可以断定 84.29% 的倾斜变形来源于塔体下部东侧压缩，西侧拉伸造成目前的塔体倾斜状态。根据塔底应力计算，塔体在直立情况下，按全断面考虑，其基底平均应力为 0.55MPa。在现有偏心情况下最大压力为 0.78MPa，最小为 0.32MPa。按双筒塔计算，平均应力为 0.80MPa，倾斜情况下最大应力为 0.99MPa，最小为 0.62MPa。而砖砌体抗压强度为 1.69MPa（按未承重砖试验确定），那么是什么力量使塔体产生这样的严重破坏呢？这只有一种可能，就是某种突发的外来冲击力的作用，据此推论，只有地震作用才具有此种威力（当地的最高风速为 17.0m/s，按规范换算作用于塔体的风荷载为 17.1t，远不足以产生这样大的力量，而且不可能是突发的，至于其他人为冲击力，如撞击、爆破等，亦未见有资料记载）。事实上，都江堰市及其附近地区的地震频繁，震级较高。经抗震验算，在遭遇 7 度地震烈度作用下塔体第一层弯曲正应力达 1.66MPa。根据都江堰市地震办资料，从 1853～1999 年都江堰市经历有感地震 31 次，解放前 15 次，解放后 16 次，其中 6 级以上地震就有 10 次之多，故造成奎光塔倾斜破坏的主要原因是地震的作用，后来倾斜变形发展除地震作用的影响以外，还与风力所产生的附加应力、砖体本身的强度衰减、偏心荷载的逐渐加剧等有关。

(5) 奎光塔纠倾加固设计

总的纠偏方案确定以后，需根据纠偏要求进行配套的硬件设计，以保证纠偏方案的顺利实施；在进行配套设计时，必须强调纠偏与加固的统一性，即加固工程除满足自身的需要以外，还应该考虑纠偏过程中特殊要求；同样，纠偏工程除满足纠偏要求以外，应尽可能考虑纠偏完成以后成为加固工程的一部分，这样既可以节省投资，减少浪费，又可以缩短工期，做到纠偏加固的合理配置。另外，根据文物加固的特点，必须尽可能考虑"修旧如旧"的原则，不破坏原塔的外貌，不留痕迹或尽可能少留痕迹。因此，要求所有的纠偏加固工程为隐蔽工程。

1) 塔身加固

增强塔身砖砌体的抗压强度和抗弯能力，确保塔身在 7 度地震烈度条件下的长期稳定和纠偏过程中的塔身整体性。由于塔身在地震作用下破坏严重，特别是一、二、三层，东侧砖体被压碎，西侧砖体被拉裂，裂缝满布，整体性遭到极大的破坏；通过地震检算，塔体 1～6 层在 7 度烈度地震条件下已无安全储备，为了保证塔体在 7 度烈度地震条件下的长期稳定和纠偏过程中塔身的整体性，在纠偏以前，必须对塔身进行必要的加固。加固措施主要为 1～6 层塔身以钢带围箍，纵向钢筋连接，塔身裂隙灌注环氧树脂补强，以增加塔身砖砌体的抗压强度和抗弯能力（使砖砌体能承受一定的拉应力），纵向钢筋与钢筏连接在一起，在纠偏过程中，塔顶与钢筏之间实施钢缆绳内拉，以加强塔身的整体性和与钢筏变位的协调性（见图 10-9 塔身加固设计图）。

2) 基础加固

扩大填充原基础；保证基础的长期稳定并改善其承重条件，由于原条石基础没有扩大，且部分为搭接，故在纠偏以前需将该基础（包括垫层）扩大至 12m×12m 的方形基础（与原土护台尺寸大体一致），条石基础以下用钢筋混凝土墩（支承墩）整体围箍，其上做一圈 1m×1m 的钢筋混凝土圈梁，限制基础侧向变位，垫层以上至塔底部位空间用混凝土充填，以保证基础的长期稳定并改善其承重条件（基础承重面积从原来的 $64m^2$ 拓宽到 $144m^2$）。在圈梁之上设置 7 个定位墩，定位墩之间的空隙，放置 20 个控制千斤顶，以满足纠偏的要求。基础加固如图 10-10 所示。

3) 钢筏承托

钢筏承托并与塔体实施杯口连接，确保纠偏过程中内外塔与钢筏变位协调，同时钢筏又是实施加载，控制纠偏速度和纠偏方向的必备设施，纠偏完成以后，钢筏为复合基础的一部分，成为永久性工程，钢筏设置在原护台位置，12m×12m 的方形，厚度为 1.5m。见图 10-11。

(6) 纠偏加固中安全防护与监控

1) 严密的防护系统

在纠偏方案的论证中，已充分考虑了纠偏过程中的安全问题，一般在正常情况下是不会出现安全问题的。但为了做到万无一失、有备无患，仍需考虑安全防护。三重防护为：

① 千斤顶防护

在钢筏四周，布置特殊设计的千斤顶 20 个，千斤顶的单个额定荷载为 1000kN，每个千斤顶都配有压力传感器和位移计，可以用它来储存力、加载、控制变位速度，只要在千斤顶额定范围之内，都可以起安全保护作用。千斤顶及定位墩布置如图 10-12（a）和图 10-12（b）所示。

10.1 建筑物纠倾工程典型实例

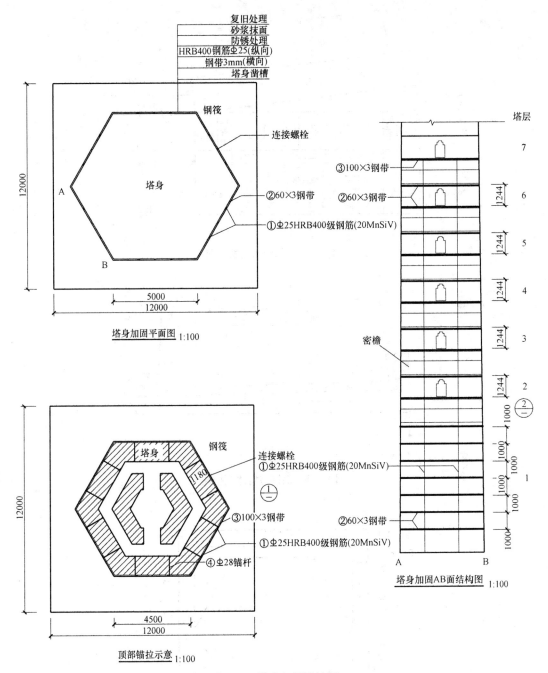

图 10-9 塔身加固设计图

② 定位墩防护

在钢筏下面，布置有 7 个钢筋混凝土定位墩，定位墩的主要作用是纠偏完成以后，固定钢筏位置的专门设施，是组成复合基础的一部分。在纠偏过程中，在定位墩上放置钢板或砂袋，只预留一小的空隙（如 1mm），让钢筏产生下沉。这样，就可以防止因千斤顶超过额定荷载后压在定位墩上，不致使钢筏产生大的变位的一种非常保护措施，见图 10-13。

第 10 章 建筑物纠倾工程实例分析

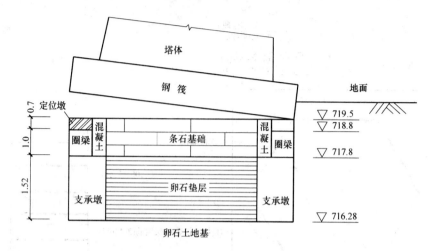

图 10-10 基础加固断面图

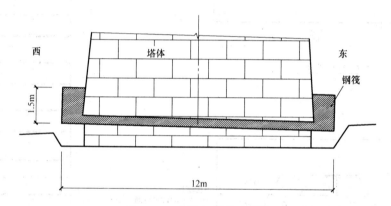

图 10-11 钢筏与塔体连接图

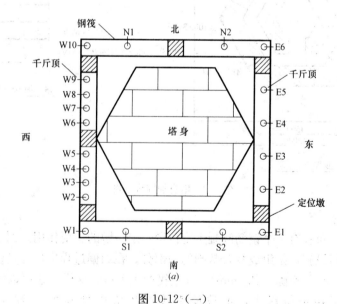

图 10-12（一）

(a) 千斤顶、定位墩布置平面图

10.1 建筑物纠倾工程典型实例

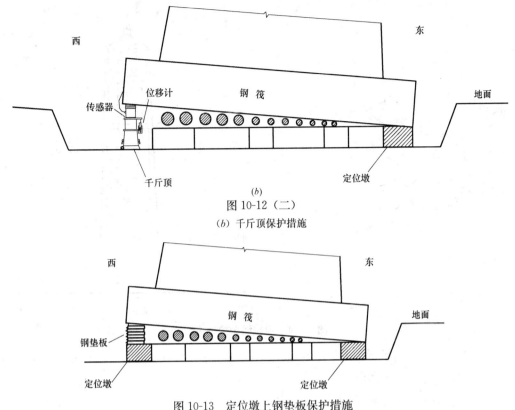

图 10-12（二）
(b) 千斤顶保护措施

图 10-13 定位墩上钢垫板保护措施

③ 缆拉绳防护

缆拉绳防护分外拉及内拉两种形式。外拉是以塔身第6层为作用点，在每面设2根缆拉绳与地锚连接（共12根），每根绳上安装拉力计，施以一定的拉力，稳住塔身，由于塔身经过结构补强加固，可以承受一定的拉应力。定期测试拉力计的受力，可知道塔身的变位方向，以起到预警作用。内拉是以塔身第16层为作用点，用4根缆拉绳将塔身与钢筏连接起来，使塔身与钢筏浑然一体，做到变位同步、协调。如图10-14所示。

2) 严密监控系统的设计

严密监控系统是确保纠偏顺利进行的重要保证，纠偏参数的不断调整，安全性评判、判断纠偏回归路线和确定最终成果等，全靠监测数据的反馈。严密的监控系统包括：

① 塔身定位观测与多点定时跟踪观测（用全站仪交会观测，并绘制塔体重心位移轨迹图）；

② 钢筏基座的沉降观测，共布置10点，每点并行安设电子位移计和千分表各一台，以监测钢筏的变位和变形；

③ 千斤顶荷载监控：20台千斤顶均设有荷重传感器，用U-CAM数据采集仪，随时监控千斤顶上的受力状况；

④ 缆拉观测：包括内拉，外拉18根缆拉绳用测力计测读钢筋计的读数，以监控塔身变形；

⑤ 倾斜盘观测：塔体1~9层共设置倾斜盘8台，以监控塔身在纠偏过程中的变形；

⑥ 水准观测：在钢筏上建水准点，进行水准测量，监控钢筏的沉降量。

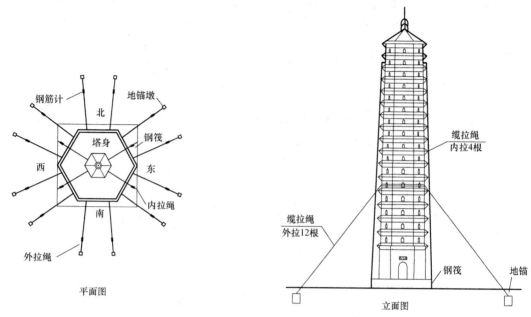

图 10-14 缆拉绳保护措施

以上监测数据,既可单独使用,又可互相核对,以求数据无误。

(7) 纠偏加固工程的施工

1) 纠偏加固工程的施工程序

纠偏加固工程就其主要功能而言,可分为纠偏工程和加固工程两部分;但就其作用而言,又是一个不可分割的整体。加固工程除了达到它自身的目的,如塔身抗震加固,应保证在 7 度烈度地震条件下塔体的长期稳定;同时,塔身加固也是纠偏工作的需要。为了使纠偏工作建立在扎实的基础上,原则上采用先加固后纠偏,先塔身后基础的施工程序。

加固工程可归纳为两大类:一是塔身加固,二是基础围箍拓宽。只有把上下加固完成以后,钢筏施工才有可靠的保证,一切准备工作就绪,纠偏施工也就顺理成章了。

塔身加固包括钢带围箍、纵向钢筋连接、塔身灌环氧树脂、安装避雷针、配置风铃、塔身修复、贴仿古面砖、设置永久性观测点、固定缆拉绳等。这些工作都必须搭脚手架进行高空作业。而且进行地基围箍工程时,又必须把脚手架拆除,所以要求塔上工作一气呵成,不留剩余工作。

基础围箍拓宽,需拆除原护台,开挖基坑作业,对塔身具有一定的危险性,所以在进行该工程作业前,必须作好塔身加固并进行必要的缆拉防护和仪器监控。

钢筏施工是纠偏工程的关键,它必须在原护台位置,即塔身底部修筑。此项工程难度大、要求高,并且具有一定的风险性,因此只能在基础围箍拓宽完成,塔身整体性和强度得到进一步提高以后,才能进行。

一切准备工作就绪,最后进行纠偏施工是科学的选择,这就是纠偏加固工程的施工特点。经研究分析,对塔体加固采用自上而下、由表到里的加固顺序,见图 10-15。

2) 纠偏加固工程的施工工艺

古塔纠偏加固工程属文物修复工程,具有很强的特殊性、要求高、难度大、需隐蔽、施工中不能造成新的破坏,增加不稳定因素等,因此纠偏加固工程,必须选择科学的施工方法和工艺,精雕细琢,精心施工。

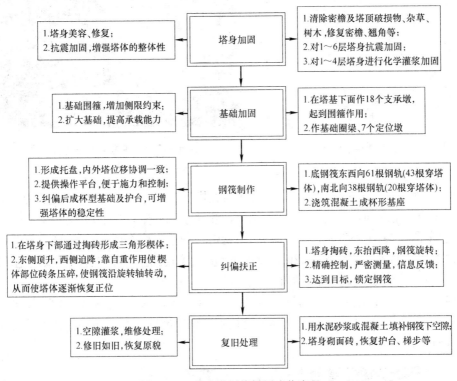

图 10-15 奎光塔纠偏加固工艺流程

① 塔身加固

塔身加固的难点在横向钢带围箍和纵向钢筋连接施工,它要求嵌入塔身砖内,与砖体密贴紧固,表面不留痕迹,纵向钢筋穿过密檐而不能破坏密檐。施工时首先用角磨机凿一宽 16cm、深 6cm 的横槽,将钢带置于其中,钢带用 16×100mm 的法兰螺栓紧固连接,使钢带与塔身密贴并充填膨胀水泥砂浆。纵向钢筋同样采用角磨机凿 12cm 宽、6cm 深的竖槽,密檐部位采用特殊钻具钻孔通过,纵向钢筋与横向钢带焊接;然后,贴仿古砖恢复塔面,尽可能做到不留痕迹。

② 基础围箍施工

基础围箍施工需拆除护台并开挖基坑,这是对塔基挠动最大也是风险最大的一项作业。原条石基础,特别是条石基础之下的卵石土垫层势必失去侧向支撑,易引起垫层松弛而引发条石基础下沉,因此基础围箍施工的关键是确保工程的安全。经过充分研究,决定把基础围箍化整为零,分割成 18 个不同形状的墩,采用跳槽对称开挖,在塔身一侧有意欠挖一定量,等基坑挖至设计标高后,快速清除欠挖部分,立即下钢筋笼和灌注混凝土,以最快的速度恢复其原有支撑。在此同时,做好各种应急处理措施的准备,加强监测,以防万一。为了取得施工经验,先从西南方向 5 号墩作为试点,证明没有问题后再进入正式施工。基础开挖顺序为:5、14→1、10→6、15→3、12→18、9→16、7→2、11→4、13→8、17。一次开挖两个基坑。实践证明,这种方法是成功的。

第 10 章 建筑物纠倾工程实例分析

图 10-16 基础围箍平面图

图 10-17 正在施工中的基础圈梁

③ 钢筏施工

钢筏是纠偏加固的关键工程，它的形成需在塔身底部以上一定范围内定向钻孔，东西向钻孔 41 个，南北向钻孔 20 个，插入钢轨，灌注水泥砂浆，加上塔体外围布置的钢轨，钢筏底层东西向共 61 根钢轨，南北向 39 根钢轨，钢筏上层东西向布设 41 根钢轨，南北向 20 根钢轨，形成一个长宽各 12m，厚度 1.5m 的筏式托盘，并与各面纵横向钢筋连接，用 C25 混凝土浇筑成一新的杯形基础。

钢筏施工技术难度大，要求精度高，根据设计要求，钻孔出口孔位偏差≤2cm，东西向倾角为 1.2035°，施工工艺复杂，其关键技术是如何准确成孔，使钢轨按照一定角度排列整齐，并与孔壁密贴。

图 10-18 用自制量角仪确定钻孔角度

图 10-19 制作好的钢筏钢筋笼

为了保证钻孔精度，我们选用日本进口钻机，用 ϕ146 潜孔冲击钻头和 ϕ186 无外刃合金钻头交替钻进扩孔，并自行设计导向装置，保证了钻孔顺直。为保证其倾斜度，采用自制测角仪控制，使角度误差≤0.1°。为了保证钢筏施工质量和塔体安全，施工中采取了以下技术措施：

a. 铺设钻机滑移定位轨道

由于钢轨排列密度大、精度要求高，所以在塔西、北两侧各设了一条钻机滑移定位轨道，钻机可在轨道上平行滑移。

b. 砌筑砖墙

钻孔前在塔体四周砌筑边长为 10m×10m 的砖墙，墙内充填水泥土，墙面外侧用水泥砂浆抹面，精确放出孔口位置并进行编号。这样可避免钻机在斜面上开孔时产生滑移；同时，可在出口端测量钻孔的偏差量，反馈信息，便于及时修正钻机参数。

c. 修孔

对钻孔偏斜量超过设计允许值的孔，在钻孔出口端用另一钻机修孔接应。

d. 钻孔顺序

钻孔从中间开始，向两侧间隔交替进行，并逐渐加密，直至全部完成。钻完一个孔后，立即插入钢轨，灌注水泥砂浆，使其尽快恢复原有受力状态。

e. 钢筏下空余部分夯填水泥土

钢筏重量3000kN，为防止浇注钢筏及纠偏前该重量作用在塔身砖体上，造成进一步的变形，故在浇注前，在钢筏下空余部分夯填水泥土，以增加承重面积

f. 钻孔内压力注浆

在钢筏钻孔中，曾发现先前注浆过的水泥浆片，经研究分析认为，塔底砖体破坏严重，裂隙发育，浆液沿着裂隙流动，最后形成浆片。为了使裂隙充填灌浆饱满，胶结破碎砖体，有意识改变了浆液配比，采用灌注纯水泥浆并加大注浆压力，提高塔基强度。

g. 密切监控钢筏施工过程中塔身的变形动态，钢筏施工中定期测量塔身变形，在塔基安装了10个千分表，并进行沉降观测，每天绘制沉降曲线。

④ 纠偏施工

根据奎光塔的实际，经过充分的研究论证，创造性地采用了钻掏塔体底部砖体进行迫降、顶升组合协调纠偏方法，即以西部迫降为主，东部顶升为辅，迫降以掏砖为主，无外荷加载为辅，顶升以保证钢筏的线性为主，适当增加上顶力，促进塔身回复为辅的复式纠偏方法，因此，纠偏施工的关键是掏砖。

掏砖采用不同孔径$\phi 80\sim 188mm$，从东到西孔间距、孔径逐渐减小，分次分批进行掏孔，并随时严密观察防护千斤顶的压力变化。待千斤顶所承受压力达到卸载指标时，进行卸载纠偏。纠偏时，测量人员需不断反馈测量数据，依此绘制塔身重心位移轨迹线，现场指挥人员根据测量数据指挥千斤顶加载、卸载等，直至塔体重心和塔底形心重合。在定位墩顶部调整钢板，打入钢楔。然后，回填干硬性混凝土和塔底灌浆处理。

古塔纠偏是一项技术性非常强的工作，特别是掏砖纠偏，既无先例可循，又无规范可依，只能根据奎光塔的实际首先研究建立自己的一套纠偏理论，用以指导全部的纠偏工作，这就是前述的顶升、迫降组合协调纠偏原理。

图10-20 东侧千斤顶加载

图10-21 西侧卸载后记录钢筏沉落量

a. 纠偏前的技术准备工作

a-1 所有量测设备的安装、调试、标定：量测设备包括千斤顶压力传感器、位移计、手动位移计，倾斜盘、钢筋计、控制变形测量仪等。

a-2 设计各种测试数据的采集（包括集中采集、人工采集）、汇总、整理、分析方法、程序和图表。

a-3 制定安全控制系统的设计及操作程序。

a-4 进行夯填土、砖体抗压强度试验，并在此基础上进行掏土、砖设计，并进行应力计算。

a-5 进行钢筏刚度试验，并确定有关参数。

a-6 掏砖、土的程序设计，并制定稳定标准。

a-7 建立数据采集分析中心。

a-8 成立纠偏指挥部。

b. 掏砖土

图 10-22 塔身掏砖

图 10-23 已完成的掏砖孔

根据掏砖设计放置的孔位进行钻孔，钻孔采用干钻冲击方式钻进，以免循环水渗入地基。由于砖砌体的强度与试验值有一定的差异，因此掏砖钻孔采用分期分批逐渐加密的方法进行。在掏砖过程中要严密监视塔体的变形，特别是千斤顶的受力变化，当千斤顶的受力状态开始有规律性的增加时，则证明掏砖使西部边缘部位的应力已超过砖砌体的抗压强度，此时仍可继续掏砖。当千斤顶储力达到设计值时，停止掏砖，开始纠偏。

c. 纠偏

纠偏采用无外荷加载方式进行，即把储存在千斤顶上的力，逐级加到钢筏上去，促进砖砌体的渐进破坏过程，此时应特别注意钢筏的线性问题，特别是东部开始产生张开区时，东部应施加上顶力，以抵消新产生的倾覆力矩，保持钢筏的线性，促进塔体的回复，如此往复进行，直至千斤顶储力完全消除为止，开始进行第二轮掏砖。在纠偏过程中，要及时进行数据处理，如绘制实时应力图形、新一轮掏砖设计、电算程序计算及绘图、塔身位移轨迹图，根据这些数据的反馈信息，重新调整各种纠偏参数，特别是要注意纠偏方向是否存在偏差等。

纠偏是一项缓慢且往复循环的过程，不能急于求成。在纠偏前，课题组研究了一套纠偏程序，征求专家意见。正式纠偏前，对操作人员反复进行演练，其程序如图 10-24 所示。

d. 锁定

当纠偏达到目标后必须锁定，以保证纠偏成果，其方法是在定位墩上调整钢板，打入钢楔，向掏孔区四周填塞干硬性混凝土，塔底进行压力灌浆，抽掉千斤顶，浇筑混凝土。

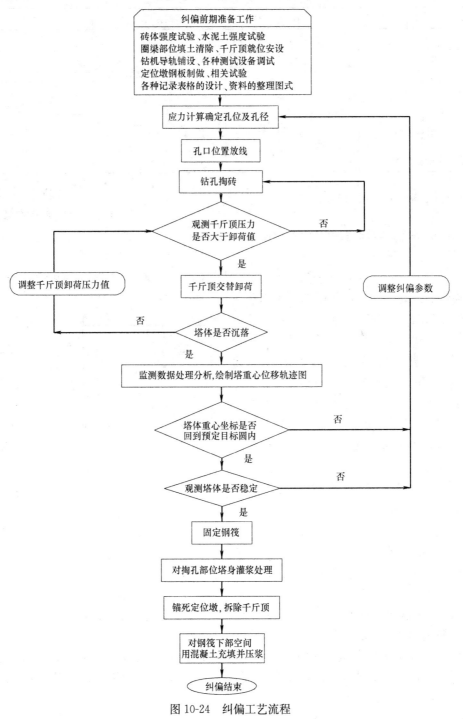

图 10-24 纠偏工艺流程

（8）纠偏最终效果

扶正后的奎光塔其外观更加雄伟壮丽，塔体结构强度、基底应力及抗震能力均得到大幅度加强，能满足长期稳定的需要。表10-3给出了奎光塔纠偏加固前后各种主要参数对比。

奎光塔纠偏前后有关参数对比　　　　　表10-3

项目	纠偏前	纠偏后	备注
偏心距	546.8mm	3mm	重心层
偏心率	25.9‰	0.17‰	
基础面积	65m²	144m²	扩大了基础
塔身重量	34600kN	37600kN	增加了钢筏
基础应力	$\sigma_{max}=78$MPa $\sigma_{min}=32$MPa	$\sigma=26.1$MPa	
在7度地震烈度下	不安全	安全	

王桢
（中铁西北科学研究院有限公司）

10.1.4　地基应力解除法纠倾工程实例

（1）工程概况

位于中堂镇中心马路边的东江旅店为7层框架结构建筑物，建筑总面积约800m²，该建筑物建于20世纪80年代中期，采用独立柱基础，基础承台下外柱为4条ϕ480沉管灌注桩，中心柱为5条ϕ480沉管灌注桩，桩长约为23m，建筑物首层基础平面尺寸为6.1m×12.7m（见图10-25）。

建筑物1～7层②轴交Ⓓ—Ⓕ轴外飘约2.2m全封闭式用作房间，③轴交Ⓑ—Ⓓ轴飘约1.4m全封闭式用作房间，Ⓑ轴飘约1.45m为楼梯间，Ⓕ轴2～7层外飘约2.2m封闭式阳台，建筑物相邻周边情况（见图10-26、图10-27）。

2004年业主①轴边排水明渠改为暗道，近期由于工地道路长期重载车辆出入，门楼边框破裂引起业主警惕后，发现该旅店建筑物向①轴倾斜，①交Ⓕ轴倾斜略比①交Ⓑ轴大，通过业主邀请测量单位，对建筑物进行测量监测发现，①交Ⓓ轴处倾斜率量达

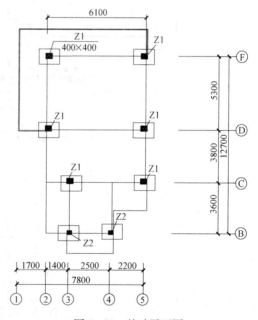

图10-25　基础平面图

6.1cm，①交Ⓑ轴处倾斜量达48cm，各观测点的倾斜率均远远大于有关标准，而且建筑物每日以5mm的倾斜速度增加，属严重危险建筑物，必须快速抢险、加固，纠倾后使危房转危为安。

10.1 建筑物纠倾工程典型实例

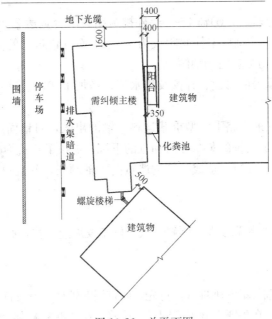

图 10-26 总平面图

图 10-27 建筑物实景

(2) 地质情况

1) 素填土：褐黄、灰褐色，主要由中细砂组成，松散，顶部 0.10m 为混凝土地板，厚度为 1.60m。

2) 黏土：灰褐色，很湿，软塑状，土质较均匀，厚度为 1.90m。

3) 淤泥：深灰色，饱和，流～软塑状，不均匀，混较多粉细砂，厚度为 13.60m。

4) 细砂：灰色、灰白色，饱和，松散，厚度为 6.30m。

5) 中砂：灰黄，灰白色，矿物成分为石英，饱和，松散～稍密状，厚度为 6.60m。

6) 粗砂：灰白色，饱和，中密状为主，含较多中细砂，厚度为 5.10m。

7) 中风化泥岩：褐灰色，薄层状构造，岩芯呈片状、饼状为主，岩质较硬，厚度为 3.40m。

(3) 原因分析

1) 建筑物荷载偏心较大，①轴1～7层外挑封闭式阳台宽达 2.2m，②轴交Ⓑ—Ⓓ轴1～7层外飘1.4m，②—⑤轴框架柱间距仅为 6.1m，而且建筑物的高宽比严重失调，重心严重偏移，造成建筑物必然向①轴倾斜。

2) 近期①轴边排水渠的修建、开挖及排水等，增加了②轴桩基负摩擦力，引起②轴下沉量增大。

3) 由于房屋侧面工地道路上大型重载运料车辆的出入，对地面产生振动，使得地基土体产生触变，进一步加大桩的负摩擦力和桩的下沉，加快了建筑物的倾斜。

上述三个原因的综合反应，造成建筑物严重向①轴倾斜，并且每日以 5mm 的倾斜速率在发展。

(4) 处理措施

鉴于该建筑物结构外飘偏心大、倾斜量大，倾斜发展速率快，必须采取有效手段进行纠倾扶正：

1) 快速抢险

第一步：在首层⑤轴处沿⑤轴堆载。首先，在首层⑤轴柱子上设置对称牛腿，牛腿用钢箍与柱箍紧连接；然后，在牛腿上搁置型钢梁；接着，在型钢梁上堆荷载（见图 10-28）。

第二步：在⑤轴承台上钻应力解除孔。孔直径为 8～12cm，每个承台上布孔 2～4 个，孔深 6～10m，同时拆除原有临时支撑，在②轴和③轴上利用建筑物的荷载设置钢构压桩梁系，做静压钢管桩，以快速控制建筑物的进一步倾斜。为不挠动建筑物①轴基础土体，梁系的设置在±0.00 上进行，梁系为型钢梁，待纠倾加固完成后拆除（见图 10-29）。

第三步：将压好的钢管静压桩通过送桩垫块与梁进行承压铰接，以方便纠倾工程的实践。

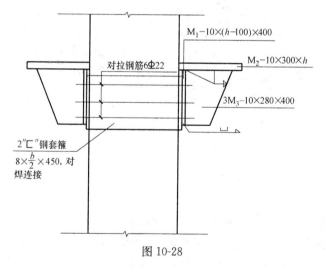

图 10-28

2) 结构调整与纠倾施工

① 将①轴4、5、6、7层封闭式阳台拆除，减少偏心荷载。

② 在⑤轴承台附近，根据回倾情况增加设置应力解除孔实施纠倾，应力解除孔深 15～23m 不等，根据回倾量及回倾速度调整孔的深度，应力解除。

10.1 建筑物纠倾工程典型实例

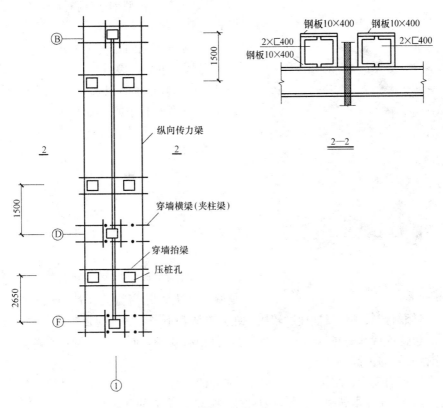

图 10-29

③ 清除回倾阻力，保护好各种管网线。

④ 采用上述措施后，建筑物得到缓慢回倾，当建筑物倾斜量小于或等于4‰，满足规范要求后，即进行下一步工作。

3）防复倾加固

为防止建筑物纠倾后再度复倾，需对建筑物偏心进行调整。除采用结构调整外，通过提高地基基础的承载能力，采用筏板下锚杆静压桩加固措施进行调整偏心。

① 做室内筏形基础，预留压桩孔洞，筏基向室外飘出，向②轴飘出150cm，向Ⓕ轴飘出150cm，局部外飘根据现场情况作调整，筏板厚为400，混凝土为C35，加速凝剂要求7d可压桩，筏板的钢筋伸入地梁底，遇柱或梁时采用植筋连接，筏板配筋双层双向Φ16@180，压桩锚杆为4φ25，压桩力为30t，按1.5倍系数施压，其布桩20条，桩长暂定25m，混凝土为C30，桩长由压桩压力表读数确定。

② 压桩施工完成后，进行封桩施工，拆除原抢险制作安装的首层型钢梁体系、配重体系，原抢险用的钢管桩用作工程桩使用。

(5) 施工事项

1）施工前，必须对倾斜建筑物和相邻建筑物进行观测，并将观测结果与相关单位确认。

2）抢险中首层配重应严格与柱子有效连接，并确保配重压在承台上或柱上，经偏心验算，在首层柱⑤轴配重不少于70t，经柱子承载力验算，配重不得超过60t，固配重仍

图 10-30　纠倾加固竣工后建筑物全貌

取 80t，施工中在型钢梁牛腿处加钢支撑到基础承台上分担部分荷载。

3）在处理期间，每天都必须对倾斜建筑物进行观测，包含：裂缝、沉降差、沉降速率及回倾量、回倾速率等记录，做到信息化施工。

4）纠倾过程中的应力解除孔量及深度根据信息化施工进行调整；必要时，采用多孔或深孔应力解除。

5）由于场地复杂，施工场地严防进入闲杂人员，妨碍抢险、纠倾、加固工作。

6）施工完成后，对结构调整的外立面重新装修处理。

(6) 小结

1）纠倾工程本身是一种高风险工程，特别是偏心较大、其高宽比又严重失调的建筑物，建筑物一旦倾斜，其倾斜发展速度较快；纠倾方法若不当，建筑物必然发生倒塌破坏。

2）对于这种特殊的建筑物，先抢险稳定是很必要的；同时，结构自身缺陷的调整也是纠倾能否实施的关键。

3）本工程的抢险、结构调整、纠倾、加固的过程，采取了施工与计算相结合，以施工引导计算，以计算指导施工。特别对建筑物重心、形心的计算问题上，我们多次计算发现由于建筑物严重偏心，当建筑物倾斜量达 82cm 时，建筑物将倒塌。工程抢险完成时，建筑物已倾斜达 63cm，所以决定先调整上部结构减少荷载偏心，然后再纠倾加固，使本工程顺利得到实现。

吴如军
(广州市胜特建筑科技开发有限公司)

10.1.5　斜孔掏土法纠倾工程实例

(1) 工程概况

意大利比萨斜塔位于意大利西海岸中部小城——比萨市。它是比萨大教堂的一座钟塔，与大教堂、洗礼堂和墓地（墓场）共同构成了一组中世纪的综合建筑，是建筑史上的瑰宝，也是中世纪欧洲最重要的遗迹之一，是比萨市民的自豪和光荣。

比萨斜塔共 8 层，高 54m，重 14500t。钟塔的建筑风格是用柱廊围成一个空心的圆柱体，内、外用密缝的白色大理石贴面，塔内盘绕着螺旋楼梯。塔上的大理石质地优良，每块都很规整，高度一致，表面为曲面，将塔身拼接成为准确的圆形。塔身内径约 7.65m，塔身每层都有精致的花纹图案，整个斜塔是一座宏伟而精致的艺术品，令人赞叹。钟塔基础为砖石基础，直径 19.6m，最大埋深 5.5m。

比萨斜塔始建于 1173 年 9 月，约到 1178 年工程停止时，已造了 4 层，此时的塔体已向北倾斜约 1/4°。在施工过程中，基础产生了不均匀沉降，建设者尝试了通过调整第 3 层南北两侧柱、墙的高度来保证楼面水平。近一百年后的 1272 年，比萨塔复工继续建造，但此时的塔体已经向南偏移。建造过程中通过调整两侧柱、墙的高度和重量对塔体进行了加压纠倾，1278年完成了第7层后再次停建，此时的塔体向南倾斜了约0.6°。1360年再次复工，开始钟房（即第8层）建造。但此时比萨塔向南的倾斜度已增加到了1.6°，所以特意将钟房建成向北倾斜。1370年竣工时，比萨斜塔的建造前后共经历了近200年的时间。钟房的建造使比萨塔的倾斜显著地增加，两位英国建筑师于1817年用一铅垂线进行测量，那时比萨塔的倾斜已经是5°了。

从1911年开始的精确测量表明，在20世纪里，比萨塔的倾斜每年都在增加。从1930年中期，倾斜率成倍增长。1934年用灌浆方法加固地基，结果突然向南移动了约10mm；1970年从低处的砂石中抽地下水，结果使偏移增加了约12mm。

原来游人可以登上比萨斜塔，在各层围廊观赏眺望。因塔沉降加速，基于安全性考虑，比萨斜塔于1990年1月对公众关闭。同年，由意大利总理组建了一个委员会来实施塔的稳定措施。此时的塔基向南倾斜，与地面夹角为5.5°，第7层向南面偏移4.5m。后来，比萨斜塔继续向南倾斜，塔顶偏移的水平距离最大时达5.27m，倾斜率达到97.6‰。

图10-31　比萨斜塔倾斜照

（2）工程地质与水文地质条件

整个比萨平原为更新世、渐新世潟湖相沼泽沉积。地下水位在地面以下1～2m，地面高出海平面3m。

比萨斜塔的工程地质条件由上至下，可分为8层：

① 表层为耕殖土，厚1.60m；
② 第二层为粉砂，夹黏质粉土透镜体，厚度5.40m；
③ 第三层为粉土，厚3.00m；
④ 第四层为上层黏土，厚度10.50m；
⑤ 第五层为中间黏土，厚5.00m；
⑥ 第六层为砂土，厚2.00m；
⑦ 第七层为下层黏土，厚度12.50m；
⑧ 第八层为砂土，厚度超过20.00m；

也有人将上述8层土合并为3大层，即：

①～③层为砂质粉质土；
④～⑦层为黏土层；
⑧层为砂质土层。

地下水埋深1.6m，位于粉砂层。

（3）倾斜原因分析

根据工程地质条件、水文地质条件、结构形式、复核计算以及倾斜过程等方面的情况，导致比萨斜塔倾斜的因素大致为以下几点：

1) 首先是地基土不均匀、地基承载力严重不足。比萨斜塔基底压力大，约为

500kPa，超过持力层粉砂的承载力，地基土产生较大的塑性变形，加之地基土不均匀，导致塔体不均匀下沉。

2) 由于地基土塑性区发展较大，塔基的稳定性降低，施工造成的偏心荷载，使塔南侧附加应力大于北侧，南侧塑性变形必然大于北侧，导致塔向南倾斜。

3) 钟塔地基中的黏土层厚近30m，位于地下水位下，呈饱和状态。在长期荷载作用下，土体发生蠕变，也是钟塔继续缓慢倾斜的一个原因。

4) 在比萨平原深层抽水，使地下水位下降，相当于大面积加载，这是钟塔倾斜的重要原因。在20世纪60年代后期与70年代早期，观察地下水位下降，同时钟塔的倾斜率增加。当天然地下水恢复后，则钟塔的倾斜率也回到常值。

(4) 稳定与纠倾历史

比萨斜塔施工期长，曾几起几落近200年。建造者在后面的几次施工中也采取了一定的纠倾手段，主要是在后期的增层中特意进行反向增层加压。所以，比萨斜塔的中心线不是一条直线，像是"一个香蕉"一样弯曲。

为了寻找比萨斜塔安全可靠的纠倾方法，世界上几十个国家的相关专家提出了比萨斜塔的纠倾方案，先后进行了理论分析、物理模型试验、数值模拟试验等。大家认为塔身结构破坏的危险性与地基失稳的危险性同样严重，一致同意首先要对下面两层塔身的墙体用预应力环箍进行加固。该两层塔身加固工作于1991年底施工完毕。

1993年下半年，采用堆载法将600t的铅重放在地基沉降较小的北边使比萨斜塔暂时稳定，减小了约10%的倾覆力矩。1995年9月，用临时的土锚替换不太美观的铅重，结果不成功。为了控制塔的移动，反压铅重增加到了900t。持重反压使倾斜了800多年的比萨斜塔第一次回倾了2mm。

(5) 纠倾方案

根据比萨斜塔保护委员会的声明，该委员会借鉴了墨西哥城天主教堂纠倾的成功经验，1996年提出了比萨斜塔纠倾加固方案，即：

1) 钢缆保护。给斜塔加箍，增强其整体刚度。用钢缆一端连接钢箍，另一端连接地锚，在北侧拉住斜塔，防止其继续倾斜。

2) 斜向掏土。将内径150mm的套管以30°的俯角伸入塔基下，套管中的螺旋钻将淤泥土掏出。

3) 斜塔回倾到一定程度后，对塔基进行加宽加厚处理，拆除反压荷载。

比萨斜塔正式纠倾前，在广场北侧进行了直径为7m的偏心荷载作用下地基掏土试验。试验的主要目的是探讨斜孔掏土的钻探技术。开发的钻头是一个直径为180mm的反转套筒、内装空腔的连续螺旋推进器。试验显示，在粉土中形成的孔洞柔和地密合，可在同一位置反复抽取，且可保持方向控制。

(6) 试验性纠倾

1996年8月，委员会同意从塔下进行限制性掏土，并观察其反应。1998年12月，在塔的第三层连接了安全防护钢缆（直径50mm），向塔北延伸约100m，钢缆穿过两个巨大的A型架顶部的滑轮用铅重拉紧，保持塔的稳定。

试验性纠倾施工是在6m宽度上采用200mm直径的12个钻孔进行初步掏土。为了引导西向分量的移动，中心线向西边偏移1m。钻杆和套管逐个在取土孔内进行掏土，操作起来不太方便，每天最多掏土 2 次，最初每天只能抽取 20L 土。

掏土纠倾采用信息化施工，建立了通信控制系统。施工现场每天 2 次用传真汇报有关塔的倾斜和沉降的实时信息。主管工程师总结现场情况，进行分析研究，签发下次掏土指示。通过对 6 年来塔的移动记录作了仔细的分析后，设置了触发报警装置。如果倾斜和沉降变化等发生问题时，就采用设置的绿色、琥珀色和红色触发设定值及时报警。

1999 年 2 月 9 日，在高度紧张的气氛下开始了第一次掏土。在开始掏土时，钻孔朝地基的边缘推进，斜塔没有明显的反应。几天以后，塔体慢慢地向南旋转。2 月 23 日，突然在一天内开始朝南旋转 2 弧秒。仔细检查显示这与南边的沉降无关，是来自阿尔卑斯山脉的北风和大雪使温度骤降，从以前的记录显示，这通常会引起向南小小的移动。大风过后，温度上升，塔又开始向北移动。这个小插曲说明，在掏土期间要一直保持戒备。

到 1999 年 6 月初，塔体向北旋转达到 80 弧秒。停止掏土后，塔体继续以递减的比率向北旋转，直到 1999 年 7 月，所有移动全部停止。从试验性纠倾过程中可以看到两个特性：第一，向西分量转动按计划发生；第二，在掏土施工期间，地基的南部边缘上升。

(7) 全面纠倾

试验性掏土的成功使委员会相信，在地基的整个宽度上进行全部掏土是安全的。在 1999 年 12 月和 2000 年 1 月之间，在塔北侧设置了 41 个抽土孔，间距为 0.5m，每个孔装有专用的钻机和套管。2000 年 2 月 21 日，开始全面掏土纠倾。钻孔深入到塔基下 20m 处的黏土层，每次取土出约 $1cm^3$，小钻机昼夜 24h 连续作业，每天掏土约 120 升，塔体每天平均约 6 弧秒转动。为了控制塔向东移动的趋势，从西边掏取比东边多 20% 的土。技术人员通过 20 个监测器，严密监视斜塔动静。让人满意的是，地基的南边发生了明显的上升。

图 10-32 斜孔掏土纠倾

2000 年 5 月底，开始逐渐地移走铅锭。开始时每周移去 2 个铅锭（约 18t），2000 年 9 月增加到每周 3 个，2000 年 10 月增加到每周 4 个。取走铅锭后，倾覆显著增加，但抽土继续有效地进行。2001 年 1 月 16 日，最后一个铅锭从混凝土环中取走。在 2 月中旬，混凝土块本身也被移去。3 月初，开始逐渐移去钻头和套筒。掏土孔用膨润土泥浆填满。最后，在 5 月中旬，拆除塔上的防护钢缆，同时产生了几弧秒的向南移动。为了消除这个不利的影响,又进行最后的少量抽土。2001年6月6日,掏土钻机也被移走。

另外,在砖石建筑的最高压应力部位进行了有限的加固工作,包括在大石块的空隙处灌浆,使用不锈钢加强筋加固覆盖砖面的变形部位,用嵌入在树胶内的预应力钢丝替换第一个檐口和第二层楼周围环绕的钢腱,并加固了1838年放置在走道底部的混凝土环。

(8) 结论

2001年6月16日,纠倾后的比萨斜塔移交给市政当局。2001年12月监测表明,第七层向北水平回倾了约442mm,回到了1380年挖走道时塔向南突倾前的状态。2001年12月15日,纠倾后的比萨斜塔重新向公众开放。

比萨斜塔纠倾工程证实掏土是一个增强稳定性的较为柔和的方法,又符合建筑保护要求。同时,计算机模拟、现场试验及信息化施工等起到了积极、不可或缺的作用。

李启民整理
(中国地质大学(北京))

10.1.6 辐射井射水法纠倾工程实例 (一)

山西化肥厂水泥分厂的100m高烟囱,因地基浸水,倾斜量达1530mm,超过允许倾料值3倍以上,随时都有倒塌的危险。本文分析了产生倾斜的原因,并采用辐射井法和双灰桩法对百米烟囱进行纠倾加固,取得了国内纠倾"三最工程"(最高、倾料量最大、最危险)的圆满成功。

(1) 工程概况

山西化肥厂水泥分厂100m高烟囱建于1986年,钢筋混凝土结构,基础为钢筋混凝土独立基础,埋深4m,烟囱地基土为Ⅱ级自重湿陷性黄土,经625t·m能量级强夯处理(图10-33)。

1993年5月发现烟囱向北倾斜,6月10日测量北倾1.42m,7月23日测量北倾1.53m。为了防止烟囱继续北倾,采取应急措施,即清除了北侧地表积灰,减少北侧地面荷载。7月31日南侧拉了两道缆绳,并在南侧基础上部堆载425t,减缓了北倾速度。9月5日请有关专家和工程技术人员论证,认定100m高烟囱的倾斜量已超过规范允许量的3倍,已属于危险构筑物。此烟囱又处于7度地震设防区,如遇大风、暴雨、大量地面水再浸入地基,随时都有倒塌的危险,必须及早处理。

(2) 烟囱倾斜原因分析

100m高烟囱自重2600t,烟囱与窑尾工房、引风机房的地基共$1293m^2$,一起用强夯处理。烟囱设计要求地基承载力为250kPa,强夯处理后地基承载力为260kPa,1993年9月测定其地基承载力为165kPa。造成地基土承载力降低的主要原因是长期浸水的结果。1993年9月勘察报告表明,地下水位埋深1.3~1.95m。根据以前资料,该区地下水位埋深在40m以下。为弄清浸水原因,在纠倾前进行了钻孔探察,发现凡经强夯处理过的地方,水位埋深都变浅。而非强夯影响区,水位仍较深。并发现强夯之后形成一个不透水层,致使上部填土层含水率较高,由于地表积水,沿强夯区边缘渗入未处理的深层土中。由图10-34看出,烟囱基础正位于强夯处理区边沿,而且基础埋深较引风机房和窑尾工房的基础深2m,故地面积水集中流向烟囱基底。久而久之,烟囱北侧(强夯边缘)被水浸湿,造成烟囱不均匀沉降。

对于重心较高、自重较大的烟囱构筑物,原地基处理和基础设计是不合理的。较好的天然土层埋深仅 8.5m，如能采用桩基方案，将会避免事故的发生。如果在生产管理上注意厂区排水，减少对地基的浸泡，情况也会好些。但无论如何，在湿陷性黄土区用强夯处理高耸构筑物基础范围一定要大，并且必须有足够深度，地基处理应独立，而且要对称，避免不均匀沉降。

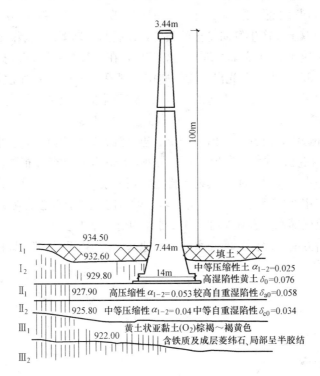

图 10-33 地基土层分布及烟囱构造

（3）纠倾加固方案的选择

由于百米烟囱的倾斜量已达 1.53m，为了尽快控制烟囱的倾斜发展，首先采用以下应急措施：

1）在烟囱高度 2/3 处用钢丝绳套在烟囱上的钢环拉牢固定。固定方向为东南、西南方向各一根，地面上埋设地锚。

2）在南侧基础上部堆载（石屑）425t。

3）清除烟囱北侧地面的积灰，疏通排除地面积水。

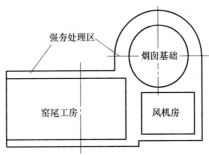

图 10-34 强夯处理区分布

由于北侧地基土已很脆弱，地基土天然含水率达 28%，且水位很高，强夯后地基土 $\gamma_d >$ 15kN/m³，只在 5m 以内，5m 以下无明显效果（正是地基的主要受力层范围），在夯击点进行的浸水试验证明，$\Delta\rho = 1.06$（浸前）$- 0.87$（浸后）$= 0.19$。因此，我们对烟囱纠倾方案选择慎之又慎。首先，必须加固北侧软弱地基土，但又不可开挖、降水，不可振动扰动地基，严防地基失水固结，导致烟囱继续倾斜。更不宜在北侧注浆加固，以免地基浸水产生附加沉降，引起烟囱的继续倾斜。我们采用了正转成孔反转成桩灌注生石灰粉煤灰的施工方法，加固北侧软弱地基土。它的优点是无振动，挤密效果好，成桩速度快，处理深度大，不会产生其他施工方法带来的种种不良后果。

加固北侧软弱地基后在南侧采用应力解除法的纠倾扶正方案，即在主要受力层范围内打孔，孔深4m（自基础底面算起），孔径$d=100\sim150mm$，孔距$3.0d$，单排布置，造成基础下地基因侧向取土孔产生侧向排土的条件，以引起基础下沉和烟囱回倾。通过控制取土量来控制其回倾速率。但经现场钻孔观察发现，在$-1.4\sim-2.7m$处是含水层，成孔后严重缩颈，而$-3m$以下孔壁光滑，无侧向排土现象。这使间接掏土实现应力释放方案难以实施，而对引风机房、窑尾工房的安全和烟囱压重的稳定极为不利。故改用辐射井射水排土方案（图10-35）。

在南侧基础外边缘建沉井，井内边挖土、边下沉、边接长沉井，把沉井落到基础底面下1.5m标高处，在沉井井筒上留射水孔；另外，再在井身上交错布置回水孔，使地基中的滞水能回流到井中，通过射水工具射水排土，用泥浆泵将井中泥浆不断排出，使烟囱回倾复位后，沉井内用2：8灰土分层夯实回填。射水时，要避开强夯处理后的硬土层，并避免往下面的软土层灌水，选在基础下1m处作为射水排土层。

为了加固倾斜方向（北侧）的浸水泡软的地基，采用了双灰桩加固法（图10-36）。

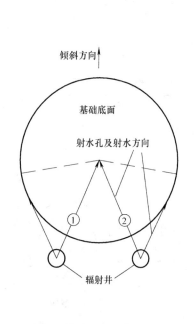

图10-35 辐射井平面图

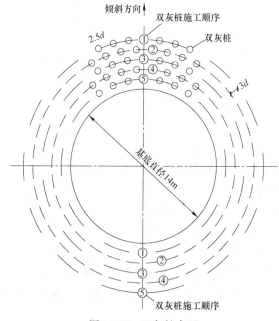

图10-36 双灰桩布置

① 北侧：双灰桩自外而内做（与南侧纠倾同时做），共6排。桩距：沿径向为$3d$，沿切向为$2.5d$。桩长：低于基底下5m。桩径：150mm。

② 南侧：自内向外做（纠倾后再做，其他与①同），最后沿基础周边形成1.8m厚的双灰桩屏幕墙，以保护烟囱地基的整体性、稳定性。

首先，找出烟囱倾斜最大点的方向，以此轴线放线布桩。为增大对烟囱地基土的挤密效果，施工中特别注意了以下几点：

a. 必须保证生石灰质量,欠火灰和过火灰均不得超过5%,粒径要求20~50mm。生石灰粉煤灰配比7:3。

b. 反转填料时以挤密实的双灰将钻杆顶起,以保证其充盈系数。

c. 保证3.5m封顶土的挤密效果。

(4) 纠倾方案的实施

1) 施工程序(图10-37)

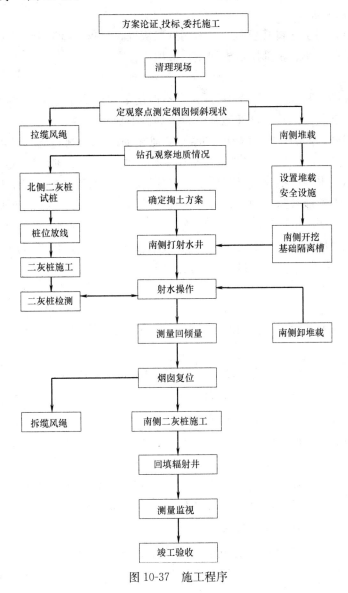

图10-37 施工程序

2) 施工注意事项

① 射水操作井位置选择要对称于最大倾斜轴线。

② 射水孔部位既要避开强夯处理后的坚硬层,又不宜将大量水灌入软土层而影响到周围建筑和烟囱北侧基底上,故选在烟囱基础下1m处。

③ 射水孔布置是烟囱回倾的关键。采用$\phi 20$管径的水枪,每井布孔14个。

④ 第一次射水后发现烟囱基底已有1/6变软,故改变射水深度。

⑤ 以每次射水操作感觉及测量回倾量的变化作为下次射水操作指挥的依据,又以射水深度、射水孔位、间隔时间来控制回倾的速度和回倾的方向。

⑥ 卸南侧堆载要和回倾速度相配合,回倾结束卸荷完毕。

由回倾曲线可看出,烟囱整个回倾过程是很平稳的。回倾速度和回倾方向完全可自由掌握,准确度可控制在10mm。

3) 南侧二灰桩加固

烟囱复位后,为了能将其稳固,在南侧打二灰桩。二灰桩施工顺序由内向外,同时将射水操作井下部用二灰、上部用灰土回填,边填边夯实。

(5) 结语

百米烟囱回倾时间62d,耗资18万元,不但使烟囱脱离了危险,恢复正常,而且提高了烟囱地基的承载力,并在烟囱地基受力区周围形成一个屏障,阻止地面水渗漏浸入,保证了烟囱的安全。同时,在加固北侧时还发现在烟囱东北侧有旧墓坑两处,坑深6~7m,坑穴范围宽3m、长5m,位置紧靠烟囱基底。强夯时未处理,作双灰桩时由于反转回填的特点,用钻出的土把孔穴全部填实,避免了后患。为不影响风机房和窑尾工房的安全,在沉降时将烟囱地基与其割开,这样也避免了不均匀沉降对烟囱的影响。整个纠倾过程是在正常生产的情况下进行的。并为山化年产20万吨水泥的水泥厂长期安全稳定生产创造了条件。如果烟囱倒塌,不仅需支付清理建筑垃圾及新建烟囱的费用,还使800多名工人因停产无事可做,损失将超过5000万元以上。

唐业清
(北京交通大学)

10.1.7　辐射井射水法纠倾工程实例 (二)

(1) 工程概况

大庆石油管理局办公大楼为钢筋混凝土框架-剪力墙结构,建于1994年,地上20层,地下一层,总高度为75.62m,总重量约为6.2万吨 (620000kN)。该办公楼近似于矩形平面,长度56.4m (9跨),宽度为22.84m (5跨),地下一层 (箱形基础) 面积为11810.9m²,首层建筑面积为2187.7m²。地下室为一层箱形基础,高度6.7m,底板厚1000mm,顶板厚300mm,自±0.000算起埋深7.7m。基础置于饱和粉细砂层上或粉土层上。地基承载力标准值为160~180kPa。一~二层层高为5.4m,三层以上为3.6m,顶层设备层为6.3m。主楼四周设有2层裙房结构,与主体结构间均设有沉降缝。主体混凝土承重结构设计强度均为C30级混凝土。

2007年,大庆石油管理局拟在既有结构上增加一层并设置楼顶水箱,增层后为21层,建筑总高度为88m。新增一层及水箱总重量约为7000t (70000kN),增层后建筑物总重量约为7万吨 (700000kN)。

(2) 建筑物沉降倾斜分析

1) 办公楼沉降观测资料

清华大学2007年2月1日提出的观测报告,主楼在2006年9月9日的倾斜量如表10-4和图10-38所示。

10.1 建筑物纠倾工程典型实例

办公楼四角倾斜量　　　　　　　　　　　　　　　　　　　　表 10-4

观测时间	2006.010.09(按楼高70m计)			
方位	偏离方向	偏离量(mm)	倾斜率(‰)	倾斜角
西北角	北偏东	194	2.77	9′31.65″
东北角	北偏东	266	3.8	13′3.8″
西南角	北偏东	241	3.44	11′50.14″
东南角	北偏东	251	3.59	12′110.6″

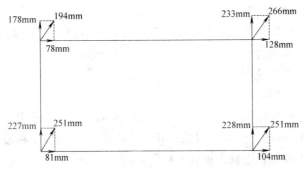

图 10-38　办公楼倾斜观测图

倾斜观测数据表明，办公楼主体结构向东北方向的最大倾斜率为3.8‰，即倾斜量为266mm，按《建筑工程施工质量验收统一标准》(GB 50300—2001)的规定，建筑物墙柱允许最大倾斜量为$2‰×H=70×2‰=140$mm，小于266mm。

按《建筑地基基础设计规范》(GB 50007—2002)的规定，对于高度为60~100m的建筑物地基变形值不应超过0.0025，也已超出。上述计算只到70m高度。如果按实际高度75.62m计算，则最大倾斜量应当是287.356mm，最大倾斜率应是4.097‰。

根据上述检算，办公楼的倾斜量为有关规范允许值的1.93倍，况且建筑物沉降仍未稳定，随着增层荷载的施加，一定会产生进一步的沉降和倾斜值。

2) 办公楼倾斜原因分析

① 原设计基础结构类型选择不当，应选择桩箱（或桩筏）基础，将荷载通过桩直接作用在超固结土层上；另一方面，箱基设计为6.7m高也不恰当，造成浪费。

② 原设计地基承载力取值偏高，没有按变形控制地基进行全面检算和软弱下卧层的变形检算。

③ 原设计持力层选择不当。根据哈尔滨中建设计有限公司2007年3月17日提供的《大庆石油管理局办公楼维修补充勘察岩土工程勘察报告补充说明》可以看出，该场地地基土不均匀，第3层土的东侧持力层细砂层最薄处仅1.2m（西侧为2.0m），而第5层的软弱下卧层，西侧为4.5m，东侧原为4.7m。从地基的不均匀情况来看，建筑物产生较大不均匀沉降和向东北方向倾斜是必然的。

④ 从首层和基础平面图及其上各层的结构布置来看，原设计结构墙体布置不当，北侧柱距小(5.4m)，南侧柱距大(7.241m)，东侧墙体多，这也是引起建筑物不均匀沉降的重要原因。

(3) 办公楼纠倾加固设计方案

鉴于办公楼的最大累积下沉量已达 309mm，最小下沉量为 148.28mm，而新增的第 21 层总重约 70000kN，地基承载已不能满足要求；如不对地基加固，增层后地基应力必然大于地基承载力，况且基底持力层不均，有较厚软弱下卧层，将进一步引起建筑物下沉和倾斜。所以，该办公楼应通过纠倾加固进行综合治理，然后进行增层施工。纠倾加固方案主要包括以下内容：

1) 采用辐射井射水排土纠倾

根据地基土质条件和建筑物的结构特点，采用 20 孔辐射井进行射水排土纠倾除了主体结构之外，裙房结构也应连同主体结构一并纠倾。

2) 采用锚杆静压桩加固地基

除通过辐射井进行纠倾，调整其不均匀沉降外，尚应通过压入锚杆静压桩对地基进行加固，使部分建筑荷载通过静压桩传递到下卧层⑦的超固结土层上，并挤密桩间土，在桩土共同工作条件下承受建筑物全部荷载。

3) 设置高效降水井控制场内水位

为了顺利实施锚杆静压桩的施工，在建筑物东侧布置 10 口降水井，通过高效降水控制水位在基础底板下 −1m 的位置，以保证开凿压桩孔、压桩作业和最后在无水状态下封桩孔，使基础底板不渗漏，以确保加固工程质量。

4) 沿场地周边布设水泥土止水墙控制场地水位

为控制现场施工总水位，保护相邻建筑物不产生裂缝，使办公楼的加固施工能顺利进行，采用地下水泥土止水墙（深 15m 的水泥土摆喷止水墙，自地面向下 −2m 范围内不成墙，−2m～−10m 范围墙厚 30cm，其下 20cm。墙总长度约 210m）沿办公楼周围将地下水封闭，使得墙内纠倾和降水对墙外建筑物无影响，墙外保持高水位使相邻建筑物不下沉，墙内低水位，方便工人地下深层施工，包括辐射井射水，排土纠倾和锚杆静压桩的施工。

5) 设置回灌井保护相邻建筑物

为保持相邻建筑物的安全，在止水墙外侧，相邻的会议楼等建筑物的附近设置 4～6 口回灌井，井深 6m。以保持其地下水位，不要因办公楼降水施工而产生开裂或下沉。

办公楼纠倾加固设计的辐射井、降水井、回灌井、水泥土止水墙、锚杆静压桩的平面布置详见图 10-39。

(4) 办公楼纠倾施工

1) 水泥土止水墙高压喷射注浆施工

高压喷射注浆的施工采用工程地质钻机引孔，然后用 HT-50 型旋喷插入旋喷管进行喷注水泥浆的方法来完成，其施工工序主要包括：孔位放样、钻孔、浆液配制、摆喷注浆。

2) 降水井与回灌井施工

钻机钻至设计标高，开孔口径 600mm；然后，下入内设直径 400mm 的单螺旋专业降水井管，外包裹两层 100 目的纱网，用钢丝捆紧。井底预留降水井沉砂段；然后，再连通水边同时在井管外围投入砂料，作为滤水隔砂之用。井管外围填入滤料为 0.5cm 石料和粗砂的级配，应均匀下入，避免"架桥现象"。降水井洗井利用钻机起落，采用活塞洗井器，以清水反复冲洗花管部位，将孔内泥浆及井壁泥皮洗净排出并达到水清、砂静为止；最后，下水取粉管钻具，捞净孔内沉砂。

10.1 建筑物纠倾工程典型实例

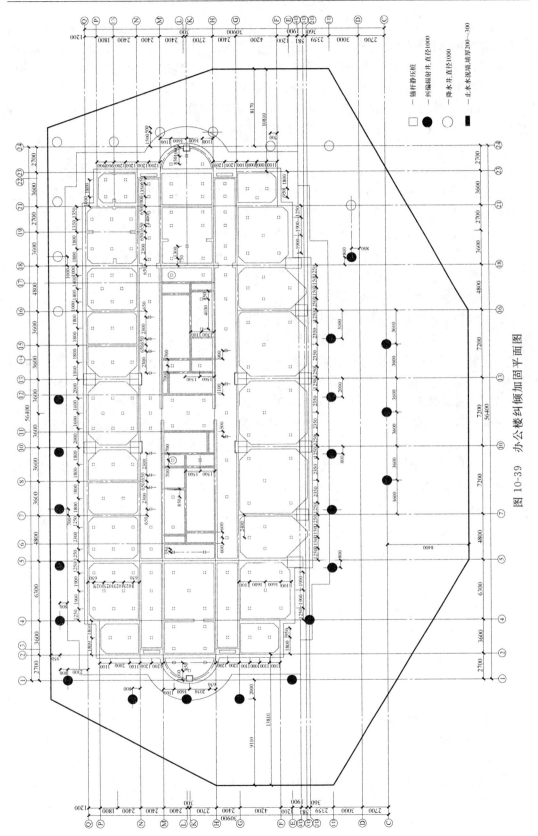

图 10-39 办公楼纠倾加固平面图

3)基坑支护

根据纠偏时清除阻力的要求,需要将1号楼与其前门厅之间的回填土清除至1号楼箱形基础筏板下约-7.03m,根据规范要求在进行回填土清除时,需对四周进行临时支护。除1号楼地下室剪力墙这侧外,其他三侧采用钢管桩。采用$\phi 130 \sim 159$钢管@1200,壁厚不小于4mm,桩长12.0m,露出地面500mm。在距地面-4.0m处加设一道腰梁,采用工字钢20b。先在原有门厅基础上植筋,然后槽钢与所植钢筋焊接。

4)辐射井施工

本工程采用20口辐射井,用于纠正办公楼主体结构的倾斜和裙房同步下沉。裙房内7口辐射井是用于主楼和裙房纠倾并调整其同步下沉之用。辐射井沿主楼周边布设,重点在西南侧布设,而在东侧及东北角附近不设井。辐射井在射水排土时,具有纠倾和调整沉降作用,不射水排土纠倾时具有降水井和汇水井的功能。

辐射井施工流程:放线定井位→开挖第一节井孔土方→支护壁模板放附加钢筋→浇筑第一节护壁混凝土→检查井位(中心)轴线→架设垂直运输架→安装木辘轳→安装吊桶、照明、活动盖板、水泵、通风机等→开挖吊运第二节井孔土方(修边)→先拆第一节支第二节护壁模板(放附加钢筋)→浇第二节护壁混凝土→检查井位(中心)轴线→逐层往下循环作业→开挖至设计深度→浇井底混凝土。

与辐射井配套的设备尚包括:高压射水枪及耐高压射水管,供水池,泥浆池,高压泵等。

5)办公楼纠倾

根据建筑物的倾斜情况,先对办公楼南侧辐射井内的射水孔射水,根据回倾情况,再进行调整。每口辐射井井内射水孔隔孔射水,下一轮对剩余射水孔射水。

射水机具:水泵为扬程45m,流量$15m^3/h$的污水泵,共5台,3台工作,2台备用。射水枪枪头出水孔直径6mm,枪杆为$\phi 6$无缝钢管,每节600mm长。采用辐射井内水自循环的方式。

射水完成后,要将辐射井内的泥浆及时抽到沉淀池,以便取土量的统计;射水完成后,还要采取措施将射水孔封堵,以免地下水回灌。

(5)监测系统方案

1)基准点的布设

在本楼的两侧墙和东侧墙的伸长线上,距本楼70m左右布设A、B两点,在本楼的南侧墙和北侧墙向西的伸长线上,距本楼70m左右布设C、D两点,以后对本楼的观测A、B、C、D四点为基准点,或称为仪器的设站点。

2)观测方法

以A点设全站仪观测楼角①和③的上下,可以计算楼角①和③的东西倾斜量;以B点设全站仪,观测楼角②和④的上下,可以计算楼角②和④的东西方向倾斜量;以C点设全站仪观测楼角①和②的上下,可以计算楼角①和②的南北方向倾斜量;以D点设全站仪观测楼角③和④的南北方向倾斜量,每个楼角有两个方向的倾斜量,可以通过数学计算,得出楼体的倾斜方向和倾斜数值。沉降观测是用水准仪观测楼体上设立的目标观测点,得到每次的高程值比较得出的沉降量。办公楼回倾观测成果详见图10-40。

(6)办公楼加固施工

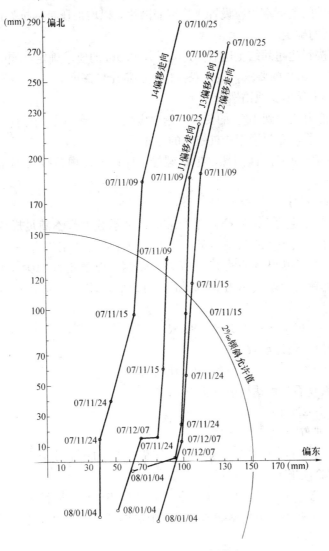

图 10-40 办公楼回倾成果图

测试的结果表明,在不包括新增荷载在内的平均应力作用下,建筑物仍有微量下沉(1.8mm/135d),这是软弱下卧层的固结尚未达到稳定的表现。因此,本工程必须采用具有强力支承挤土效应的锚杆静压桩,在地下室底面上施工,施工环境好,除在底板上凿孔 182 个(上部 35cm×35cm,下部 45cm×45cm)外,无其他损坏,凿孔面积为 $182 \times 0.45 \times 0.45 = 36.45 m^2$,占地下室底面积的 3.06%。对于钢筋有 50% 左右多余储备的箱基底板而言,绝对安全。况且,每个压桩孔封口后还有 4 根地锚螺栓钢筋连接对焊,也有一定的补强作用。

1) 钢筋混凝土桩的设计

单桩断面初定为 250mm×250mm,每节桩长 1.5m,最下端桩尖带钢制尖状桩靴,以便于穿过土层压入。混凝土桩等级为 C30,配置不低于 $\phi 25$ 的纵筋 12 根,箍筋直径不小于 $\phi 8$。因办公楼的基础自室外地面算起的埋深 $D = 6.2m > H/15 = 5.86m$,锚杆静压桩的连接可不考虑分担水平力,接头采用4根纵向钢筋插孔,用硫磺胶泥(或建筑胶)灌入连接。在制桩时,桩的上下端均应设置4片钢筋网片,以增加压桩的抗裂性。

2) 压桩深度的确定

压桩深度应按到达超固结土层后并进入该层0.5m的要求确定,同时还应满足单桩压桩力达到750kN(75t)的要求,按此双控标准决定压桩深度。

3) 压桩架、千斤顶及地锚螺栓

千斤顶施力能力应达到100t的要求,场地应配置10台以上千斤顶。施力千斤顶应带有准确压力表控制器,专门用于压桩施工的专业千斤顶。

施工时地锚螺栓应采用锰钢螺纹地锚螺栓,应设计每根抗拔力不小于250kN,其插孔深度不少于40cm。

4) 压桩数量的确定

21层增层荷载预定为70000kN,增层前后地基承载力都不满足规范要求。因此,选定压桩数为182根。其中120根平均布置,62根重点布置在东北侧。

182根×500kN(单根承载力特征值为500kN,极限承载力为1000kN,压桩力为750kN)共可得到新增地基支承力91000kN,可以满足增层荷载要求,将70000kN提高1.3倍。

布桩根数:$n=70000\times1.3/500=182$ 根

$P_a=500$ kN/根(设计承载力)

$P_p=k_p\times P_a=1.5\times500=750$ kN/根(压桩力)

经一个月的恢复后,可达极限承载力 P_R。

$P_R=2P_a=1000$ kN/根

5) 锚杆静压桩布置

桩间距1.5~2.5m不等,应视场地情况布置。其布桩情况如图10-41所示。

6) 静压桩试验性施工

在正式开工前必须进行静压桩试验性施工,通过静压桩试验性施工检查施工准备和修改参数,确定单桩承载力,以便掌握压桩过程中可能发生的问题和处理预案。

7) 锚杆静压桩的施工

压桩施工流程:确定桩位、放样、编号→开凿室内混凝土地坪、挖除基础复土→开凿压桩孔→钻锚杆孔→埋设锚杆→安装压桩架→起吊桩段、就位桩孔→校正桩身→压桩→记录桩入土深度压力表读数→起吊下节桩段→校正桩身垂直→接桩→压桩→记录桩入土深度压力表读数→压桩结束。

预凿压桩孔,上部孔径350mm×350mm,下部扩大至450mm×450mm,以便形成上小下大的楔形孔。

预凿锚固螺栓孔,每台压桩架4个孔。植入锚固螺栓,锚固螺栓采用带有螺纹的高强度锰钢螺栓,锚固螺栓孔应大于锚固螺栓直径,一般为40mm,以便灌注建筑胶或硫磺胶泥,固定螺栓。每根螺栓抗拔力应达250kN,应通过试验性施工确定相互关系数。

压桩千斤顶,每台施力能力为1000kN,并且有压力表,可准确控制压桩力的高质量专业用千斤顶,并应适当留有备用量(不少于15台)。

封桩孔:采用C30细石微膨胀早强水泥,捣固密实封桩口,待封桩口混凝土养护7d

后，方可拆除压桩千斤顶或在桩口周边预置楔形铁嵌固，并将锚固螺栓焊接连成整体，灌注封桩头混凝土。

办公楼纠倾加固成功后的实景，见图10-41。

图 10-41　办公楼纠倾加固成功后实景

何新东[1]　唐业清[2]
（1 黑龙江省四维岩土工程有限公司；2 北京交通大学）

10.1.8　辐射井射水法纠倾工程实例（三）

（1）工程概况

某 4 层办公楼，内廊式，建于 1992 年，平面形式为矩形，东西朝向，总长 32.5m，总宽 12.6m。首层层高 3.6m，二、三层层高 3.5m，顶层层高 4.6m。框架结构，筏形基础（见图 10-42），楼（屋）面板为现浇、预制相结合。经检测，西檐框架柱向西倾斜，超过 1‰。

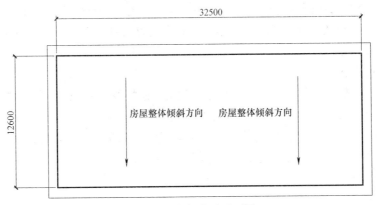

图 10-42　整板基础平面图

（2）纠倾方法

本次纠倾采用沉井射水基底迫降法进行纠偏，即根据该结构整体倾斜和地质基础情况

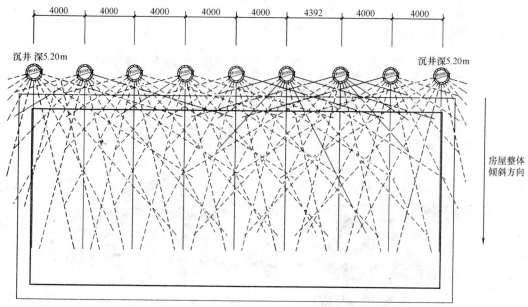

图 10-43 纠倾沉井平面布置图

以及现场施工条件。考虑到建筑向北侧倾斜，在建筑物南侧结构基础底部采用沉井射水法进行纠偏，使建筑物均匀回倾。待建筑物回倾到规范允许值后，再在原射水孔中进行压密注浆，防止结构复倾。

纠倾回倾速率：采用信息化施工控制对射水时间和排土距离进行动态控制，根据该工程情况，控制回倾速率在 3~5mm/d。

1) 沉井布置

根据该房屋的倾斜情况、基础类型、场地环境及基底下土层性质等，确定本工程共布置辐射井 34 个，辐射井深度基础地面向下 1.7m，其中射水孔距离井底部 1.0m，操作面距底部 0.2m。

本工程辐射井采用圆形混凝土沉井，井口应设置防护设施；井的内径 1.0m，井深距基础地面 1.7m，距离地面 5.2m。井身的混凝土强度等级 C25，施工至设计深度后浇筑 200 厚封底混凝土。

2) 沉井射水孔

沉井施工完成后按射水角度，在井壁凿开数个射水孔，本工程每个辐射井的射水孔数量为 10 个、位置及射水方向详见平面图 10-26。施工过程中，根据纠倾施工情况进行调整。射水孔孔径 $\phi 40$，射水孔竖向位应根据基础回倾下沉布置在基础底下适当深度，距基底不宜小于 500mm；射水孔留置在距井底部 1.0m 处。

李今保
（江苏东南特种技术工程公司）

10.1.9 辐射井射水法纠倾工程实例（四）

(1) 工程概况

哈尔滨市齐鲁大厦地上 26 层，地下 2 层，基底埋深 10.9m，地上高度 96.6m，框-剪结构，箱形基础。主塔建筑面积 19000m²，裙房建筑面积为 7400m²，总建筑面积为 26400m²，主塔平面尺寸为 26.10m×26.10m，箱形基础底板 31m×31m（见图 10-44）。

该大楼于 1993 年开工建设，于 1995 年 12 月主体完工；1996 年 3 月发现倾斜，到 1996 年 12 月倾斜值达 525mm，倾斜率 6.05‰。

1) 倾斜原因分析

首先，经过分析计算，发现该楼存在严重偏心。由于建筑物造型不对称，导致荷载在地基平面上分布不均匀，使形心与重心偏移 0.55m。其次，施工时出现严重失误，在重心偏移方向上建筑物底板襟边短缺 0.4~

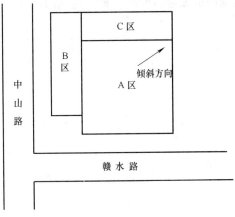

图 10-44 总平面图

0.9m，缺失面积 20m² 左右，加重了建筑物偏心程度，使偏心距达到 0.9m；再次，施工主体完工后消防水池漏水，总量达 2600t，全部渗入地基土中，造成地基土承载力下降。

2) 纠倾方案及实施

根据该楼地质条件，倾斜原因及大厦结构基础现状，经专家反复论证，决定采用辐射井纠倾专利技术纠倾，采用压力注浆钢管锚桩技术及双灰井墩技术进行防复倾加固。该大厦自 1997 年 1 月纠倾开始至 1997 年 7 月结束，历时 6 个月，使大厦完全纠倾。在纠倾和加固过程中采用多种技术措施和方法，目前经过近十年的使用已完全消除了大厦自身存在的隐患，取得很大的经济及社会效益。

(2) 纠倾工程技术成果

在此次纠倾工程中，针对该大厦的本身特点，制定了几套纠倾加固方案及技术措施并反复论证进行优化，并强化了预防措施及信息处理。在方案实施过程中进行不断改进，综合总结有以下几项技术成果措施可供参考：

1) 辐射井纠倾技术

辐射井纠倾法属于迫降法，具有应用范围广、可控制性强、沉降均匀等特点，其原理是利用高压射水取土在建筑物基底下形成土洞，使土体产生塑性变形，产生沉降，达到纠倾目的。

① 辐射井的布置

辐射井都布置在倾斜建筑物沉降小的一侧，射水孔一般在基础底面 0.5~1.0m，长度不超过转动轴。考虑射水孔长基础边缘处射水孔间隙大，不利于孔的压缩变形沉降，所以本次布置（见图 10-45）进行交叉射水，利于建筑沉降回倾。

② 一井多用联合纠倾

由于主塔 A 区与裙楼 C 区的结构相连，在主塔 A 区回倾过程中，C 区裙楼成为回倾阻力，必须同时与 A 区主塔回倾；否则，C 区结构将被破坏产生裂缝，

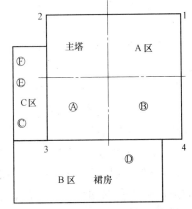

图 10-45 辐射井布置平面图

所以在C区C井采用一井多用法（见图10-46）。在射水时先射下层后再射上层，同时根据回倾情况进行射水调整，达到均匀沉降回倾目的。

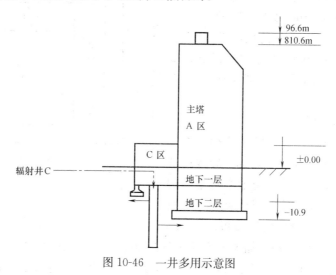

图10-46 一井多用示意图

2) 异形压力注浆钢管桩技术

为了克服建筑物大偏心的缺陷，消除偏心力矩影响，防止建筑物回倾，必须进行防复倾加固。在建筑物地下室内进行此项工作困难很大，经反复论证，决定采用异形压力注浆钢管桩技术。其原理：用专用设备成孔，利用钢管高压注浆形成可变径异形桩体，在不增加桩长的情况下，增加桩的侧摩及端承阻力，起到抗压抗拔的作用。

为平衡偏心距，经过计算决定在基础偏心一侧设立16根抗压异形注浆钢管桩，在另一侧设立35根抗拔异形注浆钢管桩，受钢管材料自身性能及箱基底板和测试条件的限制，实测抗压桩单桩承载力为240kN，抗拔桩单桩抗拔力为200kN，而实际抗压、抗拔力要大于实测值，满足设计要求。在桩的施工过程中，通过高压注浆形成变径异形桩体，使水泥浆被注入桩间土体中，既保持桩体的完整性又形成劈裂状的水泥岩脉，提高了桩体的侧摩阻力和桩端阻力。在成桩过程调整压力可能形成不同桩径体，以提高抗压能力，同时采用高性能钢管和钢绞线联合使用，可提高抗拔力用以满足不同的设计抗拔力要求。

3) 双灰井墩加固技术

该大厦施工期间漏水使地基土承载力降低，在纠倾射水过程中也使地基土受浸，回倾后应恢复地基承载力。本次纠倾工程采用双灰井墩加固技术，其原理为利用生石灰加粉煤灰吸水反应放热膨胀作用来加固地基。原方案在大厦倾斜一侧设置十个双灰井，在纠倾施工过程中，根据实际情况改为五个双灰井墩，采用平坍式双向延伸1m，分层充填预注浆管；按顺序施工封顶后，注浆入低模数的水玻璃，同时注少量水提高生石灰与粉煤灰的化学反应，水玻璃起到提高墩体自身强度作用，双灰井墩的施工是在建筑回倾即将满足设计回倾值时开始进行的，施工双灰井墩时加强了监测频率。

4) 水泥粉煤灰注浆射水孔回填加固技术

纠倾过程因反复射水而留下很多纵横交错的射水孔，当建筑物达到设计回倾值时，就及时进行射水孔的回填工作，防止建筑物继续沉降回倾纠正过大。回填材料的强度应和地基土强度相近。根据地基土性质，经现场配制试验，采用2∶8比例进行水泥粉煤灰混合注浆，充填射水孔，效果明显。

(3) 小结

1) 纠倾工程是一项风险高、难度大、变化复杂的系统工程，纠倾技术随纠倾工程的深入也在不断创新。每项技术针对不同的纠倾工程都有针对性。

2) 辐射井纠倾技术是一项可靠的纠倾技术，其施工方便，可控性高，可一井一用也可一井多用联合纠倾，形式多样作用相同，起到事半功倍的效能。

3) 异形压力注浆钢管桩技术是一项创新技术。它的抗压抗拔双重作用是其他桩型无法替代的。它的异形桩径可变性，可根据不同作用目的、不同用途和不同的抗压抗拔力设计值进行调整。这种桩型的施工工艺吸收了旋喷、成井、注浆等工艺技术的优点，充分体现了灵活性、实用性。

4) 双灰井墩加固技术充分体现生石灰吸水加固地基功效，对恢复地基土功能起到作用。在纠倾工程应用时，应掌握使用的最佳时段。

5) 水泥粉煤灰注浆射水孔回填技术是一项有效的防复倾加固措施，能充分回填射水孔，控制建筑物沉降，能依据不同地基土性质按不同比例进行配制；施工快捷，处理面大且均匀。

6) 齐鲁大厦纠倾工程应用这几项技术成功纠倾，投入使用近十年，没有发生复倾、沉降等现象，并且裙楼也保持稳定。

何新东[1]　唐业清[2]

(1 黑龙江省四维岩土工程有限公司；2 北京交通大学)

10.1.10　辐射井射水法纠倾工程实例（五）

(1) 工程概况

某综合楼位于浙江岱山岛，为┣━┫近似哑铃形布局（基础平面见图10-47），东首，近似南北走向，为5层混合结构（底层为框架结构，二～四层为砖混结构）；中部，东西走向，为4层砖混结构；西首，南北走向，为5层砖混结构。采用天然地基，条形基础（东首为独立基础）。各部未设沉降缝，建成于1987年，建筑面积约3000m^2。其中：东首建筑面积约1120m^2、基底面积约210m^2；中部建筑面积约920m^2、基底面积约160m^2；西首建筑面积约800m^2、基底面积约170m^2。综合楼因地基变形严重，需及时进行加固纠偏处理。

由于不均匀沉降对东西两翼建筑物的破坏不甚严重，主要不均匀沉降裂缝出现在中部建筑与东西两翼的连接部位。因此，东西两端的业主出于自身考虑，并不积极响应中部业主的整治提议。房屋整体向东倾斜，造成中部"单元"承重墙成为危险构件。

(2) 危房病况

综合楼外墙总体明显向东倾斜，中部最大倾斜率14.6‰，余部向东最大倾斜率均小于7‰；东首、中部略呈向北倾斜，西首五层部分略呈向南倾斜，最大倾斜率均小于7‰。室内抽测情况：中部一～四层承重横墙均向东倾斜，倾斜率10‰～15‰，呈上大下小；四层屋顶女儿墙压顶水准仪实测情况：东、西首差异沉降超过40cm，东首累计沉降明显大于中部和西首。

外墙主要裂缝分布情况：综合楼中部"单元"南北纵向外墙上存在多条单向（向东）斜裂缝，裂缝宽度下宽上窄最大有10mm；东首西纵墙存在明显的正八字形裂缝；东首同

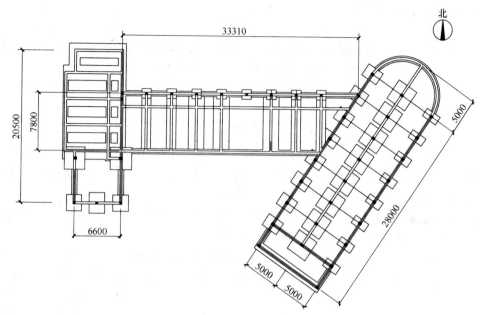

图 10-47 基础平面图

中间部分交接处廊道扶手有拉脱现象。

2002年5月的沉降观测资料显示：综合楼中间、西首沉降趋于稳定，东首沉降虽减缓但沉降速率明显大于中间和西首，不均匀沉降仍然存在。

(3) 工程地质概况

通过补充勘察，现场工程地质情况见表 10-5。

工程地质一览表　　　　　　　表 10-5

层号	岩土名称	主要特征	层厚(m)	f_i(kPa)	f_k(kPa)
(1)	填土	较密实，由山砂、碎石组成	最大约0.8		
(2)	淤泥质黏土	灰色、流塑	最大约0.5		
(3)	粉质黏土	黄褐色、浅黄色，可塑	最大约3.6	50	156
(4)	淤泥质黏土	灰色、流塑	最大约24	22	67
(5)	碎石	灰黄色，较硬，含少量粉质黏土	最大约2.8		

注：1. f_i——桩周土摩阻力极限值，按预制桩提供；
　　2. f_k——天然地基承载力标准值。

(4) 病因分析

根据综合楼现状及相关资料综合分析，造成综合楼变形严重、倾斜开裂的因素主要有：

1) 未经勘察，对综合楼地基处理缺乏工程地质依据；

2) 地基承载力取值偏大，软弱下卧层厚度大，是房屋沉降历经十多年仍未稳定的主要因素；

3) 东首、中部地基承载力取值较西首大，产生差异沉降，是综合楼整体向东倾斜的主要因素；

4) 建筑物形体复杂，未设沉降缝分隔，使房屋转角处出现应力集中现象，东首、中部、西首以及三部分应力叠加区沉降不均是综合楼严重变形开裂的重要因素。

(5) 方案设计

根据综合楼病况及病因分析，考虑到病楼体形复杂，若采用传统的整体纠偏方案：

当采用整体顶升时，造价偏高（约50万），业主难以接受；

当采用整体迫降纠偏方案时，则存在以下几方面的问题：①技术难度大，建筑物本身基础及上部结构刚度差，且存在多条结构裂缝，另外由于体形复杂，根据我公司经验，部分监测数据需经过技术处理后才能同直接监测到的数据组成系统，进行协调性分析，指导迫降过程，由于全部监测数据不能确保基于一个系统，造成迫降纠偏的信息化过程难以科学控制；②增大了纠偏工程量；③难以统一三方业主的意见：东部业主"安于"现状，西部业主认为得不偿失（在倾斜不大的情况下，却要让其房屋整体下沉30cm）。

统筹考虑上述因素，我们提出了两个方案供业主研究选择：

方案1 将东首切开，使综合楼分割为两个结构单元（原有使用功能不变），消除目前沉降尚未稳定的东首对中部的影响，从而使房屋立即解危，余部体形得到简化，采用沉井冲淤迫降纠偏至倾斜率小于7‰。

为使此方案得到实现，需采取如下技术措施：

① 在综合楼沿东首与中部相接处靠中间部分一边的设计位置托换一榀4层框架，框架柱采用桩基础，通过这一结构承担东首与中间相接处中间部分的上部结构荷载；

② 托换框架承载能力满足要求后，将东首与中部相接处切开，设置沉降缝；

③ 余部纠偏：采用沉井冲淤迫降纠偏方案。

方案2 采用托换技术将东首、西首同中部切开使综合楼分割为三个独立结构单元（原有使用功能不变），从而使东首、西首房屋立即解危，中部加固纠偏至倾斜率小于7‰。

根据相关资料分析，西首房屋自成一结构单元后可不加固纠偏、东首因倾斜不大也可不纠偏、中间部分必须纠偏。

由于分割成三个独立结构单元后，中部这一结构单元东西两端为桩基、中间部分为天然地基，为避免产生新的不均匀沉降对结构造成不良影响，中间单元需采用锚杆静压桩托换技术进行地基加固。

最终业主选择了方案2，它同时满足了各方要求：①实现了产权独立；②东首权属单位因筹资困难，可观察使用；③西首权属单位不能接受因中部纠偏而使自己的房屋同步迫降；④中部权属单位在心里价位上实现立即整治。

(6) 主要施工过程简述

1) 托换框架施工

① 托换框架地基梁施工

根据设计尺寸，用风镐凿除地面混凝土，再按设计标高开挖土石方等；同时，进行预制桩施工。按设计图纸及规范要求进行地基梁施工，预留桩位孔，预埋锚杆螺栓。

② 托换框架的施工

切割墙缝，拆除框架柱部位的墙体。在原楼面架空板上开凿灌注混凝土孔，多孔板开孔避免损坏预应力钢筋，每块楼板只开一个孔。按图绑扎托换框架梁、柱的钢筋，先底层再二层,逐层进行,钢筋的制作安装按设计图和施工规范进行。

两种方案特点比较　　　　　　　　　　　　　　　表 10-6

方案类别	共同点	不同点	结构刚度	其他方面
方案1 （二结构单元,建议东首地基加固,余部纠偏至最大倾斜率小于7‰）	1. 使东首自成一结构单元且形体简单,上部结构刚度得到改善,原有使用功能不变; 2. 一榀框架桩式托换,解除了中间部分同东首的应力叠加对结构造成的不利影响; 3. 简化了纠偏的复杂程度,减小了纠偏工作量,即避免使房屋降得更低	1. 综合楼分割成两结构单元,沉降缝处两结构单元楼面无明显高差; 2. 东首不纠偏(资料显示其最大倾斜率小于7‰),余部纠偏至其最大倾斜率小于7‰	有改善	工期75天; 可在第35个工作日开始装潢作业; 费用：东首单元加固时为24.3万;东首单元不加固时为16.3万
方案2 （三结构单元,建议东首单元地基加固,中间单元加固纠偏至最大倾斜率小于7‰,西首单元既不加固也不纠偏）		1. 综合楼分割成三结构单元;西首沉降缝处结构单元楼面有明显高差; 2. 仅对中间单元纠偏至其最大倾斜率小于7‰,同时中间单元需进行地基加固; 3. 结构平面布局更为简化、处理更为彻底; 4. 进一步简化了纠偏的复杂程度,减小了纠偏工作量	彻底改善	工期75天; 可在第35个工作日开始装潢作业; 费用东首单元加固时为30.8万;东首单元不加固时为21.8万

框架模板,框架柱及梁的模板需预留灌混凝土孔,混凝土先从下部预留孔进入模板,振捣密实后封闭下部预留孔,再从其上的预留孔灌混凝土,确保新浇混凝土密实,新旧混凝土接触紧密、粘结可靠。见图 10-48、图 10-49。

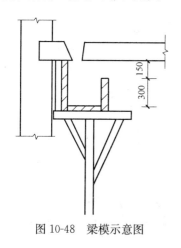

图 10-48　梁模示意图　　　　　　图 10-49　柱模示意图

混凝土强度达到 1MPa 时,拆除边模,混凝土强度达到 25MPa 时拆除底模。

③ 沉降缝切割

托换框架施工结束后,在框架地基梁预留压桩孔按设计压入锚杆静压桩封固,最后进行沉降缝切割。

沉降缝切割应确保沉降缝位置的结构连接彻底断开。

2) 地基加固

采用锚杆静压桩法加固地基。

3) 纠偏

① 纠偏前根据倾斜测量结果，制订详细、周密的冲淤计划；

② 每天进行1~2次的沉降观测，根据测量结果，对各轴线上每点的沉降量进行回归分析，要求同一轴线上各点的沉降量满足线性沉降的要求；

③ 沉井冲淤时，应严格按照制订的冲淤点、冲淤深度、冲淤方向进行冲淤施工，应严格控制出泥量；

④ 冲淤纠偏过程中，应定期观察建筑物原有裂缝的发展情况，观察有无新裂缝出现；

⑤ 回程速率控制在5mm/d以内，一般控制在2~3mm/d左右。

实施纠偏的危房仅限于独立的中部单元，其体形十分简单，解决了复杂体形危房纠偏的技术难题，起到了化繁为简的作用。但是实施分体后，如何防止纠偏过程中影响紧邻的西部单元，又成为一个难点。对此，我们采取了对西部单元"共"墙部分进行预防性桩式托换，并对其紧邻的托换框架进行了千斤顶迫降和冲淤迫降相结合的技术方案，由于方案科学、措施到位，所以纠偏加固工作十分顺利，很快达到了设计要求。

（7）结论

通过技术回访和近年来的分体整治实践，我们认为对于复杂体形的倾斜病房，可以采用托换技术分割成若干个体形简单的独立结构单元，化繁为简，逐个施治。

江伟
（浙江省岩土基础公司）

10.1.11 辐射井射水法纠倾工程实例（六）

（1）工程概况

宁波江北区慈城镇某商住楼四单元四层建筑，建于1989年，建筑高度12.8m，长51.8m，宽9m，建筑面积2200m^2，砖混结构，钢筋混凝土筏形基础。该建筑所处的地质条件自上而下揭示，详见表10-7。

根据房屋安全鉴定报告，该房屋整体向北倾斜110.8‰，向东倾斜1.7‰，房屋无明显的结构裂缝，属于C级危房。

场地工程地质条件一览表　　　　表10-7

层号	土层名称	层厚(cm)	特性	备注
层1	杂填土	0.5~0.8	可塑	
层2	黏土	0.6~1.2	流塑高压缩性	
层3	淤泥	110.5~20.7	流塑高压缩性	
层4	淤泥质黏土	5.2~6.1	可塑中压缩性	
层5	粉质黏土	未揭穿		

（2）房屋倾斜原因分析

由于深厚淤泥和淤泥质黏土有高压缩性，从而整幢房屋产生较大的沉降，房屋重心往北偏离基础形心180mm，这是引起房屋向北倾斜的主要原因。

（3）加固纠倾方案选择与确定

1）纠倾方案选择与确定

在沿海软土地区，辐射井射水纠倾法是目前天然浅基础建筑物纠倾使用最广泛、最成熟的方法，它具有纠倾效率高（对比其他迫降纠倾法），因此，我们优先选择辐射井射水纠倾法，作为该项目的纠倾方法。

本项目在房屋沉降较小一侧共布置5个深度为5m，内径为1m的工作沉井，工作沉井底部用素混凝土封底，辐射状射水管布置在井底1m位置，射水管以到达B轴以北1m为宜，详见图10-50。

2) 防复倾加固方案选择与确定

本工程还必须对房屋地基基础进行防复倾加固，以达到治本的目的。既有建筑最为常用的地基基础加固方法有注浆加固法、树根桩法及锚杆静压桩法。由于注浆加固法、树根桩法在软土地区容易诱发建筑物产生较大的附加沉降，注浆加固法对含水率高、渗透系数很小的淤泥土加固效果不明显，因此，本工程采用锚杆静压桩法加固基础。

本方案采用静压桩径250mm×250mm，桩身混凝土强度C30，桩身结构详见《2004浙G28》图集。预制方桩单节长约2～3m，单根桩长约29m，要求进入5c层3d以上，单桩承载力320kN，最终压桩力不小于480kN。

该房屋总重30770kN，基底土平均应力52.4kN/m^2，考虑到房屋已建成21年，大部分沉降已经完成，设计确定原基底土继续保留基底应力40kN/m^2，余下12.4kN/m^{2}通过锚杆静压桩进行托换。由于房屋重心偏离形心18cm，由此产生偏心距，静压桩托换时必须通过AC轴差异布桩来抵消偏心距，使筏板基底应力均匀合理。

$$总根数 = \frac{基底面积 \times 12.4kN/m^2}{320kN/根} = \frac{53.4 \times 11 \times 12.4}{320} = 23根$$

A、C轴桩数差异 $N = 30770 \times 0.18/(320 \times 4.5) \approx 4$ 根

考虑到布桩因素实际取5根。

由此最终确定A轴布桩9根，C轴布桩14根，详见图10-51。

(4) 纠倾方案的实施

1) 纠倾前施工准备工作

① 倾斜测量、裂缝调查

会同甲方、监理重新实测拟纠倾房屋各角点倾斜量（倾斜率）；调查房屋墙体及混凝土构件原有裂缝情况，对发现的裂缝进行测量记录，并粘贴石膏饼，以检查纠倾时裂缝是否有扩张现象。

② 建立沉降监测系统

至少在房屋外墙所有轴线相交部位和每个楼梯间轴线相交部位设置沉降监测点，只有足够多的沉降监测点对房屋各部位沉降进行监控，才能确保安全万无一失。Ⓐ轴设16个沉降监测点，Ⓑ轴设6个沉降监测点，Ⓒ轴设20个沉降监测点，详见图10-52。

③ 计算所有监测点理论迫降量，并按轴线剖面绘制成图。房屋纠倾目标值设定为3.6‰，由此计算出Ⓐ轴迫降量为14.6mm，Ⓑ轴迫降量为73mm。

④ 制定射水冲淤计划

根据倾斜测量结果、建筑物地基基础状况分析，根据各轴迫降量与排淤量的等比关系，制定详细周密的射水冲淤计划。

⑤ 购置建筑材料（包括钢筋、水泥、砂、石子等）、射水设备（包括高压泵、高压胶管、泥浆泵、排水管等）、照明设备等，加工射水枪，预制钢筋混凝土井圈（亦可采用井内现浇方式）。

10.1 建筑物纠倾工程典型实例

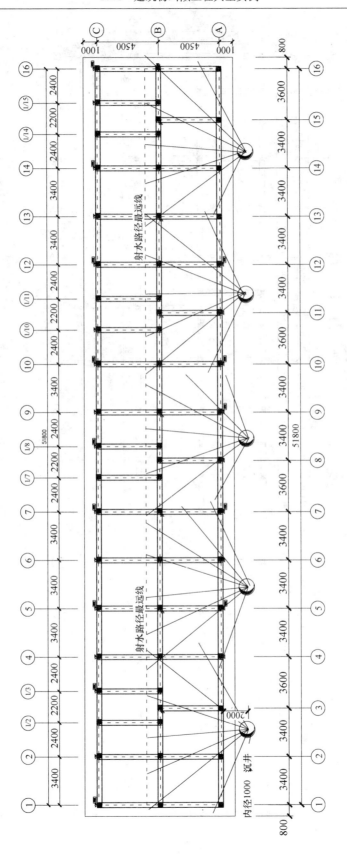

图 10-50 沉井布置平面图

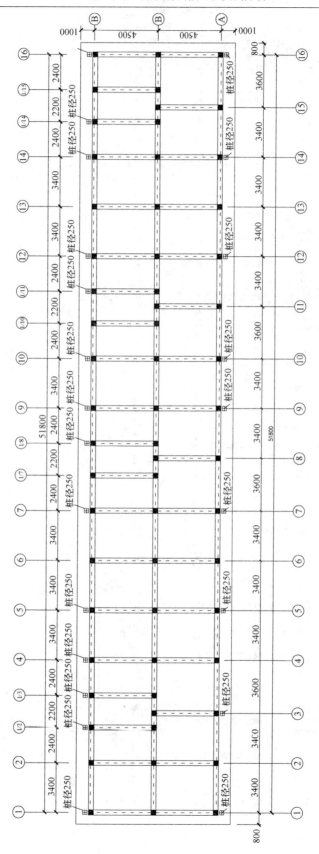

图 10-51 锚杆静压桩布置平面图

10.1 建筑物纠倾工程典型实例

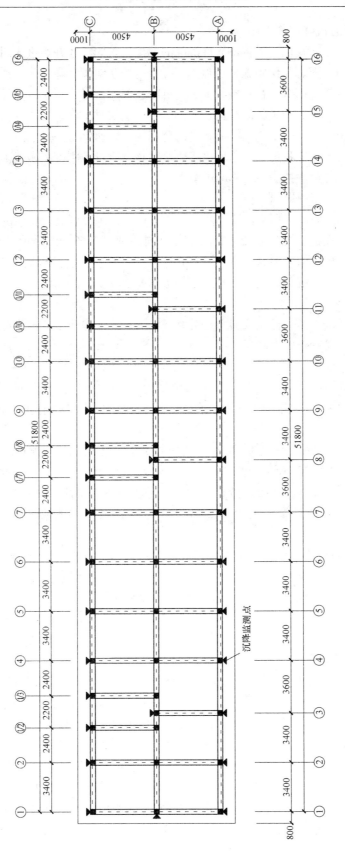

图 10-52 沉降监测点布置平面图

2) 纠倾过程沉降速率控制

在施工顺序上,我们一般将不允许沉降的部位先行固定才开始进入纠倾工作,以防止纠倾时产生新的沉降。在纠倾施工过程中,应严格控制纠倾沉降速率。严格来说,一条轴线上的所有点沉降值都应该在一条线上。当沉降速率过快时,某个沉降异常点沉降值偏离沉降线会偏大,由此会产生新的结构裂缝。沉降速率快时工期短、成本低,但风险大;沉降速率慢时安全性好,但工期长、成本高。合理的沉降速率,一是取决于施工单位的经验和操作工人的技术熟练程度,二是取决于建筑物整体质量和刚度。一般来说,宜将建筑物沉降最大点的沉降速率控制在 3~5mm/d。

3) 射水冲淤过程的信息化施工

要求每天固定时间对所有沉降监测点至少进行一次沉降观测,将监测值按轴线剖面绘制成沉降曲线,理论上沉降曲线为直线,并且同一轴线上各点沉降值必须在同一条直线上。当发现某点沉降值偏离这条直线时,立即调整射水管长度、根数、方位和射水时间,使该点沉降值回归到沉降线上。按照这一方法掌控十分安全。

4) 纠倾结束善后工作

①对射水部位土体进行注浆加固并封填工作沉井;②Ⓐ轴压桩,并对沉降略大一些的部分先行封桩;③室外地面修复。

(5) 效果评价

本工程纠倾结束后,房屋角点最大倾斜率为 3.6‰,符合设计与规范要求,质量合格。纠倾过程中房屋未出现任何新的裂缝,原有裂缝也未发现有扩张现象,纠倾效果很好。

取得上述良好结果的关键是整个纠倾过程中保持了不同轴线观测点的按比例沉降,同一纵轴线观测点等值沉降,纠倾施工全过程所有观察点未出现偏离沉降曲线 1mm 以上的现象发生。纠倾结束后,经测量Ⓒ轴 20 个沉降监测点各点累计沉降值为 6 ± 1mm,Ⓑ轴 6 个沉降监测点各点累计沉降值为 75 ± 1mm,Ⓐ轴 16 个沉降监测点各点累计沉降值为 152 ± 1mm。

本工程成功的关键:一是信息化施工,在房屋墙体上布置大量的沉降观察点,每天观测各点沉降变化,发现异常及时调整,确保沉降正常;二是纠偏沉降速率必须合理,迫降速率快时,沉降异常值就会偏高,容易由此产生结构裂缝。

江伟

(浙江省岩土基础公司)

10.1.12 注水法纠倾工程实例

我国湿陷性黄土的分布面积很广,约占全国总面积的 4%,有大量的房屋修建在这些地区。由于设计、施工、使用等原因,经常发生因水浸地基造成房屋湿陷倾斜的事故,严重者使房屋墙体裂缝过大危及结构安全或影响房屋正常使用。以往处理这类严重事故的办法是:或将房屋全部拆除;或对房屋进行加固但不能纠倾;或是纠正了倾斜,但施工费用很高且麻烦,因而这些办法均不够理想。近年来,我们在大同、太原、临汾三地采用人工注水法对三种不同基础类型的四幢房屋进行纠倾,收到了很好的效果。

人工注水法纠倾的基本原理是利用湿陷性黄土遇水后在一定压力作用下可发生较大沉陷的特性,在倾斜房屋基础沉降较小一侧,用人工控制水量将水注入地基内,迫使基础发生湿陷,达到房屋均匀沉降、纠正倾斜的目的。由于此法不需要特殊的施工机具设备,只需一般的人工挖土工具和水桶即可,施工所需人数及费用均很少,因而值得大量推广采用。

(1) 人工注水法纠倾的工程实践

1) 大同铁路分局桥西住宅区 13 号住宅楼为 6 层砖混结构建筑物,建筑面积 $3427m^2$,建筑高度 18m,平面尺寸为 $10m×60m$,预应力空心楼板,基础为钢筋混凝土条形基础。由于房屋西北侧的化粪池底部混凝土施工质量不良造成渗漏,使房屋西单元发生显著的不均匀沉降,部分墙体出现裂缝,西单元西山墙北角向北最大倾斜值为 280mm,东单元东山墙东北角向北最大倾斜值为 99mm,西单元和中单元相邻处防震缝两侧的横墙相对位移 10mm,严重影响居民正常使用。经过慎重、周密的纠倾方案设计与组织施工,人工注水施工历时 69d,共注水 533t。该住宅楼纠倾后最大剩余倾斜值仅为 70mm(见图 10-53),相当于房屋总高度的 3.7‰,原墙体裂缝已部分闭合或缩小,证明人工注水的纠倾效果显著。

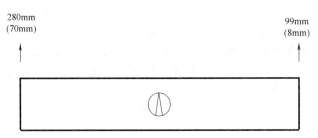

图 10-53 13 号住宅楼注水前后倾斜值
注:括号内数字为注水纠倾后的倾斜值

2) 大同铁路分局桥西住宅区 7 号住宅楼,其结构、高度、建筑面积及平面尺寸均与 13 号住宅楼相同。但基础为钢筋混凝土灌注桩,桩长 7m。该住宅楼于 1987 年底竣工验收,使用不久便向北发生倾斜,顶层横墙及一、二层纵墙多处出现裂缝,最大裂缝宽度为 3mm。由于桩长未穿透湿陷性土层(Ⅱ级湿陷性黄土,厚 12m),当房屋北侧室内外下水管连接处因施工质量不良,漏水后造成东单元东山墙东北角向北最大倾斜值 186mm,西单元山墙西北角向北最大倾斜值 114mm。在 13 号住宅楼纠倾经验的基础上,沿南侧基础两边开挖注水坑进行注水纠倾。采取减少每日注水量和深层注水等稳妥纠倾措施,注水 54d 时房屋的最大剩余倾斜值为 109mm(图 10-54),相当于房屋总高度的 5.8‰,已符合《危险房屋鉴定标准》(JGJ 125—99)中不危险房屋的有关规定。为安全计,便停止注水,此阶段共注水 210t。纠倾结束后,用 2:8 灰土夯填注水坑。

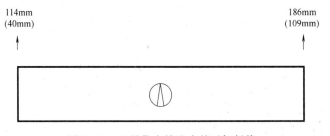

图 10-54 7 号住宅楼注水前后倾斜值

3）太原铁路分局太原市黑土巷幼儿园由东楼（二层）、中部平房及西楼（三层）组成，砖混结构，基础为砖砌条形基础，建筑面积1200m²。由于西楼西侧外纵墙附近开挖电缆沟时，沟内大量积水造成西楼西北角向西倾斜，最大倾斜值为174mm，西南角向西倾斜，最大倾斜值195mm。在沉降量较小一侧横墙和纵墙的基础两边开挖注水槽，并利用钢钎在槽底成孔，采用人工注水结合在西楼东侧外纵墙及部分横墙基础底部两侧局部掏土（目的是加大基础底部地基压应力使其发生湿陷）的纠倾方法，经93d注水，西楼最大剩余倾斜值为60mm（图10-55），相当于房屋总高度的5‰。

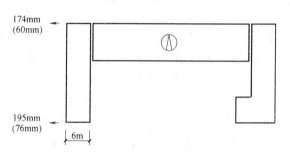

图10-55　幼儿园注水前后倾斜值

4）临汾铁路分局临铁9号住宅楼为四层砖混结构，建筑面积2309m²，平面尺寸为10.8m×58.1m，建筑高度12.4m，砖砌条形基础，灰土垫层。该工程于1988年开工，1989年交付使用，由于中单元北侧室外给水管漏水，造成东单元山墙东北角向北倾斜，最大倾斜值为199mm，西单元山墙西北角向北最大倾斜值为202mm（1992年）。在沉降量较小一侧横墙和纵墙的基础两边开挖注水坑，采用基础外注水纠倾，并在注水坑底成孔增加浸水效果。人工注水纠倾历时74d，注水857t，房屋最大剩余倾斜值为71mm（图10-56），相当于房屋总高度的5.7‰。纠倾结束后，用3∶7灰土夯填注水坑，并对墙体进行了修补与加固。

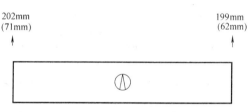

图10-56　9号住宅楼注水前后倾斜值

以上四项工程中的每个工程水费仅几万元，却可节约拆除和重建费用数十万，甚至百万元（按当年造价计算），因而经济效益很好。

（2）人工注水法纠倾工程中的问题探讨

在应用注水法对房屋纠倾时，人们提出了一些疑问，为此有必要进行探讨。

1）注水对湿陷性黄土地基承载能力的影响

人们担心应用注水法时，由于在地基内大量注水，使湿陷性黄土中的含水量增加，造成地基承载能力降低，并可能引起系列涉及结构安全的问题，因而对注水法的有效性产生怀疑。

在注水迫使地基发生湿陷过程中，土的结构遭受破坏，地基承载能力会明显地降低，但只要采取措施，严格控制注水量，使房屋发生缓慢沉降，防止注水一侧的地基突然发生显著湿陷，就可以保证房屋在纠倾过程中的安全性。

在注水停止后，由于我国湿陷性黄土的颗粒组成以粉粒为主，其中砂粒及粉粒占74%～92%，因此透水性较强，可将人工注入土中的水较快地排出，使含水率经过一段时间后降低至天然土层的含水率。兰州有色金属建筑研究所进行的湿陷性黄土地基的预浸水试验证明：在地基刚结束浸水时，含水率高达37%～38%，一个月后为22%～27%，半年后为16%～24%，一年后降为14%～21%。在临汾市铁路9号住宅楼纠倾工程中，我们勘察了注水一侧外墙基础底部以下1m处，注水前和注水停止四个月后土层的含水率、孔隙比及压缩系数，其结果见表10-8。从表中可看出注水停止四月后，含水率已恢复至或接近于注水前天然状态的含水率，而孔隙比及压缩系数则显著低于注水前的相应值，说明注水停止后的承载能力（需经过一段时间）比注水前有所提高。因此，注水法只要应用得当，不会危及结构安全，其有效性应予以肯定。

临汾铁路9号住宅楼注水前后基底下1m处土性对比　　　　表10-8

勘察位置编号	含水率		孔隙比		压缩系数（MPa^{-1}）	
	注水前	停水4个月后	注水前	停水4个月后	注水前	停水4个月后
1	14.2%	14.6%	1.16	0.85	1.49	0.70
2	14.8%	15.1%	1.11	0.82	1.18	0.81
3	14.2%	14.2%	1.06	0.81	1.10	0.65

2）注水对桩基承载能力的影响

对大同铁路分局桥西住宅区7号住宅楼采用注水法纠倾时，人们担心注水使桩身周围的土湿陷产生负摩阻力降低桩的竖向承载能力；此外，停止注水后，桩身局部范围内因注水消失或减小的桩侧正摩阻力是否能够恢复，人们也表示疑虑。

按照现行《湿陷性黄土地区建筑规范》（GB 50025—2004），设计的非自重湿陷性黄土场地桩基承载力，已按饱和状态下的土性指标确定桩端土的承载力和桩周土的摩阻力。但7号住宅楼桩基设计时，仅按一般情况下的摩擦桩设计，因此才产生以上所述人们的疑虑问题。

中国建筑科学研究院地基基础研究所对湿陷性黄土地基上的大直径扩底桩在浸水后进行的试验研究结果表明，浸水后的黄土地基虽然发生了湿陷，使桩身上部侧表面的正摩阻力逐渐消失并出现负摩阻力，但是由于停水后的固结沉降也使下部土层压密，增加了桩下部的侧表面正摩阻力和桩端摩阻力，因而注水后在垂直荷载下桩的承载能力与浸水前没有显著差别。这一试验研究结果可作为分析注水对桩基承载能力影响的借鉴。

根据我们对大同铁路分局桥西住宅区7号住宅楼纠倾工程的观察，由于严格控制注水量保证房屋缓慢地回倾，注水时桩基承台与其下的土层基本上是同时下沉，因此可以判断在此情况下桩身产生的负摩阻力很小或没有。此外，从该房屋的沉降观测结果看出，注水停止时和注水停止几月后房屋的沉降量几乎无变化，由此可以间接地说明注水后对桩的承载能力无明显影响。

随着时间的推移，停止注水后上层地基土中含水率将降低，土体会进一步固结，因此，注水时局部消失或减小的桩侧正摩阻力能够恢复，这已为试验所证实。

(3) 人工注水法纠倾的适用范围

根据上述四项纠倾工程的实践，我们体会到人工注水法有一定的适用范围。

1）倾斜房屋沉降量较小—基底以下压缩层范围内的湿陷性黄土层中含水率宜低于20%，湿陷性系数宜大于0.03。这是因为含水量大于25%时，天然状态的黄土湿陷性很小，因此应控制注水一侧上层中的原始含水率不宜过高。湿陷性系数大于0.03时，上层属中等湿陷性，对中等及强湿陷性的土层才便于注水纠倾。

2）注水一侧基础以下压缩层范围内湿陷性黄土层应有足够的厚度，以保证注水后土层能发生纠倾设计所需要的沉降量，达到纠倾目的。

3）倾斜房屋的整体刚度应较好，使其在纠倾过程中结构各部分能够协调变形，避免造成房屋出现新的不安全因素。

4）注水一侧基础底部的土体应力宜超过湿陷性土层的湿陷起始压力，以便注水后能发生湿陷。当土体应力小于湿陷起始压力时，应采取其他措施（如基底掏土等）方能达到纠倾效果。

（4）人工注水法纠倾施工中应注意的问题

1）施工中应注意的关键问题是根据每日纠倾量调整和控制人工注水量。为了避免在纠倾过程中基础发生突然沉陷，宜控制每日房屋顶部的水平回倾量不超过5mm。使房屋的纠倾达到平稳、缓慢、安全。

2）对不同类型的基础，应考虑在停止注水后，房屋注水一侧基础沉陷变形的不同特性。桩基础在停止注水时和经过一段时间后，基础的沉陷变形基本相同。然而条形基础、筏形基础在停止注水后需要15～30d沉陷变形才会稳定，此阶段的变形量约占总变形量的10～20%。因此，纠倾施工过程中，根据纠倾量确定停止注水时间时，必须考虑以上特性。

沙志国[1]　殷伯谦[1]　唐业清[2]　陈飞保[3]

（1 北京铁路局勘测设计院；2 北京交通大学；3 大同铁路分局）

10.1.13　降水法纠倾工程实例（一）

对于大多数高耸建筑物或构筑物，因其重心高，基础相对较小，在建筑物建造和使用过程众对地基的变形较为敏感。无论是施工还是设计上不合理造成的很小差异沉降，就有可能造成高耸建筑物或构筑物倾斜，因此，一般都要对高耸建筑物或构筑物的地基进行处理，以减小其基础沉降。但对于由于种种原因发生倾斜的建筑物，尤其是高耸建筑物或构筑物，在纠偏时首先要选择合适的纠偏方案，在保证纠偏效果和安全的情况下减少纠偏费用、缩短纠偏工期。同时，在建筑物纠偏过程中要信息化施工，对纠偏过程中出现的任何异常现象及时分析原因，调整纠偏进度或者方案，保证纠偏工程的顺利完成。

（1）工程概况

某热电厂烟囱于2003年9月建设，2004年6月15日完成。该烟囱高为120m，采用钢筋混凝土圆形筏形基础，基础埋深4.0m，地基采用粉喷桩复合地基，桩长为9m（图10-57）。

2004年6月30日，施工单位在该烟囱西南侧进行电除尘设备基础施工时，由于该场地地下水位较高，工程施工过程中需要进行工程降水。降水井距离烟囱约为4m，降水深度约为14m。由于降水引起其相邻烟囱地基的不均匀沉降，造成烟囱的倾斜。该热电厂委托有关单位对该烟囱进行倾斜观测，观测结果发现烟囱向西南倾斜量达538.5mm（向西倾斜量达到520mm，向南倾斜量达到140mm），倾斜率达到4.5‰，已超出国家有关规范的要求关于高耸建筑物倾斜率2‰的要求。而且由于烟囱的倾斜，在烟囱与烟道接合部位出现拉裂，裂缝宽度达15mm。为了保证烟囱的安全使用，需要对烟囱进行纠偏。

(2) 工程地质条件

根据勘察单位提供的该场地的《岩土工程勘察报告》，该烟囱部位土层自上而下分布如下：1）粉土：褐黄色，稍密，稍湿，见云母碎片，含植物根系，表层0.4m为耕植土，厚度0.2～4.0m，平均2.75m；2）黏土：灰褐、棕红色，软塑，饱和，质软，局部具孔隙，厚度0.2～1.8m，平均1.1m；3）粉土：褐黄色，中密，很湿，见云母碎片，厚度0.5～1.9m，平均1.2m；4）粉质黏土：棕红色、棕褐色，可塑，湿，厚度1.6～3.5m，平均2.65m；5）粉土：褐黄色，中密，很湿，含铁锰结核，见云母碎片，厚度0.7～2.0m，平均1.38m；6）粉质黏土夹粉土：粉质黏土：棕红色、棕褐色，可塑，湿；粉土：浅灰色、褐黄色，中密；厚度2.7～7.8m，平均4.05m；7）粉土：浅灰色，中密，很湿，厚度1.0～3.9m，平均2.36m；8）粉砂：褐色，很

图10-57 纠倾后的电厂烟囱

湿，主要矿物成分为长石、石英云母，厚度0.3～10.3m，平均4.73m；9）粉土：褐黄色，密实，很湿，厚度0.5～1.9m，平均1.19m；10）黏土：棕红色，硬塑，厚度1.0～7.0m，平均4.83m；11）粉土：褐黄色，软～可塑，稍湿，厚度0.9～3.2m，平均1.66m；12）粉质黏土：棕红色，硬塑，厚度0.6～2.6m，平均1.52m；13）粉土：褐黄色，密实，很湿，见云母碎片，厚度2.2～6.3m，平均3.57m；14）粉质黏土：棕褐色，硬塑，含钙核，该层未穿透。地下水位埋深2.0～3.7m，水位年变化幅度1.0m左右。

各层的物理力学性质指标表 表10-9

层号	重度 (kN/m³)	含水率 (%)	孔隙比	塑性指数	液性指数	内聚力 (kPa)	内摩擦角 (°)	压缩系数 (MPa^{-1})	压缩模量 (MPa)	标贯击数 (击)	承载力特征值 (kPa)
1	18.5	24.8	0.777	8.2	0.66	14	32.5	0.13	15.98	7.8	140
2	17.1	47.2	1.324	21.4	0.72	55	4.3	0.34	7.50	3.4	90
3	110.0	26.2	0.760	8.0	0.75	13	30.9	0.11	15.46	5.6	130
4	18.2	33.7	0.974	16.2	0.43	32	11.3	0.24	10.66	5.3	130
5	110.0	26.0	0.755	8.2	0.75	13	31.3	0.12	17.26	11.1	150
6	18.4	33.7	0.950	14	0.71	29	14.9	0.29	7.18	6.2	140
7	110.4	24.3	0.703	8.9	0.66	12	32.4	0.09	20.10	12.1	160
8	110.5	22.8	0.661	7.8	0.65	12	31.8	0.10	17.47	21.5	230
9	110.1	28.3	0.808	17.1	0.25	55	8.1	0.22	8.90	16.2	210
10	110.2	24.3	0.709	8.2	0.70	11	32.7	0.07	24.29	17.9	200
11	20.1	20.5	0.592	8.2	0.70	14	13.9	0.24	6.48	6.6	160
12	110.4	26.2	0.745	15.5	0.22	57	8.9	0.20	10.46	6.6	200
13	20.0	21.5	0.610	8.3	0.65	13	31.2	0.14	13.47	15.9	260
14	110.7	23.9	0.690	15.6	0.22	51	10.4	0.21	8.26	14.3	280

（3）倾斜原因分析

分析造成烟囱倾斜的原因，主要有以下几个因素：

1）降水原因

造成烟囱倾斜的主要诱因是由于建筑物西南侧进行电除尘设备基础施工时，大面积快速降水造成的。电除尘设备基础施工用降水井距离烟囱基础的最近距离仅 2m 左右，且在 4d 内连续抽水，使水位由 2m 降到 12m 左右，降幅高达 10m。降水造成烟囱基础下土层的自重应力短期内急剧增加，由此而引起的附加荷载为 100kPa，且该场地地层多为渗透性很强的粉土，该增加的荷载必然引起烟囱短期内加速下沉。

降水引起烟囱基础下降水方向的直径两端点的沉降按照下式计算：

$$\Delta_{s1} = \frac{\sum \Delta p}{E_s} s_2 = \frac{s_1^2 \cdot \gamma_w}{2E_s}$$

$$\Delta_{s2} = \frac{\sum \Delta p}{E_s} s_2 = \frac{s_2^2 \cdot \gamma_w}{2E_s}$$

式中 Δp——降水引起的土层自重应力的增量（kPa）；

E_s——土层的压缩模量（MPa）；

s_i——计算点的水位降幅（m）；

γ_w——水的重度（kN/m³）。

降水引起的烟囱的倾斜量为：

$$\delta = \frac{\Delta_{s1} - \Delta_{s2}}{D} = \frac{\gamma_w}{2D \cdot E_{s2}} (s_2^2 - s_1^2)$$

如图 10-58 所示，由于水位降幅速度过快，且降幅过大，使得烟囱部位的降水漏斗曲线过陡，由上述公式可知，降水漏斗曲线越陡，引起烟囱的倾斜量越大，因此，西南侧进行电除尘设备基础施工是造成烟囱倾斜的主要原因。

2）土层原因

由于该场地范围内的土层多为粉土，其渗透性强且受扰动后容易造成强度急剧降低，表现为建筑物地基对外部干扰因素比较敏感。

3）设计原因

根据已有设计图纸和地基处理资料，烟囱的地基基础设计存在如下缺陷：

① 基础埋深。该烟囱基础的有效埋深（即基础底面距离天然地面的距离）只有 2.3m，远小于规范关于高层建筑物基础埋深 1/15～1/20 建筑物高度（即 6～8m）的要求，

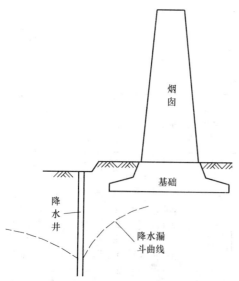

图 10-58 烟囱倾斜原因示意图

不满足烟囱抗震和抗倾覆的要求。

② 地基处理。该烟囱采用粉喷桩进行地基处理，粉喷桩有效桩长 9m，桩端持力层为相对比较软的第 6 层粉质黏土层。

(4) 纠偏方案的选择

由于该烟囱倾斜已超出国家有关规范的要求,因此对该烟囱应进行纠偏处理。纠偏方法总体上有两种——迫降法和顶升法。由于顶升法工期较长,费用高,风险性高,并且该方法不适用于高度较高和荷载较大的建筑物纠偏,因此不予考虑。迫降法有堆载法、降水法、竖(斜)孔应力解除法、掏土灌水法等。

1)堆载法

对本项工程,若采用堆载法纠偏,则只能在烟囱东北侧堆载,依靠堆载造成烟囱东北侧的沉降来纠偏。由于该烟囱基础直径为20.6m,而烟囱底部直径为14.6m,烟囱外侧基础外挑宽度为3m。以一半面积作为加载范围,加载面积为$82.90m^2$,按$100kPa/m^2$考虑,总加载量为8290kN。而该烟囱的总重量约为48247kN,由此引起的偏心不足以导致该烟囱的回倾。并且若该工程采用堆载法纠偏,一是需要堆载比较大,二是要求周期长,不适合该工程的纠偏。

2)斜(竖)孔应力解除法

在烟囱沉降小的一侧,紧靠基础侧利用钻机成斜孔或竖向孔,解除基础以下土层中应力,造成剩余土体上的应力增加,引起土体的沉降;同时,在孔周边形成塑性区,引起土层在钻孔内侧向变形,从而产生向下的沉降,达到纠偏的目的。对该项工程,由于在基础下采用的是粉喷桩复合地基,粉喷桩桩长为9m,采用该方法易造成粉喷桩的桩体破坏,且钻孔深度较深,费用较高,所以不适合本工程。

3)掏孔抽砂法

即在建筑物沉降较小的一侧开挖基槽,在基础下的砂垫层成水平孔,采用水冲法将砂垫层的砂抽出,从而产生向下的沉降,达到纠偏的目的。该方法的优点是受力明确,易于控制,纠偏速度较快;但由于该烟囱基础埋深较大(4m),且地下水位较高,开挖基槽时需先降水,因此工程量大,施工周期长,不适合本工程纠偏的要求。

4)降水法

由于该工程的倾斜本身是由于降水造成的,且该烟囱东北侧35m范围内无已建成的建筑,因此,采用降水法纠偏,周围相邻建筑物不会因降水产生的不均匀沉降而出现倾斜或开裂;且降水法纠偏具有施工简单、方便,施工周期短,费用低等优点,因此该工程可以采用井点降水法纠偏。故对于该项工程,确定采用降水法进行纠偏。

(5) 纠偏方案的设计和施工

1)降水井和观测点的设置

首先,采用全站仪对该烟囱的倾斜情况作全面的测量,搞清烟囱的最大倾斜方位和最大倾斜量,为纠偏提供一个可靠的依据,测出东西向最大倾斜量为520mm。根据倾斜观测结果,沿烟囱最大倾斜方向的垂直方向对称设置5个降水井。

根据现场建筑物的情况,设置两个沉降观测基准点,分别位于烟囱东南方向的避雷针基础上(1号基准点)和西南侧建筑物柱身(2号基准点);然后,通过厂区4号高程点测点,得到两个沉降观测基准点的高程。在对烟囱进行沉降观测的过程中,先后5次对两个沉降观测基准点的高程进行校准,发现两个沉降观测基准点的高程都没有变化。

沉降观测点沿烟囱底部周长范围等距离布置,具体位置如图10-59所示。

2)降水井施工

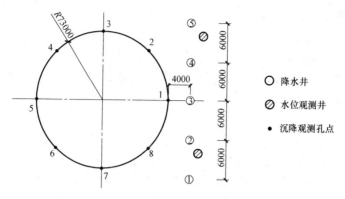

图 10-59 降水井和沉降观测点平面布置示意图

① 降水井施工

利用 SPJ-300 型钻机成孔，钻孔深度为 20.0m，钻孔直径 700mm，成孔后，先破泥浆护壁再用潜水泵洗井清孔后快速下放混凝土井管，在混凝土井点管周围回填石子。滤管采用内径 400mm 的无砂水泥滤管，滤料采用直径 5～10mm 的干净石子。因为该烟囱场地内的土层多为粉土，因此，降水井用混凝土井管周围需用过滤布裹紧，防止抽水过程中大量泥砂进入井管，造成纠偏过度。

② 降水纠偏

为安全计，采用降水纠偏时，首次降水深度不能一次到位，应先将水位降到地面以下 12m，降水后及时观测烟囱的回倾值。若回倾值小于 12mm/d，则将降水井水位再降深 2m；为保证纠偏过程中烟囱的安全，烟囱回倾的最大速度不能超过 30mm/d。

3）观测

每天早晚两次对烟囱倾斜及沉降情况进行观测，利用经纬仪观测烟囱的倾斜量，利用水准仪观测观测沉降观测点的沉降。

4）注浆

待烟囱纠偏满足规范要求后，同样采用压力灌浆法将烟囱东北侧纠偏降水井和西南侧的原降水井用水泥浆灌实，增加烟囱地基的稳定性以防烟囱继续向东倾斜；水泥浆水灰比为 0.6～0.8，注浆压力为 0.8～1.5MPa。

（6）纠偏效果的分析

自 2004 年 7 月 31 日开始进行沉降观测至 2004 年 9 月 10 日，共得到 32 组观测数据，现对这些数据分析如下：

1）沉降观测随时间变化

由图 10-60 可以看出，8 个沉降观测点的沉降出现如下特点：

① 1 号点沉降最大、5 号点沉降最小，这是因为 1 号位于 3 号降水井中心位置。

② 2 号点与 8 号点、3 号点与 7 号点、4 号点与 6 号点之间的沉降很接近，这是因为这三组点相对最大倾斜方向对称布置。

③ 各点的沉降自 8 月 14 日以后各点的沉降基本趋于稳定。

2）差异沉降随时间的变化

由图 10-61 可以看出，自 8 月 21 日以来，1 号与 5 号、3 号与 7 号的差异沉降逐渐趋

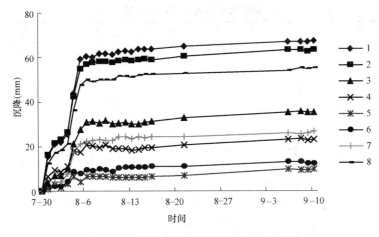

图 10-60 沉降观测点沉降随时间变化曲线

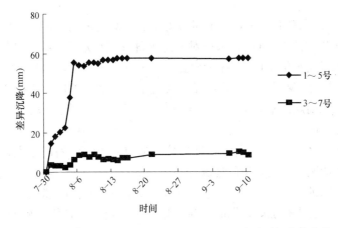

图 10-61 1 号与 5 号、3 号与 7 号的差异沉降随时间变化曲线

于定值,这是因为烟囱地基基本均匀沉降。

由图 10-60 可以看出,1 号与 5 号、2 号与 7 号的差异沉降有如下特点:

① 自 8 月 21 日以来,两组点的差异沉降逐渐趋于定值,这是因为烟囱上部结构的倾斜量已经很小,由于倾斜偏心造成的差异沉降已经趋于零。

② 1 号与 5 号的差异沉降明显大于 3 号与 7 号,这是因为 1 号与 5 号位于烟囱最大倾向的轴线上,而 3 号与 7 号位于通过烟囱中心且垂直最大倾向的轴线上。5 个降水井布置在烟囱最大倾斜方向的反向基础边缘,并且垂直于最大倾向轴线。

③ 由图看到开始时,2 号与 7 号的差异沉降为负值,这是因为靠近 7 号点的降水井先施工造成的。

(7) 沉降与倾斜观测比较

根据沉降观测记录,与倾斜观测结果比较见表 10-10。

由表 10-10 可知,沉降观测数据和倾斜观测数据基本一致。

(8) 降水井的回填

由图 10-54 可以看出,各点的沉降自 8 月 14 日以后各点的沉降基本趋于稳定,并且

烟囱倾斜量与差异沉降比较　　　　　　　　　表 10-10

方　位	东 西 向	南 北 向
初始倾斜量 δ_0 (mm)	520.0	140.0
实测差异沉降 Δ (mm)	57.8	8.4
计算纠偏回倾量 δ (mm)	475.1	610.0
计算最终倾斜量 δ_s (mm)	44.9	71.0
观测最终倾斜量 δ_p (mm)	41.0	70.0

注：$\delta=\Delta\times H/D$；$\delta_s=\delta_0-\delta$；其中：H—烟囱的高度，120m；D—烟囱底部的直径，14.6m。

根据倾斜观测报告，烟囱的倾斜量为 81mm，倾斜率为 0.676‰，满足高耸建筑物倾斜率 2.0‰ 要求。经与建设方协商后，与 2004 年 9 月 8 日开始对烟囱西南侧原降水井、东北侧的纠偏用降水井和水位观测井进行注浆回填，注浆回填工作于 2004 年 9 月 14 日结束。

（9）结论和建议

1）经过合理设计和精心施工，整个纠偏工作取得圆满成功，烟囱的倾斜率达到并稳定在合同规定的 0.8‰ 之内。同时，根据对烟囱倾斜原因的分析和纠偏过程中沉降观测记录，发现该场地地层受水位变化影响比较大。

2）另外，通过沉降观测结果发现：经过纠偏工作，烟囱的倾斜量趋于稳定，但仍然发生均匀的沉降，说明烟囱基础仍然在上部荷载作用下继续沉降。基于以上原因，建议对烟囱进行地基基础加固。

3）在建筑物的纠偏工程中，首先，准确分析造成建筑物倾斜的原因；然后，根据建筑物的情况、场地情况、周围环境的情况选择合理的纠偏方案；在建筑物纠偏施工中，要及时对纠偏进展情况进行观测，实行信息化施工是纠偏工程成功的关键。另外，对于纠偏后的建筑物一般都需要进行加固，同时要对纠偏施工造成对建筑物基础的扰动进行恢复，以保证建筑物纠偏工作完成后的安全施工。

魏焕卫　孙剑平　陈启辉　姜尊义
（山东建筑大学工程鉴定加固研究所）

10.1.14　降水法纠倾工程实例（二）

（1）工程概况

宁夏清馨饭店改扩建工程 1 号客房楼为地下 1 层、局部（南侧）地上 3 层，框架-剪力墙结构。基础为筏形基础。总建筑面积约为 7000m²，其中北侧无地上建筑部位的地下室面积约为 520m²（施工过程中扩建至约 800m²）。

施工完成后，发现该楼整体向南侧倾斜，经专家会议初步认定系建筑物底部箱式结构整体上浮导致建筑整体倾斜，即由于建筑的结构体重量及地下室侧壁摩擦力之和小于地下水浮力所引起。

（2）地下室抗浮验算

根据 1 号楼沉降监测结果可知，该楼北侧沉降约为 −46cm，并且局部存在沉降不均匀现象。经分析，该楼南侧结构为地下 1 层，地上 3 层，结构自重较大，能够满足地下水抗浮要求。而北侧约 800m²，为地下 1 层结构，结构自重较轻，抗浮不满足要求，导致结构整体向南侧倾斜。故需要对该楼进行纠倾后对南侧地下室部分进行抗浮加固。对该楼北

10.1 建筑物纠倾工程典型实例

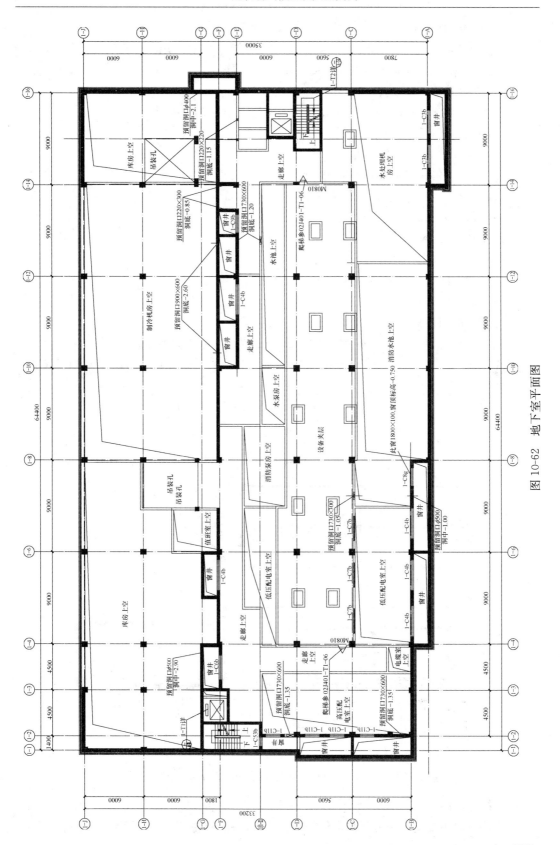

图 10-62 地下室平面图

侧地下室抗浮计算如下：

1）已知条件

① 地下水位：地表向下约150cm。

② 车库顶面覆土厚度：105cm。

③ 地下室基础底部标高－7.50m，地下室顶面标高－1.50m。

2）结构自重计算

$S_{面积}=12.0×64.4=772.80m^2$

$G_{底板}=772.80×0.5×25=9660.0kN$

$G_{墙体}=(12×2+64.4)×5.2×0.35×25=4022.2kN$

$G_{顶板}=772.80×0.30×25=5796.0kN$

$G_{顶梁}=1312.5kN$

$G_{柱}=936.0kN$

$G_{覆土}=772.80×1.05×18=14605.92kN$（该部分荷载尚未添加）

$G_{总重}=36332.62kN$

3）结构浮力计算：

筏板基础底部浮力：$P=\rho gh=1.0×10^3×9.8×(7.5-1.5)=58.80kN/m^2$

$F_{浮}=\rho gV=1.0×10^3×9.8×(7.5-1.5)×(64.4×12)=45440.64kN>G_{总重}=36332.62kN$

不满足要求。

$F_{抗浮}=45440.64-36332.62=9108.02kN$

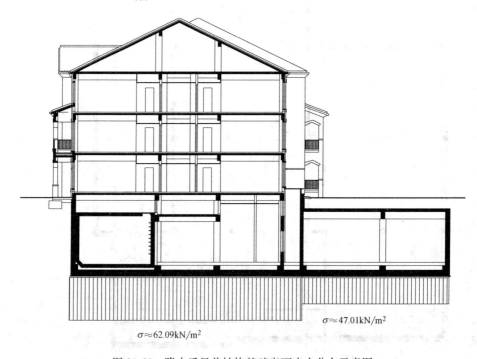

图10-63 降水后目前结构基础底面应力分布示意图

(3) 结构纠倾

该结构倾斜主要是由于地下水水位较高，施工过程中结构发生上浮所致，因此，纠倾方法选用降水法配合加载进行纠偏，并通过施工监测对整个纠倾施工进行控制。

通过对业主提供的该结构监测数据进行分析，发现该楼向南侧发生整体倾斜，并且结构局部存在沉降不均现象。沉降不均部位的结构构件已产生一定程度的变形和不同程度的损伤，因此，在纠倾施工过程中应对这些部位加强应力-应变监测，确保结构和纠倾施工安全。

纠倾施工顺序为：施工准备→监测点布置→施工监测→纠倾降水→侧壁土方开挖→纠倾加载→结构回倾→结构抗浮及加固→施工完成。

1) 纠倾降水

① 降水点布置

本工程降水采用井点降水，根据现场情况，该结构南北两侧各均匀布置有五个井点，东西两侧在高低跨交界处各布置有一个井点。

② 降水参数确定

在进行纠倾施工降水前应根据结构目前实际荷载状况，计算结构竖向总荷载及上浮区域（北侧一层地下室内）荷载，以及地下室柱、墙荷载情况，并绘制成图表。结合实际抽水时结构位移及应力-应变状况，确定单井涌水量和土层渗透系数等计算参数，从而确定各井点的降水速率和降水量。

降水应分阶段、分次序进行。第一阶段降水后的水位高度应满足上部结构自重的抗浮要求，防止地下水位过低后，结构自重大于地下水上浮力后，结构侧壁产生的摩擦力阻止结构回倾，造成结构发生破坏。

③ 侧壁土方开挖

待降水到一定程度，既结构竖向荷载与池壁摩擦力之和与地下水上浮力基本平衡后，并且结构整体位移变化相对稳定后，对结构地下室池壁侧壁土方进行适量开挖。

侧壁土方开挖宽度约 0.8~1.5m 且不超过原侧壁护坡范围，采用机械进行开挖。开挖时应分段均匀进行，每阶段开挖深度应控制在 0.5~1.0m 左右，开挖同时做好结构监测工作；若开挖过程中发现结构位移值或结构应力应变值与计算理论值差异较大时，应立即停止开挖，根据监测数据情况进行适当加载和降水工作，使纠倾工作均匀、有序地进行。

该工程地下室底板底部标高为 −7.50m，考虑到纠偏和后续池壁防水施工需要，经专家会讨论，侧壁土方开挖深度为 −7.0m。若纠倾过程中结构回倾受阻，需要进行板底淘砂，根据实际情况对开挖深度进行进一步调整。由于侧壁土开挖深度较大，原侧壁施工时采用钢丝网抹水泥砂浆对侧壁进行了支护，施工过程中应尽量减小对原池壁土护坡扰动，同时对原护坡做好监测工作，对薄弱部位加强支护措施，防止侧壁出现滑坡现象。

2) 纠倾加载

本次纠偏加载采用砂袋进行加载，根据上浮力估算总共需要砂袋重约 910t，纠偏加载应配合纠偏降水和池壁土方开挖施工同时进行。

李今保
（江苏东南特种技术工程公司）

10.1.15 降水法纠倾工程实例（三）

（1）工程概况

上海某居民区一幢 6 层砖混结构住宅楼竣工于 1995 年，东西长 50m，南北宽 13m，地质勘察结果见表 10-11。根据勘察报告，现场地面下 2.5～4m 处，存在厚度为 1.5m 的黏质粉土，在 4～6m 处存在 2m 厚的砂质粉土，这两层粉土是能进行有效降水的主要土层。在建筑物北侧原本存在暗浜，暗浜采用注浆法加固。地基处理施工于 1994 年 5 月 10 日开工，1994 年 5 月 28 日竣工。居民迁入后发现房屋向北倾斜。经上海市房屋质量检测站对该房屋多次进行测量与鉴定，检测结果显示房屋存在向北倾斜 7.9‰～10‰，如图 10-64 所示。其值已经超过规范规定的限值，且引起倾斜的主要原因是房屋北侧原有暗浜，由于地基加固未处理好，导致房屋向北倾斜，并建议采用降水法进行纠倾。

地基土物理力学性质指标　　　　　　　表 10-11

土层编号	土层名称	土层厚度 (m)	γ (kN/m³)	e	a_{1-2} (MPa)$^{-1}$	E_{a1-2} (MPa)
①	杂填土 素填土 浜土	0.4～1.4 0.5～1.0 1.1～2.0	18.5	0.7		6.0
②-1	褐黄色粉质黏土	1.5～2.2	18.8	0.947	0.47	3.95
②-2	灰色黏质粉土	1.3～1.6	18.7	0.950	0.26	7.26
②-3	灰色砂质粉土	1.5～2.0	19.0	0.894	0.20	9.16
③	灰色淤泥质粉质黏土	2.5～2.8	18.0	1.14	0.75	2.68
④	灰色淤泥质黏土	7.4～7.7	17.1	1.472	1.21	1.90
⑤-1	灰色黏土	2.3～3.0	17.9	1.207	0.73	2.88
⑤-2	灰色砂质粉土	3.5	18.8	0.896	0.15	12.40
⑤-3	灰色粉质黏土	未钻穿	18.5	0.971	0.43	4.35

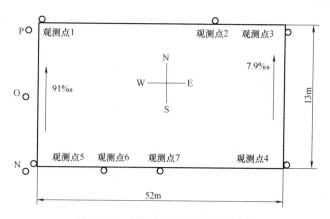

图 10-64 纠倾建筑物倾斜量示意图

（2）方案比选

根据现场条件，初步拟定了两种方案，并做了方案比较。

方案一：采用应力解除法钻孔取土加锚杆桩保护。这种方法可以产生较大的回倾，适用于软土地基，尤其在上海软土地区应用广泛。但是，对周围环境和居民生活有较大影响。

方案二：采用降水法施工。降水法要求主要参与变形的土体有好的渗透性，且能够产生的回倾量有限，主要取决于参与变形土体的压缩性和厚度。但是，该方法对周围环境和居民生活影响很小。

考虑到该住宅楼周围居民对施工影响的承受能力极低，环境条件复杂，因此采用方案一是不合适的。根据现场地质条件，浅层土为粉土，可以考虑进行有效的降水的主要土层。如果该土层渗透性满足降水的需要，则采用方案二就是很理想的了。采用降水法纠倾就要确定参与变形的土体的厚度、渗透性、可能产生的沉降量、沉降速率、降水对周围环境的影响，以及降水后的总体纠倾效果。而这些因素就需要通过现场试验进行观测和估计。经过试验确定以上因素后，进而确定纠倾方案，进行施工。

如果纠至设计规范要求的4‰以内，需回倾4‰～5‰，这样的回倾量采用应力解除法和保护桩是合适的，但是对居民生活影响较大。为减少对居民生活的影响，确定在围墙外采用降水法施工。根据现场试验结果，这样施工只能产生2‰～3‰的回倾量，纠至7‰以内，亦即使建筑物南北两侧产生3cm左右的差异沉降。同时，要保证基础底面的稳定和上部结构的安全。

针对降水法的特点和施工要求，进行了为期2个月的现场试验，主要分为三部分：1) 竖直单孔抽水采用3m、4m、5m降水深度分别保持一定时间；2) 竖直单孔抽水固定5m降水深度并保持8d；3) 倾斜55°角排孔抽水，降水深度6m并保持14d。

经过试验得到以下结论：

1) 对不同剖面和降水深度的计算表明，土体现场综合渗透系数在渗流稳定后在 2.0×10^{-4} cm/s 左右，符合上海地区浅层粉土渗透性的一般规律并满足采用降水法纠倾的一般要求。

2) 降水影响范围：如图10-65、图10-66所示，竖直单孔不同降水深度对地表沉降影响范围均在6m以内，对地下水位影响在10m左右；倾斜排孔降水对地表沉降影响如图10-67所示，可以达到10m以外；图10-68中，N、P点分别代表纠倾建筑物的南墙位置和北墙位置，O为N、P中点。

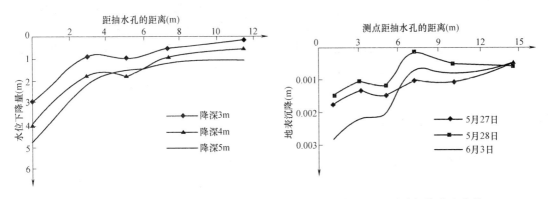

图10-65 观测孔内水位降低量分布曲线　　图10-66 地表沉降分布曲线

3) 土体固结变形速率和最终变形量：根据勘察资料提供的土性参数以及试验得到的渗透系数，经分层总和法计算，若采用竖直单孔，降水深度5m，则靠近抽水孔处最大沉降量在20～30mm内，实测土体固结变形速率在0.5mm/d以下，不均匀沉降量很小；若采用降水深度6m的倾斜排孔，如图10-67、图10-68所示，最大沉降量30～40mm，沉降速率可达到0.5～1.0mm/d，建筑物南北墙之间的不均匀沉降量变化速率也可达0.5～1.0mm/d。

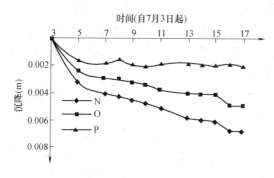
图 10-67 斜孔降水沉降观测曲线

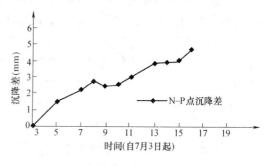
图 10-68 斜孔降水地表不均匀沉降曲线

(3) 纠倾施工与纠倾效果

根据上述结论，提出采用倾角 50°的斜孔，斜孔向被纠倾建筑物倾斜。降水深度 6～7m，在建筑物南纵墙基础外缘布置 27～29 个降水孔，降水孔长度 11～12m，采用套管护孔并定期清理，保证排水畅通。降水孔构造如图 10-69 所示。

纠倾目标是使建筑物回倾 2‰～3‰，预计工期在 2～3 个月。采用信息法施工，根据监测的数据调整施工工艺和方法；同时，监控相邻建筑物变形以及地下水位变化。

自 2002 年 7 月中旬至 9 月下旬进行纠倾施工，成功使建筑物回倾 3‰，达到纠倾目标。施工完成后继续跟踪观测，建筑物变形稳定，围墙也没有出现明显破坏，这表明所确定方案行之有效。

图 10-70 给出了建筑物南北墙对应位置处的观测点差异沉降，增长速率及均匀性良好。图 10-71、图 10-72 分别给出了沉降观测点 1、5、3、4 的沉降发展曲线，从图中看到，建筑物北墙的观测点 1、3 的沉降在施工初期有少量增加，而随着施工进行基本保持不变；建筑物南墙的点 5、4 沉降则一直均匀增加，并且增加幅度在施工末期趋于缓和，这说明施工方案的设计以及施工过程中的控制是很好的。施工完成后在抽水孔处采用注浆封孔，孔底要密实，以防止施工完成后发生整体沉降或建筑物北侧发生大于南侧的沉降，从而抵消纠倾的效果，并在抽水孔的上部不注浆或注少量浆，以使建筑物南侧继续发生沉降，增强纠倾效果。

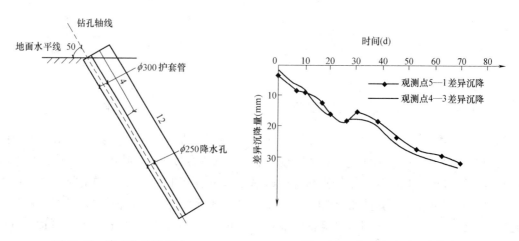

图 10-69 降水孔构造示意　　　　图 10-70 南北墙差异沉降曲线

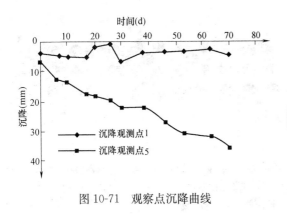

图 10-71 观察点沉降曲线

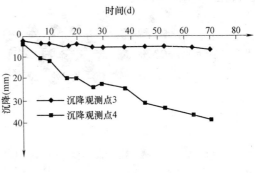

图 10-72 观察点沉降曲线

李今保
（江苏东南特种技术工程公司）

10.1.16 桩顶卸载法纠倾工程实例（一）

（1）工程概况

位于东莞市正腾工业园厂区的某宿舍楼，长 60m，宽 10m，其独立基础置于多条水泥土搅拌桩上，搅拌桩设计长度约 14m，直径 1000mm。建筑物建成后发生倾斜，后变为扭曲，最大倾斜量为 40cm，最小倾斜量为 18cm。2006 年年初，本工程采用"调整桩头荷载装置"专利技术配合射水冲砂技术对该建筑物进行纠倾，顺利将建筑物扶正，恢复建筑物的正常使用功能。该建筑物已使用至今，无任何变化。

1）建筑物上部结构情况

发生倾斜的 6 层建筑物于 2004 年 10 月建成未交付使用，据业主介绍完成后的最初沉降观测，累计沉降差不大，建筑物向Ⓑ轴稍微倾斜，但据 2005 年 3 月垂直度观测，建筑物向Ⓐ轴倾斜，建筑物结构完好。

加固纠倾前建筑物Ⓐ轴与①轴相交处倾斜已达约 48cm，与⑱轴相交处倾斜已达约 18cm，最大倾斜值达 11.5‰（图 10-73）。

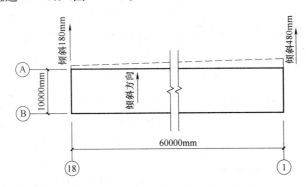

图 10-73　6 层建筑物倾斜状况示意图

2）建筑物基础情况

该建筑物基础为复合地基的独立基础，基础埋深为 -2.15m，其独立基础置于水泥土搅拌桩上，搅拌桩直径 1000，每个基础由多条搅拌桩组成，搅拌桩设计桩长为 14.5m，桩尖进入砂土中约 1~2m。此外，建筑物①—⑱轴上位置每轴也布置了两条搅拌桩，桩长

10.5m（见图10-74）。

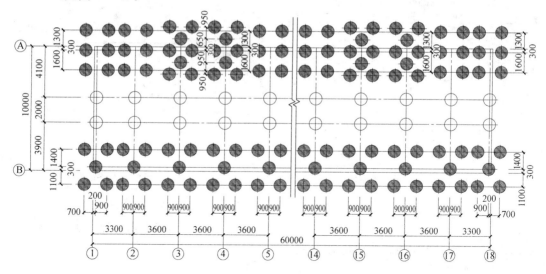

○ 黄色9.5m长的搅拌桩
◉ 红色14.5m长的搅拌桩

图10-74　搅拌桩布桩示意图

3）工程地质与水文地质情况

① 耕植土：层厚0.40～1.50m，平均0.66m；

② 淤泥土层：饱和，软塑～流塑，层厚2.40～11.0m，平均6.76m；

③ 粉砂层：饱和，松散，稍密，层厚1.10～14.00m，平均6.96m；

④ 粉质黏土：灰黑色，主要由粉黏粒组成，饱和～很湿，软塑，层厚0.90～10.80m，平均3.90m；

⑤ 中砂：饱和，稍密为主，底部中密，层厚1.00～13.5m，平均6.70m；

⑥ 地下水位为−1m。

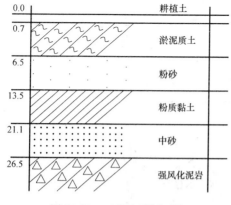

图10-75　工程地质剖面图

（2）建筑物的基础加固

根据地质勘察报告对建筑物所处的场地地质描述和该宿舍楼的基础结构形式，本工程采用加大承台结构和锚杆静压桩联合进行基础加固。为配合纠倾工作，特将Ⓐ、Ⓑ两轴各独立基础连成整体条形基础，增加建筑物的整体刚度，共布桩76条，桩长为12～14m，进粉砂层约1.5m，具体的压桩深度由压力表读数确定。单桩承载力为60t，按2倍系数施工，即压力表读数为120t。

（3）建筑物的纠倾过程

1）初定方案——降水纠倾法

由于建筑物向Ⓐ轴倾斜，Ⓐ轴沉降量比Ⓑ轴大。本方案在Ⓑ轴处将Ⓑ轴迫降，使Ⓑ轴沉降量约等于Ⓐ轴，满足建筑物的整体倾斜不大于4‰的要求。

10.1 建筑物纠倾工程典型实例

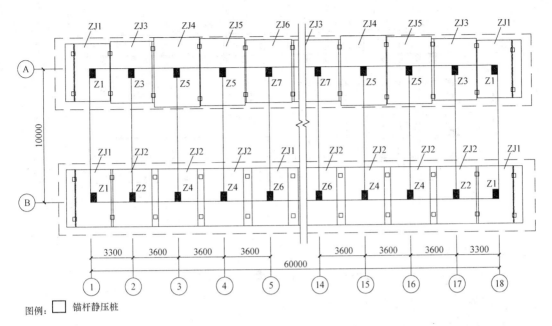

图例：□ 锚杆静压桩

图 10-76 基础加固布桩平面图

本方案是通过在 B 轴各桩位处做负摩擦力降水井抽水，降水井（井深＜桩长 1.5m）进入透水性较好的砂层 2~3m，通过抽水固结土体，使桩体下沉完成纠倾工作。

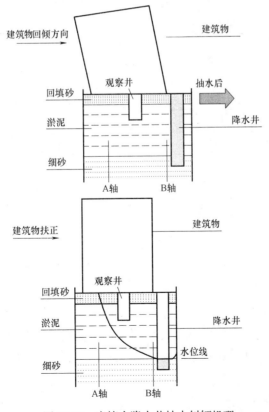

图 10-77 摩擦力降水井抽水纠倾机理

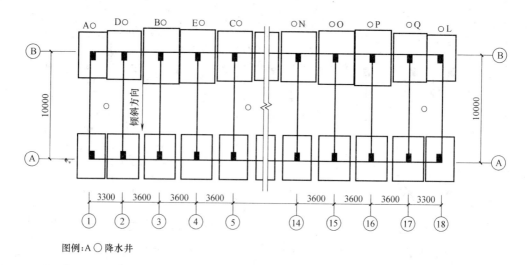

图 10-78 降水井及观察井布置图

2) 调整方案——调整桩头荷载法

① 变更原因

在静压桩施工中,发现Ⓑ轴交①—⑩轴在基础底部有约 5~7m 厚的粗砂层,Ⓐ轴交⑩轴—⑱轴为 3~5m 厚的粗砂层,由于粗砂层已成为较好的硬壳层且与搅拌桩形成复合地基良好,而降水纠倾是对粗砂层底下的淤泥土起到排水固结压缩变形,无法对粗砂层产生压缩变形。

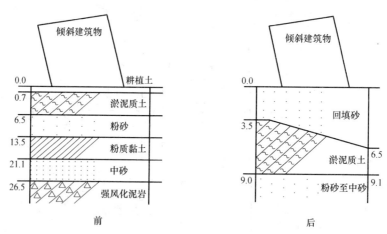

图 10-79 工程地质剖面图前后对比

② 变更后的方案内容

本方案由于静压桩已施工完毕,通过对静压桩锁桩,使建筑物的荷载直接传递到静压桩上;然后,将搅拌桩桩头切断,并按计算清除切断高度并在切断桩体的承台底部回填砂,保护搅拌桩体和阻止建筑物快速回倾,确保安全、可靠。当所有Ⓑ轴搅拌桩切断及回填砂完毕后,开始进行纠倾工作。

③ 纠倾工作重要内容:

纠倾工作分桩头荷载转移、桩头御荷处理和射水冲砂处理三部分。

10.1 建筑物纠倾工程典型实例

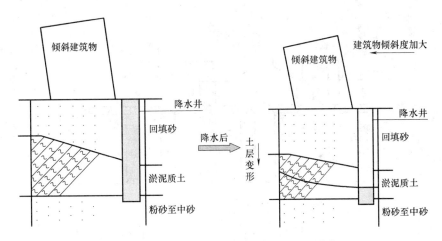

图 10-80 采用降水井纠倾对地质产生的影响

a. 桩头荷载转移

采用 5mm 钢板叠合成计算出的纠倾高度，垫好方桩桩头；然后，切断搅拌桩体并回填砂。

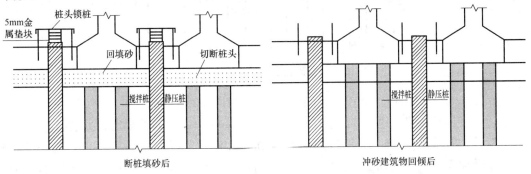

图 10-81 桩头荷载转移示意图

b. 桩头卸荷部分

按每次 5mm 厚将静压桩锁桩垫块清除，建筑物在清除锁桩垫块后下沉。当建筑物不下沉，即建筑物完全压在回填的砂层上时，进行射水冲砂，使建筑物下沉；然后，再清除锁桩垫块，每次 5mm 厚，依此类推，直到建筑物回倾，达到纠倾目的。

c. 射水冲砂部分

本部分为配合已完成的静压桩锁桩垫块每次清除 5mm 厚的安全保障，由于加固后的 B 轴已完全为一个条形基础，在条形基础（已切断搅拌桩）的基底设置射水冲砂孔第一排孔为 1m 一个，孔径为约 5～10cm，第二排、第三排每排均按 1m 一个射水冲砂孔在已射完孔的中间进行，在冲砂孔的成孔作用和随着水的流动下使建筑物下沉，并在桩头卸荷部分配合完成。

（4）施工成果

经过 2006 年 4 月 9 日～5 月 7 日近一个月的纠倾施工，正腾工业园厂区三 A 宿舍目前已经扶正，通过降水纠倾，实现了建筑物有限的回倾，根据第三方测量单位荆门市建筑设计院东莞分院的跟踪测量数据显示，纠倾后建筑物四个角点最大矢量偏移分别为：

第10章 建筑物纠倾工程实例分析

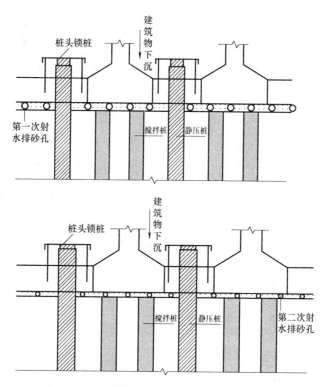

图 10-82 排砂孔完成后建筑物下沉示意图

3.14cm、6cm、4.72cm、3.01cm；倾斜率分别为：1.38‰、2.63‰、2.07‰、1.32‰。完全达到设计及《建筑地基基础设计规范》(GB 50007—2002) 的规定（当建筑物高度≤24m时，建筑物的允许倾斜值不大于4‰）。沉降跟踪观测报告显示：纠倾并静压桩封桩完成基础加固后，该楼所设的20个沉降观测点最后两个观测周期的平均沉降速率为：0.012mm/d，最大沉降速率为0.032mm/d，各沉降观测点沉降量均匀，最后连续两个观测周期的沉降速率已经达到规范要求。

(5) 小结

1) 本方法调控桩头荷载装置是笔者的专利技术，施工过程配合射术冲砂法可控可调、安全可靠，可大量用于倾斜建筑物的纠倾。

2) 建筑物的纠倾方法的选用与地质条件及周边环境有很大关系，纠倾工程施工前必须摸清现场地质条件及周边环境，确保方案的可行性，不可盲目施工。

3) 对于超长建筑物的纠倾施工，在纠倾工作中必须考虑到建筑物的整体刚度，确保建筑物不产生开裂。

吴如军　唐颖

（广州市胜特建筑科技开发有限公司）

10.1.17 桩顶卸载法纠倾工程实例（二）

桩基卸载法适用于桩基础纠倾工程。桩基卸载常用方法有：桩顶卸载法、桩身卸载法、桩端卸载法、承台卸载法和负摩擦力法。

对于端承桩基础，由于地质不均匀，部分桩未到硬土层或其他施工因素造成基础不均匀沉降，建筑物出现倾斜。但一段时间后，桩端已到硬土层，沉降已稳定，原桩基础经验算承载力是足够的建筑物，一般只需进行桩顶卸载施工；然后，对被损坏的桩进行修复加固，即可达到倾斜纠正、恢复建筑物使用功能的目的。

（1）断桩纠偏法的设计要点

1）重新验算整幢建筑物的荷重，计算原有桩基础的承载能力。

2）如果原基础承载力不足，则需计算出需要增加的承载力；然后，设计新补基础并布置于原基础中，务求新、旧基础工作，恢复原设计承载力，通常采用树根桩、小型钻孔机、静压预制桩等可在室内施工而施工设备又较轻便、灵活的小型桩。

3）计算出各承台、各桩的设计沉降量，确定沉降级数及各级沉降量。

（2）断桩纠偏的施工工艺及其主要技术措施

1）施工工艺和顺序

① 先在四邻有选择地设置沉降和倾斜观测点，对需纠倾的建筑物及四邻建筑物的倾斜和沉降量作一原始记录，以备后用。

② 按照设计图完成新补桩的施工。

③ 在承台周边开挖工作坑，露出需断的桩颈，在桩颈下部加约束钢箍，以防桩体破坏过量，造成难以控制的局面。

④ 在各桩边准备好足够的钢垫板。

⑤ 依照设计沉降量顺次凿去桩颈周边的混凝土，减少桩截面积，并随凿随垫钢板。如此不断重复，直到达到所需的沉降量（见图10-83）。

⑥ 纠偏完毕后，在桩颈破坏处设加强钢箍与承台一起浇捣混凝土，形成扩大桩头（见图10-84）。

⑦ 将新加桩用承台或承台梁的形式与原基础连接起来，使之能共同工作。如此对基础进行加固后，经倾斜纠正的建筑物将不会再发生沉降变形（见图10-85）。

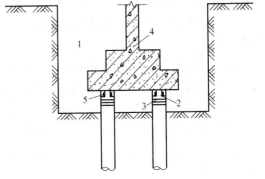

图10-83 断桩垫钢板
1—工作坑；2—已凿桩颈；3—约束钢筋；4—基础；5—垫钢板

2）主要技术措施

① 小型桩的施工必须按施工质量验收规范进行，桩端清渣良好，桩成型必须有保障。

② 桩的布置一般要靠近原基础承台，便于连接。

③ 新、旧基础的连接采用锚筋式连接承台或包柱式连接方法，做好新、旧基础的界面处理，使新、旧基础能共同工作。

3）应注意的问题

① 垫钢板是为了防止凿桩颈过量，引起桩截面压应力太大造成难以控制的下沉，或同一承台桩压应力差异太大而造成承台下沉不均匀，使承台受到过大的附加应力而破坏，故垫钢板要及时、紧凑，但也要留有余地；否则，会达不到纠倾的目的。

② 要密切注意变形的协调，包括同一承台内各桩顶的变形，以及柱与柱之间的变形

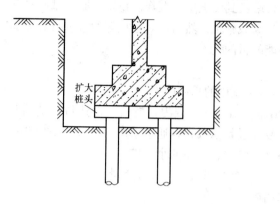
图 10-84　纠偏后浇筑扩大桩头

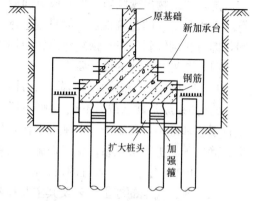
图 10-85　连接加固基础

协调，同一承台内各桩顶变形要求基本一致，柱与柱之间相对变形≤0.100。

③ 开挖工作坑前，必须做好严密的计算分析工作，预计各种可能出现的不利因素及由此可能出现的各种结构力学的变化，包括工作坑开挖后，原桩及承台摩擦力的损失，承台下地基承载力的损失，地下水位改变对建筑物的影响，土侧压力对建筑物和桩的影响，以及桩颈变形不均匀时对承台及桩的受力改变和相应结构的重新验算，桩与桩之间可能出现的不均匀变形所引起结构的受力改变及其结构分析等。

④ 对上部结构荷载进行分析时，考虑到施工期间的临时性，地震荷载和分项系数可根据实际情况适当折减，这样实际的计算荷载一般不超过原设计荷载的 80%。

⑤ 考虑桩承载力时，由于施工的临时性及考虑开挖时基坑回弹因素，可以不考虑桩的负摩擦力。

⑥ 考虑承台下地基承载力损失时，由于要纠偏的建筑物往往已有一定沉降量，偏于安全计，可按地基土持力层极限承载力计算考虑。

⑦ 需纠偏的建筑物，地基基础变形可能不满足沉降变形的要求，但从地基承载力强度的角度分析，可能会满足要求，应注意变形和强度条件的不同。

⑧ 进行承载力的分析和变形趋势的估计时，不应仅靠理论分析，更重要的是分析沉降观测结果。

⑨ 统一指挥，密切观察，分级纠偏，严密测量，确保建筑物安全。

⑩ 地梁和墙体可能会因沉降出现较大反力而产生破坏，以及各种管线是否容许这类变形。

(3) 结论

1) 断桩纠偏方法适用于采用桩基的独立承台或条形基础的多层建筑物的纠偏加固。

2) 本方法不适用于承台埋深过大，地下水位较浅且是软土地基桩建筑物的纠偏。

3) 断桩纠偏法与其他桩基基础建筑物的纠偏方法相比，具有施工简单、操作方便、费用低、二楼以上不用搬迁、分级下沉量容易控制等优点，因此该技术极具推广价值。

4) 采用此项技术已纠正多幢危房，均取得良好效果，表明该项技术的应用比较成功。

李国雄　李小波　刘逸威
(广州市鲁班建筑防水补强专业公司)

10.1.18 桩身卸载法纠倾工程实例

目前，建筑物（包括构筑物）的设计计算以刚体力学和线性小变形力学为基础，地基和结构通常只考虑弹性变形和一小部分塑性变形。比如，确定地基承载力时，主要考虑地基的弹性变形，将塑性区严格限制在一个较小的范围内。地基沉降设计计算，多采用分层总和法和规范法。前者将地基视为均质连续、半无限空间各向同性线性弹性体，按弹性理论计算土中附加应力。后者也是按弹性理论计算土中附加应力，采用一维压缩试验确定土的压缩模量，并采用经验系数加以修正。我国规范规定在风荷载和地震（小震）作用下，建筑物结构处于弹性状态，其内力及位移分析计算采用弹性方法。除少数情况下，构件的刚度一般采用弹性刚度。

但是，倾斜建筑物（包括构筑物）在迫降法纠倾时，地基土普遍进入塑性大变形阶段。因此，建筑物（包括构筑物）纠倾设计不宜简单地利用参数设计来代替，应考虑非线性力学的设计理论和方法。

(1) 工程概况

1) 建筑物概况

某住宅楼位于海口市海甸岛，7 层框架结构，建筑高度 23.0m，建筑面积 770m²，采用钢筋混凝土灌注桩基础，桩径 600mm，桩长 4.0m，桩尖标高为 -5.6m，基础梁断面尺寸为 600mm×700mm，基础梁标高为 -1.60m。住宅楼的基础平面图和二～七层平面图分别见图 10-86 和图 10-87，图 10-88 为该住宅楼纠倾前的倾斜状况。该住宅楼于 1994 年竣工并投入使用，但在施工过程中便发生倾斜，以后倾斜继续发展。1996 年 5 月的测量结果表明：住宅楼向北倾斜 237mm，向西倾斜 495mm，倾斜合成矢量为 549mm，方向为 NWW110.4°，单面最大倾斜率为 21.5‰。该建筑物的倾斜量为《铁路房屋增层和纠倾技术规范》中纠倾合格标准 4‰ 的 5 倍多，同时也严重超出了我国《危险房屋鉴定标准》（JGJ 125—1999）中规定的 1% 的标准（23m×1% =230mm）。该建筑物属于严重危险建筑物，如不立刻进行纠倾扶正，则不能继续居住和使用，应予以报废。

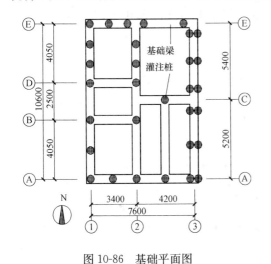

图 10-86　基础平面图　　　　图 10-87　二～七层平面图

2) 工程地质

该工程没有进行岩土工程勘察工作，整个场地是围海造地形成的。从后来加固开挖的

图 10-88　住宅楼倾斜状况

情况看，土层从上到下分布为：杂填土，淤泥（$f_{ak}=40\text{kPa}$，$c=8\text{kPa}$，$\varphi=4.5°$），中细砂（厚度约 0.5m，砂层从东南方向到西北方向的标高由-3.5m 降低至-5.0m），黏土（$f_{ak}=130\text{kPa}$，$c=10\text{kPa}$，$\varphi=15°$）。

该场地的地下水位标高为 -1.0m。

（2）事故分析

造成该建筑物严重倾斜的主要原因有以下几个方面。

1）基础桩的单桩承载力严重不足

由于有效范围内的地基土大部分为杂填土和淤泥土，仅有一薄砂层，基础桩的单桩承载力较小，其承载力仅为 200kN，而建筑物作用于每根桩的竖向力却为 240kN，超出承载力，不符合规范要求。所以，基础桩在上部较大荷载的作用下，必然产生较大的沉降。

2）荷载严重偏心

住宅楼从二层到七层均向北悬挑 1.5m，向西悬挑 1.0m，并且在七层的楼梯间正上方建造一水箱间，蓄水 10t。由此而来，形成向北 3760kN·m 的倾覆力矩和向西 4100kN·m 的倾覆力矩，使建筑物向西北方向产生倾斜。

3）基础桩平面布置失误

该建筑物东侧③轴线上的基础桩打完后，邻居认定桩位超出建筑红线，侵占了他人地盘。不得已，业主只好紧邻东侧基础桩的西侧一边又打了一排基础桩，③轴线基础梁则置于两排桩的中间。这样一来，客观上就形成了东侧基础为双排桩，而其余基础均为单排桩，③轴线上基础桩的单桩受力仅为设计荷载的一半，其沉降量也较其他基础桩大为减少。

4）地基土分布不均

该地基中承载力较大的砂层起伏较大，使得基础桩承载力由东南向西北方向递减，沉降量递增。

5) 负摩擦力影响

由于持力层部分的地基土大部分属于新近回填土,这些欠固结土的固结沉降对基础桩产生向下的负摩擦力,形成下拉荷载,进一步削弱了桩基的承载力。

(3) 非线性纠倾设计

1) 非线性纠倾原则

建筑物非线性纠倾设计应遵循的原则有:"对症下药"原则、过程原则和优化原则。

① "对症下药"原则:建筑物纠倾设计时,首先,应查明建筑物倾斜的原因;然后,通过"对症下药"的纠倾措施,达到"改斜归正"的纠倾目的。

② 过程原则:建筑物纠倾是一个复杂过程,不能一蹴而就,必须依靠一系列"对症下药"的纠倾措施逐步来实现。

③ 优化原则:建筑物的优化纠倾包括:纠倾方案比选、纠倾过程优化和纠倾参数优化等,并应满足三个条件,即:缓慢启动,均匀回倾,平稳锁定。

2) 非线性纠倾设计程序

建筑物纠倾设计比较复杂,不宜按照刚体力学或小变形力学理论,只进行参数设计;应充分考虑各种因素,按照非线性理论,采取工程对象分析、力学对策设计、过程优化设计和最优参数设计等设计程序。

① 工程对象分析:首先,要面向工程对象,对倾斜原因(包括规划、勘察、设计、施工、管理、使用和自然灾害等)进行全面、深刻分析,准确地找到其症结所在,并分清主次矛盾。如果没有找到建筑物倾斜的真正原因,或者是倾斜原因分析得不够全面,很可能导致纠倾工程的失败,甚至弄巧成拙。

② 力学对策设计:根据建筑物的倾斜原因,分析作用在建筑物的各种荷载特征,综合考虑纠倾建筑物现状、工程性质、结构类型、基础形式、整体刚度、荷载特性、工程地质、水文条件、环境情况等因素;然后,进行力学对策设计。

建筑物非线性纠倾工程设计时,要对各种纠倾方法的适用范围、工作原理、作用特性、施工程序等了如指掌,同时应根据实际情况灵活运用。如果纠倾措施不力,可能导致倾斜建筑物纠而不动,甚至越纠越偏;相反,如果因地制宜地采用恰当纠倾对策,会收到事半功倍的效果。纠倾扶正方案应从安全可靠、经济合理、施工方便等方面进行认真比选,挑选出最佳方案。

本纠倾工程的住宅楼为短桩基础,周围建筑物较密集,纠倾方法采用综合纠倾法,其中包括:桩身卸载法、基础梁卸载法和加压法等。

③ 过程优化设计:对各种纠倾方法的施加方式和施加过程进行研究,尤其是要认真分析同时采用综合纠倾法和逐一采用单种纠倾法的力学效果,并分析各种纠倾方法的施加顺序。实践证明:相同的力学对策、不同的过程,其纠倾效果相差很大。

④ 最优参数设计:在力学对策设计和过程优化设计的基础上,对最佳纠倾过程再进行最优参数设计。需要指出的是:同一种纠倾方法,在不同的工程地质、水文条件和环境情况下,参数设计可能相差较大。

3) 非线性纠倾设计计算

① 设计最终沉降量,倾斜量(包括水平变位值、倾斜角等)和倾斜方向。

② 计算倾斜建筑物基础形心位置和偏心矩,其中偏心矩按下式计算。

$$M_p = (F_k + G_k) \times e + M_{Hk}$$

式中 M_p——倾斜建筑物基础底面偏心矩;

F_k——相应于荷载效应标准组合时,建筑物上部结构传至基础顶面的竖向力值;

e——倾斜建筑物偏心距;

M_{Hk}——相应于荷载效应标准组合时,水平荷载作用于基础底面的力矩值。

③ 计算基础底面压应力

$$p_k = \frac{F_k + G_k}{A}$$

$$p_{kmin}^{kmax} = \frac{F_k + G_k}{A} \pm \frac{M_p}{W}$$

式中 p_k——相应于荷载效应标准组合时,基础底面平均压应力值;

p_{kmax}——相应于荷载效应标准组合时,基础底面边缘最大压应力值;

p_{kmin}——相应于荷载效应标准组合时,基础底面边缘最小压应力值;

A——基础底面面积;

W——基础底面抵抗矩;

G_k——基础自重和基础上的土重。

④ 确定回倾方向

回倾方向取住宅水平变位合成矢量的反方向。

⑤ 确定纠倾时建筑物基础转动轴

根据偏心荷载作用基底压力计算图,建筑物纠倾转动轴位置取距沉降大的一侧基础长度的1/3～1/4,并应根据纠倾进展情况适时调整。

⑥ 根据基底压力图设计迫降位置和数量(采用顶升法时,确定顶升位置和机具数量)。

(4) 非线性纠倾施工

按照非线性纠倾原则,纠倾施工过程分为迅速止倾、缓慢启动、均匀回倾、平稳锁定四部分。

1) 准备工作与建筑物止倾并举

6月20日,首先开挖地面进行承台梁卸载,并为桩体卸载创造条件。承台梁卸载从两方面进行,一方面首先卸去压在住宅楼①轴线和Ⓔ轴线承台梁上的回填砂;同时,将这些回填砂搬运到室外,压在③轴线和Ⓐ轴线附近;另一方面,在③轴线和Ⓐ轴线的承台梁下隔段掏土,破坏承台下土体阻力。

承台梁卸载和压重的顺序、数量等应进行过程优化,使倾斜建筑物迅速止倾,并缓慢地进行回倾。承台梁卸载后,该建筑物向东回倾了5mm,向南回倾了2mm。

2) 建筑物缓慢启动,均匀回倾

根据建筑物平面刚度和各方向的倾斜情况,进行过程优化设计和参数优化设计,确定倾斜建筑物的回倾程序,从而再确定卸载桩的数量、卸载桩的位置、单桩卸载量等。

7月1日建筑物纠倾正式开始,利用钢管射水对③轴线和Ⓐ轴线的基础桩,以及建筑物内部各轴线上基础桩分阶段进行"桩身卸载",破坏土体对桩身的部分摩擦力以及桩尖部分端阻力,降低基桩的承载力,使其按照纠倾设计方案产生沉降。桩体卸载与建筑物回倾的关系详见表 10-12（表 10-12 仅列举了具有代表性的部分数据）。

桩体卸载与建筑物回倾关系　　　　　　表 10-12

射水次数（第几次）	射水深度(m)	向南回倾量(mm/次)	向东回倾量(mm/次)
5	3.5	0	2
6	3.5	0	3
7	3.5	0	2
8	3.5	0	2
9	4	1	2
10	4	0	4.5
11	4	1	3.5
12	4	0	3
13	4.5	1	6
14	4.5	1	6
15	4.5	1	7
16	4.5	1	6

注：表中仅列举了具有代表性的部分数据

采用桩基卸载法纠倾，摩擦端承桩基础的建筑物的回倾规律可总结为：桩侧摩阻力减少 50% 时，建筑物开始回倾，其速度为 1～3mm/次；桩侧摩阻力减少 70% 时，建筑物回倾速度为 2～4mm/次；桩侧摩阻力减少 90% 时，建筑物回倾速度为 4～7mm/次。每个回合的"桩身卸载"中，当完成预定 1/2 工作量时，建筑物开始回倾；当完成预定全部工作量时，建筑物回倾量达到本次总回倾量的 1/2；在其后的 4～5h 以内，建筑物再回倾 1/2，再后的时间里建筑物基本不动。

3）建筑物平稳锁定

当倾斜建筑物回倾到接近纠倾标准时，应不失时机地采取"制动"措施。制动措施最好也是加固措施，一举两得。本工程采用调整射水桩的数量、减少射水孔数量和"沉砂"等方法，达到回倾制动和基础加固相统一。

9 月 15 日，建筑物向北回倾至 75mm，向西回倾至 59mm，符合我国《建筑地基基础设计规范》（GB 50007—2002）、《铁路房屋增层和纠倾技术规范》和《建筑桩基技术规范》（JGJ 94—2008）中的相关规定（23m×4‰＝92mm）。考虑到紧邻该住宅楼的东、南侧为拟建住宅楼（其中，南侧住宅楼基础已施工），相邻建筑物的建造对该住宅楼将要产生一定的影响，届时该住宅楼还要有少量的回倾，所以，纠倾工作到此为止。在纠倾过程中，建筑物按规律平稳回倾，没有发生结构开裂、破损等严重的质量事故，纠倾工作圆满完成。该住宅楼的回倾曲线见图 10-89。

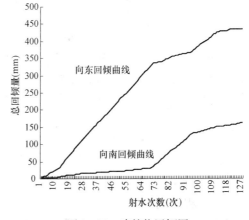

图 10-89　建筑物回倾图

(5) 防复倾加固

鉴于建筑物的底层已经开挖，所以采用"静力压入桩"进行防复倾加固。

压入桩为截面为 240mm×240mm 和 200mm×200mm 两种形式的钢筋混凝土方桩，桩尖段长为 1350mm，其余桩段长为 800mm，采用硫磺胶泥锚接进行分段接长。

静力压入桩布置在①轴线和⑥轴线承台梁下，以基础底面为反力支托，用千斤顶将桩压入地基中，解决原基础桩单桩承载力不足的矛盾，并起到加固基础的作用。静力压入桩加固详见图 10-90。

在建筑物纠倾与加固的整个过程中，对周围环境采取了多种保护措施，并对原建筑物的布置进行了合理的调整，达到尽善尽美的效果。

(6) 小结

本文将非线性理论引入建筑物纠倾设计，并结合短桩建筑物，探讨非线性纠倾设计原理、非线性纠倾特点和非线性纠倾设计计算方法等，详细介绍

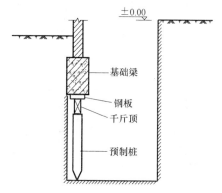

图 10-90　静力压入桩加固示意图

了桩身卸载法为主要手段的非线性综合纠倾以及防复倾加固的成功实例，并积累了一些经验与教训：

1) 对于短桩基础，利用水力破坏桩侧阻力和桩端阻力、进行桩身卸载纠倾，是一个操作性强、可控性好的纠倾方法。

2) 准备工作与建筑物止倾并举，引导一个良好的开端。开挖首层地面时，应有目的地对沉降较大一侧进行卸载，同时将卸载的土方转移到沉降较小的一侧进行压重，使倾斜建筑物迅速止倾，并产生回倾趋势。

3) 对于两个方向倾斜量都较大的建筑物，纠倾时应沿合成方向回倾，既能节省纠倾时间，又可以避免上部结构两次移动。

4) 桩侧软土中水力沉砂可以提高桩侧摩阻力，达到提高承载力的目的。

5) 从准备工作到建筑物有规律地回倾这一阶段里，监测数据的准确性特别重要。这是因为：此时的监测数据变化较小，规律性较差，监测数据不准确会对纠倾措施的有效性产生误解。所以，倾斜监测数据宜直接从直尺上读取，将监测误差降低到最低程度。

6) 在该住宅楼纠倾的试验阶段，尝试了洛阳铲取土纠倾，结果不成功。在淤泥和饱和砂土中，洛阳铲只能取出少量的土，而且泥水随时回填取土孔，效果很不理想。

7) 长时间的浅层降水会引起周围地面沉降。为了露出工作面，该纠倾工程每天早晚各降水一次，降深 0.6m，每次降水时间持续 4～5h，40d 后周围地面产生沉降，沉降范围达 10m 远。隔离措施：在降水的保护侧开挖一条沟槽，进行连续回灌，可收到良好的效果。

李启民[1]　唐业清[2]
(1 中国地质大学（北京）；2 北京交通大学)

10.1.19　负摩擦力法纠倾工程实例

(1) 工程概况

某综合大楼位于海口市海甸岛的白砂门海滨，7 层钢筋混凝土框架结构，建筑面积

3000m², 总高度为 23.6m, 采用群桩基础。沉管灌注桩桩径为 480mm, 桩长 19m, 承台标高 -1.0m, 桩尖标高 -20.0m, 共布桩 116 根。桩尖置于含砾的中粗砂层中, 单桩承载力 $R_d=700$kN, 其桩位布置如图 10-91 所示。该综合大楼竣工于 1991 年 6 月, 首层为办公室, 二~七层为住宅。平面总轴线尺寸为 35.3m×12.6m, 底层层高 3.6m, 其余各层层高均为 3.2m。该综合楼的楼面、屋面均为现浇钢筋混凝土板, 板厚 100mm。各层框架柱截面尺寸均为 400mm×450mm, 主框架梁截面尺寸为 250mm×600mm, 主受力钢筋采用 HRB335 级钢。与该综合楼毗邻的是一商业大厦, 该工程占地 10.2 亩, 总建筑面积为 36556.8m², 由一栋 21 层写字楼和一栋 18 层公寓组成, 2 层地下室, 地上高度分别为 78.2m 和 64.8m。

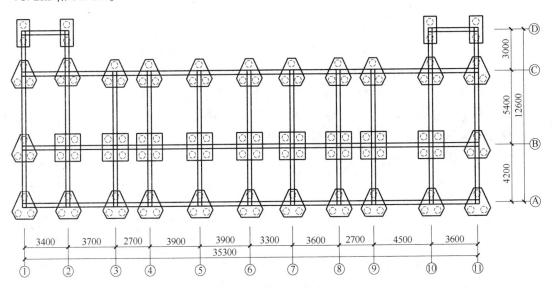

图 10-91 综合大楼桩基平面图

（2）工程地质

该建筑场地位于海滨, 是围海造地形成的。场地土层分布及物理力学性质指标详见表 10-13, 场地地下水位为 -4.20m。

（3）相邻深基坑设计与施工

与该综合楼毗邻的某商业大厦基础采用直径 800mm 的钻孔灌注桩, 其有效长度分别为 19m、22m 和 26m。该大厦基坑平面尺寸为 52m×108m, 设计开挖深度为 8.65m, 放坡开挖（坡度 57°), 边坡喷锚支护。其中, 在相邻综合楼一侧的基坑

图 10-92 综合大楼北立面

布置了 4 排非预应力锚杆, 锚杆长度为 8~9m, 锚杆为 $\phi25$ 的钢筋, 锚杆孔径 130mm, 水平间距 1.2m。基坑边坡表面采用 $\phi6@200$ 的钢筋网片, 分三次喷射混凝土, 总厚度为 150mm。基坑周边共布置了 30 口降水井, 其中在综合楼一侧布置了 5 口降水井, 井径 800mm, 井深 14m。商业大厦基础桩完工后, 于 1994 年 10 月 23 日进行全面、不间断的

第10章 建筑物纠倾工程实例分析

土层分布及物理力学性质指标　　　　　　　　　　表 10-13

层次	土　　类	厚度(m)	f_k(kPa)	$N_{63.5}$	c(kg/cm²)	φ(°)
1	填土	1.2	50	0.8	0.06	4
2	淤泥	1.7	40	1	0.08	4.5
3	饱和中砂(液化)	2.4	130	9	0.28	27
4	淤泥软黏土(含中细砂),软塑	2.2	90	5	0.17	5
5	软黏土(含细砂)	2.0	140	2.5	0.17	5
6	淤泥软黏土(含中细砂),流塑~软塑	7.6	80	2.5	0.17	23
7	黏土	0.7	160	12	0.1	17
8	中砂(含少量黏土)	4.2	190	16	0.25	24

基坑降水,井内水位维持在-10m以下。11月6日开始进行基坑开挖,大约在11月20日,发现相邻的综合楼南台阶开裂。12月31日10:57,北部湾地震波及海口市,引起该综合楼居民的恐慌。在对方强烈的要求下,商业大厦基坑被迫暂停施工。1995年1月4日,北京测绘院的测量结果表明:综合楼已向基坑方向倾斜了283mm。停工一段时间以后,商业大厦基坑北侧边坡大面积坍塌。

(4) 综合楼倾斜事故分析

1) 业主缺乏深基坑工程经验,轻信了施工单位对喷锚支护的夸张性宣传,为了节省资金,忽略了深基坑工程的复杂性,在既有建筑物附近采用边坡喷锚、坑内降水的基坑开挖支护方案是一个严重的错误。不做止水帷幕而大规模深层降水和开挖,是造成相邻建筑物倾斜的主要原因。

2) 基坑降水使综合楼地基中的地下水形成漏斗形的水力坡降。综合楼位于大海边,地下水极其丰富,加之淤泥层的渗透系数小,形成的降水坡度比较陡。1995年4~7月的实测结果表明:该场地的地下水位为-4.2m。

水力坡降造成综合楼的不均匀沉降。基坑开挖前,综合楼基础桩承受竖向荷载产生下沉趋势,桩侧土体对桩作用以向上的摩阻力,即正摩擦力。原设计单桩承载力为700kN,其中摩擦力为666kN/根,端承力为34kN/根。基坑降水过程中,地下水位下降,地基土失水固结下沉,桩侧土体对桩体的上部产生向下的摩阻力,即负摩阻力。负摩阻力对桩形成下拉荷载,使综合楼靠近深基坑一侧基础桩的正摩阻力大大减少,该侧基础桩的下拉荷载比另一侧基础桩的下拉荷载大得多。因此,综合楼北侧(靠近深基坑一侧)基础桩比南侧基础桩产生较大的沉降,综合楼向北侧倾斜。

3) 基坑距综合楼很近,基坑边坡喷锚施工时,锚杆已深入到综合楼北侧基础桩之间,钻孔时锚杆孔内涌出大量的地下水并携带着泥沙。由于地基土中含有砂粒,桩间水土的大量流失导致了土层的塌落,对基础桩形成了更大的下拉荷载。实践证明:土层塌落形成的下拉荷载,远大于土体固结对桩产生的下拉荷载。因此,边坡喷锚施工进一步加剧了综合楼北侧基础桩的沉降。

(5) 纠倾技术方案的制定与实施

根据建筑物的倾斜原因、地基土性状和综合楼使用情况,制定了采用"负摩擦力纠倾法"进行纠倾扶正的技术方案。1995年3月25日,在海口市召开了综合大楼纠倾技术方案论证会,来自北京、上海等各地知名专家审议并通过了纠倾技术方案,其结论是:方案的思路正确,技术可行,比较经济。

综合大楼复杂的周围环境,给纠倾工程的实施带来了许多困难。距离综合大楼西侧20m处,是一栋9层框架结构的花园大厦(桩基础)。距离综合大楼东南侧12m处,是一栋新建3层砖混结构办公楼(筏形基础,埋深仅0.8m,而且地基未做处理)。综合大楼纠倾工程的实施必须确保相邻建筑物的安全。同时,综合大楼在纠倾期间,楼内居民和工作人员无法搬迁,必须保证他们正常的生活和工作。另外,综合大楼南侧40m处,是一正在进行基础打桩的工地,密布锤击沉管灌注桩(桩径480mm,打入深度19.5m,锤重3.5t,落距1.5m,两台设备同时工作,共打进350根桩)所产生的超孔隙水压力,阻碍综合大楼的回倾。

综合大楼纠倾的准备工作于1995年4月开始,在综合大楼室外共修造10口降水井、4口回灌井、5口观察井和一道15m长的地下止水墙。纠倾场地平面布置详见图10-93。

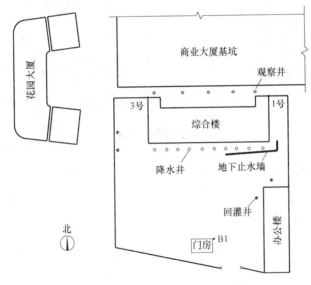

图10-93 纠倾场地平面布置图

为了减少对周围环境的影响,降水井采用半边封闭降水井,井径800mm,钢筋笼直径600mm,主筋为$\Phi 18$,箍筋为$\Phi 14 \sim \Phi 16$。降水井是负摩擦力法纠倾的主要设施,制作时尺寸不应偏离过大,井身必须竖直,填充石子粒径不宜太小,并保证清洁、密实,以防周围土体塌陷。

1995年6月,综合大楼纠倾工作正式开始。为了进一步减少对周围环境的影响,采用间歇式降水方法,通过控制各个降水井的水位,使降水漏斗曲线以上的地基土固结,对建筑物南侧的基础桩产生负摩擦力,形成下拉荷载,迫使南侧基桩下沉,建筑物平稳回倾。在降水纠倾过程中,根据回倾情况,及时调整降水井的降水深度和降水的持续时间,使建筑物整体回倾、步调一致,避免上部结构产生较大的附加应力,甚至开裂、破损等。

综合大楼纠倾工程监测内容包括建筑物倾斜量、桩基承台沉降量、周围地面沉降量以及周围建筑物的倾斜量和沉降量,监测数据与纠倾计算分析结果基本一致。表10-14节选了纠倾过程中一些比较典型的监测数据。

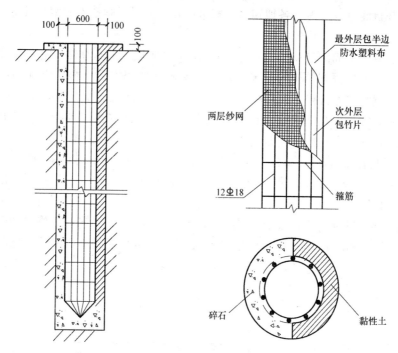

图 10-94 半边封闭降水井构造图

纠倾监测数据节选　　　　表 10-14

日　期	6月4日	6月5日	6月12日	6月17日	7月20日	7月21日	7月25日
降水井水位	−13m	−13m	−13m	−13m	−16.5m	−16.5m	−17.5m
降水持续时间(h)	11	12	14	15	12	12	15
1号点回倾量(mm)	5	7	5	5	7	4	5
3号点回倾量(mm)	4	4	9	3	6	6	8
①-A 承台沉降量(mm)	4	4	6	2	3	3	4
①-B 承台沉降量(mm)	3	3	4	1	1	1	1
①-D 承台沉降量(mm)	0.2	0.2	1	0	0	0	0
⑧-A 承台沉降量(mm)	4	4	5	2	4	4	3
⑧-B 承台沉降量(mm)	3	3	4	1.5	2	2	1
⑧-C 承台沉降量(mm)	1	1	2	0.2	0	0	0
⑪-A 承台沉降量(mm)	4	4.5	5	2	4	4	2
⑪-B 承台沉降量(mm)	3	3.5	4	1	2	2	1
⑪-D 承台沉降量(mm)	0.3	0.4	0.7	0.1	0	0	0

采用负摩擦力法纠倾，群桩建筑物的回倾规律可总结为：每次间歇式降水时间一般控制在 10~15h。当水位降至 1/2 桩长时，建筑物开始回倾，每次回倾量约为 6~9mm；当水位降至 3/4 桩长时，每次回倾量约为 9~15mm。对含砂地基土需慎重，降水持续时间应根据监测数据确定。另外，对降水井要间断性清洗，对回灌井要持续回灌，确保降水和回灌效率。

1995年7月下旬，综合大楼残留倾斜量减小到63mm，低于《建筑地基基础设计规范》（GB 50007—2002）、《铁路房屋增层和纠倾技术规范》和《建筑桩基技术规范》（JGJ 94—2008）中允许倾斜值的规定（23.6m×0.004=94.4mm），其结构完好无损，甚至整栋建筑物没有出现过一道新的裂纹。监测结果进一步表明：由于保护措施得力，相邻的花园大厦未受任何影响，相邻的办公楼没有出现危害其安全的裂缝。

（6）纠倾加固

由于综合大楼桩尖持力层为中砂层，在纠倾过程中，桩尖不断压进砂层，承载力逐渐增大。同时，桩周地基土不断固结密实，摩阻力也在逐渐增大。总之，综合大楼降水纠倾过程，也就是长桩基础的加固过程，不需要实施另外的加固措施。实践也证明了这一结论。

1996年9月7日（也就是在综合大楼纠倾结束一年后），再次对综合大楼进行了观测。复测的结果表明，综合大楼纠倾后纹丝未动。

（7）小结

本项目利用负摩擦力法对群桩建筑物实施纠倾，取得了圆满的效果，并积累了一些经验与教训：

1）一般情况下，降水井的深度应略深于建筑物的桩端，降水纠倾开始阶段，水位宜降至桩长的一半左右，以后逐步加深水位。

2）降水井钢筋笼的内径不宜小于600mm，以防卡泵后无法维修，导致降水井报废。钢筋笼的主筋和箍筋直径不宜过小，避免降水井工作一段时间后产生较大的变形，同样报废降水井。

3）对于群桩基础、长桩基础的建筑物，承台压重纠倾的方法一般不可取，其效果甚微。在本项目纠倾过程中，几位当地专家力荐承台压重，并积极联系压重钢锭。承台压重试验是在浅层降水配合下进行的。第一次每个南侧承台压重60kN后，再进行浅层降水（降水井水位-10m），建筑物回倾4～5mm。第二次每个南侧承台压重增加到120kN后浅层降水（降水井水位-10m），建筑物又回倾了4～5mm。此后再进行浅层降水，建筑物不再回倾。

4）止水帷幕的深度应达到降水漏斗曲线以下，不宜过浅；否则，深层降水时止水失效。止水帷幕在平面上应封闭被保护的建筑物，平面长度不宜过短。

5）回灌井的作用不可低估，降水纠倾过程中，要坚持全天候回灌。

6）利用半边封闭降水井、采用间歇式方法降水，场地中降水井排南侧水平距离25m处传达室台阶上的一个沉降观测点（B1）在2个月的时间里总沉降量为75mm。

7）降水井、回灌井以及观察井的安全问题十分重要。降水井宜设置井盖，随时掩盖；回灌井和观察井钢筋笼的纵筋顶端可在井口处相互搭接在一起，起到安全防护作用。

李启民[1]　唐业清[2]
（1 中国地质大学（北京）；2 北京交通大学）

10.1.20　锚杆静压桩法纠倾工程实例（一）

（1）工程概况

某小区2号楼为7层底框砖混结构，总建筑面积为5150m²，总高度为21.6m，钢筋混凝土条形基础，基础底相对标高为-2.15m。该楼1997年5月竣工投入使用后，逐渐发现有不均匀沉降现象。住户陆续入住后，由于在地坪上做找平层，客观上使建筑物的重心向南偏移。从1999年2月14日开始建立观测基准点，每月观测一次，至同年5月5日的观测数据表明：该建筑物的平均沉降速率为0.21mm/d，倾斜率为6.8‰～10.9‰（四角有所不同），但整个建筑物的墙体裂缝很少，仅在顶层发现少量的温度裂缝，说明该建筑物的基础和上部结构刚度较大，对基础的不均匀沉降反应不敏感，这对加固纠偏工作是一有利因素。从沉降和倾斜的观测值看，建筑物的沉降速率偏大，并且南侧沉降速率大于北侧，说明仍有继续向南倾斜的趋势。为了控制沉降和倾斜的进一步发展，经多方论证，决定对该建筑物进行基础托换加固和纠偏。该建筑物所在场地的工程地质情况简单描述如表10-15所示。

地基土物理力学性质指标　　　　表10-15

土层	名称	层底绝对标高 (m)	平均厚度 (m)	比贯入阻力 p_s (MPa)	含水量 $w(\%)$	孔隙率 e	E_{1-2} (MPa)	黏聚力 c (kPa)	内摩擦角 φ (°)	地基承载力标准值(f_k)
①-1	填土	2.30	1.50	2.50						
①-2	浜土	0.30	2.00	0.73						
③	砂质粉土夹淤泥质粉质黏土	−4.20	4.50	1.96	24.8	0.73	7.78	2	22	110
④	粉质黏土	−13.5	9.30	0.53	37.0	1.109	1.64	6	8	62
⑤	淤泥质黏土	−19.7	6.20	0.94						
⑥	粉质黏土夹砂质粉土	−25.6	5.90	2.37						
⑦	砂质粉土	−26.2	未穿	8.45						

(2) 纠倾与加固实施

结合本工程场地的工程地质、建筑物基础和上部结构的刚度条件以及住户入住时间较长等实际情况，采用锚杆静压桩托换加固建筑物基础较为合适。通过施工中的严密沉降观测，加固过程可以完全控制在预测的范围之内，特别是合理安排压桩次序后，可以做到几乎不影响原有建筑物的安全使用，上部结构墙体不会产生新裂缝，住户日常生活不会受影响。

对于建筑物倾斜度的纠正，考虑了两个方案：

方案一：南侧静力压桩后，立刻封桩，使锚杆静压桩起作用，而北侧桩压入后不立即封口。由于桩的作用，建筑物南侧沉降速率将迅速下降，而北侧由于桩未封前不起作用，将基本维持原来的沉降速率，利用南北侧的沉降速率差，使建筑物逐渐往北回倾。根据原来的沉降速率估算，最大倾斜率将从10.9‰回倾到6.5‰，需要1～1.5年的时间。此方案的优点是安全，容易控制建筑物的回倾量。但是，从开始施工到达到目标的时间较长。

方案二：南侧静力压桩后，立即封桩，使锚杆静压桩起作用，而在北侧设孔取土，让建筑物迅速回倾。设孔取土的方法很多，但由于建筑物北侧紧挨着一单层框架结构的商用建筑（相隔仅80mm的变形缝），很难采取钻孔取土、沉井射水掏土等方法，只好用特制的工具人工取土，严格控制每天的取土量并加强沉降观测，同样可以达到很好的效果。此方案的优点是可在很短时间内达到纠偏目标，但在软土地基中，由于压桩引起的拖带沉降、取土后土体侧向挤出而引起的建筑物沉降等均有一个滞后反应，这对施工人员和观测人员的素质要求较高。

经过论证和综合考虑，决定采取方案一。

1）锚杆静压桩桩身截面为 250mm×250mm，桩长 24.5m，共 46 根，分为 12 段，单段桩长 2.0m 和 2.5m，桩端进入层⑥，单桩设计承载力为 350kN，要求压桩反力不小于 525kN。压桩时采取双重控制：在桩长已经达到设计桩长时，如压桩反力小于设计值，仍需继续接桩，增加桩长。

2）桩的数量和分布根据上部结构的荷载情况，并考虑住户装修时楼面找平层对建筑物重心的影响，通过计算，在南侧压桩 31 根，北侧压桩 15 根，共计 46 根桩，均匀分布，如图 10-95。若将南北侧各 15 根桩视为托换基础，则基础托换值占建筑物总重量约为 15%。

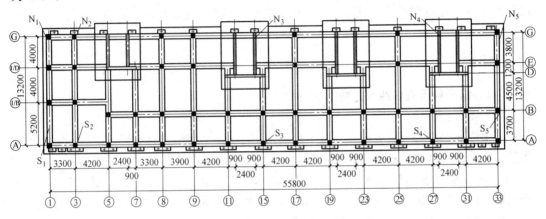

$N_1 \sim N_5$ 为北侧沉降观测点，$S_1 \sim S_5$ 为南侧沉降观测点

图 10-95 桩基平面和沉降观测点布置图

3）钢筋混凝土条形基础补强 由于压桩过程和静压桩封桩后，其反力直接作用在钢筋混凝土条形基础上，钢筋混凝土条形基础将不能承担此外力，尤其是在压桩过程中，在压桩力达到设计值前，若原基础已经拉裂，则达不到基础托换的目的。为此，采用局部加高条形基础的办法对原基础进行加固，如图 10-96 所示。

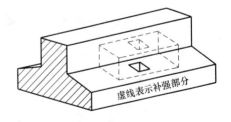

图 10-96 钢筋混凝土条形基础补强示意图

4）回倾目标值 对于建筑物的纠偏工作，一般都希望纠偏后建筑物的倾斜越小越好，但实际情况常有例外：住户入住时，该建筑物已经存在一定的倾斜度，住户在装修时已把地坪找平，如果回倾较大，势必会造成住户地坪往北明显倾斜，影响住房的使用。为此，参照部颁标准《危险房屋鉴定标准》（JGJ 125—1999），把纠偏工作的目标定为：纠偏后建筑物向南的最大倾斜率控制在 6‰左右。

5）必要的技术措施 为了缩短纠偏工作的时间，在方案一的基础上增加两个措施：

措施一：用静力压桩时，当外部荷载（如压桩力）卸去后，桩身会产生一定幅度的反弹，此值即为桩的弹性沉降值。为了消除或部分消除此桩的弹性沉降对纠偏工作的不利影响,在南侧封桩时,对桩施加预压力,使桩在刚封住时承受一定量的荷载,以减小桩的反弹影响,加快建筑物往北回倾的速度。考虑到施工因素,此预压力取100kN。

措施二:如上所述,由于北侧不采取取土的方法,若等建筑物慢慢回倾到设计要求后再行封桩,这意味着不能回填压桩孔。由于这个过程需要较长时间,影响一层场地的营业。为此,工程试用了下述方法以缩短北侧封桩时间:在北侧桩的拖带沉降影响已经消除、建筑物的沉降速率已经趋于规律时,再封北侧桩。用混凝土封桩前,在桩头垫一层一定厚度的发泡材料,封桩后回填压桩孔,修复地坪。发泡材料的厚度可以根据建筑物的沉降速率、桩基础的预计沉降值和纠偏的目标值,以及发泡材料残渣厚度等因素来估算。如果对压桩引起的拖带沉降值的预计比较有把握,也可以在压桩后立即封桩。随着建筑物的回倾,发泡材料慢慢受到压缩,厚度变薄,北侧桩逐渐受力。最后,建筑物的沉降、倾斜度趋于稳定,并达到了预期目标。在此过程中,只需进行建筑物的沉降观测,不会影响建筑物的使用。

李今保
(江苏东南特种技术工程公司)

10.1.21 锚杆静压桩法纠倾工程实例(二)

(1) 工程概况

原上海某医院心血管大楼,地上7层,地下1层,西端局部地上为9层;长44.8m,东侧宽110.4m,西侧宽24.9m,钢筋混凝土框架结构,箱形基础建于天然地基上,埋深 $-5m$。建成至今已有20多年之久,沉降已基本稳定。由于医疗发展的需要,现拟在本大楼上加3层。加层施工于1997年5月开始,至1998年元月完成结构封顶,以后进入砌筑填充墙及室内外装修阶段。但沉降观测发现,结构封顶后大楼发生明显下沉及由北向南倾斜,此时使用荷载、电梯荷载、水箱及水荷载尚未施加,可以预料,施加了这些荷载必然会加大其沉降、沉降速率及相应的倾斜,其后果将不堪设想。为此,必须采取有效措施,尽快制止沉降及不均匀沉降。

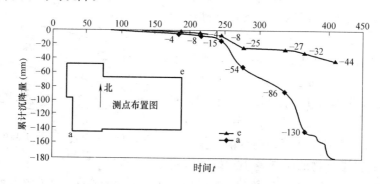

图10-97 沉降与时间关系曲线图

(2) 工程地质勘察资料

根据本工程地质勘察报告,该地区的底层特征为:

第①层为杂填土,层厚3.8～4.5m;第③层为灰色淤泥质粉质黏土夹砂质粉土,层厚2.5～3.7m,呈饱和流塑状,孔隙比1.2,高压缩性土,地基承载力为125kPa($D=5m$),平均压缩模量为3.1MPa;第④层为灰色淤泥质黏土,层厚7.9～8.7m,呈饱和流塑状,孔隙比为 1.428，属高压缩性土，地基承载力为 60kPa，平均压缩模量为 1.96MPa，第⑤-1 层为灰色黏土，层厚为 6.5～7.3m，呈软塑～流塑状，孔隙比 1.09，属高压缩性土，地基承载力为 70kPa，平均压缩模量为 2.99MPa，第⑥-2 层为灰色粉质黏土，层厚 17.7～110.5m，呈软塑～流塑状态，孔隙比为 1.023，属高偏中～高压缩性土，地基承载力为 80kPa，平均压缩模量为 4.37MPa，第⑤-3 层灰绿色粉质黏土，厚 1.5～3.5m，呈硬塑～可塑状，属中等压缩模量土，地基承载力为 180kPa，平均压缩模量为 8.39MPa，第⑦层为灰绿色砂质粉土，未钻穿。

在有关加层的补充勘察资料中是这样认定的："由于该心血管大楼采用箱形基础，并已建造使用多年，因此，其地基沉降已基本完成，估计加层后对其地基土影响不大，故对该大楼可不进行基础处理"。

(3) 产生沉降与不均匀沉降原因简析

造成建筑物较大的沉降及较严重的不均匀沉降的原因主要有以下几个方面：

1) 加层的补充勘察资料中提出的地基土承载力修正计算及地基设计方案的建议缺乏根据，是不合理的。从工程地质资料来看，加层后的大楼，其压缩层厚度范围内都为土质差的高压缩性土，按目前荷载实况，基底下第④层土的应力水平已经超过其允许承载力，局部区域可能已发展成塑性区，故其沉降及沉降速率都较大，沉降不易收敛是必然的，而加层设计时又缺乏必要的地基计算分析，勘察单位的误导，盲目地采用了天然地基，这是造成工程事故的最主要原因。

事后，经重新核算地基强度及地基变形，其计算结果得最终沉降量为 1122.4mm。由此，充分说明了天然地基不可采用，而应在加层前进行地基加固处理。

2) 建筑靠西一侧为 12 层，其余为 10 层，建筑荷载重心偏向西侧，与基础形心有较大的偏位，而设计又未采取相应的措施，造成西侧沉降大于东侧。

3) 南侧新增宽 1400mm 的基础，且埋深比原箱形基础深 0.6m，开挖基坑施工势必破坏箱形基础南侧边缘土体应力状态；同时，在排除地下水过程中，还增加了南侧地基土附加应力，由此加剧建筑总体向南倾斜。

(4) 纠偏加固设计方案的选定

根据沉降观测资料，西南侧角点的沉降速率在 1998 年 3 月份为 2mm/d、4 月份为 1.46mm/d、5 月份为 1.4mm/d，沉降速率无明显降低趋势，说明大楼沉降形势十分严峻。虽然大楼倾斜率于 6 月 13 日测得结果尚未超过规范限位，但根据地质资料、荷载状况及沉降趋势，应立即着手进行地基加固工作。

当时，有两个纠偏加固单位相继提交了两个纠偏加固方案：

方案一：由本公司提交采用锚杆静压桩托换加固方案，该方案是在沉降多的南、西两侧布置较多数量的锚杆静压桩，以迅速制止南、西两侧继续沉降及相应的倾斜，其他部位均布一定数量的锚杆静压桩，使之共同负担外荷，锚杆静压桩的数量由其总承载力适当大于加层增加的总荷载来决定；用施工程序、施工时间差异来造成大楼向北自然回倾的条件，以达到既加固制止其沉降与倾斜，又可适当纠偏的目的。

方案二：由某单位提交采用锚杆静压桩加固，配以沉井深层水平冲孔纠偏。该方案中考虑加层新增荷载的 63.8% 由桩承受，36.2% 由原地基土承担，三个冲水沉井设在地下室内，沉井直径 1.5m，深度 5m 左右，在④层土中进行辐射形水平冲孔取土。

两个方案提交有关部门审查,经过反复分析比较后认为:由于本工程地基土层应力水平已相当高,故不适宜采用深层水平冲孔方式进行纠偏。况且目前大楼倾斜率还不大,止倾是关键,用锚杆静压桩加强止倾托换并利用应力调整使其适量自然回倾的方案一是可行的。

(5) 锚杆静压桩托换加固设计

针对本工程的实际情况,锚杆静压桩托换加固设计总的构想是用桩基托换大楼上部荷载,增加边缘桩数,消除基础边缘土体的侧向变形,从而控制建筑物的不均匀沉降。与此同时,充分利用压桩工艺的特性进行自然缓慢地回倾纠偏,确保工程的绝对安全。

1) 原建筑物层高 7 层和 9 层,已使用 20 年之久,沉降已稳定。现在新增加三层楼荷载,桩基设计承载力总和应以大于增加三层的总荷载为设计依据。

2) 依据设计院提供的荷载分布及箱基基底接触应力分布规律,同时考虑加强止倾托换控制建筑物的沉降量原则来进行桩位布置设计,共布桩 136 根,桩位布置见图 10-98。

图 10-98 锚杆静压桩布置图

3) 沉降大的区域采用桩断面 300mm×300mm,桩长 30m,桩尖进入 ⑤-2 层土,单桩设计承载力 450kN;其余桩断面为 250mm×250mm,桩长 25m,桩尖进入 ⑤-2 土层,单桩设计承载力为 350kN。上部四节桩为焊接,其余为胶泥接桩,C35 微膨胀早强混凝土封桩。

4) 充分利用压桩工艺特性进行适度纠偏。为此,先压沉降大的南、西两侧区域桩,每压完一根桩,立即在预加反力条件下进行封桩,使桩可立即受力。待沉降大的区域桩全部施工完毕,再施工沉降小的区域桩。在沉降小的区域采用先压桩,封桩时间推迟,让其充分利用拖带沉降及应力调整法所产生的沉降,以达到纠偏的目的。

5) 原设计底板厚为 350mm,承受桩抗冲切能力较低。为提高抗冲切力,在压桩孔顶面设计长 800mm、宽 500mm、厚 200mm 的混凝土桩帽梁。

(6) 锚杆静压桩托换加固施工

1) 根据设计意图,编制施工组织设计。

2) 严格按照安排顺序进行压桩施工及封桩施工。

3) 严格按照锚杆静压桩施工规程进行施工,确保桩接头质量及封桩质量。

4) 为验证单桩承载力,曾作了两根最终压桩力偏低的单桩复压试验,92号桩最终压桩力363kN,休止1d后,复压力为800kN;121号桩最终压桩力为363kN,休止41d后,复压力为823kN但两根桩桩身和地基土均未达到破坏,说明两根桩承载力尚有潜力。由上可见,两根单桩的复压力均满足了单桩设计承载力350kN的要求,平均安全度达到2.3,均超过2的设计安全系数。为此,以27.5m的桩长作为施工控制标准,单桩承载力是有保证的,能够满足设计要求。

5) 建立监测制度,每3d测量沉降和倾斜率,以便做到信息化施工。

6) 在施工过程中接受监理检查,并做好施工记录,发现异常情况及时上报。

在施工中采取了两项技术措施:

其一,对南侧的桩采取预加反力的封桩技术措施,以减少拖带沉降及回弹再受力的沉降;

其二,在北侧桩封桩时,于桩顶上预留一定反回倾余量,可起到自行调整倾斜的作用。

本工程的施工条件非常苛刻,在南侧补桩加固过程中,箱形基础净高仅2m,通道出入口高仅为1.5m,空间很小。在苛刻的施工条件下完成托换加固任务并获得理想效果,充分体现了锚杆静压桩的优越性。

(7) 结语

1) 该医院心血管大楼自1998年6月7日进场进行基础托换加固,历时57d,于8月4日加固结束;加固后有效地控制了建筑物的沉降和倾斜。据1999年8月26日沉降观测资料反映:北侧5个观测点的沉降速率测值范围为0.037~0.040mm/d,平均沉降速率为0.0378mm/d;南侧5个观测点的沉降速率测值范围为0.038~0.040mm/d,平均沉降速率为0.03925;倾斜率向西为1.65‰,向南为3.0‰,观测资料说明了沉降均匀并渐趋稳定。而加固时倾斜率曾达4.1‰,目前已自然回倾到2.9‰,达到了预期的纠偏加固目的,确保了建筑物正常安全使用。

2) 建筑物的纠偏加固是一项异常复杂的工程技术问题,针对不同工程实况,应采取不同的纠偏加固方法。纠偏量不大时,可通过调整压桩流程,达到建筑物自然回倾的目的,该方法是最经济、最安全、最科学的方法。

3) 通过补桩加固还起到了抗震加固作用,大大提高了该大楼的抗震性能。

周志道　周寅
(上海华铸地基技术有限公司)

10.1.22 顶升法纠倾工程实例(一)

(1) 工程概况

某房屋为"6+1"式跃层住宅建筑,该房屋长410.2m,宽15.0m,高约21.9m,总建筑面积约5000m^2。该房屋结构形式为底层框架上部砌体结构,楼、屋盖体系为钢筋混凝土现浇板,基础形式为柱下独立基础。本工程建筑结构安全等级为二级,抗震设防烈度7度,设计基本地震加速度值0.1g,设计地震分组第一组,建筑抗震设防类别为丙类。

该房屋建成投入使用后,因地震房屋整体向南侧发生了倾斜,最大倾斜值为

153.0mm，最大倾斜率为6.99‰，不满足《建筑地基基础设计规范》(GB 50007—2002)第5.3.4条4‰的要求，需要对该房屋进行纠倾处理。

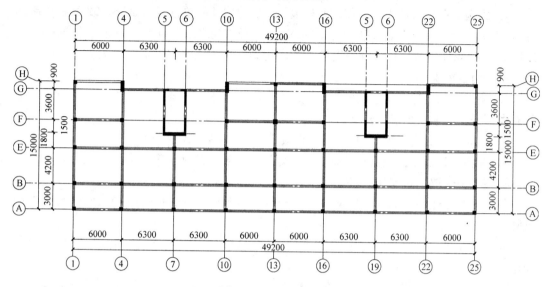

图 10-99 结构平面图

图 10-100 建筑南立面图

(2) 纠倾方案

1) 纠倾设计要求

考虑到本建筑位于住宅小区内，周边房屋距离较近，且楼内有住户，纠倾斜过程中应尽量减小对周边房屋地下土层的扰动，以确保结构和施工安全。同时，应选择纠倾速度快、施工周期短并易于控制的施工方法。该房屋已装修并投入使用，纠倾后还应尽量减小对建筑使用功能的影响。

2) 纠倾方案

据调查该建筑目前沉降尚未稳定，纠倾前先对该结构地基进行加固，使其沉降稳定，

10.1 建筑物纠倾工程典型实例

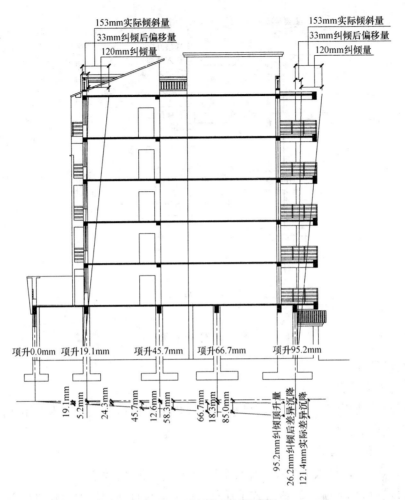

图 10-101　建筑物倾斜示意图

并确保纠倾后地基承载能力满足设计要求后，采用截柱抬升纠偏法对上部结构进行整体纠倾。

该方法为在房屋底层柱底部设置顶升承台，在承台与基础间布置千斤顶，并通过千斤顶将上部结构荷载直接转移到基础上；然后，截断承台与基础间柱，使上部结构与基础分离；接着，采用千斤顶顶升，通过调整建筑物各部位的沉降量来达到纠倾的目的。该方案有以下优点：

① 设计计算可靠，安全可靠度高，施工时间短；
② 顶升纠偏具有对原楼正常运行干扰小（只需底层停止使用），施工方便；
③ 纠偏可量化控制，质量有保证。
④ 纠倾后底层地面标高基本无变化，对建筑使用无影响。

3）纠倾施工流程

该方案包括基础加固、承台施工、顶升纠偏、柱连接恢复加固等几个主要步骤，其中，对结构安全监控和施工安全措施贯穿施工的整个过程，每个工作步主要内容如图 10-102 所示。

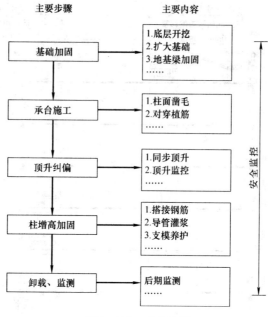

图 10-102 项目流程

(3) 纠倾计算

1) 结构内力计算

根据建筑物使用情况，用 PKPM 软件计算出不考虑风荷载及地震作用在内的恒载＋活载的内力组合最大值。

2) 千斤顶数量计算

根据图 10-103，按以下公式计算每个柱子下的斤顶的个数。

千斤顶选用额定荷载 50t 螺旋式千斤顶。抬升时设计使用最大荷载 300kN。

抬升点数量可按下式估算：

$$n \geq k \frac{F}{N_a}$$

式中　n——抬升点数量（个）；

　　　F——建（构）筑物需抬升的竖向荷载（kN）；

　　　N_a——抬升支承点的抬升荷载值（kN），一般取千斤顶额定工作荷载的 60%（放在施工中）；

　　　k——安全系数，一般可取 1.7。

计算得到 50t 千斤顶：混凝土柱使用 220 个，剪力墙使用 80 个，共计 300 个。

3) 支撑节点设计及验算

① 承台承载力校核

千斤顶作用承台为外包 30cm 厚混凝土，混凝土厚度根据柱轴力确定，其受力体系模型如图 10-103 所示。

其验算内容包括：抗弯强度验算、抗剪计算，直剪计算、冲切计算和局部承压计算等。根据原柱轴力大小，确定几组不同的加载承台，其详细尺寸及配筋构造见设计图纸。

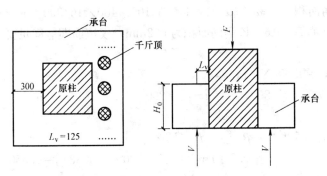

图 10-103 承台受力示意

表 10-16 列出几种最不利断面进行抗弯计算，即荷载选择千斤顶满载，截面选择设计最小值。

承台计算工况 表 10-16

	验算轴压(kN)	计算宽度(mm)	L_V(mm)	H_0(mm)	计算剪力 V(kN)	计算弯矩 M(kN·m)
工况一	1000	1000(400)	125	400	500(250)	62.5(31.3)
工况二	2000	1000(400)	125	600	1000(500)	125(83.3)
工况三	3000	1000(400)	125	800	1500(750)	187.5(93.8)

注：表中括号值为千斤顶对称布置双向受力折减后的实际弯矩值。

② 抗弯验算

a. 工况一

弯矩设计值 $M=62.5$kN·m

截面尺寸 $b \times h = 400 \times 400$，$h_0 = h - a_s = 400 - 37.5 = 362.5$mm

计算结果：

相对界限受压区高度 $\xi_b = \beta_1/[1+f_y/(E_s \times \varepsilon_{cu})]$
$= 0.8/[1+300/(200000 \times 0.0033)] = 0.550$

混凝土受压区高度 $x = h_0 - [h_0^2 - 2M/(\alpha_1 f_c b)]^{0.5}$
$= 362.5 - [362.5^2 - 2 \times 62500000/(1 \times 23.109 \times 400)]^{0.5} = 19$mm

相对受压区高度 $\xi = x/h_0 = 19/362.5 = 0.053 \leqslant \xi_b = 0.550$

纵筋受拉钢筋面积 $A_s = \alpha_1 f_c bx/f_y = 1 \times 23.109 \times 400 \times 19/300 = 590$mm。

在该宽度内有植筋 $3\phi16$，该钢筋面积为 602mm，仅植筋即能满足要求！

b. 工况二

弯矩设计值 $M=83.3$kN·m

截面尺寸 $b \times h = 400 \times 600$，$h_0 = h - a_s = 600 - 37.5 = 562.5$mm

计算结果

相对界限受压区高度 $\xi_b = \beta_1/[1+f_y/(E_s \times \varepsilon_{cu})]$
$= 0.8/[1+300/(200000 \times 0.0033)] = 0.550$

混凝土受压区高度 $x = h_0 - [h_0^2 - 2M/(\alpha_1 f_c b)]^{0.5}$
$= 562.5 - [562.5^2 - 2 \times 83300000/(1 \times 23.109 \times 400)]^{0.5} = 16$mm

相对受压区高度 $\xi = x/h_0 = 19/562.5 = 0.029 \leqslant \xi_b = 0.550$

纵筋受拉钢筋面积 $A_s=\alpha_1 f_c bx/f_y=1\times23.109\times400\times16/300=501$mm
在该宽度内有植筋 $3\phi16$，该钢筋面积为 602mm，仅植筋即能满足要求！

c. 工况三
弯矩设计值 $M=93.8$kN·m
截面尺寸 $b\times h=400\times800$，$h_0=h-a_s=800-37.5=762.5$mm
计算结果
相对界限受压区高度 $\xi_b=\beta_1/[1+f_y/(E_s\times\varepsilon_{cu})]$
$\qquad\qquad =0.8/[1+300/(200000\times0.0033)]=0.550$
混凝土受压区高度 $x=h_0-[h_0^2-2M/(\alpha_1 f_c b)]^{0.5}$
$\qquad\qquad =762.5-[762.5^2-2\times93800000/(1\times23.109\times400)]^{0.5}=13$mm
相对受压区高度 $\xi=x/h_0=13/762.5=0.018\leqslant\xi_b=0.550$
纵筋受拉钢筋面积 $A_s=\alpha_1 f_c bx/f_y=1\times23.109\times400\times13/300=414$mm.
在该宽度内有植筋 $3\phi16$，该钢筋面积为 602mm，仅植筋即能满足要求！

③ 抗剪验算
由于在承台抗剪根部，由新旧混凝土浇筑，抗剪计算取原梁混凝土（C30）进行计算，抗剪面仅取承台与原混凝土接触面。

a. 工况一
混凝土强度等级 C30，$f_c=14.331$N/mm²，$f_t=1.433$N/mm²
纵筋的混凝土保护层厚度 $c=25$mm
箍筋抗拉强度设计值 $f_{yv}=210$N/mm²，箍筋间距 $s=200$mm
由剪力设计值 V 求箍筋面积 A_{sv}，剪力设计值 $V=250$kN
截面尺寸 $b\times h=400$mm$\times400$mm，$h_0=h-a_s=400-37.5=362.5$mm
矩形受弯构件，其受剪截面应符合下式条件：
当 $h_0/b\leqslant4$ 时，$V\leqslant 0.25\beta_c f_c bh_0$（《混凝土结构设计规范》GB 50010—2002 式 (7.5.1-1)）
$0.25\beta_c f_c bh_0=0.25\times1\times14331\times0.4\times0.3625=5110.5kN\geqslant V=250.0$kN，满足要求。
即：仅混凝土就能满足顶升抗剪要求！

b. 工况二
混凝土强度等级 C30，$f_c=14.331$N/mm，$f_t=1.433$N/mm²
纵筋的混凝土保护层厚度 $c=25$mm
箍筋抗拉强度设计值 $f_{yv}=210$N/mm²，箍筋间距 $s=200$mm
由剪力设计值 V 求箍筋面积 A_{sv}，剪力设计值 $V=500$kN
截面尺寸 $b\times h=400$mm$\times600$mm，$h_0=h-a_s=600-37.5=562.5$mm
矩形受弯构件，其受剪截面应符合下式条件：
当 $h_0/b\leqslant4$ 时，$V\leqslant 0.25\beta_c f_c bh_0$（《混凝土结构设计规范》GB 50010—2002 式 (7.5.1-1)）
$0.25\beta_c f_c bh_0=0.25\times1\times14331\times0.4\times0.5625=806.1kN\geqslant V=500.0$kN，满足要求。
即：仅混凝土就能满足顶升抗剪要求！

c. 工况三

混凝土强度等级 C30，$f_c=14.331\text{N/mm}^2$，$f_t=1.433\text{N/mm}^2$

纵筋的混凝土保护层厚度 $c=25\text{mm}$

箍筋抗拉强度设计值 $f_{yv}=210\text{N/mm}^2$，箍筋间距 $s=200\text{mm}$

由剪力设计值 V 求箍筋面积 A_{sv}，剪力设计值 $V=750\text{kN}$

截面尺寸 $b\times h=400\text{mm}\times 800\text{mm}$，$h_0=h-a_s=800-37.5=762.5\text{mm}$

当 $h_0/b\leqslant 4$ 时，$V\leqslant 0.25\beta_c f_c bh_0$（《混凝土结构设计规范》GB 50010—2002 式 (7.5.1-1)）

$0.25\beta_c f_c bh_0=0.25\times 1\times 14331\times 0.4\times 0.7625=1092.8\text{kN}\geqslant V=750.0\text{kN}$，满足要求。

即：仅混凝土就能满足顶升抗剪要求！

（4）锚剪计算

$$V=\alpha_r\alpha_v f_y A_s$$

锚筋为四层时，$\alpha_r=0.85$

锚筋的受剪承载力系数：$\alpha_v=(4-0.08\times 25)\sqrt{\dfrac{14.3}{300}}=0.437<0.7$

$V=0.85\times 0.437\times 300\times 491\times 16=875\text{kN}>847\text{kN}$，满足托换承载力要求。

（5）剪力墙托梁验算

1）受力模型

剪力墙下采用贯穿剪力墙体，设置托梁，其受力体系模型如图 10-104 所示。

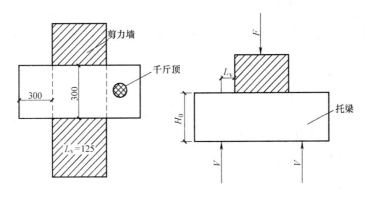

图 10-104　托梁受力示意

根据支点位置，计算得到该梁的剪力为 $V=350\text{kN}$，弯矩 $M=350\times(0.25+0.125)=149\text{kN·m}$。

2）抗弯验算

混凝土强度等级为 C50，$f_c=23.109\text{N/mm}^2$，$f_t=1.888\text{N/mm}^2$

钢筋抗拉强度设计值 $f_y=300\text{N/mm}^2$，$E_s=200000\text{N/mm}^2$

纵筋的混凝土保护层厚度 $c=25\text{mm}$

弯矩设计值 $M=150\text{kN·m}$

截面尺寸 $b\times h=200\times 600$，$h_0=h-a_s=600-37.5=562.5\text{mm}$

相对界限受压区高度 $\xi_b=\beta_1/[1+f_y/(E_s\varepsilon_{cu})]$

$\quad\quad\quad\quad\quad\quad =0.8/[1+300/(200000\times 0.0033)]=0.550$

混凝土受压区高度 $x=h_0-[h_0{}^2-2M/(\alpha_1 f_c b)]^{0.5}$
$=562.5-[562.5^2-2\times 150000000/(1\times 23.109\times 200)]^{0.5}=61\text{mm}$

相对受压区高度 $\xi=x/h_0=61/562.5=0.108\leqslant\xi_b=0.550$

纵筋受拉钢筋面积 $A_s=\alpha_1 f_c bx/f_y=1\times 23.109\times 200\times 61/300=940\text{mm}$

实际配置5根直径16mm钢筋，面积为804mm²，满足要求！

3) 抗剪验算

混凝土强度等级 C50，$f_c=23.109\text{N/mm}^2$，$f_t=1.888\text{N/mm}^2$

纵筋的混凝土保护层厚度 $c=25\text{mm}$

箍筋抗拉强度设计值 $f_{yv}=210\text{N/mm}^2$，箍筋间距 $s=200\text{mm}$

由剪力设计值 V 求箍筋面积 A_{sv}，剪力设计值 $V=350\text{kN}$

截面尺寸 $b\times h=200\text{mm}\times 600\text{mm}$，$h_0=h-a_s=600-37.5=562.5\text{mm}$

$0.7f_t bh_0=0.7\times 1888.1\times 0.2\times 0.5625=148.7\text{kN}<V=350.0\text{kN}$

矩形受弯构件，其受剪截面应符合下式条件：

当 $h_0/b\leqslant 4$ 时，$V\leqslant 0.25\beta_c f_c bh_0$ [《混凝土结构设计规范》GB 50010—2002 式(7.5.1-1)]

$0.25\beta_c f_c bh_0=0.25\times 1\times 23109\times 0.2\times 0.5625=650.0\text{kN}\geqslant V=350.0\text{kN}$，满足要求。

即：仅混凝土就能满足顶升抗剪要求！

4) 混凝土抗压验算

受压面积按 400mm×400mm 计，强度 C50

混凝土承载能力为：$400\times 400\times 23.1/1000=3696\text{kN}$

实际受荷不大于 3000kN，满足要求。

5) 局部承压计算

(6) 混凝土承台验算

在对楼房进行纠偏过程中，千斤顶作用于承台下，需要对作用点处混凝土进行局部承压计算，根据设计图纸，选取如下几组布置并按最不利情况进行计算（实际图纸中，在千斤顶端部垫有钢板和土工木板）。

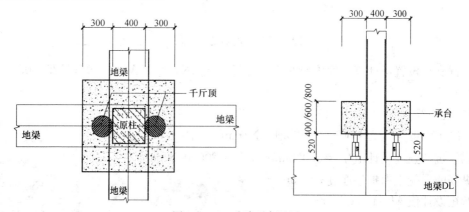

图 10-105 千斤顶布置图

1) 根据《混凝土结构设计规范》GB 50010—2002，上述局压计算简化为：

局部压力设计值 $F_l=350\text{kN}$，荷载分布的影响系数 $\omega=1$

局部受压区的直径 $d=100$mm；受压构件的截面高度 $A=400$mm，截面宽度 $B=300$mm

混凝土强度等级为 C50，$f_c=23.109$N/mm²

局部受压区截面尺寸的验算

混凝土局部受压面积 $A_l=\pi\times d^2/4=\pi\times 100^2/4=7854$mm。

局部受压的计算底面积 A_b

$3d=3\times 100=300$mm

当 $3d\leqslant\min\{A,B\}$ 时，$A_b=\pi\times(3\times d)^2/4=\pi\times(3\times 100)^2/4=1130973$mm²

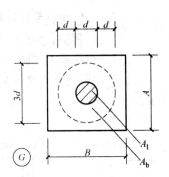

图 10-106 千斤顶布置图

混凝土局部受压时的强度提高系数 β_l

$\beta_l=(A_b/A_l)^{0.5}=(1.131/0.008)^{0.5}=12$

素混凝土结构构件的局部受压承载力应符合下式要求：

$F_l\leqslant\omega\beta_l f_{cc}A_l$ （《混凝土结构设计规范》GB 50010—2002 式（A.5.1-1））

$\omega\beta_l f_{cc}A_l=1\times 12\times 0.85\times 23109\times 0.008=1851.3kN\geqslant F_l=350.0$kN，**满足要求。**

2）千斤顶反力点

局部压力设计值 $F_l=350$kN，荷载分布的影响系数 $\omega=1$。

局部受压区的直径 $d=250$mm；受压构件的截面高度 $A=300$mm，截面宽度 $B=300$mm；

混凝土强度等级为 C30（当反力点为地梁时混凝土强度 C30，后浇混凝土为 C50，**按不利情况 C30 计算**），$f_c=14.331$N/mm²

局部受压区截面尺寸的验算

混凝土局部受压面积 $A_l=\pi\times d^2/4=\pi\times 100^2/4=49087$mm²

局部受压的计算底面积 A_b

$3d=3\times 250=750$mm

$L_j=(A^2+B^2)^{0.5}=424$mm

当 $D\geqslant\max\{A,B,L_j\}$ 时，$A_b=A\times B=300\times 300=90000$mm²

混凝土局部受压时的强度提高系数 β_l

$B_l=(A_b/A_l)^{0.5}=(0.09/0.049)^{0.5}=1.354$

素混凝土结构构件的局部受压承载力应符合下式要求：

$F_l\leqslant\omega\times\beta_l\times f_{cc}\times A_l$

$\omega\times\beta_l\times f_{cc}\times A_l=1\times 1.354\times 0.85\times 14331\times 0.049=8010.7kN\geqslant F_l=350.0$kN，**满足要求。**

（7）抬升量计算

施工前确定纠倾测量控制点后，现场测量各点沉降量、倾斜率，根据最大倾斜值或沉降量计算各点抬升量，按下式计算（各字母后加 i 下标）：

$$\Delta h_i=\frac{l}{L}s_v$$

式中 Δh_i——各点抬升量（mm）；

l——转动点至计算抬升点水平距离（m）；

L——转动点至沉降最大点的水平距离（m）；

s_v——纠倾需要调整的最大抬升量（mm）。

根据监测得到结构整体偏移量，通过计算得到各轴线的抬升量，抬升结果如图10-107所示。

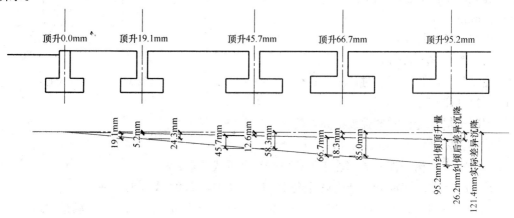

图10-107 抬升量

(8) 结构滑移倾覆验算

1) 倾覆计算

根据PKPM结构内力计算结果，在无楼面荷载作用的不利情况下，柱脚无拉应力，可认为结构不发生倾覆。

2) 滑移验算

由于整个结构被剪断后，形成一个刚体可变体系，在千斤顶顶面会出现一个相对的偏角，在重力作用下会出现剪切力，如图10-108所示。

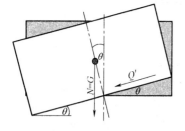

图10-108 滑移计算示意图

$$Q' = G \cdot \tan\theta$$

$$Q' = 86585 \cdot \frac{121}{15000} = 698 \text{kN}$$

该顶升系统上，共有千斤顶300个，每个千斤顶分担的水平剪力约为2.4kN，而每个千斤顶的轴压100～300 kN之间，钢与混凝土、钢与木材土之间静摩擦系数约为0.3~0.1之间，静摩擦力远大于水平剪力。

(9) 抬升施工

施工前确定纠倾测量控制点后，现场测量各点沉降量、倾斜率，根据最大倾斜值或沉降量计算各点抬升量，设置测量标志，根据建筑物顶升回倾量及整体抬升量，计算每只千斤顶顶升量并列出详表。

李今保

（江苏东南特种技术工程公司）

10.1.23 顶升法纠倾工程实例（二）

(1) 工程概况

某住宅楼为5层砖混结构，南北朝向，建成于1989年，长44.4m，宽10.2m，总建筑面积 2200m²。各层楼面采用预制空心板，所有外墙、楼梯间砖墙均为实砌，C20 钢筋混凝土条形基础。该楼建成后便出现不均匀沉降。1992 年前，业主曾请施工队伍作了迫降纠偏处理，但没有对地基基础进行有效、科学的加固处理。差异沉降继续发展，至 2005 年 3 月该楼向西倾斜 15‰，东西向差异沉降约 60cm，西侧一楼室内地坪已低于室外地坪约 40cm，一楼西侧已失去居住功能。由于建筑物的倾斜属承重墙平面外侧向倾斜，使承重墙处于严重的大偏心受压状态。承重墙体在纠偏前已出现了局部水平裂缝，严重影响了房屋的安全使用，使房屋处于十分危险状态，这便大大地增加了顶升纠偏的技术难度。不均匀沉降引起纵向墙体斜裂缝也有多处。

纠偏前，我们对该楼进行了勘察，浅地基土可划分为 4 个工程地质层：①1~1 层杂填土，由黏性土、碎石及生活垃圾组成，成分杂，结构散松，层厚约 1m；②1~2 层为粉质黏土，黄绿色，软可塑，黏塑性较好，物理力学性质尚可，层厚约 1m；③2 层淤泥质黏土，灰色，流塑，厚层状，高压缩性，物理力学性质极差，层厚 8~15m，东西向厚度差 7m；④3 层粉质黏土，黄褐色，可塑，低压缩性，物理力学性质较好，层厚较大，钻孔未揭穿。

勘察资料表明：该住宅楼下卧层为两层高压缩性淤泥质黏土层，导致房屋沉降较大，且两层高压缩性土厚度严重不均匀，致使住宅楼东西向沉降差异大，这是该楼倾斜的主要原因。

（2）基础加固与纠偏方案的确定

1）基础加固

对该楼地基基础进行必要的加固处理，彻底消除不均匀沉降产生的原因，是对该建筑物病害治理的关键之一。

由于锚杆静压桩具有设计理论成熟，施工机具轻便、灵活、作业面小，对周围环境影响小，施工技术成熟、可靠，质量可以充分保证，工期短、费用低等优点，我们决定采用锚杆静压桩加固地基基础。

2）纠偏方案

由于该住宅一楼室内地坪已低于室外地坪 40cm，若采用迫降纠偏，一楼将失去居住功能，由此给业主造成 100 多万元的损失，因此不宜采用。采用顶升法纠偏是该项目最合理的选择。

（3）基础加固及顶升纠偏方案设计

1）设计目标

① 加固纠偏期间，确保结构安全。

② 加固纠偏后，住宅楼差异沉降得到有效控制。

③ 最西侧①轴横墙顶升 86cm，最东侧⑭轴横墙顶升 27cm，顶升后房屋倾斜率控制在 4‰以内，可以安全投入使用。

2）基础加固设计技术参数

本工程共布置锚杆静压桩 27 根，详见图 10-109。

桩径 250mm×250mm，桩身混凝土强度为 C30，采用角钢接桩，桩端持力层为③层粉质黏土，单桩设计承载力①—⑤轴为 300kN。⑥—⑭轴为 250kN，压桩力取单桩承载力的 1.5 倍，桩长通过最终压桩力及地质变化情况进行双控调节。

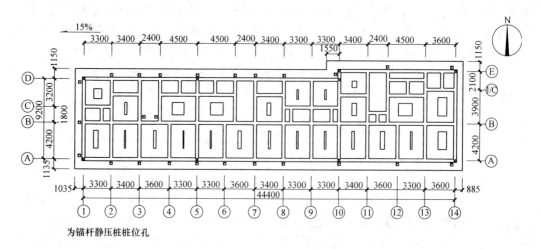

图 10-109 锚杆静压桩平面布置图

3）顶升纠偏设计参数

① 在原地梁上部距梁顶 0.4m 处采用托换工艺浇筑顶升圈梁。

② 地梁与顶升梁之间，设置 269 只额定顶升力为 32t 的螺旋式千斤顶，平均每只千斤顶承受荷载约 141kN。

③ 对一楼的门窗及墙上壁洞，所有房屋装修过程中被破坏的墙体，通过砌墩加固处理，以提高墙体强度刚度。

（4）顶升纠偏施工要点

1）顶升梁托换施工

① 顶升梁托换施工时，钢支撑位置尽量和千斤顶位置进行统一，以减少千斤顶上方钢板垫块的数量。

② 托换施工时，钢支撑与上部墙体必须有 2~5cm 间隙，此间隙采用微膨胀灌浆料进行填充，确保间隙填充致密，这是托换施工成功的关键。

③ 按照先纵墙后横墙的施工顺序进行顶升梁施工。

④ 在托换横墙上的顶升梁时，采取间隔施工，凿墙洞时尽量减少振动，严禁狠敲猛打。

2）顶升施工要点

本次顶升①轴顶升量为 86cm，⑭轴顶升量为 27cm。顶升时，将整体抬升 27cm 与东西向纠偏 59cm 合二为一，经计算 269 只千斤顶共有 72 种行程。如何保证在同一时间每只千斤顶顶升量与千斤顶总顶升量的比值相等，是顶升成功的关键。为此，必须采取相应措施：

① 确定每只千斤顶的顶升量：会同有关部门实测建筑物倾斜现状，设置测量标志，根据实测结果商定验收办法，建筑物顶升回倾量及整体抬升量，根据商定值计算每只千斤顶顶升量并列出详表。

② 设计顶升标尺：根据顶升量计算出千斤顶掀动次数（本工程千斤顶共计掀动 1000 次），将每 5 次掀动千斤顶上升量作为一个刻度线。本工程共设刻度线 200 条，以此设计顶升标尺，并将顶升标尺贴于相应千斤顶的旁侧，每只千斤顶的掀动次数相同，但掀动幅

10.1 建筑物纠倾工程典型实例

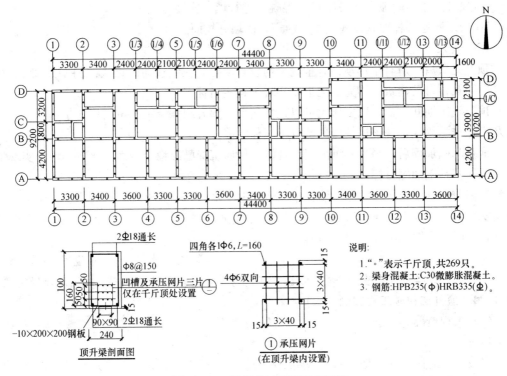

图 10-110 锚杆静压桩平面布置图

度不同，不同的幅度产生不同的顶升量。

③ 建立指挥系统：总指挥→分指挥→组长→操作工。本工程总指挥由 1 人担任，目的为统一协调，统一号令；分指挥 3 人，各负责一个单元信息收集，问题处理；组长 14 人，由施工员担任，每人负责一个组，负责监督检查、指导操作工作业，核对实际与设计的偏差，并将情况及时上报分指挥，落实指挥下达的调整措施；操作工则按要求操作，发现异常情况上报组长，服从组长指挥。

④ 监测系统到位：由专人落实，负责跟踪观测顶升过程，做好回倾量与顶升量的分析记录，做好建筑物既有裂缝的观测记录；发现与设计不符时，立即上报总指挥。

⑤ 确认气象适宜：同气象部门签订气象跟踪合同，确保顶升避开台风、暴雨等不良天气。

⑥ 实施顶升：向操作工进行详细的技术交底，让所有操作工明确所操作千斤顶的掀动幅度和顶升标尺刻度含意，服从指挥，在统一号令下全体操作人员一起动作。开始每顶升 5~10 个刻度，停下全面检查一次。有偏差时，在施工员的指导下适当调整掀动幅度。当操作工人熟练后可逐步减少检查次数，以加快顶升速度。刚开始顶升时，千斤顶中心布置在墙体中心以西 6cm 处，使顶升力作用点尽量靠近倾斜状态下的墙体重心位置。随着房屋倾斜值的逐步缩小，在更换垫块时，将千斤顶中心逐步移向墙体中心。

3）结构连接

① 千斤顶钢筋混凝土垫块浇筑时，必须在两个侧面留有凹槽，确保垫块两侧混凝土与垫块间有良好的咬合。

② 截断的构造柱按规范进行连接。

325

③ 顶升产生的间隙全部采用C20混凝土进行填充连接。
④ 恢复底层楼梯原状及底层原有通道，回填开挖面。
(5) 效果

顶升完成后，所有千斤顶顶升量完全与设计吻合，住宅楼向西最大倾斜率为2‰，在顶升期间及顶升后建筑结构完好无损，实现了预定目标。

顶升施工期间，二层以上居民可以正常居住。顶升纠偏结束后重新修建了一楼室内地面及室外排污管线，现该楼一层也恢复了居住功能。

地基基础加固后，经半年沉降跟踪观测，房屋沉降已经稳定，而且比较均匀，实现了预想的地基基础加固目标。

纠偏前，基础上部一部分砖墙长年浸泡在地下水中，已经出现了不同程度的风化，给房屋安全留下了隐患。纠偏后地下水位以下部分全都是C20混凝土，原风化的砖块也已凿除，房屋安全性也由此得到了提高。

江伟[1]　蒋汉荣[2]　邓俊军[1]　曹继锋[3]

（1 浙江省岩土基础公司；2 嘉兴市危房鉴定办；3 宁波市工业建筑设计研究院）

10.1.24 顶升法纠倾工程实例（三）

(1) 工程概况

1) 住宅楼现状

宁波市江北区某住宅楼，西临铁路线，与铁路线相距约30m，三单元6层（底层下设车棚）砖混结构住宅楼，多孔板楼层面，建成于1993年。长43.44m，宽10.54m，建筑高度18.3m，总建筑面积约3000m²，采用 ϕ377 静压振拔灌注桩，平均桩长14.6m 共128根。

2006年6月做的房屋安全鉴定报告指出：房屋产生不均匀沉降，并向南产生严重倾斜，东北角向南倾斜率为15.3‰，西北角倾斜率为8.5‰。

依据《危险房屋安全鉴定标准》（JGJ 125—1999），该房屋为c级危房，需采取相应的加固纠倾技术措施，以确定安全使用。

2) 工程地质条件

根据勘察报告，场地内地基土层分布均匀，详见表10-17。

场地工程地质条件一览表　　　　　　　　表10-17

层号	土层名称	土层特性	层顶埋深(m)	承载力特征值 f_{ak}(kPa)	锚杆桩 q_{sia}(kPa)	q_{pa}(kPa)
1	黏土	硬可塑	−0.40	75	10	
2a	淤泥	流塑,高压缩性	−1.44~−1.88	45	5	
2b	黏土	软塑,高压缩性	−3.40~−3.82	60	7	
2c	淤泥质黏土	流塑,高压缩性	−4.85~−5.25	50	6	
3	粉砂	松散	−12.9~−13.28	120	12	
4a	淤泥质黏土	流塑,高压缩性	−13.9~−14.28	55	7	
4b	粉质黏土	软塑,高压缩性	−20.35~−20.88	60	10	
5a	粉质黏土	软可塑,中压缩性	−23.9~−25.18	160	25	1100
6b	粉质黏土	软塑,中高压缩性	—	150	20	1000

(2) 倾斜原因分析

该楼房基桩持力层选择不当,该场地 3 层粉砂层厚度约 1m,下部还有淤泥质土,桩基施工后桩端已接近贯穿粉砂层,桩端阻力很小。经复核,原有桩基承载力不能满足规范要求。

经计算,该楼房上部荷载重心偏离基桩反力中心 0.347m,上部荷载偏心是引起房屋倾斜的主要原因。

(3) 方案选择

1) 纠倾方案选择

房屋纠倾方法很多,归纳起来分为两大类:一类是顶升纠倾,另一类是迫降纠倾。鉴于该房屋为桩基础,迫降纠倾难度较大,成本较高,并且纠倾后影响原有基桩承载力;顶升纠倾施工技术在我公司已十分成熟,成本不高,因此,我们最终选择了顶升纠倾方案。

2) 加固方案选择

为了防止纠倾后房屋再次发生倾斜,必须解决该房屋基桩承载力不足和重心偏心问题,因此必须对地基基础进行加固。针对本工程为桩基础的现状结合工程经验,采用锚杆静压桩加固基础较为合理。

(4) 方案设计

1) 纠倾设计

本设计在距基础梁顶面 0.4m 处采用托换技术,浇筑封闭的钢筋混凝土顶升梁作为上部结构的底盘;然后,把千斤顶放在顶升梁下面,采用同步顶升技术,利用地基梁作反力系统达到顶升纠倾的目的,在纠倾的同时将整幢房屋整体顶升 150mm。

鉴于该房屋西临铁路,采取 3 条针对铁路振动的技术措施:①在建筑物西侧挖一条减振沟,深 2m、宽 1m、长 15m,该沟采用木桩围护;②给千斤顶设置侧向限位装置;③顶升后连接由西往东进行,所有构造桩顶升后 1d 内完成连接。

该住宅楼总重约 4500t,采用 248 只额定顶升为 32t 的螺旋式千斤顶,顶升操作执行浙江省岩土基础公司企业标准《建筑物同步顶升工法》。

2) 防复倾基础加固设计

该房屋基础加固共布置 48 根锚杆静压桩;桩径 250mm×250mm,桩身混凝土强度 C30,桩身结构详见《2004 浙 G28》图集。预制方桩桩长约 25m 要求进入 5c 层 3d 以上,单桩承载力特征值取 260kN,最终压桩力小于 400kN,托换率 27%。其中,Ⓐ轴 26 根桩,Ⓑ轴 12 根桩,Ⓓ轴 10 根桩。通过各轴线差异布桩,既解决了原基桩承载力不足问题,又解决了房屋荷载偏心问题。

在压桩部位需增设压桩承台,新增设压桩承台需通过植筋工艺同原地梁连接,使传递到地梁上的上部结构荷载通过新增压桩承台转移到新增补的锚杆静压桩上,从而达到托换目的。

(5) 方案实施

1) 托换梁施工

① 合理安排施工顺序。总体上以先承重墙后非承重墙、异间跳隔为原则确定施工顺序,分段完成,避免同一开间多处作业;②浇筑混凝土时,应采取措施保证托换梁与上部墙体之间接触紧密;③浇筑托换梁时,梁底铺一层塑料薄膜,将梁与下部砖墙进行隔离,

第10章 建筑物纠倾工程实例分析

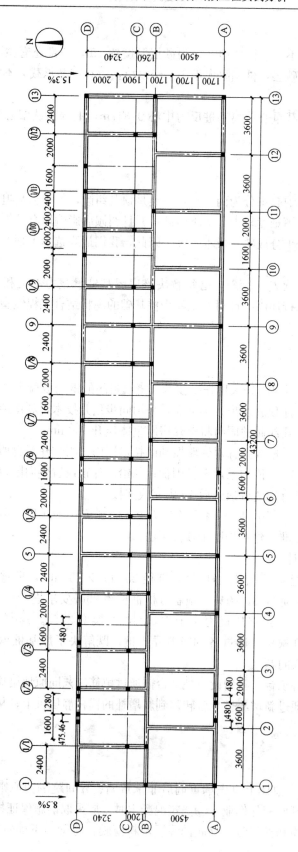

图 10-111 托换顶升梁平面图

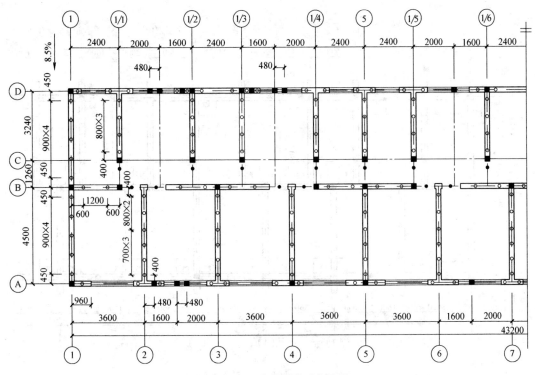

图 10-112 千斤顶平面布置图

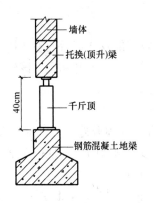

图 10-113 顶升梁、千斤顶、反力系统图

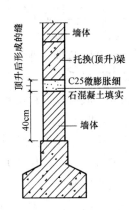

图 10-114 顶升缝回填示意图

有利于顶升施工；④顶升梁钢筋应采用焊接接头，焊接应满足施工规范要求，横向顶升梁钢筋伸进纵向顶升梁锚固长度不得小于 $35d$；⑤在托换梁施工过程中，尽量减少振动，严禁狠敲猛打。

2）局部加固处理

对原楼梯、门窗等结构薄弱部分，在顶升前采取必要的支撑加固措施，防止局部应力集中及侧向变形危及结构的安全，直至顶升纠倾全过程完成后拆除。

3）千斤顶就位

在原基础顶与顶升梁之间按设计位置安放千斤顶，并注意：①顶升梁强度达到 70% 时方可进入千斤顶就位工序；②千斤顶必须按设计位置跳隔就位；③已就位的千斤顶受力

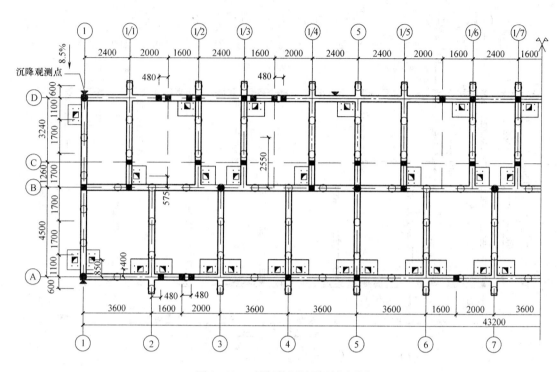

图 10-115 锚杆静压桩平面布置图

后,方可开凿邻近墙洞。

4)设置顶升标尺

顶升前会同监理、业主实测房屋倾斜现状,确定验收基准及扶正后的整体抬升量,以此计算确定每只千斤顶顶升量,并制成表格,依据顶升量表设置顶升标尺,该标尺用于检查每级顶升完成后顶升梁的抬升是否符合该级的设计状态。

5)顶升纠倾

①顶升纠倾前,需同气象部门取得联系,选定适宜天气顶升施工;②对已就位的千斤顶逐一进行检查,确保顶升时其行程的有效性;③对参与顶升的员工进行安全操作技术交底,使其明确操作要领以及自己管辖的千斤顶在整个过程中的次序;④顶升前1d截断构造柱保留钢筋,顶升前1h截断钢筋;⑤顶升时统一指挥顶升施工,保证每位操作者同步进行。

6)顶升缝填筑

对顶升后产生的缝隙,采用C25微膨胀细石混凝土填筑。

7)基础加固施工

采用锚杆静压桩加固基础,在沿海软土地区属于常规工艺,不再细述。

(6)结语

该房屋顶升纠倾后东北角向南倾斜率为1.83‰,西北角向北倾斜率为3.82‰,符合规范要求达到了解危目的。顶升施工过程中房屋未出现新的结构裂缝,原有裂缝未发现有扩张现象,顶升纠倾施工十分成功。

该工程实践表明:①临近铁路建筑挖隔振沟前,每次火车经过该楼都有明显振感,隔振沟开挖后振感消失，千斤顶正上方顶升梁可不必采取侧向限位措施；②基础加固时必须考虑差异布桩，以消除房屋重心与桩基反力中心偏心问题，该工程于2010年5月10日竣工后根据一年的跟踪监测，基础竣工3个月后就趋于稳定，房屋倾斜率未发生任何变化，基础加固达到了预期目的；③千斤顶正上方为门窗等空洞时，必须在千斤顶正上方采取支撑措施；否则，顶升梁很容易出现结构裂缝；④数百只千斤顶能否实现同步顶升，是决定顶升纠倾能否成功的关键。

江伟
（浙江省岩土基础公司）

10.1.25 顶升法纠倾工程实例（四）

（1）工程概况

连云港救助局宿舍楼为3层框架结构，长21.55m，宽14.7m，条形基础，填充墙全部砌筑抹灰，大部分外墙已装饰。楼梯间长13m，宽3.3m，高3层，框架结构，已结构封顶。建筑主体主体封顶后发现地基土发生了不均匀沉降。其中，宿舍楼最大沉降量为173mm，楼整体向南倾斜，最大倾斜率为13.22‰，楼梯间同样向南倾斜，倾斜率为8.67‰，差异沉降均已超过了相关规范要求4‰。

本次方案设计是在已完成锚杆静压桩加固的基础上对宿舍楼楼梯间进行顶升纠偏，使得宿舍楼楼梯间倾斜率控制在2‰以内（达到小于规范值要求4‰以内）。

（2）顶升纠偏方案

考虑到本工程的现况，北侧为大块石垫层，其下为强风化岩，无法采用迫降法纠偏，决定采用顶升纠偏法。结合建筑结构、基础形式，决定采取锚杆静压桩先对基础进行托换加固，阻止地基基础不均匀沉降的继续发展，再采用断柱顶升对该建筑进行纠偏。此方案是在基础和地基加固完成后，考虑对宿舍楼主体结构及楼梯间的混凝土独立柱顶升纠偏，

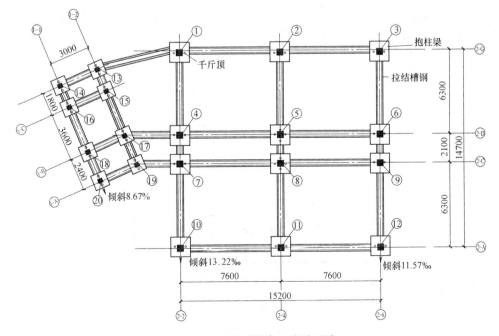

图 10-116　千斤顶布置总平面图

混凝土柱共20根框架柱，如图10-116所示，柱子编号为1～20，根据设计图纸，基础梁顶面埋深为－1.2m，千斤顶等装置完全可以在±0.000以下、基础梁以上安装千斤顶。千斤顶采用200t，共40台。抱柱梁采用C40混凝土，宿舍楼1～12号柱取抱柱梁基本截面尺寸500mm×500mm，楼梯间13～14号柱取抱柱梁基本截面尺寸425mm×425mm，15～20号柱取抱柱梁基本截面尺寸400mm×400mm。千斤顶布置总平面图及详图如下：

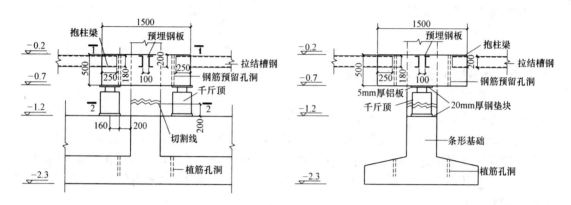

图 10-117 千斤顶安装详图

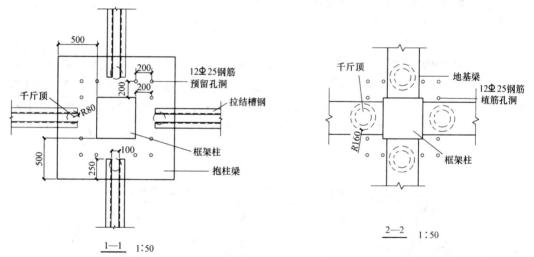

图 10-118 框架柱千斤顶布置平面图

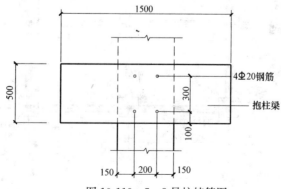

图 10-119 5、8号柱植筋图

本次纠偏先对 20 根框架柱浇筑抱柱梁，千斤顶置放在基础梁上，上部顶在抱柱梁上，1～3 号、13～14 号柱千斤顶仅作为受力支撑，4～12 号、15～20 号柱按照顶升要求抬升，最终顶升到指定高度，使楼体倾斜率在 2‰ 之内。纠偏到位后，将框架柱与基础重新连接。

(3) 关键技术问题

1) 转轴的确定：以 1～3 号柱为转轴设置每个柱的顶升速度，保证同时顶升、同步到位。

2) 顶升支撑点及其反力确定：千斤顶均放置在地基梁上，上部顶住抱柱梁。为保证顶升过程按照顶升要求进行，在顶升前应测定每个顶升点处的实际荷载。称重时依据计算顶升荷载，采用逐级加载的方式进行，在一定的顶升高度内（1～10mm），通过反复调整各组的油压，可以设定一组顶升油压值，使每个顶点的顶升压力与其上部荷载基本平衡。

3) 框架柱的稳定：利用型钢将所有框架柱两两拉结形成一个整体，保证顶升时的整体稳定性。

4) 同步比列顶升：顶升时，由于荷载不均匀，如果人工控制可能引起千斤顶顶速不一致。因此本工程采用国内先进的 PLC 液压同步顶升控制系统。PLC 控制液压同步顶升是一种力和位移综合控制的顶升方法，这种力和位移综合控制方法，建立在力和位移双闭环的控制基础上。由液压千斤顶，精确地按照建筑物的实际荷重，平稳地顶举建筑物，使顶升过程中建筑物受到的附加应力下降至最低，同时液压千斤顶根据分布位置分成组，与相应的位移传感器组成位置闭环，以便控制建筑物顶升的位移和姿态，这样本工程就可以很好的保证顶升过程的精确性，确保顶升时梁板柱结构安全。

5) 框架柱连接：柱的连接采用两种方法来加固节点，确保加固后节点强度高于原来截断前设计强度。

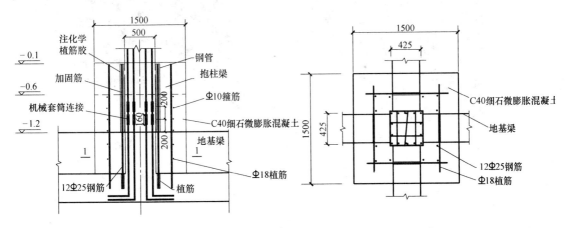

图 10-120 柱连接示意图

① 框架柱断开处在基础梁以上 200mm 处，顶升完成后对柱进行连接，框架柱加高部分采用与原框架柱同规格等数量的竖向主筋和箍筋。竖向主筋与框架柱两端露出部分的主筋连接。采用挤压套筒机械连接，接头达到 I 级接头的标准，满足截面配筋要求。

② 植筋加固，在抱柱梁浇筑时预留孔洞，在基础上钻孔。待顶升到位后，将钢筋从抱柱梁顶部植抱柱梁和基础，采用同规格的竖向主筋和箍筋，浇筑混凝土，将抱柱梁与地

基梁和基础浇筑成一个整体。

（4）结论

1）框架结构顶升纠偏需对原有框架柱进行切割，保证千斤顶的布置使得上部结构受力形式不发生改变。

2）顶升系统的同步性能是保证顶升纠偏过程中上部结构不产生附加内力的基础，目前 PLC 同步顶升系统在这一领域得到了很好的应用。

3）必须考虑顶升过程中临时结构的稳定和上部结构的稳定。

4）顶升到位后框架柱的连接部位需要采取加固措施。

章柏林　蓝戊己
（上海天演建筑物移位工程有限公司）

10.1.26　顶升法纠倾工程实例（五）

（1）概况

连云港某工程位于连云港市墟沟镇东连岛，2008年9月开工新建，整幢建筑物分为1、2、3号三幢楼，1号楼为宿舍楼，长21.55m，宽14.7m，高3层；2号楼为综合楼，长37.85m，宽27.6m，高3层，局部1层；3号楼为通信综合楼，长8.225m，宽7.685m，高4层。

图 10-121　宿舍楼全景

图 10-122　通信楼全景

图 10-123　综合楼全景

建筑物坐北朝南，南面为海湾，由于滩地标高较低，需回填 5~7m 厚大块石，并进行强夯加固，大块石下有 1~7m 厚软土层，在建过程中 1、2、3 号楼出现不均匀沉降，沉降速率较大，倾斜率已超过规范允许的极限倾斜率，为此需要进行纠偏补桩加固处理。华铸公司提出的潜孔钻加锚杆静压钢管桩和抬升法纠偏方案经过专家论证，专家认为该种加固纠偏法有效可行，可确保质量。

(2) 工程地质情况

建筑物靠山临海而建，整幢建筑物基础下有约 5～7m 厚的大块石，在大块石下又有厚度不一的（1～7m）淤泥质土，淤泥下有强中风化层花岗石及北部局部地区有砂层，砂层下仍有强中风化岩层。

(3) 沉降与倾斜情况

2 号综合楼沉降速率为 0.8～1.5mm/d；

1 号宿舍楼倾斜率已达到 13.55‰＞10‰（倾斜极限值）。

(4) 不均匀沉降原因

1) 软土层厚度不一、南大北小，是引起建筑物不均匀沉降的必然结果；

2) 软弱土层上回填厚达 5～7m 大块石，对软弱土增加较大附加荷载，造成软弱土层的不均匀压缩变形；

3) 新建钢筋混凝土框架结构作为附加荷载，通过大块石垫层作用在软弱土层上引起的变形。

(5) 锚杆静压钢管桩基础托换加固

1) 潜孔锤：经过多方案比较，该工程采用锚杆静压钢管桩可以取得预期的效果，在以往相类似工程中已有成功经验。

连云港某工程基础下回填有 5～7m 大块石垫层，对压桩带来极大困难，为有效穿透大块石垫层，选用潜孔锤，通过锤击将大块石打碎成粉末状，用高压空气从孔底将粉末吹出形成孔穴；然后，钢管跟进，穿透 5～7m 大块石垫层，桩尖进入软土层，由此以后进入锚杆静压钢管桩正常压桩程序。当桩尖进入中风化花岗石后，即可停止压桩。

2) 锚杆静压钢管桩设计

① 桩型选择：经过分析采用 219×10mm 钢管（扣除 2mm 腐蚀厚度），桩身材料强度设计值为 $R_a=219×8×3.14×235×0.7≈90.5t$，取桩身的材料强度为 85t，单桩承载力取 42.5t；

② 桩数选定：根据设计院提供的柱的轴力，除以单桩承载力，桩总数为 154 根，其中 1 号楼为 53 根、2 号楼为 89 根、3 号楼为 12 根，具体桩位图见图 10-125；

图 10-124 潜孔冲击设备

③ 桩长选择：由于软土层厚薄分布不均，桩长预估南侧桩长，北侧桩短，预估设计桩长为 10～20m；

④ 压桩力的选定：根据规范，当桩尖进入好的持力层，压桩力 $P_u=2×P_a$（P_a——单桩承载力），$P_u=2×42.5t=85t$ 作为控制标准；

⑤ 开凿压桩孔：由于基础厚达 500mm，基础内钢筋较多，人工凿孔有困难，决定采用金刚石薄壁钻成孔，孔径为 250mm；

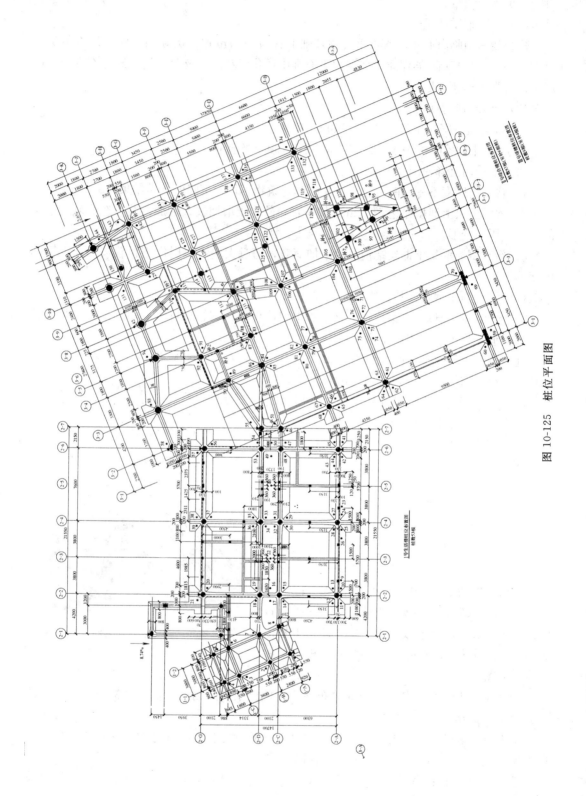

图 10-125 桩位平面图

⑥ 封桩技术：为提高桩的抗弯刚度和桩的承载力，在钢管内充填 C20 混凝土，另外封桩采用 C35 微膨胀混凝土；

⑦ 锚杆静压钢管桩基础托换加固剖面图。

3) 压桩施工：

① 工序：清除基础上的大块石填料→金刚石薄壁钻钻孔→潜孔锤成孔→钢管进入大块石层→钢管内填 C20 混凝土→埋设锚杆→安装反力架→接钢管桩→压桩→焊接→压桩力或桩长达到设计要求停止压桩→钢管内填 C20 混凝土→焊接锚固筋→浇捣 C35 微膨胀混凝土封桩。

② 压桩曲线：

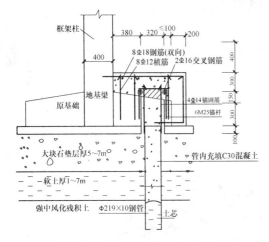

图 10-126 基础托换加固剖面图

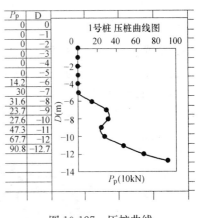

图 10-127 压桩曲线

(6) 一号宿舍楼纠偏

1) 纠偏方案的选择：

纠偏方案是经过反复研究确定的。由于 1 号楼坐北朝南，北侧为山坡，上部填有 4～5m 厚大块石垫层，其下淤泥很薄仅 1m 厚；在其下为砂层，南侧为上部填有 5～7m 厚大块石，其下为 7m 左右厚淤泥。1 号楼由北向南倾斜，如果选择常规的纠偏方法，如钻孔取土法、沉井冲水掏土法等迫降法都无法实施，因为基础下都是大块石。最后，选择采用柱子抬升纠偏法，专家认为该方法先进可靠、合理安全，是行之有效的纠偏方法。该项抬升纠偏工作邀请上海天演建筑物移位工程有限公司共同完成。

2) 实施步骤：

① 先将 1 号宿舍楼基础托换补桩加固好，共补桩 53 根。

② 对 1 号宿舍楼进行纠偏设计和施工。

③ 抬升纠偏设计：

a. 切断柱子：根据设计图纸，共有 20 根钢筋混凝土框架柱需要切断，切断部位在基础面以上 200mm 处，切割施工采用金刚绳切断混凝土柱子。

b. 抱柱梁的设计：根据柱子不同垂直荷载，设计不同截面抱柱梁，例如 1～12 号柱抱柱梁截面为 500mm×500mm，楼梯间 13～14 号柱抱柱梁截面为 425mm×425mm，15～20 号柱抱柱梁截面尺寸为 400mm×400mm，抱柱梁高度 500mm，采用 C35 混凝土浇筑。抱柱梁的握固力是利用混凝土收缩力，使抱柱梁与柱子接触面形成紧密结合，形成强有力的握固力，从而承受抬升时的巨大剪切力。

图 10-128　抱柱梁的钢筋绑扎和支模

c. 设置水平拉杆：为确保柱子的稳定，在柱子之间采用 2［20 槽钢进行纵横连接，两端均进入抱柱梁内，与抱柱梁混凝土浇筑在一起。

图 10-129　水平钢拉杆

图 10-130　PLC 液压同步顶升控制设备

d. 抬升高度和纠倾率的确定：根据本工程倾斜率设计要求为＜4‰，计算出各排柱子的抬升高度。顶升设备为 PLC 液压同步控制系统完成，每根柱子的抬升高度由计算机程序控制。

e. 抬升后切断柱子钢筋的连接：凿除切割面上下 200mm 厚的柱子混凝土，暴露出柱子主筋，然后用手把焊和套筒进行主筋连接。

f. 框架柱切断处的加固：20 根框架柱切断连接是需要慎重考虑的，柱子钢筋对接完后，同时又在抱柱梁上凿出锚固筋孔，将锚固筋用植筋胶锚固在基础内，锚固筋共计 8 根，每边 2 根，下部截面加大到 1.5mm×1.5m；然后，用 C35 混凝土浇捣，使断开处形成稳固的加固墩，完全满足抗震和柱子强度的要求。

g. 纠偏设备:金刚绳、200t 千斤顶、油管、PLC 液压同步顶升控制系统(由液压系统(油泵、油缸等)、检测传感器、计算机控制系统组成)、厚钢垫板及其他辅助设备。

h. 纠偏施工:

工序:开凿地坪→清除基础上大块石→基础托换补桩加固→柱子切割→绑扎抱柱钢筋笼和预埋锚固筋孔→安装纵横连系槽钢→抱柱梁支模板-浇捣 C35 混凝土→加工制作不同厚度的垫块→抱柱梁混凝土养护→拆模→抱柱梁下垫厚钢板→钢板上安放 200t 千斤顶→每个柱子的千斤顶设置位移计→设备和传感器联动调试→分级加载抬升→测量(当倾斜率<4‰时达到纠偏要求)→开凿框架柱切断两端混凝土→露出主钢筋→用套筒连接或手把焊焊接→框架柱加固锚固筋植筋→设置好钢筋混凝土垫块→加固墩支模→浇筑 C35 混凝土→回填块石和砂石。

图 10-131 千斤顶抬升位置图

图 10-132 垫块位置图

(7) 纠偏加固后的效果

2 号、3 号楼加固前沉降速率为 0.8~1.5 mm/d,经过基础托换加固后,建筑物的沉降速率已经降到 0.05mm/d 以内,并继续进行收敛,沉降目前已基本稳定。

1 号宿舍楼经抬升纠偏后,建筑物倾斜率已小于 4‰ 以内,各点倾斜率如下:

该工程于 2009 年 7 月开始进行加固,至 9 月结束,上述测量资料为 9 月 30 日测得。通过现场检查,宿舍楼在抬升纠偏过程中未出现任何结构裂缝,抬升纠偏一次抬升到位,纠偏非常成功。

图 10-133 位移计位置图

观测点	1号	2号	3号	4号	6号	
倾斜率	3.1‰	0.44‰	1.65‰	2.18‰	0.91‰	纠偏前倾斜率 13.5‰

(8) 结束语

沿海地区利用山坡地土质较差,将开山开出来的大量山皮石,填筑在坡地上,经过一定的加固或夯实处理,作为建筑物或工业厂房地基,但相继出现不均匀沉降、结构开裂等事故,处理该种事故难度极大,近年来我公司开发了利用潜孔锤结合锚杆静压桩技术,成功地处理了多项事故工程,取得了良好的效果。与此同时,PLC液压同步顶升控制技术成功地对倾斜率达到13.5‰的宿舍楼进行抬升,一次抬升到位,又快又好又安全,达到倾斜率为4‰以内的纠偏要求。

周志道　周寅
(上海华铸地基技术有限公司)

10.1.27 预留压桩孔法纠倾工程实例

(1) 工程概括

上海某厂房基础采用柱下独立承台,承台下布有PHC600静压预应力管桩,桩长30m,单桩承载力特征值为1000kN,以⑤$_2$层砂质粉土为桩基持力层。在施工中,由于轴线定位不准确以及基坑开挖对工程桩的挤压,致使厂房的4个承台下的管桩沉桩发生严重

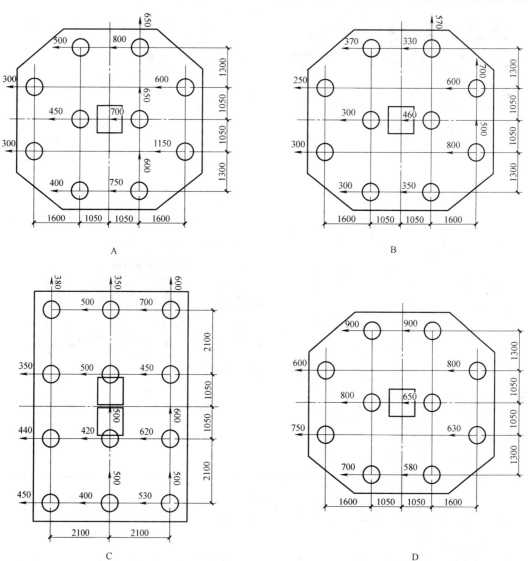

图 10-134　桩位偏移示意图

图中所注单位为mm,箭头所指方向为管桩偏移方向,数值为偏移量

偏位（见图 10-134），承台下群桩形心和承台上柱的形心无法重合。该工程地层特性见表 10-18。

场地土特性 表 10-18

土层层号	土层名称	厚度(m)	湿度	状态	密实度	压缩性
①	填土	1.5				
②$_1$	黏土	0.9	湿	可塑		中等
②$_2$	黏土	1	很湿	可塑		高等
③	淤泥质粉质黏土	7.9	很湿	流塑		高等
④	淤泥质黏土	5.2	饱和	流塑		高等
⑤$_1$	粉质黏土	10.7	很湿	软塑	稍密～中密	高等
⑤$_2$	砂质粉土夹粉质黏土	8.2	很湿			中等
⑦$_1$	砂质粉土	5.9	很湿		中密	中等
⑦$_2$	粉砂	未钻穿	饱和		密实	中等

在原桩基设计中，群桩形心与承台上柱的中心重合，桩位偏移后，A、B、C、D 四承台下的群桩形心偏移量见下表 10-19（承台 A、B、D 偏移量以柱中心为原点，承台 C 偏移量以两柱中心中点为原点，Y 向上为正向，X 向右为正向），从表 10-19 数据可知，承台下群桩形心偏心比较严重，需进行纠偏处理。

群桩形心偏移量 表 10-19

承台	X 向偏移量 (mm)	Y 向偏移量 (mm)
A	−595	190
B	−406	177
C	−539	343
D	−731	0

（2）情况分析

由于承台上柱的集中荷载较大，当群桩形心偏位较大时，基础将产生倾斜变形，从而威胁厂房的正常使用。为了纠正形心偏位需采取补桩的方式，但本工程工期较紧，若补桩采用预制管桩及方桩时，其沉桩与养护时间较长。因此，本次纠偏采用锚杆静压桩，桩型为 250mm×250mm。为避免不均匀沉降，取与原 PHC 管桩同长 30m，根据勘察报告，锚杆静压桩单桩承载力特征值为 500kN，以⑤$_2$ 层砂质粉土为桩基持力层。由于部分桩偏至原设计的承台外侧，因此，承台应适当加大。

（3）纠偏设计与施工

1）纠倾设计

针对 A、B、C、D 承台下桩的不同偏位情况，进行补桩，补桩后的承台（已加大）下群桩见图 10-135。通过群桩形心验算，均满足规范要求，计算结果见表 10-20（承台 A、B、D 以柱中心为原点，承台 C 以两柱中心中点为原点，Y 向上为正向，X 向右为正向）。

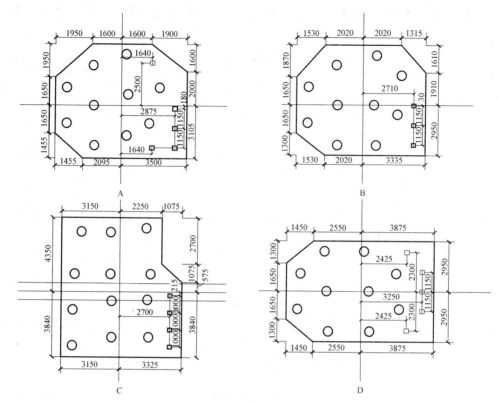

图 10-135 补桩后桩位示意图

补桩后群桩形心偏移量　　　　　　　　　　　表 10-20

承台	X 向偏移量(mm)	Y 向偏移量(mm)
A	0.20	−6.8
B	0.43	0
C	0.83	0
D	−0.80	0

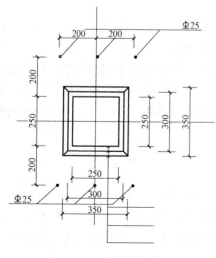

图 10-136 桩位孔结构图

2) 纠倾施工

为了不影响工期,本工程采取先进行基础施工,预留压桩孔,压桩孔上口 300mm×300mm,下口 350mm×350mm,基础主筋在洞口边尽量绕行;如有截断钢筋,应在洞口补加强筋。

在锚杆静桩的设计中,需引起注意的是压桩反力的解决。经计算,在承台施工完毕后,可以采用 PHC 管桩提供抗拔力,在承台上为每根锚杆静压桩埋植 6 根锚杆(见图 10-136)。为保证安全施工,压桩施工间隔进行,同一承台不连续施工。沉桩时,采取压桩力与桩尖标高双重控制。当连续 50cm 压桩力大于 700kN 时,可截桩;当桩尖达到指定标高,压桩力小于 550kN,桩应加长。

10.1 建筑物纠倾工程典型实例

3) 沉降情况

该工程在竣工投入使用后，倾斜沉降均小于设计要求，不均匀沉降亦在规范要求内。这说明：用锚杆静压桩进行纠偏的效果比较令人满意。

李晓勇　陈卫东

（上海岩土工程勘察设计研究院有限公司）

10.1.28 顶推法纠倾工程实例

(1) 工程概况

鹤矿集团益新公司东山竖井位于鹤岗市内，建于 1954 年，采用钢支架结构。井架长 4.3m，宽 3.2m，全高 310.66m，自重 80.2t。斜支撑角度为 62°，自重 16.4t。井筒为钢筋混凝土结构，壁厚 900mm，内径 6.0m。井架底座钢梁坐在井壁上，见图 10-137 和图 10-138。

2005 年 8 月份发现竖井倾斜，提煤箕斗滑靴与罐道的摩擦加大，每月需更换一次滑靴，影响了该井的安全生产。井塔倾斜后，由大地公司进行了测量，其结果见表 10-21。

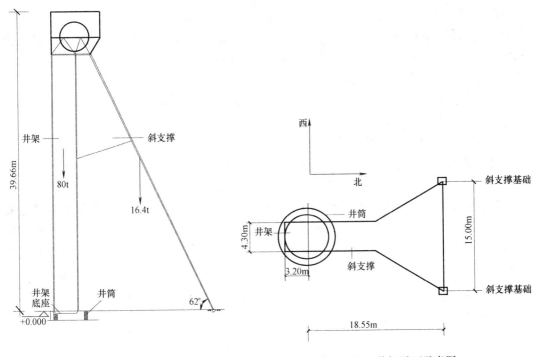

图 10-137　井架立面示意图　　　　　图 10-138　井架平面示意图

益新公司主井井塔倾斜测量值统计表　　　　表 10-21

次数	观测日期	往北倾斜	往西倾斜
1	2005.01.08	234mm	—
2	2006.01.06	380mm	124mm
3	2006.01.25	379mm	118mm
4	2006.02.13	380mm	120mm
5	2006.02.27	388mm	139mm

续表

次数	观测日期	往北倾斜	往西倾斜
6	2006.03.13	390mm	139mm
7	2006.03.13	388mm	137mm
8	2006.04.13	387mm	136mm
9	2006.04.24	388mm	137mm
10	2006.05.18	388mm	136mm
11	2006.05.18	386mm	136mm
12	2006.06.05	386mm	136mm
13	2006.06.15	386mm	137mm
14	2006.07.05	385mm	136mm
15	2006.07.31	386mm	136mm

2006年9月29日，由大地公司与黑龙江省城市规划勘测设计研究院联合进行测量，其井塔现状为：井塔高度28.1m，向北偏斜275mm，向西偏斜142mm。经推算，到天轮轴中心处高度为35m处，向北偏斜342mm，向西偏斜177mm。

井架挠度变形测量结果为：

南北方向：井口向上7～19m有弯曲变形，最大为15～16mm，26m处为8mm，其上由于箕斗不能上升未能测量。

东西方向：由于井架内部结构问题未能测量。

井架提升中心偏移测量结果为：提升中心向北偏移400mm，向西偏移100mm。

(2) 倾斜原因分析

该井是采煤井，井下是有丰厚的煤层，经过多年的开采，井四周的下部基本已经采空，而又未对采空区进行保护，在地面荷载的常年作用下，这就形成了塌陷区。根据该井的使用受力情况和结构形式，井架坐落在井筒上，井筒未沉降而斜支撑基础沉降。斜支撑由原受压构件变成受拉构件，井架随着斜支撑基础下沉而产生挠度变形，井架倾斜。由于两个斜支撑沉降不均向西倾斜，导致整个井架向西北向倾斜，向北倾斜的最为严重。

假设钢架与斜支撑不产生挠度变形，斜支撑支座垂直下沉 s_2，产生水平位移 $s_1=0.342\mathrm{m}$。

$\tan\theta=0.342/35$

$s_2=18.55\times\tan\theta=0.181\mathrm{m}$

$s=(s_1^2+s_2^2)^{1/2}=0.387\mathrm{m}$

向西倾斜 0.177m，$\tan\theta_1=0.177/35$

$\triangle s=15\times\tan\theta_1=15\times 0.177/35=0.076\mathrm{m}$。

(3) 纠倾设计

1) 本工程特点

① 井塔倾斜原因是塌陷区扩展，导致斜支撑基础下沉位移，从而拉动井架产生倾斜。由于斜支撑两个基础下沉量不同，东侧基础下沉181mm左右，西侧基础下沉257mm左

10.1 建筑物纠倾工程典型实例

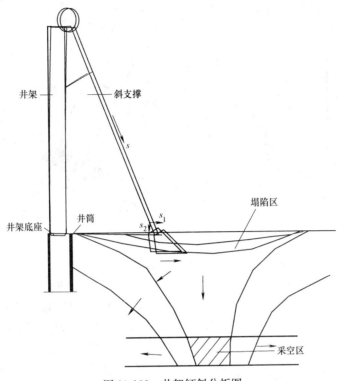

图 10-139　井架倾斜分析图

右,导致产生向西倾斜 177mm。

② 该井塔为钢结构,不同于钢筋混凝土结构,其变形大,各构件容易产生弹性、塑性变形。所以,计算的结果与实际可能有差别,在纠倾实施过程中加强监测,以便指导施工。

③ 井塔顶部天车轮是重要部件,纠倾过程中应注意保护。

④ 由于井塔长时间有潮气侵蚀,各构件腐蚀严重,腐蚀深度 2~3mm,纠倾过程中应采取缓慢加力原则,同时加强监测。纠倾合格后,采取相应的加固补强措施,提高井塔的使用年限。

2) 纠倾方案

根据井塔倾斜原因及井塔自身特点、井塔倾斜现状,综合各种情况,决定采用横向、竖向加载顶推方案和斜向加载顶推预案两种方法相结合的联合纠倾法。

① 顶推部位的确定

井塔倾斜是因为斜支撑基础产生沉降(垂向位移 200mm),但井塔与斜支撑组成的三角体系相对稳定。所以,纠倾顶推平面以斜支撑的基础点为顶推平面,顶推点设在斜支撑底部,如图 10-140 所示。井架与斜支撑采用桁架形式,整个结构受力,所以顶推是安全的,不会对天轮产生破坏。必要时,可在斜支撑与井塔之间加 4 根加固杆件。

当斜向顶推时,竖向千斤顶同时顶推,但竖向不受力。斜向顶推到预定位置时,将竖向千斤顶受力,固定。松开斜向千斤顶,加垫板。

② 顶推力的确定

斜支撑自重 W 为 16.4t,竖向顶力 $G=W/2$,水平推力 $F=W/2\times\tan 62°$,斜向合力

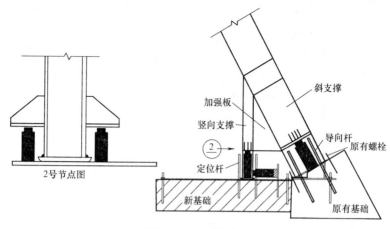

图 10-140　顶推节点图

$$T=[(G/2)^2+F^2]^{1/2}=14.435\text{t}=144.435\text{kN}$$

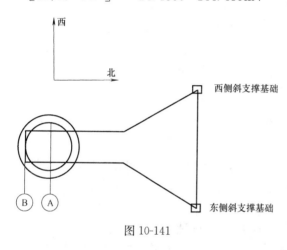

图 10-141

③ 转动轴的确定

根据钢结构井架弹性好的特点，在纠倾初期以 A 轴为转动轴。当纠倾过程中发现井架有挠曲疲劳形成塑性变形，不能达到井塔正常使用标准时，转动轴变为 B 轴。此时，松开 A 轴井架与钢梁的连接螺栓，做好防护措施。

④ 斜向顶推的联合使用方案

在横向、竖向顶推纠倾过程中，根据监测回倾结果，适时进行斜向顶推，以确保纠倾成功。

⑤ 斜支撑底脚的防护

纠倾开始时，将原有螺栓切断后，斜支撑的重量完全落在竖向支撑上，并有水平分力。为不使斜支撑自由滑动，在竖向支撑周围设定位螺栓，螺栓直径为 25mm，每边不少于 3 根。斜支撑与基础之间设垫板。

3）安全防护措施

天轮与井架和斜支撑的连接为 6 排双向角钢，$\phi 18$ 螺栓 4 个，共计 24 个。每个螺栓的抗拉力为 40kN，共计 960kN。大于斜向推力 6.6 倍。

(4) 纠倾实施

① 实施前准备工作

a. 清除回倾阻力，包括出煤口、卸煤仓、井塔周围的煤、井塔上的电线等，箕斗下放至井底，并且在井口铺设木板防护；

b. 检查顶推点千斤顶的支撑点是否牢靠；

c. 观测点的初始测量和重要杆件的现状情况；

d. 做好顶推同步协调工作。

② 纠倾步骤

a. 放好定位栓；

b. 切断斜支撑原有锚栓；

c. 调整定位螺栓，使斜支撑自然回倾，让整个体系应力为零的状态。此时，量测井塔的倾斜状态，据此调整纠倾方案；

d. 先进行西侧支撑的垂直顶升（50mm），观测结果；

e. 加垫板或做防护；

f. 待西侧回倾到位后，两侧同时水平或垂直顶升；

g. 根据测量结果，分析确定施工方式，必要时斜向上支顶同时进行；

h. 通过预纠倾测量结果，分析是否调整施工方案，确定每次回倾量；

i. 回倾进行一半时，全面检查井塔钢构件的受力情况是否有变化。

（5）纠倾监测

信息化施工是纠倾工作的重要步骤，测量结果是指导纠倾工作的基础。

本次工程设立6~7个人工观测点，各点做好编号记录。每一次顶推过程中或顶推后，派专人进行测量。并及时把结果上报汇总，分析井塔回倾的方向和距离，指导下一步的纠倾工作；同时，观测构件的变形情况。

设立多个测量仪器观测点对回倾情况进行监测，核实人工监测点的结果。

人工监测点在井塔中部外侧设4个。井塔底部利用大绳设立2个观测点。井塔顶部设立一个吊坠观测点。

何新东
（黑龙江省四维岩土工程有限公司）

10.1.29 综合法纠倾工程实例（一）

上海真北路2977弄1~7号是一幢长120.24m、宽110.05m、高23m，占地约2400m²，建筑面积16800m²的7层商住大楼。大楼由上海真如镇杨家桥住宅指挥部在1995年组织设计并施工，于1996年竣工，1998年入住使用。该建筑物南侧为主楼7层（用途：住宅），北侧为裙房2层（用途：商业），整个建筑物呈L形。由于当时设计不周全等原因，10年来建筑物产生了不均匀的沉降，南面7层部位沉降较多，北面2层部位沉降较少，造成整个建筑物向南倾斜，倾斜率最大值为27.29‰，已远远超出国家规范允许范围4‰的标准。

（1）商住楼倾斜的现状与难点

1）商住楼现状与概况

上海真北路2977弄1~7号商住楼，位于中环线真北路以西，真南路以南，交通路以东，真北路、真南路口交叉处，建筑物为框架结构，筏形基础。这幢房龄仅10年的商住楼却出现向南严重倾斜情况，最小处倾斜28cm，最大处为42cm，居民家中的地面也出现严重倾斜，墙面出现不同程度的开裂、空鼓，门窗开关困难，外立面整体向南明显倾斜，居民还时常能感觉到房子有摇动的现象。北面的商业网点也只能在调整地面倾斜度的装修下勉强使用。因此，上海市普陀区建设和交通委员会在2006年3月牵头召开了房屋倾斜问题紧急协调会议，明确指出要对人民群众高度负责的态度，积极、稳妥地解决好真北路2977弄1~7号房屋倾斜可能出现的险情，为了保证人民生命财产的安全和地铁11号线工程的顺利实施，要求区房地局负责牵头做好危房处置协调工作，并要求杨家桥住宅指挥部制定相应的应急处置预案,一旦出现房屋倾斜险情,立即启动预案进行处理;同时,要求加强对房屋倾斜的日常观测,落实房屋纠偏加固的实施方案。

2)商住楼倾斜的数据

根据上海房屋质量检测站的测量报告,上海真北路2977弄1~7号商住楼测量记录见表10-22。

1~7号商住楼测量记录　　　　　　　　　　　　表10-22

检测位置	倾斜率	
	东西	南北
A1	东 10.40‰	南 16.47‰
A2	东 3.68‰	南 27.29‰
A3	东 3.04‰	南 23.46‰
A4	东 4.13‰	南 15.75‰
A5	西	南 11.87‰
A6	西 3.89‰	南 22.00‰
A7	西 5.16‰	南 23.27‰
A8	西 6.60‰	南 16.93‰
A9	西 5.83‰	南
A10	西 1.94‰	南 18.85‰

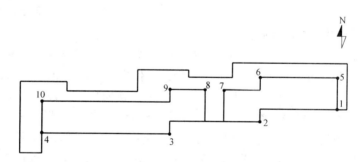

图 10-142　建筑物测量点平面图

3)商住楼纠倾的难点

真北路2977弄1~7号商住楼10年来,南面7层部位沉降严重,北面2层部位沉降较少,造成整个建筑物向南倾斜,倾斜率远远超过国家规范允许范围4‰的标准。

难点之一:商住楼北侧裙房一~二层的十几家商业企业还在营业,南侧1~7号的三~七层中,居住着70户居民,纠倾工程要在不能影响一~二层十几家商业企业照常营业,3~7层70户居民不搬出大楼正常居住生活的前提下实施纠倾。

难点之二:整个建筑物由东、中、西三个部分连体建成,东、西两部分为7层建筑物,中间部分为2层建筑物,三部分连成一体,建筑物主体不但向南倾斜,而且东、西两部分还向中间倾斜,所以又形成了麻花扭曲形的倾斜状态,给纠倾施工带来了极大的难度。

难点之三:整个建筑物是一幢长120.24m、宽110.05m、高23m的商住楼,

120.24m 长度的建筑物,麻花扭曲形倾斜的纠倾工程,在上海地区是首例,在全国与世界范围内也数长度最长、倾斜度最大、扭曲倾斜较为复杂的建筑物纠倾工程。

(2) 商住楼倾斜产生的主要原因

1) 房屋设计不周造成商住楼倾斜

1~7号商住楼,在设计时没有注重考虑整个建筑物呈 L 形,南侧为主楼 7 层,北侧为裙房 2 层的不同荷载,导致建筑物重心偏重南侧,而该建筑物基础又设计为一个整体,没有设沉降缝,这是造成商住楼倾斜的主要原因。同时,建筑物由东、中、西三个部分连体建成,东、西两部分为 7 层建筑物,中间部分为 2 层建筑物,三部分总长 120.24m 连成一体,从而造成东、西两部分荷载大于中间部分,又导致东、西两部分的建筑物向中间倾斜,所以又造成了麻花扭曲形倾斜状态。

2) 工程质量低劣促使商住楼倾斜

1~7号商住楼的基础,南侧 7 层主楼为筏形基础,北侧 2 层裙房为条形基础,荷载重心又不在一个轴线上,又没有砂垫层。更成问题的是:基础内用的网格钢筋纵横粗细不一,桩基用的水泥强度等级不到位,有的个别桩基已成蜂窝状,工程质量低劣。

3) 中环道路施工加剧商住楼倾斜

由于中环线工程与地铁 11 号在真北路 2977 弄杨家桥 1~7 号商住楼的东侧作业,28m 桥墩桩的日夜施工,再加上 1~7 号商住楼的南面 10m 左右处的位置(现在是真北路 2977 弄杨家桥小区的道路),原来是一条东西走向的小河滨。这样,更加加剧了该建筑物的向南倾斜。

(3) 商住楼倾斜的纠倾设计

根据建设方提供的《杨家桥住宅改建小区岩土工程勘察报告》(上海铁道学院勘察设计所于 1994 年编写)。施工场地的地层条件如下:①粉质黏土(褐黄色,平均厚度为 1.08m,容许承载力 $f=100$kPa);②淤泥质粉质黏土(灰褐色,湿-饱和,平均厚度 1.32m,土质较软,层底近流塑状,容许承载力 $f=85$kPa,部分孔褐露);③砂质粉土(为近代古河床沉积的砂性土,平均厚度为 2.0m,容许承载力 $f=100$kPa,为中等液化砂性土);④淤泥质粉质黏土(平均厚度为 1.68m,容许承载力 $f=70$kPa);⑤淤泥质黏土(灰色,平均厚度 10.0m,土质很软,容许承载力 $f=65$kPa);⑥黏土(灰色,平均厚度 6.8m,近于饱和)。场地地下水类型为潜水,埋藏在卵石素填土层土体中,补水来源主要为大气降水补给,地下水位随季节变化幅度为 1.5m,静止水位埋深 2.30~3.30m。

1) 纠偏设计依据

根据《杨家桥住宅改建小区岩土工程勘察报告》(上海铁道学院勘察设计所);《铁路房屋增层和纠倾技术规范》(TB 10114—97);《上海真北路 2977 弄 1~7 号商住楼结构设计图纸》(上海铁道学院勘察设计所);《上海真北路 2977 弄 1~7 号商住楼桩位平面布置图》(上海铁道学院勘察设计所);《上海真北路 2977 弄 1~7 号商住楼房屋现状检测报告》(上海房屋质量检测站)。

2) 纠偏设计原则

根据建筑物倾斜实际情况,地质情况及结构特点综合合理的纠偏方法,在确保建筑物使用安全的前提下,使建筑物纠倾扶正。方案安全、可靠、易行,不会对建筑物的结构产生较大影响。施工方法简便,不污染环境。不进入室内施工,不影响室内商业活动。

3）纠偏设计工艺

根据建筑物的倾斜率、结构形式、基础类型以及地层条件，采用水平掏土法、高压射水法、负摩擦法结合桩头卸载法联合操作。在室外布设取土沟槽，不仅方便操作，方法可行且安全上有保障，并为重复纠倾创造有利条件。高压射水能有效地破坏基础下土体，并且使土体快速流出。负摩擦法不仅能降水使建筑物回倾，还可以将高压射水产生的循环水抽走，保持工作环境干燥清洁。桩头卸载法回倾效果明显，可操作性强。施工过程中，首先，对需回倾最大的部位进行取土；其次，再向其他需回倾较小的部位展开，工作面不集中，回倾有缓慢过渡，循序渐进，使结构不会造成损坏。

(4) 商住楼倾斜的纠偏施工

施工前，首先对建筑物进行一次详细的测量，以此数据作为纠倾工作的基准，查明地下管线等隐蔽工程，对其进行必要保护，将施工用水、用电、用风接至指定地点；然后，再对建筑物实施纠偏。施工方法如下：

1）水平掏土法：开挖取土沟槽，沿建筑物北侧基础外边线开挖一条取土沟槽，深2.5m，宽3~5m。挖至设计深度后，沟底采用C15混凝土垫层硬化，厚度30cm，坡面挂钢筋网，规格$\phi6.5@200$。使用$\phi16$钢筋，将钢筋网固定在坡面上，再用C20混凝土将坡面硬覆盖，厚度20cm。沿沟槽在坡顶用安全栏围挡，确保行人及施工安全。沿基础底面垂直建筑物方向进行取土，取土直径100mm，间距1.2m，根据建筑物倾斜情况取土孔长10~14m，进行取土工作。

2）负摩擦法：在沟槽开挖降水井，按设计设置降水井位；然后，开挖，用直径80cm，长1.5m的水泥成品预制管，沉入降水井位，井底铺设C15混凝土垫层，厚度30cm，并将水泵放入井内进行抽水、降水。

3）高压射水法：在水平掏土施工的同时进行高压射水取土纠倾，取土直径100mm，间距1.2m，根据建筑物倾斜情况取土孔长10~14m，进行高压射水取土。高压射水分为4个机组同时进行工作，射水顺序为：左—右、右—左、中—左、中—右射水。每一个射水孔一次性完成，达到设计深度后进行下一个射水孔的成孔工作。全部射水孔完成一次后，进行二次射水，以此类推。每个射水孔均进行多次重复射水，射水取土根据建筑物的回倾状况，调整射水顺序与射水次数。

4）桩头卸载法：在水平掏土法、负摩擦法、高压射水法进行纠倾过程中注意监察建筑物回倾情况，由于回倾过于缓慢，采用桩头卸载法进行纠倾。开挖平硐至卸载的桩位，平硐高度1.5m，宽度70cm，两侧采用模板支撑，防止侧向土体坍塌。根据建筑物倾斜数据，计算出桩头需要凿除的高度，采用人工与机械进行断桩，断桩后采用M30水泥砂浆找平，分层垫上400mm×400mm、10~20mm厚的钢板，再根据回倾情况抽取钢板。

通过反复射水取土、降水、断桩等联合作用，建筑物逐渐回倾达到允许倾斜值后即停止纠偏，对取土孔进行回填。桩顶与基础筏板之间间隙，采用捻浆充填C30干硬性混凝土捣实，桩间平硐采用砂砾石逐层回填并夯实。回填的同时预埋好注浆管，回填完成后高压注入水泥浆，水泥强度等级32.5，水灰比1:1，降水井及取土沟槽回填黏性土，分层夯实。

(5) 商住楼倾斜的纠偏加固

1）静压桩加固

在纠偏达到一定效果的同时，进行加固施工，根据建筑物的基础类型以及地层条件，建筑物加固采用锚杆静压桩法加固。桩端穿透淤泥质黏土层，深入到黏土层。静压桩采用 ϕ245mm 无缝钢管，壁厚 10mm，每节钢管长度 1.5m，接头处焊接，管内安扎钢筋笼，内灌 C30 混凝土，桩长 18~22.5m，桩间距 0.9m×3.6m，桩位沿建筑物南侧轴线布置共计 59 根。

2) 中上部结构加固

建筑物中部只有裙楼二层，在三~七层部位增加结构梁，梁上表面标高与原主体结构梁上表面标高一致。混凝土强度等级采用 C30，钢筋采用 HPB235 与 HRB335，钢筋混凝土保护层厚度为 30mm，钢筋与原结构连接采用植筋连接，植筋深度 15d。

3) 梁柱裂缝修复室内外装修

梁柱裂缝处采用封缝胶密封，再注入结构胶粘结；然后，采用粘贴碳纤维的方法进行补强，裂缝处也同样采用封缝胶密封，再注入结构胶粘结。原建筑物结合平改坡工程，进行室内外重新装修，以崭新的建筑物形象、优美的建筑环境展示在人们的面前。

纠偏施工完成后甲方（上海真如镇杨家桥住宅指挥部）赠送给大连久鼎特种建筑工程有限公司一块铜牌上面写着："纠偏安全到位、技术高超过硬"十二个大字，完全体现了这个纠倾项目的圆满成功。同时，甲方邀请了上海同济建筑工程质量检测站对该纠偏工程进行了重新测量（见表 10-23），完全达标。

纠倾完成后商住楼测量记录 表 10-23

点号	本次下沉（mm）	累计下沉（mm）	点号	本次下沉（mm）	累计下沉（mm）	点号	本次下沉（mm）	累计下沉（mm）
1	-10.2	-21.2	5	-21.3	-37.9	9	-33.0	-310.9
2	-20.1	-47.0	6	-110.9	-31.1	10	-38.1	-86.9
3	-22.2	-45.0	7	-310.8	-81.7	11	-33.7	-74.4
4	-22.9	-42.2	8	-24.5	-40.8	12	-31.4	-65.7

卢明全　谢锡庆　张洪军　叶维　吴建军
（大连久鼎特种建筑工程有限公司）

10.1.30 综合法纠倾工程实例（二）

(1) 工程概况

上海吴中路虹桥住宅 5、6 号楼为联体建筑，长 67.78m，其中 5 号楼长 43.2m，6 号楼长 23.8m，宽 17m，其中外挑一层的房宽 4.5m，六层的楼房宽为 12.5m；高 6 层。底层为框架结构，全是商业用房，二~六层为砖混结构，是住宅用房，天然地基，十字条形基础，埋深 1.35m，宽 2.8~3.2m，底板厚 350mm，南、北向均有地基梁加强。

工程于 1994 年竣工，1997 年 8 月下旬发现建筑物倾斜。经测量，西北角向北倾斜 38cm，相当于倾斜率 20‰；东北角偏斜 31.5cm，倾斜率为 16.6‰。远远超过规范规定的容许值。纠偏加固前于 1997 年 11 月中旬再次测量，西北角向北偏斜 44.64cm，倾斜率达 23.4‰；东北角偏斜 34.2cm，倾斜率达 18‰，说明北侧沉降、向北倾斜尚在进一步发展中，给居民带来相当的不安全感。为此，对该建筑物必须进行纠偏加固。

(2) 工程地基条件

据勘察报告揭示，以 5 号钻孔为例，土层分布由上至下为：①层填土，厚 1.35m；②层褐黄色粉质黏土，厚 3.2m，地基承载力为 110kPa；④层灰色淤泥质黏土，厚 14.6m，地基承载力为 65kPa；⑤层灰色淤泥质粉质黏土（未钻穿），厚 15.7m，地基承载力为 70kPa。

(3) 建筑物倾斜原因简析

从工程地质条件可知：地基土质较差，上海某勘察设计研究院提供的 5、6 号楼南北两侧地基沉降计算结果为南侧平均沉降为 25.1cm，最大点的沉降为 36.61cm；北侧平均沉降为 37.8cm，最大点的沉降为 54.91cm。由此可见，无论是计算或是实测，其建筑物的沉降与倾斜都较大，分析其原因为：

1) 建筑物重心与形心不一致，在南侧 4.5m 宽处是 1 层建筑物，北侧是 6 层建筑物，使南侧基底压力明显减小，而北侧基底压力明显增大，南北两侧基底压力差异，导致建筑物向北倾斜。

2) 设计天然地基时，虽然想充分利用②层土的所谓硬壳层，但由于荷载大偏心，建筑物北侧的基底压力达 140kPa，大于该层土的地基承载力 110kPa，这必然在该部位的土体会产生塑性变形，甚至侧向变形，从而加剧了北侧的沉降与向北侧倾斜。

3) 据勘察报告，建筑区内存在明浜与暗浜。在基坑开挖时，发现西北角遇到暗浜边缘，当时施工填毛石处理，厚度约 2m，但由于西北角边缘外侧是暗浜区，抛下的毛石受角点荷载影响，必然向暗浜区侧向挤出而造成西北角较大的沉降。

(4) 建筑物纠偏加固设计

由于建筑物不仅沉降极大而且呈明显倾斜，建筑物北侧地基应力较高，为此，必须采取综合治理方案。为降低基础北侧边缘应力，设计采用锚杆静压桩基础托换方案；为使建筑物回倾到规范容许值，设计采用沉井射水纠偏法进行纠偏。

1) 锚杆静压桩托换加固设计

① 结合工程用三维弹性有限元计算理论进行地基应力场分析，得到基础边缘应力高的结论。为此，锚杆静压桩桩位布于基础北侧全长的边缘以及东西两侧半长的边缘。

② 本工程布桩 56 根，桩截面 250mm×250mm，桩长 25m 左右，桩节长 2.5m，上部四节为焊接桩，下部为胶泥接桩。

③ 压桩力大于 320kN，以压桩力作为压桩控制标准，压桩后即刻采用 C30 微膨胀早强混凝土封桩。

2) 井射水纠偏设计：

① 设置钢筋混凝土沉井圈梁。

② 在建筑物南侧紧挨建筑物边缘设置 8 只砖砌沉井，沉井位置详见图 10-143，沉井深 6m，直径为 2m。

③ 在沉井底板面以上一定高度处预留 8 个射水孔。

④ 沉井端部设计成封闭式，浇捣沉井钢筋混凝土底板。

⑤ 射水根据沉降观测资料来定，射水纠偏应贯彻缓慢射水取土和缓慢回倾的原则，沉降量控制在 2~4mm/d 范围内，最大不得超过 10mm/d。

(5) 建筑物纠偏加固施工

纠偏与压桩止倾加固可以分阶段进行：

10.1 建筑物纠倾工程典型实例

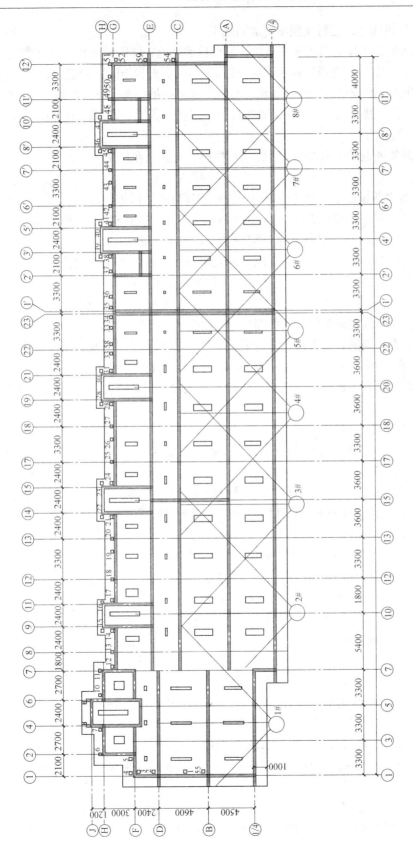

图 10-143 建筑物纠倾加固设计图

1) 先为在建筑物北侧进行止倾压桩加固施工：

① 锚杆静压桩施工按上海市标准《地基处理技术规范》DBJ 08—40—94 进行。

② 压桩施工工序为：清理压桩区现场→破除排水沟→开挖土方→施工降水→开凿压桩孔→开凿锚杆孔→埋设锚杆→桩段运输→安装压桩架→吊桩入孔→压桩施工→接桩→压桩力达到设计要求→做好施工记录→移动压桩架→清孔→焊接交叉钢筋→C30 微膨胀早强混凝土封桩→回填土方。

③ 由于建筑物西北角下有 2m 左右的毛石垫层，为此，在压 1、2、3、4、5 号桩时，采用了引孔技术。

2) 施工与射水纠偏施工，沉井施工可与锚杆静压桩施工同步进行：

① 沉井施工流程：挖除地表覆土 0.5m 并平整→井圈扎筋→井圈支模→浇捣 C15 混凝土→砌筑井壁 240mm 砖体并抹防水砂浆→砌筑 2m 高，按设计预留射水孔→开始在沉井内挖土下沉→边砌筑边挖土使之均匀下沉→沉到 6m 深的设计标高→封底。

② 射水纠偏施工流程：射水掏土→将泥浆排到沉井内→沉降观测→排除沉井内泥浆→射水掏土→掏土后平均倾斜率达到规范要求纠偏结束→沉井内回填黏土。

③ 射水点先安排在建筑物沉降少的部位，射水孔应遵守先疏后密的射水原则。

④ 射水掏土施工期间，每天进行沉降观测。纠偏施工人员根据观测资料，指导射水纠偏施工，以便控制沉降量 2~4mm/d 范围内以及选定合理的射水点位置。

⑤ 每半月对建筑物裂缝进行一次全面检查，并做出标记，以便掌握建筑物裂缝变化情况。

（6）建筑物纠偏加固的质检

锚杆静压桩加固施工以桩长或压桩力为主要质量控制标准，以便确保锚杆静压桩能按设计意图传递荷载而起到加固作用。

纠偏时纠偏加固的重要组成部分，其质量检验及竣工验收重点应放在效果上，由回倾率指标反映。因此，倾斜观测或计算回倾率所必需的沉降观测，不仅是纠偏施工过程中的重要质检手段，也是最后竣工验收的重要技术资料。

此外，裂缝观测也是纠偏加固工程质检与竣工验收的必要内容，本纠偏工程东西向房形较长，中间设伸缩缝，南北向住宅区为二~六层，商业区为底层一层，并南侧外挑宽 4.5m，由此加大了纠偏的难度。一层与六层交界处是上部结构刚度与下部基底压力变化处，纠偏前该处未见裂缝，在纠偏过程中该处最易出现裂缝，需加强裂缝观测。

（7）建筑物纠偏加固的效果

纠偏加固的压桩日期为 1997 年 11 月 25 日~1997 年 12 月 4 日，1997 年 12 月 6 日开始挖纠偏沉井，直至 1998 年 5 月 30 日纠偏结束。

纠偏加固效果从纠偏加固前后的沉降观测、倾斜观测及裂缝观测，可得到充分反映。

1) 沉降观测于 1997 年 11 月 21 日开始监测至 1998 年 9 月 3 日止，历时 287 天，南侧各测点的沉降累计值在 228.2~257.7mm 范围内，北侧在 40.4~63.8mm 范围内，南北两侧沉降值较均匀，其南北两侧的平均沉降值与时间关系曲线见图 10-146。从图中可知：

① 北侧 N 线（指沉降与时间关系曲线以 $s—t$ 表示）反映压桩期间发生 2cm 左右的附加沉降，压完桩并封好桩后，沉降很快趋于平缓，沉降得到了有效的控制。

② 北侧目前沉降速率仅为 0.005～0.01mm/d，已趋稳定。

③ 纠偏期间南侧 s 线沉降明显增大，反映出了明显的纠偏效果。

④ 纠偏结束后 s 线趋于平缓，目前沉降速率为 0.057mm/d，今后还会有少量自然回倾，对纠偏有利。

2) 建设方委托上海房屋质量监测站进行倾斜检测，用经纬仪对该楼主要棱线进行实测，纠偏后其结果为房屋整体向北倾斜，其倾斜率为 2.3‰～6.3‰范围内；对东西倾斜状况也进行了检测，房屋向西倾斜，多数倾斜率很小甚至为零，其倾斜率在 0～2.5‰范围内。由于纠偏采用平移原则，故纠偏后仍保持纠偏前的倾斜差异，不能通过纠偏，将建筑物调整到同一个倾斜率。

3) 加强裂缝观测的部位，在纠偏过程未见异常情况。

由此得到结论是：5、6 号建筑物经过纠偏加固后，又经过 287 天跟踪监测，沉降已趋稳定，倾斜率也已达到国家规范规定值（4‰）范围内，纠偏难度是很大的，但纠偏加固是非常成功的；这充分显示，锚杆静压桩配以沉井射水进行纠偏加固的技术成熟、完善。

图 10-144　沉井水平掏土纠偏　　　　图 10-145　钻孔取土纠偏

沉降量一览表　　　　　　　　　　　　　　表 10-24

时间(t)	累计沉降量(s)		时间(t)	累计沉降量(s)	
	S	N		S	N
1997-11-21	0	0	1998-04-07	−182.1	−43
1997-11-28	1.14	−5.1	1998-04-21	−200.3	−43.5
1997-12-12	−2.53	−28.2	1998-05-06	−223.8	−43.9
1997-12-26	−8.4	−33.3	1998-05-19	−233	−45.2
1998-01-12	−25.5	−35.1	1998-06-02	−235	−45.6
1998-01-23	−44.93	−37.6	1998-06-24	−237.9	−46.41
1998-02-10	−54.1	−39	1998-07-08	−239	−46.56
1998-02-25	−82.1	−40.35	1998-07-29	−241.8	−48.2
1998-03-10	−110.5	−42.1	1998-08-19	−242.9	−48.4
1998-03-24	−141.7	−42.44	1998-09-03	−244.7	−49

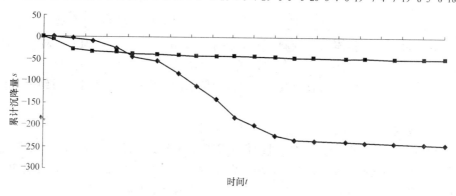

图 10-146　沉降与时间关系曲线

周志道　周寅
(上海华铸地基技术有限公司)

10.1.31　综合法纠倾工程实例（三）

（1）工程概况

白塔位于兰州市黄河北岸的白塔山顶，原山为无名荒山，元代于此山修建白塔，山因塔得名，塔以山秀美。明景泰年重建（公元1450～1456年），距今有550多年的历史。白塔高16.4m，七级八面，上置绿顶，下筑圆基。山下有金城、玉迭两关，为古代军事要冲。现为兰州市最具代表性的重要标志，早在1963年被列为省级重点文物保护单位。

白塔为一实心砖砌体，以石灰和土为胶粘剂，塔基直接坐落在原未经处理的地基上，其圆形基座结构如图10-147所示，砖砌体厚度1.5m，中间1.2m部分用土夯实回填，塔重约2000kN，平均地基压应力110kPa。

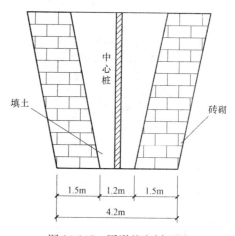

图 10-147　圆形基座剖面图

1）白塔变形历史及特征

据资料记载，1920年距金城兰州约170km的宁夏海原发生里氏8.5级大地震，强烈地震波及兰州，导致许多民房坍塌。白塔虽幸免于难，但却向南倾斜14cm。自那以后的60年间，未发现白塔有明显的新变形产生。进入20世纪80年代以后，由于绿化频繁灌溉，使塔院地面和墙体多处产生裂缝，并呈日渐扩大之势。与此同时，白塔以每年4.2cm的速度加剧倾斜，到白塔纠倾开工前，塔身七级八面自上而下均不同程度地分布有张拉裂缝，有些裂缝上下或环向贯通，尤其是塔基南侧，风化剥蚀和压酥、压屈现象严重，压缩鼓胀裂缝和压剪裂缝密布，剥落掉块时有发生，呈现出岌岌可危的险象。

10.1 建筑物纠倾工程典型实例

塔顶历年偏离底面形心距离见表 10-25。塔身倾斜呈直线状，塔基北高南低，高差 20cm。

白塔变形状况   表 10-25

时间	倾斜(mm)	倾向	变形原因
1920 年	140	S	地震
1988 年 9 月	190	S	浇水灌溉、边坡松弛
1996 年 7 月	531	SW6.7°	滑坡、增湿等
1997 年 6 月	555	SW6.7°	滑坡、增湿等

2) 白塔倾斜原因

图 10-148 为白塔场地钻孔柱状图。勘察范围内地层自下而上依次为：基岩、卵石层、黄土质粉土、马兰黄土和人工填土。其中，马兰黄土最厚达 32.85m，场地填土 6.0m 以上松散。

经进一步的钻探、井探、电探、静探、氡气探、测温、标准贯入和土工试验等多种探测方法互相印证，得出白塔加剧倾斜的原因为以下五个方面。

① 滑坡蠕动。塔院有两个滑坡，以后殿南侧东西一线为界，以北为北滑坡，以南为南滑坡。白塔坐落在南滑坡体上，并随着南滑坡向南向下的蠕动而倾斜。

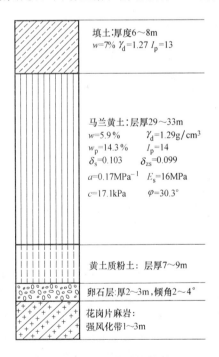

图 10-148 钻孔柱状图

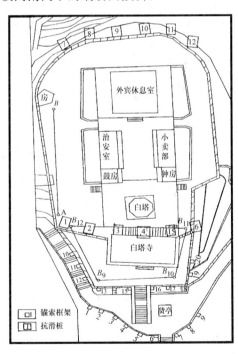

图 10-149 白塔寺病害治理平面布置图

② 差异增湿。从白塔修建初到今天的 550 年间，由于大气降水和灌溉条件的巨大变化，使地基土的湿度不断增加；同时，由于塔基南北表水渗透和蒸发排泄条件不同，塔基南北地基土含水量出现差异，南侧约高出 3%；因南侧压缩沉降量较大而使塔体倾斜；

③ 边坡松弛。塔院周围由于漫灌而使水浸蚀坡脚，使得突兀的塔院向临空面发生松

弛变形，进而对白塔的倾斜产生了影响；

④ 偏心受压。白塔发生倾斜后，塔体重心偏离底面形心，塔体倾覆弯矩越来越大；与此同时，塔基土偏心受压，促使塔体继续倾斜，且加速发展；

⑤ 地震影响。地震是引起白塔倾斜的初始原因，并一直威胁着塔体的安全。20 世纪 90 年代初，兰州附近地区地震活动频繁，对加速白塔倾斜起了推波助澜的作用。

(2) 塔院病害治理措施

在深入勘察、充分论证和周密设计的基础上，经过广泛听取意见、集思广益，最后决定对塔院病害采取如下两种治理措施。

1) 根治南滑坡

北滑坡离白塔较远，目前不至于威胁白塔的安全，故暂不处理。白塔安全的前提是所在坡体的稳定，针对南滑坡变形采用抗滑桩、锚索框架梁和改善塔院排水系统三项措施。在白塔南侧与前厅北侧之间东西一线，设置 6 根抗滑桩稳定坡体。对桩前坡体护墙，分别自白塔的东、东南、南和西南方向的临空面共设置 30 根锚索立柱，对白塔形成拱抱之势。每根立柱均设置两道横梁和两束锚索，组成锚索框架锚固桩前坡体，防止其由于表水浸入等发生主动土压力破坏，向后牵引使抗滑桩失去部分桩前抗力而失效。

2) 纠倾扶正白塔

由前述"白塔变形状况"可知，纠倾前塔尖已偏离底面形心 555mm，重心偏移 185mm，并以 42mm/年的速度继续向南倾斜，严重威胁白塔的安全。

(3) 纠倾方法

1) 基本纠倾方案的确定

根据病因，拟定了结构加固、基础托换、掏土加压纠倾和压力灌浆稳定基础四项工程措施有机组成的纠倾方案。前两者既是白塔纠倾的基础，又是永久性工程；后两者则是纠倾和稳定塔基调整倾向的主要手段。

这里有必要说明一下，我们为什么要选择掏土—加压纠倾，而摒弃掏土自重纠倾。这有以下几个原因：

① 因为掏土部位含水量较低，土的极限抗压强度较高，土体易发生脆性破坏而突沉。若采用掏土自重纠倾，势必会加大掏土面积，使纠倾工作的安全无法保障；若采用掏土—加压纠倾，当由于加压使土体达到极限荷载欲突沉时，加压系统会自动卸荷而保障了塔体的安全。

② 掏土—加压法的纠倾精度高。白塔纠倾不同于一般结构条件较好的工业与民用建筑的纠倾，后者只要求墙体重心落在截面核心以内即可，而白塔在历经 500 多年的风化剥蚀作用后，其结构条件已较差，而且由于它是省级保护文物，在今后相当长的时期还要继续挺立于世，因而对其纠倾的精度要求当然是越高越好。在掏土量适宜的情况下，通过塔基北侧施加压力，可以使塔尖投影与底面形心完全重合，也可以使塔尖向任何方向偏移任意距离，其中包括"矫枉过正"，使塔尖向北倾斜。

③ 根据研究分析以往纠倾的资料，发现在目前的土力学计算精度下，运用掏土自重纠倾很难准确计算掏土量，而往往使纠倾工作时间长，纠倾精度低，有时还陷于困境。掏土—加压纠倾，则可以用准确的加压来弥补掏土量计算误差的不足，使纠倾工作顺利进行下去；而且由于偏心加压可使地基土产生三角形或梯形压力，而使地基土受力更为合理。

关于加压方式,一般有两种方法可供选择:一种是直接在少沉部位,也就是在白塔北侧基础周边临时用铁块压重;另一种用横梁锚桩反力系统加压。我们选择了后者。这是因为:

a. 利用锚桩横梁反力系统给塔基加压,对整个南滑坡来说是内力,不影响滑坡的稳定性;铁块压重则相当于在滑坡上堆积了数十吨重的荷载,增加了滑坡推力,对正在施工的抗滑工程产生不良影响;

b. 塔院场地较小,锚桩横梁反力装置不仅加载灵活、机动,精度高,而且体积小,适合与水平钻机掏土配合纠倾,而铁块压重不仅体积大,塔院堆放不便,而且由于地方狭小吊车无法作业;

c. 经过核算比较,锚桩横梁反力装置较铁块压重经济。

2) 纠倾原理与组合纠倾方法

① 组合纠倾法的涵义

所谓组合纠倾法,是指在对白塔纠倾时,分别采用结构加固、钢筏托换基础、掏土加压纠倾和压力灌浆法稳定基础、调整倾向,并辅以切实可行的保护措施和精确、严密的观测手段。其中,钢筏托换起扩大基础作用,并与结构加固体刚性连接,提高塔体的结构强度、刚度和整体性,使塔体具备整体变位的条件;掏土使基底土不发生屈服破坏,仅具备侧向挤出变形而沉降的条件;加压使基底土自北向南逐渐发生屈服破坏,使北侧塔基沉降回落,进而使白塔回倾纠倾成为可能;加压还起平衡作用,保证白塔不偏不倚地向正北回复;压力灌浆是利用浆液稠度的变化和压力释水作用,使基底土发生一定的附加沉降,进而调整塔体的倾向,并使浆液充填掏土空隙,凝固后稳定基础。严密的保护措施使得纠倾工作始终处于主动状态,精确的监测手段使得纠倾工作更具科学性,避免盲目性。

② 共同作用原理

我们将钢筏托换、掏土和加压三者有机地组合起来,运用各自的作用原理,共同服务于白塔纠倾,使得纠倾过程中基底土的屈服变形、钢筏下座和塔尖回倾等变形位移互相协调,称为共同作用原理。

a. 掏土不破坏原则。掏土不破坏原则要求掏土后,在建筑物自重作用下,基底土不发生整体屈服破坏,必须在一定的附加压力作用下才能下沉回倾。未掏土体的原始应力改变为:

$$\sigma_p = \sigma_a + \Delta\sigma_p$$

式中 σ_a——原地基接触应力;

$\Delta\sigma_p$——接触应力增量;

σ_p——掏土后地基接触应力。

这里有个确定地基土屈服破坏应力 σ_p 的问题。图 10-150 为地基土的压力～变形关系曲线,一般地基压力 P 在承载力基本值 P_a 的附近。当 P 发生改变向极限荷载值 P_k 移动时,基底塑性变形区逐渐扩大,地基土处于塑性状态。随着 P 的增大,地基沉降量不断增加,塔体下座回倾。因此,应适当调整地基压力 P(通过偏心加压),使:

$$P_a < P < P_k$$

这就需要调整地基的应力增量 $\Delta\sigma_p$,使地基压力增长率在适当的范围内。根据经验,一般匀质土地基 β 取 25%～40%,白塔地基为 38.4%。

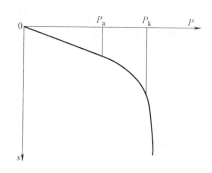

图 10-150 地基压力-变形曲线

$$\beta = \frac{\Delta\sigma_p}{\sigma_a}$$

b. 偏压渐进破坏规律。图 10-151 为在不同受力状态下的地基应力分布图。一般当塔体直立时，在塔重 2000kN 荷载作用下，基底压力为均布荷载，见图 10-151（a）；当塔尖向南倾斜 55.5cm 时，由于重心倾覆力矩的作用（重心在距塔基三分之一高度处，其偏心距为 $1/3 \times 55.5\text{cm} = 18.5\text{cm}$），使得基底南侧应力大于北侧，见图 10-151（b）；当于塔基北侧施加 400kN 的偏心压力，且未于钢筏底部掏土时，基底北侧应力大于南侧，见图 10-151（c），同时产生回复力矩；当于塔基北侧施加 400kN 的偏心压力，且于筏底自北向南做条带状掏土 20 组，平均掏土深度 4.5cm，累计掏土面积 10.0m² 时，在距南侧边缘 0.91m 处（01 点）应力为零。这在客观上使得 01 点相当于塔基下坐转动的中性轴，而使得 01 点以南的塔基反翘，地基应力为零；01 点以北的塔基下沉，地基应力自南向北逐渐增大，见图 10-151（d），北侧边缘应力最大。这是纠倾过程中地基的应力变化情况。

由掏土不破坏原则可知：在一个纠倾过程中，掏土量（计算求得）相对确定，且不会由于掏土而使地基发生屈服破坏，而必须在一定的附加压力作用下才能下沉回倾。这个附加压力就是图 10-151（c）、（d）的偏心压力 P_1，这个偏心力 P_1 不是一次施加上去，而是分级逐次进行。当 P_1 达到一定的数值时，塔基北侧边缘的土体应力最大，首先进入塑性区，并随着 P_1 的递增塑性区逐渐向南扩展；当塑性区扩展到

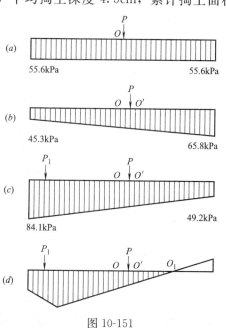

图 10-151

一定的范围时，若偏心压力 P_1 继续增大，塔基北侧边缘的土体便发生屈服破坏；与此同时，地基的最大应力和塑性区向南转移，见图 10-151（d），而达到新的临界平衡状态。再增加偏心压力 P_1，则塑性区继续向南扩展，最大应力处的土体又发生屈服破坏。地基最大应力和塑性区，又一次向南转移。因此，整个纠倾过程，就是依靠偏心压力的 P_1 递增，而使塔基土有规律地自北向南发生渐进性屈服破坏。根据莫尔—库伦屈服理论计算求得，塔基土进入塑性区的应力为 128.8kPa；根据实际纠倾结果，求得塔基土发生屈服破坏的应力为 152.2kPa。

c. 共同变位机制。白塔经钢筏托换和结构加固后，其强度、刚度和整体性大大提高，使纠倾系统具备了整体变位的结构条件；掏土不破坏原则和偏压渐进破坏规律，则保证了地基土在屈服破坏过程中的平稳性和可控性，使纠倾系统具备了整体同步变位的地基条件。地基土的屈服变形、钢筏塔基的下坐和塔尖的回倾变形互相协调、同步发生，这就是

白塔纠倾的共同变位机制。

③ 纠倾参数的确定

纠倾的前提是结构加固和钢筏托换,而纠倾的核心则是掏土和加压。所谓确定纠倾参数,实际是确定掏土量和所施加偏心压力的大小。

a. 掏土量的确定

影响掏土量的四个因素为:基底土的抗剪强度、基底土的压缩性、偏心压力的大小、塔基南北沉降差。

考虑上述影响因素,采用 Duncan—Chang 本构模型,根据土的塑性理论,计算求得在不对塔基北侧施加偏心压力的情况下,采用掏土自重纠倾法,至少需掏土 $14.4m^2$,占基础总面积($36m^2$)的 40%。

b. 偏心压力的大小

我们将掏土—加压纠倾定位为:以掏土为主,加压为辅。至于压力的大小,以面积约 1/4 的土体所具有的极限荷载强度来计算,由逐级加压来克服,避免全部掏土至屈服破坏而发生突沉事故。

按照土的塑性理论,在由正常固结线、临界状态线和罗斯科帽子屈服面组成的统一状态边界面上,根据土的应力路径的发展状态,结合基底土实际三向应力状态和莫尔—库伦最大倾角理论,最后确定出掏土后基底土的屈服破坏标准为:

单独土条最大塑性区比值(某截面进入塑性区的土体宽度与该截面总宽度之比)达到 40%,整体地基平均塑性区比值达到 20%(两者必须同时满足)。再依此标准通过有限元分析计算,求得纠倾工程的控制参数为掏土面积 $10m^2$ 时,临界加压荷载 350kN。

这里偏心施压更显示出其灵活性和安全性。当基底掏土量不足时,可通过施压使塔体回倾;当基底因掏土和施压要发生屈服破坏而突沉时,由于土体下沉而使千斤顶自动卸荷,进而阻止了突沉事故的发生。

(4) 纠倾的基础工作与纠倾工艺

1) 纠倾的基础工作

① 钢筏托换

考虑到掏土—加压纠倾时对基础整体刚度的要求,分别从原条石基础的强度、加压的有效面积、钢筏自身的强度和钢筏基础与基底土体的刚度之比等四个方面分析计算后,求出钢筏基础需要 40 根 18 号工字钢,实际施工时采用 40 根 20 号工字钢。

图 10-152 为钢筏构造图。将 20 号工字钢每两根一组,焊接起来形成工字钢组;在南北方向布设 20 根工字钢组,间距 10cm;在东西方向布设长度不等的 20 号槽钢 9 根,并与 20 组工字钢焊接牢固,形成强度、刚度等足够大的钢筏。钢筏的长宽均为 6.0m,高度 0.20m。

为增加钢筏的强度和刚度,使其充分发挥作用,确保在纠倾时塔体与钢筏基础同步位移或倾斜,将原四方塔基与条石基础剥离,于钢筏裸露部位和塔基外围浇筑钢筋混凝土,使其钢筋与钢筏焊接形成扁平的杯口基础。为加强塔体与杯形基础的连接,用 16 条纵向钢带从八个方向,将钢筏和结构围箍加固的三条环向钢带焊接,使塔体与钢筏托换基础浑然一体。

② 结构加固

为使塔身在纠倾过程中不致造成再次破坏和纠倾后的长期稳定,必须进行结构加固。

第10章 建筑物纠倾工程实例分析

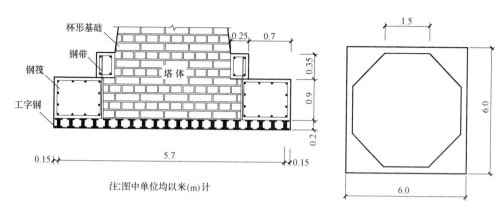

图10-152 钢筏构造图

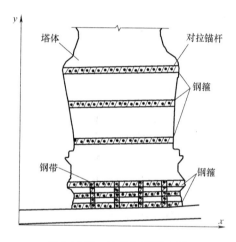

图10-153 结构加固示意图

方法是用钢带围箍和穿筋加劲。对圆形和八边形塔基各采用三条环向钢带进行围箍（图10-153），防止塔体沿经向开裂，围箍时尚应根据需要，对塔体进行必要的剥离和恢复。钢带宽度为15cm，钢带槽宽20cm。为确保钢带的围箍作用，在钢带与塔体间隙中，灌入膨胀水泥浆充填空隙；同时，为防止热胀冷缩，使钢带松动或其外围的水泥砂浆抹面脱落，沿塔周每隔35cm布设一个膨胀螺栓，将钢带紧紧钳固在塔体之上；六条钢带共布设200个膨胀螺栓。对八边形塔基，还在每条钢带上，分别从东西和南北两个方向上，用$\phi32$钢筋穿透塔体与钢带拴紧，加强钢带的围箍作用；同时，通过16条纵向钢带与钢筏相连，加强结构与基础的连接，以抵御地震灾害的袭击。同时，纵向钢带的连接作用，又将杯壁向上延伸了1.2m。尽管延伸部分的杯壁较薄，但它是钢板做成，并通过围箍和牵拉作用制约塔基的变形。

2）纠倾工艺

① 掏土

掏土的位置选定在塔基北侧钢筏底部以下约30cm处。用水平钻机钻孔掏土，并使钻孔略微向南倾斜，坡度与塔基倾斜4.5‰基本一致。设计分三次完成，每次均掏20孔，但孔径逐次增大，使最后一次掏土面积达到12m²。如图10-154所示，三次钻径依次为$\phi108$、$\phi127$和$\phi146$，每次钻孔顺序自中间开始，对称向两侧有秩序地进行。

之所以将掏土孔的南端设计成锯齿状，是避免在南端产生"土坎"作用，进而避免加压时发生突沉现象，使基底未掏之土由南向北循序渐进地发生屈服破坏，塔体随之缓慢回倾。

运用有限单元法采用Super91中的线性静力结构分析模块，求得白塔地基南北向对称轴截面的应力分布如图10-155所示。由该图可知，4.5m处已越过了截面高应力区，使得绝大部分应力成为促使白塔回倾的回复力。故掏土孔深选用4.5m。

10.1 建筑物纠倾工程典型实例

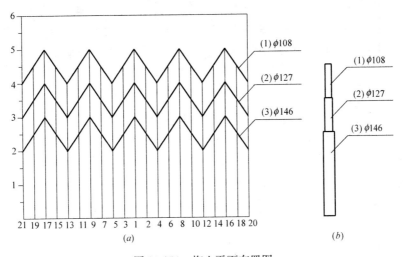

图 10-154　掏土平面布置图
(*a*) 平面布置图 (单位：m)；(*b*) 掏土孔形状 (单位：mm)

② 加压

a. 锚固装置

如图 10-156 所示，我们采用锚桩横梁反力装置给塔基北侧加压。计算加压纠倾时的最大压力为 400kN，钢梁满足承载力要求。

b. 加压系统

在塔基北侧的东西两侧 1.5m 处各设一千斤顶，通过钢梁给塔座施加压力，压力大小通过应变式荷载传感器控制，并通过 UCAM 数据采集仪采集压力。

c. 加压方法和标准

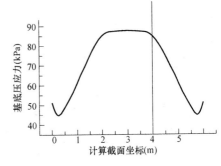

图 10-155　南北对称轴截面应力分布图

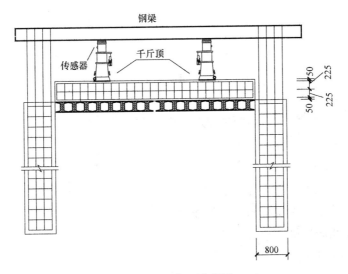

图 10-156　加压装置图

采用分级加压法，每级加压后间隔一定的时间进行沉降观测。当塔基沉降速度较快时，可暂缓施加下级压力；当沉降较慢时，应检测应力并及时补偿维持压力。当压力加至最大值400kN且沉降相对稳定后，应逐级卸荷并进行塔基的回弹观测。

3）灌浆法稳定基础

在纠倾工作结束后，由于掏土部位在塔体自重作用下，相当于新地基而要发生压密固结和压缩沉降，为此对扁平的掏土钻孔用砂和砾石回填捣实；然后，进行压力灌浆，使基底土固结，增强地基的稳定性。

白塔于1997年10月30日以向北8mm，向东4mm的误差被扶正后，考虑预后回倾发展，需使塔体向北倾斜2～3cm，我们利用黄土对水的高湿陷性、强敏感性和增湿压缩性等，通过调整浆液稠度，于塔基南侧灌注相对密度大于1.7的稠浆，北侧灌注相对密度约1.5的稀浆，以适当调整塔体。

（5）纠倾的防护与监测

1）严密的防护系统

① 揽拉

如图10-157所示，分别在白塔的东、西和北侧三个方向，各设置2个地锚，并用钢索连接地锚和塔体重心位置的围箍钢带，对白塔用6根钢索进行揽拉保护。钢索与地锚之间连接钢筋计，借以量测控制钢索拉力。

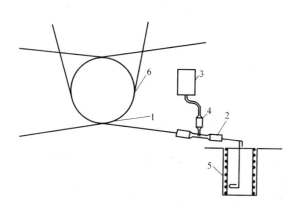

图10-157 揽拉保护
1—钢索；2—钢筋计；3—测力计；4—接线盒；
5—地锚；6—围箍钢带

② 千斤顶防护

在塔基东西两侧中间部位的钢筏底部，各设置一个千斤顶，防止纠倾过程中钢索拉力不足，导致塔体向东或向西产生较大幅度的倾斜；于塔基北侧钢筏底部，在东西各设置一个千斤顶，防止塔体向北回倾过程中，变形速度太快，给塔体造成新的损坏。四个千斤顶的顶抬力，视纠倾过程中塔体倾斜的程度和方向而定。

2）精确的监测系统

我们共采用四种方法，对纠倾过程进行严密监测和控制。它们是塔尖位移观测、塔基沉降（抬升）观测、压力补偿观测和揽拉观测。

① 塔尖位移观测

分别自白塔的东南、西南两个方向，采用两台全站仪交会观测塔尖位移，以此交会资料为依据，现场绘制塔尖位移轨迹，修正调整纠倾参数。位移观测每天早、中、晚各一次，为掏土加压纠倾提供指导。

② 塔基沉降观测

在塔基的南北两侧各设置左、中、右三个电子位移计，南侧观测塔基抬升量，北侧观测塔基沉降量,两者结合起来确定塔体回倾转动的中性轴,既为控制塔基下沉速率提供准确数据,又为继后的纠倾修正参数提供可靠资料。电子位移计的沉降(抬升)直接从 UCAM 数据采集仪上读取,并自动记录。为直观反映加压过程中塔基下沉(抬升)情况,于 6 个电子位移计的承台上同时设置 6 个百分表,作为互相校核的依据,并可直接观察加压时的下沉情况。

③ 压力补偿观测

随着塔座的沉降,千斤顶所施加的压力要逐渐减少,这时必须通过监测荷载传感器所显示的实际作用力,随时予以补偿,才能维持足够的压力,使纠倾工作继续正常进行。我们用 UCAM 数据采集仪对电子位移计进行观测的同时,也监测应变式荷载传感器的工作状态和压力变化,随时进行压力补偿,确保加压系统正常、准确地工作,进而保证纠倾工作安全、有序。

④ 揽拉观测

在纠倾过程中,应对东西两侧 4 条钢索的拉力进行 24h 观测,观测频率为 1 次/h。当钢筋计拉力急剧增大,即白塔向东或西有较大幅度倾斜时,应结合位移观测和沉降观测结果,及时启动东或西侧顶抬装置,阻止变形进一步发展。随着纠倾的进行,白塔向北不断回复,北侧两条钢索的拉力不断减小。这时,应不断地观测钢筋计上的拉力,并及时给以补偿,使其拉力始终保持 500kN。观测和补偿的频率应以 1 次/15min 为宜(图 10-157)。

(6) 纠倾效果分析

1) 纠倾的准确性

建筑物允许的倾斜率,对承重砌体结构为 4‰,对高耸结构物为 8‰。白塔按理当属后者,考虑到它系古建筑和保护文物,我们仍然采用 4‰ 的承重砌体的标准。纠倾前白塔的倾斜量为 555mm,倾斜率为 33.8‰;纠倾后(1997 年 10 月 30 日),白塔倾斜量仅剩 9mm,倾斜率为 0.55‰,远远小于国家规范要求。在纠倾实例的报道中,像这样以毫米来计的纠倾精度确实不多见。

2) 塔基沉降与塔尖位移的关系

沉降与位移关系曲线见图 10-158,塔尖位移轨迹见图 10-159。由表 10-26、图 10-158 和图 10-159,可说明以下几个问题:

a. 一次较大面积掏土时,塔基整体下沉,而南北两侧下沉幅度不同。初始掏土 10m² 时,南侧塔基下沉 0.6mm,北侧 1.5mm。这说明:南北两侧同时下沉 0.6mm 的时候,整个塔基以南侧边缘为中性轴,转动下沉 0.9mm。

b. 基底土发生屈服破坏的掏土面积为 10.0m²,压力为 400kN,原计算基底土发生屈服破坏的掏土面积为 10m²,压力 350kN,实际压力稍大。

c. 在整个纠倾过程中,除第一次掏土 10m² 外,以后每次掏土面积为 3.0~4.0m²,累计掏土面积 24m²,北侧塔基累计沉降量 174.9mm,南侧反翘 28.6mm,塔基北侧沉降与南侧反翘的比值约为 1:6,变形中性轴位于距南侧边缘约 0.85m 处。

d. 图 10-160 为沉降变位简图,根据几何关系可知,当北侧下沉 178mm 时,塔尖水平向北的计算位移为:

纠倾参数汇总表 表 10-26

序号	掏土面积(m^2)	最大偏心压力(kN)	南侧回弹(mm)		北侧沉降(mm)		中性轴位置(距南侧,m)	塔尖回倾(mm)			
								交会观测		据沉降计算	
			本次	累计	本次	累计		本次	累计	本次	累计
1	10	0	−0.6		1.5	1.5	0	27.0	27.0	2.5	2.5
2	10	400	3.3	3.3	18.4	110.9	0.91	410.0	76.0	61.1	63.6
3	14	520	8.5	11.8	60.0	710.9	0.75	204	280.0	193.1	256.7
4	14	0(卸荷)	−0.2		−0.66		1.395				
5	17.5	500	6.1	17.9	35.4	115.3	0.90	120	400.0	117.3	374.0
6	21	520	3.2	21.1	13.8	1210.1	1.13	35	435	47.9	421.9
7	21	520	7.5	28.6	45.8	174.9	0.85	143.0	578	1410.4	571.3

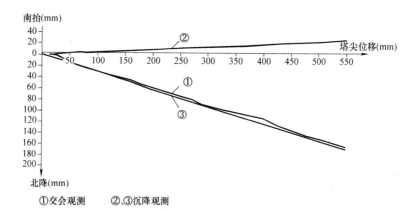

图 10-158 沉降—位移曲线

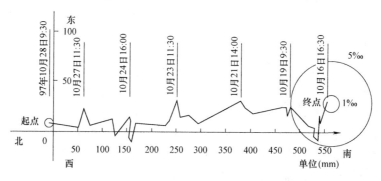

图 10-159 塔尖位移轨迹图

$$s_H = \Delta s_1 \frac{H_g}{B_1} = 571.4 \text{mm}$$

而实测塔尖水平变位为 578mm,误差仅为 6.6mm。这说明在纠倾过程中,钢筏的刚度已足够大,而使塔体和塔座同步整体回倾;同时,也说明塔体轴线为一直线而非折线。

e. 表 10-26 中塔尖位移交会观测值与沉降观测计算值具有一定的误差;由图 10-158 的沉降—位移曲线可知,沉降观测结果接近直线,精度较高;交会观测结果有折线段,精度相对较低。

10.1 建筑物纠倾工程典型实例

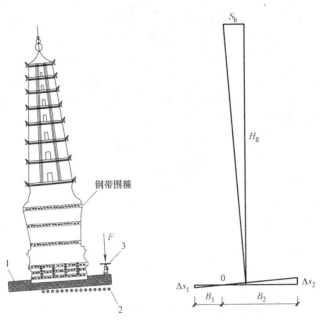

图 10-160 沉降变位简图
1—钢筏承托；2—钻孔掏土；3—外荷加载

图 10-161 纠倾前、后的白塔

王桢

（中铁西北科学研究院有限公司）

10.1.32 综合法纠倾工程实例（四）

以下介绍了青海师范大学 3 号楼概况，简要分析了大楼倾斜原因，针对倾斜主因，采取竖井内放射状掏土迫降、锚索加压调控、地基加固及钢管桩等综合技术，成功地对近百米大楼实施纠倾扶正，通过施工后近半年的连续监测，大楼基本趋于稳定。

（1）工程概况

青海师范大学 3 号教职工住宅楼，设计为框架-剪力墙结构，地上 30 层，地下 1 层，总高 97m，建筑面积 15896m²。采用梁板式筏形基础，埋深 8.3m，**基础坐落在强风化泥岩上**，筏板东西向长 41.0m，南北宽 14.1m，抗震设防烈度为七度。

2007年9月，在主体结构封顶后不久，地基便发生不均匀沉降，大楼整体朝北东方向倾斜，此后，差异沉降与日俱增，倾斜变形不断恶化，截止2008年10月15日，大楼朝北方向的倾斜率达2.66‰，朝东方向的倾斜率达1.82‰，根据《建筑地基基础设计规范》(GB 50007—2002)，3号楼整体倾斜已超过规范允许倾斜率2.5‰。大楼在尚未投入使用的情况下发生倾斜，致使电梯无法安装，且倾斜量逐渐加剧恶化。倾斜原因调查分析和纠倾加固工作迫在眉睫。

该楼的倾斜，受到青海省建设厅、青海师范大学等领导高度重视，多次莅临现场察看，并数次组织省内、外专家咨询论证，分析倾斜原因并商讨对策。2008年4月，青海师范大学委托中铁西北科学研究院有限公司承担3号楼倾斜原因调查、纠倾加固方案设计及施工任务。

(2) 大楼倾斜发展情况

发觉大楼倾斜后，有关单位加强了监测，结果表明：大楼向北东方向的倾斜量日益递增，大楼四周8个沉降观测数据也显示了同样的趋势。截止2008年5月10日，东北角最大下沉点E1的累计沉降量达1210.07mm，西南角最小下沉点E5的累计沉降量为36.87mm，两点的差异沉降量达92.20mm。根据沉降结果反算，大楼92.2m高处向北倾斜142.99mm、向东倾斜117.17mm。多种监测资料表明，大楼整体朝北东方向倾斜，而且倾斜程度逐渐加剧恶化。

从2007年4月13日开始监测，截止到2008年8月2日，历时478天的沉降曲线如图10-162所示。

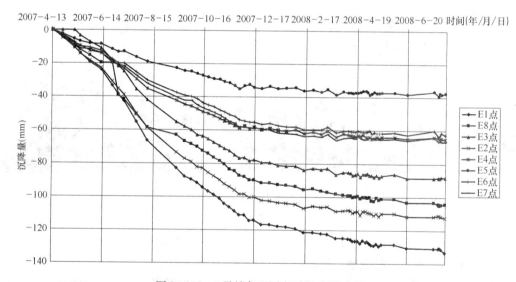

图10-162 3号楼各观测点时间-沉降曲线

观察大楼沉降时序曲线，大致分为三个阶段。

第一阶段：2007年4月13日～2007年6月14日，在均匀增加荷载的情况下，总体沉降趋势符合建筑物地基沉降规律，略为露出北侧沉降较南侧大、东侧沉降较西侧大的趋势，但差异沉降尚不明显。

第二阶段：2007年6月15日～2007年12月17日，在此期间各观测点的沉降速率加快,沉降观测点中除 E5 点外,其他各点的沉降量急剧增加,差异沉降进一步加剧,特别是 2007 年 7 月 9 日至 2007 年 7 月 24 日,大楼 8 个沉降观测点的平均沉降速率达到 0.54mm/d,其中 E1 点沉降速率达到 0.84mm/d。

第三阶段:2007 年 12 月 17 日~2008 年 8 月 2 日,虽然差异沉降在继续增加,但增加的速度相对变缓,比前阶段要小,E4 点、E5 点、E6 点和 E7 点的沉降速率明显变小;E1 点、E2 点、E3 点和 E8 点的沉降速率相对较快,大楼的倾斜仍在持续恶化。

截止到 2008 年 8 月 15 日,师大 3 号楼的基础累计平均沉降量为 810.2mm,整个观测过程平均沉降速度为 0.16mm/d。最大沉降量在 E1 点位置,累计沉降量为 135.9mm;最小沉降量在 E5 点位置,累计沉降量为 43.9mm,最大差异沉降为 92.0mm,各点的沉降量见图 10-163。

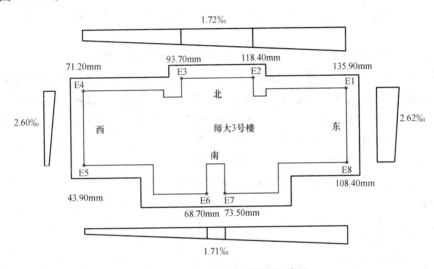

图 10-163 3 号楼各观测点沉降量

(3)大楼倾斜原因分析

1)明都大厦基坑降水是主要诱因

正当师大 3 号楼倾斜不断恶化之时,在其北边不远处的明都大厦正在开挖深基坑降水。根据勘察报告,整个场地南高北低,明都大厦位于湟水河一级阶地,师大 3 号楼位于湟水河二级阶地,两场地地下水均赋存在卵石层内,卵石层属强透水层,含水层(卵石层)以下为第三系泥岩,地下水属孔隙潜水,补给来源为大气降水,地下水由南向北流入湟水河,明都大厦与师大校园自然落差 6.0m,基坑挖深 13.0m,两场地形成 19m 的高差。位于下游的明都大厦基坑大量抽取地

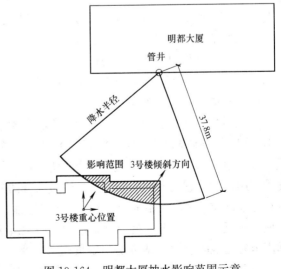

图 10-164 明都大厦抽水影响范围示意

下水，加速了地下水的流动。根据计算，抽水形成的降水漏斗半径达37m，正好波及师大3号楼东北角部位（如图10-164所示）。地下水位的下降引起地基再次固结；同时，由于地下水流速加快，带走更多的可溶盐及细颗粒物质，使师大3号楼地基产生不均匀沉降。沉降观测资料表明：抽水时间与大楼沉降呈正相关关系，即抽水量大、时间长，沉降量大。

2) 明都大厦基坑坍塌使3号楼侧向应力松弛

明都大厦基坑南边距师大3号楼平距30m，在深基坑开挖中，对边坡支护不力，南侧边坡曾两次产生坍滑，在师大校园内形成多道东西向拉张裂缝，中间的12号楼裂缝满布，最远一道拉张裂缝距3号楼仅有5m。显而易见，明都大厦基坑开挖对师大校院形成高19m深的临空面，且对基坑边坡加固不当，多次坍塌，一部分土体向北运移，造成师大3号楼北侧的应力减少，南北两侧形成土压力差和水位差。这是3号楼向北倾斜的原因之一。

3) 师大3号楼地基局部处理不当，是产生不均匀沉降的主因

基底标高−8.3m，进入强风化泥岩0.3m。从泥岩风化程度来看，东北角泥岩风化呈碎块状，裂隙发育；而西南角泥岩风化呈土状，夹灰白色条带。从理论计算分析，理应西南角沉降量大，东北角沉降量小，大楼理应向西南方向倾斜，但实际结果恰好相反。原因在于开挖至基底标高后，发现在场地西侧及南侧有两个天然砂砾石坑，直径在4.0m左右，深度约2.0m，施工单位对这两个砂砾石坑用混凝土进行换填。不仅如此，基坑降水时，在西北角及西南角设置了2个降水坑。在浇灌基础前，也对这两个积水坑用混凝土进行回填。如此一来，相当于人为无意间在西侧及南侧基础下面设置了4个"混凝土支承墩"，增强了西南侧的地基强度，从而导致西南侧的地基沉降量减少，东北角地基下沉量相对较大。这是大楼产生不均匀沉降的人为因素，也是主因之一。

总之，青海师范大学3号住宅楼的倾斜并非单一因素所致，而是由多种不利因素组合共同作用的结果。其中，强风化泥岩层空间分布复杂多变、风化不均、泥岩的遇水软化性、发育的裂隙和地下水文条件，构成了地基不均匀沉降的先天不利因素；加之，人为无意间在西南侧地基持力层范围内换填的4个大小不等的"混凝土墩"，减小了大楼西南侧地基的压缩变形量，两者构成了3号楼不均匀沉降的内因。在师大3号楼东北角设置上料电梯，致使地基附加力叠加，属于堆载不当，必然增大该侧地基的压缩变形量；北侧明都大厦基坑开挖过程中长达数月的持续降水，增大了地下水位的水头差，加速了细颗粒物质的运移，此两者构成了地基非正常不均匀沉降的外部诱发因素。

(4) 大楼纠倾加固措施

1) 消除局部梗阻。前已述及，大楼西南侧基础下面存在4个大小不等的"混凝土墩"，这是大楼地基产生不均匀沉降的主因。迫降纠倾的目的，就是要让西南侧多沉一些，减少大楼南北向及东西向的差异沉降。所以，在掏土迫降前，必须解除这4个混凝土墩的支承作用，消除它们的梗阻作用。具体做法分两种情况：对靠近竖井的混凝土墩，采用钻机在墩顶部位削掉一层混凝土，让基础有下沉回落的空间，削掉的高度正是大楼恢复正位时该处应沉降的量，万一掏土过量，大楼最大沉落到此，该墩可起到定位保护的作用；对远离竖井的混凝土墩，钻机切削难度较大，采取挖坑道接近墩子，从其底部渐进掏取岩土，同时用砂袋不断替换，做到允许混凝土墩适量下沉，不得产生突沉或大沉。

10.1 建筑物纠倾工程典型实例

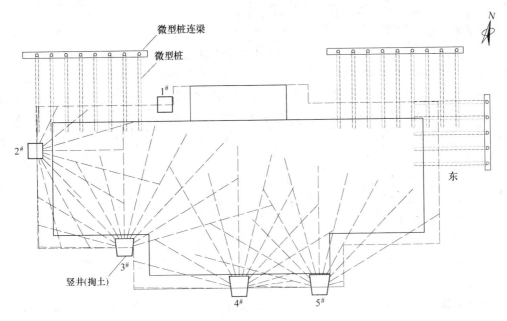

图 10-165 纠倾工程措施平面图

2) 纠倾措施以掏土迫降为主,锚索加压调控为辅。具体为:室外竖井内辐射状掏土、锚索加压调控、适当堆载加压等。

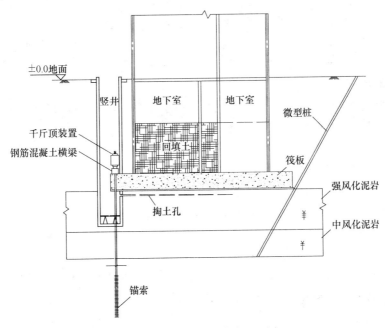

图 10-166 纠倾工程措施立面图

在大楼室外沉降少侧(西南侧)开挖 5 个竖井(其中 1 号竖井为辅助备用井),井深约 11m,至筏板以下 2~3m,作为施工通道和作业面。在基础下强风化泥岩里水平向放射状掏土,掏土采用改进后的短导轨钻机,通过钻孔取土,削弱基底的受力面积,增大基底应力,促进该侧地基沉降。掏土孔分井、分批间隔施工,掏土至大楼开始回倾,再采用锚索加压促沉。两者往复进行，直至达到纠倾目标。

在竖井内露出的筏板（0.7m×1.5m）上，设置两根锚索，锚索垂直伸入中风化泥岩12m，利用锚索与筏板组成反力系统。当掏土至临界状态时或掏土迫降下沉量不足时，通过千斤顶向筏板施压，以增加西南侧地基应力，进而促使地基沉降；由于锚索布置在西侧及南侧四个不同井位，根据监测反馈的信息，调整不同井位里锚索的应力，可方便地控制大楼的回倾方向和回倾速率。同时，考虑到地下室已经回填大量土体（3.7m厚），故因地制宜地加以利用，以中性轴为界，将地下室北侧的土用编织袋装起来，堆码在南侧，起到偏压迫降的目的。

3）地基加固及防复倾加固：由于大楼西南侧地基相对较弱，加之掏土迫降后，掏土孔被压扁，如果不处理，形成一个薄弱层，导致地基再次沉降，因此，地基加固措施必不可少。当达到纠倾目标后，利用高压空气吹出掏土孔内余渣，向孔内插入 PVC 管，采用从孔底到孔口返浆方式注入水泥砂浆，达到充填饱满和加固地基的目的。

防复倾加固措施采用斜孔钢管桩或基底定位墩支撑。在大楼北侧布置一排斜孔钢管桩，桩长 15m，钻孔与地面交角 60°，斜插入筏板下中风化层内，钢管桩由三根 $\phi50$ 钢管和水泥砂浆组成，采用孔底返浆式注浆。钢管桩施工完成后，用钢筋混凝土横梁将钢管桩上端连成一个整体，起到加固北侧地基和侧向约束的作用，见图 10-31。基底定位墩支撑加固措施，主要是想将早先在东北角开挖的地质探井和北侧的 1 号竖井充分利用起来，将探井（竖井）挖至筏板以下 1~2m，竖井在平面上与筏板搭接 0.7m，在竖井里由下而上浇筑混凝土，形成支承墩，阻止大楼继续向北、向东倾斜。

4）锁定锚索稳固大楼。在纠倾过程中，锚索起到加压调控作用，通过调整施加力的大小和不同井位锚索，人为控制大楼的回倾速度和方向。本工程设计的加压装置还兼有自动保护功能，一旦加力过大，基础回落就大，则锚索因筏形基础沉落自动卸荷，压力自然减少。在纠倾完成以后，对四个竖井里 8 根锚索分别施加一定拉力，然后进行锁定，这 8 根锚索将限制大楼向北东方向的复倾。同时，由于 8 根锚索深入筏形基础下约 15m，相当于大楼"生了根"，对大楼以后的抗震性能将有所提高。

(5) 安全保护与监测

建筑物纠倾和移位均属于特种工程，施工过程中特别讲究"安全可控、平稳回归、变位协调"。本工程设置多重安全保护措施，在硬件方面，充分利用原来基础下的 4 个混凝土墩，将其变害为利，无论是在上部切割还是抄底松懈，做到"既可沉，又能撑"，将其加以利用，防止过量沉降或突沉；在纠倾前，预制了 300 多个混凝土防护块，分别堆码在每个竖井下面，一旦发现基础沉降过快，可以迅速进行堆砌支撑，做到有备无患。在软件方面，主要在设计上做了周密的考虑，如采用分井、分批掏土，宁可欠掏，也勿多掏，纠倾后预留一定的回倾量等，通过锚索加压微调解决。

除了安保措施多重性，监测手段也多样化。具体有观测基础沉降的水准监测、水位连通器监测；观测大楼变位的倾斜监测、电梯井吊线坠监测等，这些监测手段都有各自独立性，以便互相校核验证。在施工过程中，安排专人进行监测，快速整理计算，及时将监测信息反馈给项目部专家组，以便指导施工。

(6) 纠倾成果

2008 年 10 月 15 日正式开始纠倾，2008 年 12 月 30 日结束，随着纠倾措施的实施，大楼的倾斜率急剧下降，倾斜程度持续减小。截止2009年6月5日验收前监测，大楼东西方向的倾斜率由纠倾前的1.82‰降低到1.28‰，南北方向的倾斜率由2.66‰降低到0.87‰以下，均远远低于规范的限值2.5‰。验收前最后100天的沉降速度为0.018mm/d。根据《建筑变形测量规范》（JGJ 8—2007）规定："当最后100天的沉降速度小于0.01～0.04mm/d时可认为已进入稳定阶段"。根据青海第二测绘院的沉降观测结果显示，大楼的沉降速率逐渐减小并趋于稳定，工后各点沉降速率及平均沉降速率均符合《建筑变形测量规范》（JGJ 8—2007）的指标要求。通过多次检查，大楼基础及上部结构物没有产生任何裂缝破损现象，纠倾工程于2009年6月5～7日顺利通过专家组验收。

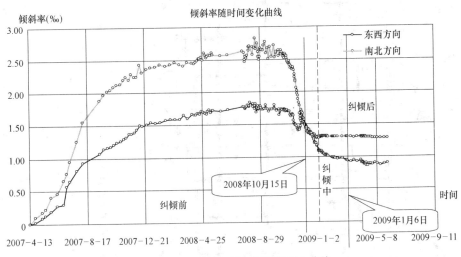

图10-167　3号楼时间-倾斜率变化曲线

（7）结束语

青海师范大学3号住宅楼双向倾斜、地下水位高、基础埋深深、地基为软硬不均的强风化泥岩、基础下存在4个"混凝土支承墩"，加之纠倾工程正值青藏高原寒冷的冬季等不利条件，更增加了纠倾难度。我院技术人员自主创新，攻克了一个又一个技术难关，特别是首次将预应力锚索巧妙地应用到建筑物纠倾工程中，提高了可控性和纠倾精度，使建筑物纠倾技术上升了一个新高度。同时，该楼成为目前我国纠倾建筑物中高度最高、层数最多、纠倾精度最高的建筑物。该工程的成功实施，不仅为我国纠倾加固工程创造了一个新的纪录，而且也为国内在泥岩地基上进行病害建筑物处理树立了一个典范，对推动我国建筑物纠倾技术的发展将会起到重要作用。

王桢

（中铁西北科学研究院有限公司）

10.1.33　综合法纠倾工程实例（五）

（1）工程概况

1）建筑物概况

徐州某小高层位于徐州市淮海西路北侧，为11层（带阁楼、地下室）钢筋混凝土剪力墙结构。建筑长70.69m，宽12.7m，楼顶标高36.65m，地下室地面标高为−3.9m，总建筑面积约14513m^2。其中，地下室面积1072m^2，地上建筑面积13441m^2。

第10章 建筑物纠倾工程实例分析

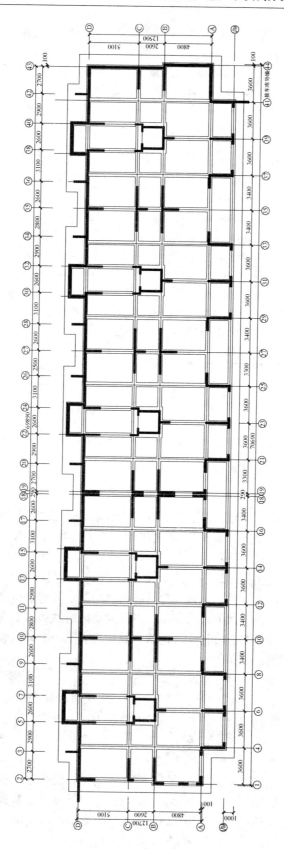

图 10-168 结构平面布置图

10.1 建筑物纠倾工程典型实例

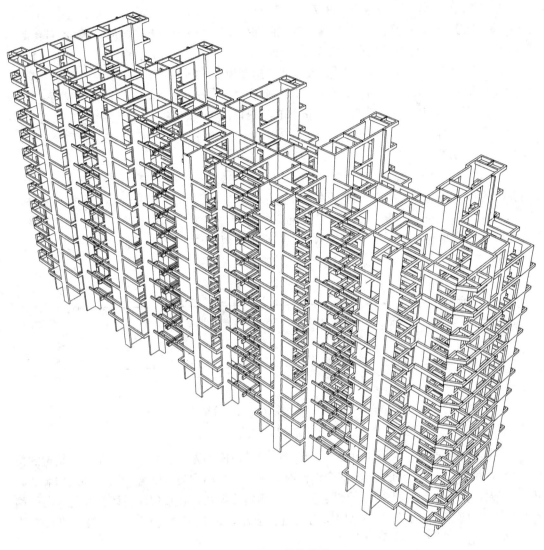

图 10-169 结构模型

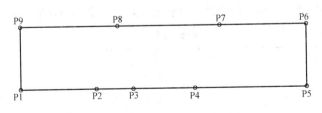

图 10-170 观测点位置平面图

该结构基础为钢筋混凝土筏形基础，筏板厚 600mm，基础底部埋深-5.5m，下设 850mm 厚碎石垫层。本工程采用深层水泥搅拌桩对地基进行了处理，桩长 6m。复合地基承载力特征值取 $f_{spk}=165kPa$，碎石垫层承载力特征值取 $f_{spk}=180kPa$。

2）事故概况

该建筑物主体结构竣工后，发现结构发生了不均匀沉降，整体向东北方向发生倾斜。

自 2006 年 7 月 30 日开始到 2007 年 5 月 25 日，进行了 12 次观测，历时 298 天，（观测记录详见表 10-27）测得建筑物最大期沉降量为 61.200mm（P6），最大累计沉降量为 111.33mm（P6），最小期沉降量为 0.640mm（P2），最小累计沉降量为 27.81mm（P1），平均沉降量为 58.90mm（12）。最大累计沉降速度为 0.460mm/d（P6），最小累计沉降速度为 0.008mm/d（P3），平均累计沉降速度为 0.234mm/d，累计沉降差最大为 92.24mm（P6、P1），最小为 1.56mm（P4、P3），累计沉降差速度最大为 0.316mm/d（P6、P1），最小为 0.005mm/d（P4、P3）。累计斜率最大为 6‰（P5、P6），最小为 0.1‰（P4、P3）。

该结构平均累计沉降速度为 0.234mm/d，超过《建筑变形测量规范》（JGJ 8—2007）中要求的 0.10mm/d，表明该建筑的沉降尚未稳定。累计沉降差最大为 92.24mm（P6、P1），最小为 1.56mm（P4、P3），累计沉降差速度最大为 0.316mm/d（P6、P1）。该建筑的最大倾斜量为 6‰（P5、P6），房屋的整体倾斜不满足《建筑地基基础设计规范》（GB 50007—2002）中第 5.3.4 条规定的 4.0‰的要求。

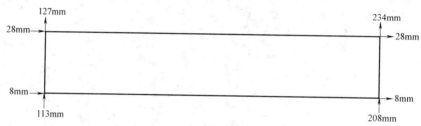

图 10-171　房屋倾斜理论计算结果
注：→表示顶部偏移方向

根据现场勘查结果，该建筑已经出现较明显的沉降和差异沉降。结合该建筑结构的特点分析，整体均匀沉降对建筑的安全性没有影响，但是不均匀沉降会导致上部结构墙体内应力过大，很可能导致混凝土墙体裂缝、建筑倾斜等损伤，导致房屋整体性和抗侧向位移能力下降，建筑倾斜变形不满足国家有关规范要求，远超规范允许值。建筑沉降没有稳定，对结构的安全性有较大的影响。

根据《民用建筑可靠性鉴定标准》（GB 50292—1999）第 10.0.3 条和第 3.3.3 条，该建筑结构可靠性评定为Ⅳ级，即：可靠性不符合要求，已严重影响安全，必须立即采取措施。

沉降观测成果表　　　　　　　　　　　表 10-27

点号	2006 年									2007 年			累计沉降量（mm）
	7月30日	8月20日	9月14日	9月30日	10月15日	11月3日	11月17日	11月30日	12月29日	5月1日	5月18日	5月25日	
1	807.83	805.93	803.65	802.30	801.04	7910.55	798.36	797.27	794.78	792.73	790.55		17.28
2	797.93	796.42	794.63	791.31	788.19	784.45	781.54	778.84	772.64	792.00	791.13	790.12	27.81
3	826.53	824.72	822.56	817.81	813.35	808.01	803.85	7910.99	791.13	790.03	787.89	787.00	310.53
4	8210.19	826.79	823.93	8110.71	815.75	811.00	807.31	803.88	795.97	791.97	788.99	787.64	41.55
5	803.25	798.52	792.83	7810.73	786.80	783.29	780.56	778.02	772.20	770.21	7610.00	768.00	35.25
6	784.52	776.31	766.47	762.24	758.27	753.51	7410.81	746.38	738.47	677.27	675.00	673.19	111.33
7	787.40	778.60	768.04	762.26	756.84	750.34	745.29	740.60	7210.78	708.73	705.49	704.09	83.31
8	787.76	7710.99	770.68	765.81	761.25	755.80	751.54	747.59	738.44	718.85	715.59	714.48	73.28
9	785.20	7710.74	773.21	770.31	767.59	764.32	761.77	7510.41	753.97	731.55	727.15	726.03	510.17

(2) 工程地质条件

① 杂填土：杂色，该层含大量砖瓦石块、水泥地平、混凝土及炉渣。该层分布不均匀，其厚度 0.40～4.00m。平均厚度 1.34m；层底标高为 35.51～38.94m，平均标高 37.99m。

② 粉土：灰～灰黄色，湿，中密，中压缩性。有摇振反应，无光泽，干强度低，韧性低，该层中部分孔位夹薄层软塑性黏土，局部孔位杂填过厚该层缺失，设计时应予考虑。该层分布不均匀，其厚度 0.30～2.10m。平均厚度 1.26m；层底标高为 35.92～37.77m，平均标高 36.80m。

③ 淤泥质黏土：灰色，饱和，流塑，高压缩性，有臭味。干强度低，韧性低，该层中部分孔位夹薄层粉土。根据调查，该层原为老河底。该层分布较均匀，其厚度 0.40～2.20m。平均厚度 1.24m；层底标高为 34.73～36.46m，平均标高 35.55m。

④ 粉土：灰黄色，湿，中密，中压缩性。有摇振反应，无光泽，干强度低，韧性低，该层局部孔位夹有软塑粉质土。该层分布较均匀，其厚度 1.30～3.40m。平均厚度 2.47m；层底标高为 32.25～34.46m，平均标高 33.07m。

⑤ 黏土：灰色，饱和，软塑，高压缩性。无摇振反应，有光泽，干强度一般，韧性一般。该层在局部孔位夹薄层粉土。该层分布较均匀，其厚度 0.60～2.10m，平均厚度 1.40m；层底标高为 30.85～32.86m，平均标高 31.67m。

⑥ 黏土：灰～灰黄色，饱和，可塑，中压缩性。有光泽，干强度较高，韧性较高。该层分布较均匀，其厚度 0.70～2.50m，平均厚度 1.66m；层底标高为 28.96～31.36m，平均标高 30.00m。

⑦ 黏土：黄褐色夹灰绿色，饱和，硬塑，中压缩性。有光泽，干强度较高，韧性较高。该层中局部孔位砂礓富集，含少量铁锰结核。该层分布较均匀，其厚度 6.30～8.80m，平均厚度 7.13m；层底标高为 21.42～23.51m，平均标高 22.81m。

⑧ 黏土：黄褐色，饱和，硬塑，中压缩性。有摇振反应，无光泽，干强度低，韧性低。该层在局部孔位夹有软塑粉质黏土。该层分布不甚均匀，其厚度 0.70～3.90m，平均厚度 1.73m；层底标高为 110.09～21.93m，平均标高 21.08m。

⑨ 黏土：灰黄色，硬塑，饱和，中压缩性。无摇振反应，有光泽，干强度高，韧性高。该层含少量砂礓和铁锰结核。该层揭露最大深度至 30.0m。

场地土性质一览表　　　　　　　　　　　　表 10-28

层号	土层性质描述	压缩模量建议值(MPa)	地基承载力特征值(kPa)
(1)耕土	结构松散、欠压实，工程地质性质差		
(2)粉土	中压缩性，承载力一般，工程地质性质一般	11.8	100
(3)淤泥质黏土	高压缩性，承载力低，工程地质性质差	2.9	70
(4)粉土	中压缩性，承载力较高，工程地质性质较好	15.8	140
(5)黏土	高压缩性，承载力低，工程地质性质不好	3.8	85
(6)黏土	中压缩性，承载力高，工程地质性质较好	7	140
(7)黏土	中压缩性，承载力高，工程地质性质好	13.2	250

(3) 事故原因分析

该工程产生明显不均匀沉降和差异沉降的原因是多方面的，主要包括：

1) 场地地质状况差，第 5 层土层属高压缩性土，该场地土层为软弱工程地质层，压缩模量较低，厚度虽不厚但距基底太近，地基土应力较大，故易引起明显的整体沉降。

2) 采取的是复合地基处理方法：由于场地地质条件差，设计师为提高地基承载力，减少地基沉降，选择了粉喷搅拌桩进行地基加固处理。它是桩与周边土共同作用的复合地基，其本身就有一定的压缩性。从施工资料中发现：该工程粉喷搅拌桩施工质量存在一定的质量问题，是导致该工程不均匀沉降的主要原因之一。

3) 基础设计缺陷，造成该建筑整体向北倾斜。

(4) 加固设计

考虑到该楼沉降尚未稳定，存在影响结构整体性的差异沉降；因而进行加固处理的目的是，通过对结构的加固处理消除或减少差异沉降、减小沉降速率，使沉降不影响结构的整体安全和可靠性；由于该楼的倾斜量已超过有关规范标准，因此还需要对该楼实施纠倾措施，以保证该楼的正常使用；为此该楼的加固补强与纠倾措施方案综合统筹考虑实施。

从该楼的倾斜方向、沉降量及沉降速率可以看出：东北方向是该楼加固补强、纠倾的重点控制区域。而北侧为短轴方向，对该楼的结构安全、稳定和使用可靠性起决定性作用，是加固补强、纠倾的主要实施对象。

总体加固补强、纠倾方案：采用先在沉降较大的一侧压入锚杆桩稳定结构沉降、再采用在沉降较小的一侧扰动碎石致使结构迫降的纠倾方法，完成基础加固补强、纠倾，将该楼倾斜度纠正至规范标准允许值范围内。并通过压密注浆加固原地基组成新地基，与新基础的共同作用减少差异沉降、减小沉降速率，以达到确保该楼正常使用的目的。

1) 锚杆桩加固

① 上部结构总荷载计算：

$$b = 14.8 + 1.6 = 16.4\text{m} \quad l = 56\text{m}$$
$$G = 56\text{m} \times 16.4\text{m} \times 135\text{kN/m}^2 \times 13 \text{层} = 161180\text{kN}$$

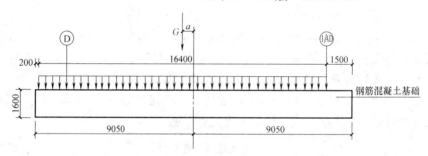

图 10-172 基础荷载计算简图

② 基础底面积计算：

$$B = 16.4 + 1.5 + 0.2 = 18.1\text{m} \quad L = 56 + 1.2 + 1.2 = 58.4\text{m}$$
$$S = 18.1 \times 58.4 = 1057\text{m}^2$$

③ 基础自重计算：

$$1057\text{m}^2 \times 1.75 \times 2.5\text{kN/m}^3 = 46240\text{kN}$$

④ 基底应力计算：

$$R = \frac{161180 + 46240}{1057} = 196\text{kN/m}^2$$
$$[R] = 165\text{kN/m}^2$$

所以，必须进行加固处理。

⑤ 偏心距计算：
$$a = \frac{B}{2} - 16.4 \div 2 - 0.2 = 0.65 \text{m}$$

2) 偏心补偿锚杆桩计算：

① 偏心荷载计算
$$0.65 \times G = 8.25 \times N$$
$$N = \frac{0.65 \times 161180}{8.25} = 12700 \text{kN}$$

② 偏心荷载作用下的锚杆桩设计数量：锚杆桩单桩竖向承载力特征值取 300kN 时
$$n_{偏} = \frac{N}{30} = 42 \text{ 根}$$

3) 总增补锚杆桩数量计算
$$G_{总} = (R - [R]) \times S = (196 - 165) \times 1057 = 32770 \text{kN}$$
$$n_{总} = \frac{G_{总}}{30} = 110 \text{ 根}$$

4) 地基承载能力不足增加补偿锚杆桩数量计算
$$n_{增} = n_{总} - n_{偏} = 110 - 42 = 68 \text{ 根}$$

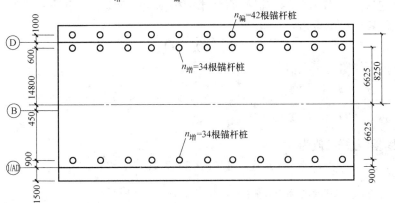

图 10-173 基础荷载计算简图

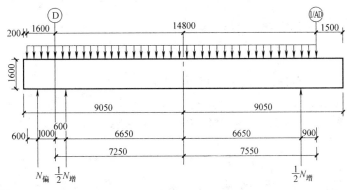

图 10-174 补桩荷载计算简图

5) 锚杆桩单桩承载能力计算

① 岩土设计参数

岩土设计参数一览表 表 10-29

层号	土层名称	层厚(m)	层底埋深(m)	极限侧阻力 q_{sik}(kPa)	极限端阻力 q_{pk}(kPa)
1	碎石	0.85	0.85	120	0
2	④层粉土	1.73	2.58	66	0
3	⑤层黏性土	2.00	4.58	69	0
4	⑥层黏性土	1.60	6.18	89	1660
5	⑦层黏性土	7.13	16.31	86	3927

由于该地基土在粉喷桩的挤压作用下，承载能力、极限侧阻力都有所提高，上表中土的极限侧阻力是根据现场实际压桩情况进行确定。

② 管桩计算

选用 $\phi 194 \times 8$ 钢管桩，桩长取 7.0m 时单桩竖向抗压承载力估算

桩身周长 u、桩端面积 A_p 计算：

$$u = \pi \times 0.19 = 0.61 \text{m}$$

$$A_p = \pi \times 0.19^2/4 = 0.03 \text{m}^2$$

单桩竖向抗压承载力估算：根据原《建筑桩基技术规范》（JGJ 94—94）第 5.2.10 条，按下式估算单桩承载力：

$$Q_{uk} = Q_{sk} + Q_{pk}$$

土的总极限侧阻力标准值为：

$$Q_{sk} = \lambda_s \mu \sum q_{sik} l_i = 1.00 \times 0.61 \times (120 \times 0.85 + 66 \times 1.73 + 69 \times 2.00 + 89 \times 1.60 + 86 \times 0.82) = 345.93 \text{kN}$$

总极限端阻力标准值为：

$$Q_{pk} = \lambda_{pq} p_k A_p = 1.00 \times 3927 \times 0.03 = 116 \text{kN}$$

单桩竖向抗压极限承载力标准值为：

$$Q_{uk} = Q_{sk} + Q_{pk} = 345.93 + 116 = 461.93 \text{kN}$$

单桩竖向承载力特征值 R_a 计算：

$$R_a = Q_{uk}/1.5 = 461.93/1.5 = 307.95 \text{kN}$$

桩身强度验算：桩截面面积：$A = 4675.0 \text{mm}^2$

桩承载能力估算：

$N = 0.85 \times A \times f = 0.85 \times 4675.0 \times 210 = 834.49 \text{kN} > 461.93 \text{kN}$，满足要求。

(5) 纠倾施工

1) 施工顺序

首先，将该结构基础与周围结构基础分离；然后，先在基础北侧进行锚杆静压桩施工，使结构北侧沉降趋于稳定。同时，进行纠倾监测，待结构南侧沉降值接近纠倾设计回倾值时（结构迫降采用基础底部扰动碎石法进行结构回倾），再在基础南侧进行锚杆静压桩施工，使结构整体沉降趋于稳定。

在原筏形整板基础下进行压密注浆加固，即：与原粉喷桩复合地基形成新地基共同受力，提高原结构地基承载能力。

2）主要施工工艺

① 锚杆静压桩施工

a. 主要材料：

锚杆桩采用 $\phi194\times8$ 钢管桩，桩长取 7.0m，材质为 Q235。

钢管内灌注混凝土强度为 C30 细石混凝土，封桩材料采用 C30 微膨胀混凝土。

b. 工艺流程

定位放线→清理桩孔→植入锚杆→桩机就位→吊桩插桩→桩身对中调直→静压沉桩→接桩→再静压沉桩→送桩→封桩。

② 施工方法

a. 清理压桩孔的建筑垃圾。

b. 将压桩架组装到位，压桩架应保持竖直，锚固螺栓的螺帽应均衡紧固，压桩过程中应随时拧紧松动的螺帽。

c. 用人工将桩抬到指定位置，利用桩架作支点，用手动葫芦将桩吊起插入桩孔。

d. 调节千斤顶、桩节与压桩孔轴线重合，用 100t 油压千斤顶加压，加压达到一定值后再次调节，保证桩节的垂直度。一次沉桩量同千斤顶最大行程，一次行程结束后，移动横梁和插销，继续压桩。

e. 沉桩时，当桩顶到基础面上 300mm 时进行接桩。

f. 多节桩重复上述压桩和接桩步骤，直到压桩力达到设计压桩力为至。

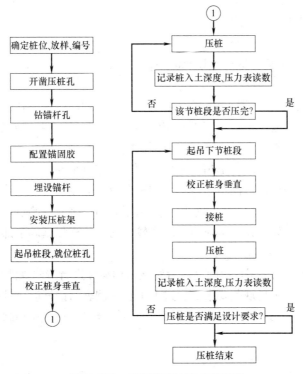

图 10-175 锚杆静压桩施工流程图

g. 拆除桩架后，清理压桩孔内杂物，用 2φ16 钢筋交叉焊接于锚杆上，用 C35 微膨胀混凝土浇筑压桩孔，在桩孔顶面以上浇筑桩帽，厚度为 150mm。

3）地基压密注浆

① 主要材料

水泥、水、氯化钙、细砂、粉煤灰、黏土浆等。

② 主要机具

a. 钻孔机

b. 压浆泵：泥浆泵或砂浆泵。常用的有 BW—250/50 型、TBW—200/40 型、TBW—250/40 型、NSB—100/30 型泥浆泵或 100/15（C—232）型砂浆泵等。

c. 配套机具有搅拌机、灌浆管、阀门、压力表等。

③ 水泥注浆地基工艺流程

钻孔→下注浆管、套管→填砂→拔套管→封口→边注浆边拔注浆管→封孔。

④ 施工方法

a. 按压密注浆孔位、孔深、有效注浆段及压密注浆地基加固孔位平面布置图布设及施工。

b. 对注浆孔可先用钻机按设计注浆孔位打孔，后插入注浆管，用振动器将注浆管逐节振至设计深度，垂直孔斜率误差不大于 1%。

c. 采用符合配合比参数的浆，由深而浅逐段连续压浆，每次提管高度为 0.4m。

d. 严格按配合比配制浆液，并及时通过注浆泵向注浆孔内压浆，浆液配比 P.O42.5 级普通硅酸盐水泥：水玻璃＝1：0.03，即 P.O42.5 级普通硅酸盐水泥 100kg/m³，水玻璃 3.6kg/m³，水灰比 0.6。

e. 水泥浆搅拌时间要求大于 90s。

f. 注浆压力为 0.35MPa。

g. 注浆速度：注浆速度 20~25L/min。

4）纠倾监测

该结构体量较大，并且结构重心、形心偏移较大。纠倾施工操作过程中，可能存在发生沉降不均匀、结构重心偏移等众多不确定性等因素，为确保纠倾施工安全，保证纠倾工作顺利进行，必须实施纠倾监测。通过对监测数据进行整理、分析，及时了解和掌握施工过程中结构回倾和结构整体的变形情况，对纠倾施工进行指导。

本工程主要采用的纠倾监测措施有：结构竖向位移监测、结构主体倾斜监测和结构主要部位应力应变监测，竖向位移和倾斜监测点选用原结构沉降观测点，应力、应变监测点的布置，根据纠倾情况设置在结构应力、应变较大的部位（如基础顶部）等。

（6）小结

本工程纠倾施工历时 65d，纠倾完成后对该结构继续进行沉降观测 180d，观测结果为该结构沉降完全稳定，满足规范要求。通过本工程实例表明锚杆静压桩配合基底扰动碎石法，并采用地基压密注浆对地基进行防复倾加固的综合纠倾法，在小高层纠倾中的施工效果显著。

李今保

（江苏东南特种技术工程公司）

10.1.34 综合法纠倾工程实例（六）

(1) 工程概况

某新华书店综合楼长 28.24m、宽 10.24m、高 18m，为 5 层混合结构（两层底框架、上三层砖混），建筑面积 1300m^2，其基础采用 ϕ325 沉管灌注桩 133 根，桩长 20m，设计单桩承载力 180kN。该综合楼建于 1993 年，在结构封顶、外墙装饰时，就发现整体向南倾斜达 300mm（因缺乏基础及上部结构施工资料和工程地质资料，对该综合楼的倾斜原因不易作出准确分析，在此从略）。截止 1999 年 5 月，整体向南倾斜达 322mm，目前沉降已稳定，适宜进行纠偏整治，以恢复其使用功能。

(2) 纠偏方案的制订

桩基础建筑物的纠偏是一项技术难度很大的风险工程，虽然纠倾方法有多种，但各种方法各有优缺点，经过计算分析和反复比较，决定采用迫降法对该综合楼进行迫降纠偏的方案：采用截桩法，对沉降较少一侧——北侧的桩分批进行截桩，使未截桩承担的荷载逐步接近临界值；采用桩身局部射水降低其侧摩阻力法，选择性地对北侧未截桩桩身的局部进行射水降低其侧摩阻力，使未截桩承担的荷载接近或暂时超过其极限承载力，促使建筑物整体迫降回倾。通过建筑物回倾过程中对桩周土层的压密效应重建新的平衡，实现分级控制迫降量，迫降过程中注意通过调整已截桩的临时支撑为主、桩身射水为辅，控制建筑物连续回倾。回倾满足要求后，则对所截的桩进行接桩，以恢复其承载作用，回倾后的建筑物很快趋于稳定状态。

(3) 纠偏方案实施过程

1) 开挖工作槽

将综合楼北侧一定部位的狭长区域土体挖除，使北侧各承台下的桩全部揭露，对需桩身射水桩，则直接在桩位较近处凿开混凝土地面能容 ϕ6 水管插入即可。

2) 布置沉降观测点、倾斜测量点

为了便于分析建筑物的回倾情况和控制回倾量，在综合楼的东、西、北及四角布置了沉降观测点；在综合楼顶北侧女儿墙上，布置了 3 个倾斜测量点（见图 10-176）。

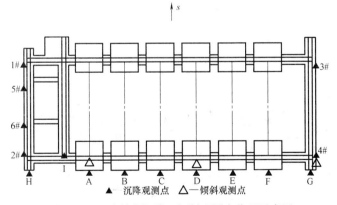

图 10-176 建筑物沉降、倾斜观测点位置示意图

3) 桩头截桩

工作槽开挖完成后即进行了第一批桩的桩头截桩，具体做法为：在拟截桩部位两端加上钢板护箍后，用人工或机械将钢板护箍间的桩混凝土凿去，使该桩失去承载功能。

4）沉降观测

第一批桩进行了桩头截桩后，进行沉降观测。采用高精度水准仪、铟瓦尺（测量精度0.1mm），对综合楼的沉降量进行观测分析。

5）桩身射水

第一批桩桩头截桩后，经观测分析，对拟定桩进行了桩身射水，具体做法为：采用高压水（压力0.5~3MPa），靠近桩柱的某一母线，并在其局部段间歇扰动土层，使土层摩阻减小。

6）沉降观测、倾斜观测

纠偏过程中每一个步骤的酝酿、设计，都是在沉降观测分析的基础上作出的，落实后的效果如何也是在沉降观测分析的基础上评价的。简而言之，纠偏过程就是"沉降观测—措施—沉降观测"的动态监测—处理的良性循环过程，纠偏过程中通过必要的倾斜观测，从而对比分析、多角度把握综合楼回倾过程中的整体特性，以及把握纠偏结束的时机，避免矫枉过正。

7）综合纠偏

通过信息化施工，调整桩头截桩桩位置及数量、桩身射水桩的分布、射水幅度等实现综合楼纠偏过程中的"软启动"、"软着陆"，避免纠偏过程中造成基底应力过分集中，以保证综合楼整体回倾过程中结构的安全。由于纠偏过程中强化质量与安全意识，通过精心施工、严格管理，在桩头截除17根桩，桩身射水22根桩，先桩身射水后桩头截桩15根桩后，综合楼纠偏工作完成，纠偏情况见综合纠偏平面示意图。纠偏工作结束后，即对综合楼倾斜情况进行了测定，测得平均倾斜率3.8‰。在一段时间内，综合楼仍会继续缓慢向北回倾，直至稳定，纠偏方可结束。

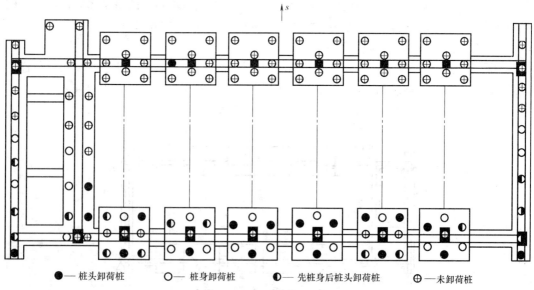

图10-177 迫降纠倾平面图

8）接桩、回填

纠偏到位后，对桩头卸荷的桩进行接桩，接桩采用$\phi500$扩大头接桩至承台（梁）底，混凝土强度等级C25；然后，往工作槽内回填细石渣，注水泥净浆；最后，混填塘渣、细石渣，采用平板振动器振捣密实。

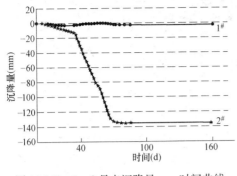 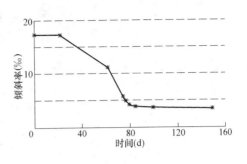

图 10-178　1、2 号点沉降量——时间曲线　　　图 10-179　综合楼回倾曲线

(4) 工程监测

建筑物纠偏是一项技术难度很高的风险工程，纠偏过程中的每一个步骤都会对建筑物的回倾过程产生影响，因此，有效地获取信息、准确地分析信息，并在此基础上采取恰当的步骤实现信息反馈，是纠偏成功的关键。迫降纠偏主要是要获得建筑物纠偏过程中的沉降情况，因此，搞好沉降观测分析是迫降纠偏成功的关键。基于此，我们在迫降侧的每一个承台（柱）上设立了沉降观测点，采用高精度沉降观测仪器进行数据采集分析，严格控制各相邻承台的差异沉降和沉降速率，为纠偏成功提供了根本保证。由于纠偏过程中适时、准确地进行了沉降观测分析，并采取了有效措施，纠偏工作最终取得圆满成功。

(5) 纠偏效果

由于纠偏方案的科学、严密以及纠偏过程中的信息化施工，纠偏工作取得成功。整个纠偏过程中，建筑物结构完好无损。从测量结果看，纠偏结束后，综合楼的平均倾斜率为 3.8‰。两个月后进行复测，平均倾斜率为 3.5‰，已符合规范要求，并且从沉降曲线看，综合楼的沉降已趋于稳定，综合楼可以安全投入使用。

陈四明　虞利军　江伟
（浙江省岩土基础公司）

10.1.35　综合法纠倾工程实例（七）

(1) 工程概况

某住宅楼位于浙江省乐清市某小区，7 层砖混结构，首层为车库，二～七层为住宅，建筑高度 19.4m，建筑面积 2336m²，共 24 套住宅。该住宅基础原设计为 122 根振动沉管灌注桩基础，桩径 377mm，桩长 28.5m，钢筋笼长 7.5m，单桩承载力为 280kN。在施工了 36 根沉管灌注桩后，因施工费用问题，业主另请一施工队施工灌注桩。变更的灌注桩为桩径 500mm 的钻孔灌注桩，单桩承载力 370kN。考虑到灌注桩承载力较大，故将剩余的 86 根桩减少为 66 根。所以，该住宅楼的实际总桩数为 102 根，基础承台板宽 800mm，板厚 300mm，承台梁宽 300mm，梁高 800mm，基础平面图见图 10-180。

该住宅楼于 1996 年底竣工，在建设过程中就发生了倾斜。尤其是先将东北侧 11 套住房出售后，11 家用户装修过程中，北山墙（⑲、⑳轴线）急剧下沉，屋顶最大水平偏移值达 240mm。1997 年 5 月某公司采用"后张桩"法对该住宅楼进行加固，但由于加固方法不当，8 月中旬住宅楼的倾斜量增加到 400mm，9 月初Ⅻ号监测点（即Ⓐ轴线与㉙轴线

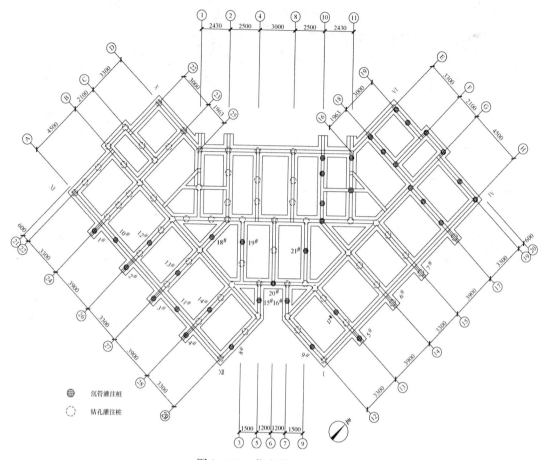

图 10-180 住宅楼基础平面图

交点的八字角顶端）向北水平偏移值达到 476mm，向西水平偏移值为 115mm。图 10-181 为住宅楼倾斜照。

（2）工程地质

1997 年 8 月 22 日，温州市水利电力勘察设计院对该住宅楼进行了岩土工程补充勘察，完成大钻孔 4 个，取原状土样 7 筒，重型动力触探试验 7 次。

该场地地形平坦，属冲淤积平原地貌。地基土自上而下分别为人工填土、黏土、淤泥、淤泥质土、黏性土含砂、黏性土混砂砾石、淤泥质土等，详述如下：

图 10-181 纠倾施工中的住宅楼

1) 人工填土。全场分布，厚度 0.6~0.7m，灰色，松散，高压缩性，主要由黏性土及少量碎石、砖瓦、砂等组成，属新近人工堆填物，其上为 0.1m 厚的混凝土路面。

2) 黏土。全场分布，厚度 0.9~1.1m，灰黄色，饱和，可塑状，中压缩性。该黏土含水率 $w=33.1\%$，天然重度 $\gamma=18.5\text{kN/m}^3$，孔隙比 $e=0.978$，液限 $w_L=41.9\%$，塑限 $w_p=24.6\%$，液性指数 $I_L=0.49$，塑性指数 $I_p=17.3$，压缩系数 $a_{1-2}=0.32\text{MPa}^{-1}$，

压缩模量 E_s=6.06MPa，黏聚力 c=24kPa，内摩擦角 φ=16.5°。该黏土层的地基承载力标准值为 62kPa，桩周土摩阻力标准值为 13kPa。

3）淤泥。全场分布，顶板埋深 1.6～1.8m，厚度 23.2～23.4m，灰色，饱和，流塑状，高压缩性。该淤泥含水率 w=70.6%，天然重度 γ=15.5kN/m³，孔隙比 e=2.033，液限 w_L=54.9%，塑限 w_p=30.4%，液性指数 I_L=1.67，塑性指数 I_p=24.6，压缩系数 a_{1-2}=3.04MPa^{-1}，压缩模量 E_s=1.0MPa，黏聚力 c=7kPa，内摩擦角 ϕ=10.5°。该淤泥层的地基承载力标准值为 40kPa，桩周土摩阻力标准值为 5kPa。该层淤泥为高灵敏度、高压缩性、大孔隙比、低抗剪强度的软土。

4）淤泥质土。全场分布，顶板埋深 25m，厚度 2.8～3.7m，灰色，饱和，软塑状，高压缩性。该淤泥质土含水率 w=42.2%，天然重度 γ=17.7kN/m³，孔隙比 e=1.529，液限 w_L=46.2%，塑限 w_p=26.5%，液性指数 I_L=0.79，塑性指数 I_p=110.7，压缩系数 a_{1-2}=0.58MPa^{-1}，压缩模量 E_s=2.6MPa，黏聚力 c=14kPa，内摩擦角 φ=14.5°。该淤泥质土层的桩周土摩阻力标准值为 9kPa。

5）黏性土含砂。顶板埋深 27.8～27.9m，厚度 0.5～1.3m，灰紫色，饱和，软塑状，高压缩性。含砂 10%～15%，以中粗砂、粉细砂为主。该层土的桩周土摩阻力标准值为 16kPa，桩端阻力标准值为 500kPa。

6）黏性土混砂砾石。全场分布，顶板埋深 28～29.10m，厚度 2.5～3.6m，灰黄色，饱和，稍密状，低压缩性。砾石含量 20%～40%，直径 10～50mm，为中风化岩。砂含量 20%～25%，以中粗砂为主。该层土的桩周土摩阻力标准值为 25kPa，桩端阻力标准值为 1000kPa。

7）淤泥质土。全场分布，顶板埋深 31～32m，灰色，饱和，软塑状，高压缩性，含少量砾砂。该层土的压缩模量 E_s=2.8MPa，桩周土摩阻力标准值为 12kPa，桩端阻力标准值为 400kPa。

该场地地下水主要为孔隙潜水，受大气降水和人工排水等因素影响，一般地下水位为 0.8～1.3m。场地上部的黏土层、淤泥层、淤泥质土层均为弱透水层，其渗透系数约为 6×10^{-6}cm/s。

（3）建筑物倾斜现状评价

按照当时国家的有关规定，该建筑物倾斜状态评价如下：

1）《建筑工程质量检验评定标准》（GBJ 301—88）

该标准规定，对于高度大于 10m 的砌体结构墙体 允许偏差值不得大于 20mm。该住宅楼倾斜量为 476mm，超标准 23 倍。

2）《危险房屋鉴定标准》（CJ 13—86）

该标准规定，倾斜量达到建筑物总高度的 7‰者为危险房屋。该住宅楼危险倾斜的界限值为：19.4m×7‰=135.8mm，现状倾斜量超出界限值 3.5 倍，属于严重危险房屋。

3）《铁路房屋增层和纠倾技术规范》（TB 10114—97）

该标准规定，地面以上高度小于 21m 的砌体结构，允许倾斜值为 $0.004H_g$=77.6mm。该住宅楼同样不符合该规范规定。

总之，根据上述国家相关规定，该住宅楼倾斜量过大，属于严重危险建筑物，已经丧失了正常使用功能，必须予以纠倾扶正进行挽救。

(4) 事故分析

造成该建筑物严重倾斜的主要原因有以下几个方面。

1) 原桩基础设计有误

该场地地基土层中，流塑状饱和淤泥和软塑状淤泥质土的厚度达 26.1~26.2m。在深厚软土地基中，采用桩径 377mm、桩长 28.5m、桩尖置于砂砾层的振动沉管灌注桩基础，施工中产生较大的超静孔隙水压力，桩管打不到设计位置，桩尖达不到持力砂砾层；拔管过程中淤泥挤孔造成混凝土桩缩颈、甚至断桩等桩体缺陷。因此，桩基施工质量难以保证，承载力达不到设计要求。从后来的纠倾施工开挖中还可以发现：一些桩头浇筑混凝土时质量较差，其中掺入了一些淤泥土，所以，有的桩只有半个混凝土桩头。

2) 桩基础修改失误

在施工了 36 根沉管灌注桩后，由于费用问题，设计进行了变更：取消剩余的 86 根沉管灌注桩，增设 66 根桩径 500mm、桩长 28m 的混凝土钻孔灌注桩，总桩数减少为 102 根。钻孔灌注桩布置不均匀，施工中桩长不到位，桩底残渣没有彻底清理干净，致使钻孔灌注桩质量也存在严重缺陷，上部结构施工中基础便产生不均匀沉降。

3) 荷载施加不均匀

商品住宅楼（毛坯房）竣工后，开发商首先集中售出了东北侧的 11 套住宅，其余的暂未出售。11 户业主开始集中装修，装修荷载和使用荷载在短时间内集中加到了住宅楼的东北侧，造成上部荷载偏移，建筑物的重心偏离基础形心。巧合的是：建筑物东北侧基础桩，多为承载力较小、存在质量隐患的沉管灌注桩。因此，造成东北侧桩基础发生整体下沉，导致建筑物向东北方向倾斜。有趣的是：住宅楼的不均匀沉降造成室内楼面倾斜。楼面越是不平，装修越是加厚垫层进行找平，施工荷载越大，建筑物进而越发倾斜，形成了一个恶性循环。

4) "后张桩"加固不当

为了制止建筑物的进一步倾斜，某施工单位采用了"后张桩"对建筑物进行加固。所谓的"后张桩"加固，就是将住宅楼东北侧（⑭~⑳轴线与Ⓔ~Ⓗ轴线之间）基础承台板拓宽并预留压桩孔；然后，用千斤顶将 300mm×250mm×200mm 的素混凝土立方体一个摞一个地压入地基中，压入深度为 11m。这样，便在承台梁的两侧形成了若干个 11m 深的素混凝土"后张桩"。由于场地地基土为高灵敏度、高压缩性、低抗剪强度的淤泥，压桩过程中产生较大的扰动，淤泥抗剪强度大幅度降低，桩的摩阻力也进一步降低，引发了更大的桩基沉降。"后张桩"加固既不能作为端承桩，也不能形成一定深度的加固土层，犯了概念性的错误，加剧了建筑物的倾斜。

(5) 综合法纠倾设计

该建筑物发生倾斜后，上部结构的完整性较好，尚未出现严重损伤性裂缝。另外，该场地地基土为深厚软黏土，渗透性差（渗透系数 $K=6\times10^{-6}$ cm/s），建筑物的基础又为 28.5m 的深桩基础，所以，本项目采用综合法（桩身卸载法 + 桩顶卸载法 + 承台卸载法 + 堆载加压法）对深桩基础建筑物进行纠倾。按照纠倾作用，将堆载加压法和承台卸载法作为辅助纠倾法，将桩身卸载法与桩顶卸载法作为主力纠倾法。

该纠倾工程的主要纠倾过程分为三个阶段：第一阶段为建筑物开始回倾阶段，第二阶段为稳步回倾阶段，第三阶段为结束纠倾阶段。

在第一纠倾阶段中，首先，实施堆载加压法辅助纠倾和承台卸载法辅助纠倾手段；然后，进行第一批桩顶卸载，截桩数量不超过总桩数的 18%。在桩顶卸载的基础上，再对建筑物回倾转动轴以内的其余基桩进行桩身卸载，但每根桩的桩身卸载量不宜过大。

在第二纠倾阶段中，先进行第二批桩顶卸载，连同第一批在内截桩数量不超过总桩数的 25%，在桩顶卸载的基础上（同时必须采取安全措施），再对建筑物回倾转动轴以内的其余基桩进行桩身卸载，但每根桩的桩身卸载量可根据回倾监测情况适当加大。

在第三纠倾阶段中，对原桩顶卸载基桩采取限沉措施，对原桩身卸载的基桩进行微调。

(6) 桩基卸载法纠倾施工

1) 准备工作

准备工作于 1997 年 9 月开始，主要包括：设置地下止水帷幕，打回灌井，建立纠倾工程的监测系统等。

鉴于住宅楼的北侧为空地，所以地下止水帷幕沿住宅楼的东、南、西三个方向呈半封闭形式布置，总水平长度为 71m。地下止水帷幕采用深层搅拌桩，桩径 400mm，中心距 250mm，相邻桩咬合 150mm。深层搅拌桩的桩长 15～18m，并根据周围环境作适当调整。地下止水帷幕外侧布置了 8 口回灌井。

2) 堆载加压

为了消除东北侧的 11 套住宅装修荷载造成的不利影响，将后期的纠倾加固材料和恢复材料（主要是砂石料）提前进场，分别堆放在住宅楼西南侧的一～七层楼面、地面上，进行堆载加压，对建筑物形成一个回倾力矩。这些材料在纠倾工程后期将被作为防复倾加固材料逐渐使用，不会造成浪费。

3) 承台卸载

由于基础施工过程中水泥浆的大量渗入、施工中抛石垫场等原因，承台板下的浅层地基土胶结得比较密实，形成了一个硬壳层，其厚度约为 1.0～1.5m。从开挖情况看，硬壳层对承台板的支承力不可低估。

承台卸载就是消除地基土对承台的支撑力。根据纠倾设计，将Ⓐ、Ⓑ轴线与㉔—㉙轴线组成的网格状承台板下的地基土挖空，将⑫轴线及⑫—⑬轴线之间⑪轴线承台板下的地基土挖空，消除地基土的支撑力，解除承台对建筑物的回倾阻力。

4) 桩顶卸载

桩顶卸载分两批进行。在第一纠倾阶段中，首先截掉东南侧承台挑梁端头下桩头和八字角处的 2 个桩头（即图中的 1～17 号桩头，共 17 个桩头），截高 150～250mm；然后，在桩头与承台梁之间垫钢板，上层钢板与承台梁之间留有 10～15mm 的间隙。

在第二纠倾阶段中，再截掉南侧承台梁下的 4 个桩头（即图中的 18～21 号桩头，共 4 个桩头），截高 150～250mm，在桩头与承台梁之间垫钢板。根据建筑物的回倾情况，不断抽去桩头上所垫的钢板进行纠倾。

在第三纠倾阶段中，根据住宅楼整体回倾情况，将 5、6、7、9 号的桩头用钢板垫紧，其余的桩头松开，调整建筑物向南回倾。

5) 桩身卸载

第一批桩顶卸载结束后，便开始进行桩身卸载。桩身卸载采用高压水枪与振捣棒组合，在桩侧射水、振捣，破坏桩侧摩阻力。其中，射水枪长 2.5m，管径 D25，枪嘴 $\phi6$，振捣棒长 6.5m，将射水枪与振捣棒焊接在一起组成桩身卸载工具。

在第一纠倾阶段中，桩身卸载仅对Ⓐ、Ⓑ轴线与㉔—㉙轴线组成的网格状承台板下基桩、⑫轴线下的基桩、⑫—⑬轴线之间Ⓗ轴线承台板下的基桩、八字角附近的基桩进行桩身卸载，每个桩侧只射一个孔，孔深约为 8m（从承台底面算起）。第一纠倾阶段中建筑物缓慢回倾，每天的回倾量约为 1~1.5mm。

在第二纠倾阶段中，桩身卸载时，每个桩侧射两个孔，孔深约为 8m（从承台底面算起），建筑物稳步回倾，每天的回倾量约为 5~15mm。

在第三纠倾阶段中，根据住宅楼整体回倾情况，选择中部、南部的个别基桩射水卸载，进行调整。

(7) 防复倾加固

本工程在纠倾进入第三阶段后，不失时机地采用抬墙梁进行防复倾加固。在住宅楼原沉降量较大东北角、西北角以及结构刚度较薄弱的④-⑧轴线间分别设置钢筋混凝土钻孔灌注桩，桩顶设置抬墙梁。桩径 600mm，桩长 29m，桩端进入混砂砾石的黏性土层。抬墙梁截面高度 900mm，从原基础梁下穿过，并与基础梁紧密接触，起到支承作用。抬墙梁共 5 根，分别为 TQL-1、TQL-2、TQL-3、TQL-4 和 TQL-5，其加固位置详见图 10-182。

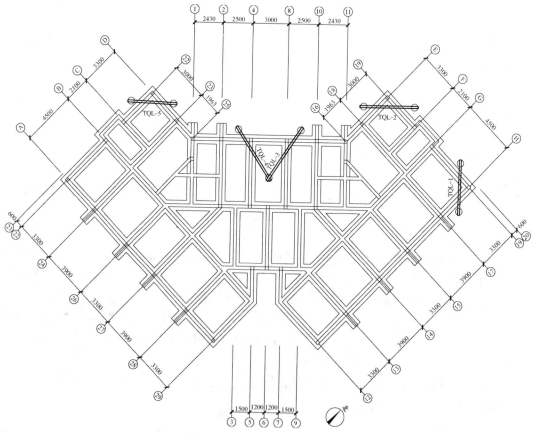

图 10-182 住宅楼防复倾加固平面图

(8) 恢复处理

建筑物纠倾合格后，其恢复处理主要包括恢复桩顶卸载的 21 个桩头（纠倾时垫紧的钢板可以继续留用，将桩头截断的竖向钢筋重新焊接，浇筑混凝土）、恢复桩身卸载的基桩（桩侧沉砂，水力充实）、回灌井（用原土回填夯实）等，最后恢复一层地面和室外散水、场地等。

(9) 小结

本项目利用桩基卸载法对深桩基础建筑物实施纠倾，取得了圆满的效果，并积累了一些经验与教训：

1) 在深厚软黏土场地，采用综合法（桩身卸载法 + 桩顶卸载法 + 承台卸载法 + 堆载加压法）对深桩基础建筑物纠倾十分奏效。

2) 深层搅拌桩防水帷幕，除深度满足要求外，对于地下水较浅的地区，桩顶位置不宜过低，应与地下水位相平齐，避免浅层降水引起周围土体沉降。深层搅拌桩施工时引起的超静孔隙水压力影响范围一般为 5m，超静孔隙水压力在施工停机 12h 后基本消散殆尽。在整个纠倾过程中，每天上午都进行浅层降水（降深 1~1.5m），退水后显露基桩，利于现场施工。1.5 个月后附近地面下沉，影响范围 15m。说明在淤泥地基中，长期的浅层降水同样会引起土体的固结沉降。

3) 在该住宅楼纠倾的试验阶段，曾尝试了降水法纠倾。由于淤泥土呈流塑~软塑状，固结程度较高，降水井中流入的地下水比较清澈，基本不携带土粒；地基土渗透系数很小（$K=6\times10^{-6}$cm/s），单井抽水量较小，常处于无水可抽的状态，纠倾效果有限。甚至在当地采用应力解除法对浅基础建筑物纠倾时，淤泥的侧向挤出效果也比较有限，常常是第一批应力解除孔失效后（淤泥侧向挤出越来越少），再钻第二批应力解除孔；或者是在第一批应力解除孔内的淤泥侧向挤出越来越少时，采取孔内抽水、负压吸泥等辅助措施进行纠倾。

4) 桩顶卸载后，承受总竖向荷载的基桩总数量减少，竖向荷载重新分配，导致每根基桩所承受的平均竖向力相应增大。所以，应对不实施截桩措施的剩余基桩在新的竖向荷载（即增大了的竖向荷载）作用下进行桩身承载力验算，避免剩余基桩在较大荷载作用下产生桩体破损。

5) 桩顶卸载时，应将桩顶的混凝土连同桩的竖向钢筋一起截断，不宜藕断丝连；否则，钢筋对建筑物形成较大支撑力，不利于建筑物回倾。更为重要的是：未截断的钢筋在建筑物回倾过程中产生压曲变形时，极易使桩体在较大范围内破损。建筑物纠倾结束后，这些破损桩体需要修复后才能重新使用。另外，在纠倾过程中，破损后的基桩无法实施垫钢板应急措施。

李启民[1]　唐业清[2]

（1 中国地质大学（北京）；2 北京交通大学）

10.1.36 某中学大门纠倾与加固工程实例

经济和技术的发展给多元化的建筑学设计注入活力，提供了更大的创作空间。奇特的建筑造型在给人们带来美感的同时，也给建筑工程技术带来了挑战，如大跨度、大悬臂的建（构）筑物增加设计与施工难度。另外，建筑密度越来越大、场地条件也越来越差，使得建（构）筑物容易产生诸如倾斜、破损等病害。

(1) 工程概况

1) 构筑物概况

北京南郊区某中学进行新校址建设，教学楼等主要工程竣工后，于 2005 年 6 月进行新大门建设。

该中学大门采用钢筋混凝土双片流线形大跨度拱结构（图 10-183 为大门施工照片），大小拱脚净距为 25.78m，拱高 9m，单片拱厚度为 300mm，大拱脚宽度为 4.8m，小拱脚宽度为 1.19m。流线形大跨拱门中间由中空钢筋混凝土剪力墙结构塔筒擎起，塔筒高度为 12m，剪力墙厚度 200mm。大拱与塔筒中间以大悬挑钢筋混凝土平板相连接，形成凌空的气势。拱、塔筒以及凌空平板的混凝土强度等级均为 C30。

图 10-183 拱门现场照片

大跨拱脚基础设计为钢筋混凝土平板式筏形基础，以天然地基土作为持力层，地基承载力特征值采用 120kPa，基础设计埋深为 1.0m，基础混凝土强度等级为 C30。大跨度拱门基础平面示意图见图 10-184。

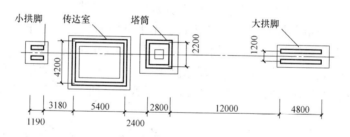

图 10-184 拱门基础平面图

该大门于 2005 年 7 月 10 日结构工程完工时，发现向街道方向倾斜 300mm，并且倾斜还在继续发展，于是，装修施工立即停止。该大门的倾斜率达到 25‰，超过《房屋增层和纠倾技术规范》(TB 10114—97) 中构筑物纠倾合格标准 8‰的 3 倍，属于严重危险构筑物。

2) 工程地质

该项目的工程地质主要为第四纪沉积层，根据事故处理阶段所进行的岩土工程补充勘察报告，该场地的地下水位标高为 −3.5m，地层岩性及地基土的物理力学性质详见表 10-30。

(2) 事故分析

造成该构筑物严重倾斜的主要原因有以下几个方面：

1) 缺乏岩土工程勘察资料

该拱门距离教学楼建筑物约 50m，设计阶段没有进行岩土工程勘察，导致地基土性质、承载力等缺乏翔实的描述和客观的数据，给地基基础设计带来风险，埋下隐患。

10.1 建筑物纠倾工程典型实例

地层岩性及地基土性质统计表 表10-30

成因年代	土层编号	岩性	厚度(m)	状态	承载力特征值 f_{ak}(kPa)
人工堆积层	①	杂填土	0.6	稍湿、较软	
新近沉积层	②	粉质黏土	1.3	湿、较软	80
新近沉积层	③	粉土	0.4	湿、较软	110
新近沉积层	④	粉质黏土	1.2	湿、较软	150
第四纪沉积层	⑤	粉质黏土	0.8	饱和中软	180
第四纪沉积层	⑥	粉土	4.6	饱和中软	200

2）地基持力层选择失误，地基承载力估算过高

由于没有进行岩土工程勘察，拱门地基基础设计时参考了教学楼的勘察资料，客观上存在一定误差。但是，原设计又犯了冒进的错误，选择新近沉积层作为持力层，基础埋深过浅（1.0m），地基土强度低，压缩性大；同时，又错误高估地基承载力特征值 f_{ak}=120kPa，是实际承载力（f_{ak}=80kPa）的1.5倍，导致地基承载力严重不足。

3）上部荷载严重偏心，基础设计计算失误

该拱门与塔筒上部结构总重量为3040kN。其中，大拱脚上部结构重量为1010kN，小拱脚上部结构重量为180kN，塔筒上部结构重量为1850kN。由于造型顶板横向外挑3.14m、内挑1.1m，使得上部结构重心偏离基础形心300mm，并形成了936kN·m外倾偏心力矩。

按照 f_{ak}=80kPa 进行验算，原基础设计中只有小拱脚基础底面积满足《建筑地基基础设计规范》（GB 50007—2002）的要求。大拱脚基础底面面积不能满足要求，也没有考虑偏心力矩的影响。大拱脚基础底面边缘的最大压力值达到 f_{kmax}=305kPa，超出规范要求（f_{kmax}=3.3f_a>1.2f_a）。塔筒基础底面面积也严重不足，偏心力矩影响考虑不足。

所以，大拱脚基础和塔筒基础在较大的荷载与偏心力矩共同作用下产生严重的不均匀沉降，拱门倾斜。从后来事故处理情况看，大拱脚基础与塔筒基础倾斜侧的混凝土垫层均已破损。

4）施工单位擅自修改设计

施工单位安全意识淡漠，在拱门施工过程中存在多次失误。

基础设计埋深比较浅，但是施工单位擅自将其改为0.8m，使得修正后的地基承载力特征值减小约5%，再次导致承载力不足。

塔筒基础设计时考虑了偏心力矩的影响，校园一侧的基础宽度为900mm，街道方向一侧的宽度增加了200mm（即1100mm）。但是，施工单位实施时却错误地将校园一侧的基础宽度做成1100mm，街道方向一侧的宽度做成900mm，导致塔筒基础在街道方向一侧的底面最大压力值大大超出规范要求。

另外，拱门基础施工时，正值雨期，施工单位安全意识淡漠，防护措施不力，使基坑泡水。

（3）事故应急处理

事故发生后，作为应急措施，紧急将造型顶板横向外挑的3.14m切割1.74m，保留

0.9m 的外挑造型。此举卸除荷载 280kN，并使上部结构重心与基础形心基本重合，阻止倾斜进一步发生。

鉴于开学时间日益临近，拱门装修尚未进行，通过各方协商，决定该构筑物纠倾与装修相结合，采用结构挂网抹灰的形式，利用灰层的厚度变化调直拱和塔筒；同时，进行岩土工程补充勘察，按照补勘资料进行基础加固。

(4) 基础加固

根据岩土工程补充勘察资料，同时考虑构筑物的倾斜状况，基础加固后，大拱脚基础底面面积由原来的 $10.45m^2$ 增加到 $19.38m^2$，塔筒基础底面面积由原来的 $15.94m^2$ 增加到 $33.06m^2$，并进行基础形心调整。

1) 拱门结构稳定支撑与安全防护

为了对拱门稳定支撑与安全防护，搭设相应的外脚手架，根据大门的平面布置及立面状况，外架搭设部位及形式为：沿加固的基础外面搭设双排外脚手架，双排架纵距 1200mm，排距 1000mm，步距 1800mm。脚手架钢管采用 $\phi 48 \times 3.5$ 焊管，长度分别为 1.2m、1.5m、3m、4m、6m 等规格。

双排架搭设顺序：放线→铺设垫板→摆放扫地杆→逐根竖杆并与扫地杆扣紧→装扫地小横杆并与立杆和扫地杆扣紧→装第一步大横杆并与各立杆扣紧→安第一步小横杆→安第二步大横杆→安第二步小横杆→加设临时斜撑、上端与第二步大横杆扣紧→安装第三、四步大横杆和小横杆→接立杆→加设剪刀撑→挂立网防护→挂水平接网。

2) 土方工程

基槽开挖后及时钎探，钎探时使用 N10 标准钎杆按设计布置图进行布孔，并由专人负责记录。基槽钎探工作必须真实、准确、可靠。钎探记录由专人整理、审查后归档。地基钎探经验收合格后，再进行下一工序施工。

基槽回填土使用现场存土，过筛后分层铺摊、分层夯实。夯实后的填土及时作干表观密度试验。回填灰土要严格控制灰土含水率、虚铺厚度、夯实遍数、干密度，防止漏夯，不留隐患。

3) 原基础结构处理工艺与方法

查验原基础结构损伤状况，并对裂纹进行注胶封闭处理，具体方法与流程为：

① 工艺流程：基层处理→裂缝密封→安装注嘴→密封剂养护→注入浆材→硬化养护。

② 处理方法：基层表面处理时，将裂缝内的灰尘清理干净，用蘸丙酮的棉纱将裂缝的两侧清理干净，封缝或灌注前应清理积水，烘干，保持缝内干燥。对于封闭的裂缝，以环氧树脂沿缝隙用刮刀刮平封死，要求尽可能将树脂挤入缝隙中。对于要求灌浆的裂缝，首先确定灌注孔的位置，用封缝胶按照间距 300~500mm 将灌浆嘴骑缝粘于裂缝上，尽量保证灌注孔的均匀分布。用封缝胶将裂缝及边缘部分进行封闭，胶层厚度约为 1mm，宽度为 20~30mm。从灌注嘴通入压缩空气试压，如有漏气则需修补，直至不漏为止。采用自动压力注浆器进行注浆，直到出浆口有浆液流出时表明裂缝内注浆饱满，结束注浆。在注浆过程中必须随时检测是否有漏浆部位，发现漏浆及时封堵，防止浆液浪费，污染环境。待浆液初凝而不外流时，可以拆下注浆嘴，用封缝胶把注浆嘴处抹平。

4) 基础加固工艺：

① 基础垫层：混凝土等级为 C20。在浇筑地点用铁锹投料，基槽边坡搭设马道。根

据垫层基准线浇筑混凝土,并用大横杠横竖刮平,木抹子搓平,铁抹子溜光压实。

② 钢筋绑扎:新增基础内钢筋与原基础的连接采用植筋法。钢筋绑扎时,待基础植锚钢筋固化强度达到要求后,进行钢筋焊接与绑扎。在混凝土垫层上按设计画好基础受力钢筋分档线,按分档线摆好受力钢筋,在受力钢筋上画出分档线,摆好分布筋;然后,用火烧丝逐扣绑扎。

③ 浇筑自密实混凝土

a. 自密实混凝土为C40,现场搅拌。

b. 浇筑前,应先吸干原混凝土表面的浮水,将预先搅拌好的自密实混凝土从进料口灌入模内,利用流体压差自流特性自动充满全部空隙(无须使用振捣器振捣,必要时可使用长条器械引流)。浇筑时必须连续进行,不得中断,并尽可能缩短浇筑时间。浇筑中,如模板中出现跑浆现象,应及时进行处理。

c. 浇完自密实混凝土后,新浇基础表面应覆盖草袋等,在常温下养护一个星期以上。

④ 植筋施工工艺:

工艺流程:植筋工艺流程详见图10-185。

施工工艺:

a. 定位放线:根据设计图纸,在植筋部位进行定位放线,对于新增基础的定位必须结合原有基础的实际尺寸进行综合定位放线,首先确定新增基础的轮廓线,然后再确定植筋钻孔的位置。

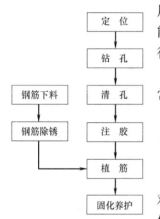

图10-185 植筋工艺流程图

b. 钻孔:使用钢筋探测仪测出钢筋的位置(或人工将原结构筋剔除),做好标记,使用电锤或水钻避开钢筋位置钻孔。遇到钢筋时可调整钻孔位置,孔深必须达到设计图纸或施工规范要求。

c. 清孔:钻孔完成后,将孔周围灰尘清理干净,用毛刷将孔内清理干净。再用棉丝蘸丙酮清刷孔洞内壁,使孔内达到清洁、干燥;如果孔内较潮湿,必须用鼓风机对孔内进行干燥处理。清孔处理完毕后,用干净的棉纱将孔洞严密封堵,以防有灰尘和异物落入。

d. 配胶与灌胶:根据结构胶的使用要求按比例分别用容器秤出(按一次应用量),将各组分放在一起搅拌,直到胶干稀均匀、色调一致为止。使用相应的注胶机将结构胶注入预先钻好的锚固孔内。搅拌好的结构胶一定要在固化前用完,已经固化的胶不得再应用到施工中。

e. 钢筋除锈:锚固用的钢筋必须严格按照设计要求的型号、规格选用,根据锚固长度及部位做好除锈处理,除锈长度大于埋设长度5cm左右。用钢丝刷将除锈清理长度范围内的钢筋表面打磨出金属光泽。要求除锈均匀、干净,不得有漏刷部位。将所有处理完的钢筋分类码放整齐,并按类别标示清楚。

f. 植筋:首先将管袋植筋胶注入孔内约2/3,边旋转钢筋边插入孔底,以少量胶溢出孔口为宜。

g. 固化养护:在结构胶固化前,不要扰动植入的钢筋,待结构胶固化达到强度后可以加载施工。

拱门基础加固历时 7d，整个构筑物很快稳定，装修后拱门达到相关规范要求。图 10-186 为塔筒靠近大拱脚一侧的基础加固剖面图。

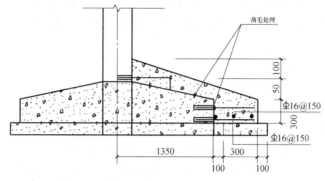

图 10-186　基础加固图

(5) 小结

大跨拱门横向刚度小，整体稳定性差，地基基础设计应特别重视偏心荷载的不利影响以及环境变化对浅层地基土的干扰。

随着研究的深入，混凝土切割技术和植筋加固技术应用于建（构）筑物纠倾加固工程，既可实现结构迅速卸载稳定倾斜建（构）筑物，也可实现新、旧混凝土基础的可靠连接，达到加固的目的。

由于使用功能与建筑物不同，构筑物的纠倾加固可以采取较为灵活的方法。本工程项目采用了装修纠倾、基础加固处理方法，省时、省工、经济、实用，为按时开学创造了条件，具有很好的社会效益。

李启民　王树礼
（中国地质大学（北京））

10.1.37　危岩体加固工程实例

(1) 前言

古崖居遗址是北京市重点文物保护单位，坐落在延庆县城西北 25km 的一条幽静狭窄的"V"形山谷中，沟口南侧不远处为碧波荡漾的官厅水库及其周边的广袤平原。洞窟开凿于陡峭的粗粒花岗石绝壁上。景区内有洞穴遗址 3 处，共有洞穴 174 个，洞内面积从 20 余 m^2 到 $3m^2$ 不等。经有关专家初步鉴定为古人类居住遗址。但因没有其他相关的文物资料和任何文字记载，目前对其具体用途和历史年代还无法断定，故称为"千古之谜"。

古崖居由于多年的风雪侵蚀，岩体松散，有多处坍塌。近几年又有开裂、脱落的险情发生。2005 年春，拟对古崖居岩体的裂缝进行勾缝处理，防止地表水下渗。当脚手架搭至崖顶时，发现其岩体裂隙发育，崖顶出现贯通张开的裂缝，已严重危及岩体的稳定。考虑到 1990 年崖壁北面曾产生局部坍塌，造成部分文物的损坏，显然仅"勾缝"，远不足以保持岩体的稳定。中铁西北科学研究院应北京市文物建筑保护设计所之邀，于 2005 年 4 月 19 日派有关专家对古崖居进行了调查，提出了加固治理方案，经专家多次论证完善并付诸实施，取得了令人满意的效果。现对古崖居岩体的工程地质特点及拟采取的加固方案等简述如下。

(2) 古崖居岩体的工程地质特点

1) 古崖居1号遗址

古崖居1号遗址位于山谷的东坡,古崖居的山顶浑圆平缓,并且比较狭窄。古崖居处从山顶到谷底高差不足百米,约以其中部为界,崖面上陡下缓,下半部边坡坡度约40°~50°,其上有一近东西向的小沟,由谷底延伸至谷坡中部;谷坡上半部为近直立的陡崖,陡崖上开凿有大小不等的方形或长方形石窟。

此处的山体主要由花岗石组成,花岗石以浅灰绿色为主,亦可见浅粉红色,粗粒结构,块状构造。花岗石风化严重,其成分以石英、长石为主,另可见少量云母。花岗石体中有少量细小的伟晶岩脉。在花岗石岩体中有三条近南北向的辉绿岩岩墙,其中最西面的一条穿过石窟后缘厚约1.5m,呈直立状。此辉绿岩岩墙将花岗石岩体分割开,使侧向临空的一条长40m、厚1.5~3.5m的花岗石成为危岩体。

花岗石中的构造节理虽然并不十分发育,仅在坡脚和近石窟顶部看到少量共轭的"X"形节理,但均对洞窟造成危害。

在谷坡上部,"X"节理中的一组倾向临空方向,亦即倾向西的一组节理比较发育,倾角约55°,对岩体稳定有极大威胁。近山顶处,有一个节理面长大而贯通,主要在风化作用影响下,已沿节理面形成宽5~10cm的裂缝,手可自由伸入。岩柱已被该组节理截为三段,且有少许位移。此块岩体重量巨大,岩体上洞室较多,一旦崩塌,损失不可估量,急需加固。

上述辉绿岩岩墙虽然石质坚硬,风化比较轻微,但节理裂隙十分发育,岩墙多被切割成20~30cm大小的岩块,表水或裂隙水容易渗流岩墙,在雨季和冬季产生瞬时静水压力和冰劈作用。在山顶,辉绿岩岩墙表现为"鳍"状。另可见倾向临空面的缓倾角裂面。

2) 古崖居2号遗址

该遗址位于1号遗址下部的自然冲沟南侧崖壁上,岩壁近东西向,崖壁近于垂直。崖体仍由花岗石组成,花岗石岩体中未见辉绿岩岩墙,但中间夹有石英脉,节理裂隙比较发育,有"X"形节理,表面剥裂成层状,水易灌入。在坡体内有一走向NE30°、倾角60°的上下贯通裂面,对岩体稳定极为不利。

3) 古崖居3号遗址

该遗址位于后山,其顶部有2个裂隙带,裂隙宽2~5cm,第一裂隙距崖面约2.0m,第二裂隙距崖面约4.0m,上部长满青草,表明容易进水。随着时间的延续,风化剥蚀、冰劈及植物根系劈裂作用的加强,亦会产生崩塌病害。

(3) 病害产生原因

由于崖壁过高过陡,岩体中有发育的卸荷裂隙,卸荷裂隙均以直立状平行临空面分布,密集处其间距仅约30cm。辉绿岩岩墙与花岗石接触面上可见张开的裂隙。此种卸荷裂隙不仅破坏了岩体的完整性,且为地表水的灌入提供了良好通道,加速了岩体的风化,冬季结冰冻胀还能产生冰劈作用,对岩体的稳定有很大危害。

受直立的卸荷裂隙和倾向临空面的那组节理面的切割,便形成了或大或小的具有向临空方向滑移或在地震作用下崩塌倾覆的危岩体(倾向山体的那组节理面虽不大发育,其对岩体完整性和稳定性的影响也不容忽视),对极其珍贵的古崖居文物构成致命威胁。

(4) 危岩体加固的必要性

古崖居大部分石窟位于危岩体上,危岩体一旦产生崩塌,将对古崖居造成毁灭性的破坏。20世纪90年代，古崖居北面曾产生局部坍塌，已经使部分洞窟破坏，造成不可弥补的损失。要保护古崖居，必须先加固危岩体。加固危岩体是保护古崖居的先决条件。

包括靠近临空面的第一道辉绿岩岩墙在内，急需加固的危岩体的厚度约为3~6m。

山顶部位虽然面积不大，并且向北、东、南三面倾斜，没有汇水条件，但鉴于辉绿岩岩墙的裂隙极其发育，为避免降水沿裂隙向下渗透，采取适当防渗措施是极其必要的。

若遇持续降雨或地震，随着雨水的下灌或地震振动，危岩体随时都有崩塌的可能，必须及时加固并做防渗水措施。在我院技术人员赴现场踏勘和地面调研的基础上，结合我院以往加固甘肃敦煌榆林窟、炳灵寺石窟、北石窟寺及山东蓬莱阁等类似危岩体病害的经验，提出本方案。

(5) 危岩体加固设计和计算

1) 1号遗址危岩体重量计算

在1号古崖居选取了两个断面（实测），在断面上危岩体的面积分别为：
$$S_1 = 32.76 \text{m}^2, \ S_2 = 27.67 \text{m}^2$$

单位宽度下危岩体的重量 $W_{单} = \frac{1}{2} \times (S_1 + S_2) \text{m}^2 \times 1.0 \times 2.5 \text{t/m}^3 = 75.6 \text{t/m}$

整个危岩体总重量 $W_{总} = 75.6 \times 45.0 \text{m} = 3400 \text{t}$

2) 根据目前稳定状态，反算危岩体滑面 c、φ 值（按最大断面计算）。

$K = (w \times \cos55° \times \tan\varphi + CL)/(w \times \sin55°) = 0.98$（因滑面已贯通，$c \approx 0$）

$\tan\varphi = 0.98 \times \tan55°$ $\varphi = \tan^{-1} 1.3996 = 54.40°$

3) 计算危岩体下滑力（安全系数 $F_{1s} = 1.15$）

$$\begin{aligned}F_1 &= F_{1s} \times w \times \sin55° - w \times \cos55° \times \tan54.4° - CL \\ &= 1.15 \times 75.6 \times \sin55° - 75.6 \times \cos55° \times \tan54.4° - 0 \\ &= 10.63 \text{t/m}\end{aligned}$$

4) 锚索布置及受力计算

锚索倾角 $\alpha = 20°$，水平间距3.0m，假定锚拉力为 P。

在滑动方向计算力的平衡

$P \times \cos75° = 10.63 \times 3.0$ $P = 123.2 \text{t}$

每孔锚索采用3根1860级钢绞线，每根钢绞线极限拉力26t，按有关规范，永久性锚索安全系数取1.7~2.2，每根采用11t，三根共计设计拉力33t。

$n = P/33 = 123.2/33 = 3.73$ 排   故设置4排锚索即可。

(6) 工程措施及布置

1) 1号遗址

① 对崖壁上的危岩体，采用预应力锚索及锚杆加固。以谷坡中部为界，在谷坡上半部直立的陡崖处，在不损坏洞窟的原则下，按3m×3m梅花形布置约40根预应力锚索，总延米约480m。锚索孔倾角为20°，孔径为110mm。每束锚索采用由3根ϕ^s15.24高强度（1860级）、低松弛钢绞线组成，将危

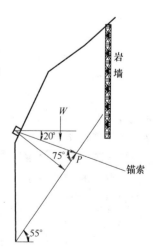

图10-187 危岩体计算简图

岩体锚固于稳定岩层中。在危岩体与稳定岩体之间的裂面处，锚索束外套 3m 长 ϕ60mm 抗剪厚壁钢管，增加其抗剪功能。锚索长度暂定 12m，锚固段长 7m。实际施工时，应做好钻孔记录，确保锚索进入稳定岩体不少于 7m，锚索设计拉力 300kN。锚索外部反力构件采用尺寸为 0.3m×0.3m、厚 20mm 的钢垫板，与锚头一起嵌入坡面内，待锚索张拉锁定后进行复旧处理，使坡面恢复原状。

② 对较薄的危岩体及部分与洞窟稳定有关的崖壁，采用锚杆预加固。在坡度约 40°～50°的下半部谷坡，同样在不损坏洞窟的原则下，按 2.5m×2.5m 梅花形布置 35 个普通锚杆，总延米约 315m。锚杆孔倾角为 20°，孔径为 110mm，锚杆由 ϕ25 的 HRB335 级钢筋制成。穿越裂面时，锚杆外套 3m 长 ϕ60mm 抗剪厚壁钢管。锚杆长度暂定 9m，实际施工时，可根据钻进情况调整锚杆长度。锚杆外部反力构件采用尺寸为 0.25m×0.25m、厚 20mm 的钢垫板，与锚头一起嵌入坡面内，进行复旧处理，使坡面恢复原状。

③ 对局部破坏严重的石柱、洞窟进行补强加固。为加强洞窟的稳定，对已破损石柱进行补强加固处理，石柱内部裂缝灌注高强度胶粘剂、外部加套钢筋混凝土围箍，围箍表面进行复旧处理，恢复石柱天然风貌。

④ 对崖顶裂隙及破碎的辉绿岩采取防水堵漏处理。为增加坡体的整体稳定及有效地防止地表水下渗，对崖顶裂隙及破碎的辉绿岩裂缝进行灌浆或封闭处理。

2) 2 号遗址

① 考虑到岩体的整体稳定，对岩体中下部采用锚杆加固。原则上按梅花形布置约 20 根锚杆，总延米约 180m。锚杆孔倾角为 20°，孔径为 110mm。锚杆长度暂定 9m。实际施工时应做好钻孔记录，确保锚杆进入稳定岩体中。

② 对临空面危岩体，采用锚杆加固。在不损坏洞窟的原则下，按 2.5m×2.5m 梅花形布置 84 个普通锚杆，总延米约 756m。锚杆孔倾角为 20°，孔径为 110mm，锚杆由 ϕ25 的 HRB335 级钢筋制成。穿越裂面时，锚杆外套 3m 长 ϕ60mm 抗剪厚壁钢管。锚杆长度暂定 9m，实际施工时可根据钻进情况调整锚杆长度。锚杆外部反力构件采用尺寸为 0.25m×0.25m、厚 25mm 的钢垫板，与锚头一起嵌入坡面内，进行复旧处理，使坡面恢复原状。

3) 3 号遗址

① 对临空面危岩体，采用锚杆加固。在不损坏洞窟的原则下按按 2.5m×2.5m 梅花形布置 108 个普通锚杆，总延米约 972m。锚杆孔倾角为 20°，孔径为 110mm，锚杆由 ϕ25 的 HRB335 级钢筋制成，穿越裂面时，锚杆外套 3m 长 ϕ60mm 抗剪厚壁钢管，锚杆长度暂定 9m，实际施工时可根据钻进情况调整锚杆长度。锚杆外部反力构件采用尺寸为 0.25m×0.25m、厚 25mm 的钢垫板，与锚头一起嵌入坡面内，进行复旧处理，使坡面恢复原状。

② 对坡面左下部的独立岩墙，为防止岩墙坍塌，采用水平双面锚头对拉锚杆加固。锚杆位置按现场实际情况布设。锚杆孔倾角为 0°，孔径为 110mm，锚杆由 ϕ25 的 HRB335 级钢筋制成。实际施工时，根据锚杆位置的岩墙厚度确定锚杆长度。锚杆外部反力构件采用尺寸为 0.25m×0.25m、厚 20mm 的钢垫板，与锚头一起嵌入坡面内，双面固定，锚头位置进行复旧处理，使坡面恢复原状。

(7) 关键工序施工应注意的问题

通过对每块岩体仔细观察,根据它们间的镶嵌关系,分析受力特点,找出关键部位关键岩体。对极不稳定的岩体首先进行保护,下部利用脚手架多进行支撑顶护,上部利用钢丝绳捆绑缆拉防护。施钻时小心翼翼减少冲击和振动,并设专人进行变形观察,依靠监测的信息指导施工。钻孔的布置讲究先后次序,先从不危险的地方开始,再向危险的地方逼进。先两边后中间,采用跳孔换位方式,即"打一枪换一个地方"的布孔方式,尽量避免在一个地方连续施钻。简而言之,就是:"下顶上拉多保护,谨小慎微少振动,钻孔监测两并举,循序渐进后围攻"。

1) 关于施工顺序

危岩体加固及裂隙注浆施工顺序十分重要。根据我们多年从事文物加固工程的经验,对危岩体加固应遵循以下施工程序:搭设脚手架→固定钻机→钻孔→清孔→锚索制作安装→锚索孔注浆→张拉锁定→复旧处理→临空面裂隙堵缝→裂隙注浆→顶部封闭→复旧处理。

2) 搭设脚手架

由于作业面高且钻进时有向外的反力,脚手架基础要稳当,最好预制混凝土垫块做基础,每搭设一定高度(10m左右)要与崖壁锚拉,或者与下部已经注浆的锚索扣接牢靠,防止脚手架失稳破坏。

3) 钻孔

锚索、锚杆孔成孔采用旋转钻进与冲击钻进相结合的钻进工艺。在危岩体中主要采用旋转钻进;在稳定岩体中主要采用冲击钻进,严禁开水钻进,以确保钻孔施工不恶化谷坡岩体的地质条件。此外,吹碴时掌握好风压,不能过大、过猛。为保证钻孔顺直,钻进时应安装导向棒。

4) 锚索及锚杆注浆。采用由里向外反向压浆工艺,确保浆液饱满。注浆要严格控制注浆压力,最好采用小压力缓慢注浆,防止注浆过快或压力过大,劈开危岩体。

5) 锚索张拉。锚索张拉不宜采用大吨位千斤顶一次张拉到位,最好采用小千斤顶分级单根张拉,张拉时观察岩体及裂缝情况,锚索设计荷载300kN,锁定荷载10kN。

6) 锚索张拉作业前必须对张拉设备进行标定。

7) 锚索张拉需要稳定10~20min,并且测读锚头位移三次,记录张拉中钢绞线的伸长量。

8) 张拉变形稳定后,卸荷锁定锚索,切除多余钢绞线,用C25混凝土封闭锚头。在此期间,要特别注意外露锚索钢绞线的防腐。

9) 动态设计、动态施工

锚索、锚杆孔位及倾角要根据岩体的岩面、重心位置及与洞窟的相对位置,因地制宜地确定。在不损坏洞窟的原则下,可按现场实际情况进行调整。成孔后考虑到沉渣影响,实际钻孔深度比设计深度大0.5m。

10) 注重环保,控制扬尘

钻进过程中采取相应的防尘措施,尽量不污染周边环境,达到环保施工的要求,并且对地层变化、钻进速度、地下水情况以及出现的特殊情况做现场记录。若遇到塌孔、漏风现象,应停止钻进并进行注浆固壁处理,注浆24h后重新钻进。

11) 对危岩体与稳定岩体之间的裂缝进行灌浆充填施工时,应先清除掉地表裂缝周边杂物,用灌浆材料进行填补与封堵并预留适量的排气孔后,再对危岩体与稳定岩体之间的内部裂缝进行灌浆。实施时,应采取小压力注浆,分批量灌注。

12) 确保文物安全。施工时对文物进行保护,为防止污染、损坏文物,制定有效措施。

13) 锚索材料采用高强度、低松弛预应力钢绞线,直径 $\phi=15.24mm$,标准强度为 1860MPa。要求顺直、无损伤、无死弯,每根锚索使用 3 束钢绞线。锚杆材料采用热轧 HRB335 级钢筋,直径 $\phi=25mm$,设计强度为 310MPa。

14) 锚索下料采用砂轮机切割,禁止用电焊切割。下料长度比锚索设计长度多 1.0m,以满足锚索张拉工艺需要,锚索安装要求无损伤、无死弯。

15) 锚索、锚杆孔灌注水泥砂浆,砂浆配合比为水泥∶砂子∶水 = 1∶1∶(0.40~0.45)。砂浆体 28d 抗压强度不低于 30MPa。注浆采用孔底返浆式注浆工艺,砂浆体强度达到设计强度的 80% 后,方可进行锚索张拉。

16) 锚索外部反力构件采用尺寸为 0.3m×0.3m、厚 20mm 的钢垫板。锚杆外部反力构件采用尺寸为 0.25m×0.25m、厚 20mm 的钢垫板。

17) 所有分项工程施工完毕后进行复旧处理,使坡面恢复原状。

(8) 其他说明

1) 本方案是基于地面调查的基础上进行的,工程实施中可根据现场施工实际情况进行优化,做到动态设计,信息化施工。

2) 考虑到岩层中裂隙较多,一定要防止注浆时出现跑浆、漏浆现象,应采取必要的措施。

(9) 建议与意见

古崖居有一半面积位于危岩体上,已崩塌岩体已经造成部分石窟的损坏,造成不可弥补的损失。目前,时值初春,如果在今年雨季来临前,对危岩体进行有效的加固,遏制其变形和发展,就能确保古崖居的安全,时间宜早不宜迟。鉴于抢救文物的重要性和时间的紧迫性,特作如下建议:

1) 在今年雨季来临前,最好能对危岩体进行有效的加固。

2) 北侧的古崖居顶部亦有一裂隙带,上部长满青草,表明容易进水,随着时间的延续,风化剥蚀、冰劈及植物根系劈裂作用的加强,亦会产生类似的病害,建议采取加固措施。

图 10-188 工程照片

(10) 附录

工程照片:X 节理中的一组倾向临空方向的节理比较发育,倾角约 45°~60°,对岩体稳定有极大威胁。

王桢
(中铁西北科学研究院有限公司)

10.2 纠倾加固工程实例分析简表（180例）

为了便于系统地了解与比较，本节将国内其他专家和工程技术人员所完成的具有代表性的建筑物纠倾加固工程实例汇总于表10-31，以飨读者。

纠倾加固工程实例分析简表　　　　表10-31

序号	工程名称	工程概况	工程地质	工程事故原因分析	纠倾加固措施
1	黑龙江省哈尔滨某住宅楼	该住宅楼地上8层，地下1层，纵墙承重砖混结构，钢筋混凝土基础，建筑面积4000m²。1987年7月竣工，8月该住宅楼发生倾斜	地基土为Ⅱ级湿陷性黄土，厚度为8.6m，$f_k=190$kPa	8月中旬东南角附近地下给水管漏水，引起地基土不均匀沉降，最大沉降量为116.4mm，纵墙中段严重开裂，住宅楼倾斜	采用浸水法纠倾，在沉降较小的基础一侧钻孔（孔至基底1～1.5m），孔底铺粗砂，采用$\phi 100\sim 150$钢管进行护壁（至基底下500mm）。各孔注水量为3～4t，墙体裂缝合拢，倾斜量符合要求
2	黑龙江省哈尔滨某防火楼梯	室外防火楼7层，长3.3m，宽2.5m，高18m，钢筋混凝土条形基础。1997年该楼梯主体施工结束后发生倾斜，最大倾斜量100mm		距离防火楼梯2.5m处的化粪池漏水，防火楼梯地基土被浸泡，承载力降低，防火楼梯产生倾斜	采用浅层掏土法纠倾；在条形基础下300mm进行水平掏土迫降，回倾达设计值后，采用两根钢管灌浆桩加固外侧基础
3	黑龙江省某基地烟囱	砖烟囱，高45m，钢筋混凝土独立基础，基础底半径3.4m，埋深2.8m。1995年7月，烟囱砌至22.5m时发生倾斜，到8月底倾斜发展到281mm，最大倾斜率12.5‰	填土；黏土（$f_k=150$kPa）	基础设计时参考锅炉房地质资料，取地基承载力$f_k=150$kPa。由于没有彻底清除持力层上的填土，填土厚度严重不均匀，承载力不足，造成烟囱倾斜	在南侧注水软化地基土；在北侧设置6个井桩，以生石灰作膨胀剂，并用粉煤灰和碎石填充，将烟囱抬升扶正，注入水玻璃使加固体迅速硬化
4	黑龙江省某化工厂烟囱	砖烟囱，高45m，1988年交付使用，1991倾斜发展到166mm		事故原因是多方面的，持力层过薄（900mm）；松花江水位大幅度上升，降低了地基承载力；基础应力叠加等	采用毛石配重反向堆载逐级加压纠倾，用灌注桩切断与其他基础之间的影响，并对基础进行环形加大，烟囱筒体环向采用三瓣形箍加固
5	吉林省油田管理局某住宅楼	该住宅楼建成于1986年，4层砖混结构，平面尺寸50.68m×9.84m，建筑面积2141m²，毛石基础	填土；亚黏土；轻亚黏土	设计承载力取值过大（勘察报告为100～120kPa，设计取值150kPa），素土垫层夯实质量较差，特别是室外污水检查井失效，使地基浸水下沉，导致建筑物倾斜475mm	采用"辐射井射水法"纠倾，在室内共设置16个砖砌沉井，每个井壁上预留2层射水孔，由2套机具同时射水纠倾。采用双灰桩进行防复倾加固，桩径150～300mm，桩长4m

10.2 纠倾加固工程实例分析简表（180例）

续表

序号	工程名称	工程概况	工程地质	工程事故原因分析	纠倾加固措施
6	吉林省某教学楼	该教学楼原为4层外廊式砖混结构，素混凝土基础，1.5m厚砂石垫层，建于1985年。1994年该教学楼增加为6层建筑，随后出现不均匀沉降，1999年倾斜发展到219mm，倾斜率达11‰		相邻深基坑施工影响	首先，对建筑物沉降较大的一侧的地基土进行注浆加固（斜孔）；再采用掏土法在沉降较小的一侧实施纠倾
7	辽宁朝阳某住宅楼	该住宅楼为6层砖混结构，钢筋混凝土条形基础	非自重湿陷性黄土	暖气阀门漏水，地基土受热水浸泡，持力层湿陷变形，南北地基沉降差大于40mm，建筑物倾斜89mm	该住宅楼纠倾采用基底成孔浸水法，在基础侧开挖水沟，沟底在基础底面以下500mm，并做50mm卵石垫层，再用φ100钢管在基底下400mm处的土层中水平成孔，浸水纠倾
8	辽宁大连锦绣小区37号、43号住宅楼	7层砖混结构，钢筋混凝土条形基础，建筑面积分别为4480m² 和 4300m²。两幢住宅均于1995年开工，同年竣工。1997年初，两住宅楼分别倾斜328mm和333mm	杂填土；可塑状粉质黏土（$f_k = 136 \sim 280$kPa）	该场地由于烧砖取土，地形起伏不平，人工回填强夯后厚薄不均（1~8m），成分复杂（素填土、建筑垃圾等），建筑物基础一部分坐落在陡坡上的天然土层；一部分坐落在陡坡下的回填土上。复勘表明，强夯施工后一些部位的地基承载力达不到设计要求	37号、43号住宅楼采用辐射井法纠倾。由于地基中存在大量的块石、碎石，故在室内增设辐射井，开挖室外辅助射水沟，内外射水，同时制作各种工具进行排石。纠倾工程结束后，采用双灰料对辐射井、射水沟以及射水孔进行夯填
9	辽宁北票某住宅楼	该住宅楼为6层砖混结构，钢筋混凝土条形基础，1994年11月竣工。西端2个单元建筑面积为2203m²，以沉降缝与东侧3个单元分开	Ⅰ级非自重湿陷性黄土	暖气检查井中的阀门破损漏水，地基土受热水浸泡，持力层湿陷变形，至1995年2月，西端2个单元向北倾斜39~137mm	首先，对沉降较大一侧的基础进行托底加固；然后，在沉降较小一侧的基础两侧开挖注水沟，沟底位于基础底面以下500mm，沟底掏挖圆形水平孔，采用基底成孔浸水法纠倾；最后，利用砂、生石灰与黏土进行堵孔，用3:7灰土夯填沟槽
10	辽宁省鞍钢化工厂某烟囱	该烟囱建于20世纪30年代，钢筋混凝土结构，高70.1m，圆形台阶钢筋混凝土基础，直径12m，埋深6m。该烟囱向南倾斜，倾斜率达14.84‰	杂填土（厚2.3m）；粉质黏土	相邻的洗焦炉每隔半小时浇洗一车出炉焦炭，洗焦水漫流，地面积水不断渗入，地基土遭受浸泡；同时，在地表动荷载反复作用（铁路运输）下，南侧地基土强度降低，烟囱基础产生不均匀沉降	该烟囱采用辐射井射水法纠倾（在北侧设置2口井辐射井，井深8.5m，内径1.2m，相距5.2m，每个辐射井布置28个射水孔，射水孔径150mm，枪口出水压力1MPa，纠倾结束后采用双灰料（生石灰+粉煤灰）封填射水孔，辐射井的下部采用生石灰+粉煤灰+粉质黏土夯填，上部采用粉质黏土夯填

续表

序号	工程名称	工程概况	工程地质	工程事故原因分析	纠倾加固措施
11	辽宁抚顺石油一厂办公楼	主楼5层，西楼4层，北楼3层，建筑高度分别为20.3m、16.4m、14.5m，框架结构，钢筋混凝土条形基础，沉降缝将其分为3个独立单元	一级阶地，持力层为回填砂砾土	距离该办公楼120m处，是露天矿深采坑（约300m深），地下开采引起断层及次级构造，导致建筑物倾斜	采用混凝土护壁的"辐射井法"射水取土，特别在地基中遇到难以排出的块石时，采用振捣方法配合射水掏土。纠倾结束后，采用粗砂夯填
12	天津市河西区某住宅楼	7层砖混结构，建筑面积9153m²，呈L形平面布置。该住宅楼设一道沉降缝，沉降缝东侧采用钢筋混凝土预制桩基础（桩长17.5m），西侧采用片筏基础，其下为1.19m厚的土石屑垫层。该住宅楼竣工交付使用后，西楼向东北方向倾斜，最大倾斜率达3.6‰	粉质黏土；粉土；淤泥质粉质黏土；粉质黏土；地下水位−1m		采用掏土法（掏挖垫层）进行纠倾；在南侧基础外开挖工作沟，并用混凝土封底，靠近基础一侧用砖砌筑台阶，并预留孔进行射水掏土
13	天津市某住宅楼	6层砖混结构，高度16.65m，建筑面积3761m²。该住宅楼为钢筋混凝土条形基础，基础下垫300mm厚土石屑，碾压夯实，于1996年5月建成并投入使用	持力层为粉质黏土，f_k=110kPa，软塑状；地下水位为−2.5m	由于地基土强度低，压缩量大，加之上部结构荷载偏心较大，引起基础不均匀沉降，最大倾斜量为194mm	采用地基应力解除法进行纠倾，孔深5m，孔径150mm。采用锚杆静压桩（200mm×200mm）进行抗复倾加固，单桩承载力为100kN
14	天津市大港油田某住宅楼	5层砖混结构，各单元之间用沉降缝（宽120mm）隔开，片筏基础，建筑高度12.5m。该住宅楼于1998年底竣工，不久发现东西端头的两个单元向沉降缝方向倾斜，楼顶的沉降缝局部合拢，基础最大沉降差198mm	软塑～流塑状软黏土	由于地基土强度低，压缩量大，沉降缝处地基应力叠加，建筑物产生沉降	采用地基应力解除法进行纠倾，应力解除孔布置在沉降量较小的东西端头及东西两单元自端头起1/2单元长度的南北侧，孔距2.5～3m
15	天津市塘沽某办公楼	2层框架结构，高度7m，钢筋混凝土独立基础，基础下垫1000mm厚细砂。该办公楼于1988年竣工，1990年向西倾斜，最大倾斜率达10‰	软土	紧邻该办公楼西侧是另一3层办公楼，两楼以50mm的沉降缝相隔，基底应力叠加，两建筑物相向倾斜	采用掏土法（掏挖砂垫层）进行纠倾
16	天津市塘沽某宾馆	7层底框结构，高度21.9m，钢筋混凝土梁式筏形基础（筏板厚300mm，梁高600mm），基础埋深1.4m，基础下垫400mm厚石屑。该宾馆最大倾斜率达12.6‰	淤泥质土；淤泥	相邻地铁施工引起建筑物倾斜	采用应力解除法（应力解除孔径300mm，孔深10m，孔间距1～2m）进行纠倾

10.2 纠倾加固工程实例分析简表（180例）

续表

序号	工程名称	工程概况	工程地质	工程事故原因分析	纠倾加固措施
17	天津市某商住楼	6层砖混结构，钢筋混凝土条形基础，粉喷桩复合地基（直径500mm，桩长9m）。竣工一年后，发现该商住楼倾斜，最大沉降量197mm，最大沉降差85mm，最大倾斜率7.68‰	滨海软土	建筑物的重心线与基础形心存在527mm的偏差，导致较大的偏心力矩，使建筑物倾斜	采用钻孔掏土、桩头卸载和堆载加压等综合法进行纠倾
18	天津市某住宅楼	6层砖混结构，呈倒L形平面布置，钢筋混凝土片筏基础，粉喷桩复合地基（桩径500mm，有效桩长8.3m）。该住宅楼主体工程竣工后，最大倾斜率达到11.19‰	黏土；淤泥质土；粉土；粉质黏土	地基土分布不均匀；粉喷桩施工质量差（抽芯检查发现桩体含灰量少，最低含灰量仅为5%）；水泥土强度没有达到要求时，上部结构便提前开始施工，造成较大的沉降量	先采用静压钢管桩（直径φ194，桩长19m）对沉降量较大一侧进行基础加固；其次在沉降量较小一侧采用辐射井射水纠倾；最后采用旋喷桩和粉喷桩进行加固
19	山东省某铁路用房	该铁路用房为单层建筑物，砖混结构，钢筋混凝土条形基础，建成不久便整体向北发生倾斜，倾斜量为120mm，倾斜率达32.4‰	粉质黏土	由于建筑物北侧基础位于未经处理的填土之上，南北地基土压缩系数相差较大，导致建筑物不均匀沉降	采用微型钢筋混凝土桩对北侧基础进行加固（桩体穿越原条形基础），采用地圈梁顶升法（新增梯形地圈梁）进行纠倾
20	山东省济南钢铁集团公司某住宅楼	8层砖混结构，墙下钢筋混凝土条形基础，建筑高度24.4m，长57.8m，宽12.6m。1994年底该住宅楼伸缩缝以东主体完工，1995年5月伸缩缝西侧主体完工。1996年住宅楼向北倾斜，最大倾斜量为298mm	黄土状粉质黏土	事故原因是一废弃的防空洞从建筑物北部基础下穿过（洞顶距基础5m），洞顶塌方所致	首先，采用压力注浆的方法将防空洞两端封死，将防空洞空隙部分充实，并在沉降较大的地方采用微型桩对原基础进行托换；然后，使用洛阳铲进行水平成孔掏土、孔内灌水纠倾
21	山东省某热电厂烟囱	该烟囱建于2004年，钢筋混凝土结构，高120m，钢筋混凝土筏形基础，埋深4m，粉喷桩复合地基，桩长9m。建成不久，该烟囱向西南倾斜538.5mm，倾斜率达4.5‰	粉土；粉质黏土	相邻除尘设备基础施工时大面积降水（降水井距离烟囱2m），水位降幅达10m，使地基土自重应力增加，引起附加荷载；基础埋深不足，不能满足规范要求	该烟囱采用深井降水法（设置5口井，井深20m，孔径700mm，直径400mm的无砂水泥滤管）纠倾，结束后采用压力注浆封填降水井
22	山东省济南某住宅楼	7层砖混结构，建筑面积7600m²，钢筋混凝土筏形基础，3:7灰土垫层1.2m厚。2002年该住宅楼完工，建筑物在使用中向南发生倾斜，最大倾斜率达10.6‰	杂填土；粉质黏土；淤泥；粉质黏土；黏土；粉质黏土	住宅楼南侧为外阳台，北侧为内阳台，荷载偏心较大；南侧相邻房屋的外挑基础压在住宅楼基础上，加剧了住宅楼的倾斜	首先，对住宅楼南侧进行基础卸载，同时，对北侧楼层进行堆载；其次，在北侧筏形基础上钻孔，利用地基应力解除法进行纠倾；最后对应力孔进行注浆加固

续表

序号	工程名称	工程概况	工程地质	工程事故原因分析	纠倾加固措施
23	山东省昌邑某综合楼	4层砖混结构,建筑主体长58m,底层为商店,二、三层为办公室,四层为单身宿舍,沿南北方向临街布置,建筑面积2500m²。该综合楼于1980年建成,不久墙体便出现裂缝,南段整体下沉,甚至造成空心楼板从一侧抽出25~30mm	素填土(集中在南段,压缩模量3MPa);轻亚黏土(压缩模量10MPa);亚黏土(压缩模量14MPa)	地基土严重不均匀(素填土集中于南段),没有进行地基处理,也没有设置结构沉降缝是事故的主要原因。另外,结构荷载偏心(偏南段)和生活排水管道渗漏增大事故的严重性	首先,采用窗间墙两侧增加钢筋混凝土墙、沿横梁设置钢筋拉结楼板、钢筋混凝土外包原基础等措施对建筑物进行加固,再采用增层加压法进行纠倾,即在建筑物的北段局部增加一层,使建筑物沉降趋于一致
24	山东省某住宅楼	该住宅楼共4个单元,毛石基础,建筑高度15m,总建筑面积2031m²,竣工两年后发生倾斜,倾斜量为175mm,倾斜率达11.3‰	杂填土;粉质黏土	地基土中杂填土和粉质黏土的厚度都不均匀,设计时没有进行有效的地基处理,导致建筑物产生不均匀沉降	采用静力压入钢筋混凝土小桩(200mm×200mm),对整个住宅进行基础加固,采用地圈梁顶升法进行纠倾
25	山西省某焦化厂大型储气桶	该储气桶直径26.8m,桶壁基础为钢筋混凝土环形基础,桶底则放置在地面上。2002~2004年间,储气桶最大沉降差达277mm,平均倾斜率7‰	杂填土;粉质黏土;粉土	部分地基曾长期堆载(铁矿粉),而其余的地基则为耕土,两部分地基土的压缩系数相差悬殊;储气桶建成储气后,场地未及时硬化,其北部曾积水数月,地基土浸泡后变形增大	采用高压旋喷桩全面加固储气桶地基后,再采用顶升法进行纠倾
26	山西省太原某住宅楼	砌体承重结构,地上6层,地下1层,平面呈L形布置,建筑面积4642m²,筏形基础,基底下铺0.9m厚的砂石垫层和0.3m厚的片石垫层。该建筑物于1998年开工建设,第4层主体完成后,产生不均匀沉降,随即进行的地基土注浆加固施工使该住宅楼进一步沉降,最大倾斜率(向北)达4.88‰,并影响到相邻(东侧)住宅楼	该场地位于汾河东岸一级阶地后缘,地基土由第四纪冲洪积粉质黏土和粉土组成,地下水位-2.1m	地基土分布不均匀和局部承载力(f_k=60kPa,E_s=1.98MPa,S_t=5.8~6.4)不足是建筑物不均匀沉降的基本原因,注浆加固工艺不当(水灰比过高,无控制固化时间的措施等)加剧了不均匀变形的发展。另外,没有进行岩土工程勘察,设计缺乏依据	第一阶段在东侧施工隔离桩(成孔后暂不成桩),隔离该建筑物与住宅楼的地基土联系;第二阶段采用地基应力解除法(掏土孔上部套管护壁)在建筑物东、南侧进行挤压纠倾,同时调整上部结构施工进行加压纠倾;第三阶段采用树根桩(桩径200mm,桩长10m,桩距1m),并浇筑掏土孔对建筑物周边基础进行围箍,约束地基土侧向变形
27	山西省侯马火车站水塔	砖混结构,高度19.7m	湿陷性黄土	由于维护不当,塔基几次被水浸泡,产生倾斜	用双灰桩抬升法纠倾,扩展基础进行加固
28	河北省峰峰矿务局某住宅楼	6层框架-剪力墙结构住宅楼,独立基础,于1986年竣工。1993年西侧下水管道断裂漏水后,该住宅楼发生不均匀沉降,向西倾斜率达9.9‰	非自重湿陷性黄土状粉质黏土	管道漏水引起地基土浸水湿陷	在东侧和中部的柱基及墙基两侧对称钻孔(孔径127mm,孔深3.5m),孔内填入碎石,采用孔内注水纠倾,历时36d

10.2 纠倾加固工程实例分析简表（180例）

续表

序号	工程名称	工程概况	工程地质	工程事故原因分析	纠倾加固措施
29	河北省邢台某化工集团设备框架	5层钢筋混凝土框架结构，筏形基础，高度13.93m，于1997年竣工投入生产。2005年该设备框架被发现向东南方向倾斜，最大倾斜量170mm	花岗片麻岩	生产过程中管道漏酸，硫酸腐蚀花岗石地基	在东侧的基础下填塞生石灰混合粉煤灰膨胀剂进行抬升，同时在西侧基础下掏土迫降纠倾
30	河南省某综合楼	7层建筑物，沉管灌注桩基础（桩径ϕ480mm，桩长18m）。该综合楼装修基本完工时突然不均匀沉降，最大沉降率为10mm/d，向北侧倾斜率15‰	填土；耕土；淤泥；粉细砂；含砾中砂	部分桩吊脚2～2.5m	首先，采用旋喷桩对北侧基础进行加固，然后采用桩顶卸载法进行纠倾（对南轴和中轴承台下的桩凿低桩头，通过垫、抽钢板控制沉降）
31	河南省某住宅楼	6层砖混结构，建筑高度18m，条形基础，3:7灰土垫层1.3m厚，采用灰土挤密桩（桩径ϕ350mm，桩长6m，梅花形布点）处理地基。该住宅楼于1997年竣工并投入使用，3个月后发现不均匀沉降，最大倾斜率达17.8‰	该场地属洛河Ⅱ级阶地后缘，分别为Ⅲ级自重湿陷性黄土（f_k=95kPa），黄土状粉土（f_k=140kPa）	场地中的排水渠和上下水管道漏水，地基土浸水湿陷	该住宅楼首先采用注水法（孔径ϕ200mm，孔深12m，孔内以卵石回填）纠倾，再采用应力解除法纠倾（主要是掏挖灰土桩下的地基土）；最后，用白灰+砂+水泥回填孔洞，并施工2排灰土桩作为止水帷幕。该纠倾工程施工共持续了5个月
32	河南省新乡化纤厂两住宅楼	4号、5号住宅楼为6层砖混结构，墙下钢筋混凝土条形基础，预应力空心楼板，建筑高度18.8m，每幢建筑面积1814m²，1995年2月开工，同年12月竣工交付使用，入住时发现外墙出现八字形裂缝	粉质黏土（f_k=160kPa）	住宅楼中部位置原为一人防工程，住宅楼基础施工时，外纵墙两侧的人防工程没有被拆除，只是在人防工程的残留钢筋混凝土板上素土夯实。人防工程长期积水，并逐渐渗入住宅楼下，使中部素填土呈软塑状，沉降较大	在原人防工程处采用大直径双灰桩加固，并将条形基础改造为筏形基础，同时对上部结构裂缝进行加固处理
33	河南省三门峡某综合楼	5层框架结构，高度18.9m，人工挖孔灌注桩基础，建筑面积2985m²。1995年开工，1997年竣工后建筑物产生倾斜，最大倾斜量为288mm	自重湿陷性黄土	持力层选择不当（具有湿陷性，且承载力悬殊较大），没有对湿陷性黄土进行处理，上部结构偏心较大，使用维护不当（污水渗漏，地基土浸水湿陷，造成楼内给水、排水管道断裂，使地基土进一步浸泡，引起桩侧负摩擦力，桩基沉降）	采用砂井注水与千斤顶抬升综合纠倾，双灰桩加固

续表

序号	工程名称	工程概况	工程地质	工程事故原因分析	纠倾加固措施
34	湖北省某教学楼	该教学楼建筑高度13.5m，条形基础，粉喷桩处理地基，桩径500mm，桩长12m。该教学楼在施工过程中便发生不均匀沉降，随即进行了一定的纠倾处理，并于1997年9月竣工交付使用。之后，建筑物持续倾斜，最大倾斜率为9.7‰	杂填土；黏土；淤泥质土；淤泥质粉质黏土；砂质黏土	复合地基的设计存在缺陷，粉喷桩的主要持力层选择为淤泥质粉质黏土，造成复合地基承载力不足	首先，采用锚杆静压桩对整个基础进行加固，并在沉降量较大一侧立即封桩，阻止不均匀沉降进一步发展。在沉降量较小一侧采用堆载和基底掏土综合法进行纠倾，最后对该侧的锚杆静压桩进行封桩
35	湖北省武汉某大楼	该大楼为6层建筑物，筏形基础下为12m长的粉喷桩复合地基	黏土硬壳层(6m)；淤泥；淤泥质粉质黏土；粉土		该建筑物采用地基应力解除法进行纠倾：在建筑物沉降较小一侧的基础边缘设置应力解除孔，孔径400mm，孔深7~8m，孔上部设套管。硬壳层下的淤泥掏出后，硬壳层下沉产生负摩擦力，带动粉喷桩下沉纠倾
36	湖北省某住宅楼	6层砖混结构，钢筋混凝土条形基础，最大倾斜量达220mm	耕土；粉质黏土	该宿舍楼倾斜的主要原因是地基承载力取值偏大，导致基底面积不足	该住宅楼采用基底水平钻孔掏土法进行纠倾
37	湖北省武昌某住宅楼	7层底框结构，钢筋混凝土筏形基础，以杂填土作为持力层。1982年该住宅楼在施工过程中发生倾斜，6层施工结束时，最大倾斜量达461.8mm。与该住宅楼紧邻的另一3层住宅楼也产生不均匀沉降，墙体开裂，最大沉降量为430mm，差异沉降量为250mm	杂填土；淤泥；软黏土；亚黏土	新老两建筑物相距太近，而两建筑物均采用天然地基，地基土层厚薄不均，承载力低，压缩性大，基础下地基土应力叠加，产生不均匀沉降	该住宅楼施工完6层后，在基础两侧增设钻孔灌注桩和悬挂梁，形成复合基础，并利用7层施工荷载进行反向加压纠倾。相邻的3层住宅楼以危房拆除
38	湖北省襄樊市某宿舍楼	6层砖混结构，钢筋混凝土条形基础，其下为4:6的砂混碎砖垫层(厚1m)。2001年该宿舍楼竣工交付使用，1年后最大倾斜（向西南方向）率达到8.5‰	杂填土；黏土	该宿舍楼倾斜的主要原因是其地基承载力不足	该宿舍楼采用基底成孔掏土法(掏挖垫层)进行纠倾，采用静压注浆形成树根状微型桩加固地基土

10.2 纠倾加固工程实例分析简表（180例）

续表

序号	工程名称	工程概况	工程地质	工程事故原因分析	纠倾加固措施
39	湖北省武汉某配电房	3层砖混结构，建筑高度11m，钢筋混凝土条形基础，于1987年建成并投入使用。1992年相邻某大楼开始建造，其基坑(深7m)距离配电房基础边缘3.5m，采用钢板桩支护，配电房向基坑方向倾斜，最大倾斜率为18.6‰	杂填土；黏土；粉土；粉细砂夹粉土	由于基坑钢板桩支护数量较少，并且刚度不足，产生较大的侧向位移，引起配电房地基向基坑方向运动	首先，对基坑设置钢锚桩和钢筋拉杆进行加固。在建筑物沉降较小一侧的基础边缘开槽，在基础下冲水掏土，并以堆载相配合进行纠倾，在建筑物沉降较大一侧对地基土进行注浆加固
40	湖北省武汉某教工宿舍楼	该宿舍楼为7层建筑物，层高3.2m，筏形基础，于1987年竣工，1989平均倾斜率达16‰	杂填土；黏土；淤泥质土；黏土	该建筑物倾斜的原因是地基中存在着两层厚度不均匀、分布不规则的淤泥质土层，在偏心荷载(单面阳台)作用下，浅层淤泥侧向挤出，产生较大不均匀沉降	该建筑物采用地基应力解除法进行纠倾：先在建筑物沉降较小一侧的基础边缘设置应力解除孔，孔径400mm，间距2.0～2.5m，孔上部设6.0m长的钢套管，然后分批、分阶段掏土，最后拔管回填
41	江苏省连云港市某住宅楼	4层砖混结构，建筑面积2218m²，钢筋混凝土条形基础，0.5m厚土石垫层。该工程于1991年竣工，不久便发生不均匀沉降，到2001年，最大倾斜率(向南)达12.5‰	黏土；淤泥		该住宅楼采用基底成孔掏土法进行纠倾，纠倾结束后，利用圆木封堵掏土孔
42	江苏省连云港市某职工宿舍楼	6层砖混结构，建筑高度19.8m，锤击沉管灌注桩基础，由A、B两栋组成，中间设沉降缝。该宿舍楼封顶时发现不均匀沉降，最大倾斜率(向南)达16.3‰	杂填土；淤泥；粉质黏土；黏土	没有进行岩土工程勘察，设计参考相距35m的另一栋建筑地质资料，造成桩基承载力不足；施工时桩基偏位，桩长不足	首先，采用钻孔桩和旋喷桩(掺快凝剂)加固沉降量较大的基础；然后，采用高压射水桩身卸载法进行纠倾；最后，采用旋喷桩全面加固
43	江苏省南京某住宅	7层砖混结构，钢筋混凝土条形基础下设沉管灌注桩，桩径377mm，桩长23m。基础开挖，基础桩发生倾斜，随即采用锚杆静压桩加固。1998年交付使用后，该住宅楼产生不均匀沉降，最大倾斜率5.6‰	杂填土；淤泥；淤泥质粉质黏土；粉砂	沉管灌注桩质量差(缩颈、吊脚、混凝土质量不合格等)；地基中存在不均匀塘渣；装修荷载和使用荷载较大	首先，采用锚杆静压桩(截面200mm×200mm，桩长18m)对原沉降较大一侧(西侧)地基进行加固，然后在原沉降较小一侧采用应力解除法(孔径400～500mm)进行迫降纠倾。

第 10 章　建筑物纠倾工程实例分析

续表

序号	工程名称	工程概况	工程地质	工程事故原因分析	纠倾加固措施
44	江苏省南京某水塔	高度为 31m，蓄水量 200m³，水塔基础距离铁路公寓楼基础 2.6m。该水塔于 1989 年建成开始使用，1994 年发生倾斜，最大倾斜量为 593mm	杂填土；粉质黏土；淤泥质土；粉质黏土	事故原因为：持力层厚度变化大；附近深基坑施工大面积降水；地面堆载及相邻基础应力叠加	首先，在沉降较大一侧的水塔基础外实施树根桩，其外进行高压注浆，稳定水塔；在沉降较小一侧采用钻孔掏土法进行纠倾扶正；最后，采用高压注浆和树根桩进行加固
45	江苏省南京某住宅	7 层底框结构，钢筋混凝土条形基础，利用粉煤灰换填进行地基处理，室内装修时发生不均匀沉降，最大沉降差 198mm，最大倾斜率（向东）4.7‰	杂填土；淤泥；素填土；粉质黏土；淤泥质粉质黏土		首先，采用锚杆静压桩加固基础，再采用掏土法进行纠倾
46	江苏省南京定林寺古塔	7 级 8 面仿木结构楼阁式砖塔，塔底直径 3.45m，塔高 12.3m，重建于清光绪初年。该塔向西北方向倾斜 7°59′（塔顶偏离塔基中心向北约 1.6m），倾斜角超过意大利比萨斜塔（5°30′）	粉质黏土；基岩	塔基坐落在一个断层破碎带上，古塔南侧为火山岩体，地层稳定，北侧为堆积层，其中的两个土层不均匀，产生不均匀沉降，加之山北修筑公路，切坡产生新的临空面，影响了山体稳定，使堆积层向北缓慢滑移，造成塔身倾斜速度加快	首先，在古塔周围 3m 布设了 16 根钢筋混凝土抗滑桩，直径 2m，嵌入岩石，桩与环形压顶梁浇筑成空间结构体系，阻止坡体向下滑移；通过压力灌浆把塔基下松散的火山岩浇筑成一个整体，减少雨水下渗，提高承载能力；在古塔倾斜的反方向的基础下掏土，实施迫降法纠倾，使倾斜度回到 5°25′，仍保持"世界最斜古塔"的纪录
47	江苏省南京某建筑物	6 层砖混结构，建筑高度 18m，建筑面积 3400m²，条形基础，粉喷桩复合地基，设计地基承载力为 150kPa。该工程于 1995 年开工，建至 4 层时发生不均匀沉降，最大倾斜率（向南）达 16.55‰	粉质黏土；淤泥质粉质黏土；淤泥质粉质黏土夹粉土；淤泥质黏土与粉土互层	在 50m 深度范围内均为流塑状软弱土，压缩量大；粉喷桩施工长度不足，水泥掺入量不足；建筑物附近的取水井抽水影响	首先，挖除建筑物南侧基础上的回填土进行卸载，同时对北侧进行堆载加压；在南侧采用锚杆静压桩加固，在北侧采用地基应力解除法进行钻孔排淤纠倾；最后，对整个地基进行压密注浆加固
48	江苏省南京市某住宅楼	该住宅楼为砖混结构，T 字形平面布局，建筑高度 14m，筏形基础。该工程于 2000 年竣工，使用 2 年后产生不均匀沉降，墙体开裂，住宅楼倾斜	淤泥质粉质黏土；素填土；淤泥；粉质黏土	地基土软弱，压缩性大；在建筑物交接处，地基土应力叠加，产生较大沉降	在建筑物沉降量较小的几面采用辐射井冲水排淤迫降纠倾，并采用注浆法加固地基

10.2 纠倾加固工程实例分析简表（180例）

续表

序号	工程名称	工程概况	工程地质	工程事故原因分析	纠倾加固措施
49	江苏省盐城某校住宅楼	5层砖混结构，筏形基础，1995年竣工交付使用后产生不均匀沉降，造成部分住户的地砖崩裂、门窗关闭不上的严重后果。1997年该住宅楼向北倾斜率达7.6‰，并且以0.08mm/d的速度继续不均匀沉降	素填土0.45m，粉质黏土20m；淤泥质粉质黏土18m；粉质黏土	上部结构偏心是住宅楼倾斜的主要原因	首先，在住宅楼北侧基础下施工钢筋混凝土小桩（桩径200mm，桩长20m），控制北侧基础沉降；然后，在住宅楼南侧施工应力解除孔（孔径300mm，孔深5m），同时在南侧基础下斜向取土（取土孔径200mm，孔长11.7m，倾角45°）进行纠倾
50	江苏省常熟市聚沙古塔	7层8面仿木塔楼阁式砖木结构，塔身为青砖扁砌实墙，用石灰黄泥浆砌筑，塔高22.68m。聚沙塔始建于南宋绍兴年间（公元1131～1162年），至1992年倾斜1325mm，沉降量达1500mm。塔基础埋深1.97m，采用青石分层砌筑（每块石条高度750mm，厚约300mm，重约2t），其下为1.0m厚的三合土垫层，再下为4.0m长木桩	杂填土；粉土；粉质黏土；粉土；粉细砂土；粉质黏土	地基土承载力不足、压缩量大是事故的主要原因，河流侵蚀加剧了古塔倾斜	首先，加固塔身；其次，加固基础与地基，扩大塔基（将原基础外围扩大2m×1.1m，浇筑钢筋混凝土基础），将新旧基础结为一体，新基础下设置29根树根桩；最后，采用沉井深层掏土法进行纠倾
51	江苏省大丰市某教学楼	4层砖混结构，单面外走廊，钢筋混凝土筏形基础，建筑高度15.3m。该教学楼在新建过程中装修时出现不均匀沉降，而且发展较快，最大倾斜率（向南）达4.18‰	耕土；粉质黏土（厚1.1～1.6m）；淤泥质土（4.2～6m）；粉土	地基持力层选择失误，尽管粉质黏土层的强度与压缩模量都比较大，但土层太薄，不应直接作为地基持力层；软弱下卧层承载力不足；上部结构荷载偏心	首先，采用锚杆静压桩对沉降量较大的南侧基础进行加固；然后，采用斜孔射水法（孔角30°）在北侧进行迫降纠倾。教学楼回倾达到要求后，采用高压注浆对掏土孔进行封闭；最后，再采用锚杆静压桩加固北侧基础
52	江苏省某住宅楼	6层砖混结构，半地下室，钢筋混凝土条形基础，0.5m厚碎石垫层。建筑物封顶后出现不均匀沉降，最大倾斜率（向北）达3.8‰	素填土；粉质黏土；粉质黏土；黏土	地基承载力不足是该住宅楼沉降的根本原因。建筑物南北两侧地基土工程性质的差异导致不均匀沉降的发展	首先，在沉降量较大的北侧基础施工8根高压旋喷桩；然后，利用双液注浆法加固地基土（加固深度7～9m），充分利用地基加固时附加沉降的不利因素，调整注浆量和注浆次数，使纠倾与加固一次完成。纠倾结束后，再利用高压旋喷桩加固南侧基础

第10章 建筑物纠倾工程实例分析

续表

序号	工程名称	工程概况	工程地质	工程事故原因分析	纠倾加固措施
53	江苏省无锡某银行营业楼	4层框架结构，建筑高度14.5m，建筑面积1344m²，钢筋混凝土片筏基础。该营业楼建于1994年，2005年重新装修时发现倾斜，最大沉降差99mm，最大倾斜率(向北)6.83‰	地貌单元为长江三角洲冲积平原，土层分布为：杂填土；淤泥质土；粉质黏土；淤泥质黏土；粉砂	312国道进行污水管道顶管施工，扰动了建筑物基础下的地基土。靠近顶管施工处的建筑物北侧地基土扰动大，沉降也大，远离顶管施工处的建筑物南侧地基土扰动小，沉降也小	首先，在建筑物北侧施工锚杆静压桩加固基础(立即封桩)，阻止不均匀沉降的进一步发展；其次，在建筑物南侧开挖掏土沟(1.2m深)，采用钻机斜向掏土，孔径200mm，孔深12~14m，共110个孔；最后，在建筑物南侧施工锚杆静压桩加固基础
54	上海某住宅楼	6层砖混结构，原地基处理采用注浆法加固暗浜。该住宅楼于1995年竣工，居民迁入后发现建筑物向北倾斜，最大倾斜率9.1‰	杂填土；素填土；浜土；粉质黏土；淤泥质粉质黏土；黏土；砂质粉土；粉质黏土	地基加固处理施工质量未达到设计要求	采用降水法纠倾：降水孔(分直孔和55°斜孔两种)深度11~12m，设置4m长的护套管(φ300mm)，降水深度5~7m，降水保持时间为8~14d，影响范围为10m左右，沉降量为20~30mm
55	上海某住宅楼	6层砌体结构，筏形基础，共4个单元。竣工后5年中，逐渐倾斜，倾斜率达10‰	填土；软黏土；淤泥质土；砂质粉土；粉质黏土	软弱地基土承载力低，变形大；上部荷载产生偏心	利用锚杆静压桩加固沉降量较大一侧基础，在沉降量较小一侧采用辐射井射水法进行纠倾
56	上海某商住楼	6层底框结构，钢筋混凝土梁式筏形基础。该商住楼1998年7月竣工交付使用，在使用过程中发生不均匀沉降，最大倾斜率达6.2‰	粉质黏土；淤泥质粉质黏土；黏土；粉质黏土；黏土	地基土承载力不足；软弱下卧层厚薄悬殊，高差达3m，产生不均匀压缩变形	在沉降量较小一侧采用斜向钻孔基底掏土法进行纠倾，同时从沉降量较大一侧开始利用锚杆静压桩全面加固基础
57	上海某烟囱	锅炉房钢筋混凝土烟囱，高35m，基础直径7.2m。工程交付使用前，烟囱便有明显的倾斜，顶部偏移达890mm	软弱土层厚20m	烟囱与锅炉房基础紧挨在一起，甚至锅炉房基础放在烟囱基础垫层之上，锅炉房在烟囱基础一侧软弱地基上产生的附加应力导致烟囱向锅炉房方向倾斜	联合采用锚杆静压桩法与掏土法进行纠倾处理，即首先在沉降量大的一侧压桩，再在沉降量小的一侧掏土；达到设计要求后，再在沉降量小的一侧压入加固桩
58	上海某仓库	单层排架结构，总长度108m，采用钢筋混凝土双肢柱，柱距6.0m，柱高7.75m，钢筋混凝土杯口基础，基础埋深2m。排架柱最大倾斜率24‰	粉质黏土	由于仓库不均匀堆载和超负荷堆载造成排架柱内倾	采用锚杆静压桩加固基础，再以锚杆静压桩作为支点，采用千斤顶顶升承台进行纠倾

10.2 纠倾加固工程实例分析简表（180例）

续表

序号	工程名称	工程概况	工程地质	工程事故原因分析	纠倾加固措施
59	上海某住宅楼	6层砖混结构，钢筋混凝土条形基础，于1986年竣工，使用中发生倾斜。2000年苏州河治理工程从该建筑物下穿管，使向北倾斜率由13.6‰增加到14.8‰		原住宅楼上部荷载产生偏心；顶管施工不合理	采用地基应力解除法进行纠倾，利用锚杆静压桩加固基础
60	上海某办公楼	地上7层局部8层，地下1层半地下室，框架-剪力墙结构，钢筋混凝土筏形基础（分别向四面挑出），筏板底标高−3.63m，水泥土搅拌桩处理地基。该办公楼于1995年10月结构封顶后出现较大的不均匀沉降。第一次纠倾时在沉降大的一侧注浆，加剧了不均匀沉降；第二次采用锚杆静压桩纠倾时，没有完全控制住沉降，导致最大倾斜率达10.07‰	杂填土；粉质黏土；淤泥质粉质黏土；淤泥质黏土；黏土；砂质黏土	该办公楼上部荷载严重偏心（向北偏移0.95m，向东偏移0.17m）；施工时将基础悬挑板长度减少50%，使荷载偏心加剧	在沉降较小一侧布置8排斜孔，每排两孔，孔径400mm，孔长21.3m，倾角分别为73°和64°，斜孔从搅拌桩中间穿入桩下。通过斜孔射水掏土与清泥进行纠倾，最后注浆封孔
61	上海某住宅楼	5层砖混结构，箱形基础（基础长81m，宽12m，基础埋深2m），建筑高度13.8m。该住宅楼1998年11月装修完工，1999年最大倾斜率达6‰	杂填土；浜填土；黏土；淤泥质粉质黏土；淤泥质黏土；粉质黏土	场地土不均匀，建筑施工时没有对东侧的暗浜进行有效的处理，造成一侧地基土软弱；上部结构荷载偏心	利用锚杆静压桩加固沉降量较大一侧的箱基，在沉降量较小一侧采用掏土法进行纠倾
62	上海某住宅楼	6层砖混结构，共3个单元，钢筋混凝土筏形基础，基础埋深1.9m。1999年9月测量表明，最大倾斜率达10.3‰	黏土；淤泥质黏土；淤泥质粉质黏土；砂质粉质黏土；淤泥质粉质黏土	基底压力过大，地基土承载力不足	在沉降量较小一侧采用斜向钻孔基底掏土法进行纠倾，孔间距1.75～1.9m，孔径300mm，孔长14m，孔轴线与地面夹角60°
63	上海重型机械厂某办公楼	3层框架结构，长约24m，宽约7m，采用先张法预应力高强混凝土管桩，桩径φ400，壁厚80，混凝土强度等级C80，桩长20m	杂填土；粉质黏土；淤泥质黏土；粉质黏土；砂质粉土	因在办公楼北侧距承台边2.5m处开挖一长×宽×深=20m×16m×14m的沉井，造成办公楼整体向北倾斜	顶升纠倾，锚杆桩加固基础
64	上海某住宅楼	6层砖混结构，共2个单元，每个单元为1梯4户，钢筋混凝土条形基础。最大倾斜率达13.3‰		北侧基坑开挖深度达15.4m，与该住宅楼最近处的水平距离为4.9m。深基坑开挖导致住宅楼向基坑方向倾斜	在沉降量较小一侧采用辐射井（辐射井直径1.1m，井深5m，共6口井）射水法进行纠倾扶正；采用锚杆静压桩（截面300mm×300mm，桩长24m）加固基础

续表

序号	工程名称	工程概况	工程地质	工程事故原因分析	纠倾加固措施
65	湖南君山某住宅楼	6层砖混结构，建筑高度19.1m，钢筋混凝土条形基础。该宿舍楼于2000年竣工，不久便产生不均匀沉降，到2001年底最大沉降差达到269mm，向北倾斜率达5.3‰	粉质黏土；粉土；淤泥质粉质黏土	地基土分布不均匀；软弱下卧层强度不足	在建筑物沉降量较大的东北侧采用3排生石灰砂桩（桩径325，桩长10m，充填生石灰、黏土和中砂混合物）对地基土进行挤密和吸水固结，阻止建筑物继续沉降；在建筑物沉降量较小的西南侧采用应力解除法进行纠倾
66	浙江省杭州某住宅楼	5层砖混结构，建筑高度15.85m，建筑面积2015m²，浅埋钢筋混凝土筏形基础。该住宅楼在施工中便发生不均匀沉降，1983年竣工后沉降继续发展，南北差异沉降达150mm	填土（厚2.2m）；淤泥质粉质黏土（厚28.8m）	表面硬壳层较薄，软弱下卧层深厚	采用托梁顶升法纠倾
67	浙江省舟山市某住宅楼	3层砖混结构，建筑长18m，宽12.8m，墙下钢筋混凝土条形基础，地基处理采用换填碎石法，处理厚度2~3m。该住宅楼封顶时产生不均匀沉降，向西倾斜率3.33‰	碎石夹素填土；淤泥质粉质黏土；含黏土砾砂；粉质黏土；含黏土砾砂；凝灰岩	导致该住宅楼倾斜的主要原因是两侧碎石夹素填土的压实密度相差较大，下卧层淤泥质粉质黏土的厚度不一致，以及施工中不均匀堆载等	采用斜孔射水纠倾法和劈裂注浆加固法相结合进行纠倾加固
68	浙江省舟山市某商住楼	7层建筑，建筑高度22.3m，建筑面积3044m²，筏形基础，向西倾斜率达17.7‰	填土；粉质黏土；淤泥质土；软黏土；砾石		采用辐射井射水法进行纠倾扶正，再采用锚杆静压桩加固基础
69	浙江省舟山市岱山县某新村1号楼	建筑物为2单元5层砖混结构住宅楼，长方形布局，南北朝向，长约28m、宽约9.5m，约建于1987年，建筑面积约1237m²。采用天然地基，钢筋混凝土条形基础。建筑物整体向北严重倾斜，最大倾斜率27.5‰		地基承载力取值偏大，软弱下卧层厚度大，是房屋沉降历经20多年仍未稳定的主要因素；上部结构荷载偏心等因素也是造成建筑物整体向北倾斜重要因素	沉井射水迫降纠倾，沉井间距8m，井深6m，现浇混凝土井圈，内径1.2m。控制回倾速率在3~5mm/d；锚杆桩加固基础，采用两种方桩200mm×200mm、250mm×250mm，桩长25m
70	浙江省杭州山水人家诗家谷	4层钢筋混凝土异形柱框架-剪力墙结构，建筑高度15.6m，平面尺寸41.7m×12m。独立式桩基，基桩采用振动沉管灌注桩，直径426mm，桩端持力层为砾砂混黏性土。该建筑物南北向的倾斜率达18.9‰，东西向的倾斜率为1.4‰	桩端持力层为砾砂混黏性土	建筑物北侧开挖地下停车库，导致房屋向停车库一侧（北侧）倾斜	该建筑物采用顶升法纠倾扶正

10.2 纠倾加固工程实例分析简表（180例）

续表

序号	工程名称	工程概况	工程地质	工程事故原因分析	纠倾加固措施
71	浙江省杭州某公寓	4层砖混结构，屋脊高度12.1m，建筑面积1100m²，条形基础。该别墅式公寓楼于1995年竣工，到1999年最大倾斜率（向北）达19.02‰	填土；淤泥质土；粉质黏土	填土作为地基持力层，沉降量较大；上部荷载偏心	首先，采用锚杆静压桩加固建筑物北侧（沉降量较大的一侧）基础，不卸载封桩；然后，采用辐射井射水法进行纠倾
72	浙江省杭州某公寓	7层砖混结构，建筑高度20.7m，建筑面积3700m²，折板基础。该公寓楼于1996年竣工交付使用，到1998年最大倾斜率（向北）达11.17‰	粉质黏土；淤泥；淤泥质粉质黏土		采用远程式辐射井射水纠倾：在距离建筑物南墙18m处，设置6口砖混沉井（直径1600mm，井深8m），排土层距离基底3m，应用深层导管（φ200mm），冲孔纵深6～7m；最后，采用深层压密注浆加固排土层面
73	浙江省杭州某试验楼	5层砖混结构，长72m，无地梁条形基础，于1982年竣工，1998年倾斜200mm	第四系全新世海相沉积：素填土；粉质黏土；粉细砂；粉质黏土；淤泥质粉质黏土	该建筑物倾斜的主要原因是由于第3层地基土（淤泥质粉土、淤泥质粉质黏土）压缩造成的，该层地基土分布不均匀	该倾斜建筑物采用"沉井射水法"进行纠倾；在建筑物沉降较小一侧的基础边缘设置11口沉井，对第3层地基土进行射水纠倾。鉴于该建筑物的地基承载力已比建造时提高了约20%，纠倾后的地基不需要作加固处理
74	浙江省杭州某建筑物	6层框架结构，于1978年竣工，1980年发生不均匀沉降，倾斜率达12‰	人工填土（含道碴）	地表高差大，地基土分布不均匀，下卧层含水量高，压缩性大，厚度悬殊较大，人工回填土（含道碴）碾压处理效果不显著	1980年首先采用钢锭加载（3000kN）纠倾，历时3年，使整体沉降速率基本达到均匀；1984年采用辐射井法（6口沉井，直径2m）纠倾，掏取基础下的淤泥，回倾量达242mm。加固措施为增设3道横墙、5道钢筋斜拉杆等
75	浙江省杭州某宿舍楼	6层砖混结构，建筑高度19.65m，建筑面积3825m²，水泥搅拌桩复合地基（桩长13m，桩径500mm，桩距1000mm×1100mm），筏形基础。该宿舍楼于1993年开始沉降，到1998年最大沉降达到1292.6mm，向北倾斜率达14‰	填土；黏土；淤泥质粉土；粉土；粉质黏土；中细砂	由于场地土中存在大量块石，迫使对3.5m深的地基土进行开挖后回填，严重影响了搅拌桩的加固效果；地基处理施工中减少了搅拌桩数量；荷载分布不均匀	首先，采用锚杆静压桩加固建筑物北侧（沉降量较大的一侧）基础；再采用振动压桩法加固南侧基础（同时纠倾），加固上部结构，利用扩建加压进行纠倾

续表

序号	工程名称	工程概况	工程地质	工程事故原因分析	纠倾加固措施
76	浙江省绍兴某综合楼	该建筑物分为5层主楼(筏形基础)和3层副楼(条形基础),呈L形布置,其间沉降缝为150mm,主、副楼均为框架结构。该建筑物于1991年破土动工,主体框架完成后不久,突发沉降,造成两幢建筑物相向倾斜	可塑状亚黏土;淤泥质土;流塑状亚黏土	事故原因是:两建筑基础持力层为同一高压缩性土层,主楼的地基承载力(51kPa)小于基底压力(58.5kPa),产生较大沉降。同时,两建筑物之间地基中附加应力叠加,沉降增大,相向倾斜	该建筑物采用桩式托换进行纠倾加固。在建筑物沉降较小一侧的基桩附近,利用异径钻孔先进行射水抽土,通过井壁射水调整抽土量控制各点沉降量,当达到设计要求时,浇筑混凝土,形成树根桩进行加固
77	浙江省绍兴某住宅楼	7层混凝土空心小砌块混合结构,建筑高度18.8m,筏形基础。该宿舍楼于1993年竣工投入使用,到1997年最大沉降差146mm,倾斜率达13.14‰	素填土;粉质黏土;淤泥质粉质黏土;淤泥;黏土	事故的主要原因是持力层中淤泥土层厚度大,建筑物荷载偏心,地基土产生不均匀沉降	该住宅楼首先采用锚杆静压桩加固基础,再采用辐射井射水冲淤法进行纠倾扶正
78	浙江省绍兴某住宅楼	6层混凝土空心小砌体混合结构,由4个单元组成,筏形基础。该住宅楼于1993年底竣工投入使用,1997年底发现其不均匀沉降,沉降差达117mm,倾斜率(向北)7.22‰	素填土;粉质黏土;淤泥质粉质黏土;淤泥;黏土	事故的主要原因是地基中淤泥层深厚,引起不均匀沉降	首先,采用锚杆静压桩加固建筑物北侧基础;然后,采用地基应力解除法在建筑物南侧进行纠倾(钻孔孔径φ400mm,取土深度10m,套管长度4m),历时197d
79	浙江省绍兴某住宅楼	6层混凝土空心小砌体混合结构,由两个单元组成,筏形基础。该住宅楼于1993年底竣工投入使用,1997年底发现其不均匀沉降,沉降差达114mm,倾斜率(向北)7.04‰	素填土;粉质黏土;淤泥质粉质黏土;淤泥;黏土	事故的主要原因是地基中淤泥层深厚,引起不均匀沉降	首先采用锚杆静压桩加固建筑物北侧(沉降量较大的一侧)基础,然后采用辐射井射水掏土法在建筑物南侧进行纠倾(井径1.3m,井深7m),历时107d
80	浙江省宁波市某住宅楼	8层砖混结构点式住宅,建筑高度22m,建筑面积1100m²,底层为自行车库(层高2.2m),先施工水泥搅拌桩复合地基(桩长13m),后补水泥搅拌短桩(桩长5m)。该住宅楼于1994年竣工,不久出现不均匀沉降,差异沉降290mm,向南倾斜率20‰	淤泥质土	地基土含有机质较多,使水泥搅拌桩强度低;布桩不合理,南侧阳台较多,上部荷载严重偏离基础形心	该建筑物采用顶升法进行纠倾:以底层窗顶圈梁为顶升支座,成上布置螺旋千斤顶和油压千斤顶(32t),千斤顶间距不大于1.5m;纠倾结束后,立即对住宅楼进行加固修复

10.2 纠倾加固工程实例分析简表（180例）

续表

序号	工程名称	工程概况	工程地质	工程事故原因分析	纠倾加固措施
81	浙江省宁波市某休息楼	3层砖混结构，建筑高度9.0m，建筑面积677m²，于1988年竣工交付使用，至1991年最大沉降达365mm，差异沉降达80mm	杂填土；淤泥质土	事故原因主要是：地基土承载力不足，压缩性较大，荷载偏心，而基础宽度未作调整；建筑物基础一部分坐落在河道上，另一部分位于公路附近，地基土不均匀造成建筑物倾斜	该建筑物采用沉井掏土法进行纠倾，并采用劈裂灌浆法（浆由水泥、粉煤灰、水玻璃组成）加固地基土
82	浙江省宁波市某建筑物	5层砖混结构，建筑高度14.46m，筏形基础，沿东西方向布置（东西方向建筑物轴线长38.8m），1993年建成后不久便发生不均匀沉降，1997年东西两端差异沉降达650mm	粉质黏土；淤泥质土；粉土	淤泥质土压缩性大，压缩模量仅为2MPa。淤泥质土下卧层沿东西方向逐渐变厚，最大厚度差达7.6m。软弱压缩层厚度的巨大变化，是导致差异沉降的主要原因	首先，采用5根锚杆静压桩加固建筑物西侧（沉降量较大的一侧）基础；然后，在东侧布置13口辐射井进行冲淤纠倾；最后，对地基土进行注浆加固
83	浙江省宁波市某住宅楼	5层砖混结构住宅楼，建筑面积1177.8m²，筏形基础，1988年竣工。1997年经危房办鉴定向西北方向倾斜，倾斜率为7.52‰，外墙有明显的裂缝	软塑状淤泥质土		首先，采用辐射井射水法进行纠倾扶正；然后，采用锚杆静压桩进行加固
84	浙江省宁波市某综合楼	该综合楼由东、中、西三部分组成，其中东侧为4层底框结构（北东东斜向），中部为4层砖混结构（东西走向），西侧为5层砖混结构（南北走向），采用天然地基，条形基础，总建筑面积3000m²。综合楼发生东西向不均匀沉降，最大沉降差400mm，最大倾斜率14.6‰	填土；淤泥质土；粉质黏土；淤泥质土；风化石	没有进行岩土工程勘察，对东部地基承载力取值偏大，建筑物体形复杂，但各部分之间却没有设置沉降缝	采用托换技术将原综合楼切割成东、中、西三个独立单元，采用锚杆静压桩加固基础；然后，采用辐射井射水法对倾斜严重的中间单元进行冲淤纠倾
85	浙江省台州市某办公楼	局部5层砖混结构建筑物，中间设置沉降缝，钢筋混凝土条形基础，于1985年竣工。1995年，该办公楼北侧增建一栋与各楼层相通的卫生间，西北角增建一栋3层楼，后来该办公楼向北发生倾斜。2001年8月，办公楼最大倾斜率为18.8‰	淤泥质土	增建的两栋建筑物距离该办公楼过近，造成办公楼地基土松动，承载力降低，向基坑方向倾斜	该办公楼首先采用锚杆静压桩加固基础，然后采用辐射井射水法进行纠倾

续表

序号	工程名称	工程概况	工程地质	工程事故原因分析	纠倾加固措施
86	浙江省某别墅	2层砖混结构双联别墅，钢筋混凝土条形基础，基础下为0.8m厚的砂垫层，总建筑面积323m²，1995年竣工交付使用。1997年底该别墅向北倾斜率达18.7‰	粉质黏土(厚1m)；淤泥质土(18～20m)	岩土工程勘察点距离过大，勘察报告不能反映地基土的复杂情况；设计没有考虑大面积填土(厚2m)的影响；上部结构偏心	采用压密注浆加固北侧基础，然后在南侧开挖排浆导沟，钻斜孔取土迫降纠倾
87	浙江省永嘉某住宅楼	A幢为6层砖混结构，建筑高度为21.5m，毛石基础；B幢为5层砖混结构，建筑高度为18.0m，毛石基础。两住宅楼净距为800mm。两住宅楼建于1992年，施工过程中便发生倾斜，倾斜量分别为276mm和319mm	软塑～硬塑状黏土，承载力为60kPa	没有正规设计，由施工单位根据经验施工；地基承载力不足(住宅楼基底压力分别为108kPa和90kPa)，压缩性大；建筑物荷载偏心；建筑物距离太近；基础选形失误，不适合实际情况	该住宅楼采用辐射井射水法进行纠倾扶正。纠倾结束后，在倾斜一侧加宽原条形基础，并将室内地梁之间进行双向拉筋，形成筏板
88	浙江省玉环县某教学楼	4层砖混结构，条形基础，建筑高度15.3m，建筑面积2050m²。该教学楼于1991年底竣工，不久便发生倾斜。1999年4月，建筑物的倾斜量达到320mm，最大倾斜率为20.9‰	杂填土厚1～1.4m；饱和黏土1～1.2m；淤泥16～18.4m；黏土0～10.6m；风化基岩0～3.2m	建筑物上部结构的重心严重偏离基础形心，形成较大的偏心力矩，且软弱下卧层强度不足，教学楼产生倾斜	该教学楼首先采用锚杆静压桩加固基础，然后采用辐射井射水冲淤进行纠倾
89	浙江省上虞某住宅楼	2栋3层框架结构住宅楼，建筑面积1680m²×2，钢筋混凝土条形基础。该宿舍楼于2006年竣工，施工中发生不均匀沉降，到2007年6月底最大沉降达303mm，最大倾斜率达6.96‰	素填土厚0～4.8m；粉黏0～3.2m；淤泥0～12.3m；粉黏0～4.3m；全风化凝灰岩	地基土分布不均匀和软弱下卧层强度不足，是客观原因；基础方案失误、大面积回填堆载(厚度3.2～4.35m)，是造成住宅楼倾斜的主要原因	在建筑物沉降量较小的一侧布置了5口钢筋混凝土辐射井，进行深部射水掏土纠倾
90	浙江省永嘉某住宅楼	两幢住宅楼一字并列，原为4层砖混结构，钢筋混凝土条形基础。4层主体结构完成后又增1层，建筑高度为15.5m。该住宅楼于1988年建成，不久便发生倾斜	素填土；可塑状黏土；淤泥；淤泥质土；亚黏土夹碎石；轻亚黏土夹砂	事故原因主要为：地基持力层(黏土)承载力(80kPa)不足；上部结构严重偏心	该住宅楼采用基底掏土法和辐射井射水法进行纠倾扶正

10.2 纠倾加固工程实例分析简表（180例）

续表

序号	工程名称	工程概况	工程地质	工程事故原因分析	纠倾加固措施
91	浙江省乐清市某电信楼	4层框架结构，条形基础，建筑面积1723m²。该电信楼于1985年开始建设，施工过程中便发生较大的不均匀沉降	黏土；淤泥质土；淤泥	事故原因主要是设计过大估计了地基承载力（原设计取65kPa，而实际为40kPa）；建筑物荷载偏心过大	该建筑物采用辐射井射水掏土法进行纠倾
92	浙江省温州市某职工宿舍楼	4层砖混结构，钢筋混凝土条形基础，建筑高度12.5m，建筑面积1047m²。该宿舍楼于1987年底竣工，最大倾斜率23.6‰	淤泥质土		首先，在沉降量较大的一侧采用钻孔灌注桩加固基础；然后，在沉降量较小的一侧采用应力解除法成功纠倾，并采用级配良好的砂石与矿渣及时回填排土孔
93	浙江省湖州市某住宅楼	6层砖混结构，两个单元，钢筋混凝土筏形基础，混凝土桩复合地基（桩直径377mm，靠河边两排桩的桩长为15m，其余桩长为8m），建筑高度17m，建筑面积1886m²。该住宅楼于1994年竣工交付使用，1996年发现其南倾，1998年10月，最大倾斜量152.9mm，最大倾斜率8.99‰	杂填土；淤泥质粉质黏土（厚10～15.4m）；粉土（13～19m）	两种桩长度相差较大，产生不均匀沉降，导致建筑物倾斜	首先，在沉降量较大的南侧采用锚杆静压桩加固基础；然后，在沉降量较小的北侧采用截桩法纠倾；另外，采用桩身卸载法（桩侧高压水冲淤）配合纠倾
94	浙江省宁波市某交警支队办公楼	建筑物长21.6m、宽10.3m，长方形布局，3层混合结构办公楼。建筑场地临近山麓，原为稻田，回填塘渣后作为建筑场地（经坑探：塘渣厚约1～1.5m），采用天然地基，条形基础。建成于20世纪90年代，建筑面积约670m²。办公楼向西倾斜6‰～10‰，向南倾24‰～27.5‰	补充地质勘探表明，软弱下卧层为淤泥层，层厚13～16m，地下水位－1.1m	未经勘察，地基处理设计缺乏工程地质依据；软弱下卧层厚度大，是房屋沉降总量大且历经十余年仍未稳定的主要因素；上部结构荷载偏心严重，也是办公楼整体向西倾斜的重要因素；软弱下卧层南厚北薄，是办公楼向南倾斜的控制性因素；地基变形严重，而上部结构刚度局部减弱，是东侧出现板裂缝的主要原因	沉井射水迫降纠倾，沉井间距10m，井深6m，现浇混凝土井圈，内径1.2m，在射水孔位置水平顶进φ108钢套管作为导管，导管长度1～2m；锚杆桩（两种方桩200mm×200mm，250mm×250mm）加固基础，托换率约为30%～40%
95	浙江省宁波某公司生产车间、办公楼	建于1997年，为3幢3～4层厂房，建筑总面积2600m²。建筑平面呈凹形，分成底和两翼三个单体建筑。底部建筑为朝南向10间四层砖混结构办公楼，南侧东西两翼为3层框架结构车间，中间设沉降缝。底部建筑为钢筋混凝土带梁筏形基础，两翼建筑为带梁条形基础。均向北倾斜，最大倾斜率17‰			沉井射水迫降纠倾，锚杆桩加固基础

第 10 章 建筑物纠倾工程实例分析

续表

序号	工程名称	工程概况	工程地质	工程事故原因分析	纠倾加固措施
96	浙江省宁波西郊超市仓库	紧邻主楼超市的2层房屋，混合结构，其中北面部分为框架结构，南面楼梯间部分为砖混结构，现浇板楼面、彩钢板屋面，浅基础，建于1998年。2层混合建筑与单层仓库结构相连接，其底层也为仓储用房，2层为办公用房。仓库高约9m，长54m，宽21m，单层，中部框架结构，山墙墙体承重。屋架跨度21m。东南角向西倾斜率9.7‰，二层部分向西最大倾斜率8.1‰	黏土；淤泥质土；黏土；淤泥质土；粉土；黏土；粉质黏土	由于西侧仓库堆载引起四周地基土应力叠加，导致房屋西侧基底应力远远大于东侧，造成房屋整体向西倾斜	沉井(井深5.5m，内径1.0m)射水迫降纠倾，锚杆桩(250mm×250mm方桩，桩长16m，单桩设计承载力200kN)加固基础，上部结构加固
97	浙江省某镇中心教学楼、宿舍楼	教学楼为3层砖木结构，建于1993年，坐东朝西，南侧紧接4层教学楼，往南倾斜3.7‰，往西倾斜7.5‰；宿舍楼为3层砖混结构，建于1994年，往北倾斜3.4‰，往西倾斜9.3‰			沉井射水迫降纠倾，锚杆桩加固基础
98	浙江省宁波慈城镇某大楼	分南北两幢楼，呈L形，相邻2m，南楼10.5m×17.5m，北楼9m×14m，砖混结构浅基础。南楼往北倾斜12‰，北楼往南倾斜11‰，同时往东倾斜8.1‰			沉井射水迫降纠倾，锚杆桩加固基础
99	浙江省临海市某住宅楼	两栋5层砖混结构建筑，条形基础，中间设120mm宽的沉降缝，建筑高度17m，每幢建筑面积2150m²。两住宅楼于1991年竣工时便发现向西侧倾斜，最大倾斜值为270mm	耕植土(厚0.2m)；粉质黏土(厚4m)；淤泥质土(厚0.8m)；淤泥(厚7.2m)	事故原因是持力层及下卧层压缩性较大，在上部荷载作用下，产生较大沉降。同时，住宅楼西侧挑出大量阳台，东侧却为凹阳台，上部结构的重心向西偏移较大，所以，在整体沉降过程中产生不均匀沉降	鉴于基础埋深较浅，该建筑物纠倾采用基础外开挖工作沟、软管在基础下冲孔取土
100	浙江省某建筑物	5层砖混结构，建筑高度16.1m，钢筋混凝土条形基础，于1995年竣工，向西南倾斜率达16.1‰	杂填土；粉质黏土；粉土；淤泥质粉质黏土	地基土分布不均匀；建筑物重心与基础形心严重偏离；新建住宅与其相距过近，造成地基附加应力叠加	采用辐射井射水法进行纠倾扶正，再采用锚杆静压桩对沉降较大一侧的基础进行加固

10.2 纠倾加固工程实例分析简表（180例）

续表

序号	工程名称	工程概况	工程地质	工程事故原因分析	纠倾加固措施
101	浙江省某住宅楼	6层砖混结构，位于西部山区，建筑高度18m，建筑面积2800m²，筏形基础，用换土法处理地基。该住宅楼于1994年竣工，到1999年安全普查时发现扭曲变形，其倾斜率达9.53‰	杂填土；粉质黏土；淤泥；细砂；砂砾石；含碎石黏土；灰岩	地基土不均匀分布（仅东南角分布有淤泥层）是建筑物扭曲的主要原因	首先，采用锚杆静压桩加固基础；然后，采用辐射井射水法进行纠倾扶正
102	浙江省某住宅楼	6层砖混结构，建筑面积2000m²，灌注桩基础（桩径Φ377，桩长8～15m）。于1994年竣工，到1996年最大倾斜值为152.9mm，倾斜率达8.9‰	杂填土；有机质粉质黏土；粉质黏土	软弱地基土分布不均匀，基桩承载力悬殊过大	首先，采用锚杆静压桩加固基础；然后，联合采用桩顶卸载法和桩身卸载法进行纠倾
103	浙江省温州九山学校食堂	3层混合结构，建筑长14m，宽19m，建于20世纪80年代，东南朝向，浅基础，预制多孔板楼屋盖，250mm厚空斗墙。向北倾斜，倾斜率10‰			沉井射水迫降纠倾，锚杆桩加固基础
104	浙江省宁波海曙区某村3、4幢建筑物	4层底框结构商住楼，各两单元，一梯四户，多孔板楼屋面（局部现浇），浅基础，建于1984年。3幢房屋向南最大倾斜率约为23.13‰，向西最大倾斜率约为10.16‰，部分窗角产生斜裂缝，多孔板出现沿板边开裂的板缝。4幢房屋整体向东、北倾斜，向北最大倾斜率约为24.23‰，向东倾斜较小，倾斜率约为2‰，多孔板同样出现沿板边开裂的板缝	淤泥质土	地基中淤泥层较厚、压缩性高是建筑物产生沉降的根本原因	沉井（沉井中心距墙2.5～3m，井深5～6m，内径1.0m）射水迫降纠倾，锚杆桩（两种方桩200×200、250×250）加固基础
105	浙江省宁波市机关第一幼儿园教学楼	南北两幢3层砖混结构建筑，南幢房屋倾斜率已超过7‰。两幢建筑均无构造柱，房屋整体性较差，抗震性能较低			顶升纠倾，最大抬升量271mm；锚杆桩加固基础，增设构造柱等抗震加固措施

续表

序号	工程名称	工程概况	工程地质	工程事故原因分析	纠倾加固措施
106	浙江省宁波市江北区某安置小区14号楼	砖混结构住宅楼,5层加1层阁楼,建成于2003年,长72.3m,宽15.2m,总建筑面积约4000m²,φ600钻孔灌注桩基础,原设计取中等风化泥质砂岩作为桩基持力层,桩长约为20～32m,要求桩端进入持力层1m,桩身混凝土C20,桩顶标高−1.600m(相对标高)。上部结构设置伸缩缝,地梁基础不分缝,整体向南倾斜,伸缩缝以东房屋向南倾斜较大,倾斜值最大的东南角为93mm,倾斜率达6.8‰,伸缩缝以西房屋倾斜较小,倾斜率小于4‰	淤泥质土;黏土;含角砾黏土;强风化泥质粉砂岩		东侧楼顶升纠倾,最大顶升量110mm;整个建筑物采用锚杆桩加固基础
107	浙江省宁波市公安局看守所某建筑物	2层(局部1层)砖混(局部框架)结构,与武警办公及宿舍大楼相连接并相通。总建筑面积556m²。设计采用φ377沉管灌注桩,条形基础。该房屋向东的倾斜率为8.6‰～10.7‰,同时向南发生倾斜,倾斜率为4.3‰～9.7‰			顶升纠倾,最大顶升量138mm;锚杆桩加固基础
108	浙江省台州某中学老教学楼	教学楼建于1991年,为4层砖混结构建筑,平面布置不规则,建筑面积3000m²,采用条形基础,地基土经直径500水泥土搅拌桩进行处理。该建筑物发生不均匀沉降,向北倾斜率8‰～12‰,局部向西倾斜率3‰～6‰			顶升纠倾,最大顶升量288mm;锚杆桩加固基础
109	浙江省象山县某建筑物	5层砖混结构,天然地基、钢筋混凝土条形基础。该建筑物底层长约55m(16开间),宽约10m,上部南北阳台外挑约1.2m,建筑面积约3000m²,1986年竣工,无结构施工图。向北倾斜,倾斜率约9.9‰	杂填土、粉质黏土、淤泥质粉质黏土、粉质黏土、砾砂、黏土;地下水位−0.8～−1.0m		顶升纠倾,锚杆桩加固基础,整幢楼墙体加固

10.2 纠倾加固工程实例分析简表（180例）

续表

序号	工程名称	工程概况	工程地质	工程事故原因分析	纠倾加固措施
110	浙江省象山县某电厂职工宿舍	4层砖混结构，沉管灌注桩（桩径426，桩长16m）条形基础，2005年1月建成交付使用，长60.54m，宽约11m，建筑面积约2000m²，向北倾斜率为13‰			顶升纠倾（设置246台额定顶升力为320kN的螺旋式千斤顶），锚杆桩加固基础，托换率为50%
111	浙江省鄞州人民医院附属用房	2层砖混结构办公楼，建成已有近20年，长约25.8m，宽12m，采用天然地基条形浅基础，坐北朝南，纵向往西倾斜率达到18‰，横向往南倾斜率为9‰			在原基础上部、距基础顶0.4m处采用托换技术浇筑顶升梁，采用同步顶升技术，利用地基梁作反力系统进行顶升纠倾；锚杆桩（200mm×200mm方桩，桩长15m，单桩设计承载力150kN）加固基础，结构加固
112	浙江省宁波市某毛纺厂办公楼	办公楼为3层砖混结构，建于1992年，长63.24m，宽6m，坐北朝南，采用天然地基条形基础，总建筑面积约1100m²。北侧条形基础同生产车间桩基础连为一体，而北侧车间采用振动沉管灌注桩基础，桩长约20m。办公楼向南产生倾斜，倾斜率达20‰	素填土、黏土、淤泥质土、粉砂、粉质黏土		在原基础上部、距基础顶0.4m处采用托换技术浇筑顶升梁，然后将千斤顶放在托换梁下面，采用同步顶升技术，顶升纠倾；锚杆桩（250mm×250mm方桩，单桩设计承载力250kN）加固基础，托换率为30%
113	浙江省余姚子陵新村5、6、7、8幢楼	5层砖混结构住宅楼，建成于1989年，长44.40m，宽9.2m，总建筑面积约2200m²，预制空心板楼屋盖。5号楼往西倾斜13‰～15‰；6号楼向西倾斜，最大倾斜率为15.46‰；7号楼西最大倾斜率为19‰，向北最大倾斜率为14.75‰；8号楼向西最大倾斜率为10.2‰，向北最大倾斜率为4.8‰	杂填土、粉质黏土、淤泥质土（厚8～15m）、粉质黏土	地基下卧层为两层高压缩性淤泥质黏土层（流塑状，高压缩性），厚度在东西向严重不均匀（厚度差7m），致使住宅楼东西向沉降差异大	顶升纠倾，锚杆桩（250mm×250mm方桩，桩长12～16m，单桩设计承载力230kN）加固基础
114	安徽省某办公楼	5层砖混结构，建筑高度15m，建筑面积2200m²，钢筋混凝土条形基础，3:7灰土垫层。该办公楼竣工5年后发现倾斜，最大倾斜量为166mm，最大倾斜率11‰	粉土（a_{1-2} = 0.21～0.34MPa^{-1}）	地基土具有一定的湿陷性，长期浸水产生不均匀沉降	该办公楼综合采用基底成孔掏土法和基础下注水法进行纠倾

续表

序号	工程名称	工程概况	工程地质	工程事故原因分析	纠倾加固措施
115	安徽省淮南市某电厂大型净凝水箱	该净凝水箱为直径5.5m、高10m的圆柱体密闭钢罐，基础为直径6m钢筋混凝土独立基础，埋深2m。该净凝水箱在使用了10年后向北侧的主机组厂房方向倾斜，倾斜率24‰	填土；粉质黏土；粉土	主厂房距离净凝水箱6m，先行施工，基础埋深7m，基坑回填时没有进行有效的夯实处理。后期施工的净凝水箱北侧基础便位于较松散的回填土上，而南侧基础则位于较好的粉质黏土上，造成不均匀沉降。另外，主厂房与净凝水箱之间散水年久失修，地表水下渗，地基土湿陷	首先，在净凝水箱四周均匀布置4根人工挖孔钢筋混凝土灌注桩（直径1200mm，桩长7m）；然后，在北侧以2根灌注桩为支座，采用顶升法进行纠倾
116	江西省南昌某教工住宅楼	6层砖混结构，1个单元，钢筋混凝土筏形基础，于1989年底建成竣工。1990年，该住宅楼北侧建造一幢8层建筑物，采用人工挖孔灌注桩基础。随后，该教工住宅楼出现不均匀沉降，最大沉降差达到267mm，屋顶水平位移量达556mm	杂填土(厚4.2m)；淤泥质土(1.4m)；圆砾；地下水位−4.5m	该住宅楼基础位于杂填土上，下卧层为淤泥质软土。相邻工地上人工挖孔灌注桩施工降水，软弱地基土产生固结沉降和侧向流塑变形，导致基础不均匀沉降，建筑物倾斜	由于场地限制，首先在室内采用锚杆静压桩加固沉降较大一侧的基础；然后，在室内布置掏土孔进行基础下掏土纠倾
117	福建省厦门市某大楼	8层框架结构（局部8层），筏形基础，砂井排水处理地基（井直径350mm，井距1.5m，没有进行预压）。该大楼竣工后，产生较大的沉降和不均匀沉降，最大倾斜率达到16.9‰	填土；海积淤泥；坡积残积亚黏土	海积淤泥渗透性差，压缩性高，深厚而不均匀；设计采用砂井排水固结方案欠妥，没有彻底解决沉降问题	在建筑物原沉降较小一侧，采用基底冲水掏砂法进行纠倾
118	福建某住宅楼	7层框架结构，沉管灌注桩基础（桩径ϕ500mm）。该住宅楼施工封顶后不久，发现存在较大的不均匀沉降，最大倾斜率（向南）达到10‰	填土；淤泥质土；淤泥；黏土；卵石；地下水位−0.7m	原设计没有进行岩土工程勘察，原地基土承载力不足是建筑物倾斜的主要原因。另外，附近工地锤击沉管灌注桩施工，导致地基承载力进一步降低	首先，对住宅楼南侧地基进行注浆加固（注浆管直径ϕ32mm，长度4.5m）；然后，在北侧采用地基应力解除法（钻孔直径ϕ300mm，钻孔长度10m，套管长度4m）进行纠倾。建筑纠倾合格后，采用砂石料回填钻孔
119	四川省仁寿县某住宅楼	8层新建建筑物，2010年11月基本完工正在销售时，发生整体倾斜，最大倾斜量超出规范允许值10~50mm	黏土	山地地质条件复杂多变，黏土层厚度相差过大，引起建筑物不均匀沉降	首先，采用桩基托换加固基础，共布桩98根；然后，采用圈梁顶升法进行纠倾，共布置千斤顶142个

10.2 纠倾加固工程实例分析简表（180例）

续表

序号	工程名称	工程概况	工程地质	工程事故原因分析	纠倾加固措施
120	四川省某住宅楼	8层砖混结构,钢筋混凝土条形基础,整体倾斜量达210mm,倾斜率8‰	杂填土；素填土；粉质黏土；泥岩	地基土分布不均匀,持力层承载力不足	该住宅纠倾以基底成孔掏土法为主,以降水法作为辅助方法联合纠倾；纠倾结束后,以钢管桩加固基础
121	重庆某住宅楼	4层砖混结构,钢筋混凝土条形基础,1997年施工过程中发生倾斜,最大倾斜率达到8.6‰	杂填土；碎石土；砂卵石；泥岩		该住宅楼采用基底成孔掏土法纠倾
122	重庆某住宅楼	7层小砌块混合结构,建筑高度18.8m,筏形基础,2003年年底竣工交付使用,其倾斜率达到13.14‰	淤泥质土	深厚淤泥层分布不均匀	首先,采用锚杆静压桩加固建筑物基础；然后,利用辐射井进行射水掏土纠倾
123	陕西省某试验室	单层砖混结构,条形砖基础,下设300mm厚3:7灰土垫层。尚未完成散水施工时,一夜暴雨使试验室整体倾斜,最大倾斜量达80mm	杂填土厚0.5m；湿陷性黄土1.5~3m	施工中没有设置防雨排水措施,造成地基土浸水湿陷	首先,在沉降量较大的基础两侧交错设置2排生石灰桩(孔径100mm,孔距300mm,孔深2m,夯填直径20~40mm生石灰块,灰土封口)加固地基；然后,在沉降量较大的基础两侧分别间隔设置1排斜石灰桩(孔径150mm,孔距500~700mm,孔深2~2.6m,孔斜度35°,夯填直径20~40mm生石灰块,并掺砂10%~30%)进行抬升纠倾,效果良好
124	陕西省某学校餐饮中心	框架结构,建筑高度21.1m,建筑面积5816m^2。该建筑物为条形基础,埋深2.2m,基底附加应力为200kPa,大开挖换填处理地基,3:7灰土换填厚度4.2m。2004年主体结构竣工后不久发生不均匀沉降,差异沉降112mm,向北倾斜100mm	杂填土；湿陷性黄土；上层滞水埋深20m；潜水埋深30m	陡坡场地中,北侧凌空面的重力式挡土墙和钢筋混凝土支护桩侵占了地盘,使灰土垫层外放宽度严重不足；支护结构顶部变形,导致地基土侧向移动	由于建筑物沉降尚未结束,在建筑物北侧采用静压桩进行加固,同时起到纠倾与加固双重作用
125	陕西省眉县净光寺塔	7层四面体实心砖塔,正方形平面,塔高22.05m,塔体用方砖和黄泥砌成,整体性较差,建于唐代,剥蚀严重,最大（向东北）倾斜量1664mm	杂填土；素填土(硬塑,土质不均匀,多含瓦片、石子、漂石等,其中-1.5~-4.5m土层具有湿陷性)	文革时期,曾在塔北修建厕所,引起地基土湿陷下沉,加快了塔体的倾斜速率	纠倾前,对西侧及南侧地梁提前进行浇筑；纠倾后再浇筑东侧及北侧的地梁,四梁最终形成一个交叉封闭的圈梁。采用(成孔)浸水法进行纠倾(在塔下距塔底约1m处打一排孔,孔径100~120mm,孔间净距100mm,孔与水平面的夹角控制在10°左右,孔深度进入塔边线2/5左右),成孔后观测48h；若塔身未发生变形时,遂向孔内注水软化孔间土,大致经过36h,塔回倾过程又逐渐趋于稳定,于是进行第二轮"成孔—软化"工序

续表

序号	工程名称	工程概况	工程地质	工程事故原因分析	纠倾加固措施
126	陕西省西安某住宅楼	原为3层砖混结构住宅楼,建于1992年,采用灰土井处理地基,井深5.7m。1997年,该住宅楼采用外套框架结构增层法改造至7层,采用钢筋混凝土条形基础,其下为1.2m厚灰土垫层,增层后总面积为3700m²。该增层工程在主体结构施工过程中便产生不均匀沉降,故采用不等厚抹灰进行装修。1999年初,该住宅楼向北倾斜402mm,倾斜率达18.6‰	Ⅱ级自重湿陷性黄土	地基处理深度不足,地基承载力小于地基附加应力;外套结构布置不合理,新旧两种结构部分脱离、部分结合;部分基础偏心受力,沉降量过大;地基沉降压断了楼内的自来水管道,地基土浸水湿陷	采用静力压桩法进行顶升纠倾与加固:在建筑物基础下开挖工作坑,利用千斤顶压入预制桩(总长14m)进行加固基础,以预制桩作为支点对新旧建筑物一起进行顶升
127	陕西省西安市某住宅楼	7层砖混结构住宅楼,共4个单元,总长58.1m,宽9.8m,建筑高度20.8m,采用钢筋混凝土条形基础,其下为2.5m厚3:7灰土垫层。该住宅楼最大倾斜率达13.6‰	填土;Ⅱ级自重湿陷性黄土;黄土	1999年10月,受北侧8m处的地裂缝活动影响,上水管道断裂,住宅楼西侧7.5m处的防空洞(深9m,高2m)被自来水灌满并渗出地面,住宅楼地基土被浸泡,产生湿陷	在住宅楼一侧的灰土垫层外布置了36口注水井,间距1.8m,注水井内设孔,采用基础下注水法纠倾
128	陕西省铜川延昌塔	6面9级实心砖塔,塔高20m,各级均为殿檐式,上边盖有双瓦,下砌椽头斗栱,二层和三层砌饰有门与窗户,塔基北面砌有一洞门。该塔建于宋代,至2000年9月时,塔顶已向东北方向倾斜1500mm,倾斜率已达到75‰	湿陷性黄土	近十几年来,塔院被垦为田地,农民种地浇水导致塔基地松软、湿陷、下沉	在倾斜相反方向(即西南方)的地面上,打了20余个深孔,孔径200mm,间距0.5m,孔内注水让地基土湿陷。经过一个多月注水和观察,该塔回倾量达1000mm。再经5个月的观察,确认该塔已稳定。地基加固方法是在东北方向的麦田里,设置生石灰桩
129	甘肃省某教学楼	总建筑面积4800m²,包括三部分:门厅部分为5层框架结构,教学楼为4层砖混结构,电教楼为3层框架结构,各部分之间以沉降缝相隔。三部均采用条形基础,大开挖后,以整片素土垫层强夯进行地基处理,厚度3m,3:7灰土垫层厚度0.5m。该教学楼建于1986年,最大倾斜率达8‰	Ⅲ级湿陷性黄土	人工处理后地基土仍存在一定的湿陷性,雨水井排水不畅,积水造成地基土不均匀沉降	采用生石灰桩抬升法进行纠倾:在建筑物沉降较大的一侧基础外开挖工作槽,利用机械斜向钻孔(斜向基础一侧,倾角15°),孔径150mm,孔深5m,孔距0.6m,用生石灰夯填斜孔,并且配重封孔

10.2 纠倾加固工程实例分析简表（180例）

续表

序号	工程名称	工程概况	工程地质	工程事故原因分析	纠倾加固措施
130	甘肃省永登县某水泥厂筒仓	钢筋混凝土筒仓，直径8m，高26.5m，环形基础宽度3m，埋深4m。该筒仓向西倾斜530mm，最大倾斜率达23.6‰	湿陷性黄土；角砾	生产用水浸泡地基土，产生湿陷，基础不均匀沉降	首先，沿环形基础下均匀布置了6根灌注桩，桩径0.6m，并且东侧3根桩顶预留300mm空隙；设置4根钢缆保护；西半周配重1000kN加压；东半周基础下全面掏土，通过逐步抽取桩顶垫板、放松对面钢缆进行迫降纠倾
131	甘肃省兰州某纪念塔	正5边形钢筋混凝土薄壳结构，塔高28.23m，片筏基础，埋深7m。基础与塔身整体浇筑，衔接处设置了加强钢筋和箍圈。该纪念塔建于1958年，1997年倾斜381mm，倾斜率达12.9‰	黄土状砂黏土	纪念塔位于阶地斜坡，地基稳定性差，斜坡平台向北挤压蠕动；塔周松柏漫灌浇水，马兰黄土垂直节理发育，灌溉水下渗，形成了一些小洞穴，大气降水沿洞穴渗入地下，导致地基土湿陷；地震影响	首先，施工护坡桩，阻止斜坡平台继续蠕动挤压；注浆加固地基土；采用双向掏土（沉降较小一侧的基础下和相反侧基础上方）、侧顶、牵引等方法联合纠倾，并以定位桩进行加固
132	甘肃省兰州某住宅楼	6层砖混结构，条形基础，下为600mm厚毛石混凝土垫层，再下是400mm厚3:7灰土垫层、600mm厚的素土垫层、4m厚夯填土，1982年竣工交付使用，2000年，其倾斜量达402mm，倾斜率20.5‰	Ⅲ级湿陷性黄土（厚28m）		该建筑物采用基底成孔掏土法进行纠倾（掏土孔直径200mm，孔间距0.5~0.8m）
133	甘肃省红会矿区某教学楼	3层砖混结构，条形基础，建筑高度13.4m。该教学楼建于1990年，1993年发生不均匀沉降，地面下陷，墙体开裂，地圈梁多处悬空，建筑物整体向东北方向倾斜210mm，最大倾斜率达15.6‰	人工填土；湿陷性黄土	设计时没有进行岩土工程勘察，没有采取有效的防水排水措施；位于东北侧的自来水管多为长流水，无人关则，其他地下管道也多处破损，渗漏严重，地基土被浸泡湿陷	首先，按照不均匀沉降量的大小，采用静力压入桩（桩距有别）全面加固教学楼的基础。然后，在沉降量较大的东北侧以静压桩为支点采用顶升法进行纠倾
134	云南省昆明市妙湛寺金刚塔	妙湛寺金刚塔由墩台、主塔和4小塔组成，整体用规则砂石砌筑。塔基呈方形，高4.8m，边长10.4m。基下有东、西、南、北4道券门十字贯通，可供人通行。基台上建有5座佛塔，中部为主塔，高16.05m，四角各雕有力士像1尊。金刚塔建于明天顺二年（公元1458年），塔基为浅埋毛石（筏形）基础，未放脚，自现地面下埋深仅140mm，三合土垫层厚度约1.5~2.0m，四周放脚400mm。主塔覆钵有裂缝，塔尖向东南偏斜240.5mm	地下水类型为上层滞水-潜水型	地下水位高，年水位变幅主要受大气降水控制。地基垫层下有软弱下卧层，该土层为高压缩性、欠固结状，在地下水及上部荷载作用下长期变形，地基的沉降量较大，沉降过程中，由于存在不均匀性，致使塔尖产生偏斜	首先，给塔加钢架，对塔体进行保护性加固，在塔的周围采用深层搅拌桩止水帷幕挡水；然后，坑内降水，进行基础托换（制作静压桩基础，制作混凝土圈梁顶入塔的底部，浇筑钢筋混凝土承台及承台梁）；设置两组18台200t千斤顶，整体顶升2.6m

427

续表

序号	工程名称	工程概况	工程地质	工程事故原因分析	纠倾加固措施
135	云南省某公寓	两幢局部3层砖混结构建筑物,建筑高度8m,钢筋混凝土条形基础,深层搅拌桩(桩长12m)复合地基。建施工到二层时,2幢公寓均向北倾斜,其倾斜率分别为16.8‰和16.7‰	填土;耕土;泥炭;淤泥;粉土;淤泥质粉质黏土;粉土;黏土;泥炭;黏土;粉质黏土	公寓北侧有一水沟,形成侧向临空面,地基土侧向挤出;水泥土搅拌桩强度不足,复合地基局部剪切破坏;上部荷载严重偏心	首先,回填水沟,采用锚杆静压桩对建筑物北侧基础进行加固;然后,采用掏土法进行纠倾
136	云南省邱北某综合楼	满6层局部7层框架结构,钢筋混凝土条形基础,建筑面积1336.8m²。该综合楼于2001年开始建设,施工过程中发生不均匀沉降,倾斜率3.91‰	可塑状次生红黏土;可塑状黏土;硬塑状粉质黏土;可塑状红黏土	地基持力层选择不当,且未作处理;上部荷载偏心(局部7层);雨季地下水位上升,持力层(次生红黏土 f_{ak}=125kPa,黏土 f_{ak}=145kPa)浸水后承载力下降(f_{ak}=70~80kPa),压缩性增大	采用掏土法和堆载加压法联合纠倾,采用锚杆静压桩加固基础
137	贵州省某建筑物	7层砖混结构,建筑高度22m,建筑面积4500m²,联合采用毛石混凝土条形基础与钢筋混凝土独立基础,采用砂石垫层换填(厚1.25~2m)进行地基处理。2002年主体工程完工后进行外装修时,整体倾斜量达110mm,倾斜率5‰	杂填土;软塑状粉质黏土;圆砾;软塑状黏土;基岩(二叠系)	基底压力相差较大(100kPa);软弱下卧层承载力取值偏高,不能满足实际要求;持力层厚度分布不均	采用掏土法进行纠倾:首先,隔段设置千斤顶进行保护;然后,利用人工掏挖砂垫层进行纠倾,达到设计要求后,浇筑早强混凝土,拆除千斤顶
138	贵州省都匀某综合楼	10层综合楼,下部3层为框架结构,上部7层为砖混结构,建筑面积4919m²,筏形基础,0.5m厚砂垫层。该综合楼始建于1996年,装修时发生倾斜,到1998年,最大倾斜量达348mm,倾斜率10.8‰	杂填土;可塑状粉质黏土;软塑状粉质黏土;泥炭;页岩	地基土不均匀;结构荷载偏心;挡土墙影响	首先,采用锚杆静压桩加固建筑物基础,再利用掏土法(掏挖砂垫层)、堆载加压法、降水法等联合纠倾。纠倾结束后,利用压力灌浆加固垫层
139	新疆乌鲁木齐市某建筑物	地上3层、地下1层建筑物,倾斜率24‰	杂填土;坚硬黄土状粉质黏土	建筑物基础1/3面积置于坚硬黄土状粉质黏土地基,另2/3面积置于原排水渠的回填土上。两种地基土压缩系数相差悬殊,导致建筑物基础不均匀沉降	采用掏土法纠倾:在沉降量较小的一侧先掏空各开间地板以下的部分坚硬黄土状粉质黏土;然后,将承重墙下的粉质黏土间隔切开,继而用土工织物袋装土扎成土包,塞在土墩之间的空隙处,作为托换支护的缓冲体,再切削土墩顶面,使建筑物迫降纠倾

10.2 纠倾加固工程实例分析简表（180例）

续表

序号	工程名称	工程概况	工程地质	工程事故原因分析	纠倾加固措施
140	广东省南海市某办公楼	3层框架结构，采用柱下独立基础。该办公楼在施工过程中产生不均匀沉降（最大沉降差150mm），倾斜率达16.5‰	软塑状淤泥；淤泥夹砂；黏土	建筑物基础直接置于深厚淤泥层上，地基变形较大；上部荷载偏心，建筑物产生不均匀沉降	采用旋喷机具在沉降量较小的基础下进行冲水掏土，并辅助以人工对基础连梁下进行掏土，联合纠倾。采用旋喷桩进行基础加固
141	广东省湛江市某住宅楼	8层住宅，建筑面积2880m²，桩基础，1995年竣工交付使用，2000年发现不均匀沉降，最大倾斜量为493mm，倾斜率达23.9‰，2000年利用旋喷桩对部分基础进行加固，效果不佳	吹填砂；细砂；淤泥质粉质黏土；泥岩；含砂粉质黏土；粗砂	场地淤泥层厚度变化较大（厚度差约6m），桩基础在填土和淤泥（固结90%）引起的负摩擦力、上部荷载作用下产生不均匀沉降	采用顶升法进行纠倾
142	广东省揭东县某办公楼	4层局部5层框架结构，建筑高度14.3m，建筑面积1450m²，沉管灌注桩基础。该办公楼1999年竣工交付使用，不久产生不均匀沉降，最大倾斜量为132mm，倾斜率达9.24‰	黏土；淤泥$w=83.8\%$；黏土；粉质黏土	桩基承载力不足；桩基础选择失误，在含水量$w \geqslant 75\%$、灵敏度$S_t > 8$的深厚软土层中，不应采用沉管灌注桩；桩距过小	首先，采用$\phi 400$的钻孔灌注桩（桩长35m）进行补桩；然后，采用桩身卸载法进行纠倾（利用15～20MPa的高压清水射流扰动桩周土体）；纠倾合格后，加固基础梁和上部结构
143	广东省东莞市某水塔	倒锥壳形水塔，塔身高32m，容积200m³。该水塔1994年建成，试水时发生倾斜，倾斜率达14‰	人工填砂；耕土；砂质黏土；淤泥；粉质黏土	地基持力层承载力不足	首先，在沉降量较大的一侧采用静压桩加固水塔原基础；然后，在沉降量较小的一侧采用掏土法纠倾
144	广东省广州市某住宅楼	7层框架结构，筏形基础，建筑高度为22.5m。该住宅楼于1986年开工，施工过程中发现不均匀沉降，最大沉降差为287mm，最大倾斜率11.27‰	填土；淤泥质土	事故原因：上部结构由于在一侧挑出大量阳台，产生较大偏心；在偏心一侧的地基中，淤泥层较厚，产生较大的变形；软弱下卧层地基承载力不能满足要求	该住宅楼通过综合采用堆载加压法、钻孔排泥法和深层掏土法等进行成功纠倾，并采用长、短树根桩进行地基加固
145	广东省广州市某住宅楼	3层砖混结构，条形基础，建筑面积450m²。该住宅楼建于20世纪50年代，竣工后不久产生不均匀沉降，到2002年最大倾斜量为230mm	淤泥；砂层	软弱地基土分布不均匀，上部荷载偏心	该住宅采用人工掏土法进行纠倾，采用树根桩进行加固

续表

序号	工程名称	工程概况	工程地质	工程事故原因分析	纠倾加固措施
146	广东省广州市塔影楼	5层砖混结构,建筑高度为20m,条形基础,建于1919年,整体发生倾斜,最大倾斜率20‰	填土;淤泥;细砂;粉质黏土;白垩纪泥质粉砂岩		首先,采用锚杆静压桩加固基础;对上部结构进行补强加固;然后,利用上部结构托梁顶升进行纠倾
147	广东省广州市某住宅楼	6层砖混结构,筏形基础,天然地基。该住宅楼建于1996年,竣工后不久产生不均匀沉降,最大倾斜率(向东)11‰	人工填土;耕土;淤泥土;粉砂;粗砂;粉质黏土;粉砂岩	软弱地基土分布不均匀,上部荷载偏心	首先,采用锚杆静压桩在东侧加固基础,阻止建筑物进一步倾斜;其次,在西侧采用基底冲水掏土法进行纠倾
148	广东省广州市某住宅楼	4层框架结构,独立基础,建筑面积480m²。该住宅楼竣工投入使用4年后,最大沉降差为200mm,基础破坏严重	人工填土;粉质黏土;砾石;灰岩;地下水位－3m		首先,对建筑物基础补强;然后,采用锚杆静压桩进行托换,采用顶升法进行纠倾
149	广东省中山市某招待所	2层框架结构,锤击沉管灌注桩(ϕ380mm)基础,桩长20m。该招待所建于1984年,在6年的使用过程中,建筑物产生了严重不均匀下沉	填土(厚2.7m);淤泥(厚16～18m);亚黏土	事故原因主要是新近堆积的人工填土、淤泥均处于欠固结状态,在长期的固结过程中对基础桩产生负摩擦力,形成下拉荷载,建筑物产生沉降。加之桩体质量较差,存在断桩现象,建筑物倾斜在所难免	该建筑物利用旋喷机具进行桩尖卸载纠倾,并辅助以承台卸载纠倾,采用旋喷桩进行加固
150	广东省珠海某商品楼	7层砖混结构,采用锤击沉管灌注桩基础,建筑高度21.4m,建筑面积1439.5m²。该建筑物于1996年建成,使用期间发现其基础持续不均匀沉降,最大沉降差为313.4mm,最大倾斜率达16.49‰	填土(厚2.8m～4.0m);淤泥质土(厚13.8m～15.6m);含砾黏土(厚0.7m～2m);岩石层	事故原因主要是施工速度快,形成较大的超孔隙水压力,使灌注桩缩径,一部分桩尖未进入持力层,承载力不足。另外填土形成的负摩擦力进一步增大了桩的沉降	首先,采用锚杆静压桩加固基础,阻止建筑物进一步沉降;然后,采用断墙顶升法进行纠倾
151	广东省番禺某住宅楼	8层框架结构,锤击沉管灌注桩(ϕ480mm)基础,桩长22m,于1992年建成,接着突发不均匀沉降,最初2d沉降143mm	淤泥;砂层;基岩	原沉管灌注桩持力层过薄,承载力不足,相邻工地(相距1.0m)进行锤击沉管灌注桩施工,产生较大的振动,诱发桩基础下沉	首先,采用旋喷桩(双液成桩工艺)加固沉降较大一侧的基础,控制建筑物沉降。然后,利用旋喷桩机具钻孔、喷射清水,对沉降较小一侧的桩基进行桩身卸载纠倾;最后,利用旋喷桩加固沉降较小一侧的桩基

10.2 纠倾加固工程实例分析简表（180例）

续表

序号	工程名称	工程概况	工程地质	工程事故原因分析	纠倾加固措施
152	广东省番禺市某办公楼	6层框架结构，沉管灌注桩群桩基础（桩长24m），建筑高度为22m。建造第6层时，建筑物差异沉降达480mm，倾斜率26‰	淤泥质土；基岩	由于设计是参考200m远处的某工程地质勘察资料进行的，实际该办公大楼的桩尖持力层软硬不均，各桩的承载力悬殊较大	该办公楼采用桩顶卸载法（断桩迫降）成功纠倾，并采用钻孔灌注桩新旧承台连接进行加固
153	广东省深圳某商住楼	6层框架结构，底商，二层以上为公寓，沉管灌注桩基础（φ340mm），桩长15m，承台埋深0.8m。该建筑物外墙装修后产生大幅度不均匀沉降，倾斜率达15.14‰	填土；粉质黏土；淤泥；中砂；粉质黏土	由于部分桩长未达到持力层，桩体质量差，开挖后有明显断桩，使得桩基承载力严重不足	首先，采用旋喷桩在各承台下进行加固；沉降稳定后，采用桩头卸载法进行纠倾
154	广东省汕头某商住楼	8层框架结构，建筑面积4500m²，采用φ800mm钻孔灌注桩基础，桩长41m，单桩（端承桩）极限承载力2400kN。该建筑物主体完工后向东南倾斜，最大倾斜量为200mm	填土；淤泥；淤泥质土；细砂；粉质黏土；粗砂；风化岩层	该建筑物东侧相邻的某深基坑降水，使桩端产生流砂，导致桩基承载力降低	该建筑物采用桩顶卸载法进行纠倾，并采用静压桩加固
155	广东省广州市某住宅楼	3.5层框架结构，独立柱木桩基础，桩长4m。该住宅楼刚竣工便发生不均匀沉降，最大倾斜量370mm	耕土；淤泥质土	相邻建筑物影响	首先采用树根桩对建筑物沉降量较大一侧基础进行加固，然后采用套管射水掏土法对承台底下0.6m范围内的地基土进行纠倾
156	广东省广州市某住宅楼	3层砖混结构，条形基础，基础下垫层为角砾。该住宅楼竣工后不久发生不均匀沉降，最大倾斜量220mm		相邻建筑物影响	首先，采用树根桩对建筑物沉降量较大一侧基础进行加固；然后，采用套管射水掏土法进行纠倾（开挖沉降量较小的基础，将一排排套管斜打入垫层下约1m，将φ20射水管插入套管内，对套管下的地基土射水，泥土沿套管排出）
157	广东省鹤山市某住宅楼	5层框架结构，独立基础，建筑面积565m²。该住宅楼竣工后不久便整体倾斜，并不断发展，至1998年，最大倾斜量451mm，最大倾斜率达28.2‰	素填土；软塑状粉质黏土（厚4.02m）；泥炭土（6.58m）；中砂；粉质黏土；强风化花岗石	基础置于软塑状粉质黏土上，地基承载力不足，软弱下卧层的承载力也不能满足要求；另外，地基主要受力层厚度的不均匀性也是造成该住宅楼倾斜的原因	首先，采用静压桩加固基础（将反力装置用钢夹固定在柱子上，每个基础压桩2根300mm×300mm的方桩，桩长13m，桩端至花岗石层）；然后，采用断柱顶升法进行纠倾扶正

续表

序号	工程名称	工程概况	工程地质	工程事故原因分析	纠倾加固措施
158	广西北海市某住宅楼	7层砖混结构,建筑高度23.8m,采用毛石混凝土条形基础。1994年该工程完工并交付使用,随后便整体向北倾斜,倾斜量达280mm,倾斜率10‰	粉质黏土;粗砂	没有进行岩土工程勘察,设计高估了地基承载力;生活污水渗漏,造成北侧地基土浸水,建筑物不均匀沉降,同时造成排水管断裂,加剧了事故的严重性;施工单位擅自取消承重墙,造成荷载偏心	首先,在住宅楼北侧加宽基础、采用石灰桩加固地基,并恢复被取消了的承重墙体;联合采用掏土法和浸水法对建筑物南侧进行纠倾;对其他部位的基础进行加宽处理,部分开间增设筏形基础
159	海南省海口市某住宅楼	4层底框结构(一托三),采用锤击沉管灌注桩(ϕ380mm)基础,桩长19m,建筑面积750m²。该住宅楼1994年竣工后发生倾斜,最大倾斜量为156mm	填土;含砂淤泥;中砂;粉质黏土	基桩承载力不足(大多数桩没有按设计进入持力砂层,建筑物竣工后缓慢沉降);荷载偏心,住宅楼在沉降中向北倾斜;基桩布置不均匀	该住宅楼采用"深井降水法"成功纠倾,并利用旋喷桩进行加固
160	某综合楼	7层混合结构建筑物(一~二层为框架结构,三~七层为砖混结构),钢筋混凝土梁式筏形基础,基础下为0.5m厚的砂垫层。该综合楼于1998年建设,1999年7月倾斜272mm,最大倾斜率10.8‰	素填土;淤泥;软塑状淤泥质土;砂砾质黏土;黏土	地基土承载力严重不足(基底压力超出地基土临塑荷载20%),软弱下卧层承载力也不能满足要求。另外,上部荷载偏心产生较大的偏心力矩	采用斜孔射水掏土法纠倾(在沉降量较小的一侧斜向钻孔,孔角60°,孔径300mm,下套管,射水冲孔,潜水泵孔内降水),采用树根桩(桩径150mm)进行加固
161	某住宅楼	6层砖混结构,建筑高度17.5m,钢筋混凝土筏形基础(板厚350mm),粉喷桩复合地基(桩径500mm,桩长10m),于1998年底竣工。该住宅楼最大倾斜率为9.71‰	软塑状黏土;软塑状粉质黏土		该住宅楼采用应力解除法(应力解除孔径300mm,孔深10m,孔间距2~3m)进行纠倾
162	某住宅楼	6层砖混结构,建筑高度16.8m,钢筋混凝土条形基础,基础埋深1.65m,基础下垫300mm厚石屑。该住宅楼最大倾斜率为10.6‰	软塑状黏土;软塑状粉质黏土		该住宅楼采用应力解除法(应力解除孔径200mm,孔深8m,孔间距1m)进行纠倾
163	某花园住宅楼	该住宅楼为32层建筑物,筏形基础置于强风化基岩上。施工到一层时,在地下室与基坑之间灌水,检验地下室外墙的防水效果。试水60d后,地下室底板与地基土局部脱空,建筑物倾斜160mm	强风化基岩	强风化基岩遇水软化、沉陷	人工掏去基础底面以下的泥沙、碎石,用千斤顶调平底板,在地下室底板上钻孔(ϕ50mm),间距3m,进行高压灌浆

10.2 纠倾加固工程实例分析简表（180例）

续表

序号	工程名称	工程概况	工程地质	工程事故原因分析	纠倾加固措施
164	某住宅楼	2幢12层框架结构住宅楼，夯扩灌注桩基础（$\phi 340mm$），桩长18m。主体结构完工后，2幢楼向东倾斜，倾斜率分别为13.4‰和12.4‰		该建筑物倾斜的主要原因是夯扩灌注桩施工长度不足，未达到持力层，桩体施工差	2幢建筑物在东侧补桩46根，西侧采用桩顶卸载法进行纠倾
165	某综合楼	6层砖混结构，钢筋混凝土筏形基础。主体工程完工1个月后，发现建筑物向北倾斜120mm，倾斜率达5‰		建筑物北侧外纵墙基础外伸2m，因地界矛盾，将该外伸基础减少1.5m，造成建筑物重心与基础形心严重偏离，建筑物倾斜	采用南侧堆载(5万块砖)、南侧基础下人工掏土（掏土深度0.5m，掏土厚度0.22m）纠倾。加固措施是在北侧基础附近压入54根杉木桩(桩长2.5m，小头直径0.12m)，桩头浇沥青，并用混凝土封桩
166	某住宅楼	6层砖混结构，钢筋混凝土条形基础，地基采用换土处理(4:6砂碎砖，厚1m)，建成于1980年。该住宅楼竣工后整体向西倾斜，最大倾斜量为370mm	杂填土(深厚)	地基处理失误，换土垫层下4m范围内地基承载力不足；与相邻建筑物距离过小，造成建筑物基底应力叠加	该住宅楼采用基底人工水平掏土法(分层掏土、分区掏土)进行纠倾扶正。加固措施：人工夯入一排松木桩将建筑物基础隔开；用砂石料填实掏土孔；在西侧增加4块钢筋混凝土基础板
167	某仓库	砖混结构，灰土条形基础，钢木屋架，该仓库建于20世纪50年代，1988年发现南纵墙基础下沉，建筑物倾斜40mm	填土；黄土	该建筑物倾斜的原因是南纵墙基础位于填土上，场内雨水浸泡造成填土下沉	首先，对屋面卸载，在檐口增附壁圈梁，间隔设置剪刀撑和水平支撑，在南纵墙基础大放脚上间歇设置混凝土枕梁，在北纵墙利用基础外注水进行纠倾
168	某住宅楼	4层3单元砖混结构，建筑高度12.6m，钢筋混凝土条形基础。该住宅楼于1992建成并投入使用，1998年向北倾斜239mm	杂填土；黏土；淤泥；淤泥质土；黏土		首先，采用锚杆静压桩加固北侧基础，阻止北侧继续沉降；在南侧布置辐射井实施冲淤纠倾；在南侧设置锚杆静压桩，并以泡沫塑料填充层预留沉降量
169	某新华书店综合楼	5层底框结构，沉管灌注桩($\phi 325mm$)基础，桩长20m，建筑面积1300m²，建成于1993年。该综合楼在进行外装修时整体向南倾斜，到1999年，最大倾斜量达322mm	淤泥质土		采用综合法进行纠倾：对北侧17根桩采用桩顶卸载法进行截桩纠倾，利用高压水间歇扰动桩周土层，对北侧22根桩采用桩身卸载法纠倾，对北侧15根桩采用先桩身卸载后桩顶卸载纠倾

续表

序号	工程名称	工程概况	工程地质	工程事故原因分析	纠倾加固措施
170	某住宅楼	8层框架结构，建筑高度24.6m，建筑面积3500m²。锤击沉管灌注桩(ϕ360mm)基础，桩长25m。该住宅楼在1996年封顶后，基础产生不均匀沉降，倾斜率17‰，并继续向北倾斜	素填土；淤泥质土；粉细砂；淤泥；粉砂；粗砾砂；残积土；强风化泥岩	事故原因主要是桩端进入持力层的深度不够，桩基实际承载力不足，桩身质量存在问题	首先，采用旋喷桩对北侧地基进行加固，待沉降基本稳定后，对南侧地基进行高压射水纠倾；纠倾结束后，再采用旋喷桩对其余地基进行加固
171	某住宅楼	6层砖混结构，建筑高度17.4m，钢筋混凝土条形基础。1998年该住宅楼装修时发现不均匀沉降，最大倾斜率达6.6‰	杂填土（回填历史为10年），东西两端厚6.1m，中间厚10.9m	上部结构荷载产生的基底附加应力大于地基承载力设计值(100kPa)；上部结构荷载偏心；地基土浸水	首先，对沉降较大的一侧增设承重墙体和基础，进行荷载分流，阻止沉降继续发生；综合采用浅层降水法和基底成孔掏土法进行纠倾；纠倾结束后，采用砂砾料回填
172	某住宅楼	6层砖混结构，钢筋混凝土条形基础，3:7灰土垫层(厚1m)，建筑面积5524m²。该住宅楼于1988年初投入使用，住户迁入约一周后，建筑物倾斜280mm	湿陷性黄土	化粪池底部混凝土施工质量较差，发生渗漏，造成约200m³的污水浸泡地基土	在沉降量较小一侧的基础两边开挖注水坑，采用基础外浸水纠倾法进行处理；纠倾结束后，分层夯填注水坑
173	某宿舍楼	6层砖混结构，建筑高度19.5m，锤击沉管灌注桩基础（桩径ϕ400mm，桩长18m）。该建筑物封顶时发现有不均匀沉降，到2002年最大倾斜率达16.3‰	填土；耕土；淤泥；粉质黏土；结核黏土	该建筑物地基中有一条排水沟没有被清除，只做简单回填；桩尖进入持力层长度不足；桩基础施工质量差	首先，采用旋喷桩加固基础；然后，采用桩身卸载法(高压射水)进行纠倾
174	某住宅楼	2层混合结构建筑物，建筑高度6m，建筑面积135.85m²，钢筋混凝土条形基础。该住宅楼向东南方向发生倾斜，最大倾斜率达28.9‰	素回填土厚5m	住宅楼地基东南侧的下水管道破裂，污水浸泡，导致地基土湿陷	首先，在住宅楼的东南侧设置生石灰挤密桩（3排桩，桩长6m，桩间距600mm)加固地基；然后，再采用基底成孔掏土法和基础下注水法进行纠倾
175	某商住楼	3层砖混结构，建筑高度10.3m，钢筋混凝土条形基础，下设0.8m厚砂垫层，于1995年竣工，施工中出现不均匀沉降，最大沉降差250mm，倾斜率达23‰	填土；耕土；粉质黏土；淤泥；砂质黏土	上部荷载严重偏心；下卧层强度不足；条形基础板施工质量差，强度不足，局部剪切破坏	首先，采用锚杆静压桩加固局部基础；联合采用基底掏砂法和振捣密实法进行纠倾；最后，采用密实灌砂和低压注浆加固地基

10.2 纠倾加固工程实例分析简表（180例）

续表

序号	工程名称	工程概况	工程地质	工程事故原因分析	纠倾加固措施
176	某商住楼	7层底框结构，建筑高度25.9m，建筑面积4865m²，钢筋混凝土条形基础，于1992年竣工交付使用，1997年向北倾斜率达11.5‰	粉质黏土；淤泥；细砂	软弱地基土厚度变化较大是建筑物不均匀沉降的主要原因	该建筑物采用人工掏土法进行纠倾
177	某建筑物	该6层框架结构建筑物建于1997年，封顶后便发生较大的不均匀沉降，向北倾斜率达5.84‰	填土；黏土；淤泥质土；黏土；粉质黏土		首先，采用锚杆静压桩加固建筑物北侧地基；然后，在建筑物南侧进行冲水掏土纠倾
178	某住宅楼	4层砖混结构，钢筋混凝土梁板式筏形基础。该住宅楼竣工投入使用后，住户一直反映其存在质量问题。2004年8～9月间鉴定结果为，建筑物向南倾斜8.5‰			首先，采用锚杆静压桩加固建筑物南侧基础；然后，在建筑物沉降量较小的北侧采用应力解除法纠倾；最后，采用锚杆静压桩加固北侧基础（加固量较南侧少）
179	某住宅楼	甲住宅楼为砖混结构，乙住宅楼为框架结构，片筏基础。施工过程中临时决定将每个柱下增设5根木桩（φ100mm），便将原来的5层改为6层，但在第6层尚未完工时，两住宅楼均发生了不均匀沉降，最大倾斜率分别达到14.3‰和23.4‰	软土	事故原因主要为：地基土分布不均匀，建筑物基础上不均匀堆载	两住宅楼采用综合法进行纠倾（堆载加压法与基底掏砂法相结合）。在沉降量较小的室内采用砂包加压（160t），同时在该侧外端基础下掏砂，达到纠倾扶正的目的。最后，采用高压水送砂，将基底的空隙充填密实
180	某铁塔	某110kV高压线塔建于1992年，分离式钢筋混凝土独立基础（5.8m×5.8m），共4个。该铁塔于2005年倾斜540mm，最大倾斜率21.4‰	素填土；淤泥质土；粉质黏土；砂砾	铁塔一侧开挖鱼塘，软弱地基土侧向移动，基础下沉	首先，采用灌注桩加固独立基础（以塔脚连接的原基柱为中心，每个独立基础纵横方向共设置4根钢筋混凝土灌注桩，桩径450mm，然后在原独立基础上设置4根反梁（外伸），将4个独立基础的桩、柱和基础板连成整体）；然后，采用截桩法凿低塔脚连接的原基柱进行迫降纠倾（凿原基柱时用千斤顶临时支承、调平）

参考文献

[1] 中华人民共和国建设部. 岩土工程勘察规范（GB 50021—2001，2009年版）[S]. 北京：中国建筑工业出版社，2009

[2] 中华人民共和国建设部. 建筑地基基础设计规范（GB 50007—2002）[S]. 北京：中国建筑工业出版社，2002

[3] 中华人民共和国建设部. 混凝土结构设计规范（GB 50010—2010）[S]. 北京：中国建筑工业出版社，2011

[4] 中华人民共和国住房和城乡建设部. 建筑抗震设计规范（GB 50011—2010）[S]. 北京：中国建筑工业出版社，2010

[5] 中国有色金属工业协会. 工程测量规范（GB 50026—2007）[S]. 北京：中国计划出版社，2008

[6] 中国工程建设标准化协会. 建筑物移位纠倾增层改造技术规范（CECS 225：2007）. 北京：中国计划出版社，2007

[7] 中国工程建设协会. 灾损建（构）筑物处理技术规范（CECS 269：2010）. 北京：中国计划出版社，2010

[8] 中华人民共和国铁道部. 铁路房屋增层和纠倾技术规范（TB 10114—97）. 北京：中国铁道出版社，1997

[9] 中华人民共和国住房和城乡建设部. 建筑桩基技术规范（JGJ 94—2008）. 北京：中国建筑工业出版社，2008

[10] 中华人民共和国建设部. 建筑桩基检测技术规范（JGJ 106—2003）. 北京：中国建筑工业出版社，2003

[11] 中国建筑科学研究院. 建筑地基处理技术规范（JGJ 79—2002）. 北京：中国建筑工业出版社，2002

[12] 中华人民共和国建设部. 既有建筑地基基础加固技术规范（JGJ 123—2000）. 北京：中国建筑工业出版社，2000

[13] 中华人民共和国建设部. 高层建筑箱形与筏形基础技术规范（JGJ 6—99）. 北京：中国建筑工业出版社，1999

[14] 中华人民共和国建设部. 建筑变形测量规程（JGJ/T 8—2007）. 北京：中国建筑工业出版社，2007

[15] 冶金工业部建筑研究总院. 建筑基坑工程技术规范（YB 9258—97）. 北京：冶金工业出版社，1999

[16] 中国建筑科学研究院. 建筑基坑支护技术规程（JGJ 120—99）. 北京：中国建筑工业出版社，1999

[17] 中华人民共和国住房和城乡建设部. 建（构）筑物纠倾技术规程（JGJ 报批稿）

[18] 唐业清主编. 土力学基础工程[M]. 北京：中国铁道出版社，1989

[19] 龚晓南著. 高等土力学[M]. 杭州：浙江大学出版社，1996

[20] 龚晓南编著. 土塑性力学[M]. 杭州：浙江大学出版社，1997

[21] 张孟喜主编. 土力学原理[M]. 武汉：华中科技大学出版社，2007

[22] 殷宗泽 等编著. 土工原理[M]. 北京：中国水利水电出版社，2007

[23] 陈书申，陈晓平主编. 土力学与地基基础[M]. 武汉：武汉理工大学出版社，2006

[24] 陈希哲编著. 土力学地基基础[M]. 北京：清华大学出版社，2004

[25] 高大钊主编. 土力学与基础工程[M]. 北京：中国建筑工业出版社，1998

[26] 唐业清主编. 建筑物移位纠倾与增层改造[M]. 北京：中国建筑工业出版社，2008

[27] 唐业清主编. 建筑物改造与病害处理[M]. 北京：中国建筑工业出版社，2000

[28] 唐业清主编. 简明地基基础设计施工手册 [M]. 北京：中国建筑工业出版社，2003
[29] 唐业清，李启民，崔江余编著. 基坑工程事故分析与处理 [M]. 北京：中国建筑工业出版社，1999
[30] 叶书麟，叶观宝编著. 地基处理与托换技术 [M]. 北京：中国建筑工业出版社，2005
[31] 刘金砺编著. 桩基础设计与计算 [M]. 北京：中国建筑工业出版社，1990
[32] 唐业清主编. 特种工程新技术（2006）[M]. 北京：中国建材工业出版社，2006
[33] 唐业清主编. 特种工程新技术（2009）[M]. 北京：中国建材工业出版社，2009
[34] 王其均，谢燕编. 宗教建筑 [M]. 北京：中国水利水电出版社，2004
[35] 顾晓鲁等编. 地基处理手册 [M]. 北京：中国建筑工业出版社，2008
[36] 宰金珉，宰金璋编著. 高层建筑基础分析与设计 [M]. 北京：中国建筑工业出版社，1993
[37] 王赫编著. 建筑工程事故处理手册 [M]. 北京：中国建筑工业出版社，1998
[38] 杨晓平编著. 工程监测技术及应用 [M]. 北京：中国电力出版社，2007
[39] 乐昌硕主编. 岩石学 [M]. 北京：地质出版社，2005
[40] 曾佐勋，樊光明主编. 构造地质学 [M]. 武汉：中国地质大学出版社，2008
[41] Barnes G E. Soil Mechanics Principles and Practice [M]. 2nd Edition. New York：Palgrave. 2000
[42] Smith I M, Griffiths D V. Programming the finite element method [M]. 3rd Edition. John Wiley & Sons Inc，1998
[43] Das B M. Fundamentals of Geotechnical Engineering [M]. Thomson，2005
[44] Yoshimine M. Undrained shear strength of clean sands to trigger flow liquefaction [J]. Canadian Geotechnical Journal，1999，36：891～906
[45] 孙剑平，魏焕卫，徐向东. 掏土纠倾法的理论和实践研究 [J]. 山东建筑大学学报，2008，2：174～178
[46] 唐业清. 100m 高烟囱的纠倾扶正 [J]. 施工技术，1995，8：24～26
[47] 李小波，李国雄，刘逸威. 建筑物断柱纠倾方法介绍 [J]. 广东土木与建筑，1998，1：5～8
[48] 沙志国，殷伯谦，唐业清，陈飞保. 湿陷性黄土地基上倾斜房屋应用人工注水法纠倾 [J]. 建筑结构，1991，5：41～43
[49] 唐建中. 某住宅小区高层建筑杂填土地基处理实例 [J]. 建筑科学，2004，20（3）：34～37
[50] 王庆友. 利用水泥土桩处理杂填土地基 [J]. 铁道建筑，1999（4）：27～28